放射诊疗设备
质量控制检测技术

Quality Control Testing Technology of Radiological Diagnosis and Treatment Equipment

主 编 刘德明

副主编 马 桥 王爱强 刘 冉

科学出版社

北 京

内 容 简 介

本书全面、系统地介绍了目前常见的放射诊断、介入放射学、核医学和放射治疗设备质量控制的检测方法、检测设备、检测与评价实例。全书分总论与分论两部分，共 19 章。总论 4 章，主要介绍了放射卫生法律法规及标准体系、质量控制及管理体系、质量控制检测设备及校准技术、数据处理等基础性内容。分论 15 章，按诊疗设备分门别类介绍了医用常规 X 射线诊断设备、计算机 X 射线摄影设备（CR）及数字 X 射线摄影设备（DR）、X 射线计算机体层摄影装置（CT）、乳腺 X 射线摄影系统（屏片、CR、DR）、牙科 X 射线设备、介入放射学设备、钴 -60 远距离治疗机、医用 X 射线治疗机、医用电子直线加速器（LA）、立体定向放射治疗系统、后装腔内近距离治疗系统及粒籽永久性植入系统、螺旋断层放射治疗装置（TOMO）、移动式电子加速器术中放射治疗系统、机械臂放射治疗系统、单光子发射断层成像设备（SPECT）、正电子发射型计算机断层成像装置（PET）、医用磁共振成像设备（MRI）等的质量控制技术。本书注重理论与实践相结合，内容详实、实用性强，适用于放射卫生技术服务机构、卫生监督机构和放射诊疗机构专业技术人员、管理人员使用。

图书在版编目（CIP）数据

放射诊疗设备质量控制检测技术 / 刘德明主编. —北京：科学出版社，2023.2

ISBN 978-7-03-074954-3

Ⅰ.①放⋯ Ⅱ.①刘⋯ Ⅲ.①放射治疗仪器 – 质量控制②放射治疗仪器 – 质量检验 Ⅳ.①TH774

中国国家版本馆CIP数据核字（2023）第034246号

责任编辑：郭 颖 / 责任校对：郭瑞芝
责任印制：赵 博 / 封面设计：龙 岩

科学出版社 出版

北京东黄城根北街 16 号
邮政编码：100717
http://www.sciencep.com

三河市春园印刷有限公司 印刷
科学出版社发行 各地新华书店经销

*

2023 年 2 月第 一 版 开本：787×1092 1/16
2023 年 2 月第一次印刷 印张：32 1/2 插页：8
字数：836 000

定价：298.00 元
（如有印装质量问题，我社负责调换）

编委名单

☆☆☆　前　言

　　辐射技术在医学方面的广泛应用对现代医学的发展起到了积极的推动作用，为人类的健康做出了巨大贡献。辐射技术是一把"双刃剑"，在利用核与辐射技术造福人类的同时，也会对工作人员、患者和公众带来非情愿的损害。放射诊疗医学实践约占人工电离辐射的80%，已成为人工电离辐射的最大来源。近几年，随着放射诊疗频度的逐年增加，直接导致患者、放射工作人员和公众承受的剂量负担也逐步增加。因此，医疗照射放射防护和放射诊疗设备质量控制问题，已引起国际辐射防护委员会（ICRP）和世界卫生组织（WHO）等有关国际组织和众多国家的高度重视。21世纪以来，我国陆续颁布了《中华人民共和国职业病防治法》《放射性同位素与射线装置安全和防护条例》《放射诊疗管理规定》和《电离辐射防护与辐射源安全基本标准》等法律法规和相关技术标准，旨在科学地规范、引导放射诊疗实践和有效监管，保障放射工作人员、患者和公众的健康权益。

　　本书的内容遵循国际辐射防护组织出版物以及国家相关法律法规和现行有效的技术标准，以作者长期在放射诊疗设备质量控制检测中的实践经验为基础，以问题为导向，总结提炼质量控制检测过程中的实例和难点，突出实用性和可操作性。全书分为总论、分论两部分，共19章。总论4章，比较系统地论述了与放射诊疗设备质量控制检测相关的基本知识；分论15章，根据《放射诊疗管理规定》中按照诊疗风险和技术难易程度分类管理方式，分别以医疗机构主要配置的放射诊断、介入放射学、核医学和放射治疗设备分设章节，详细介绍各种放射诊疗设备的质量控制检测方法、检测仪器及检测评价实例。针对值得商榷的要求和方法，编者按照自己的经验和理解提出了供读者参考的意见和建议。医用磁共振成像设备虽不属于放射诊疗设备范畴，但其临床诊疗用途及呈现方式与放射诊疗设备相似，并越来越多地与放射诊疗设备实现技术融合，因此在第19章做了专篇介绍。

　　本书旨在为放射卫生技术人员、卫生监督管理人员和放射诊疗机构技术人员在验收检测、状态检测和稳定性检测等质量控制活动，以及实施放射诊疗监管工作中提供一部有实用价值、有较强可操作性的参考书，并可用作放射卫生技术服务专业技术人员培训教材。

　　本书在编写过程中，得到多位辐射防护专家、监督管理人员、一线放射卫生技术人员的关心、支持和参与，为本书的顺利出版做出了巨大贡献。同时，借本书出版之际，对书中引用的观点、概念及图表的原作者一并表示衷心的感谢！

　　由于编写水平有限，时间仓促，书中若有不妥之处，敬请批评指正！

刘德明

四川省疾病预防控制中心

于成都

目 录

第一部分 总 论

第二部分　分　　论

参考文献请扫二维码

第一部分

总　　论

第1章
放射卫生法律法规及标准体系简介

　　自 1896 年法国物理学家亨利·贝可勒尔发现天然放射性以来，放射学迅猛发展并逐步运用到临床医学众多学科。据国际原子能机构（International Atomic Energy Agency，IAEA）相关数据统计，放射诊疗医学实践约占人工电离辐射来源的 80%，已成为当今人工电离辐射的最大来源。近年来，随着放射诊疗设备大量装备，使用频度的逐年增加，直接导致患者、放射工作人员和公众承受的剂量负担逐步增加，因放射诊疗设备性能指标不符合要求而影响放射诊疗质量现象也层出不穷。因此，医疗照射放射防护和放射诊疗设备质量控制问题，已引起国际辐射防护委员会（International Commission on Radiological Protection，ICRP）和世界卫生组织（World Health Organization，WHO）等有关国际组织和众多国家的高度重视。21 世纪以来，我国陆续发布了《中华人民共和国职业病防治法》（2001 年发布，2018 年修正）、《电离辐射防护与辐射源安全基本标准》（GB18871—2002）、《放射性同位素与射线装置安全和防护条例》（2005 年发布，2019 年修订）和《放射诊疗管理规定》（2006 年发布，2016 年修改）等放射卫生法律法规和相关技术标准。因此，充分了解放射卫生法律法规标准体系，为依法依规地开展放射诊疗设备质量控制检测与评价工作，科学地规范、引导放射诊疗实践和有效监管，充分保障患者、放射工作人员和公众的健康权益，提高临床放射诊疗质量都具有重要意义。

第一节　概　　述

一、基本概念

（一）法律

　　法律是由国家制定或认可并以国家强制力保证实施的，是基本法律和普通法律的总称，反映由特定物质生活条件所决定的统治阶级意志的规范体系。法律一般由享有立法权的立法机关行使国家立法权，依照法定程序制定、修改并颁布，分别规定公民在社会生活中可进行的事务和不可进行的事务。

　　我国的基本法是《宪法》，其他法律是从属于宪法的强制性规范，是宪法的具体化。宪法是国家法的基础与核心，法律则是国家法的重要组成部分。截至 2021 年 4 月，我国现行有效的法律有 270 余部。

（二）法规

　　法规泛指国家机关制定的一切规范性文件，包括法律、法令、条例、规定和办法等。我国法律体系包括法律层次体系、法律体系结构设计和法律子系统。按照我国立法的法律效力，将法律层次分为：宪法、法律、行政法规、部门规章、地方性法规、自治条例、单行条例和地方规章，以及从属于各项法规的标准。

我国放射卫生法规框架结构，其最高层次是全国人民代表大会制定的法律，经全国人民代表大会常委会审议通过后，由国家主席签署主席令予以公布。其次是国务院颁布的行政法规，通常称为条例，经国务院常务会议审议通过后，由总理签署国务院令公布。第三个层次是国务院各有关组成部门、各特设机构、各直属机构等部门（委、总局），为了具体贯彻执行国家法律和国务院发布的行政法规，依照各自职责制定的部门规章。第四个层次是法定的地方国家权力机关依照法定的权限，在不与宪法、法律和行政法规相抵触的前提下，制定和颁布的在本行政区域范围内实施的地方性规范性文件。

（三）标准

为贯彻执行放射卫生相关法律法规，需要有相关技术规范和要求来支撑，因此形成了第四个层次——标准（包含技术导则或指南）。按照国家标准《标准化工作指南　第 1 部分：标准化和相关活动的通用术语》（GB/T 20000.1—2014）中的定义，标准是通过标准化活动，按照规定的程序经协商一致制定，为各种活动或其结果提供规则、指南或特性，供共同使用和重复使用的文件。

现行法律法规都明确规定，具体的放射卫生工作都应遵照相关的标准执行。放射卫生标准不仅是放射生物学、放射损伤防治、辐射剂量学、放射防护技术、防护监督管理及核科学技术应用等多学科科研成果和实践经验的结晶，还是对放射防护实践与干预活动所制定的有关规定。可以作为开展电离辐射防护的重要技术参考，同时也是放射卫生监督执法与检测评价的基本依据，可减少或免除人类受到放射性损伤，保护患者、公众及放射工作人员的身体健康。近几年，随着技术的发展，我国放射卫生标准体系日趋完善，针对放射卫生标准的研究和制定，因涉及许多领域，进而带动了相关学科的发展，因此，放射卫生标准在整个核科学技术领域具有举足轻重的地位，我国法律法规及标准体系框架结构见图 1-1。

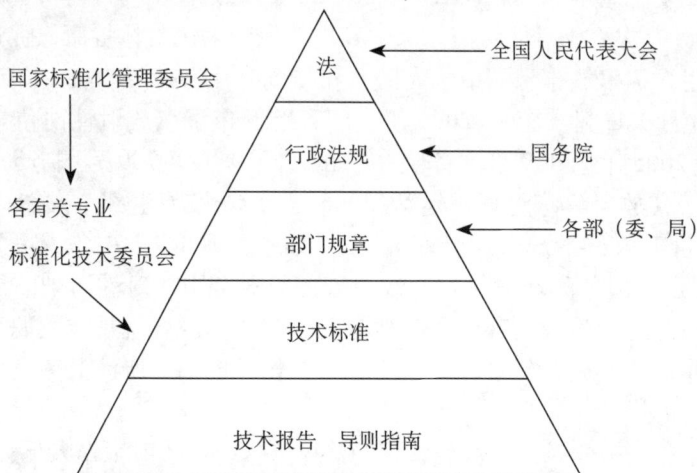

图 1-1　我国法律法规及标准体系框架结构图

二、我国放射卫生相关法律法规的沿革

我国放射卫生工作始于 20 世纪 50 年代，原子能事业的大力发展，民用核技术的广泛应用，为加强对生态环境及人民健康的保护，逐渐形成了我国放射卫生工作体系。1960 年，

☆☆☆☆

国务院颁布实施了《放射性工作卫生防护暂行规定》，这是我国第一部放射卫生管理办法，由卫生行政部门进行统一管理。之后，国务院有关部委参考国际放射卫生防护管理的措施和经验，相继制定并发布了有关放射性同位素管理、工作人员管理、医疗照射管理及核工业卫生管理等若干单项法规。1974年，国家发布了《放射防护规定》（GBJ 8—74），这是我国电离辐射防护方面的第一个技术规范。1984年，卫生部发布了《放射卫生防护基本标准》（GB 4792—84）。1987年，国务院下发了《关于加强放射性同位素和射线装置放射防护管理工作的通知》（国发〔1987〕13号）。1988年，国家环境保护局发布了《辐射防护规定》（GB 8703—1988）。1989年，国务院颁布了《放射性同位素与射线装置放射防护条例》（国务院令第44号），该条例的发布标志着我国的放射卫生防护管理已步入了法制化、规范化的轨道，使该项工作得到了进一步加强，该条例在2005年国务院颁布《放射性同位素与射线装置安全和防护条例》（国务院令第449号）后废止。1989年至2002年期间，国务院卫生行政部门陆续制定和修订了多项部门规章和规范，如《放射工作卫生防护管理办法》《放射事故管理规定》和《放射防护器材与含放射性产品卫生管理办法》等，基本形成了较为完善的法律体系。2001年，国家颁布了《中华人民共和国职业病防治法》（2001年10月27日公布，2002年5月1日起实施），将放射卫生防护管理工作纳入其中，并规定了对职业性放射性疾病的防治要求，国家卫生行政部门为贯彻这一法律先后组织制定、修订了一系列的行政法规和规章，如《国家职业卫生标准管理办法》《职业病诊断与鉴定管理办法》《职业卫生技术服务机构管理办法》《放射卫生技术服务机构管理办法》和《建设项目职业病危害分类管理办法》等，以上法规均适用于放射卫生工作。2002年，在1996年由六个国际组织（即联合国粮农组织，国际原子能机构，国际劳工组织，国际经济合作与发展组织核能机构，泛美卫生组织和世界卫生组织）批准并联合发布的《国际电离辐射防护和辐射源安全基本安全标准》（国际原子能机构安全丛书115号）和1990年由国际辐射防护委员会（ICRP）发布的《第60号建议书》的基础上，由国家质量监督检验检疫总局发布了《电离辐射防护与辐射源安全基本标准》（GB 18871—2002），该标准为现行电离辐射防护的最基本标准。2003年，为防治放射性污染，保护环境，保障人民身体健康，促进核能、核技术的开发与和平利用，国家颁布了《中华人民共和国放射性污染防治法》（2003年6月28日公布，2003年10月1日起实施）。2005年，国务院颁布了《放射性同位素与射线装置安全和防护条例》（2005年第449号国务院令发布，2019年第709号国务院令修正）。2006年，卫生部颁布了《放射诊疗管理规定》（2006年第46号卫生部令发布，2016年第8号国家卫生和计划生育委员会令修改）。2007年，我国又颁布了《中华人民共和国突发事件应对法》，其中规定，国务院环境保护行政主管部门对全国放射性污染防治工作依法实施统一监督管理，国务院卫生行政部门和其他有关部门依据国务院规定的职责，对有关的放射性污染防治工作依法实施监督管理，放射卫生工作开展中，所涉及突发事件的预防与处置应当遵守该法。

放射卫生法律法规是放射卫生监督管理的法律依据，是放射工作人员、监督执法人员、相关专业技术人员必须遵守的行为规范。行政管理部门与监督执法机构对贯彻实施放射卫生法律法规负有监督管理职责，应用放射性同位素与射线装置的放射工作单位对本单位执行各项法律法规承担主要法律责任。目前，我国现行有效的放射卫生相关法律法规约为40多项，常用的放射卫生法律法规及文件见表1-1所示。

☆ ☆ ☆ ☆

表 1-1　常用的放射卫生法律、法规及文件

序号	名称	颁发部门	编号	首次发布日期	最新修正日期
1	中华人民共和国职业病防治法	全国人大常委会	2001 年第 60 号主席令首次发布，2011 年第 52 号主席令第一次修正，2016 年第 48 号主席令第二次修正，2017 年第 81 号主席令第三次修正，2018 年第 24 号主席令第四次修正	2001-10-27	2018-12-29
2	中华人民共和国放射性污染防治法	全国人大常委会	2003 年第 6 号主席令	2003-06-28	/
3	放射性同位素与射线装置安全和防护条例	国务院	2005 年第 449 号国务院令发布，2019 年第 709 号国务院令发布修正	2005-09-14	2019-03-02
4	放射性药品管理办法	国务院	1989 年第 25 号国务院令发布，2017 年第 676 号国务院令第修正	1989-01-13	2017-03-01
5	放射防护器材与含放射性产品卫生管理办法	卫生部	2001 年卫生部令第 18 号	2001-08-11	/
6	放射诊疗管理规定	卫生部	2006 年第 46 号卫生部令发布，2016 年第 8 号国家卫生和计生育委员会令修改	2006-01-24	2016-01-19
7	放射工作人员职业健康管理办法	卫生部	2007 年卫生部令第 55 号	2007-06-03	/
8	放射事故管理规定	卫生部、公安部	2001 年卫生部、公安部第 16 号令联合发布	2001-08-26	
9	放射卫生技术服务机构管理办法	卫生部	2012 年卫监督发 [2012] 25 号	2012-04-12	

第二节　放射诊疗主要法律法规简介

针对放射诊疗设备的管理、实践、质量控制检测评价和放射卫生技术服务机构等方面的监督管理，主要依据《中华人民共和国职业病防治法》《放射性同位素与射线装置安全和防护条例》《大型医用设备配置与使用管理办法（试行）》《放射诊疗管理规定》和《放射卫生技术服务机构管理办法》。上述法律法规或文件均是我国领域内（港、澳、台除外，下同）所有医疗机构或放射卫生技术服务机构依法使用放射诊疗设备、开展放射诊疗实践、进行放射诊疗设备质量控制检测与评价的最重要法律依据。其中所提及的职业病危害因素检测、评价包含放射性职业病危害因素检测与评价，以及本书主要讲述的放射诊疗设备质量控制检测与评价。

一、中华人民共和国职业病防治法

（一）概述

职业病，是指企业、事业单位和个体经济组织等用人单位的劳动者在职业活动中，因接触粉尘、放射性物质和其他有毒、有害因素而引起的疾病。为了预防、控制和消除职业病危害，防治职业病，保护劳动者健康及其相关权益，促进经济社会发展，根据宪法制定了《中华人民共和国职业病防治法》。该法适用于我国领域内所有职业病防治活动，包含本书提及的所有放射诊疗活动。

《中华人民共和国职业病防治法》自 2001 年首次颁布以来（2001 年第 60 号主席令），截至目前，已历 5 个版本。2011 年 12 月 31 日第一次修正，主要涉及原卫生行政部门及原安全生产监管部门相关职能调整。2016 年 7 月 2 日第二次修正，主要改变：工业企业的建设项目"三同时"改为备查，无须审批，加强事中事后监管；医疗机构的放射诊疗建设项目"三同时"的做法与要求依旧。2017 年 11 月 4 日第三次修正，主要改变：职业健康检查机构无须专门的认可，加强事中事后的监管；职业病诊断不一定要三名职业病诊断资格的执业医师集体诊断，改为参与诊断的医师共同署名，并经医疗卫生机构审核盖章。2018 年 12 月 29 日第四次修正（2018 年第 24 号主席令），重新调整国家卫生健康行政部门及国家应急管理部门相关职能，目前该法共计七章八十八条。

我国职业病防治工作历来坚持预防为主、防治结合的方针，建立了用人单位负责、行政机关监管、行业自律、职工参与和社会监督的机制，实行分类管理、综合治理。经过十多年的管理，用人单位已基本为劳动者创造了符合国家职业卫生标准和卫生要求的工作环境和条件，充分采取措施保障劳动者获得职业卫生保护。

放射诊疗中，用人单位应当建立、健全放射性职业病防治责任制，加强对放射性职业病防治的管理，提高职业病防治水平，对本单位产生的职业病危害承担责任。

我国实行职业卫生监督制度。国务院卫生行政部门、劳动保障行政部门依照本法和国务院确定的职责，负责全国职业病防治的监督管理工作。国务院有关部门在各自的职责范围内负责职业病防治的有关监督管理工作。县级以上地方人民政府卫生行政部门、劳动保障行政部门依据各自职责，负责本行政区域内职业病防治的监督管理工作。县级以上地方人民政府有关部门在各自的职责范围内负责职业病防治的有关监督管理工作。各职业卫生监督管理部门应当加强沟通，密切配合，按照各自职责分工，依法行使职权，承担责任。

（二）前期预防

按照《中华人民共和国职业病防治法》要求，凡是新建、扩建、改建建设项目和技术改造、技术引进项目，可能产生职业病危害的，建设单位在可行性论证阶段应当进行职业病危害预评价。

医疗机构建设项目可能产生放射性职业病危害的，建设单位应当向卫生行政部门提交放射性职业病危害预评价报告。卫生行政部门应当自收到预评价报告之日起三十日内，作出审核决定并书面通知建设单位。未提交预评价报告或者预评价报告未经卫生行政部门审核同意的，不得开工建设。

职业病危害预评价报告应当对建设项目可能产生的职业病危害因素及其对工作场所和劳动者健康的影响作出评价，确定危害类别和职业病防护措施。建设项目的职业病防护设施设计应当符合国家放射卫生标准和卫生要求；其中，医疗机构放射性职业病危害严重的建设项目的防护设施设计，应当经卫生行政部门审查同意后，方可施工。建设项目在竣工验收前，建设单位应当进行职业病危害控制效果评价。

医疗机构可能产生放射性职业病危害的建设项目竣工验收时，其放射性职业病防护设施经卫生行政部门验收合格后，方可投入使用；其他建设项目的职业病防护设施应当由建设单位负责依法组织验收，验收合格后，方可投入生产和使用。卫生行政部门应当加强对建设单位组织的验收活动和验收结果的监督核查。

对放射工作场所和放射性同位素的运输、贮存，用人单位必须配置防护设备和报警装置，保证接触放射线的工作人员佩戴个人剂量计，并按照国务院卫生行政部门的规定，定期对工作场所进行职业病危害因素检测、评价。检测、评价结果存入用人单位职业卫生档案，定期向所在地卫生行政部门报告并向劳动者公布。

职业病危害因素检测、评价须由依法设立的取得国务院卫生行政部门或者设区的市级以上地方人民政府卫生行政部门按照职责分工给予资质认可的职业卫生技术服务机构进行。职业卫生技术服务机构所做检测、评价应当客观、真实。发现工作场所职业病危害因素不符合国家职业卫生标准和卫生要求时，用人单位应当立即采取相应治理措施，仍然达不到要求的，必须停止存在职业病危害因素的作业；职业病危害因素经治理后，符合国家职业卫生标准和卫生要求的，方可重新作业。职业卫生技术服务机构依法从事职业病危害因素检测、评价工作，接受卫生行政部门的监督检查。

向用人单位提供可能产生职业病危害的设备的，应当提供中文说明书，并载明产品特性、主要成分、存在的有害因素、可能产生的危害后果、安全使用注意事项、职业病防护以及应急救治措施等内容。产品包装应当有醒目的警示标识和中文警示说明。贮存上述材料的场所应当在规定的部位设置危险物品标识或者放射性警示标识。

国内首次使用或者首次进口与职业病危害有关的化学材料，使用单位或者进口单位应按照国家规定经国务院有关部门批准后，应当向国务院卫生行政部门报送该化学材料的毒性鉴定以及经有关部门登记注册或者批准进口的文件等资料。进口放射性同位素、射线装置和含有放射性物质的物品的，按照国家有关规定办理。

用人单位的主要负责人和职业卫生管理人员应当接受职业卫生培训，遵守职业病防治法律、法规，依法组织本单位的职业病防治工作。

（三）监督检查

县级以上人民政府职业卫生监督管理部门依照职业病防治法律、法规、国家职业卫生标准和卫生要求，依据职责划分，对职业病防治工作进行监督检查。卫生行政部门履行监督检查职责时，有权采取下列措施：①进入被检查单位和职业病危害现场，了解情况，调查取证；②查阅或者复制与违反职业病防治法律、法规的行为有关的资料和采集样品；③责令违反职业病防治法律、法规的单位和个人停止违法行为。

（四）法律责任

按照《中华人民共和国职业病防治法》相关要求，用人单位（建设单位）或相关技术服务机构如违反相关规定的，卫生行政部门可依据相应条款对其进行一定行政处罚。情节严重的，将责令停止产生职业病危害的作业或技术服务，或者提请有关人民政府按照国务院规定的权限责令停建、关闭、停产等。

二、放射性同位素与射线装置安全和防护条例

（一）概述

为了加强对放射性同位素、射线装置安全和防护的监督管理，促进放射性同位素、射线装置的安全应用，保障人体健康，保护环境，制定该条例（2005 年第 449 号国务院令首次发布，2019 年第 709 号国务院令修正），该条例共计七章六十九条。凡是在我国境内生产、销售、使用放射性同位素（包括放射源和非密封放射性物质）和射线装置，以及转让、进出口放射性同位素的，应当遵守该条例。

按照条例要求，国务院生态环境主管部门对全国放射性同位素、射线装置的安全和防护工作实施统一监督管理。公安、卫生等部门按照职责分工和该条例的规定，对有关放射性同位素、射线装置的安全和防护工作实施监督管理。

我国对放射源和射线装置实行分类管理。根据放射源、射线装置对人体健康和环境的潜在危害程度，从高到低将放射源分为Ⅰ类、Ⅱ类、Ⅲ类、Ⅳ类、Ⅴ类，具体分类办法由国务院生态环境主管部门制定；将射线装置分为Ⅰ类、Ⅱ类、Ⅲ类，具体分类办法由国务院生态环境主管部门商国务院卫生主管部门制定。

1.**放射源分类办法**　根据国务院令第449号《放射性同位素与射线装置安全和防护条例》规定，并参照国际原子能机构的有关规定，按照放射源对人体健康和环境的潜在危害程度，从高到低将放射源分为Ⅰ、Ⅱ、Ⅲ、Ⅳ、Ⅴ类，共计 5 类。

（1）Ⅰ类放射源为极高危险源。没有防护情况下，接触这类源几分钟到 1 小时就可致人死亡。

（2）Ⅱ类放射源为高危险源。没有防护情况下，接触这类源几小时至几天可致人死亡。

（3）Ⅲ类放射源为危险源。没有防护情况下，接触这类源几小时就可对人造成永久性损伤，接触几天至几周也可致人死亡。

（4）Ⅳ类放射源为低危险源。基本不会对人造成永久性损伤，但对长时间、近距离接触这些放射源的人可能造成可恢复的临时性损伤。

（5）Ⅴ类放射源为极低危险源。不会对人造成永久性损伤。

2.**射线装置分类办法**　根据射线装置对人体健康和环境可能造成危害的程度，从高到低将射线装置分为Ⅰ类、Ⅱ类、Ⅲ类。按照使用用途分医用射线装置和非医用射线装置，详见表 1-2 所示。

（1）Ⅰ类为高危险射线装置，事故时可以使短时间受照射人员产生严重放射损伤，甚至死亡，或对环境造成严重影响。

（2）Ⅱ类为中危险射线装置，事故时可以使受照人员产生较严重放射损伤，大剂量照射甚至导致死亡。

（3）Ⅲ类为低危险射线装置，事故时一般不会造成受照人员的放射损伤。

表 1-2 射线装置分类表

装置类别	医用射线装置	非医用射线装置
Ⅰ类射线装置	能量大于 100 兆电子伏的医用加速器	生产放射性同位素的加速器（不含制备 PET 用放射性药物的加速器） 能量大于 100 兆电子伏的加速器
Ⅱ类射线装置	放射治疗用 X 射线、电子束加速器 重离子治疗加速器 质子治疗装置 制备正电子发射计算机断层显像装置（PET）用放射性药物的加速器 其他医用加速器 X 射线深部治疗机 数字减影血管造影装置	工业探伤加速器 安全检查用加速器 辐照装置用加速器 其他非医用加速器 中子发生器 工业用 X 射线 CT 机 X 射线探伤机
Ⅲ类射线装置	医用 X 射线 CT 机 放射诊断用普通 X 射线机 X 射线摄影装置 牙科 X 射线机 乳腺 X 射线机 放射治疗模拟定位机 其他高于豁免水平的 X 射线机	X 射线行李包检查装置 X 射线衍射仪 兽医用 X 射线机 其他高于豁免水平的 X 射线机

（二）许可和备案

生产、销售、使用放射性同位素和射线装置的单位，应当取得相应许可证。除医疗使用Ⅰ类放射源、制备正电子发射计算机断层扫描用放射性药物自用的单位外，生产放射性同位素、销售和使用Ⅰ类放射源、销售和使用Ⅰ类射线装置的单位的许可证，由国务院生态环境主管部门审批颁发。

生产、销售、使用放射性同位素和射线装置的单位申请领取许可证，应当具备下列条件：①有与所从事的使用活动规模相适应的，具备相应专业知识和防护知识及健康条件的专业技术人员；②有符合国家环境保护标准、放射卫生标准和安全防护要求的场所、设施和设备；③有专门的安全和防护管理机构或者专职、兼职安全和防护管理人员，并配备必要的防护用品和监测仪器；④有健全的安全和防护管理规章制度、辐射事故应急措施；⑤产生放射性废气、废液、固体废物的，具有确保放射性废气、废液、固体废物达标排放的处理能力或者可行的处理方案。

使用放射性同位素和射线装置进行放射诊疗的医疗卫生机构，还应当获得放射源诊疗技术和医用辐射机构许可。即卫生行政部门的放射诊疗许可。

禁止无许可证或者不按照许可证规定的种类和范围从事放射性同位素和射线装置的生产、销售、使用活动。禁止伪造、变造、转让许可证。生产放射性同位素的单位，应当建立放射性同位素产品台账，并按照国务院生态环境主管部门制定的编码规则，对生产的放射源统一编码。放射性同位素产品台账和放射源编码清单应当报国务院生态环境主管部门备案。

生产的放射源应当有明确标号和必要说明文件。其中，Ⅰ类、Ⅱ类、Ⅲ类放射源的标号应当刻制在放射源本体或者密封包壳体上，Ⅳ类、Ⅴ类放射源的标号应当记录在相应说明文件中。国务院生态环境主管部门负责建立放射性同位素备案信息管理系统，与有关部门实行信息共享。未列入产品台账的放射性同位素和未编码的放射源，不得出厂和销售，辐射安全许可证见图1-2所示。

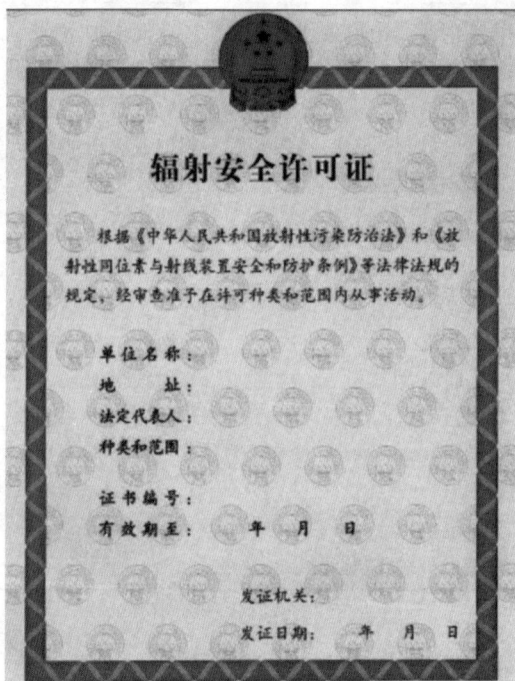

图1-2　辐射安全许可证（式样）

（三）安全和防护

生产、销售、使用放射性同位素和射线装置的单位，应当对本单位的放射性同位素、射线装置的安全和防护工作负责，并依法对其造成的放射性危害承担责任。生产放射性同位素的单位的行业主管部门，应当加强对生产单位安全和防护工作的管理，并定期对其执行法律、法规和国家标准的情况进行监督检查。

对直接从事生产、销售、使用活动的工作人员进行安全和防护知识教育培训，考核合格方可上岗。对直接从事生产、销售、使用活动的工作人员进行个人剂量监测和职业健康检查，建立个人剂量档案和职业健康监护档案。对本单位的放射性同位素、射线装置的安全和防护状况进行年度评估。发现安全隐患的，应当立即进行整改。

使用Ⅰ类、Ⅱ类、Ⅲ类放射源的场所和生产放射性同位素的场所，以及终结运行后产生放射性污染的射线装置，应当依法实施退役。

生产、销售、使用、贮存放射性同位素和射线装置的场所，应当按照国家有关规定设置明显的放射性标志，其入口处应当按照国家有关安全和防护标准的要求，设置安全和防护设施以及必要的防护安全联锁、报警装置或者工作信号。射线装置的生产调试和使用场所，应当具有防止误操作、防止工作人员和公众受到意外照射的安全措施。放射性同位素的包装容器、含放射性同位素的设备和射线装置，应当设置明显的放射性标识和中文警示说明；放射源上能够设置放射性标识的，应当一并设置。运输放射性同位素和含放射源的射线装置的工具，应当按照国家有关规定设置明显的放射性标志或者显示危险信号。

放射性同位素应当单独存放，不得与易燃、易爆、腐蚀性物品等一起存放，并指定专人负责保管。贮存、领取、使用、归还放射性同位素时，应当进行登记、检查，做到账物相符。对放射性同位素贮存场所应当采取防火、防水、防盗、防丢失、防破坏、防射线泄漏的安全措施。对放射源还应当根据其潜在危害的大小，建立相应的多层防护和安全措施，并对可移动的放射源定期进行盘存，确保其处于指定位置，具有可靠的安全保障。

使用放射性同位素和射线装置开展放射诊疗的医疗卫生机构，应当依据国务院卫生主管部门有关规定和国家标准，制定与本单位从事的诊疗项目相适应的质量保证方案，遵守质量保证监测规范，按照医疗照射正当化和辐射防护最优化的原则，避免一切不必要的照射，并事先告知患者和受检者辐射对健康的潜在影响。

（四）监督检查

县级以上人民政府生态环境主管部门和其他有关部门应当按照各自职责对生产、销售、使用放射性同位素和射线装置的单位进行监督检查。被检查单位应当予以配合，如实反映情况，提供必要的资料，不得拒绝和阻碍。县级以上人民政府生态环境主管部门在监督检查中发现生产、销售、使用放射性同位素和射线装置的单位有不符合原发证条件的情形的，应当责令其限期整改。

（五）法律责任

违反条例规定的，由生态环境保护部门责令停止违法行为，给予警告，限期改正；逾期不改正的，责令停产停业或者吊销许可证；没收违法所得并处罚款等；构成犯罪的，依法追究刑事责任。

三、放射诊疗管理规定

（一）概述

为加强放射诊疗工作的管理，保证医疗质量和医疗安全，保障放射诊疗工作人员、患者和公众的健康权益，依据《中华人民共和国职业病防治法》《放射性同位素与射线装置安全和防护条例》和《医疗机构管理条例》等法律、行政法规的规定制定，该规定 2006年第 46 号卫生部令首次发布，2016 年国家卫生和计划生育委员会令第 8 号修改，适用于所有的放射诊疗活动及开展放射诊疗的医疗机构，共计七章四十六条。

放射诊疗，是指使用放射性同位素、射线装置进行临床医学诊断、治疗和健康检查的活动。国家卫生健康委员会负责全国放射诊疗工作的监督管理。县级以上地方人民政府卫生行政部门负责本行政区域内放射诊疗工作的监督管理。

放射诊疗工作按照诊疗风险和技术难易程度分为四类管理：①放射治疗；②核医学；③介入放射学；④ X 射线影像诊断。

医疗机构开展放射诊疗工作，应当具备与其开展的放射诊疗工作相适应的条件，经所在地县级以上地方卫生行政部门的放射诊疗技术和医用辐射机构许可。同时，应当采取有效措施，保证放射防护、安全与放射诊疗质量符合有关规定、标准和规范的要求。

（二）执业条件

医疗机构开展放射诊疗工作，应当具备以下基本条件：①具有经核准登记的医学影像科诊疗科目；②具有符合国家相关标准和规定的放射诊疗场所和配套设施；③具有质量控制与安全防护专（兼）职管理人员和管理制度，并配备必要的防护用品和监测仪器；④产生放射性废气、废液、固体废物的，具有确保放射性废气、废液、固体废物达标排放的处理能力或者可行的处理方案；⑤具有放射事件应急处理预案。

医疗机构开展不同类别放射诊疗工作，还应满足以下要求。

对人员的要求：开展放射治疗工作的，应当具有中级以上专业技术职务任职资格的放射肿瘤医师；病理学、医学影像学专业技术人员；大学本科以上学历或中级以上专业技术职务任职资格的医学物理人员；放射治疗技师和维修人员。开展核医学工作的，应当具有中级以上专业技术职务任职资格的核医学医师；病理学、医学影像学专业技术人员；大学本科以上学历或中级以上专业技术职务任职资格的技术人员或核医学技师。开展介入放射学工作的，应当具有大学本科以上学历或中级以上专业技术职务任职资格的放射影像医师；放射影像技师；相关内、外科的专业技术人员。开展 X 射线影像诊断工作的，应当具有专业的放射影像医师。

对设备的要求：开展放射治疗工作的，至少有 1 台远距离放射治疗装置，并具有模拟定位设备和相应的治疗计划系统等设备。开展核医学工作的，具有核医学设备及其他相关设备。开展介入放射学工作的，具有带影像增强器的医用诊断 X 射线机、数字减影装置等设备。开展 X 射线影像诊断工作的，有医用诊断 X 射线机或 CT 机等设备。

对安全防护设施设备及用品的要求：放射治疗场所应当按照相应标准设置多重安全联锁系统、剂量监测系统、影像监控、对讲装置和固定式剂量监测报警装置；配备放疗剂量仪、剂量扫描装置和个人剂量报警仪。开展核医学工作的，应设有专门的放射性同位素分装、注射、储存场所，放射性废物屏蔽设备和存放场所；配备活度计、放射性表面污染监测仪。介入放射学与其他 X 射线影像诊断工作场所应当配备工作人员防护用品和受检者个人防护用品。

对警示标志的要求：装有放射性同位素和放射性废物的设备、容器，设有电离辐射标志；放射性同位素和放射性废物储存场所，设有电离辐射警告标志及必要的文字说明；放射诊疗工作场所的入口处，设有电离辐射警告标志；在控制区进出口及其他适当位置，设有电离辐射警告标志和工作指示灯。

（三）放射诊疗的设置与批准

医疗机构设置放射诊疗项目，应当按照其开展的放射诊疗工作的类别，分别向相应的卫生行政部门提出建设项目卫生审查、竣工验收和设置放射诊疗项目申请。

新建、扩建、改建放射诊疗建设项目，医疗机构应当在建设项目施工前向相应的卫生行政部门提交职业病危害放射防护预评价报告，申请进行建设项目卫生审查，经审核符合国家相关卫生标准和要求的，方可施工。医疗机构在放射诊疗建设项目竣工验收前，应当进行职业病危害控制效果评价，并向相应的卫生行政部门提交建设项目竣工卫生验收申请、建设项目卫生审查资料、职业病危害控制效果放射防护评价报告及放射诊疗建设项目验收报告。

医疗机构在开展放射诊疗工作前，向卫生行政部门提交放射诊疗许可申请表、医疗机构执业许可证或设置医疗机构批准书（复印件）、放射诊疗专业技术人员的任职资格证书

(复印件)、放射诊疗设备清单及放射诊疗建设项目竣工验收合格证明文件，提出放射诊疗许可申请。放射诊疗许可证见图 1-3 所示。

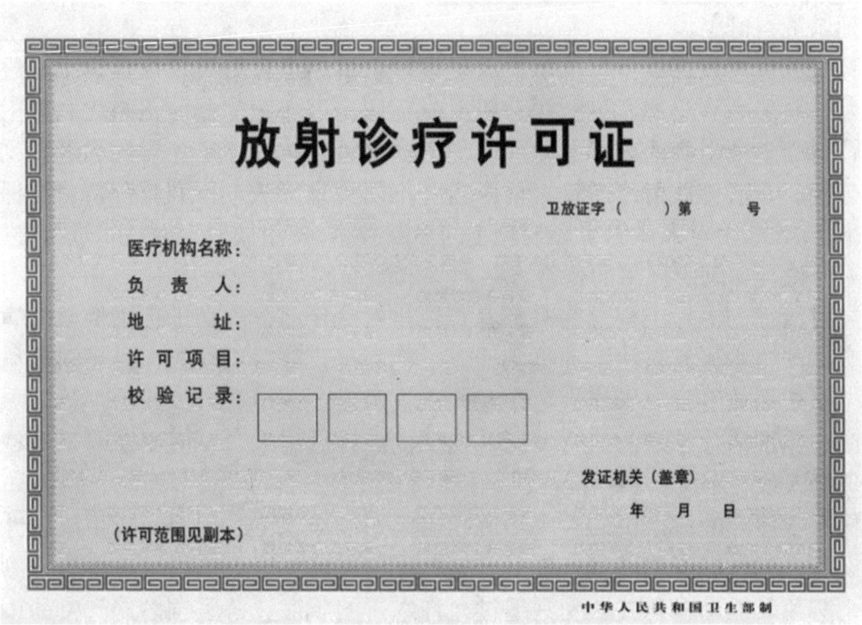
放射诊疗许可证

卫放证字（　　）第　　号

医疗机构名称：

负　责　人：

地　　　址：

许 可 项 目：

校 验 记 录：

发证机关（盖章）

年　月　日

（许可范围见副本）

中华人民共和国卫生部制

图 1-3　放射诊疗许可证（式样）

医疗机构取得放射诊疗许可证后，到核发医疗机构执业许可证的卫生行政执业登记部门办理相应诊疗科目登记手续。未取得放射诊疗许可证或未进行诊疗科目登记的，不得开展放射诊疗工作。放射诊疗许可证与医疗机构执业许可证同时校验，申请校验时应当提交本周期有关放射诊疗设备性能与辐射工作场所的检测报告、放射诊疗工作人员健康监护资料和工作开展情况报告。

医疗机构变更放射诊疗项目的，应当向放射诊疗许可批准机关提出许可变更申请，并提交变更许可项目名称、放射防护评价报告等资料；同时向卫生行政执业登记部门提出诊疗科目变更申请，提交变更登记项目及变更理由等资料，未经批准不得变更。

（四）安全防护与质量保证

医疗机构应当配备专（兼）职的管理人员，负责放射诊疗工作的质量保证和安全防护。其主要职责是：①组织制定并落实放射诊疗和放射防护管理制度；②定期组织对放射诊疗工作场所、设备和人员进行放射防护检测、监测和检查；③组织本机构放射诊疗工作人员接受专业技术、放射防护知识及有关规定的培训和健康检查；④制定放射事件应急预案并组织演练；⑤记录本机构发生的放射事件并及时报告卫生行政部门。

医疗机构的放射诊疗设备和检测仪表，应当符合下列要求：①新安装、维修或更换重要部件后的设备，应当经省级卫生行政部门资质认证的检测机构对其进行检测，合格后方可启用；②定期进行稳定性检测、校正和维护保养，由省级卫生行政部门资质认证的检测机构每年至少进行 1 次状态检测；③按照国家有关规定检验或者校准用于放射防护和质量控制的检测仪表；④放射诊疗设备及其相关设备的技术指标和安全、防护性能，应当符合有关标准与要求。

医疗机构应当定期对放射诊疗工作场所、放射性同位素储存场所和防护设施进行放射防护检测，保证辐射水平符合有关规定或者标准。放射性同位素储存场所应当有专人负责，有完善的存入、领取、归还登记和检查的制度，做到交接严格，检查及时，账目清楚，账物相符，记录资料完整。

医疗机构应当制定与本单位从事的放射诊疗项目相适应的质量保证方案，遵守质量保证监测规范。对患者和受检者进行医疗照射时，应当遵守医疗照射正当化和放射防护最优化的原则；对邻近照射野的敏感器官和组织进行屏蔽防护，并事先告知患者和受检者辐射对健康的影响。在实施放射诊断检查前应当对不同检查方法进行利弊分析，在保证诊断效果的前提下，优先采用对人体健康影响较小的诊断技术。使用放射影像技术进行健康普查的，应当经过充分论证，制定周密的普查方案，采取严格的质量控制措施。

开展放射治疗的医疗机构，在对患者实施放射治疗前，应当进行影像学、病理学及其他相关检查，严格掌握放射治疗的适应证。对确需进行放射治疗的，应当制订科学的治疗计划，并严格按照放射治疗操作规范、规程实施照射，不得擅自修改治疗计划。放射诊疗工作人员应当验证治疗计划的执行情况，发现偏离计划现象时，应当及时采取补救措施并向本科室负责人或者本机构负责医疗质量控制的部门报告。

开展核医学诊疗的医疗机构，应当遵守相应的操作规范、规程，防止放射性同位素污染人体、设备、工作场所和环境。按照有关标准的规定对接受体内放射性药物诊治的患者进行控制，避免其他患者和公众受到超过允许水平的照射。核医学诊疗产生的放射性固体废物、废液及患者的放射性排出物应当单独收集，与其他废物、废液分开存放，按照国家有关规定处理。

医疗机构应当制定防范和处置放射事件的应急预案，发生放射事件后应当立即采取有效应急救援和控制措施，防止事件的扩大和蔓延。

医疗机构发生诊断放射性药物实际用量偏离处方剂量50%以上，放射治疗实际照射剂量偏离处方剂量25%以上，人员误照或误用放射性药物，放射性同位素丢失、被盗和污染，设备故障或人为失误引起的其他放射事件时，应当及时进行调查处理并按照有关规定及时报告卫生行政部门和有关部门。

（五）监督管理

医疗机构应当加强对本机构放射诊疗工作的管理，定期检查放射诊疗管理法律、法规、规章等制度的落实情况，保证放射诊疗的医疗质量和医疗安全。

县级以上地方人民政府卫生行政部门应当定期对本行政区域内开展放射诊疗活动的医疗机构进行监督检查，被检查的单位应当予以配合，如实反映情况，提供必要的资料，不得拒绝、阻碍、隐瞒。

（六）法律责任

对未取得放射诊疗许可从事放射诊疗工作的（包括未办理诊疗科目登记或者校验、擅自变更放射诊疗项目或者超范围从事放射诊疗工作等）；医疗机构使用不具备相应资质的人员从事放射诊疗工作的；购置、使用不合格或国家有关部门规定淘汰的放射诊疗设备；未按照规定使用安全防护装置和个人防护用品；未按照规定对放射诊疗设备、工作场所及防护设施进行检测和检查；未按照规定对放射诊疗工作人员进行个人剂量监测、健康检查、建立个人剂量和健康档案；发生放射事件并造成人员健康严重损害；发生放射事件未立即采取应急救援和控制措施或者未按照规定及时报告等以上情形的，由县级以上卫生行政部门给予警告、责令限期改正、罚款等。情节严重者，吊销其医疗机构执业许可证。

四、大型医用设备配置与使用管理办法（试行）

（一）概述

使用技术复杂、资金投入量大、运行成本高、对医疗费用影响大且纳入目录管理的大型医疗器械，简称大型医用设备，其中部分放射诊疗设备属于大型医用设备范畴。为深入推进简政放权、放管结合、优化服务，促进大型医用设备合理配置和有效使用，保障医疗质量安全，控制医疗费用过快增长，维护人民群众健康权益，我国根据《行政许可法》和《国务院关于修改＜医疗器械监督管理条例＞的决定》等法律法规规定，由国家卫生健康委员会、国家药品监督管理局于 2018 年 5 月联合制定发布了《大型医用设备配置与使用管理办法（试行）》，该办法共计七章四十九条。

（二）管理目录

大型医用设备目录由国家卫生健康委员会商国务院有关部门提出，报国务院批准后公布执行。国家按照目录对大型医用设备实行分级、分类配置规划和配置许可证管理。国家卫生健康委员会负责制定大型医用设备配置与使用的管理制度并组织实施，指导开展大型医用设备配置与使用行为的评价和监督工作。县级以上地方卫生健康行政部门负责本区域内大型医用设备配置与使用行为的监督管理工作。

大型医用设备配置管理目录分为甲、乙两类。甲类大型医用设备由国家卫生健康委员会负责配置管理并核发配置许可证；乙类大型医用设备由省级卫生健康行政部门负责配置管理并核发配置许可证。国家卫生健康委员会对大型医疗器械使用的安全性、有效性、经济性、适宜性等进行评估，适时提出大型医用设备管理目录调整建议。大型医用设备管理目录调整包括：纳入管理目录，甲类管理目录的设备调整为乙类管理目录的设备，乙类管理目录的设备调整为甲类管理目录的设备，不再纳入管理目录等。

甲类大型医用设备包括：①重离子放射治疗系统；②质子放射治疗系统；③正电子发射型磁共振成像系统（PET/MR）；④高端放射治疗设备，指集合了多模态影像、人工智能、复杂动态调强、高精度大剂量率等精确放疗技术的放射治疗设备，目前包括 X 射线立体定向放射治疗系统（Cyber Knife）、螺旋断层放射治疗系统（TOMO）HD 和 HDA 两个型号、Edge 和 Versa HD 等型号直线加速器；⑤首次配置的单台（套）价格在 3000 万元人民币（或 400 万美元）及以上的大型医疗器械。

乙类大型医用设备包括：① X 射线正电子发射断层扫描仪（PET/CT，含 PET）。②内镜手术器械控制系统（手术机器人）。③ 64 排及以上 X 射线计算机断层扫描仪（64 排及以上 CT）。④ 1.5T 及以上磁共振成像系统（1.5T 及以上 MR）。⑤直线加速器（含 X 刀，不包括列入甲类管理目录的放射治疗设备）。⑥伽玛射线立体定向放射治疗系统（包括用于头部、体部和全身）。⑦首次配置的单台（套）价格在 1000 万～ 3000 万元人民币的大型医疗器械。

国家卫生健康委员会在大型医用设备管理中认为需要调整管理目录时启动调整工作，商国务院有关部门报国务院批准。全国性医疗领域相关行业组织、省级卫生健康行政部门等可以向国家卫生健康委员会提出调整大型医用设备管理目录的建议。医疗器械使用单位可向所在省级卫生健康行政部门提出调整建议，省级卫生健康行政部门认为确有必要的，可向国家卫生健康委员会提出调整建议。

（三）配置规划

大型医用设备配置规划是与国民经济和社会发展水平、医学科学技术进步以及人民群众健康需求相适应的，符合医疗卫生服务体系规划，可促进区域医疗资源共享。大型医用设备配置规划原则上每 5 年编制一次，分年度实施。配置规划应当充分考虑社会办医的发展需要，合理预留规划空间。省级卫生健康行政部门结合本地区医疗卫生服务体系规划，提出本地区大型医用设备配置规划和实施方案建议并报送国家卫生健康委员会。国家卫生健康委员会负责制定大型医用设备配置规划，并向社会公开，使用单位应当根据功能定位、临床服务需求、医疗技术水平和专科发展等合理选择大型医用设备的适宜档次和机型。

（四）配置管理

使用单位申请配置大型医用设备，应当符合大型医用设备配置规划，与其功能定位、临床服务需求等相适应。具有相应的技术条件、配套设施和具备相应资质、能力的专业技术人员。

申请配置甲类大型医用设备的，向国家卫生健康委员会提出申请；申请配置乙类大型医用设备的，向所在地省级卫生健康行政部门提出申请。国家卫生健康委员会负责甲类大型医用设备配置许可证的审批、印制、发放等管理工作。省级卫生健康行政部门负责本行政区域内乙类大型医用设备配置许可证的审批、印制、发放等管理工作。

使用单位应当依法使用和妥善保管大型医用设备配置许可证，不得伪造、变造、买卖、出租、出借。应当将大型医用设备配置许可证信息列为向社会主动公开的信息，并将大型医用设备配置许可证正本悬挂在大型医用设备使用场所的显著位置。国家卫生健康委员会、省级卫生健康行政部门应当分别公开甲类、乙类大型医用设备配置许可情况。

（五）使用管理

大型医用设备使用应当遵循安全、有效、合理和必需的原则。医疗器械使用单位应当建立大型医用设备管理档案，并如实记载相关信息。按照大型医用设备产品说明书等要求，进行定期检查、检验、校准、保养、维护，确保大型医用设备处于良好状态。大型医用设备必须达到计（剂）量准确、辐射防护安全、性能指标合格后方可使用。应当按照国家法律法规的要求，建立完善大型医用设备使用信息安全防护措施，确保相关信息系统运行安全和医疗数据安全。卫生健康行政部门应当对大型医用设备的使用状况进行监督和评估。大型医用设备使用人员应当具备相应的资质、能力，按照产品说明书、技术操作规范等使用大型医用设备。医疗器械使用单位发现大型医用设备不良事件或者可疑不良事件，应当按照规定及时报告医疗器械不良事件监测技术机构。发现大型医用设备使用存在安全隐患的，或者外部环境、使用人员、技术等条件发生变化，不能保障使用安全质量的，应当立即停止使用。使用单位不得使用无合格证明、过期、失效、淘汰的大型医用设备，不得以升级等名义擅自提高设备配置性能或规格，规避大型医用设备配置管理。严禁引进境外研制但境外尚未配置使用的大型医用设备。

（六）监督管理

国家卫生健康委员会及时公布大型医用设备配置与使用监督管理信息，便于公众查询和社会监督。医疗器械使用单位应当定期如实填报大型医用设备配置使用相关信息。

卫生健康行政部门对医疗器械使用单位配置与使用大型医用设备的监督检查，实行随机抽取检查对象、随机选派执法检查人员，抽查情况及查处结果及时向社会公开。使用单位和个人应当配合相关监督检查，不得虚报、瞒报相关情况。县级以上卫生健康行政部门应当建立配置与使用大型医用设备的单位及其使用人员的信用档案。使用单位在大型医用设备配置许可申请和大型医用设备使用中虚报、瞒报相关情况的，卫生健康行政部门应当将医疗器械使用单位负责人和直接责任人违法记录通报有关部门，记入相关人员的信用档案。使用单位不按照操作规程、诊疗规范合理使用，聘用不具有相应资质、能力的人员使用大型医用设备，不能保障医疗质量安全的，由县级以上卫生健康行政部门依法予以处理。

医疗器械使用单位应当将管理目录内同品目但未实行配置许可的大型医疗器械使用人员技术条件、使用信息向所在地县级以上地方卫生健康行政部门备案并向社会公示。甲类大型医用设备配置许可证见图 1-4 所示。

图 1-4　甲类大型医用设备配置许可证（式样）

五、放射卫生技术服务机构管理办法

为规范放射卫生技术服务行为，加强对放射卫生技术服务机构的管理，根据《中华人民共和国职业病防治法》等相关要求制定本办法（2012 年卫监督发〔2012〕25 号），办法共计七章三十二条。

本办法所称的放射卫生技术服务机构是指为医疗机构提供放射诊疗建设项目职业病危害放射防护评价，放射卫生防护检测，个人剂量监测，放射防护器材和含放射性产品检测等技术服务的机构。本书内容所涉及的放射诊疗设备质量控制检测与评价均须委托具有相应资质的放射卫生技术服务机构完成（稳定性检测除外）。从事放射卫生技术服务的机构，必须取得省级卫生行政部门颁发的放射卫生技术服务机构资质证书。国家卫生健康委员会负责全国放射卫生技术服务机构的监督管理工作。县级以上地方卫生行政部门负责辖区内放射卫生技术服务机构的监督管理工作。放射卫生技术服务机构的设置应当遵循合理配置原则。

放射卫生技术服务机构资质证书有效期为4年，跨省（自治区、直辖市）提供技术服务时，应当接受服务单位所在地县级以上地方人民政府卫生健康行政部门监督检查。跨省（自治区、直辖市）开展个人剂量监测服务的，监测结果应报服务单位所在地省级卫生健康主管部门。

放射卫生技术服务机构违反本办法有关规定的，由县级以上卫生行政部门按照国家有关法律法规及相关规定处理。放射卫生技术服务机构资质证书（式样）见图 1-5 所示。

放射卫生技术服务机构资质证书

（ ）放卫技字（ ）第 号

单位名称：
法定代表人（负责人）：
地 址：
技术服务范围：
有效期限： 年 月 日至 年 月 日

发证机关（公章）
年 月 日

图 1-5 放射卫生技术服务机构资质证书（式样）

第三节 质量控制检测与评价相关标准体系简介

一、标准化

标准化是指在经济、技术、科学和管理等社会实践中，对重复性的事物和概念，通过制订、发布和实施标准达到统一，对实际的或潜在的问题制定共同的和重复使用的规则的活动，以获得最佳秩序和社会效益。公司标准化是以获得公司的最佳生产经营秩序和经济效益为目标，对公司生产经营活动范围内的重复性事物和概念，以制定和实施公司标准，以及贯彻实施相关的国家、行业、地方标准等为主要内容的过程。其重要意义是改进产品、过程和服务的适用性，防止贸易壁垒，促进技术合作。制定标准应当有利于合理利用国家资源，推广科学技术成果，提高经济效益，保障安全和人民身体健康，保护消费者的利益，保护环境，有利于产品的通用互换及标准的协调配套等。

国际上，标准化工作主要由国际标准化组织（International Organization for Standardization，ISO）主导实施，ISO 是一个全球性的非政府组织，是国际标准化领域中最重要的组织。ISO 成立于 1947 年，我国是 ISO 的正式成员，代表我国参加 ISO 的国家机构是国家市场监督管理总局。ISO 所起草的文件及国际标准是各成员国技术标准化所遵循的基础依据。国际标准一般由 ISO 理事会审查通过后，由 ISO 中央秘书处颁布。我国标准化工作主要由挂靠于国家市场监督管理总局的国家标准化管理委员会主导实施，《中华人民共和国标准化法》（1988 年第 11 号主席令发布，2017 年第 78 号主席令修订）中规定，我国将标准分为国家标准、行业标准、地方标准、团体标准和企业标准 5 类。

二、主要国际机构及标准

（一）国际原子能机构（International Atomic Energy Agency，IAEA）

IAEA 是由世界各国政府在原子能领域进行科学技术合作的国际机构。总部设在奥地利的维也纳，组织机构包括大会、理事会和秘书处等。IAEA 在核科学领域发布了众多重要标准，例如：针对放射诊疗设备质量控制，发布了放射治疗临床吸收剂量国际通用计算方法，*IAEA Technical Reports Series No. 277 Absorbed Dose Determination in Photon and Electron Beams: an International Code of Practice*（IAEA TRS-277）和 *IAEA. Technical Reports Series No. 398 Absorbed Dose Determination in External Beam Radiotherapy: an International Code of Practice for Dosimetry Based on Standards of Absorbed Dose to Water*（IAEA TRS-398）等技术报告。IAEA TRS-277 号报告中规定了的光子 / 电子束吸收剂量测定方法，虽然基于 IAEA TRS-277 号报告的放射治疗光子 / 电子束吸收剂量测定方法已在国内外广泛应用，但基于水吸收剂量标准（IAEA TRS-398）的国际剂量学实用准则才是国际最新测定方法。与 TRS-277 号报告相比，TRS-398 主要有以下优点：①使用的量与临床应用量一致，可直接测量并计算得到水中吸收剂量；②计算公式较为简单，减少了剂量测量的不确定度，简化了测量程序；③ TRS-398 号报告还适用于质子/重离子等其他射线类型，与临床放射治疗更加贴切。

（二）国际电工委员会（International Electrotechnical Commission，IEC）

IEC 成立于 1906 年，它是世界上成立最早的国际性电工标准化机构，负责有关电气工程和电子工程领域中的国际标准化工作，总部位于日内瓦。其宗旨是促进电工、电子和相关技术领域，以及有关电工标准化等所有问题（如标准的合格评定）的国际合作。该委员会的目标是：有效满足全球市场的需求；保证在全球范围内优先并最大程度地使用其标准和合格评定计划；评定并提高其标准所涉及的产品质量和服务质量；为共同使用复杂系统创造条件；提高工业化进程的有效性；提高人类健康和安全；保护环境等。截至 2018 年 12 月底，IEC 已制定发布了 10 771 个国际标准。例如 *Medical Electrical Equipment-Part 1-2: General Requirements for Basic Safety and Essential Performance-Collateral Standard: Electromagnetic Disturbances-Requirements and Tests*（IEC 60601-1-2：2014）为国内放射诊疗设备质量控制检测相关标准的研制提供了重要依据。

（三）美国医学物理学家学会（The American Association of Physicists in Medicine，AAPM）

AAPM 是一个科学和专业的组织，成立于 1958 年，由 8000 多名科学家组成，他们的临床实践致力于确保在医学成像和放射治疗等医疗程序中使用辐射的准确性、安全性和质量，通常被称为医学物理学家，由于在诊断和治疗中使用辐射技术将医师与患者联系起来，因此在医学专业中处于独特的位置。医学物理学家的责任是确保成像和放射治疗中所规定

☆★☆☆

的辐射被准确和安全地传送。AAPM 的主要目标之一，是确定和实施在成像和放射治疗中医疗使用放射治疗的患者安全改进。例如，AAPM 在 CT 质量控制方面设计了 461A 型模体和放疗相关质控模体，同时发布了放射治疗吸收剂量测量及计算方法 *Accelerator beam data commissioning equipment and procedures: Report of the TG-106 of the Therapy Physics Committee of the AAPM*（AAPM TG-106）等技术标准，也是我国开展放射治疗质量控制所参考的最重要依据之一。

（四）美国电气制造商协会（National of Electrical Manufacturers Association，NEMA）

NEMA 成立于 1926 年秋，是由美国电力俱乐部和美国电气供应制造商联盟合并而成。NEMA 的主要活动之一是为电气设备标准化提供论坛，从而保证电气设备的安全、有效和兼容。NEMA 通过参与公共政策制订并作为收集、整理、分析市场统计数据 / 经济数据的中心机构为电气工业做出了巨大贡献。NEMA 积极推动电气产品的安全生产和使用，向媒体和公众提供关于 NEMA 的信息，并在新技术和开发技术领域代表美国电气工业的利益。截至目前，NEMA 已发布了 700 多项标准，针对核医学设备质量控制检测，发布了重要的国际标准 Performance Measurements of Gamma Cameras（NEMA NU 1-2018）和 Performance Measurements of Positron Emission Tomographs（PET）（NEMA NU 2-2018）等，目前已在全球广泛使用。

三、国内标准

（一）国家标准（GB）

国家标准分为国家强制性标准（GB）和国家推荐性标准（GB/T），国家标准的编号由国家标准的代号、国家标准发布的顺序号和国家标准发布的年号（发布年份）构成。GB 代号国家标准既有可能含有强制性条文，又可能含有推荐性条文，当全文强制时则不含有推荐性条文，重点关注标准的前言部分。GB/T 代号国家标准为全文推荐性。

为保障人身健康和生命财产安全、国家安全、生态环境安全及满足经济社会管理基本需要的技术要求，应当制定强制性国家标准。强制性国家标准由国务院有关行政主管部门依据职责提出、组织起草、征求意见和技术审查，由国务院标准化行政主管部门负责立项、编号和对外通报。强制性国家标准由国务院批准发布或授权发布。对于满足基础通用、与强制性国家标准配套、对各有关行业起引领作用等需要的技术要求，可以制定推荐性国家标准（GB/T），但推荐性国家标准一经接受并采用，或各方商定同意纳入经济合同中，就成为各方必须共同遵守的技术依据，具有法律上的约束性。推荐性国家标准由国务院标准化行政主管部门制定。

国务院标准化行政主管部门和国务院有关行政主管部门建立标准实施信息和评估机制，根据反馈和评估情况对国家标准进行复审，复审周期一般不超过 5 年。经过复审，对不能满足经济社会发展需要和技术进步要求的标准，应当及时修订或者废止。如国家标准《电离辐射防护与辐射源安全基本标准》（GB 18871—2002），是电离辐射防护领域最重要的基本标准；《X 射线计算机断层摄影装置质量保证检测规范》（GB 17589—2011）是针对 X 射线计算机断层摄影装置（CT）开展质量控制检测最重要的标准之一。

（二）国家职业卫生标准（GBZ）

国家职业卫生标准属于国家标准范畴，主要分为国家职业卫生强制性标准（GBZ）和

☆ ☆ ☆ ☆

国家职业卫生推荐性标准（GBZ/T），国家职业卫生标准是以保护劳动者健康为目的，对劳动条件（工作场所）的卫生要求做出的技术规定，是实施职业卫生法律、法规的技术规范，是卫生监督和管理的法定依据。如《放射诊断放射防护要求》（GBZ 130—2020）、《放射治疗放射防护要求》（GBZ 121—2020）和《核医学放射防护要求》（GBZ 120—2020）等标准均是放射防护中运用最多的防护标准。

（三）卫生行业标准（WS）

行业标准是对没有国家标准而又需要在全国某个行业范围内统一的技术要求所制定的标准。行业标准不得与有关国家标准相抵触。有关行业标准之间应保持协调、统一，不得重复。行业标准在相应的国家标准实施后，即行废止。行业标准由国务院有关行政主管部门制定，并报国务院标准化行政主管部门备案。行业标准的归口部门及其所管理的行业标准范围，由国务院有关行政主管部门提出申请报告，国务院标准化行政主管部门审查确定，并公布该行业的行业标准代号。

卫生行业标准主要分为卫生行业强制性标准（WS）和卫生行业推荐性标准（WS/T）。国家职业卫生标准和卫生行业标准是放射诊疗设备质量控制检测与评价最重要的两类标准参考依据。例如《医用电子直线加速器质量控制检测规范》（WS 674—2020），是针对医用电子直线加速器进行质量控制检测最重要的标准之一；《医用 X 射线诊断设备质量控制检测规范》（WS 76—2020），是针对放射诊断及介入放射学设备进行质量控制检测最重要的标准之一。

（四）其他标准

1. 国家计量标准（JJ）

（1）国家计量检定规程（JJG）：国家计量标准也属于国家标准范畴，主要分为国家计量检定规程（JJG）和国家计量技术规范（JJF）。JJG 是在计量检定时对计量器具的适用范围、计量特性、检定项目、检定条件、检定方法、检定周期及检定数据处理等所作出的技术规定。计量检定规程是判定计量器具是否合格的法定技术条件，是计量监督人员对计量器具实施计量监督、计量检定人员执行检定任务的法定依据。

（2）国家计量技术规范（JJF）：是指国家计量检定系统和国家计量检定规程所不能包含的其他具综合性、基础性的计量技术要求和技术管理方面的规定。针对放射卫生检测与评价行业，国家计量标准只作为放射检测仪器检定 / 校准等量值溯源依据和其他技术参考，不作为检测评价依据标准。如由国家质量监督检验检疫总局于 2008 年发布的标准《医用电子直线加速器辐射源》（JJG 589—2008），也是医用电子直线加速器质量控制所依据的重要标准之一。

2. 医药行业标准（YY）　即标准归口部门为国家市场监管总局食品药品监督管理局统一管理，主要分为医药行业强制性标准（YY）和医药行业推荐性标准（YY/T），主要用于医疗器械、器具和药品的生产、销售等环节的技术规范，也可作为放射卫生检测与评价的技术参考，不作为检测评价依据标准。如《医用电气设备放射治疗计划系统的安全要求》（YY 0637—2013），也是放射治疗设备质量控制所依据的重要标准之一。

3. 认证认可行业标准（RB）　即标准归口部门为国家市场监管总局国家认证认可监督管理委员会统一管理，主要分为认证认可行业强制性标准（RB）和认证认可行业推荐性标准（RB/T）。如《检验检测机构资质认定能力评价检验检测机构通用要求》（RB/T 214—2017），是每个放射卫生技术服务机构申请资质认定及质量体系建设、运行与管理的最重

☆☆☆☆

要标准之一。

4. 地方标准（DB）　由地方（省、自治区、直辖市）标准化主管机构或专业主管部门批准、发布，在某一地区范围内统一的标准，主要分为地方强制性标准（DB）和地方推荐性标准（DB/T）。在 1988 年以前，我国标准化体系中还没有地方标准这一级标准。但其客观上已经存在，如在环境保护、工程建设、医药卫生等方面。制定地方标准一般有利于发挥地区优势，提高地方产品的质量和竞争能力，同时也使标准更符合地方实际，有利于标准的贯彻执行。但地方标准的范围要从严控制，凡有国家标准、行业标准的，不能制定地方标准，军工产品、机车、船舶等也不宜制定地方标准。如上海市发布的地方标准《数字减影血管造影（DSA）X 射线设备质量控制检测规范》（DB 31/840—2014），可作为数字减影血管造影（DSA）质量控制检测与评价的技术参考之一。

5. 团体标准（T）　团体是指具有法人资格，且具备相应专业技术能力、标准化工作能力和组织管理能力的学会、协会、商会、联合会和产业技术联盟等社会团体。团体标准是由学术团体按照团体确立的标准制定程序自主制定发布，由社会自愿采用的标准。团体标准只作为放射检测与评价的技术参考，不作为检测评价依据标准。如中国医院协会发布的团体标准《中国医院质量安全管理　第 2-17 部分：患者服务放射治疗》（T/CHAS 10-2-17-2018），可作为放射治疗设备质量控制检测与评价的技术参考；团体标准《口腔锥形束 CT 质量控制检测规范》（T/WSJD 8—2020）是可供开展口腔锥形束 CT 质量控制检测的参考标准。

6. 企业标准（Q）　企业生产的产品没有国家标准和行业标准的，应当制定企业标准，作为组织生产的依据，并报有关部门备案。企业标准只作为放射检测与评价的技术参考，不作为检测评价依据标准。如企业标准《GXY-2000 地下管线探测仪》（Q/HADL 002—2006）。

7. 技术报告/导则指南　由各项标准衍生得到的技术导则或指南也具备一定规范性，是各技术标准指导下的子系统。技术报告/导则指南只作为放射检测与评价的技术参考，不作为检测评价依据标准。如由国家癌症中心/国家肿瘤治疗质量控制中心发布的团体标准技术指南《放射治疗质量控制基本指南》（NCCT-RT 001—2017）也是放射治疗设备质量控制检测的重要参考。

四、我国放射卫生标准体系

近几年，我国以放射卫生标准体系的科学性和相对稳定性作为构建体系的基础，结合近几年放射卫生标准的清理复审结果，以及放射卫生标准专业委员会标准领域和主要工作范围，参考国内外放射卫生出版物等相关资料，对标准体系进行重新界定、分类和调整，确定了新的放射卫生标准体系层次结构。新的放射卫生标准体系将放射卫生防护标准分为 8 大类：基础标准、计划照射、现存照射、应急照射、职业健康管理、放射性疾病诊断与处理、检测与评价、其他。具体分类如下：

（一）基本标准

此类标准是具有广泛的适用范围或包含一个特定领域的通用条款标准，可进一步分为名词术语、基本要求 2 个子类目。

（二）计划照射

在国际辐射防护委员会 103 号报告和国际原子能机构于 2014 年发布的《国际辐射防

护和辐射源安全基本安全标准》中，将照射情况类型分为计划照射情况、应急照射情况和现存照射情况。我国的基本标准《电离辐射防护与辐射源安全基本标准》（GB 18871—2002）等效采用了 1996 年版的《国际辐射防护和辐射源安全基本安全标准》，此标准发布实施已近 20 年，可以预见的是，在将来修订该标准时，放射防护要求的划分应与专业领域内的国际共识相一致。因此，在对放射防护要求的划分方面，放射卫生标准体系参考目前专业领域内的国际共识进行编制，分为计划照射、现存照射和应急照射。按照电离辐射的实际应用情况，又将计划照射情况的放射防护要求进一步分为医学应用、工业应用、安全检查和其他共 4 个子类目。

（三）现存照射

此类标准主要是为保护不同人群健康、针对现存照射情况所制定的防护要求、参考水平等，可进一步分为环境与场所、饮用水、其他 3 个子类目。

（四）应急照射

按照《中华人民共和国突发事件应对法》（2007 年 8 月 30 日第 69 号主席令发布）和《国家核应急预案》（2013 年 6 月 30 日国务院发布）等法律、文件的要求，应急照射包括核和辐射卫生应急准备、预案编制、人员培训与应急演练、辐射监测与评价、医学响应程序、应急情况下人员的放射防护、医学处置规范、公众心理沟通等方面。此外，根据放射卫生标准专业委员会的标准工作范围和放射卫生标准现状，应急照射标准内容不仅包括相关的放射防护要求，也应包括医学救治、应急演练等内容。因此，根据放射卫生标准体系的层次排列，类目划分清楚的编制原则，兼顾标准间的同一性，将应急照射下的放射防护要求、核和辐射事故医学救治、应急演练等应急照射相关的标准归为一类。此类标准可进一步划分为应急准备、应急响应 2 个子类目。

（五）职业健康管理

根据《中华人民共和国职业病防治法》《职业健康检查管理办法》（2015 年 1 月 23 日第 5 号国家卫生和计划生育委员会令发布，2019 年 2 月 28 日第 2 号国家卫生健康委员会令修订）和《放射工作人员职业健康管理办法》（2007 年 6 月 3 日第 55 号中华人民共和国卫生部令发布）的要求，放射工作人员职业健康管理内容包括健康检查、职业健康监护、从业培训、医学监督等几个方面。因此，将与放射工作人员健康管理相关的标准归为职业健康管理类，并进一步分为一般要求、健康监护、个人监测、培训 4 个子类目。

（六）放射性疾病诊断与处理

放射性疾病原称放射性损伤，是人体受各种电离辐射而发生的各种类型和不同程度的损伤（或疾病）的总称。目前，对放射性疾病的分类方法较多，大体上可按内、外照射方式和来源分为内照射和外照射放射性疾病；按受照剂量的大小、作用时间的长短和发病的急缓程度分为急性和慢性放射病；按受照范围的大小和部位的不同分为全身性和局部放射性损伤；按是否伴有其他致伤因素所致的损伤分为单纯放射损伤和放射性复合伤；按效应出现的早晚分为近期和远期效应；根据是否有职业接触可分为职业性放射性疾病和非职业性放射性疾病。根据《职业病分类和目录》（2013 年 12 月 23 日由国家卫生计生委、人力资源社会保障部、安全监管总局、全国总工会四个部门联合发布），职业性放射性疾病包括外照射急性放射病、外照射亚急性放射病、外照射慢性放射病、内照射放射病、放射性皮肤疾病、放射性肿瘤（含矿工高氡暴露所致肺癌）、放射性骨损伤、放射性甲状腺疾病、放射性性腺疾病、放射复合伤等，以及根据《职业性放射性疾病诊断标准总则》

☆☆☆☆

（GBZ 112—2017）可以诊断的其他放射性损伤。根据放射性疾病的特点、《放射性疾病名单》（GB/T 18201—2000）和其修订稿的内容以及"放射性疾病诊断标准与相关处理规范类标准分开编写"的原则，参照前述标准分类情况，将放射性疾病诊断类标准进一步分为全身性疾病、器官和组织损伤、放射复合伤、放射性肿瘤、处理规范共 5 个子类目。

（七）检测与评价

根据放射卫生标准体系所涵盖的标准范围，放射卫生标准体系内的检测与评价标准通常是与放射防护和放射性疾病诊断标准配套而制定的方法学标准。此类标准进一步分为放射诊疗设备质量控制检测、场所监测、剂量估算、放射性物质检测分析、建设项目放射防护评价 5 个子类目，其中"放射诊疗设备质量控制检测"子类目的所有标准为本书所介绍放射诊疗设备质量控制检测最重要的依据。剂量估算类标准内容主要涉及各类照射情况下对受照人员进行剂量估算的方法，为相关疾病损伤的诊治提供依据和支持。根据标准的具体内容和方法的专业特点，剂量估算类标准进一步分为基本参数、物理学方法、生物学方法 3 个子类目。建设项目放射防护评价类标准包括相关辐射设施的辐射屏蔽和建设项目的职业病危害放射防护评价等内容。根据标准的具体内容，将此类标准进一步分为辐射屏蔽规范和职业病危害放射防护评价 2 个子类目。

（八）其他

根据放射卫生标准的现状和上述 7 类标准的划分情况，将无法归入上述 7 大类的标准列入此类。随着放射卫生标准体系的不断扩展和完善，还可以从该类中整理划分出新的标准类目，放射卫生标准体系结构见表 1-3 所示。

表 1-3　放射卫生标准体系

	基本标准	名词术语	
放射卫生标准体系	基本标准	基本要求	
	计划照射	医学应用	放射诊断
			放射治疗
			核医学
			介入放射学
		工业应用	
		安全检查	
		其他	
	现存照射	环境与场所	
		饮用水	
		其他	
	应急照射	应急准备	
		应急响应	

续表

放射卫生标准体系	职业健康管理	一般要求	
		健康监护	
		个人监测	
		培训	
	放射性疾病诊断与处理	全身性疾病	
		器官和组织损伤	
		放射复合伤	
		放射性肿瘤	
		处理规范	
	检测与评价	放射诊疗设备质量控制检测	
		场所监测	
		剂量估算	基本参数
			物理学方法
			生物学方法
		放射性物质检测分析	
		建设项目放射防护评价	辐射屏蔽规范
			职业病危害放射防护评价
	其他		

第 2 章
检验检测机构质量控制及管理

两千多年前，秦帝国一统天下。伴随秦国统一的是强大的兵器制作能力。强大的兵器制作首先要统一度量衡，统一测量基准。确定基本尺度是做到整齐划一的物质基础。其次是强化管理责任，施行相邦、工师、丞、工匠，四级管理，并且在产品上刻上责任者姓名，以便发现问题，能及时查找原因追溯源头，这就是"物勒工名，以考其诚"也是中国历史上以签名进行溯源为核心的最早质量管理体系。以统一尺寸为基础强化质量控制，保证产品一致性、溯源性和科学性的管理体系。

19 世纪中叶，随着工业化大生产的发展，市场经济逐步发育并日趋成熟。为防止因产品质量低劣发生灾难，必须要对产品质量进行公正准确的评价和验收。为避免产品质量评价时标准不统一，同时防止由产品提供方自我评价与产品接收方验收评价时所处立场和经济利益导致的缺陷，产生了独立于产销双方，且不受双方经济利益支配和影响的第三方评价和检测机构，用科学、公正的方法对市场上流通商品，特别是涉及安全／健康的商品进行检测、评价和监督活动。这就是最早的第三方检验检测机构进行的检测、检查、认证、合格评定活动的雏形。

1903 年，英国政府授权英国标准协会（BSI），以英国国家标准为依据对英国铁轨进行合格认证，并在铁轨上打上英国标准协会认证标志（风筝标志）。自此，现代规范意义的第三方检测评价活动便产生了，并逐步形成法规管理，成为政府部门和中介机构共同参与的活动。

检验检测行业是高技术型、生产型以及科技型服务业，其数据的真实性、可靠性是核心竞争力的基础。要保证稳定可靠的数据产出以及机构高速度、高效率、经济节约的运行，最大限度满足客户的要求，必须进行科学规范管理，建立体系对人员、设备、场所等各方面资源予以充分调配，来达到以上目的。机构建立的这套管理体系是为了实施质量管理并使其达到预定目标，遵守共同约定和管理要求。

第一节 概 述

一、质量管理体系概述

体系是"相互关联或相互作用的一组要素"。体系是对有关事物相互联系、相互制约的各方面通过系统性的优化整合，进而转化为互相协调一致有机整体；体系是用来增强整体的系统性、部门之间协调性和运行的有效性。检验检测机构的管理体系是把影响检验检测质量的所有要素综合起来，在质量方针指引下，为实现质量目标而形成的集中统一、步调一致、协调配合的有机体，避免部门掣肘，最大限度发挥各分系统作用，达到 1+1 > 2 的效果。

基于不同的标准，各机构建立体系不尽相同。部分机构为遵守中国合格评定国家认可委员会（CNAS）要求，依据《检测和校准实验室能力的通用要求》（GB/T 27025—2019/ISO/IEC 17025：2017）建立体系，更多机构为达到国家对检验检测机构的要求（计量认证），而根据《检验检测机构资质认定能力评价　检验检测机构通用要求》（RB/T 214—2017）系列标准建立体系，并根据国家和各自行业的特殊要求和相关法律法规规定不断完善更新。

机构建立管理体系是为了实施质量管理活动，以最优最有效率的方式来指导工作人员、设备协调一致，从而降低运行时间成本和财务成本，保证顾客对质量满意。

建立管理体系是为了帮助机构把影响检验检测的诸多因素进行全面控制，将检验检测工作全过程和涉及的其他方面面工作进行系统有效的管理和控制，这些方面包括技术、人员、资源等。机构必须不断完善管理体系，以适应不断变化的内部和外环境，持续有效运行，才能保证检测数据的真实可靠，公正准确。

建立完善的管理体系并保持有效运行是质量管理的核心和关键，是具有相当难度的系统性工程。要把质量控制的观念转变升级为质量管理，质量并不仅仅是一个技术问题，更是一个管理的永恒话题。

二、管理体系

（一）组织机构

组织机构是机构为了实施其职能按一定格局设置的组织部门，设定各自职责范围、协调相互关系、保障相互联系，是实施质量方针和质量目标的组织保证。机构应按照自身特点、目标、性质、文化传统和上级部门要求等多方面要求建立有自身特色的与自身相适应的组织机构。建立良好的组织机构应做好以下几方面的工作：①设置与检验检测工作相适应的各部门；②确立综合协调部门；③确定各部门职责及相互关系；④给予各部门配备相应的资源。

（二）程序

机构应根据工作的需求、目标和实际情况制定为完成某项工作必须遵守的规定文件。程序主要按照顺序展开工作活动细节，除了所谓 5W+1H（何因 Why、何事 What、何地 Where、何时 When、何人 Who 以及何法 How）等六个方面提出问题进行思考。还包括如何进行控制和记录等必要元素。程序要对人、财、物、环境、信息等进行规定和控制。程序要明确各环节转换内容，必须做到规范性、科学性、稳定性和强制性。

（三）过程

一个大而复杂的过程可以分解为若干小而简单的小过程。一个好的体系，所有过程应形成文件，这份文件应完整贯彻执行，执行的后果是可预期的结果和成果。

（四）资源

资源包括人力资源、物质资源、信息资源和工作环境，资源是管理体系运行的物质基础。没有资源的供给，体系运行就是无米之炊。为了保证达到机构设立的质量方针和质量目标，领导应该采取有效措施提供恰当和足够的资源，保证检验检测人员的工作能力和数量能满足要求，保证仪器设备得到正确配置、更新和维护，保证新标准、新方法得到研究

☆★☆☆

和正确应用。

（五）管理体系要求

管理体系包括两大部分：管理要求和技术要求。进行质量管理，首先是根据质量目标准备必要的资源，然后通过设置恰当的组织机构，协调各工作的职责和各部门接口，用程序规定工作的过程和方法，使得各项工作能经济有效协调进行。这样组成有机整体就是实验室的管理体系。

质量体系应对影响机构的质量活动进行有效和联系的控制；能注重并采取预防措施减少和避免问题的发生；一旦发生问题能最快最有效地予以纠正。

质量体系具有系统性、全面性、有效性和适应性。机构建立的管理体系是质量活动中各方面组合起来的一个完整的系统。体系内各要素之间互相依赖、互相配合、互相促进、互相制约，形成有规律的有机整体。管理体系是应对质量活动进行的全过程管理，全要素控制。质量体系能减少和预防质量缺陷的产生，即使出现问题能及时有效纠正，使各项质量活动处于受控状态。管理体系随着所处内外环境变换而不断修正补充以适应需求，是管理体系的适应性体现。

三、质量控制和计量认证活动的发展

如前所述，世界范围的质量控制活动起因于工业大生产。而我国的质量控制活动起源于改革开放之初的 20 世纪 80 年代，在最初阶段被称为标准化运动。由于改革之初计划经济被取代后，市场的壮大和发展造成产品产能过剩，超额的产能，混乱的流通造成很多领域出现假冒伪劣商品。甚至在计划经济最后，军品生产企业出现产品质量问题，同一型号，同批次的飞机，所用相同零件不能通用，甚至螺丝钉都不能换用。为提高产品质量，治理假冒伪劣，政府对生产和流通领域展开质量监督，制定了《中华人民共和国计量法》（以下简称计量法），各级政府相继成立产品质量监督检验机构，承担对产品质量的监督和检验仲裁的职能。

1985 年 9 月 6 日的计量法和随之而定的计量法实施细则对检验机构的考核升级成为"计量认证"。为满足计量认证的要求，机构必须按照相关要求建立质量管理体系。随后，因为《产品质量检验机构计量认证技术考核规范》（JJF 1021—1990）和《审查认可（验收）评审准则》均按照国际标准《检测实验室基本技术要求》（ISO/IEC 导则 25：1982）制定，两份文件内容基本相同，为避免重复考核，兼顾国情和法规要求并与国际接轨。我国于 2000 年 10 月 24 日印发了《产品质量检验机构计量认证 / 审查认可（验收）评审准则》，于次年 12 月 1 日实施。

《产品质量检验机构计量认证 / 审查认可（验收）评审准则》不仅涵盖国际标准《检测实验室基本技术要求》（ISO/IEC 导则 25：1982）的要求，而且等同采用了国际标准《检测实验室基本技术要求》（ISO/IEC 17025：1999）的要求，也满足计量法要求和标准化法的特殊要求。第一代评审准则的发布规范了评审行为，提高和规范了检验检测机构的质量管理水平。

2001 年 8 月 29 日，国家认证认可监督委员会（以下简称认监委）成立，产品质量检验机构的计量认证 / 审查认可等职能划归认监委。2003 年 9 月 3 日，国务院公布《中华人民共和国认证认可条例》，自当年 11 月 1 日起实施。其中规定"向社会出具具有证明作用的数据和结果的检查机构、实验室，应当具备有关法律、行政法规规定的基本条件和能力，并依法经认定后,方可从事相应活动,认定结果由国务院认证认可监督管理部门公布"。至此,确立了向社会机构出具有证明作用的数据和结果的机构资质认定制度,成为国家认监委实施的一项行政许可事项。2006 年 2 月 21 日,为适应国际国内形式发展和政府职能转变《实验室和检查机构资质认定管理办法》(质检总局令第 86 号)公布,于当年 4 月 1 日起实施。2006 年 7 月 27 日,为贯彻质检总局令第 86 号内容,国家认监委印发了《实验室资质认定评审准则》(国认实函〔2006〕141 号),并于次年 7 月 1 日起实施。评审准则吸纳了国际标准《检测和校准实验室能力的通用要求》(ISO/IEC 17025:2005)精髓,兼顾我国法规对检验检测市场管理的强制要求,将计量认证和审查认可统一为资质认定,推进了该项工作的进步和与国际接轨。

2015 年 3 月 23 日,国家质量监督检验总局通过《检验检测机构资质认定管理办法》(总局第 163 号令),当年 8 月 1 日起实施。2017 年 10 月 16 日,国家认监委发布了《检验检测机构资质认定能力评价 检验检测机构通用要求》(RB/T 214—2017),并于次年 5 月 1 日起实施。后续配套了《检验检测机构资质认定能力评价 食品检验机构要求》(RB/T 215—2017)、《检验检测机构资质认定能力评价 食品复检机构要求》(RB/T 216—2017)、《检验检测机构资质认定能力评价 医疗器械检验机构要求》(RB/T 217—2017)、《检验检测机构资质认定能力评价 机动车检验机构要求》(RB/T 218—2017)、《检验检测机构资质认定能力评价 司法鉴定机构要求》(RB/T 219—2017)、《检验检测机构资质认定能力评价 评审员管理要求》(RB/T 213—2017)、《检验检测机构管理和技术能力评价 内部审核要求》(RB/T 045—2020)、《检验检测机构管理和技术能力评价 授权签字人要求》(RB/T 046—2020)、《检验检测机构管理和技术能力评价 设施和环境通用要求》(RB/T 047—2020)。其中 RB/T 214—2017 采用了国际标准《检测和校准实验室能力的通用要求》(ISO/IEC 17025:2017)要求。RB/T 214—2017 按照 ISO/IEC 17025:2017 的规定加强了对机构和个人诚信的要求,对方法确认、方法验证等重新定义,改变申投诉等条款。RB/T 214—2017 和 ISO/IEC 17025:2017 是根据之前版本的继续修订和完善。和之前的版本没有本质区别,仍然分为(组织)机构、人员、场所环境、设施设备、体系运行五个部分。RB/T 214—2017 也是目前计量认证现行有效的最基础的评审依据。根据 RB/T 214—2017 的相关内容,国家认监委陆续发布关于内审、管理评审、授权签字人要求、能力验证方法内容的推荐性标准,今后还将对计量认证领域质量管理体系要求陆续发布相关标准和文件,这些标准和文件都值得我们在日常工作中借鉴和使用。

为深入贯彻"放管服"改革要求,落实"证照分离"工作部署,依照《优化营商环境条例》《关于深化商事制度改革进一步为企业松绑减负激发企业活力的通知》等文件要求,市场监管总局积极推动检验检测机构资质认定改革,优化检验检测机构准入服务。2019 年,市场监管总局发布的《市场监管总局关于进一步推进检验检测机构资质认定改革工作的意见》(国市监检测〔2019〕206 号)提出:推动实施依法界定检验检测机构资质认定范围,逐步实现资质认定范围清单管理;试点推行告知承诺制度;优化准入服务,便利机构取证;整合检验检测机构资质认定证书,实现检验检测机构"一家一证"四个方面的改革措施。同时配套出台《检验检测机构资质认定告知承诺实施办法(试行)》。根据以上文件要求规定:法律、法规未明确规定应当取得检验检测机构资质认定的,无需取得资质认定。对于仅从事科研、医学及保健、职业卫生技术评价服务、动植物检疫以及建设工程质量鉴定、房屋鉴定、消防设施维护保养检测等领域的机构,不再颁发资质认定证书。已取得资质认定证书的，有效期内不再受理相关资质认定事项申请，不再延续资质认定证书有效期。2020 年，持续推进许可事项改革，并根据新冠肺炎疫情防控形势，推行远程评审等应急措施。2021 年，在全国范围内进一步推行检验检测机构资质认定告知承诺制，全面推行检验检测机构资质认定网上审批。

2021 年 4 月 22 日，国家市场监督管理总局发布第 39 号令，对原 163 号令《检验检测机构资质认定管理办法》部分条款进行了修改，内容主要涉及告知承诺制度、实施范围、优化服务、固化疫情防控措施四个方面：一是明确资质认定事项实行清单管理的要求。从制度层面明确依法界定并细化资质认定实施范围，逐步实现动态化管理。二是明确实施告知承诺的程序和要求。规定检验检测机构申请资质认定时，可以自主选择一般程序或者告知承诺程序。资质认定部门作出许可决定前，申请人有合理理由的，可以撤回告知承诺申请。为行政相对人提供了更多选择。三是固化优化准入服务便利机构的措施。将"便利高效"的原则写入管理办法。明确提出了检验检测机构资质认定推行网上审批，有条件的市场监督管理部门可以颁发资质认定电子证书，进一步压缩了许可时限，部分机构有条件采取书面审查方式予以延续资质认定证书有效期。四是固化疫情防控长效化措施。对现场技术评审环节进行了优化，推出了远程评审等有效措施。同时，为应对突发事件等工作需要，增加了"因应对突发事件等需要，资质认定部门可以公布符合应急工作要求的检验检测机构名录及相关信息，允许相关检验检测机构临时承担应急工作"，以保证应急所需的检验检测技术及法规支撑。

四、认证认可

为满足跨国界范围的合格评定与检测互信，满足贸易发展、政府管理、社会公正和产品认证的要求。1994 年 9 月我国成立中国实验室国家认可委员会（CNACL），负责实验室认可工作。其运作程序完全与国际通行做法一致，并于 1999 年与亚太实验室认可合作组织（APLAC），2000 年与国际实验室认可合作组织（ILAC）等国际组织开展合作，签署互认协议。按照国际惯例，申请实验室认可属于自愿行为，不具法律强制性。

2002 年中国实验室国家认可委员会（CNACL）与中国国家出入境检验检疫实验室国家认可委员会（CCIBLAC）进行合并，组建新的中国实验室国家认可委员会，即 CNAL，并于 2006 年 3 月 31 日组建中国合格评定国家认可委员会，简称 CNAS。由 CNAS 对中国境内自愿申请合格评定的实验室进行考核管理。

计量认证是我国通过计量立法，对为社会能出具有公正数据的检验检测机构进行强制考核的一种手段，是具有中国特色的政府行为，是政府对第三方检验检测机构进行的行政许可行为，是法律层次的管理行为。未经计量认证的机构不得对社会出具公正数据。计量认证仅限第三方的各类检验检测机构，一般分为国家级和省级计量认证，使用 CMA 标志，只在中国适用，不与国际接轨。

计量认证工作中对检测能力确认一般只针对我国制定的国家标准、行业标准、地方标准、团体标准、企业标准进行许可，通常情况下不对国际标准、国外标准的检测能力进行确认许可。

而实验室认可是一种机构的自愿行为，并且可以针对第一方、第二方和第三方实验室。实验室认可只有国家一级管理，由中国实验室国家认可委员会实行考核管理，评定合格适用 CNAL 标志。实验室认可是一种国际通行做法，与已签订互认协议的国家区域相互承认采纳。实验室认可的考核依据是 ISO/IEC 17025，计量认证适用的考核依据是 RB/T 214 及其配套标准。虽然实验室认可与计量认证适用的依据和考核条款不同，但是其核心内容一致，都是对机构公正性和技术能力的检查验证，都是收集机构符合性证据。只是计量认证为了适应国情，增加了我国行政管理的内容与要求。

资质认定（CMA 计量认证）与实验室认可（CNAS）常被混淆，其实二者的区别除了依据、适用范围、依据、标志使用等都有明显不同，二者其余区别详见表 2-1。

表 2-1　计量认证与实验室认可区别一览表

类型	CMA 计量认证	CNAS 实验室认可
目的	管理水平和技术能力评定	管理水平和技术能力评定
法律依据	中华人民共和国计量法	GB/T 27025（ISO/IEC 17025）
评审依据	RB/T 214 等	CNAS/CL-01 等
性质	强制	自愿
评审对象	向社会出具公正数据的第三方检验检测机构	社会各界检验检测机构，第一、第二、第三方均可
类型	国家级、省级	仅国家级
实施机构	省级以上市场监管部门	中国合格评定国家认可委员会（CNAS）
使用标志	CMA，强制使用（通过项目必须使用）	CNAS，自愿使用（通过项目可自愿使用或不使用）
使用范围	在通过认定的范围内，国内互认	凡与 CNAS 组织签订互认协议的国家、地区、国际互认

第二节　测量与计量

按照国家相关要求，我国实行法定计量单位制度。我国计量法规定，国家采用国际单位制。国际单位制计量单位是我国法定计量单位的主体，国际单位制如有变化，我国法定计量单位也将随之变化。

作为检验检测机构，每日都在进行不同种类和形式的测量，测量的准确性、重复性、溯源性及科学性是检验检测机构永恒的追求。本节主要针对测量及计量的专业术语进行解释和描述。

一、测量的术语定义

基本概念

1. 量值　一般由一个数乘以测量单位所表示的特定量的大小。
2. 真值　与给定的特定量的定义一致的值。
3. 约定真值　对于给定目的具有适当不确定度的、赋予特定量的值，有时该值是约定采用的。
4. 测量　以确定量值为目的的一系列操作。
5. 计量　实现单位统一、量值准确可靠的活动。

☆☆☆☆

6. **测量方法** 进行测量时所用的,按照类别叙述的一组逻辑操作次序。

7. **测量程序** 进行特定测量时所用的,根据给定的测量方法具体叙述的一组操作。

8. **测量结果** 由测量所得到的赋予被测量的值。

9. **(仪器)示值** 测量仪器所给出的量的值。

10. **已修正结果** 系统误差修正后的测量结果。

11. **未修正结果** 系统误差修正前的测量结果。

12. **测量准确度** 测量结果与被测量真值之间的一致程度。

13. **(测量)重复性** 在相同测量条件下,对同一被测量进行多次连续测量所得结果之间的一致性。

14. **(测量)复现性** 在改变了测量条件下,同一被测的测量结果之间的一致性。

15. **测量不确定度** 表征合理的赋予被测量值的分散性,与测量结果相关联的参数。

16. **不确定度的 A 类评定** 用对观察列进行统计学分析的方法来评定标准不确定度。

17. **不确定度的 B 类评定** 用不同于对观察列进行统计学分析的方法来评定标准不确定度。

18. **(测量)误差** 测量结果减去被测量的真值。

19. **偏差** 一个值减去其参考值。

20. **随机误差** 测量结果与在重复条件下,对同一被测量进行无限多次测量所得结果的平均值之差。

21. **系统误差** 在重复性条件下,对同一被测量进行无限多次测量所得结果的平均值与被测量真值之差。

22. **修正值** 用代数方法与未修正测量结果相加,以补偿其系统误差的值。

23. **修正因子** 为补偿系统误差而与未修正测量结果相乘的数字因子。

24. **测量设备** 测量仪器、测量标准、参考物质、辅助设备以及进行测量所必需的资料的总称。

25. **标称范围** 测量仪器的操作器件调到特定位置时可得到的示值范围。标称范围通常用上限和下限表示,如 25 ～ 160kV。

26. **测量仪器的示值误差** 测量仪器显示值与对应输入量的真值之差。

27. **(测量)标准** 为了定义、实现、保存或复现量的单位或一个或多个量值,用作参考的实物量具、测量仪器或测量系统。

28. **基准 / 原级标准** 具有最高计量学特性,其值不必参考相同量的其他标准,被指定的或普遍承认的测量标准,等同于基本量和导出量。

29. **溯源性** 通过一条具有规则不确定度的不间断的比较链,使得测量结果或测量标准的值能够与规定的参考标准,通常是与国家测量标准或国际标准联系起来的特性。

30. **标准物质 / 参考物质** 具有一种或多种足够均匀和很好地确定了的特性,用以校准测量装置、评价测量方法或给材料赋值的一种材料或物质。

31. **有证标准物质 / 有证参考物质** 附有证书的标准物质 / 参考物质。某一种或多种特性值用建立了溯源性的程序确定,使之可追溯到准确复现的表示该特性值的测量单位,每一种出证的特性值都附有给定置信水平的不确定度。

32. **检定** 查明和确认计量器具符合法定要求的活动,包括检查、加标记和(或)出具检定证书。

33. **校准**　在规定条件的一组操作，其第一步是确定测量标准提供的量值与相应示值之间的关系，其第二步则是用此信息确定由示值获得测量结果的关系，这里测量标准提供的量值与相应示值都具有测量不确定度。

34. **期间核查**　根据规定程序，为了确定计量标准、标准物质或其他测量仪器是否保持其原有状态而进行的操作。

二、计量单位

（一）概述

国际单位制（SI），源自公制或米制，旧称"万国公制"，是现时世界上最普遍采用的标准度量衡单位系统，采用十进制进位系统。是 18 世纪末科学家的努力，最早于法国大革命时期的 1799 年被法国作为度量衡单位。国际单位制是在公制基础上发展起来的单位制，于 1960 年第十一届国际计量大会通过，推荐各国采用，其国际简称为 SI。我国于 1977 年加入米制公约国际组织。

国际单位制包括 SI 单位（SI 基本单位和 SI 导出单位）、SI 词头和 SI 单位的倍数与分数单位三部分。国际单位构成如表 2-2 所示。

表 2-2　国际单位制构成

中华人民共和国法定计量单位	国际单位制的单位	SI 基本单位（7 个）	
		SI 导出单位（21 个）	包括 SI 辅助单位在内的具有专门名称的 SI 导出单位
			组合形式的 SI 导出单位
		SI 单位的倍数单位（包括 SI 单位的十进倍数单位和十进分数单位）	
	国家选定的作为法定计量单位的非 SI 单位（16 个）		
	由以上单位构成的组合形式的单位		

国际单位制的基本单位有 7 个，分别是长度、质量、时间、电流、温度、物质的量和发光强度。这些定义体现了现代科学技术发展水平，其量值能以高准确度复现。SI 基本单位是 SI 制基础，其名称和符号见表 2-3。

表 2-3　SI 单位名称、符号及定义一览表

物理量名称	物理量符号	物理量单位	单位名称	单位符号	单位定义
长度	L	1 m	米	m	1 米是光在真空中在 $(299\ 792\ 458)^{-1}$ s 内的行程
质量	m	1 kg	千克	kg	1 千克是普朗克常量为 $6.626\ 070\ 15 \times 10^{-34}$ J·s $(6.626\ 070\ 15 \times 10^{-34} kg \cdot m^2 \cdot s^{-1})$ 时的质量
时间	t	1 s	秒	s	1 秒是铯 -133 原子在基态下的两个超精细能级之间跃迁所对应的辐射的 9 192 631 770 个周期的时间

☆★☆☆

物理量名称	物理量符号	物理量单位	单位名称	单位符号	单位定义
电流	I	1 A	安培	A	1 安培是 1 s 内通过 $(1.602\ 176\ 634)^{-1} \times 10^{19}$ 个元电荷所对应的电流，即 1 安培是某点处 1s 内通过 1 库伦电荷的电流，1 A = 1 C/s
热力学温度	T	1 K	开尔文	K	1 开尔文是玻尔兹曼常数为 $1.380\ 649 \times 10$ J·K^{-1} $(1.380\ 649 \times 10^{-23}$kg·$m^2$·$s^{-2}$·$K^{-1})$ 时的热力学温度
物质的量	$n(v)$	1mol	摩尔	mol	1 摩尔是精确包含 $6.022\ 140\ 76 \times 10^{23}$ 个原子或分子等基本单元的系统的物质的量
发光强度	$I(Iv)$	1 cd	坎德拉	cd	1 坎德拉是一光源在给定方向上发出频率为 540×10^{12} s^{-1} 的单色辐射，且在此方向上的辐射强度为 $(683)^{-1}$ kg·m^2·s^{-3} 时的发光强度

SI 导出单位是由 SI 基本单位或辅助单位按定义式导出的，其数量很多。其中，具有专门名称的 SI 导出单位总共有 19 个。有 17 个是以杰出科学家的名字命名的，如牛顿、帕斯卡、焦耳等，以纪念他们在本学科领域里做出的贡献。它们本身已有专门名称和特有符号，这些专门名称和符号又可以用来组成其他导出单位，从而比用基本单位来表示要更简单一些。同时，为了表示方便，这些导出单位还可以与其他单位组合表示另一些更为复杂的导出单位。

下面是常用于辐射防护领域且具有专门名称的一些导出单位的定义。

赫兹（频率单位）——周期为 1s（秒）的周期现象的频率为 1Hz（赫兹），即 $1Hz=1s^{-1}$。

库仑（电量单位）——1A（安培）电流在 1s（秒）内所运送的电量，即 1 C=1 A·s。

特斯拉（磁感应强度或磁通量密度单位）——每平方米内磁通量为 1 Wb（韦伯）的磁感应强度，即 $1T=1Wb/m^2$。

贝可勒尔（放射性活度单位，简称贝可）——1s（秒）内发生 1 次自发核转变或跃迁，为 1Bq（贝可勒尔），即 $1Bq=1s^{-1}$。

戈瑞（比授予能单位）——授予 1kg（千克）受照物质以 1J（焦耳）能量的吸收剂量，即 1Gy=1J/kg。

希沃特（剂量当量）——每千克产生 1J（焦耳）的剂量当量，即 1Sv=1J/kg。

（二）放射性基本单位

我国目前采用国际单位制，国际上绝大多数国家也采用国际单位制。但在辐射防护领域，很多旧的专用单位也在经常使用。

放射性活度专用单位居里，1 居里是指 1 克纯镭 -226 的放射性活度。以前也称镭当量，1 克镭当量即 1 居里，1 毫克镭当量即 1 毫居里。放射性活度国际单位是贝克勒尔，简称贝可。

吸收剂量专用单位是拉德，1 拉德是指 1 克受照射物质吸收任何一种射线 100erg（尔格）辐射能时的剂量。吸收剂量国际单位是戈瑞。

照射量专用单位是伦琴，1 伦琴相当于在 $1cm^3$ 标准状况的空气（质量为 0.001 293g）中，产生的正、负离子电荷各为 1 静电单位。照射量国际单位是库仑每千克。

有效剂量专用单位是雷姆，1 雷姆是指 1 千克有机体吸收 1 焦耳（J）的能量的辐射强度。

放射领域常见的单位换算关系如表 2-4 所示。

表 2-4　常用辐射领域新旧单位换算表

辐射量名称	符号	SI 制			旧制	
		名称	单位	符号	名称	换算关系
活度	A	贝可	s^{-1}	Bq	居里	$1Ci=3.7 \times 10^{10}$ Bq
吸收剂量	D	戈瑞	$J \cdot kg^{-1}$	Gy	拉德	1Gy=100 rad
照射量	X	库伦每千克	$C \cdot kg^{-1}$	/	伦琴	$1R=2.58 \times 10^{-4} C \cdot kg^{-1}$
有效剂量	E	希沃特	$J \cdot kg^{-1}$	Sv	雷姆	1Sv=100 rem
剂量当量	H	希沃特	$J \cdot kg^{-1}$	Sv	雷姆	1Sv=100 rem

SI 制使用中应注意：单位与词头的名称一般在叙述性文章中使用，公式图表中尽可能使用国际符号；数值尽可能在 0.1 ～ 1000，例如 1.91×10^{-3} Sv 最好写成 1.91mSv；不能使用重叠的国际单位制词头，如只能用 nSv，不能使用 mμSv。

三、量值溯源

（一）概述

测量工作作为一项重要的技术基础工作，核心是保障计量单位制的统一和实现量值的准确、可靠。量值溯源与量值传递是实现量值统一的主要途径。量值溯源是通过一条具有规定不确定度的不间断的比较链，使测量结果或测量标准的值能够与规定的参考标准（国家计量基准或国际计量基准）联系起来的特性，称为量值溯源。

量值溯源主要有四种途径：一是直接送至有资质的检定 / 校准机构进行检定、校准来实现量值溯源，如外送中国计量科学研究院、中国测试技术研究院等；二是单位计量机构建立最高标准（参考标准）进行内部检定、校准来实现量值溯源；三是通过使用有证标准物质（CRM）实现量值溯源；四是当溯源至国家基（标）准不可能或不适用时，应溯源至公认实物标准（标准品、对照品），或通过比对试验，参加能力验证等途径提供证明。如一些专用测试设备，在没有溯源渠道的情况下，可以通过计量比对的形式实现量值溯源，对参数性能提供证明。

（二）量值溯源的要求

检验检测机构实现量值溯源的最主要的技术手段是校准和检定。量值溯源与传递的总要求，主要有以下五点。

1.装备、检测设备和测量标准的性能参数，均应通过量值传递或溯源的方式，与相应的国家计量基准建立联系，确保被测对象量值的准确、一致。

2.对直接影响到装备、检测设备和测量标准的使用效能、人身和设备安全的参数或项目，应纳入到强制检定范围，并制定强制检定目录和强制检定实施计划。

3.量值传递和溯源应符合国家计量检定系统表的要求。

4.实施量值传递工作应按照正式颁布的计量检定规程、校准规范或其他计量技术文件要求进行，若需要新编制或修改计量技术文件时，应经过主管部门的审批后方可实施。

☆★☆☆

5. 装备、检测设备和测量标准的量值传递和溯源工作应纳入装备科学化、制度化、经常化管理，明确计量覆盖率和计量受检率的目标要求。

计量设备量值溯源和传递具有法制性、强制性和科学性。它是保证仪器仪表量值准确可靠的重要途径，是检验装备是否始终处于良好技术状态的重要手段，也是获取正确的、可信的科研试验数据的重要技术基础。

各检验检测机构根据单位参数要求、技术能力以及计量设备溯源途径、渠道和目的，统筹制订年度计量设备溯源计划。应在计划中对溯源时间、技术要求、途径等明确规定，并在随后的执行阶段予以一一落实。

量值溯源要求针对自己检测标准的相关量值，主动地与上一级检定机构取得联系，追溯高于自己准确度（一般遵循 1/10 或 1/3 法则）的量值与之比较，确定自己的准确性。

量值传递是上一级量值检定部门将自身的量值传递给低于其准确度等级的部门，主要是指国家强制性检定的内容。溯源和传递的主要区别在于溯源是自下而上的活动，带有主动性；量值传递是自上而下的活动，带有强制性。

（三）检定与校准

检定和校准是常见的设备管理的方式，但二者的适用范围和特点常易混淆，二者区别总结见表 2-5。

表 2-5　检定、校准区别联系一览表

类型	校准	检定
目的	对照计量标准，评定测量装置的示值误差，确保量值准确	对测量装置进行强制、全面评定
方向	自下而上的量值溯源	自上而下的量值传递
对象	属于强制检定之外的测量装置	计量法规定强制检定的测量装置
性质	自愿的溯源行为	法定的强制行为
依据	校准规范，或参照检定规程就行	检定规程
方式	组织自校、外校，或两者结合	必须到有资格计量部门或法定授权单位进行
周期	可根据情况自行确定	按照检定规程要求
内容	可以仅评定特定量程/值的示值误差	按照检定规程全面评定设备，包括示值误差及其他相关项目
结论	只给出误差，不做合格与否的判断	必须给出合格与否的判定结果，按规程确定是否给予量值误差范围
法律效力	在参加互认协议的国家范围内国际通用	国内通用，部分外国不承认检定证书

校准周期确定是日常工作中容易忽略的问题，机构应根据设备的使用方式、设备性能变化、方法标准要求等多方面予以确定，设备校准周期不一定是一成不变的。

对于无法通过检定和校准进行量值溯源的仪器设备，为保证其可靠性，可以采取实验室间比对、上级实验室测量、仪器比对的方式对其状态进行控制。

四、自校准、自检与内部校准

自校准：一般是利用测量设备自带的校准程序或功能（比如智能仪器的开机自校准程序）或设备厂商提供的没有溯源证书的标准样品进行的校准活动，通常情况下，其不是有效的量值溯源活动，但特殊领域另有规定的除外。

自检：没有官方的定义，一般指有些设备开机后进行自我功能诊断和状态检查。如电脑只有完成自检程序才能正常开机，这也叫"自检"。

内部校准：在实验室或其所在组织内部实施的，使用自有的设施和测量标准，校准结果仅用于内部需要，为实现获得认可的检测活动相关的测量设备的量值溯源而实施的校准。要实施内部校准，必须要自行建立校准规程，要按照相应的规则对人员、设施设备、环境、程序进行控制，要按照相应的校准规程进行操作。校准用的标准器和标准物质必须经过检定或校准合格（按照量值传递规定）。内部校准应符合 CNAS 认可溯源途径的要求。内部校准可以不用出具校准证书，但是必须要进行不确定度评价。因此一般的检验检测机构是很难达到内部校准的技术要求，也无法开展符合要求的内部校准，做得最多的是仪器间测量比对。

第三节　质量体系

前文提到各机构为适应不同要求按照不同标准建立相应体系，并根据国家和各自行业的特殊要求和相关法律法规规定不断完善更新。机构为建立管理体系实施质量管理活动，以最优最有效率的方式来指导工作人员、设备协调一致，从而缩短运行时间降低财务成本，保证顾客对质量满意。建立管理体系是为了帮助机构把影响检验检测的诸多因素进行全面控制，将检验检测工作全过程和涉及的其他各方面工作进行系统有效的管理和控制，这些方面包括技术、人员、资源等。

建立完善的管理体系仅仅是第一步，保持有效运行和持续改进才是质量管理的核心和关键。要把质量控制的观念转变升级为质量管理，质量并不仅仅是一个技术问题，更是一个管理问题。

一、质量体系的建立与运行

检验检测机构建立管理体系一般包括以下几个阶段：学习培训；确定质量方针、目标；体系要素选择和确定；机构设置和职能分配；管理体系文件编制；管理体系试运行；修订并批准体系文件和正式运行等。

首先是学习培训阶段。在这个阶段首先是领导认识和学习阶段。机构领导层对管理体系的建立和改进、资源配置等方面有决策作用。在此阶段领导层应该统一思想、统一认识，步调一致。领导层需要学习国家对于检验检测机构管理办法和资质认定相关规定，提高对资质认定的重要性和迫切性的认识；需要学习评审相关文件标准，并结合本单位的经验教训，提高对管理体系的认识；需要学习管理体系要素，明确管理层在体系建设中的关键地位和主导作用。其次是骨干力量的培训和学习，骨干力量起到承上启下的作用，培训时应注意讲解与研讨相结合，理论学习与实践相结合的模式。对于执行层的培训，着重培训与本岗位质量活动有关的内容，包括在质量活动中应承担的任务，完成任务的权限，以及造

☆☆☆☆☆

成质量过失应承担的责任。

确定质量方针、目标。质量方针是由机构最高管理者正式发布的质量宗旨和质量方向。质量目标是质量方针的重要组成部分。同时，质量方针又是机构各部门和全体人员工作中遵循的准则。因此，机构领导层应结合机构工作内容、性质、要求，主持制定符合自身实际情况的质量方针和质量目标，以便于管理体系的设置和建设。机构确定的质量方针和目标要通过全员培训使得全体员工明确努力方向，得到全体员工的认同和理解，自觉作为日常行动的指南和争取的目标。

体系要素选择和确定阶段。确定体系的要素前必须认真分析现状，分析机构自身管理的情况，确定各过程中影响检验检测的因素和控制方法，明确过程之间的相互作用，优化整合过程与相互关联，对其进行管理。必须要分析确定工作类型、范围、工作量、服务方式等因素；影响结果相互过程以及关键活动；对照"标准"明确直接和间接要素及控制要求；按照资源配置情况及自身管理状况确定上述要素的控制方法；最终列出管理体系要素。确定要素时还应考虑：是否符合标准要求，是否符合自身工作特点，是否适应自身检测服务的能力及资源配置，是否符合法律法规及行业相关要求。

机构设置和职能分配阶段。合理设置组织机构是落实各要素管理职能的前提，机构管理者应按照自身情况及质量方针目标的需要，设置相应的职能部门和技术部门。明确各部门在各要素中的责任、权力以及部门间相互关系。分配部门职责时要做到对各要素设计的各类职能逐一落实，不能有空缺。保证执行、监督、配合环节形成闭环管理。分配部门职能需要注意以下几点：力求最少环节达到最优效果，总体协调与平衡，上下多次协调，总体最优。职能分配可以通过职能职责分配表的方式予以明确。由于各机构性质、工作内容、职责、企业文化、传统不尽相同，因此不存在一种普遍使用的组织模式。但是有一个共同原则，机构的设置必须有利于检验检测工作的顺利开展，有利于部门环节之间的衔接，有利于管理，责权一致。一个部门可以参与多个质量活动，但是不要让一项质量活动有多个职能部门共同负责，避免出现职责重叠。

管理体系文件编制阶段。确定体系基础后就要根据自身特点量体裁衣编制管理体系文件。体系文件一般分为四个层次的内容：质量手册、程序文件、作业指导书、记录。这一阶段应对四个层次文件的编排方式、编写格式、内容要求及之间的衔接关系做出设计。制定管理体系文件的编写实施计划，做到每个项目有人承担，有人检查，按时完成。体系文件一般在第一阶段工作完成后再正式制定，必要时也可以交叉进行。除质量手册需要统一组织制定外，其他体系文件应按照分工归口各职能部门分别制定，先提草案，再组织审核，这样有利于后期文件的执行。管理体系文件的编制应结合质量职能分配进行。按照所选择的管理体系要素，逐个展开为各项质量活动。将职能分配落实到各职能部门。质量活动项目和分配可采取矩阵图的形式表述，质量职能矩阵图也可以作为质量手册附录。为编制体系文件做到协调统一，建议在编制前制定管理体系文件明细表，收集既往的体系文件、单位规章制度、管理办法，并与管理体系要素进行比较，从而确定新编、增补、修订的管理体系文件项目。为加强文件编制效率，减少返工，要加强沟通协调。编制管理体系文件讲究实事求是，不走形式。在满足评审要求的情况下，要在方法和具体操作上符合本单位实际情况，忌讳照搬照抄。体系文件批准后，经全体员工宣贯，管理体系就可以试运行了。

管理体系试运行阶段。当人员得到培训，人员对体系文件已基本熟悉和了解，机构部门人员调整到位，部门岗位职责分工明确，履行职责，必要的资源配置到位，管理体系则可以开始试运行。试运行期间要明确工作顺序和相互关系，明确工作内容时限，明确实施计划的职责，明确组织协调督促检查的部门，尽量减少对工作的影响。试运行时应关注落实新机构新岗位的职能职责，关注按时推进新工作程序和新工作流程，注意及时协调和理顺新规定中涉及的接口关系，注意收回旧体系文件，严禁新老文件混用，要做好运行信息的收集分析、传递反馈和处理，要对运行中发现的体系设计问题及时协调改进，针对不适用、衔接不畅和考虑不周全的条款要特别关注，对于体系文件运行中的修订完善要及时记录并保存。体系试运行要注意对体系进行评估改进，要重点评估各过程是否被确定，程序文件是否充分且实用，关注各过程是否充分展开，是否按体系文件贯彻执行，关注过程输出是否达到预期，是否有效。试运行阶段内审时符合性与实用性相结合，应鼓励全员参与，积极反映发现的问题。这一阶段内审的要点在于质量方针和目标是否适宜可行，质量要素选择是否充分合理，程序文件是否规范、足够，部门接口关系是否明晰，新程序新流程是否被新老员工接受并加以正确执行，各项质量活动和作业记录是否能满足见证的要求。试运行阶段的管理评审应关注新体系的适宜性和可行性评价，应在分析评价基础上做出有关进一步改进和（或）正式投入运行的命令。

批准体系文件。对于试运行阶段暴露出的问题修订增补体系文件，在管理评审后做出是否批准体系文件的决定。批准体系文件后机构就正式按照新的管理体系运行。至此，新的体系建立，并在体系的规则下持续运行，持续改进，进一步规范整合力量，为机构更快更好地运行而服务。

二、人员管理

检验检测机构应制定人员管理程序，对人员的资格确认、任用、授权和能力保持进行规范管理。检验检测机构应与所有人员建立劳动或录用关系，并对技术人员和管理人员的岗位职责、任职要求和工作关系予以明确，使其与岗位要求相匹配，并有相应权力和资源，确保管理体系建立、实施、保持和持续改进。

检验检测机构应具有为保证管理体系的有效运行、出具正确的检验检测数据和结果所需要的技术人员和管理人员。人员的数量和结构、教育程度、理论基础、技术背景、工作经历、实践操作技能、职业素养等应能满足工作类型、工作范围和工作量的需要。

所有可能影响检验检测活动的人员，无论是内部人员或外部人员，均应行为公正，受到监督，胜任工作，并按照管理体系要求履职履责。

检验检测机构管理层对管理体系全权负责，承担领导职责。管理层应确保质量目标和方针的制定实施。组织内审和管理评审，提升客户满意度，确保管理体系实现预期效果。管理层应识别风险和机遇，合理配置资源，实施相应的质量控制措施，策划和实施应对风险的措施，减少风险，利用机遇，更好为客户服务。

检验检测机构的技术负责人和质量负责人应在各自职责范围内，按照体系规定行使权力，确保机构各项工作的正常运行。技术负责人和质量负责人应确定有代理人，使其不在岗位时有人能够代行职责和权力。

检验检测机构的授权签字人应由机构提名，经资质认定部门考核合格，在所授权的能力范围内签发报告。授权签字人应熟悉检验检测机构通用要求，具备相关工作经历，掌握相关领域检验检测技术，熟悉授权领域的技术标准或规范，熟悉报告签发程序，具备对检验检测结果做出评价判断的能力，具备中级以上技术职称或同等能力。非授权签字人不得对外签发报告。授权签字人不设代理人。

检验检测机构应设置质量监督员。质量监督员应熟悉检验检测方法、目的、程序，能够评价检验检测结果。质量监督员应能按计划对检验检测人员进行监督，监督记录应存档，监督报告应纳入管理评审的输入材料。

检验检测机构应根据质量目标对人员教育和培训做出要求，制定政策和程序。制定的培训计划应考虑到当前以及今后的任务需求，要考虑到人员资格、能力、经验和监督评价的结果。检验检测机构可以参考操作考核、内部和外部质量控制结果、内外部审核、不符合工作的识别、投诉、管理评审等多种方式对培训活动进行有效性评价，并持续改进培训以实现培训目标。

三、工作场所管理

检验检测机构应根据标准和方法的要求，识别检验检测所需要的工作环境及设备存放条件，并予以控制，以保障工作的正常开展。仪器设备存放时还应注意温湿度适宜，防止电磁干扰、震动，保持场所清洁。如很多放射检测仪器对湿度比较敏感，即使在存放时也应采取措施对其进行监控。

现场检测时，检验检测机构应对工作环境及条件提出相应的要求以达到检验检测标准和设备的要求。很多设备对于过高和过低气压有禁忌，在高原地区开展工作要特别注意高海拔低气压对设备的影响。

当现场检测场所有可能出现干扰或污染，应对有影响区域予以控制，在保证客户机密的情况下还应保障进入相关区域的人员安全。在手术室进行放射卫生检测时还应注意消毒剂和紫外线对设备和人员造成腐蚀和健康危害。

四、仪器设备管理

"工欲善其事，必先利其器"，稳定和精密的仪器设备是检测的物质基础。检验检测机构应配备足够数量和类型的检测设备。所有检测设备及辅助设备都应纳入质量管理体系，同一台设备不允许在同一时期被不同检验检测机构共同租赁和用于资质认定，有特殊管理要求的除外。

检验检测机构应建立程序，保证所有对检验检测有影响的设备在配置、使用、维护、安全处置、运输、存储等环节都加以规定，以防设备性能退化，保障检验检测工作的需求。

对检验检测有影响的设备，包括辅助设备，都应有检定校准计划，确保结果的溯源性。检定校准计划要适应设备所检测的参数，要选择适合的溯源途径。

设备在使用前均应得到正确的检定或校准。检定或校准结果要按照体系规定的程序予以确认。检定/校准证书确认要明确证书的内容和格式的有效性，要确认修正曲线、修正值和修正因子，并确认使用方法。设备证书的确认可以从以下几个方面考虑。证书的完整性：单位名称、地址等信息，设备型号编号等信息；证书的规范性：是否按照送检要求的剂量点、量程进行，是否给出不确定度、修正值，多功能仪器是否按照要求完成所有功能检校，校准方法是否列出，证书标志是否规范；结果的技术判定：误差、不确定度等指标是否符合拟使用场景标准规范的要求；修正因子与修正值使用：修正因子与修正值是否需要使用，确认其计算方法及适用范围；设备管理的变化：与历次证书数据相比，设备

☆ ☆ ☆ ★

是否处于稳定状态，是否需要增加期间核查频次，是否需要缩短设备校准的周期。证书确认实际上是对设备是否能在预期的领域内使用的确认，要紧密参考检测标准对设备的要求。对于完全符合要求或部分符合要求的仪器设备应有标识，以保证仪器设备得到正确的使用。

设备要按照其特点确定是否需要进行期间核查。判定是否需要期间核查主要依据：设备检定校准的周期，历次检定校准的结果，质量控制结果，设备使用频率，设备维护情况，操作人员及环境的变化，设备使用范围的变化等。期间核查应重点关注不稳定、使用频率高、使用条件恶劣、参数容易漂移的设备。对于出现因过载而造成过损失，对能力验证有问题，对既往检测数据有疑问的设备更应关注。期间核查不是对设备性能的全面评估，不是对设备量值误差的检查，不应与检定、校准或设备自校混淆。期间核查内容和频次要有依据，要有可操作性和可实施性。期间核查应制订计划，应有期间核查的作业指导书，期间核查要有评判标准，应有记录和评估。

设备出现故障，应立即停止使用并予以标识，防止误用，直至修复。修复后的设备，必须经检定校准表明其能正常工作后方可投入使用。机构还应对出现故障和缺陷的设备已进行的检验检测活动进行追溯，对发现不符合工作要求的，应执行相应的处理程序，情节严重者，应追回之前发出的检验检测报告。

应建立完善的设备档案。设备均应进行状态标识，三色标识是常见的标识管理方法，但不是唯一绝对的方法。

五、质量控制活动

检验检测机构应定期审查文件，防止使用无效或作废文件。失效或废止文件应从现场加以撤离，加以标识，或销毁或存档。如工作需要而保留在现场的，必须加以明显标识以防误用。

检测应该按照与客户签订的合同／协议进行。合同签订前应进行合同评审，充分与客户沟通。合同出现偏离时应与客户沟通，且将变更事项通知到相关人员。机构因工作量、关键人员、设施设备、环境条件或技术能力等原因，需要分包检测任务时，必须分包给依法取得相应资质的机构，分包信息必须取得客户的书面同意。分包信息必须在报告中清晰标明，机构也应对分包方的报告负责。

机构应随时关注法律法规及技术标准的更新，及时修订原始记录，保证原始记录信息的充分性，使得在保持原始检测条件下检测结果的复现。对于原始记录及检验检测报告的内容要求和管理要求在下一节详细叙述。

对于新引进的检测方法，要进行方法确认。检验检测机构按照"人—机—料—法—环"的环节逐一确认是否符合新标准新方法的要求，并形成文件。检验不能使用客户指定的企业方法，只有经过检验检测机构转换为自身的方法并经确认后方可申请进行资质认定。

为保证体系能够有效运行，保证数据和结果的准确性可靠性，需要机构制订质量监督计划，对运行过程、人员等进行监督促进。制订质量监督计划必须要针对关键项目、关键环节和关键人员。关键项目的确定需要考虑以下几个方面：项目的难易程度、项目的频次、既往参加考核比对的结果。关键环节是根据工作特点来确定的，如放射卫生现场检测的关键环节包括：合同评审与签署、设备使用及状态、校准因子的使用、记录的填写、检测方法的使用、实践操作的正确性和曾经出现过问题的环节等。关键人员包括：新上岗人员、

☆☆☆☆

转岗人员、实习或见习人员、曾经参加比对考核成绩不佳的人员。质量监督员一定要是技术能力强且有责任心的人员。实施质量监督要做好质量监督记录，记录下监督项目、人员、监督内容、监督过程所见，不能只简单记录监督结果或结论。

机构要有程序对检验检测进行不确定度评价，当客户有需求时，应有能力对检验检测项目进行正确的不确定度评价。

对于检验检测数据，不管是纸质版数据还是电子数据，机构应对其进行有效管理。要对数据采集、处理、记录、报告、存储和检索等一系列操作予以管理，并形成文件。程序文件应能保证数据的完整性、正确性和保密性。要定期维护计算机和检测相关自动设备以确保功能正常，提供保护检测数据完整性必需的环境和条件。

检验检测机构应积极组织参加内部和外部质量控制活动。常用于放射诊疗设备检测的外部质量控制活动是实验室间比对、能力验证，而少见测量审核。常用于放射诊疗设备检测用的实验室内部质量控制活动有人员比对、仪器比对、方法比对、设备再测和异常值分析等。

检验检测原始记录／报告的要素、保存要求、报告修改的要求和注意事项在下一节中单独说明。只有行之有效的质量控制活动才能使得检验检测机构保持相应的技术能力，保证检验检测水平。质量控制管理活动应与体系相适应，相一致。保持良好的质量管理活动既是机构自我完善自我监督的需要，也是客户利益的保证。所有质量活动均需按体系文件进行，且予以记录。真正做到"做我所写，记我所作，言行一致，改我所错"。质量管理永远在前进的路上，永远在追求更完美的途中。

第四节　放射诊疗设备质量控制检测

为实现辐射防护最优化，减少放射诊疗过程中对人体健康的损害，减少诊断工作中的失误，提高诊断和治疗的准确性，需要对放射诊疗设备的性能、剂量准确性及成像过程进行检测和校正。

根据《放射诊疗管理规定》的要求，放射诊疗设备应在新安装、维修或更换重要部件后进行验收检测，合格后方可投入使用。放射诊疗设备每年进行至少一次的状态检测。放射诊疗设备应定期进行稳定性检测。实施验收检测和状态检测的机构必须通过省级以上卫生行政部门资质认证。

做好放射诊疗设备的质量控制可以以最优的条件进行诊断和治疗，避免误诊漏诊，提高放射诊疗质量，提高放射治疗的准确度，减少并发症及辐射损伤。减少因设备因素导致的重复检查，从而减少受检者不必要的照射。做好放射诊疗设备的质量控制检测可以在工作中及时发现隐患，防止事故发生，对于新设备及维修后设备的验收检测可及时发现问题并及时纠正。对于检测不合格设备可以及时提示维修或淘汰以避免对工作及防护造成不良影响。定期的稳定性检测可以保证放射诊疗设备的良好运行。

根据《放射诊疗管理规定》的要求，无论是开展放射诊断、介入治疗、核医学还是放射治疗的设备均应按照规定进行设备的质量控制检测。设备质量控制检测的参数、频率、判定标准均应按照国家相关法规标准进行。常见需要纳入管理的放射诊疗设备有 DR（数字 X 射线摄影设备）、CR（计算机 X 射线摄影设备）、CT（X 射线计算机体层摄影设备）、乳腺机、牙科 X 射线机、DSA（数字减影血管造影设备）、SPECT（单光子发射断层成像设备)、PET(正电子发射型计算机断层显像设备)、伽玛照相机、LA(医用直线加速器)、伽玛刀、TOMO(螺旋断层放射治疗系统)、钴-60 远距离治疗机、后装机、射波刀等。这些设备都有与之相对应的质量控制检测标准。

放射诊疗设备在不同领域有不同的质量标准、检测方法及评价限值。我们在日常放射治疗设备质量控制检测工作中应优先选择卫生行业标准(WS)、国家职业卫生标准(GBZ),尽量避免使用 JJF、JJG、YY 等类型的检定校准规范和医疗器械行业标准。

放射诊疗设备进行质量控制检测应按照相应标准规范进行,对于目前尚无相应质量控制检测标准的设备可以不要求质量控制检测,如 CBCT(锥形束 CT 设备)、X 射线骨密度仪等设备。

质量控制检测报告的基本内容应包括:被检单位基本信息、设备信息、检测项目、必要的检测条件、检测结果、相应标准要求及对检测指标的合格判定。检测项目应覆盖标准所规定的项目,对功能不具备或不能满足检测条件的被检设备的相应检测项目应在检测报告中加以说明。应对检测指标的合格与否给予判定,质量控制检测结果达到或优于规定值的指标判定为合格,否则为不合格。

放射诊疗设备使用单位应在设备使用期间保存设备历次质量控制检测记录。使用单位的质量控制检测记录除了常规的测量过程、测量条件、检测结果外,还应记录发现的问题、采取的措施等资料。设备淘汰时,应根据记录的内容判定设备的利用价值决定处理措施。放射诊疗设备使用部门保存有关设备的资料,当设备的整套资料存放在负责设备管理或维修部门时,设备使用部门至少应有设备使用说明书。设备使用部门的医技人员应能及时了解到所用设备的质量控制最新检测结果。

质量控制检测用计量设备应根据有关规定进行检定或校准,取得有效的检定或校准证书,检测结果应有溯源性。检测时应根据所检测设备的高压发生器类型、靶 / 滤过、检测参数等对测量仪进行相应设置。检测时应考虑到使用设备能量响应、时间响应、探头反散射等问题,要注意探测器 / 电离室有效中心和几何中心的差异等。

一、验收检测

验收检测:放射诊疗设备安装完毕或设备重大维修后,为鉴定其性能指标是否符合约定值而进行的质量控制检测。

放射诊疗设备新安装、重大维修或关键零部件更换后应进行验收检测。重要 / 关键零部件包括球管、高压发生器、影像接收器、控制核心器件等对重要参数有影响的零部件。验收检测合格后设备方可启用,执行验收检测的机构需取得省级以上卫生行政部门资质认证。

验收检测前,医疗机构应有完整的技术资料,包括订货合同或双方协议、供应商提供的设备清单、设备性能指标、设备操作手册或使用说明书。新安装设备的验收检测结果应符合随机文件中所列产品性能指标、双方合同或协议中技术条款,且不得低于标准的要求。供应商未规定的项目应符合标准的要求。

验收检测应出具报告,对检测指标的合格与否给予判定。验收检测中对于建立基线值的检测项目应在报告中给出测量条件,以便于后期对状态检测和稳定性检测结果的评价。

二、状态检测

状态检测：对运行中的放射诊疗设备，为评价其性能指标是否符合标准要求而定期进行的质量控制检测。

使用中的放射诊疗设备应每年进行一次状态检测，执行状态检测的机构需取得省级以上卫生行政部门资质认证。

状态检测应出具报告，检测中对于使用基线值评价的检测项目应在报告中给出测量条件，并结合验收检测报告中的检测条件和检测结果给予合格与否的判定。需要注意的是，很多情况下验收检测和状态检测的项目、检测条件、判定标准不完全一样，需要在工作中特别关注。

设备状态检测中发现某项指标不符合要求，但无法判断原因时，应采取复测等进一步的检测方法进行验证。

三、稳定性检测

稳定性检测：为确定放射诊疗设备在给定条件下获得的数值相对于一个初始状态的变化是否符合控制标准而定期进行的质量控制检测。

使用中的放射诊疗设备，应按标准要求定期进行稳定性检测，执行稳定性检测的主体可以是具有资质的第三方机构，也可以是自身具备能力的放射诊疗机构，也可以是其他有能力的机构。稳定性检测可以不出具正式报告，但是应有完整的记录，且有明确的结果和结论。

每次稳定性检测应尽可能使用相同的检测设备并作记录。各次稳定性检测中，所选择的曝光参数及检测的几何位置应严格保持一致。实施稳定性检测的人员应具备相应的能力，并得到培训和授权，以确保稳定性检测结果的可靠性。

稳定性检测结果与基线值的偏差大于控制标准，又无法判断原因时应进行一次状态检测。

四、其他检测

由于标准的制定始终落后于放射诊疗技术的发展，因此某些放射诊疗设备目前并没有对应的质量控制检测方法和判定标准。对于此种情况下而必须进行质量控制检测的，可以参考使用国际标准、团体标准、厂家标准或医疗机构、放射诊疗设备厂商与检测机构共同商议并认可的检测方法进行检测，按照技术合同或标书约定的参数进行评价。

在以上特殊情况下进行的质量控制检测应注意是否符合计量认证的要求，检测报告上对于 CMA 标志的使用也应特别注意其使用范围。

第五节　记录及报告撰写的质量控制

标准／准则要求机构应当确保每一项检验检测活动技术记录的信息充分，确保记录的标识、贮存、保护、检索、保留和处置符合要求。一份理想的检测原始记录应当具有可溯源性、原始性、完整性、复现性、科学性、合理性、准确性等特征，要能够使得根据原始记录的内容可以做到检测过程及结果最大程度的复现。检测原始记录的载体一般是纸质版记录，也可以是电子记录，也可以是影音媒体文件，但是无论形式如何变化，其保存、调取都应符合法规、标准和准则的规定和要求。

报告作为技术机构最终呈现给委托方的"最终产品"，也是机构对外的颜面存在，更应当科学严谨、准确清晰，客观公正地出具数据。结果报告通常分为检验报告、检测报告和证书三种。检验和检测的区别主要在"验"，如果最终测量结果有与规定的要求进行比较以确定是否合格，宜使用"检验报告"命名，如果仅仅是进行规定程序测得数据，不与标准和规定进行比较，不做结论，则应命名为"检测报告"或"测试报告"。证书一般是校准和检定机构针对设备所出具的报告，证书一般分为检定证书、校准证书和测试报告。

一、记录要求及质量控制要点

良好的原始记录应该始于一个好的模板，记录模板的制作应该符合标准、准则的要求，符合所使用设备的要求，符合所检现场/设备的特征，符合人员操作习惯，便于识读、书写和保存。

记录模板的设计既要考虑到美观，更要考虑实用，宜按照检测流程顺序依次排列检测内容，宜多设计为勾选项，宜把固定内容固化在模板中，减少现场填写记录的强度。填写的内容宜有指引，避免错填误填。涉及数字记录应有单位提示，或单位选项。

一份原始记录分为表头、一般信息、使用的仪器设备、检测结果、确认及签字等几个部分。

表头包含的信息一般有：受控号、单位名称、记录名称抬头。

一般信息内容为：委托单位/地址、受检单位/地址、联系人/联系方式、检测日期、检测时间、检测性质、检测类别、检测标准（此处要注意区分检测标准和评价标准）、受检场所或设备名称、委托号或报告号等。

使用的检测设备应当写明设备的名称、唯一性编号、溯源信息、设备使用的时间段，如有可能写明校准因子便于数据处理。

记录最末应有检测人员和受检单位陪同人员的签字，并填写检测时间。检测人员应执行双人双签制度，签名宜使用正楷，便于查证和追溯。

记录数据的更改必须严格按照程序文件的要求进行，不能随意涂改。更改必须要能看得出原始记录未更改数据，更改一般应有签名或签章，以便于溯源。

一份好的原始记录的难点在于检测结果部分的设计，这部分设计应当参考对应的技术标准、设备操作和人员操作习惯。应记录被测设备的名称、型号、编号、出厂日期、生产厂商、所在位置等信息。如果是射线装置类型，还应记录额定参数、球管数目、探测器规格类型。如果是含源设备，还应记录放射源的名称、射线类型、源出厂时间和出厂活度，如果中途有换源，则记录最近一次的换源情况。如果是核医学场景，应记录该单位常规情况下所使用核素、核素射线类型、用法用量，检测当时核素的使用情况。

记录的编排宜按照标准要求的检测顺序依次展开，分别记录检测条件、关键环节信息、测量数据、如有可能把数据处理放在此处便于溯源。记录完整充分的检测条件是记录设计的难点，标准要求记录的信息必须在记录当中体现，比如 DR 检测应按照《医用 X 射线诊断设备质量控制检测规范》（WS 76—2020）的要求记录检测时是否使用滤线栅。受检设备的参数特征对评价有影响时应予以记录，比如摄影设备额定电流、透视设备的影像接收器尺寸大小、DR 平板的像素尺寸等。检测设备的参数特征对结果有影响时应予以记录，比如乳腺性能检测时检测设备中靶材与过滤的设定。检测中对数据有影响的因素应予以记录，比如 X 射线摄影设备防护检测时有用束方向、照射野大小等。

放射诊断防护检测的要点及要求可以参见《放射诊断放射防护要求》（GBZ 130—2020）。普通诊断 X 射线设备（如 DR、透视机）除了标准提出的检测要点外，在防护检测工作中，还应注意：有用束方向、照射野大小、球管过滤、焦点到水模距离、焦点中心位置等因素。另外，铅屏风等机房内防护设施的使用也会对机房内剂量分布有影响。由于 CT 机房内剂量空间分布为蝴蝶型，因此对于 CT 的防护检测，要特别关注扫描架后方墙体外及扫描架顶斜方向的辐射剂量水平。

检测结果部分应该包含的内容有：参数名称、检测数据 / 数据单位以及其他需要记录的信息。检测结果要有原始性和溯源性，不是记录测量的结论，而是记录观察所得仪器原始呈现的数据。比如测量 CT 诊断床的定位 / 归位精度，需要记录的是指针在标尺上起 / 止位置的数字，而不是只记录下最终判定定位 / 归位精度为 1mm。仪器设备的读数必须准确客观，数据的记录要"原始"，不能加工和换算，要保证有效数字的准确，比如 1.00 不能记作 1.0，也不能记作 1.000；3.7×10^2，不能记作 370，μGy 不能记作 uGy，更不能记作 μSv，3.7×10^3 μSv 不应记作 3.7mSv。

按照现行标准规范，常规检测报告及原始记录应妥善存档，保证其有可追溯性，档案至少保存 6 年。涉及职业病危害评价或其他有特殊要求领域的报告及原始记录保存期限按特殊要求执行。

二、报告要求及质量控制要点

检验检测的报告应该准确、清晰、客观地出具检验检测结果，要符合相应标准方法的规定，并确保结果的有效性。按照相关要求，报告应包含以下信息。

标题；

资质认定标志，即 CMA 标志，检验检测专用章；

检测单位名称地址，检测地点；

报告唯一性标识。且每一页均有标识，保证能够识别该页从属于某份报告。报告结束的清晰标识；

客户的名称和联系信息；

检测类别，检测性质；

检验检测方法；

受检设备或场所的描述、标识和状态；

检测日期，当对检测检验结果有重大影响时，应注明采样或送样日期；

报告签发人签字或签章或等效标识，签发日期；

测量结果及单位；

结果判定及判定依据；

机构对不负责抽样采样时，应在报告中声明结果仅适用于客户提供的样品；

当检验检测结果来源于分包的，必须予以清晰注明，且标注出分包方信息；

应有不经检验检测机构批准不能部分复制的声明。

如果报告发放后发现有需要更正或增补的，应予以记录。修订后的检验检测报告应标注代替报告，且需要同样给予唯一性标识。

对于放射诊疗设备的检验检测报告一定要记住几个常见的问题：一是确定设备检测类型。大多数设备的验收检测和状态检测参数要求、判定值是不一样的。二是关键参数。比如透视设备不同尺寸影像增强器的分辨率要求是不一致的。三是某些设备只有测量方法的要求，而没有国家标准限值的规定。如正电子发射断层扫描设备（PET），只有检测方法，国家没有统一的判定标准。四是要注意标准的适用范围，如《医用 X 射线诊断设备质量控制检测规范》（WS 76—2020）明确说明不适用于锥形束 CT 设备的质量控制检测，骨密度设备目前也尚无质量控制检测国家标准。五是检测一定要按照标准规定的参数执行，不能多加参数，更不能随意减少测量参数。

三、报告质量控制要求

多数检验检测机构的质量体系对于报告都实行编制—审核—签发的三级审校制度，或与之类似的编制—校对—审核—签发的四级管理。按照相关规定，报告必须有签发者信息及签发日期，除食品领域报告有特殊要求外，其余类型报告可以不出现检测/复核人员信息。各级人员按照各自职责对报告负责。

报告编制人、审核人应在各自岗位职责范围内对报告数据方法的真实性准确性负责，对报告格式和内容进行规范编制，对于数据转换和运算、标准限值的选取和判定负有第一责任。

授权签字人是应具备中级以上专业技术职称经资质认定考核机构考核合格，经单位法人授权，对出具的报告进行签发的人员。授权签字人必须具备以下能力：一是要"具有对相关检验结果进行评定的能力"，对报告中可能存在的可疑值、计算错误的数值、不符合统计规律的离群值等具有敏锐的判断能力，这些都需要建立在掌握必要的检测理论知识和丰富的检测工作经验的基础上。二是要熟悉签字项目的技术标准和签字的流程。三是熟悉业务，具有相应的职责和权利，对检测/校准结果的完整性和准确性负责，掌握有关的检测/校准项目限制范围，熟悉有关检测/校准标准、方法及规程，有能力对相关检测/校准结果进行评定，了解测试结果的不确定度，了解有关设备维护保养及定期校准的规定，掌握其校准状态，十分熟悉记录、报告及其核查程序，了解实验室义务及认证标志使用等有关规定。

报告签发人在行使签发报告的职责时不可能对报告全过程全要素进行审核。报告签发者应重点关注参数是否在 CMA 证书许可范围内，检测工作是否是按照合同约定范围如实全部进行和报告，标准的有效性和适宜性，报告逻辑性等方面。现实工作中，很多授权签字人也同时具备一定的管理职责，但应注意把控好管理者与报告签发人身份的界限，切勿把报告签发作为一种日常行政管理的手段。

报告全过程涉及的内容、记录都应妥善保管，容易被大家忽略的是报告审核修订过程中的信息。

为保证报告的质量，一般建议体系文件规定报告编制全过程中编制、审核、签发不宜由同一人担任。现场检测一般要求两人及两人以上同时参与，同时签名负责。

检测在资质认定范围内的，报告应该也必须要加盖 CMA 标志，必须符合 CMA 要求，通过 CMA 认证的项目必须使用 CMA 标志。

报告必须如实全部反映检测内容，不得隐瞒或漏报检测结果，特别是不符合要求的检测值，更不得伪造数据。

四、记录的保存

记录（含报告）的保存必须按照相关规定进行。资质认定要求记录保存期限不少于6年。记录的保存应该完整、易检索、易查询，记录要保证安全、完整。电子记录一定要注意备份和防篡改，纸质版记录需要注意防火防水、防污染、防鼠防虫。

记录宜集中保存。记录的保存要特别注意保护客户机密，防止信息泄露。记录的查验和复制也需要遵守以上要求。

用于放射诊疗建设项目职业病危害评价报告配套的检测报告和原始记录的保存期限宜与主报告相同，建议与主报告保存在同一位置，便于追溯查找。超过保存期限的记录应予以妥善销毁，避免客户资料泄露。

第 3 章
质量控制检测设备及校准技术

目前放射诊疗设备的种类繁多，功能各异且越来越强大，因此对其进行质量控制就需要按种类及功能的不同而区别实施。本章就放射诊疗设备进行质量控制的设备进行简要介绍，包括 X 射线多功能质量检测仪、实时焦点测量仪、射线影像质量检测器具等放射诊断质量控制检测设备，以及治疗水平剂量仪、水箱射束分析仪、矩阵剂量仪等放射治疗质量控制检测设备。并对放射诊断及治疗质量控制检测设备的校准技术进行阐述。第三节以 IAEA 发布的 TRS-277、TRS-381、TRS-398 三项技术报告为依据介绍放射治疗质量控制校准技术。第四节介绍较为新型的伽玛照相机、SPECT 和 PET 质量控制检测设备。

第一节　放射诊断质量控制检测设备及其校准

本节介绍常用的几种放射诊断质量控制检测设备，包括 X 射线多功能质量检测仪、实时焦点测量仪、射线影像质量检测器具、放射诊断质量控制检测模体等，并且阐述对其校准技术。

一、X 射线多功能质量检测仪

（一）简介

X 射线多功能质量检测仪主要用于对医用 X 射线诊断设备多个参数进行测量。作为一款功能强大的非介入式放射诊断质量控制检测设备，X 射线多功能质量检测仪需要检测的参数主要有 X 射线管电压、X 射线管电流、曝光时间、剂量、剂量率、半值层，可检测的范围一般可以包括普通诊断 X 射线机、医用计算机 X 射线摄影设备（Computed Radiography System，CR）、医用数字 X 射线摄影设备（Digital Radiography System，DR）、数字减影血管造影（Digital Subtraction Angiography，DSA）、牙科 X 射线机及乳腺 X 射线机等主流的医用诊断 X 射线机型。当今市场上有多种 X 射线多功能质量检测仪，常用的一些多功能诊断 X 射线剂量仪如图 3-1 所示。

主要有以下厂家及相应的产品：

美国 Fluke 公司的 Ray Safe X2 X 射线质量分析仪，可适用于各种 X 射线诊断设备检测。Ray Safe X2 由主机、传感器和 X2 View 计算机软件组成。它能实现多种功能的质量检测取决于它所拥有的 4 种传感器：R/F 探头（用于 X 射线球管和探头之间有无模体时的拍片 / 透视测量）、MAM 探头（用于所有种类乳腺机测量）、计算机体层摄影（Computed Tomography，CT）电离室探头（用于 CT 剂量测量）、Light 探头（用于照度测量和监视器、读片灯箱上的亮度测量）。

☆☆☆☆

图 3-1 常用的一些多功能诊断 X 射线剂量仪

PTW 公司 DIADOS E 诊断剂量仪是一种可用于 X 射线设备验收检测和常规测试的袖珍型剂量计，结合各类探头及配件可测量 X 射线影像机、透视机、乳腺机、牙科机、CT 机等 X 射线设备的剂量值和曝光率。DIADOS E 剂量仪可自动探测射线进行剂量及曝光时间测量，还具有自动调零的功能，通过电源或可充电电池供电。

IBA 公司 DOSIMAX plus A HV 剂量仪使用多种型号电离室探测器及常规半导体探测器，可用于测量所有类型 X 射线摄影装置，测量 CT 参数有 CT 剂量指数和剂量长度乘积。

国产 NT 2100 多功能诊断 X 射线剂量仪是一款用于诊断 X 射线辐射源质检的专业仪器设备，可检测的诊断 X 射线机型包括普通诊断 X 射线机、CR、DR、DSA、牙科机及乳腺机等。该仪器主机负责诊断 X 射线信号的采集，并将采集的数据通过蓝牙以无线的方式传输至客户端（如平板电脑），客户端凭借强大的计算能力对射线数据进行分析处理，并显示测量结果。其正面曝光区域有三个十字对位线，分别标记了 H、L 及 M：H 为高量程测量对位线，主要用于 X 射线机的拍片模式（高剂量率）；L 为低量程测量对位线，主要用于 X 射线机的透视模式（低剂量率）和牙科设备检测；M 为乳腺测量对位线，用于乳腺机的测量。在拍片或透视模式下，应当使 X 射线管的阳极阴极轴与十字标志线的长线保持空间垂直，以避免球管的足跟效应。它的背面曝光区域满足部分需要从曝光区域背面对位的 X 射线机的测量对位要求。其技术指标如表 3-1 所示。

表 3-1　NT 2100 技术指标

参数	测量范围	误差
管电压	诊断（非乳腺）：40～150kV 乳腺：20～49kV	±2%
管电流	1～1200mA	±1.5%
曝光时间	1ms～999s	±1%
半值层	诊断（非乳腺）：1～14mmAl 乳腺：0.2～0.8mm Al	±10%
剂量	诊断（非乳腺）：100nGy～999Gy 乳腺：100μGy～999Gy	±5%
剂量率	诊断（非乳腺）：100nGy/s～500mGy/s 乳腺：100μGy/s～150mGy/s	±5%

（二）检测仪的测量原理

本节以国内检测仪为例，对 X 射线多功能质量检测仪的一般测量原理作简要介绍。其原理框图如图 3-2 所示，半导体探测器阵列在射线的照射下产生与射线强度成比例的信号电流，电流信号通过前置放大器放大后转变为电压信号，多通道电压信号通过切换放大后，单片机对其进行数据采集，采集的射线信号数据通过蓝牙模块发送至平板电脑进行数据处理，混合数据处理算法实现了各类 X 射线机的多参数测量。

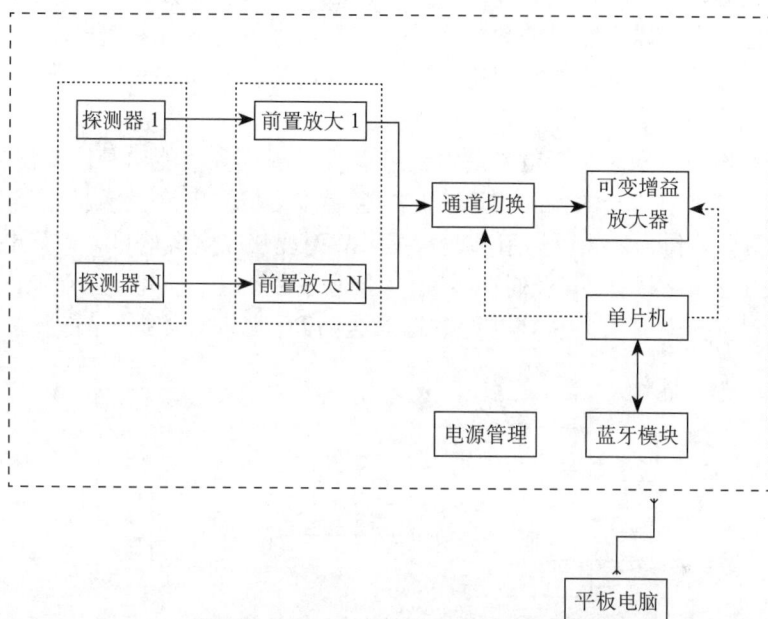

图 3-2　X 射线多功能质量检测仪原理框图

1. 管电压的检测　管电压用 kVp 表示，它是指加在 X 射线管阳极和阴极之间的高压，是医用诊断 X 射线机的一项非常重要的参数，直接体现射线的穿透能力，它的变化将影响拍片和透视的图像质量。X 射线管管电压的测量主要利用了 X 射线在物质中的衰减规律，当一束单能 X 射线穿透物质时，则有以下衰减规律，见公式（3-1）：

$$I_d = I_0 e^{-\mu(E,\, m)d} \tag{3-1}$$

式中：

I_d——单能 X 射线穿透厚度为 d 的物质后的射线强度；

I_0——单能 X 射线的初始射线强度；

$\mu(E, m)$——单能 X 射线在该物质中的衰减系数；

E——射线能量，keV；

m——物质材料；

d——物质的厚度，mm。

因为产生的 X 射线的能量与高压存在一定的数学关系，因而可以用电压 V 来表示 X 射线的能量 E。当 X 射线穿过材料厚度分别为 d_1、d_2 时，其射线强度为 I_1、I_2。则可以求出物质衰减系数，见公式（3-2）。

$$\mu(V, m)=\frac{\ln(I_1/I_2)}{d_2 - d_1} \tag{3-2}$$

由函数求逆运算可得到电压，见公式（3-3）：

$$V=\mu^{-1}\left(\frac{\ln(I_1/I_2)}{d_2 - d_1}, m\right) \tag{3-3}$$

而 X 射线多功能质量检测仪的探头部分中，滤片厚度 d_1、d_2 恒定，材料 m 均匀，则管电压只与射线强度 I_1、I_2 的比值有关。采用标准电压进行刻度的方法，列出电压与 I_1/I_2 的数值关系，把它作为以后测量的数据表，通过数据表就可以计算出电压值。这种通过测量射线强度来计算管电压的方法，回避了直接测量高压，避免了高压作业的危险，实现了非介入测量。

2. **管电流的检测** X 射线管电流是由医用诊断 X 射线多功能质量检测仪中的非介入电流表测量得到的，采用非介入方式测量 X 光机管电流。根据电流互感器感应电流信号的基本原理，采用钳形表作为探头，运用高速数据采集处理感应电流信号，计算电流的平均值。非介入电流表主要由探头、信号处理单元、处理终端等组成。电流互感信号经过 I-U 转换后，信号采集部分对其实时采样并将数据发送到 PC 端进行数据分析处理。测量原理如图 3-3 所示。

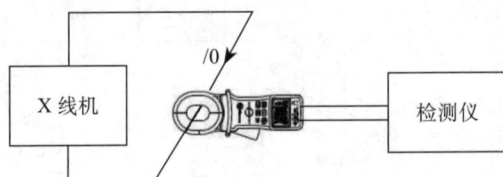

图 3-3 非介入实时管电流测量原理图

3. **曝光时间的检测** 曝光时间的测量通常是基于 X 射线多功能质量检测仪硬件电路的模拟比较中断，其测量时序如图 3-4 所示。模拟比较器一直处于低电平状态，在 T_s 时刻，X 射线照射，就会产生高电平，在这个时刻就会产生一个上升沿脉冲，单片机响应这个中断。延时 15ms 再次检测电平状态，如果维持在高电平，则表明确实是射线照射，否则认定为干扰信号，不进行处理；当 T_e 时刻，X 射线照射结束时，比较器输出一个下降沿脉冲，那么曝光时间就是 $T_e - T_s$。

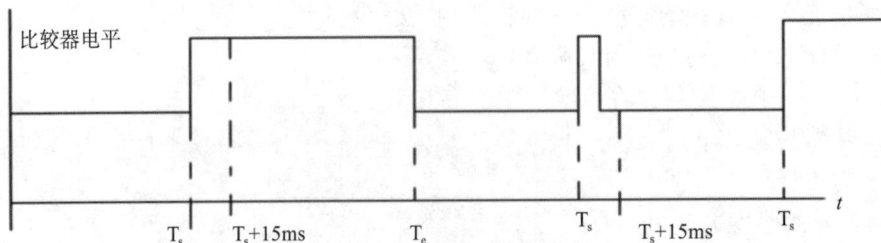

图 3-4 曝光时间的测量时序图

4. **半值层的检测** X 射线多功能质量检测仪通常采用定值衰减层比较法测量半值层厚度。基本原理是采用不同的千伏高压，对应不同厚度的衰减层，测试出标准的千伏 - 衰减

层厚度 - 输出信号的衰减曲线。在实际检测过程中，将测量值代入标准曲线插值计算，得出半值层厚度，用于评估射线的辐射质。

5. **剂量的检测**　为了检测诊断 X 射线剂量，需要通过标定实验测出探测器的能量响应和射线半值层，建立标准曲线库。在进行诊断 X 射线剂量检测时，采用半导体阵列探测器，测出不同衰减层下的信号，利用标准曲线库，插值计算出千伏、半值层，利用产生信号的能量响应及校准因子计算出剂量。

（三）多通道 CT 剂量仪的测量原理

作为 CT 剂量测量的补充，国内有一种多通道 CT 剂量仪，实现 CT 机一次扫描完成剂量指数测量，效率是国外同类产品的 5 倍。多通道 CT 剂量仪分为数据采集主机和 CT 数据测量处理终端，数据采集主机采用了多路数据采集，采集 CT 头模中心及周边一共 5 个位置的 CT 辐射信号，采集到的微弱射线电流信号送至前置放大器进行放大，5 个通道的信号通过通道切换电路送至可编程放大器进行放大，然后微控制器内集成的模数转换电路对 5 个通道的信号进行数字化，微控制器通过蓝牙模块将数字化后的射线信号发送至数据处理终端进行数据分析处理。多通道 CT 剂量仪原理框图如图 3-5 所示。

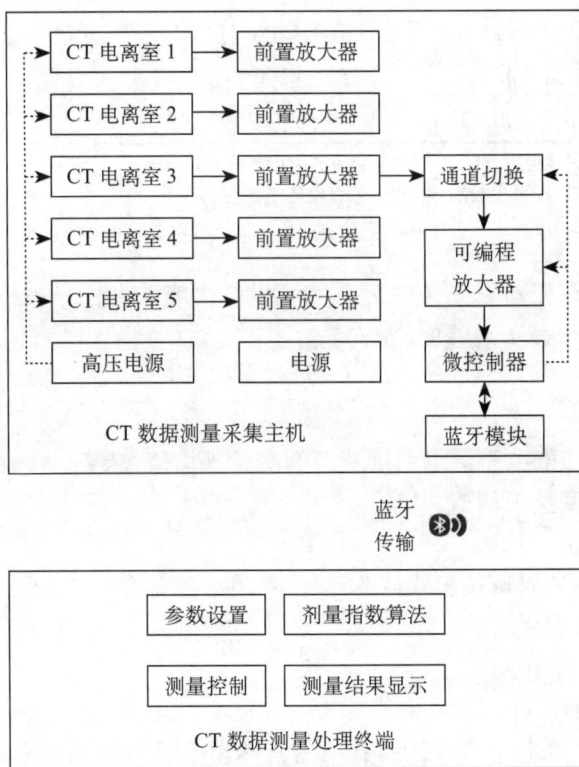

图 3-5　多通道 CT 剂量仪原理框图

（四）检测仪的校准

1. **非介入式管电压测量的校准（40 ～ 150kV）**　X 射线多功能质量检测仪的 X 射线非介入式管电压测量部分的校准项目主要有：固有误差、测量重复性、X 射线过滤影响、工作辐射下限。

（1）固有误差：在对检测仪进行校准时，应将各个设备按照图 3-6 进行连接布局。

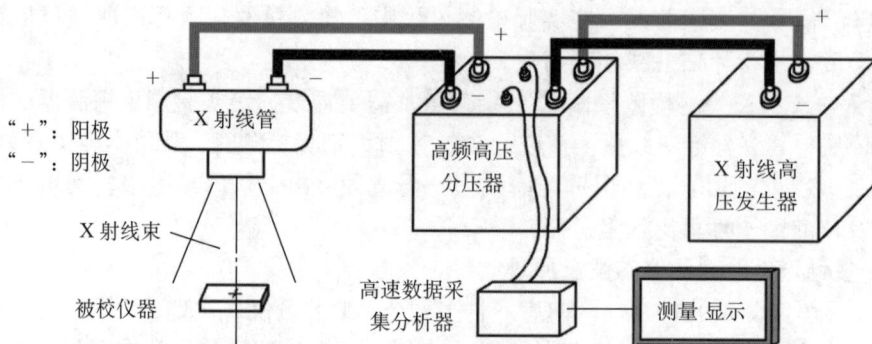

图 3-6 被校仪器及各种设备连接布局示意图

根据表 3-2 选择校准点电压、曝光电流和 X 射线总过滤（设置曝光时间为 100ms）。

表 3-2 各适用对象管电压测量的固有误差校准的曝光条件

适用对象	校准点电压 Vp/kV	曝光电流 Ip/mA	X 射线总过滤 /mm Al
通用摄影装置	60，80，100，120	100，320（80kV）[①]	3.0
CT 装置	100，120，140	100，200（120kV）[②]	6.0
牙科摄影装置	60，75，90	50 ～ 100 内任取一点	1.5
透视装置	60，80，100，120	< 50 内任取一点	3.0

注：引自 JJF 1474—2014《医用诊断 X 射线非介入式管电压表校准规范》
①在 320mA 曝光电流下，应至少校准 80kV 一个管电压下的固有误差
②在 200mA 曝光电流下，应至少校准 120kV 一个管电压下的固有误差

在同一校准点，在相同曝光条件下重复测量 5 次或以上，当被校电压 < 50kV 时，按公式（3-4）计算固有误差 E（单位，kV）：

$$E = \overline{U}_d - \overline{U}_s \tag{3-4}$$

式中：

$\overline{U}_s$——标准实际峰值电压测量系统获得的测量平均值，kV；

$\overline{U}_d$——被校仪器测量平均值，kV。

固有误差应不超过 ±1kV。

当被校电压 ≥ 50kV 时，按公式（3-5）计算相对固有误差 I（单位，%）：

$$I = \frac{E}{\overline{U}_s} \times 100\% \tag{3-5}$$

相对固有误差应不超过 ±2%。

（2）测量重复性：根据表 3-3 选择管电压、曝光电流和 X 射线总过滤。

表 3-3 重复性测量曝光条件

适用对象	管电压 /kV	曝光电流 /mA	X 射线总过滤 /mmAl
通用摄影装置	80	100	3.0
CT 装置	120	100	6.0
牙科摄影装置	60	50 ～ 100 内任取一点	1.5
透视装置	80	< 50 内任取一点	3.0

注：引自 JJF 1474—2014《医用诊断 X 射线非介入式管电压表校准规范》

在相同条件下曝光，重复测量 10 次或 2 次以上，按公式（3-6）和公式（3-7）计算测量重复性：

$$S= \sqrt{\frac{\sum_{i-1}^{10}\left(\dfrac{U_{d,i}}{U_{s,i}}\cdot \overline{U}_s - \overline{U}_d\right)^2}{n-1}} \times 100\% \tag{3-6}$$

$$V=\frac{s}{\overline{U}_d} \tag{3-7}$$

式中：

S——测量重复性，用相对值表示，%；

V——测量重复性，用绝对值表示，kV；

$U_{d,i}$——被校仪器第 i 次测量值，kV；

$\overline{U}_d$——被校仪器测量平均值，kV；

$\overline{U}_s$——标准实际峰值电压测量系统获得的测量平均值，kV；

$U_{s,i}$——标准实际峰值电压测量系统第 i 次测量值，kV；

n——曝光测量次数。

取 S、V 数值较大者作为校准结果。重复性应 ≤ 0.5kV 或 ≤ 0.5%。

（3）X 射线过滤影响：在表 3-4 列出的 X 射线总过滤有效范围内，分别选择 X 射线过滤的最大和最小值作为 X 射线总过滤；根据管电压测量的不同适用对象，按测量重复性选择其他曝光条件。对于同一适用对象的管电压测量，只改变 X 射线总过滤进行曝光测量。

表 3-4　各适用对象管电压测量的 X 射线总过滤有效范围

适用对象	X 射线总过滤有效范围
通用摄影装置	2.5 ～ 3.5mmAl
CT 装置	4 ～ 8mmAl
牙科摄影装置	1.5 ～ 2.0mmAl
透视装置	2.5 ～ 3.5mmAl

注：引自 JJF 1474—2014《医用诊断 X 射线非介入式管电压表校准规范》

用被校仪器对每个测量点重复测量 5 次或以上，取得平均值，与固有误差校准中对应的管电压测得值 $\overline{U}_d$ 比较，按公式（3-8）计算偏差 L_F：

$$L_F=\frac{\overline{U}_{d,m}-\overline{U}_d}{\overline{U}_d} \tag{3-8}$$

式中：

$\overline{U}_{d,m}$——选择 X 射线过滤有效范围的最大或最小值曝光时，被校仪器测量平均值，kV；

$\overline{U}_d$——相同管电压下，固有误差校准中被校仪器测量平均值，kV。

一般要求偏差 L_F 不超过 ±1.5%。

（4）工作辐射下限：根据表 3-3 选择管电压和 X 射线总过滤，曝光时间 100ms，调节曝光电流或被校仪器到 X 射线管距离，以减小 X 射线空气比释动能率，用诊断水平剂量仪和曝光时间表重复测量 n（n ≥ 5）次，使测得平均空气比释动能率 ≤ 1mGy/s。

按固有误差校准中方法，测量计算被校仪器的固有误差。当被校电压 < 50kV 时，固

☆★☆☆

有误差应不超过 ±1kV；当被校电压 ≥ 50kV 时，固有误差应不超过 ±2%。

2. 乳腺非介入式管电压测量的校准 乳腺机的测量与普通 X 射线机的测量基本相同，但是由于其 X 射线管的管电压范围、靶材料与普通 X 射线设备不同，因此其检测也有其独特性。

对于 X 射线多功能质量检测仪的乳腺非介入式管电压测量部分，主要对管电压测量的准确度和重复性进行校准。乳腺诊断 X 射线辐射源总过滤和辐射质推荐技术要求如表 3-5、表 3-6 所示：

表 3-5 0.032mmMo 总过滤推荐技术要求（钼靶）

标准辐射质	管电压 /kV	半值层 /mmAl
RQR-M1	25	0.28 ± 0.02
RQR-M2	28	0.31 ± 0.02
RQR-M3	30	0.33 ± 0.02
RQR-M4	35	0.36 ± 0.02

表 3-6 0.05mmRh 总过滤推荐技术要求（钨靶）

标准辐射质	管电压 /kV	半值层 /mmAl
W/Rh-25	25	0.49 ± 0.02
W/Rh-28	28	0.53 ± 0.02
W/Rh-30	30	0.55 ± 0.02
W/Rh-35	35	0.58 ± 0.02
W/Rh-40	40	0.63 ± 0.02
W/Rh-45	45	0.67 ± 0.02

（1）管电压（kV）的准确度：如图 3-7 所示，X 射线机产生的高压经过分压器进行分压，变成低压信号，通过四芯电缆线供给指示仪表，在仪表上显示出所要测量的管电压。由于分压器输入阻抗高，启动时间短，可以在摄影或透视状态下测量管电压的准确度。通过改变可变定时电路，转换测量时间，可对 X 射线发射期间任一时刻的管电压进行测量。

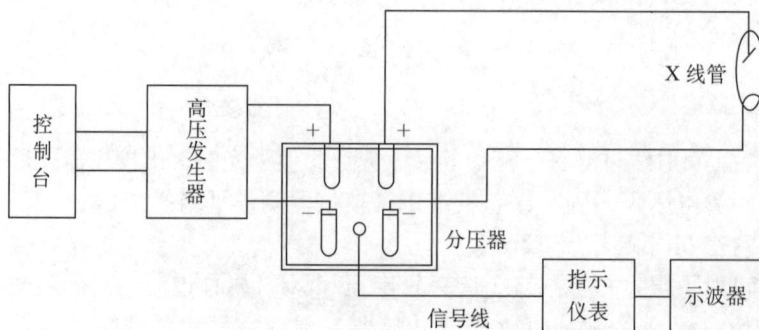

图 3-7 校准装置原理框图

测量值的误差用相对误差 E 表示，按公式（3-9）计算：

$$E= \frac{\overline{V_P} - V}{V} \times 100\% \tag{3-9}$$

式中：

$\overline{V_P}$——测量值的平均值，kV；

V——预置值，kV。

一般要求管电压的准确度应不超过 ±2%。

（2）管电压的重复性：校准方法与管电压的准确度相同，重复性用相对标准偏差 V 表示，按公式（3-10）计算：

$$V= \frac{1}{\overline{X}} \sqrt{\frac{\sum_{i=1}^{n} (X_i - \overline{X})^2}{n - 1}} \times 100\% \tag{3-10}$$

式中：

$\overline{X}$——测量值的平均值，kV；

X——预置值，kV。

一般要求管电压的重复性应 ≤ 0.5%。

3. 非介入式管电流测量的校准　X 射线多功能质量检测仪的 X 射线非介入式管电流测量部分的校准项目主要有：电流分辨力、示值误差、倾斜效应、重复性。

（1）电流分辨力：对于具有电流测量功能的 X 射线多功能质量检测仪，按照图 3-8 的连接方式，如果没有电流输出，可能是没有触发信号，还应接上引线探头，将射线探头放在 X 射线辐射场内，保持电流源输出电流恒定，X 线机进行正常曝光，观察电流仪示值变化。

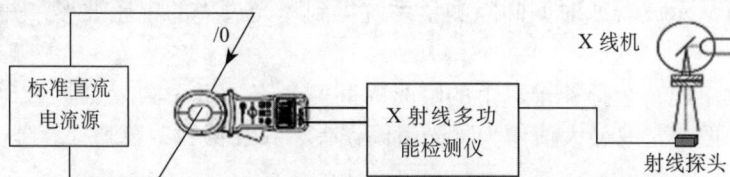

图 3-8　X 射线多功能质量检测仪的电流校准连接示意图

在最小量程或 0 ～ 1000mA 任一电流值进行电流分辨力测量，调节电流，观察被校仪器的有效末位数字变化最小单位时，变化前后电流示值之差为电流分辨力，一般要求不大小 1mA。

（2）示值误差：保持标准电流源输出电流恒定，保证脉宽所在时间段大于曝光时间，在 100 ～ 1000mA 范围内至少选 3 个点对被校仪器校准。每个点测量 6 次，求平均值并计算示值误差，一般要求不超过 ±1.5%。

（3）倾斜效应：按示值误差校准中标准电流源的脉宽设置，电流设为 100mA，被校仪器探头分别在标准位置和前、后、左、右 4 个方向倾斜 30° 各测量 1 次，记录测试示值，按公式（3-11）计算最大示值偏差作为倾斜效应：

$$R= \left| \frac{I_m - I_s}{I_s} \right| \times 100\% \tag{3-11}$$

式中：

R——倾斜效应，%；

I_m——被校仪器探头分别在前、后、左、右 4 个方向倾斜 30° 测量时偏差最大的示值，mA；

I_s——被校仪器探头在标准位置的电流示值，mA。

（4）重复性：按示值误差校准中标准电流源的脉宽设置，电流标准值设为 100mA，被校仪器测量 10 次，并计算相对实验标准偏差，一般要求不超过 0.5%。

4. 曝光时间测量的校准　X 射线多功能质量检测仪的 X 射线非介入式曝光时间测量部分的校准项目主要是曝光时间误差。

将高压分压器上的电压输出信号接到示波器或时间间隔测量系统，如图 3-9 所示。

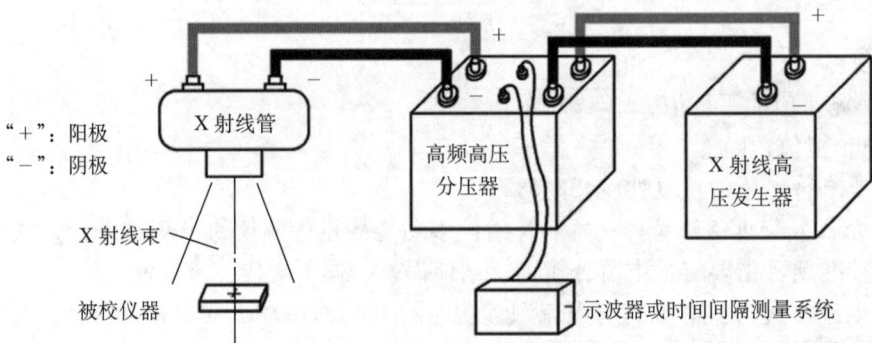

图 3-9　被校仪器及 X 射线曝光时间标准装置连接布局示意图

将被校仪器置于 X 射线辐射场中，探测器与射线束垂直，探测器与球管距离适当。一次曝光结束，可从示波器或时间间隔测量系统得到曝光过程的电压波形，并可得到标准曝光时间。

选择常用管电压，选择 4 个以上的曝光时间测量点，每个测量点测量 3 次，计算被校仪器各测量点的误差，取最大值作为曝光时间误差。按公式（3-12）计算曝光时间误差：

$$E_m = \max(\overline{\Delta T_1}, \overline{\Delta T_2}, \cdots \overline{\Delta T_k}) \tag{3-12}$$

式中：

E_m——曝光时间误差，ms；

$\overline{\Delta T_k}$——第 k 个测量点 3 次测量误差的平均值，ms。

其中，$\overline{\Delta T_k}$ 按公式（3-13）计算：

$$\overline{\Delta T_k} = \overline{T_{d,k}} - \overline{T_{s,k}} \tag{3-13}$$

式中：

$\overline{T_{d,k}}$——第 k 个测量点被校仪器 3 次测量值的平均值，ms；

$\overline{T_{s,k}}$——第 k 个测量点 3 次测量标准值的平均值，ms。

按公式（3-14）计算曝光时间相对误差：

$$E_{rm} = \max(\delta_1, \delta_2, \cdots \delta_k) \tag{3-14}$$

式中：

E_{rm}——曝光时间相对误差，%；

δ_k——第 k 个测量点的相对误差，%。

其中，δ_k 按公式（3-15）计算：

$$\delta_k = \frac{\overline{\Delta T_k}}{\overline{T_{s,k}}} \times 100\% \tag{3-15}$$

5. 半值层测量的校准　X 射线多功能质量检测仪的半值层示值误差可由相对示值误差或示值误差表示。图 3-10 为被校仪器校准示意图，测试平面与焦点间距离 d 推荐为 1000mm，测试平面上射野推荐为 10cm×10cm 或 φ10cm。将被校仪器探测器置于测试平面，探测器中心位于射线束轴上，且其中轴线与射线束轴垂直。

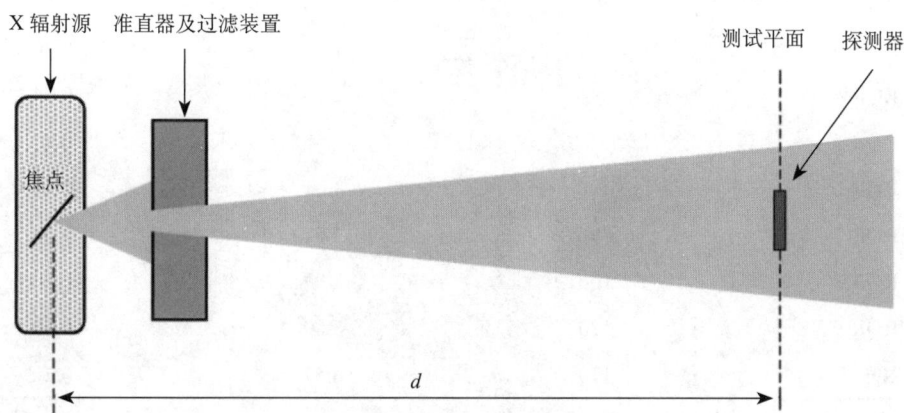

图 3-10　半值层仪校准示意图

被校仪器至少测量三次，由公式（3-16）计算被校仪器半值层（HVL）的示值误差，由公式（3-17）计算被校仪器的相对示值误差。

$$\delta = \overline{H} - H_0 \tag{3-16}$$

$$\Delta \delta = \frac{\overline{H} - H_0}{H_0} \times 100\% \tag{3-17}$$

式中：

$\overline{H}$——被校仪器半值层读数的平均值，mmAl；

H_0——测试点的半值层标准值，mmAl；

δ——被校仪器的示值误差，mmAl；

$\Delta \delta$——被校仪器的相对示值误差，%。

6. 剂量测量的校准（40～150kV）　X 射线多功能质量检测仪的剂量测量部分（包含 CT 剂量仪）的校准项目主要有：重复性、校准因子、能量响应和长期稳定性。

（1）重复性：重复性测量在 X 射线辐射场中进行，以相对实验标准偏差表示重复性。测量条件不变，用被校仪器重复测量 n（$n \geq 10$）次，由公式（3-18）计算重复性 V：

$$V = \frac{1}{\overline{M}} \sqrt{\frac{\sum_{i=1}^{n}(M_i - \overline{M})^2}{n-1}} \times 100\% \tag{3-18}$$

式中：

M_i——被校仪器读数，div；

$\overline{M}$——被校仪器读数的平均值，div。

（2）校准因子：对于空气比释动能的校准因子，至少选择 RQR、RQA、RQT 系列辐射质中的一个进行相应的校准。而 RQR 辐射质中至少应有 RQR3、RQR5、RQR8 和 RQR10，RQA 辐射质中至少应有 RQA3、RQA5、RQA8 和 RQA10，RQT 辐射质中应有 RQT8、RQT9 和 RQT10。RQR、RQA、RQT 系列辐射质分别如表 3-7、表 3-8、表 3-9 所示。

表 3-7　RQR 系列辐射质

辐射质	管电压 /kV	第一半值层 /mmAl	同质系数
RQR 2	40	1.42	0.81
RQR 3	50	1.78	0.76
RQR 4	60	2.19	0.74
RQR 5	70	2.58	0.71
RQR 6	80	3.01	0.69
RQR 7	90	3.48	0.68
RQR 8	100	3.97	0.68
RQR 9	120	5.00	0.68
RQR 10	150	6.57	0.72

注：表 3-7 ～表 3-9 引自 JJF 1621—2017《诊断水平剂量计校准规范》

表 3-8　RQA 系列辐射质

辐射质	管电压 /kV	辅助过滤 /mmAl	第一半值层 /mmAl
RQA 2	40	4	2.2
RQA 3	50	10	3.8
RQA 4	60	16	5.4
RQA 5	70	21	6.8
RQA 6	80	26	8.2
RQA 7	90	30	9.2
RQA 8	100	34	10.1
RQA 9	120	40	11.6
RQA 10	150	45	13.3

表 3-9　RQT 系列辐射质

辐射质	管电压 /kV	辅助过滤 /mmCu	第一半值层 /mmAl
RQT 8	100	0.20	6.9
RQT 9	120	0.25	8.4
RQT 10	150	0.30	10.1

使用替代法，将被校仪器探测器置于 X 射线均匀辐射场中，其有效探测中心与标准电

离室测量点重合，测得的读数与标准在该点测得的空气比释动能值比较。由公式（3-19）计算校准因子：

$$N_{K,Q} = K/M \tag{3-19}$$

式中：

$N_{K,Q}$——辐射质 Q 的校准因子，Gy/div；

K——测量点的空气比释动能标准值，Gy；

M——被校仪器读数并经空气密度修正后的平均值，div。

而对于空气比释动能长度乘积的校准因子，校准示意图如图 3-11 所示。在测试平面正前方 50mm 处放置准直器，准直器中心与射线束轴中心重合，测试平面与焦点间距离为1000mm，在无准直器时，测试平面上射野推荐为 10cm×10cm 或 φ10cm。

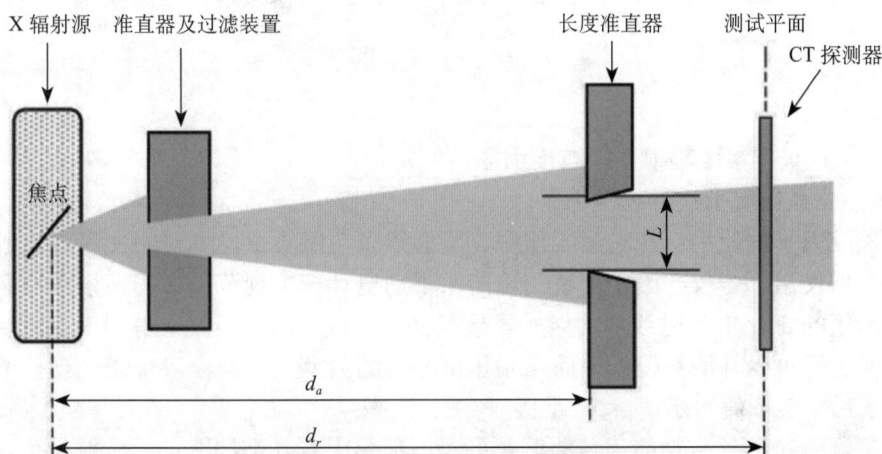

图 3-11　CT 剂量仪校准示意图

其中，d_a 为焦点到准直器的距离（mm）；d_r 为焦点到测试平面的距离（mm）；L 为准直器孔的长度。

分别选择 RQT8、RQT9 和 RQT10 辐射质进行校准。在每个辐射质下，用标准电离室测量测试平面中心点的空气比释动能。将被校仪器探测器有效探测中心与标准电离室所测量点重合进行测量，由公式（3-20）计算校准因子：

$$N_{P_{KL}\cdot Q} = \frac{K \cdot L}{M} \cdot \left(\frac{d_r}{d_a} \right) \tag{3-20}$$

式中：

$N_{P_{KL}\cdot Q}$——辐射质 Q 的校准因子，Gy·m/div；

K——测量点的空气比释动能标准值，Gy；

L——准直器孔长度，m；

M——被校仪器读数并经空气密度修正后的平均值，div。

（3）能量响应：以参考辐射质的响应为参考值，在辐射质范围内至少选择 3 个能量点，并包含最低能量点、最高能量点和参考辐射质，由公式（3-21）计算每个辐射质的响应 E_i：

☆☆☆☆

$$E_i = \frac{N_{\text{ref}} - N_i}{N_i} \times 100\% \tag{3-21}$$

式中：

N_{ref}——参考辐射质的校准因子；

N_i——辐射质 i 的校准因子。

用其中最大偏离值为被校仪器的能量响应 E。RQR 系列的参考辐射质为 RQR5，其辐射质范围为 RQR3 ~ RQR10；RQA 系列的参考辐射质为 RQA5，其辐射质范围为 RQA3 ~ RQA10；RQT 系列的参考辐射质为 RQT9，其辐射质为 RQT8、RQT9 和 RQT10。

（4）长期稳定性：RQR 系列的参考辐射质为 RQR5，RQA 系列的参考辐射质为 RQA5，RQT 系列的参考辐射质为 RQT9。用相邻两次校准的参考辐射质校准因子计算被校仪器的长期稳定性 S，相邻两次校准的时间不少于 6 个月，公式（3-22）如下：

$$S = \frac{N - N'}{N'} \times 100\% \tag{3-22}$$

式中：

N'——上次校准参考辐射质的校准因子；

N——本次校准辐射质的校准因子。

（5）校准因子的使用：在实际工作中，X 射线多功能质量检测仪的使用者比较关心其校准因子如何使用。"校准因子"在《诊断水平剂量计校准规范》中的术语解释是：参考值除以指示值的商。在 X 射线多功能质量检测仪经过校准以后，就会得到剂量测量部分的校准因子，它是可以补偿系统误差而与指示值相乘的数字因子。一般来说，当校准证书给出校准因子后，实际值 = 示值 × 校准因子。

如果送检的 X 射线多功能质量检测仪的校准证书中有各个校准点的校准因子，则可以各校准点为横坐标，校准因子为纵坐标，通常用线性内插的方法绘制校准因子曲线。使用检测仪进行剂量测量时，就可以根据测量结果在该曲线上查得对应的校准因子，从而得到实际剂量值。但对于校准点之外的点，采用内插法得到的校准因子可能误差较大，最好在送检时提出具体要求，给出某一些点的校准因子。

7. 乳腺剂量测量的校准　对于 X 射线多功能质量检测仪的乳腺剂量测量部分，主要对剂量测量的重复性和校准因子进行校准，其中校准因子的使用参考相关内容。需要具备的校准条件与乳腺非介入式管电压测量的校准相同。

（1）重复性：用相对标准偏差 V 表示，按公式（3-23）计算。

$$V = \frac{1}{\overline{K}} \sqrt{\frac{\sum_{i=1}^{n}(K_i - \overline{K})^2}{n - 1}} \times 100\% \tag{3-23}$$

式中：

K_i——被校仪器单次测量值；

$\overline{K}$——被校仪器测量平均值。

一般要求重复性应 ≤ 0.5%。

（2）校准因子：是标准值除以指示值的商。使用替代法，将标准剂量仪电离室置于 X 射线束轴，测量空气比释动能、空气比释动能率或空气比释动能长度。校准时选择的 RQR-M 系列辐射质参见表 3-5。然后用被校剂量仪电离室或半导体探测器置于相同位置测得相应的量值，用公式（3-24）计算校准因子：

$$N_k = N_c \cdot \frac{\dot{D}_s}{\dot{D}_m} \tag{3-24}$$

式中：

N_c—— 标准剂量仪溯源至上级实验室所给的校准因子；

$\dot{D}_s$—— 标准剂量仪测量值；

$\dot{D}_m$—— 被校剂量仪测量值。

二、实时焦点测量仪

（一）简介

实时焦点测量仪是用于 X 射线诊断设备焦点检测的工具，它可以方便快捷地测量不同类型 X 射线机和 CT 机的球管有效焦点。它采用狭缝成像的原理，通过计算机处理获得的一维剂量分布，不仅可以根据不同的球管设置测量有效焦点的尺寸及形状，还可以给出调制传递函数与相应焦点大小的极限分辨力。焦点的每一个方向只需要一次曝光，曝光后结果会实时显示在计算机上。与针孔成像检测法、星卡成像检测法相比，采用狭缝成像检测焦点更为准确。使用实时焦点测量仪不需要繁琐的胶片处理程序，从而得到等效焦点的尺寸，是一种精确、高效、便捷的 X 射线诊断机焦点测量工具，是医院、X 射线诊断机制造厂、医疗器械检测机构所必备的质量检测工具。一种实时焦点测量仪实物如图 3-12 所示。

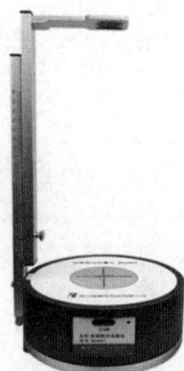

图 3-12 实时焦点测量仪实物

（二）实时焦点测量仪的校准

实时焦点测量仪的校准项目主要有：分辨力、示值误差和重复性。

在对实时焦点测量仪进行校准之前，先将 X 射线机的球管组件限束器窗口调节为垂直向下，使射束基准轴线通过被校仪器的狭缝光阑入射面中心，与狭缝光阑对称轴线所成的角度偏差小于 1°，如图 3-13 所示。

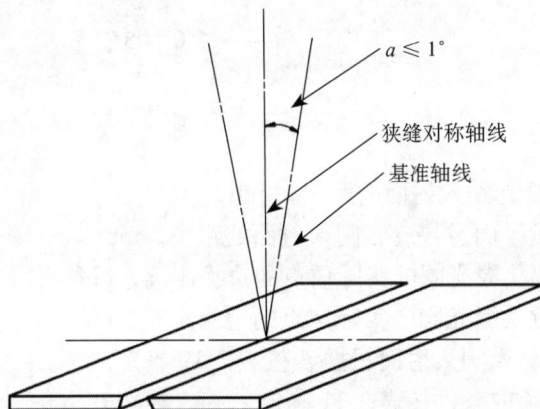

图 3-13 狭缝相机的准直

狭缝光阑入射面与焦点距离 ≥ 100mm。进行拍摄焦点狭缝成像时，狭缝光阑的长度方向应与焦点长度或宽度方向保持垂直，具体为：在测量焦点宽度时，狭缝光阑的长度方向应与 X 射线管组件的纵轴平行；在测量焦点长度时，狭缝光阑的长度方向应与 X 射线管组件的纵轴垂直。被校仪器探测平面应与基准方向垂直（偏差 ±1° 内）。基准平面及各参数示意图如图 3-14 所示。

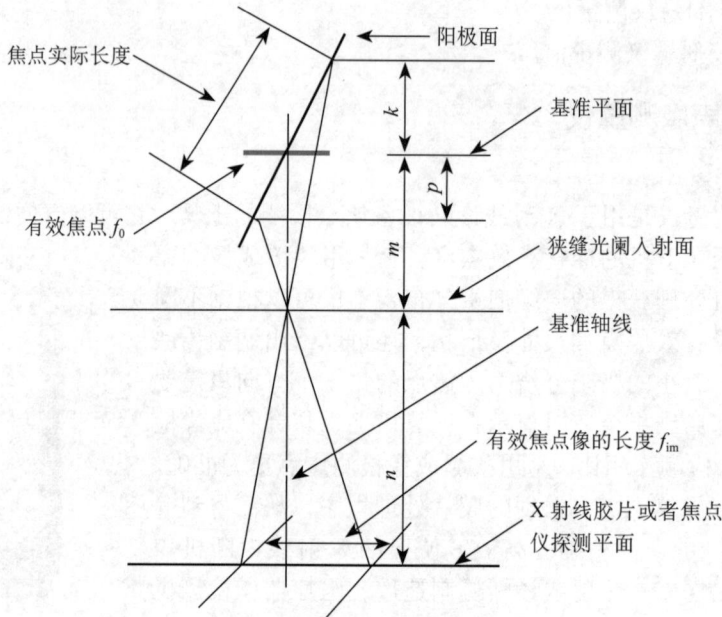

图 3-14　基准平面及各参数示意图

其中，各个参数按公式（3-25）、（3-26）、（3-27）计算：

$$E = \frac{n}{m} \tag{3-25}$$

$$\frac{n}{m+k} \geq 0.95E \tag{3-26}$$

$$\frac{n}{m-p} \leq 0.105E \tag{3-27}$$

式中：

E—— 放大倍率；

m—— 基准面至狭缝光阑入射面的距离，mm；

n—— 被校仪器探测平面至狭缝光阑入射面的距离，mm；

k—— 基准面至远离狭缝光阑的实际焦点的边缘距离，mm；

p—— 基准面至接近狭缝光阑的实际焦点的边缘距离，mm。

在胶片摄像时，狭缝光阑入射面根据 E 按表 3-10 确定。

选择管电压与管电流的条件按表 3-11 确定。

表 3-10　焦点狭缝射线摄像的放大倍率

焦点标称值 f/mm	放大倍率 E
$f \leqslant 0.4$	$E \geqslant 3$
$0.4 < f < 1.1$	$E > 2$
$1.1 \leqslant f$	$E \geqslant 1$

注：表 3-10 和表 3-11 引自 JJF 1688—2018《实时焦点测量仪校准规范》

表 3-11　焦点狭缝射线摄像的管电压和管电流

X 射线管标称电压 U/kV	管电压	管电流
$U < 75$	标称电压	对应于焦点阳极输入功率的 50% 管电流
$75 \leqslant U \leqslant 150$	75kV	
$150 < U \leqslant 200$	50% 标称电压	

另外，选择管电流曝光时间乘积为 10 ～ 150mAs，使胶片黑白密度达到 1.0 ～ 1.4D。

1. 分辨力　对焦点长度进行测量，狭缝光阑的方向与 X 管组件纵轴方向垂直。根据焦点大小调节好放大倍率，按照被校仪器辐射响应要求曝光，得到被校仪器的分辨力。

2. 示值误差　选择 2 ～ 3 个校准点，分别记录焦点到狭缝光阑的距离 m、狭缝光阑到胶片平面的距离 n_1、狭缝光阑到被校仪器探测器的距离 n_2，在不加增感屏的条件下对胶片多次曝光，以达到洗片后黑白密度为 1.0 ～ 1.4D。用扫描仪扫描胶片，采用分析软件按几何关系、胶片密度计算出焦点参考值 f_0。在每个校准点对被校仪器曝光 8 次，去除最大和最小示值，计算平均值，并计算被校仪器对每个校准点的示值误差。

3. 重复性　设置管电压为 75kV、合适的管电流曝光时间乘积，对被校仪器曝光 10 次，并计算相对实验标准偏差，从而评价重复性。

三、射线影像质量检测器具

射线影像质量检测工具主要包含射野与光野一致性检测系统、分辨力卡、狭缝相机、星卡和低对比度板等。

（一）射野与光野一致性检测系统

射野与光野一致性检测系统是一种基于实时成像的 X 射线诊断机射野与光野一致性检测装置，它包括荧光板、拍摄装置、数据传输工具和接收装置，如图 3-15 所示。

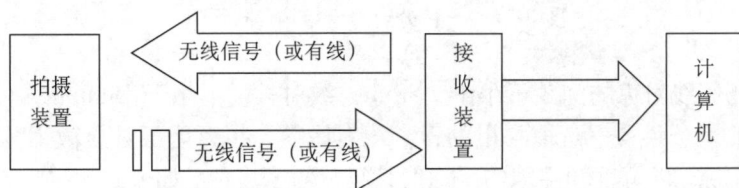

图 3-15　射野与光野一致性检测系统原理框图

荧光板表面上印制有刻度标尺（在被照区域上 X、Y 方向上的刻度线），并与 X 射线机的光野中心对齐，荧光板被 X 射线照射后会发出荧光，拍摄装置能够捕捉荧光板被照射时的情况，数据传输工具通过有线或无线方式把荧光板被照射发光图像传输到相应的接收装置上，用于显示和分析射野与光野长宽两个方向的偏差，之后可以把信息传输给计算机，通过分析照射时由于 X 射线激发而变亮的区域与灯光野预先对准区域的偏移量，即可检测射野与光野的一致性情况。

射野与光野一致性检测系统的校准项目主要是标识误差。

使用医用数字 X 射线辐射源对射野与光野一致性检测系统按照其使用条件进行曝光，能够得到清晰的刻度像；检查标尺分度值，并用钢直尺或者游标卡尺直接读取标识线之间的长度，按公式（3-28）计算示值误差。

$$\Delta D = D_c - \overline{D} \tag{3-28}$$

式中：

ΔD——示值误差，mm；

D_c——标称值，mm；

$\overline{D}$——测量平均值，mm。

一般要求标识误差：±2mm。

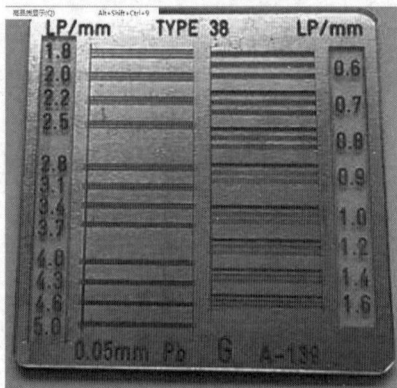

图 3-16　一种分辨力卡实物

（二）分辨力卡

分辨力卡用于展现成像系统空间分辨力水平，其能客观和直观地描述图像的高对比分辨能力。一种分辨力卡如图 3-16 所示。

分辨力卡的校准项目主要是：线对束几何要求、线对密度示值误差。

1. 线对束几何要求　用万能工具显微镜测量分辨力卡相邻线对束的间距和线对的长度，如图 3-17 所示。所选择测量的相邻线对束的间距中的最小值作为间距的测量结果，该相邻线对束的线对长度平均值作为线对长度测量结果。

图 3-17　一种分辨力卡结构形式示例

一般要求相邻线对束的间距不小于 2.5mm，线对长度不小于 15mm。

2. 线对密度示值误差　选取常用的三个线对区域，用万能工具显微镜测量同一束线对内线的宽度和空隙，以宽度和空隙的平均值计算线对密度值，如公式（3-29）、（3-30）所示：

$$P = \frac{1}{2 \times \overline{L}} \tag{3-29}$$

$$\delta = \frac{(P_c - P)}{P} \times 100\% \tag{3-30}$$

式中：

δ——示值误差，%；

P_c——线对密度标称值，LP/mm；

P——线对密度测量值，LP/mm；

$\overline{L}$——该组线对束中线条宽度和线条空隙测量平均值，mm。

一般要求线对密度示值误差：±5%（0.1 ～ 2.8LP/mm），±8%（3.0 ～ 5.0LP/mm），±10%（5.6 ～ 10LP/mm）。

（三）狭缝相机和星卡

狭缝相机和星卡是用于测量 X 射线球管有效焦点尺寸的重要工具，而有效焦点尺寸是影响成像系统图像质量最重要的参数之一。一种星卡如图 3-18 所示。

1. 狭缝相机的校准　狭缝相机的校准项目主要是：狭缝宽度示值误差、角度示值误差。

（1）狭缝宽度示值误差：用万能工具显微镜测量狭缝相机窄缝宽度，均匀选取三个位置进行测量，以三次测量平均值作为测量结果，其示值误差由公式（3-31）计算。

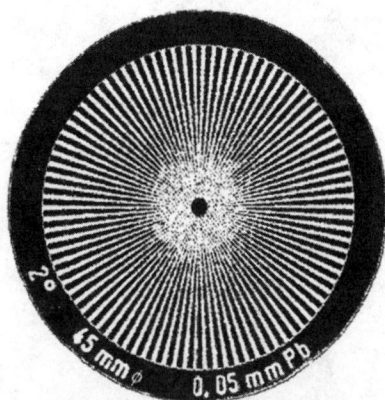

图 3-18　一种星卡示例

$$\Delta L = L_b - \overline{L} \tag{3-31}$$

式中：

ΔL——示值误差，mm；

L_b——狭缝标称宽度值，mm；

$\overline{L}$——测量宽度平均值，mm。

（2）角度示值误差　狭缝相机角度采用几何测量，用万能工具显微镜测量其具体尺寸，通过数学公式计算其角度示值误差，如公式（3-32）所示。

$$\Delta\theta = \theta - 2 \times \arctan\left(\frac{b-a}{d}\right) \tag{3-32}$$

式中：

$\Delta\theta$——角度示值误差，°；

θ——星卡角度标称值，°；

b——宽缝宽度测量平均值的一半，mm；

a——窄缝宽度测量平均值的一半，mm；

d——狭缝斜坡的垂直高度值，mm。

2. 星卡的校准　项目主要是角度示值误差。

星卡角度采用直接测量法，用万能工具显微镜直接测量其角度。通过公式（3-33）计算其角度示值误差：

$$\Delta\theta = \theta - \overline{\theta}_s \tag{3-33}$$

$\Delta\theta$——角度示值误差，°；

θ——星卡角度标称值，°；

$\overline{\theta}_s$——星卡角度测量平均值，°。

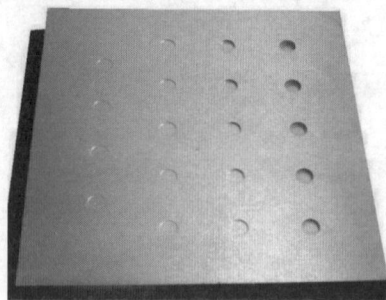

图 3-19　一种低对比度板

（四）低对比度板

低对比度板是用于检测医用诊断 X 射线影像设备低对比度分辨率的检测工具。通过在有机玻璃板上钻出不同深度的孔，制作出仿人体组织的低对比度的检测板，检测质量达标、可靠。使用医用诊断 X 射线影像设备对该检测板摄影后，通过观看的得到的照片，能够清晰分辨的孔的直径和深度即是被测医用诊断 X 射线影像设备的低对比度分辨率。一种低对比度板如图 3-19 所示。

低对比度板的校准项目主要是：孔径误差、厚度误差。

（1）孔径误差：用万能工具显微镜选择低对比度模体上三个孔，测量其孔径，选取两个方向进行测量，以两个方向测量平均值作为测量结果，按公式（3-34）计算孔径误差：

$$\Delta H = H_c - \overline{H} \tag{3-34}$$

式中：

ΔH——误差，mm；

H_c——标称孔径，mm；

$\overline{H}$——测量孔径平均值，mm。

一般要求孔径误差 ±0.1mm。

（2）厚度误差：选取低对比度模体附加衰减层三个区域进行厚度值测量，以三个区域测量平均值作为测量结果，按公式（3-35）计算厚度误差：

$$\Delta d = d_c - \overline{d} \tag{3-35}$$

式中：

Δd——误差，mm；

d_c——标称厚度值，mm；

$\overline{d}$——测量厚度平均值，mm。

一般要求厚度误差 ±0.1mm。

四、一些常用放射诊断质量控制检测模体

比较常用的放射诊断质量控制检测模体主要有 CT 性能模体、医用 CR/DR 性能模体、牙科性能测试模体、DSA 性能测试模体、乳腺模体等。

（一）CT 性能模体

1. 简介　CT 性能模体主要用于医用 CT 的剂量指数测量、图像性能指标或者影像学参数的计量检定、校准及测试，以及影像质量评价和质量控制检测，通常由层厚及 CT 值线性模块、高对比辨力模块、低对比分辨力模块、水模模块组成，分别用于检测 CT 成像中层厚及 CT 值准确性、高对比分辨力、低对比可探测能力、水的 CT 值及其均匀性与噪声等指标。一种 CT 性能模体实物如图 3-20 所示。

这种 CT 性能模体包括了四个检测模块，分别为层厚模块、高对比分辨力模块、低对比分辨力模块、水模模块。

图 3-20　一种 CT 性能模体

　　层厚模块内嵌两组 23° 金属斜线和四个密度不同的小圆柱体，它主要用于层厚与 CT 值线性的检测，在进行层厚与 CT 值线性检测时得到的实际图像如图 3-21 所示。

　　空间分辨力模块内嵌 21 组高密度线对结构（呈放射状分布），它主要用于测量高对比分辨力，在进行高对比分辨力检测时得到的实际图像如图 3-22 所示。

　　密度分辨力模块内嵌内外两组低密度孔径结构（呈放射状分布），其内层孔阵：对比度 0.3%、0.5%、1.0%；直径分别为 3mm、5mm、7mm、9mm；外层孔阵：对比度 0.3%、0.5%、1.0%；直径分别为 2mm、3mm、4mm、5mm、6mm、7mm、8mm、9mm、15mm。它主要用于测量低对比可探测能力，在进行低对比可探测能力检测时得到的实际图像如图 3-23 所示。

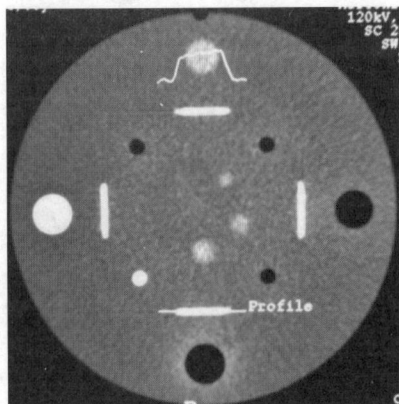

图 3-21　层厚实际测量图像

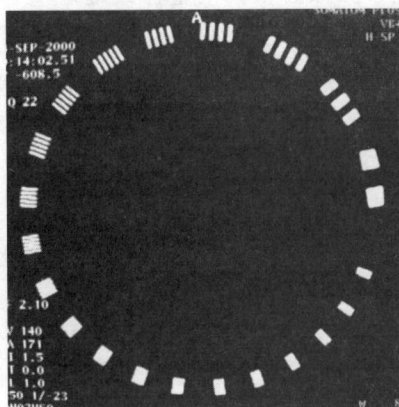

图 3-22　高对比分辨力实际测量图像

　　水模模块为直径 15cm、厚 5cm 的固体均匀材料（也可以装纯净水），作为"固体水"，主要用于测量场均匀性、噪声等参数。在进行噪声检测时得到的实际图像如图 3-24 所示。

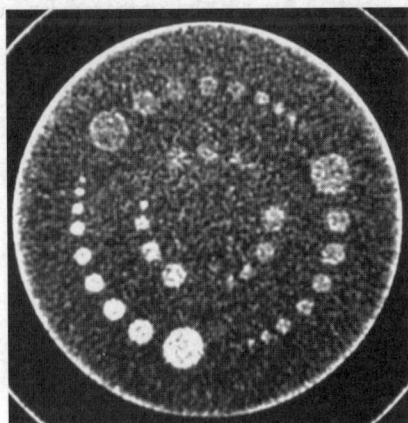

图 3-23　低对比可探测能力实际测量图像

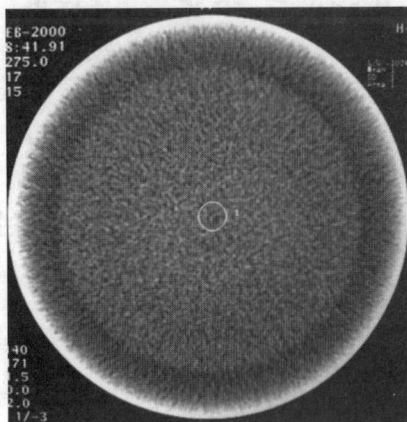

图 3-24　噪声实际测量图像

　　2. CT 性能模体的校准　项目主要是：孔径或栅条宽度的偏差、CT 值及稳定性。

　　（1）孔径或栅条宽度的偏差：将被校准模体固定于扫描台，扫描定位线分别对准高对

☆☆☆☆

比分辨力模块及低对比分辨力模块，设定扫描条件并启动 CT 模体校准装置对上述两种模块进行扫描并重建图像。在重建图像中至少要选择 5 个校准点进行测量分析。每个校准点的测量次数不少于 10 次。而每个校准点的偏差由公式（3-36）计算：

$$E=L_i - L_{i0} \tag{3-36}$$

式中：

E——校准点模块孔径或栅条宽度的偏差；

L_i——第 i 个校准点的测量值的平均值；

L_{i0}——产品说明书提供的第 i 个标称值。

（2）CT 值及稳定性：分为首校（首次校准）和复校两个过程。在首校阶段，将被校模体固定于扫描台，扫描定位线对准 CT 值模块，设定扫描条件并启动 CT 模体校准装置对其进行扫描并重建图像。对重建图像中所有的 CT 值校准点进行分析、测量。每个校准点的测量次数不少于 10 次。而每个校准点的偏差由公式（3-37）计算：

$$H=M - M_0 \tag{3-37}$$

式中：

H——校准点 CT 值的偏差；

M——校准点的测量平均值；

M_0——产品说明书提供的 CT 值。

在复校阶段，重复首校阶段的操作，分别通过计算得到 CT 值校准模块中每种材料 CT 值的稳定性，由公式（3-38）计算：

$$S=M_1 - M \tag{3-38}$$

式中：

S——模块中各种材料 CT 值的稳定性；

M——首校阶段测量平均值；

M_1——复校阶段测量平均值。

（二）医用 CR/DR 性能模体

医用 CR/DR 性能模体是用于医用计算机 X 射线摄影设备（Computed Radiography System，简称 CR 系统）及医用数字 X 射线摄影设备（Digital Radiography System，简称 DR 系统）的性能检测的装置。其具有特定深度的孔（或突出）、标尺、均匀区域等，用于检测 CR、DR 系统的低对比度分辨力、高对比度分辨力、光野与辐射野一致性等计量参数。模体一般由低对比度分辨力模块、高对比度分辨力测试插件、射野与光野一致性检测卡和均匀性测试插件等部分组成。

国内一款 CR/DR 综合检测模体如图 3-25 所示，它采用纯铝制成，厚度值为 20mm，其结构如图 3-26 所示，由低对比度测试卡、影像均匀性测试点、射野光野一致性测试卡和衰减体等组成。CR/DR 系统曝光一次，通过该模体能够得到低对比度分辨率、影像均匀性、射野与光野一致性和高对比度分辨力（搭配分辨力测试卡进行）等指标。

图 3-25　CR/DR 综合检测模体实物

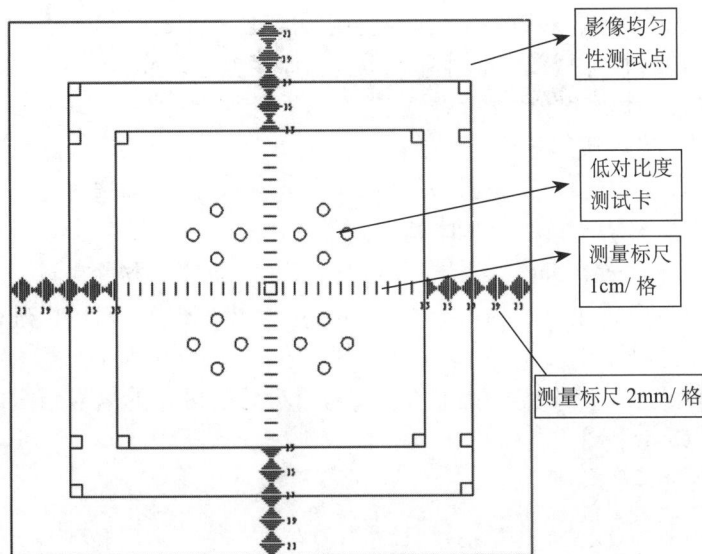

图 3-26 CR/DR 综合检测模体平面图（低对比度测试卡 A 型）

医用 CR/DR 性能模体的校准项目主要是：低对比度分辨力、衰减体厚度、均匀性、标识误差、线对标识误差。

1. 低对比度分辨力

（1）几何测量法：对于非密封型模体，可以采用几何测量法。将模体水平放置在测试平台上，采用长度测量工具对每个标记的小孔深度进行直接测量 3 次，取平均值作为小孔深度，按公式（3-39）计算示值误差：

$$\Delta L = L_c - \overline{L} \tag{3-39}$$

式中：

ΔL——示值误差，mm；

L_c——标称值，mm；

$\overline{L}$——测量平均值，mm。

（2）信号强度 - 厚度值曲线拟合法：对于密封型模体，从其低对比度范围选取三个对比度区域进行测量，可以采用信号强度 - 厚度值曲线拟合法，具体如下。

①将标准试件水平放置在 DR 机测试平台上记录位置，选择被校模体厂家推荐条件进行扫描，测量标准试件信号强度 G_{iref}（$i=1$、2···N，其中 N 为按照递增排列的标准试件序号），用测得的标准试件厚度差值 L_{iref} 与 G_{iref} 拟合 Al 信号强度 - 厚度值等效曲线（以下简称标准曲线，R^2 至少 0.999 以上），其函数为 $L_{iref}(G_{iref})$。

②将密封模体水平放置在 DR 机测试平台上，并使得目标区域固定在①中记录位置附近，按照①叙述条件进行扫描，测得其目标区域和背景区域的信号强度，代入函数中得到厚度值，并计算厚度差值 ΔL_m，则等效曲线（标准铝）对比度示值误差按公式（3-40）计算：

$$\Delta D_m = D_m - D_{mref} \frac{\Delta L_m}{L} \times 100\% \tag{3-40}$$

式中：

ΔD_m——对比度示值误差，%；

D_m——密封型模体标称对比度，%；

☆☆☆☆

D_{mref}——标准曲线计算（或内插计算）得到的对比度，%；

ΔL_m——标准曲线计算（或内插计算）得到的厚度差值，mm；

L——标准试件目标厚度值，mm；

m——测量对比度区域的序号。

（3）图像分析测量法：对于密封型模体，从其低对比度范围选取三个对比度区域进行测量，可以采用图像分析测量法，具体如下：

将密封模体水平放置在 DR 机测试平台上，目标区域依次放置在同一个位置，严格按照被校模体厂家推荐条件进行扫描，分别得到相应区域的图像，对图像进行降噪平滑处理后，得到目标区域与背景区域的双峰信号强度直方图或 Profile 曲线图（多方向求平均），进行图像分析，获取目标区域信号强度值 G_m 与附近背景区域的信号强度值 G，则对比度示值误差按公式（3-41）计算：

$$\Delta D_m = \frac{G_m - G}{G_m} \times 100\% \tag{3-41}$$

式中：

ΔD_m——对比度示值误差，%；

G_m——图像分析得到的目标区域信号强度值；

G——图像分析得到的目标区域附近背景信号强度值。

2. 衰减体厚度   采用几何测量法测试衰减体的厚度。分别选择 5 个区域，测量模体的厚度并计算平均值，示值误差按公式（3-39）计算。

如果衰减体处于模体内部，且状态密封不可拆，则该项目可不做校准。

3. 均匀性

（1）几何测量法：对于非密封型模体，可以采用几何量直接测量法。将模体水平放置在测试平台上，采用长度测量工具，至少均匀选取 9 处对均匀性区域进行厚度测量，计算实验标准差。按公式（3-42）计算图像均匀性：

$$V = \frac{R}{G_{mean}} \times 100\% \tag{3-42}$$

式中：

V——均匀性，%；

R——标记均匀性测试区域的厚度值或信号强度值的实验标准差；

G_{mean}——均匀性测试区域的平均厚度值或平均信号强度值。

（2）图像分析法：对于密封型模体，采用图像分析法。DR 机辐射场和探测器经过一致性修正，模体放置于其平板探测器上曝光，然后在成像图上均匀选取 9 个 ROI，得到相应的信号强度值，按公式（3-42）计算图像均匀性。

或者短时间内采用不同均匀性区域调节到 DR 机同一位置进行同样条件曝光的方式，选取相同位置相同大小 ROI，分别得到 9 个相应的信号强度值，按公式（3-42）计算图像均匀性。

4. 标识误差   检查射野与光野一致性检测卡标尺分度值，并用千分尺或钢直尺直接读取检测卡标识线之间的长度，按公式（3-39）计算示值误差。

5. 线对标识误差   检查高对比分辨力测试卡上标注的有效铅当量及标称线对密度值；在标称线对密度范围内，至少选择 3 组线对束进行线对密度、线对长度及相邻线对束间距的测量，其中线对密度及其示值误差按公式（3-43）和（3-44）计算：

$$P = \frac{1}{2 \times \overline{L}} \qquad (3\text{-}43)$$

$$\delta = \frac{(P_c - P)}{P} \times 100\% \qquad (3\text{-}44)$$

式中：

δ——示值误差，%；

P_c——线对密度标称值，lp/mm；

P——线对密度测量值，lp/mm；

$\overline{L}$——该组线对束中线条宽度和相邻线条间距测量平均值，mm。

每组的线对长度以该组线对长度平均值表示，如图 3-27 所示。如果高对比分辨力测试卡处于模体内部，且状态密封不可拆，则该项目可不做校准。

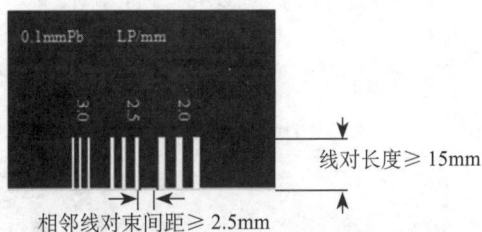

图 3-27　标准高对比分辨力测试卡示意图

（三）牙科性能测试模体

牙科 X 射线机拍摄的图像质量很重要，它关乎到医师的诊断情况。因此需要对牙科 X 射线机的高对比度分辨力与低对比度分辨力加以测量，数字成像的牙科 X 射线机的高对比度分辨力不低于 20lp/cm，低对比度分辨力应能目测看到牙科性能测试模体中 0.5mm 厚的铝上孔径为 1mm 的圆孔。

针对牙科 X 射线机影像计量参数的检测，牙科性能测试模体是必不可少的工具，它的高对比度分辨力模块测试范围至少要满足 16 ～ 30lp/cm，低对比度分辨力测试模块中至少包括直径为 1mm、1.5mm、2mm 和 2.5mm 的圆孔。牙科性能测试模体应是纯度不低于 99.5% 的铝且厚度是 6mm±0.1mm，另外用 0.8mm 铜作为附加衰减层模仿颅骨的衰减，并置于 X 射线线束中。牙科性能测试模体结构与实物如图 3-28 所示。

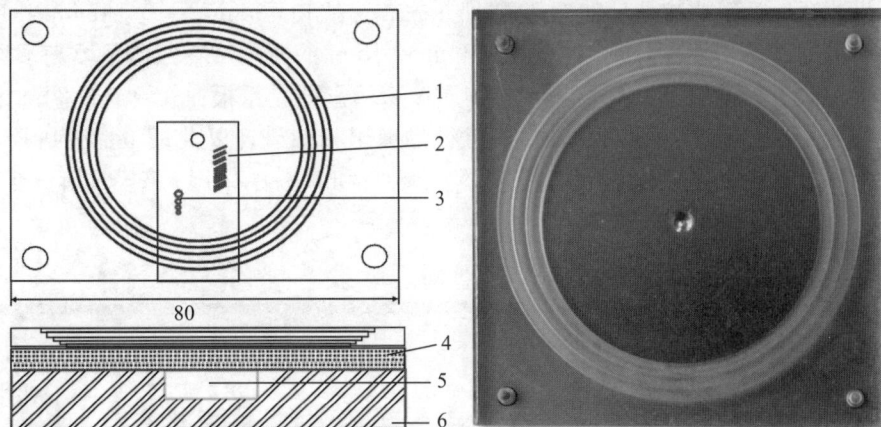

图 3-28　一种牙科性能测试模体结构与实物

1. 牙科限束筒中心标记；2. 线对分辨率实验器件（全景适用 1.6 ～ 3lp/mm）；3. 低对比度分辨力实验器件；
4. 附加衰减层 / 体模，（6.0mmAl）；5. 数字传感器的空间定位（根据传感器的几何尺寸）；6. 基本模体

（四）DSA 性能测试模体

根据国内计量规程规范，对 DSA 性能测试模体有以下技术要求：

（1）模拟血管最小尺寸及伪影检测模体：应有两组模拟不同造影剂浓度为（150、300）mg/cm³ 的动脉血管和宽度为（1/4、1/2、3/4）的血管畸变。骨骼模拟厚度为（0.5、1.0、1.5）cm。

（2）低对比度分辨力检测模体：应有两组不同造影剂浓度为（10、5）mg/cm³，每组模拟三种不同直径为（4.0、2.0、1.0）cm 的血管。

（3）对比度线性模体：对比度分别为 0.5%、1.0%、2.0%、4.0%、10.0% 和 20.0%。

（4）分辨力测试卡：尺寸为（50×50）mm，线对为（0.6～5.0）lp/mm，共 20 组线对，铅箔厚度为 0.05mm。

下面以国内一种 DSA 性能测试模体为例进行介绍，该模体实物如图 3-29 所示。

图 3-29　一种 DSA 性能测试模体及驱动系统实物示例

1. 100mm 厚的插件插座模块　插件插座模块由有机玻璃制成，是一个在靠上面有一个模块滑动槽的实体，如图 3-30 所示，其尺寸为厚 100mm × 长 192mm × 宽 192mm。100mm 的厚度由一块带滑动槽体的有机玻璃和一块适当厚度的有机玻璃板叠加而成。滑动槽供放置和更换其他指标模块用。采用有机玻璃材料，是因为它对 X 射线的相互作用与人体软组织较为接近。这样，有利于 DSA 系统工作参数在正常运行范围内调节。进口的这类体模装置几乎都是采用有机玻璃，但尺寸大，较为笨重。

2. 模拟动脉血管模块插件　如图 3-31 所示，在一块长 460mm × 宽 152mm × 厚 20mm 的有机玻璃板上制作了直径分别为 4mm、2mm 和 1mm 的凹槽，在凹槽里填满了添加有一定浓度的碘物质，以此模拟动脉血管。碘物质模拟造影剂。每根血管具有简明确定的血管网，上面制作了相应血管 1/4、2/4 和 3/4 直径的突出和凹进，以此模拟血管肿瘤和堵塞。1/4、2/4 和 3/4 直径的凹进模拟血管堵塞了 25%、50% 和 75% 的情况。该模块有一半是空白，用于减影试验时做蒙片。

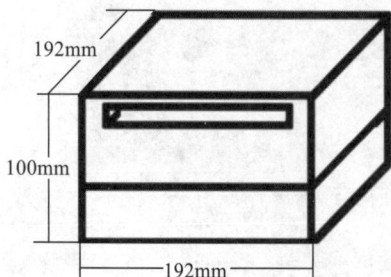

图 3-30　100mm 厚的插件插座模块

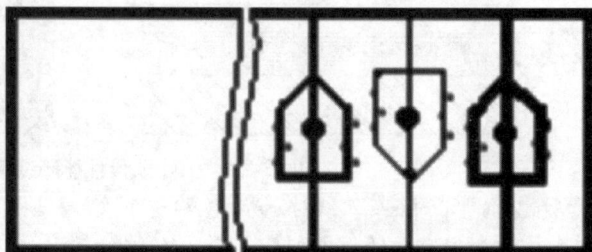

图 3-31　模拟动脉血管模块插件

这样的模拟动脉血管模块有三块，每块上面的血管图形结构一样，但血管里的碘物质含量不一样。三块的含量分别是 $300mg/cm^3$、$150mg/cm^3$ 和 $15mg/cm^3$。

3. 低对比度分辨力模块插件　图 3-32 为低对比度模拟血管模块插件，由一块长 192mm× 宽 152mm× 厚 20mm 的有机玻璃板制作，在有机玻璃板上制作有三组直线模拟血管，每组有 4 根，它们的直径分别为 4mm、2mm、1mm 和 0.5mm。三组血管的碘含量分别为 $10mg/cm^3$、$5mg/cm^3$ 和 $2.5mg/cm^3$。同前，碘物质模拟造影剂。

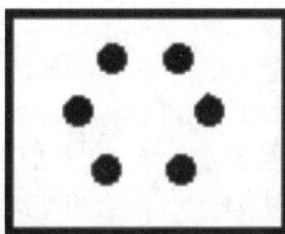

4. 对比度线性模块插件　图 3-33 为对比度线性模块，由一块长 192mm× 宽 152mm× 厚 20mm 的有机玻璃板制作，在有机玻璃板上有 6 个衰减圆形。每个衰减圆形都由不同碘当量物质做成，由这些不同厚度的碘物质造成不同的影像对比度。其对比度设计成 0.5%、1.0%、2.0%、4.0%、10.0% 和 20.0% 六个等级。

图 3-32　低对比度模拟血管模块插件　　图 3-33　对比度线性模块插件

5. 模拟骨骼模块插件　如图 3-34，设计了 3 种厚薄不同的仿骨材料，将其嵌在一块长 192mm× 宽 192mm× 厚 20mm 的有机玻璃板上。仿骨材料由含钙物质制成，其最厚的表示骨密度高，中厚的表示骨密度中等，厚度低的为骨密度低，依高中低次第排列。

6. 无线电遥控驱动装置　如图 3-35，无线电遥控驱动装置主要包括 4 个部分：血管模块插件移动架、同步电机、驱动电路盒和遥控板。移动架由有机玻璃制成，在一侧安装了同步减速电机，带动主转动轴转动，从而靠摩擦力带动压在上面的血管模块做前进后退直线运动。同步减速电机由可接收无线电信号的驱动电路控制，正反向转动和停止信号由遥控板发射。驱动电路和遥控板之间的收发距离大于 50m，远大于隔离室到 DSA 系统 X 射线管的距离。

遥控板：有无线电信号遥控，可发射正反向转动和停止复位信号。可以在隔离操作室使用遥控板，隔墙控制血管模块插件的移动，避免了人工操作受到射线的照射。

图 3-34　模拟骨骼模块插件　　图 3-35　无线电遥控驱动装置

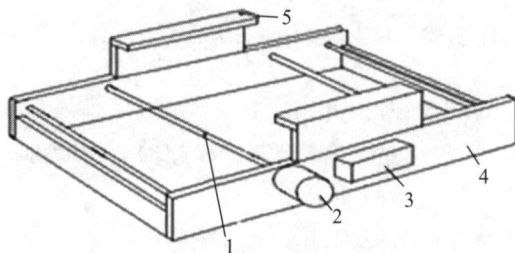

1.主传动轴；2.同步电机；3.驱动电路；4.有机玻璃架子；5.架子挂板

☆★☆☆

移动架尺寸长 460mm× 宽 320mm× 高 130mm，靠架子挂板挂在体模上边。这种采用架子挂板的办法不但适合按照国家规程 JJG 1067—2011 要求尺寸设计的所有体模，也适合其他尺寸相当的体模。

（五）乳腺模体

1. **国家计量规程规范的乳腺模体要求**　根据国家计量规程规范，对乳腺模体有以下技术要求：

（1）对于剂量性能模体应满足下列技术指标：

材料：聚甲基丙烯酸甲酯（polymethyl methacrylate，简称 PMMA）；

尺寸：长 240mm，宽 180mm，高 40mm（或多个叠加，总高度 40mm）。

（2）对于分辨力模体应满足下列技术指标：

材料：等效乳腺腺体 50%，脂肪组织 50%；

尼龙纤维直径：1.56mm、1.12mm、0.89mm、0.75mm、0.54mm 和 0.40mm；

三氧化二铝斑点直径：0.54mm、0.40mm、0.32mm、0.24mm 和 0.16mm；

圆盘厚度：2.00mm、1.00mm、0.75mm、0.50mm 和 0.25mm；

尺寸：模体总厚度 42mm，其中底座 34mm，盖板 3mm。

一种乳腺分辨力模体如图 3-36 所示：

2. **国家卫生行业标准的乳腺模体要求**　根据国家卫生行业标准，对乳腺模体有以下技术要求。

（1）PMMA 均匀衰减模体：对于 PMMA 均匀衰减模体，应满足的技术指标：厚度为 1cm，厚度误差在 ±1mm 内，半圆形模体的半径应至少 10cm，矩形模体尺寸应至少 10cm×12cm。

一种 PMMA 均匀衰减模体如图 3-37 所示：

图 3-36　一种乳腺分辨力模体实物示例　　图 3-37　一种 PMMA 均匀衰减模体实物示例

（2）阈对比度细节模体：在乳腺 X 射线摄影中，对微小对比度及直径物体的分辨是至关重要的，这就需要使用阈对比度细节模体进行检测，阈对比度细节模体被广泛认定为对比度细节阈值检测的黄金标准。

市场上一种阈对比度细节模体的参数：0.5mm 抛光铝（纯度 99.5%）基座；纯金检测圆盘，圆盘厚度 0.03 ～ 2.00μm（16 级指数幂步进），直径 0.06 ～ 2.0mm（16 级指数幂步进）；PMMA 板覆盖区域 162mm×240mm。

一种阈对比度细节模体如图 3-38 所示。

（六）屏片密着检测板

屏片密着检测板用来检查 X 射线摄影设备与荧光屏的接触性能。对于普通 X 射线摄影，屏片密着检测板是一种细金属丝网格板，技术规格主要有网格尺寸（目数）和线直径。一种屏片密着检测板如图 3-39 所示。

图 3-38　一种阈对比度细节模体实物示例

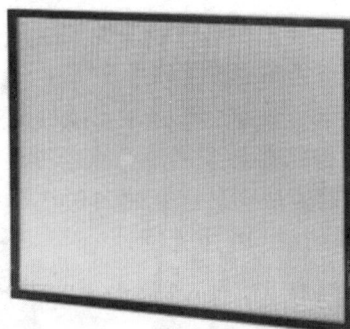

图 3-39　一种屏片密着板实物示例

在对 CR 质量控制检测中，选用一块屏片密着检测板，在 60kVp、不加滤过、SID 为 180cm 曝光条件下，用约 50μGy 入射空气比释动能对一块已经擦除过的 IP 进行曝光并读取，获取一幅硬拷贝影像或软拷贝影像。观察整个影像区域，若屏片密着检测板网格的影像呈均匀一致，无模糊区域，无混叠伪影，则表明 IP 分辨力均匀性较好。

在对 DR 系统质量控制检测中，设置 SID 为 180cm，如果有的设备达不到则调节 SID 为最大值。将屏片密着检测板置于影像探测器上面，在 60kV 和约 10mAs 条件下进行曝光，获得一幅预处理影像。在工作站监视器上观察影像，适当调整窗宽和窗位，通过目视检查影像探测器的影像不应存在伪影。如果发现伪影，检查伪影随影像移动或摆动情况，若伪影随影像移动或摆动表示来自影像探测器，不移动则表示来自监视器。应记录和描述所观察到的伪影情况。

五、其他检测设备

（一）漫透射视觉密度计

视觉密度又称为"光学密度"，是指投射在试样上的光通量与透射过它的光通量之比的常用对数。在 X 射线诊断中，X 线片经曝光和显影后成为底片，这张底片里边有一系列各种大小的密度，这时就需要漫透射视觉密度计来控制 X 线片的正常曝光及显影。漫透射视觉密度计是进行光学密度测量的计量仪器，它可以测量被测试样（例如 X 线片）的密度值和密度差值，是对 X 射线诊断质量控制的有效工具。漫透射视觉密度计主要由光源、光学部件和接收器组成。光源发出的光经光学部件后以规定几何模式投射到样品上，探测器以规定的几何模式接收透过该样品的光，经光电转换并按照密度定义或校准方式进行信号处理，即可得到该样品的密度值。漫透射视觉密度计量值的准确性直接影响 X 射线诊断质量，为保证其量值的准确可靠，需对其进行检定或校准。

漫透射视觉密度计的检定项目主要有：示值误差、零点漂移和重复性。

1. 示值误差　使待检漫透射视觉密度计处于正常工作状态以后，将其显示值置于零位，用标准密度片校准待检仪器的高密度示值，或按仪器使用说明校准，校准后，用标准密度片从低到高依次检定待检仪器示值。测量时，将每一级密度片的中心对准待检仪器的出射光阑(每一级放置光阑的时间不大于5 s,以免标准密度片受热损毁),测量3次之后取平均值,作为该级的待检仪器检定示值。示值误差应符合以下要求：

在密度范围 (0.0, 2.0)：最大允许误差 ±0.02；密度范围 (2.0, 4.0)：最大允许误差 ±1%；密度范围 (4.0, 5.0)：最大允许误差 ±2%。

2. 零点漂移　在示值误差检定项目完成以后，再次测量待检漫透射视觉密度计的零点示值，则该值为零点漂移。

3. 重复性　在零点漂移检定项目完成以后，将待检漫透射视觉密度计的显示值再次置于零位，待检仪器连续测量5次密度值约为2.0的标准密度片某一级，5次示值的平均值与各次示值之差应满足重复性 ±0.01 的要求。

(二) X 射线 QA 用光度计

图 3-40　一种 X 射线 QA 用光度计实物示例

在对医用 X 射线诊断设备进行质量保证 (Quality Assurance，简称 QA) 时，通常还需要用到光度计。X 射线 QA 用光度计是为测量各种荧光屏和透射屏的光照度而专门设计的，它一般由光度头和显示器两部分组成。其中，光度头一般包括余弦修正器、修正滤光器及光电接收器。当光电接收器接收到通过余弦修正器和修正滤光器的光照射时，所产生的光电信号，经信号处理，在显示器上显示出光照度数值。其实物图如图 3-40 所示。

在对医用常规 X 射线诊断设备的质量控制检测中，光度计可用于透视荧光屏灵敏度和自动亮度控制系统的检测。

(1) 透视荧光屏灵敏度：将剂量仪的探测器紧贴荧光屏入射面对照射野 (如有滤线栅，应在其后面)。以 60kV、3mA 照射，测得荧光屏入射面的空气比释动能率 K。在相同照射条件下，用光度计测量荧光屏的光度 b。按公式 (3-45) 计算荧光屏的灵敏度：

$$B=b/K \tag{3-45}$$

式中：

B—— 荧光屏的灵敏度，(cd/m^2) / (mGy/min)；

b—— 荧光屏的光度，cd/m^2；

K—— 荧光屏入射面的空气比释动能率，mGy/min。

(2) 自动亮度控制系统：将一块厚度为 20mm 的铝板放在诊断床上，照射野调节到略小于铝板。在自动亮度控制条件下，用光度计检测监视器的荧屏亮度。

增加一块厚度为 1.5mm 的铜板，在不改变照射野尺寸、监视器亮度及对比度等控制旋钮状态条件下，再测量监视器荧光屏亮度。

改变照射野尺寸为原尺寸的 1/2，重复以上步骤，测量监视器荧光屏亮度。

在以上步骤中，如果该系统只通过改变管电压自动调节亮度，则应检测低管电流和高管电流两种情况下的管电压值及荧屏亮度。如该系统只通过改变管电流自动调节亮度，则检测 80kV 时的电流补偿情况。

第二节 放射治疗质量控制检测设备及其校准

放射治疗是利用放射性同位素产生的放射线，各种 X 射线治疗机或加速器产生的 X 射线、电子线、质子束及其它粒子束等治疗恶性肿瘤的一种手段，为了保证放射治疗的效果，须借助质量控制检测设备对放射治疗设备的性能状态进行判定和监控。本节主要介绍了几种常用的放射治疗质量控制检测设备，包括治疗水平剂量仪、水箱射束分析仪、矩阵剂量仪、辐射自显影胶片、检测模体等，并且将它们的校准技术进行阐述。

一、剂量测量系统

（一）治疗水平剂量仪

1. 简介 治疗水平剂量仪可以用于医学放射治疗、工业、农业和科学研究中辐射剂量的测量，以及辐射剂量学的量值传递等。该仪器是测量放射治疗中的光子、电子、质子和重离子辐射的空气比释动能（率）、吸收剂量（率）或其空间分布的设备，通常由测量组件和若干支电离室组件组成。市面上一些治疗水平剂量仪实物如图 3-41 所示。

图 3-41 治疗水平剂量仪实物示例

治疗水平剂量仪主要用于测量 X 射线治疗机、^{137}Cs 治疗机、^{60}Co 治疗机及电子直线加速器等的输出量（如空气比释功能、照射量、水吸收剂量等）。一般而言，仪器主机由静电计、电源、MCU 控制单元、AD 转换器、显示单元、极化电压单元、通信单元和电离室组成。剂量仪可配接多种电离室，以满足不同种类、能量范围、剂量大小的射线测量需要。可显示测量时间、测量用电离室信息，并可预存储 100 支电离室的数据；可通过输入温度气压完成非密封电离室空气密度修正；电离室极化电压及极性可调，调节步进 1V 与自动零点。提供 USB、RS232、WAN、LAN、WIFI STA 和 WIFI AP 等通信方式，便于上位机控制。其原理框图如图 3-42 所示。

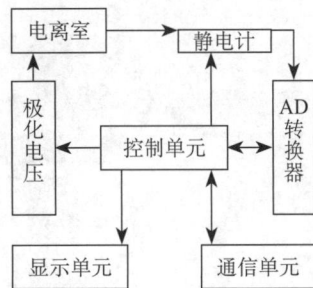

图 3-42 一种治疗水平剂量仪原理框图

2. 治疗水平剂量仪的校准 在放射治疗中准确测量放射剂量是实施肿瘤治疗的基本保证之一。因此，治疗水平剂量仪的正确使用和校准是准确可靠测量放射剂量的重要环节。治疗水平剂量仪的校准项目主要有：漏电、测量重复性、示值非线性、校准因子。

（1）漏电：用辐射源照射电离室，将剂量仪置于测量状态，等到读数达到某一值 M_0 时，停止照射电离室，并开始计时，至少 5min 后，同时记录剂量仪读数 M_1 和测量时间间隔 t，

仪器辐照后漏电 I_t 的计算见公式（3-46）：

$$I_t = \frac{M_1 - M_0}{t} \tag{3-46}$$

（2）测量重复性：在 X、γ 射线稳定的参考辐射场中进行。在相同测量时间内，测量 10 个仪器读数。选取读数应在使用量程的 10% ～ 20%，并计算相对实验标准偏差。

（3）示值非线性：在 X、γ 射线稳定的参考辐射场中进行。检测应包括所有量程，每个量程至少选择 5 个点，其中常用量程满刻度 50% 左右的点作为参考点、额定最小有效测量值和额定最大有效测量值。用公式（3-47）计算所有点与参考点的相对误差 V_i 值：

$$V_i = \left(\frac{R_i}{t_i} \cdot \frac{t_r}{R_r} - 1 \right) \times 100\% \tag{3-47}$$

式中：

R_i——第 i 个测量点的仪器读数；

R_r——参考点的仪器读数，参考测量点一般为量程满刻度 50% 左右；

t_i——达到读数 R 所用的时间间隔；

t_r——达到参考测量读数所用的时间间隔。

（4）校准因子：将电离室安放在参考辐射场中，探测器轴线与射线束轴垂直，其有效探测中心定位于射线束中轴线上，被校仪器探测器有效探测中心与标准电离室所测点重合。

读取测量时的温度、气压并作记录。对剂量仪内部设有用户校准因子、能量校准因子等参数的，在检测中原则上都调整为 1.000。

打开辐射束照射电离室，操作剂量仪至少进行两次测量。测量读数应尽量接近使用量程满刻度的 50%，并且不小于最小有效测量值或大于满量程的 90%。

剂量仪的校准因子 N_C 是标准值 $\dot{D}_s$ 与经温度压力修正后的剂量仪测量值 $\dot{D}_m$ 的比值。注意，在电离室满足电子平衡条件下（例如在 ^{60}Co γ 射线参考辐射场中检测，电离室要带 ^{60}Co 平衡帽），对不同的参考辐射场则重复以上方法进行检测。

（二）水箱射束分析仪

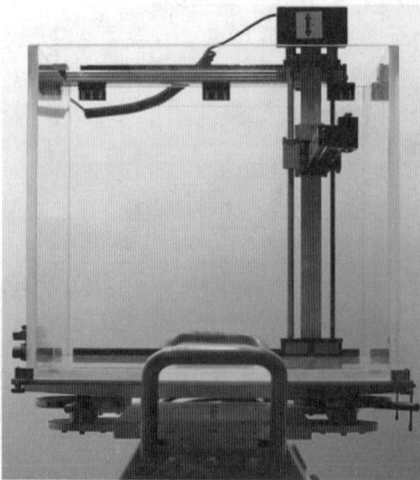

图 3-43　一种三维水箱射束分析仪实物示例

水箱射束分析仪可以用于深部 X 射线治疗机、^{60}Co 治疗机、医用电子直线加速器水中剂量分布的测量，通常配备了专用的升降平台和调节装置，适用于医院放疗设备的剂量特性测试和验收，能提供以下剂量参数：均整度、对称性、光射野重合性、平坦度曲线、百分深度剂量曲线。它具有测量精度高、自动数据处理、性能稳定可靠等特点，是医院、放疗设备制造商和法定技术机构检测放射治疗设备的必备仪器，一种三维水箱射束分析仪实物如图 3-43 所示。

水箱射束分析仪的校准项目主要有：定位准确度、定位重复性、各轴方向的运动垂直度。

1. 定位准确度　启动水箱射束分析仪，在任一轴的测量范围内分别设置探测器运动至包含最小位置到最大位置在内的不少于 5 个位置，测量探测器每次运动到达的实际位置与设置位置之间的偏差，对每个位置分别以高速和低速各测量 3 次，分别计算每个位置 6 次测量偏差的平均值，取平均值与设置值偏差最大值为定位准确度，按公式（3-48）计算。

$$\Delta D = D_0 - \overline{D} \tag{3-48}$$

式中：

ΔD——定位准确度；

$\overline{D}$——定位位置与实际位置测量偏差的平均值；

D_0——定位设置值。

2. 定位重复性　操纵运动组件沿各轴方向运动至如下规定的位置。

（0，0，0）至（0，0，100mm）；

（0，0，0）至（0，100mm，0）；

（0，0，0）至（100mm，0，0）；

（0，0，0）至（0.8 L_A，0.8 L_B，0.8 L_C）；

L_A、L_B、L_C 表示各轴运动组件的行程范围，下同。

每次运动到测量点并回到初始点后，测量探测器的实际位置，各轴所有测量点的全部 10 次运动的实际位置最大值与最小值之差为定位重复性，按公式（3-49）计算：

$$\delta D = D_{max} - D_{min} \tag{3-49}$$

式中：

δD——定位重复性；

D_{max}——实际位置测量最大值；

D_{min}——实际位置测量最小值。

3. 各轴方向的运动垂直度　操纵运动组件沿各轴方向运动至如下规定的位置。

（0，0，0）至（0，0，100mm）；

（0，0，0）至（0，100mm，0）；

（0，0，0）至（100mm，0，0）；

（0，0，0）至（0.8 L_A，0.8 L_B，0.8 L_C）。

每次运动到测量点并回到初始点后，在行程范围内，测量与各轴参考直线之间的偏移量为运动垂直度。

（三）矩阵剂量仪

矩阵剂量仪是一种测量放射治疗中射线剂量平面分布的仪器，它将电离室或其他辐射探测器按规律排列并固定在组织等效材料平板上，一般主要由矩阵阵列探测器、信号处理单元、数据采集单元、数据评估软件等组成。一种由半导体探测器阵列构成的矩阵剂量仪实物如图 3-44 所示：

矩阵剂量仪的校准项目主要有：重复性、剂量线性、剂量率线性、剂量示值误差、探测器响应一致性。

1. 重复性　将矩阵剂量仪放在射束内均匀辐射场中，在矩阵剂量仪上加足够平衡厚度，下面的等效水模体厚度不小于 5cm。距离为 80～150cm，照射野为 40cm×40cm，分别进行 10 次照射，每次照射 200 cGy，按公式（3-50）计算校准测试

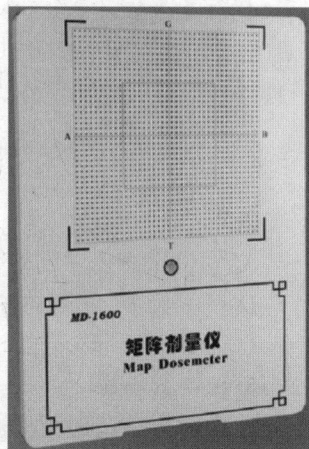

图 3-44　一种半导体探测器型矩阵剂量仪示例

☆☆☆☆

单元示值的相对实验标准偏差，取最大值作为测量结果。

$$V_{ij} = \frac{1}{\overline{D}_{ij}} \sqrt{\frac{1}{9} \sum_{k=1}^{10} (D_{ij,k} - \overline{D}_{ij})^2} \times 100\%$$ (3-50)

式中：

V_{ij}——第 i 行 j 列的校准测试单元示值的相对实验标准偏差，%；

$D_{ij,k}$——第 i 行 j 列的校准测试单元第 k 次剂量示值，cGy；

$\overline{D}_{ij}$——第 i 行 j 列的校准测试单元剂量示值平均值，cGy。

2. **剂量线性**　将矩阵剂量仪放在射束内均匀辐射场中，在矩阵剂量仪上加足够平衡厚度，下面的等效水模体厚度不小于 5cm。距离为 80～150cm，照射野为 40cm×40cm，辐射场分别出束 10cGy、20cGy、50cGy、100cGy、200cGy 和 300cGy，按公式（3-51）计算校准测试单元的剂量线性，取最小值和最大值作为测量结果。

$$L_{ij,k} = \left(\frac{D_{ij,k}}{D_{ij,k0}} - 1 \right) \times 100\%$$ (3-51)

式中：

$L_{ij,k}$——第 i 行 j 列的校准测试单元第 k 次测量的相对偏差，%；

$D_{ij,k}$——第 i 行 j 列的校准测试单元第 k 次剂量示值，cGy；

$D_{ij,k0}$——第 i 行 j 列的校准测试单元对应位置第 k 次照射时输出剂量参考值，cGy。

3. **剂量率线性**　矩阵剂量仪摆位、辐射条件与剂量线性校准相同，选择 200 cGy/min、300cGy/min 和 400cGy/min 三个剂量率分别照射，每次照射 200cGy，辐射场按每剂量率档位出束一次照射，读取校准测试单元的示值，分别按公式（3-52）计算剂量率线性，取最小值和最大值作为测量结果。

$$W_{ij,k} = \left(\frac{D_{ij,k}}{D_{ij,k0}} - 1 \right) \times 100\%$$ (3-52)

式中：

$W_{ij,k}$——第 i 行 j 列的校准测试单元第 k 次测量的相对偏差，%；

$D_{ij,k}$——第 i 行 j 列的校准测试单元第 k 次测量的剂量示值，cGy；

$D_{ij,k0}$——第 i 行 j 列的校准测试单元对应位置第 k 次照射时输出剂量参考值，cGy。

4. **剂量示值误差**　矩阵剂量仪摆位、辐射条件与剂量线性校准相同，辐射场分别出束 6 次照射，每次照射 200 cGy，读取校准测试单元的示值，分别按公式（3-53）计算剂量示值误差，取最大偏离值作为测量结果。

$$\Delta D_{ij} = \frac{\overline{D}_{ij} - D_{ij,0}}{D_{ij,0}} \times 100\%$$ (3-53)

式中：

ΔD_{ij}——第 i 行 j 列的校准测试单元示值误差，%；

$\overline{D}_{ij}$——第 i 行 j 列的校准测试单元示值平均值，cGy；

$D_{ij,0}$——第 i 行 j 列的校准测试单元对应位置单次照射时输出剂量参考值，cGy。

5. **探测器响应一致性**　矩阵剂量仪摆位、辐射条件与剂量线性校准相同，辐射场分别出束 3 次照射，读取校准测试单元的示值，按公式（3-54）计算探测器响应一致性，取最小值和最大值作为测量结果。

$$U_{ij} = \frac{R_{ij} - R_0}{R_0} \times 100\% \tag{3-54}$$

其中：$R_{ij} = \dfrac{\overline{D}_{ij}}{D_{ij,0}}$；

U_{ij}——第 i 行 j 列的校准测试单元响应一致性值，%；

R_{ij}——第 i 行 j 列的校准测试单元响应值；

R_0——校准测试中心单元响应值；

$\overline{D}_{ij}$——第 i 行 j 列的校准测试单元示值平均值，cGy；

$D_{ij,0}$——第 i 行 j 列的校准测试单元对应位置单次照射时输出剂量参考值，cGy。

（四）辐射自显影胶片

1. 简介　辐射自显影胶片及扫描仪组成了基于辐射自显影技术的剂量验证系统，可用于放射治疗质量控制。辐射自显影是指显影材料吸收一定电离辐射剂量后不需要物理或化学方法处理而直接显影。胶片中的感光成分接受的辐射剂量越大，产生的染料聚合体就越多，颜色就变得越深，即胶片受到的电离辐射剂量大小与胶片的颜色深度成正比，因而通过测量电离辐射引起胶片的颜色变化，能够测得胶片受到的电离辐射剂量。

目前在放射治疗领域中，用得比较多的是 ISP 公司（International Specialty Products）生产的一系列辐射自显影胶片，其剂量响应范围覆盖了放射治疗的不同测量场合。这一系列辐射自显影胶片的产品型号有 HD-810、MD-V 2-55、RTQA 2、EBT、EBT 2、EBT 3 等。其中 EBT 3 是使用量较大的新一代辐射自显影胶片，它是一种基于辐射交联效应使塑料变色从而反映剂量变化的特种胶片，具有免冲洗、明室处理、防水使用、可裁剪、宽剂量范围、宽能量范围、长期稳定性好等优势，近年来在放射治疗剂量验证领域取得了较好的应用效果。

2. γ射线立体定向放射治疗系统检测　在γ射线立体定向放射治疗系统质量控制检测中，辐射自显影胶片可用于以下检测项目：①定位参考点与照射野中心的距离；②照射野尺寸偏差；③照射野半影宽度。

3. X射线立体定向放射治疗系统检测　在 X 射线立体定向放射治疗系统质量控制检测中，辐射自显影胶片可用于以下检测项目：①等中心偏差（包括不带落地支架 X- 刀的等中心偏差和带落地支架 X- 刀的等中心偏差）；②治疗定位偏差；③照射野尺寸与标称值最大偏差；④照射野半影宽度。

二、检测模体

（一）等中心测试仪

在放射治疗设备如医用电子直线加速器中，各种运动的基准轴线围绕一个公共中心点运动，辐射束经以此为中心的最小球体内通过，此点即为等中心。市面上有多种对等中心进行测试的仪器，其中一种等中心测试仪如图 3-45 所示。

这种类型的等中心测试仪的主体一般为等中心测试面板，在面板中设置有一种十字水平校准装置，而这种十字水平校准装置包含了光电二极管及发光二极

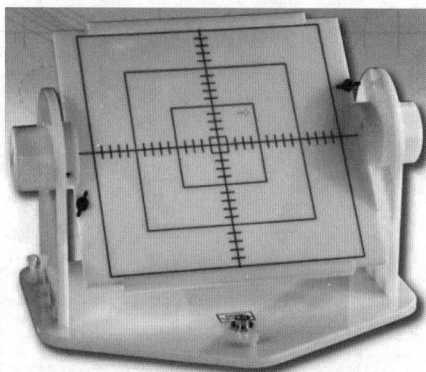

图 3-45　一种等中心测试仪实物图

管等半导体器件，这些半导体器件可作为探测器用于判定等中心偏离的误差是否在可接受的范围内。它可用于加速器机械等中心位置及精度验证（包括机架旋转中心、机架转角指示、准直器旋转中心、床公转旋转中心的交点、准直器旋转稳定性等）、加速器辐射等中心检验（包括光射野平行度校正、光射野一致性验证等）、光野十字叉丝指示校验、固定激光灯指示校验、光距尺指示校验等。

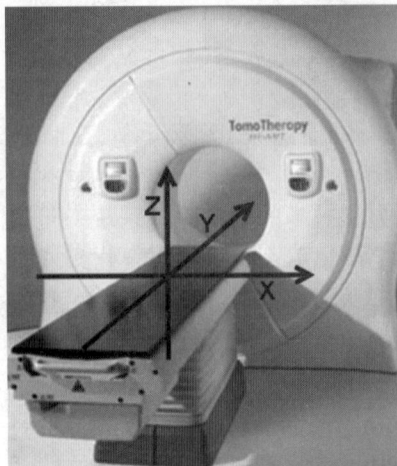

图 3-46　TOMO 外形及其坐标系

（二）螺旋断层放射治疗装置专用检测模体

螺旋断层放射治疗装置（helical TOMOtherapy unit，简称 TOMO）是将直线加速器安装在滑环机架上，应用逆向 CT 成像原理，采用调强的扇形射线束，以螺旋旋转的方式进行放射治疗的装置，装置外形及其坐标系如图 3-46 所示。

TOMO 综合了 3DCRT、IMRT 放疗技术与 MV 级 CT 成像技术，因此现有的质量保证标准可用于指导其治疗与成像，但是，TOMO 也有其自身一些特殊的功能特性。例如对 TOMO 进行输出剂量检测所选用的检测模体就比较特殊。

TOMO 进行静态输出剂量稳定性检测所选用的检测模体为：

①模体规格：组织等效模体，长方形 15cm×55cm；

②模体厚度：方形模体总厚度为 24cm，包括了厚度分别为 0.5cm、1cm、2cm、5cm 的多块模体，检测时可以进行选择。

TOMO 进行旋转输出剂量稳定性检测所选用的检测模体为：

在卫生行业标准中，为 TOMO 旋转输出剂量检测推荐使用的圆柱形组织等效均匀模体外形如图 3-47、图 3-48 所示。模体主要参数如下：

①模体尺寸：直径为 30cm，长度为 18cm，由两个半圆柱形组织等效均匀固体水模体组成。

②电离室插孔和组织等效固体水插棒：图 3-47 所示为模体的正面图，箭头 1 所指为插孔中含有的一个可移除的等效固体水插棒，箭头 2 所指为电离室插孔；其右图为胶片插入模体内冠状面的实物图，将电离室设置在胶片所在平面的上方插孔中进行剂量学指标的检测；图 3-48 所示为模体的背面图，模体上设置了 20 个插孔，这些孔都可以插入不同密度值的组织等效插棒。

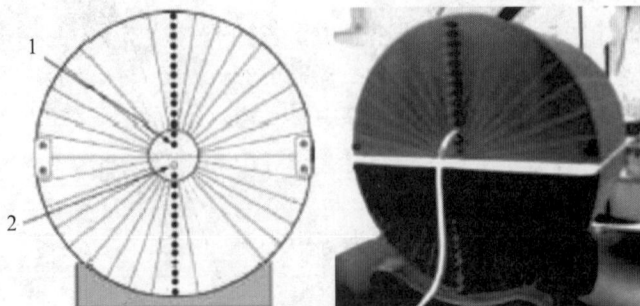

图 3-47　圆柱形组织等效均匀模体正面图

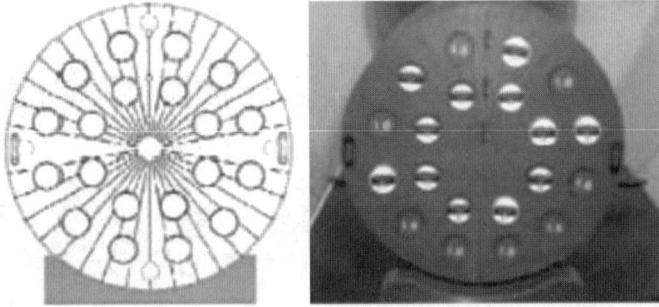

图 3-48　圆柱形组织等效均匀模体背面图

（三）立体定向放射治疗系统焦点测试棒及测试模体

立体定向放射治疗系统通常由立体定位系统、CT 影像设备、放射治疗计划系统（Treatment Planning System，简称 TPS）、电气控制系统四部分组成。该装置能够确定病变组织和邻近重要器官的准确位置及范围，利用 X 射线或 γ 射线经准直后聚焦于一点（该点通常称为焦点），对患者的体部病灶实施放射治疗。在对立体定向放射治疗系统进行质量控制检测时，通常需要用到焦点测试棒及测试模体。

1. 焦点测试棒　主要用于检测放射治疗系统辐射等中心与机械等中心的一致性，它通常用铝制成，由棒体、暗盒、胶片定位顶针等构成，具体尺寸要求如图 3-49 所示。

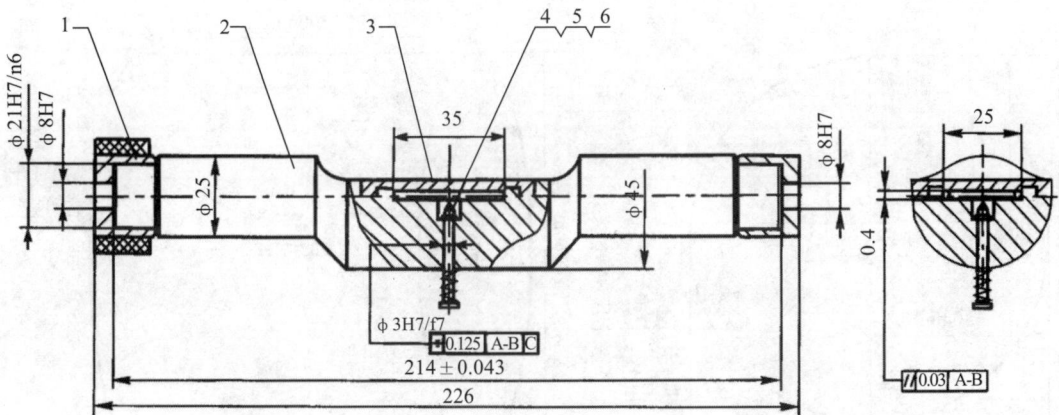

图 3-49　焦点测试棒示意图

1. 定位堵头；2. 测量棒主体；3. 暗盒盖；4. 顶针；5. 复位弹簧；6. 挡圈

2. 测试模体　要求测试模体使用均匀介质且与人体组织密度相近的材料制成，可使用固体水、聚苯乙烯或有机玻璃制成，推荐使用固体水材料。模体内带有插槽，用于插入胶片插板或探测器插板。

头模应使用球体模体，主要由球体结构件、胶片插板、探测器插板等构成。头模为直径 160mm 的球体，由两个半球及连接件组合而成。两个半球中间有插槽，用于插入胶片插板和探测器插板。探测器插板上带有中心探测器插孔和偏心探测器插孔，用于插入探测器。头模尺寸及探测器插孔位置示意图如图 3-50 所示。

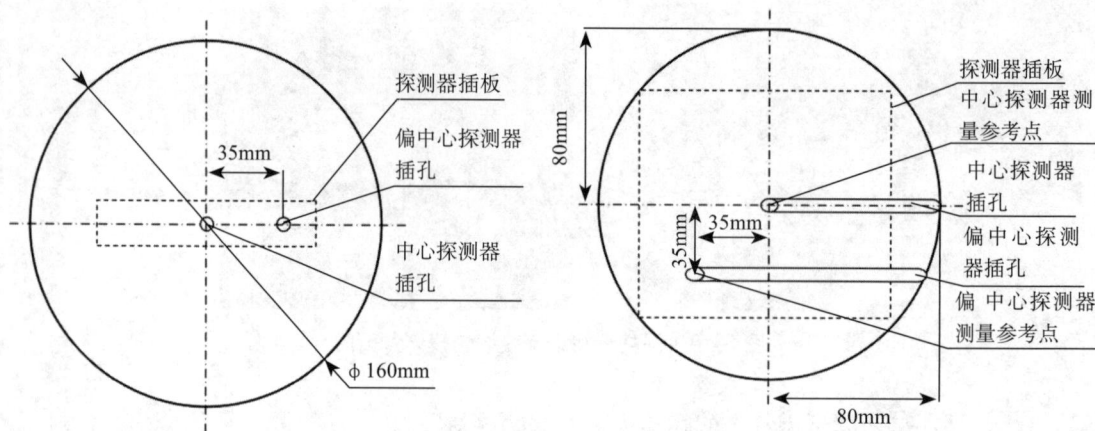

图 3-50　头模尺寸及探测器插孔位置示意图

体模应使用横断面为椭圆形的柱状模体，主要由横断面为椭圆形的柱体结构件、胶片插板、探测器插板等构成。体模的椭圆柱体横断面的长轴长度为 280mm，短轴长度为 240mm。椭圆柱体高度为 200mm。椭圆柱体上带有插槽，用于插入胶片插板和探测器插板。探测器插板上带有中心探测器插孔和偏中心探测器插孔，用于插入探测器。体模尺寸及探测器插孔位置示意图如图 3-51 所示。

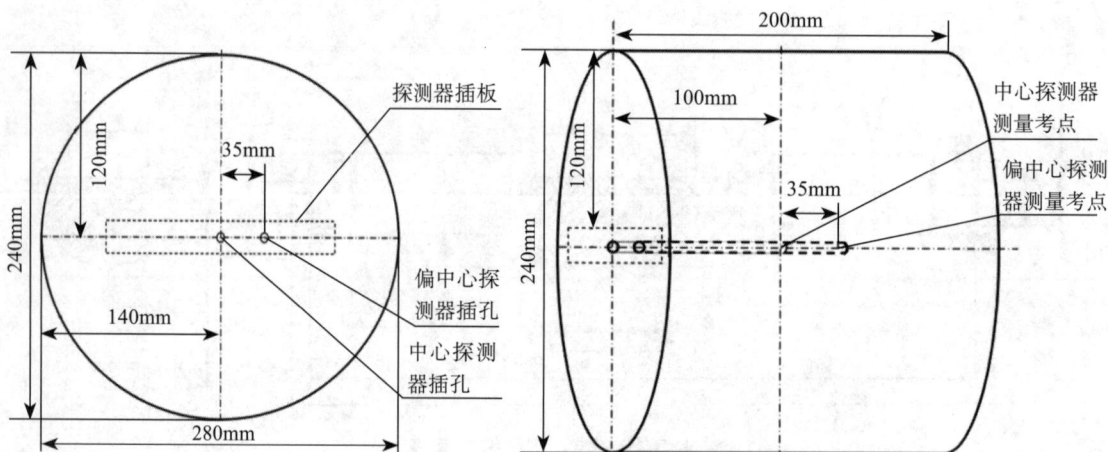

图 3-51　体模尺寸及探测器插孔位置示意图

模体的胶片插板上带有定位孔。根据定位孔分布的位置分为中心定位孔和四周定位孔。定位孔的横断面直径不超过 1.0mm。测量时，中心定位孔用于标识治疗计划的靶区中心（即焦点位置）。在中心定位孔处不对胶片进行针刺定位，以免扎孔影响胶片剂量曲线的归一，在四周定位孔处对胶片进行针刺定位。在胶片上，可根据中心定位孔和四周定位孔的相对位置关系确定中心定位孔位置。测量时，可根据测量照射野的尺寸使用不同大小的胶片并选择相应的四周定位孔进行扎孔定位。胶片插板定位孔分布示意图如图 3-52所示：

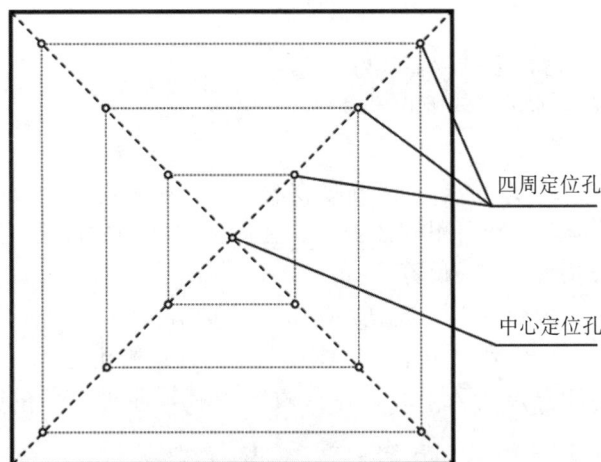

图 3-52　胶片插板定位孔分布示意图

第三节　放射治疗质量控制校准技术

一、放射治疗临床剂量测量

（一）IAEA TRS-277 号报告

1987 年，国际原子能机构发布了 277 号技术报告，即 TRS-277 号报告《Absorbed Dose Determination in Photon and Electron Beams》，规范了放射治疗中患者所受吸收剂量的测定。随着吸收剂量刻度及吸收剂量测量理论的变化和发展，在 1998 年出版了第 2 版，进一步规范了如何使用经空气比释动能校准的电离室获得水中吸收剂量，以及如何使用 ^{60}Co 校准的电离室测量高能光子和高能电子束的水中吸收剂量。这种方法是建立在空气比释动能（或照射量）量传体系基础上的。

1.高能光子和电子束在水中吸收剂量的测定　对于电子和高能光子辐射，利用电离室空气比释动能校准因子 N_K，去测定放射治疗用辐照束的吸收剂量，这一过程可分为以下步骤。

第一步，根据布拉格 - 戈瑞方程，建立自由空气中空气比释动能校准因子 N_K 与电离室空腔的空气吸收剂量因子 N_D 的关系，按公式（3-55）计算：

$$N_D = N_K \cdot (1 - g) \cdot k_{att} \cdot k_m \tag{3-55}$$

式中：

k_{att}——校准电离室时，电离室室壁及平衡帽对校准辐射（一般为 ^{60}Co γ 射线）的吸收和散射的修正因子；

k_m——电离室室壁及平衡帽的材料对校准辐射空气等效不充分而引起的修正因子；

g——电离辐射产生的次级电子消耗于轫致辐射的能量占初始能量总和的份额。对 ^{60}Co γ 射线，$g = 0.3\%$；对光子最大能量小于 300 keV 的 X 射线，g 值可忽略不计。

第二步，在由第一步获得空气吸收剂量因子 N_D 后，用布拉格 - 戈瑞方程确定水中某点的吸收剂量，在未受扰动的水模体中电离室测量有效点 P_{eff} 深度处吸收剂量 $D_w(P_{eff})$ 按公式（3-56）计算：

$$D_w(P_{eff}) = M_u N_D (S_{w,air})_u P_u \tag{3-56}$$

式中：

M_u——电离室经过修正后的仪器读数；

$(S_{w,air})_u$——在有效点水／空气阻止本领比；

P_u——扰动修正因子。

注意，在测量 $\overline{E}_0 < 5\mathrm{MeV}$ 的电子束的吸收剂量时，必须用平行板电离室。如果在水模体中的校准深度不易确定，则可用固体模体。在固体模体中的深度 d_{PL} 与在水模体中的校准深度 d_w 的关系按公式（3-57）计算：

$$d_w/d_{PL}=(r_0/\rho)_w/(r_0/\rho)_{PL} \tag{3-57}$$

式中 $(r_0/\rho)_{PL}$ 和 $(r_0/\rho)_w$ 分别为电子在固体和水中的连续慢化射程。

当固体模体中的测量值为 M_{PL} 时，在水模体中有效测量点处的吸收剂量 D_w 按公式（3-58）计算：

$$D_W=M_{PL}\cdot h_m\cdot N_D\cdot S_{w,air}\cdot P_u \tag{3-58}$$

式中 $S_{w,air}$ 和 P_u 的值为电离室有效测量点在水中校准深度的值，h_m 是当测量的电离最大点是在材料 m 中而不是在水中须用的修正因子。

2. 中能 X 射线在水中吸收剂量的测定　对于用空气比释动能校准的电离室，因为中能 X 射线在水模体中产生的电子是不可能进入空气空腔的，所以中能 X 射线在水模体中测定吸收剂量的方法与高能辐射略有不同。

水模体中电离室不存在时空气空腔中心点的空气比释动能 K_{air} 按公式（3-59）计算：

$$K_{air}=M_uN_KK_u \tag{3-59}$$

式中，M_u 为电离室经过修正后的仪器读数；N_K 为自由空气中空气比释动能校准因子；K_u 为辐射质修正因子，由于推荐使用标准仪器，而标准仪器的响应随能量的变化很小，在大多数实际应用中 K_u 可取为 1。

进一步，在水模体中吸收剂量 D_w 按公式（3-60）计算：

$$D_w=M_uN_K(\overline{\mu}_{en}/\rho)_{w,air}P_u \tag{3-60}$$

式中，$(\overline{\mu}_{en}/\rho)_{w,air}$ 是水的平均质量吸收系数与空气的平均质量吸收系数之比；P_u 为扰动修正因子。

3. 低能 X 射线在水模体表面吸收剂量的测定　在低能 X 射线光子能量范围内，主要是测定模体表面的吸收剂量。在水模体表面吸收剂量 D_w 按公式（3-61）计算：

$$D_w=M_uBK_u(\overline{\mu}_{en}/\rho)_{w,air} \tag{3-61}$$

式中，在大多数实际应用中 K_u 可取为 1；B 为水模体表面反散射因子；其余符号意义与前面相同。

（二）IAEA TRS-381 号报告

IAEA 等国际组织建议对电子束在模体表面的平均能量小于 10MeV 时，使用平行板电离室测量其吸收剂量，低于 5MeV 的电子束则必须使用平行板电离室，而对较高能量的电子束如 10MeV 以上，平行板电离室也可适用。由于 TRS-277 号技术报告对平板电离室的规范不够全面，随后 IAEA 出版了 381 号技术报告，即 TRS-381 号报告 The Use of Plane parallel Ionization Chambers in High-energy Electron and Photon Beams，完善了平板电离室的测量方法，它是 TRS-277 号技术报告的扩展。这种方法也是建立在空气比释动能（或照射量）量传体系基础上的。

TRS-381 号报告推荐 4 种校准方法，分别是电子束法、^{60}Co 模体法、^{60}Co 空气法和水吸收剂量标准法。这 4 种方法的目的都是确定平行板电离室的空气吸收剂量因子，其中电子束法是 TRS-381 号报告优先推荐的方法，待校准平行板电离室 x 的空气吸收剂量因子 $N_{D,air}^x$ 按公式（3-62）计算：

$$N_{D,air}^x = N_{D,air}^{ref} \frac{M^{ref}}{M^x} \frac{p_{wall}^{ref} p_{cav}^{ref} p_{cel}^{ref}}{p_{wall}^x p_{cav}^x p_{cel}^x} \tag{3-62}$$

式中：

$N_{D,air}^{ref}$——参考电离室空气吸收剂量因子；

M^{ref}——参考电离室读数与监督电离室读数比；

M^x——待校准平行板电离室读数与监督电离室读数比；

p_{wall}^{ref}——参考电离室壁物质非模型物质等效修正因子；

p_{wall}^x——待校准平行板电离室壁物质非模型物质等效修正因子；

p_{cav}^{ref}——参考电离室内散射扰动修正因子；

p_{cav}^x——待校准平行板电离室内散射扰动修正因子；

p_{cel}^{ref}——参考电离室中心电极影响修正因子；

p_{cel}^x——待校准平行板电离室中心电极影响修正因子。

通过上面的校准得到平行板电离室的空气吸收剂量因子 $N_{D,air}$ 后，在参考条件下进行电子束吸收剂量测定时，在水模体中参考深度 z_{ref} 的水吸收剂量 $D_{w,Q}(z_{ref})$ 可表示为公式（3-63）：

$$D_{w,Q}(z_{ref}) = M_Q M_{D,air}(s_{w,air})_Q (p_{cav} p_{wall})_Q \tag{3-63}$$

式中：

M_Q——在电子束线质 Q 下，平行板电离室经过修正后的读数；

$(s_{w,air})_Q$——在电子束线质 Q 下的水 / 空气阻止本领比；

p_{cav}——平行板电离室内散射扰动修正因子；

p_{wall}——平行板电离室壁物质非模型物质等效修正因子。

（三）IAEA TRS-398 号报告

1. 简介　IAEA 在 2000 年出版了 398 号技术报告，即 TRS-398 号报告《Absorbed Dose Determination in External Beam Radiotherapy》，规范了如何使用基于水中吸收剂量校准的电离室完成水中吸收剂量测量，这种测量方法是建立在水中吸收剂量量传体系基础上的。直接在水模体中引入水吸收剂量形式校准电离室已经成为新的趋势。

假定射线质为 Q_0，并且测量点不存在电离室，水模体中参考深度的吸收剂量 D_{w,Q_0} 可表示为公式（3-64）：

$$D_{w,Q_0} = M_{Q_0} N_{D,w,Q_0} \tag{3-64}$$

式中：

M_{Q_0}——标准实验室中参考条件下剂量仪的读数；

N_{D,w,Q_0}——标准实验室获取的水吸收剂量形式的剂量仪校准因子。

而剂量仪处于非校准参考射线质 Q 的射线质条件时，水吸收剂量 $D_{w,Q}$ 的表达为公式（3-65）：

$$D_{w,Q} = M_Q N_{D,w,Q_0} k_{Q,Q_0} \tag{3-65}$$

式中：

M_Q——除射线质因素之外，其他影响量均做出修正后的剂量仪的读数；

k_{Q,Q_0}——射线质修正因子。

射线质修正因子指在两种不同射线质 Q 和 Q_0 中，电离室的水吸收剂量校正因子之比，为公式（3-66）：

$$k_{Q,Q_0} = \frac{N_{D,w,Q}}{N_{D,w,Q_0}} = \frac{D_{w,Q}/M_Q}{D_{w,Q_0}/M_{Q_0}} \tag{3-66}$$

TRS-398 号报告给出了 ^{60}Co γ 射线、高能光子束、高能电子束、低能千伏级 X 射线、中能千伏级 X 射线、质子束和重离子束的实践规范及吸收剂量测定的建议。本节将重点放在临床中最常用的高能光子束和高能电子束的吸收剂量测定进行介绍。

2. 高能光子束吸收剂量测定　使用 ^{60}Co γ 射线且电离室不存在时，参考深度处的水吸收剂量 $D_{w,Q}$ 测量公式由（3-65）给出。参考射线束为 ^{60}Co γ 射线时，k_{Q,Q_0} 可表示为 k_Q。使用不同类型的电离室测量一系列用户射线质条件下 $TPR_{20,10}$ 中的 k_Q 值，其表示水深分别为 20cm 和 10cm 处的吸收剂量之比。临床加速器产生的高能光子束使用 $TPR_{20,10}$ 来表示射线质 Q，使用它表示光子束射线质最大的特点是此数值不受入射束中电子污染的影响。$TPR_{20,10}$ 的测量示意图如图 3-53 所示。

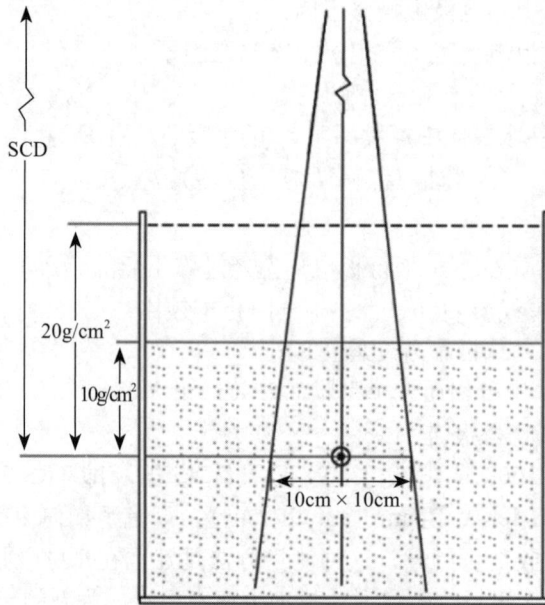

图 3-53　$TPR_{20,10}$ 的测量示意图

图中，源室距 SCD=100cm，模体面与电离室空腔平面之间的距离分别为 10g/cm^2 或 20g/cm^2。使用圆柱形电离室或平行板电离室时要求电离室参考点平面的野大小为 10cm × 10cm。

计算出的 k_Q 值在 TRS-398 号报告中已经列出，其中未给出的 k_Q 值可用内插法进行计算。k_Q 为光子束射线质 Q（即 $TPR_{20,10}$）的函数，常用于剂量校准中的不同类型电离室的 k_Q 值的 C 形拟合曲线如图 3-54 所示。

得到 k_Q 值后，根据公式（3-65），结合由修正后的剂量仪读数 M_Q 和参考射线质 Q 中水吸收剂量形式校准因子 N_{D,w,Q_0}，就可以得到参考深度处的水吸收剂量 $D_{w,Q}$。

3. 高能电子束吸收剂量测定　使用射线质为 Q 的电子束且假设不存在电离室时，水模体中参考深度处的水吸收剂量 $D_{w,Q}$ 测量公式由公式（3-65）给出。其中，参考深度 z_{ref} 由

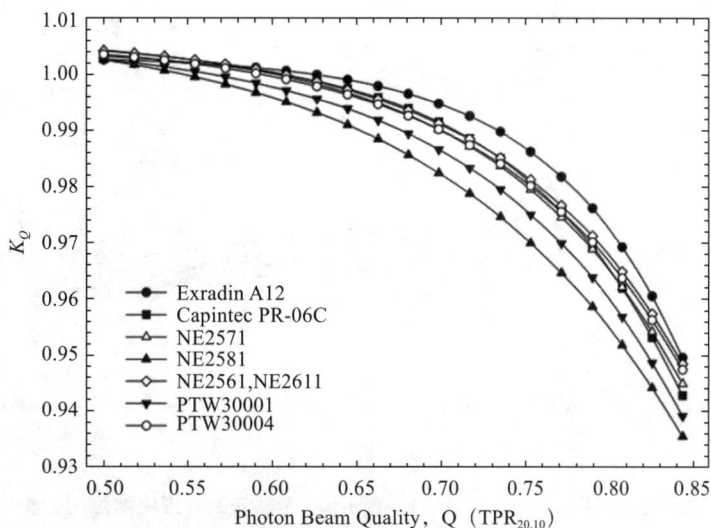

图 3-54　常用于剂量校准中的不同类型电离室的 k_Q 值的 C 形拟合曲线

公式（3-67）给出：

$$z_{ref}=0.6R_{50} - 0.1\mathrm{gcm}^{-2}\ (R_{50}\mathrm{in\ gcm}^{-2}) \tag{3-67}$$

式中，R_{50} 为电子束射线质指数，表示吸收剂量为最大吸收剂量一半时所对应的深度，单位为 gcm^{-2}。

参考射线束为 $^{60}\mathrm{Co}$ γ 射线时，k_{Q,Q_0} 可表示为 k_Q。不同类型的电离室、不同射线质条件下的 k_{Q,Q_0} 计算值已在 TRS-398 号报告中给出，未列出的数据可使用插值法得出。如图 3-55、图 3-56 所示为平行板电离室和圆柱形电离室在此方面的数据。

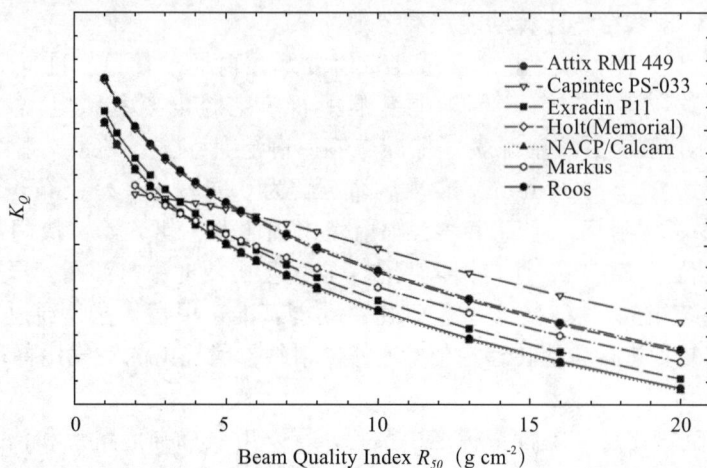

图 3-55　电子束中使用 $^{60}\mathrm{Co}$ γ 射线校准的不同类型的平行板电离室时计算出的 k_Q 值

图中，电子束用半值深度 R_{50} 来表示射线质。所有射线质在测量 R_{50} 时，通常使用平行板电离室。在 $R_{50} \geqslant 4\mathrm{gcm}^{-2}$（$\mathrm{E} \geqslant 10\mathrm{MeV}$）时，也可用圆柱形电离室进行测量。通常使用水模体，而在 $R_{50} < 4\mathrm{gcm}^{-2}$（$\mathrm{E} < 10\mathrm{MeV}$）时，还可用塑料模体。

使用电离室直接测量的是电子束在水模体中的半值电离深度 $R_{50,ion}$，它的单位也是

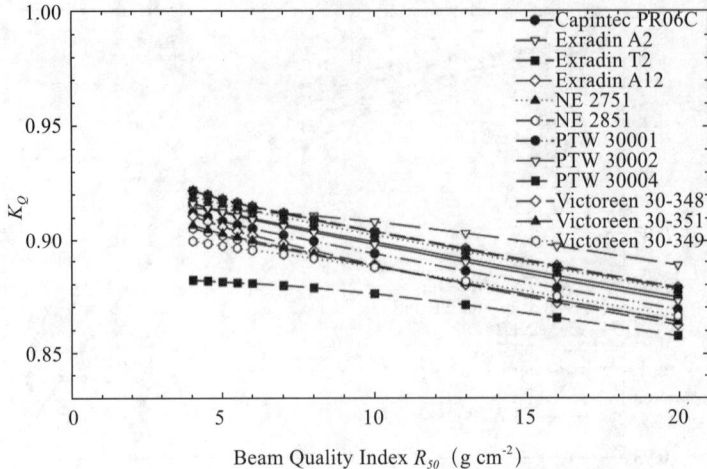

图 3-56 电子束中使用 ^{60}Co γ 射线校准的不同类型的圆柱形电离室时计算出的 k_Q 值

gcm^{-2}，它指电流为最大值一半时所对应的深度，并与半剂量深度 R_{50} 存在如公式（3-68）、公式（3-69）的关系。

$$R_{50}=1.029R_{50,ion}-0.06\text{gcm}^{-2}(R_{50,ion}\leqslant 10\text{gcm}^{-2}) \tag{3-68}$$

$$R_{50}=1.059R_{50,ion}-0.37\text{gcm}^{-2}(R_{50,ion}>10\text{gcm}^{-2}) \tag{3-69}$$

得到 k_Q 值后，根据公式（3-65），结合由修正后的剂量仪读数 M_Q 和参考射线质 Q 中水吸收剂量形式校准因子 N_{D,w,Q_0}，就可以得到电子束在水模体中参考深度处的水吸收剂量 $D_{w,Q}$。

二、放射治疗光子线束校准技术

（一）^{60}Co γ 射线空气比释动能校准技术

^{60}Co γ 射线空气比释动能由计量基准量值复现，再通过计量标准向工作计量器具进行量值传递。^{60}Co γ 射线空气比释动能基准由石墨空腔电离室和电离电流测量系统组成。电离电流测量系统由数字源表、标准电容、静电计组成。^{60}Co γ 射线空气比释动能基准测量范围从 0.01 ～ 1Gy/min，扩展不确定度为 0.54%（k=2）。^{60}Co γ 射线参考辐射为 ^{60}Co 放射源参考辐射场。准直束参考辐射场由辐照器、铅容器、快门、导轨定位系统和探测器对准定位系统组成；而自由发散参考辐射场由放射源与源托、导轨定位系统和探测器对准定位系统组成。^{60}Co γ 射线空气比释动能基准采用替代法，通过 γ 射线参考辐射向治疗水平标准装置进行量值传递。治疗水平 γ 射线参考辐射的空气比释动能率为 0.01 ～ 10Gy/min。

^{60}Co γ 射线空气比释动能计量标准由治疗水平 γ 射线标准剂量计和治疗水平 γ 射线参考辐射组成，通过计量基准检定后，采用替代法对治疗水平工作计量器具进行量值传递。治疗水平 γ 射线标准剂量计的测量范围为 0.01 ～ 10Gy/min，校准因子扩展不确定度不大于 2.0%（k=2）。治疗水平 γ 射线参考辐射的空气比释动能率约为 0.02 ～ 4Gy/min。

治疗水平剂量计的测量范围不小于 0.01 ～ 10Gy/min，校准因子扩展不确定度不大于 3.0%（k=2）。可使用治疗水平剂量计直接测量 ^{60}Co 医用辐射源，其扩展不确定度不大于 5%（k=2）。

使用替代法进行校准的方法（量值参考点：20℃，101.325 kPa；被校仪器探测器的有效探测中心为电离室的几何中心）：将被校仪器探测器置于 γ 射线均匀辐射场中，探测器轴线与射线束轴垂直，其有效探测中心定位于射线束中轴线上，被校仪器探测器有效探测中心与标准电离室所测点重合，校准因子 N_K 是标准值与被校仪器示值的比值。

校准之后，使用空气比释动能校准因子 N_K 可从仪器示值 M 获得空气比释动能 K_a，按公式（3-70）计算：

$$K_a = N_K \cdot M \cdot K_{TP} \tag{3-70}$$

式中：

M——仪器示值，Gy；

K_{TP}——空气密度修正因子。

（二）^{60}Co γ 射线水吸收剂量校准技术

^{60}Co γ 射线水吸收剂量的校准主要有两种方式。一种方式是通过空气比释动能基标准实验室进行校准，获得 ^{60}Co 空气比释动能校准因子 N_K，再通过测量、转换、算出水中吸收剂量；另一种方式是将剂量计送到建立了水吸收剂量基标准的实验室进行校准，获得 ^{60}Co 水吸收剂量校准因子 $N_{D,w}$，再通过测量、算出水中吸收剂量。

1. 剂量计读数修正 剂量计读数的修正，按公式（3-71）计算：

$$M = (M_0 - M_I) \cdot K_{TP} \cdot P_{ion} \cdot P_{pol} \tag{3-71}$$

式中：

M——修正后的剂量计读数，C；

M_0——剂量计读数，C；

M_I——剂量计漏电流，C；

K_{TP}——空气密度修正因子；

P_{ion}——离子复合修正因子，对 ^{60}Co γ 射线，由公式（3-72）确定；

P_{pol}——极性效应修正因子，由公式（3-73）确定。

$$P_{ion} = 1 - \frac{V_H}{V_L} \left| \frac{M_{raw}^H}{M_{raw}^L} - \frac{V_H}{V_L} \right. \tag{3-72}$$

式中：

V_H——双电压法中的相对高压，V；

V_L——双电压法中的相对低压，V；

M_{raw}^H——电离室工作电压为相对高压时，测量电离电荷，C；

M_{raw}^L——电离室工作电压为相对低压时，测量电离电荷，C。

$$P_{pol} = \left| \frac{M_{raw}^+ - M_{raw}^-}{2M_{raw}} \right| \tag{3-73}$$

式中：

M_{raw}^+——电离室工作电压为正高压时，测量电离电荷，C；

M_{raw}^-——电离室工作电压为负高压时，测量电离电荷，C。

2. 通过空气比释动能基标准实验室进行校准 通过空气比释动能基标准实验室进行校准，获得 ^{60}Co 空气比释动能校准因子 N_K。在下一级量值传递中，测量得到修正后的剂量计读数 M，再按公式（3-74）计算有效测量点处的水吸收剂量 D_w：

$$D_w = M \cdot N_K \cdot (1 - g) \cdot K_{att} \cdot K_m \cdot S_{w,air} \cdot P_u \cdot P_{cel} \tag{3-74}$$

式中：

g——X 辐射产生的次级电子消耗与韧致辐射的能量占其初始能量总和的份额，约为0.003；

K_{att}——校准电离室时，电离室室壁及平衡帽对 ^{60}Co γ 射线的吸收与散射的修正；

K_m——电离室室壁及平衡帽的材料对 ^{60}Co γ 射线空气等效不充分而引起的修正；

$S_{w,air}$——校准深度水对空气的平均阻止本领比；

P_u——扰动修正因子，对 ^{60}Co γ 射线，数值约为1；

P_{cel}——中心电极影响，数值为1。

3. 通过水吸收剂量基准进行校准　^{60}Co γ 射线水吸收剂量校准因子$N_{D,w}$由公式(3-75)计算：

$$N_{D,W}=D_W / (M \cdot P_u \cdot P_{cel}) \tag{3-75}$$

式中：D_W——水吸收剂量基准在有效测量点处的水吸收剂量标准值，Gy。

通过以上校准可获得 ^{60}Co γ 射线水吸收剂量校准因子 $N_{D,w}$，之后按公式（3-76）可将 ^{60}Co γ 射线水吸收剂量传递到下一级：

$$D_W= M \cdot N_{D,w} \cdot P_u \cdot P_{cel} \tag{3-76}$$

式中：D_W——有效测量点处的水吸收剂量值，Gy。

三、井型电离室校准技术

图 3-57　一种井型电离室实物图

井型电离室是用于近距离放射治疗源测量的电离室，它可以适用于各种后装放射源的校准，符合国际上对后装放射源校准的标准，也可以为高剂量率后装设备提供更换后装放射源后的校准和稳定性的检查。市面上一种井型电离室实物如图 3-57 所示。

井型电离室长期稳定性好。由于它对辐射灵敏的立体角范围约为 4π，与立体角的准确值无关，因此由源的几何位置变化引起的影响较小。经准确校准后，由井型电离室引入的误差较小，能较好地复现后装放射源绝对测量的量值。

井型电离室测量的基本原理为：当电离室的工作电压达到一定数值后，其电离电流的大小与工作电压之间存在坪曲线，即电离电流的大小与工作电压几乎不相关，而仅与待测源的核素种类及活度相关。当工作电压超过一定电压后，电离电流就达到饱和，称之为饱和电离电流。对于确定的井型电离室，饱和电离电流的大小与待测源的活度成正比，由公式（3-77）计算：

$$A=IK \tag{3-77}$$

式中：

A——待测源的活度；

I——饱和电离电流；

K——核素的校准因子，即对于确定的井型电离室，产生单位电离电流所对应的该核素的活度。

因此，只要准确测出核素的校准因子 K，待测源的活度就可以通过电离电流来确定。

对于不同核素和井型电离室，校准因子也不同，并且校准因子还与电离室所充气体及环境条件等有关，因此，校准因子要通过实验测定。

由于井型电离室可能漏气或装置电气元件老化，电离室的效率会发生微小变化。因此，可用井型电离室装置的测量结果与长寿命监督源的数据比较的方法来修正装置效率的微小变化。设对装置某核素标准源进行校准时的活度为 A_S，相应的电离电流为 I_S；而监督源的活度为 A_R，相应的电离电流为 I_R。如果测量待测源的日期与校准装置的日期之间相隔时间为 t，则监督源的活度 A_{R1} 可由衰变修正得到，按公式（3-78）计算：

$$A_{R1}=A_R e^{-(ln2/T_{\frac{1}{2}})t} \tag{3-78}$$

式中，$T_{\frac{1}{2}}$——监督源的半衰期。

进一步，各个源的活度与电离电流的关系，有公式（3-79）：

$$\frac{I_s}{I_R} \cdot \frac{A_R}{A_S} = \frac{I}{I_{R1}} \cdot \frac{A_{R1}}{A} \tag{3-79}$$

式中：

A、I——分别为待测源的活度和相应的电离电流；

I_{R1}——测量待测源时，测量监督源的电离电流。

结合上面两个公式，可得公式（3-80）：

$$A=I \cdot \frac{A_S}{I_S} \cdot \frac{I_R}{I_{R1}} \cdot e^{-(ln2/T_{\frac{1}{2}})t} \tag{3-80}$$

式中，A_S/I_S 即为井型电离室测量该核素的校准因子 K。

第四节　核医学质量控制检测设备

一、伽玛照相机和 SPECT 质量控制检测设备

此类核医学设备质量控制检测依据《伽玛照相机、单光子发射断层成像设备（SPECT）质量控制检测规范》（WS 523—2019），需要的主要检测设备及模体如下：

1. 铅栅模体　分为 X 方向和 Y 方向两块铅栅，铅栅缝隙宽 1mm，缝之间相距 30mm，铅厚度不小于 3mm，铅栅面积应大于视野面积。

2. SPECT 灵敏度模体　直径为 17cm，内径为 15cm，厚 2cm 的平底塑料圆盘。

3. 点源可移动支架　高度应达到 2.5m 以上。

4. 激光定位仪　用于定位点源位置，使用电池供电，手持式，十字线激光定位。

5. 激光测距仪　用于测试点源到探测器平面距离，一般将点源设置到 3.2 m 以上就可以满足检测要求。

6. 双线源模体　用于测量系统空间线性，线源长度应大于 50cm，2 个线源相距 10cm。

7. SPECT 图像质控分析软件　SPECT 检测主要是对图像或通过图像进行检测，因此必须有对结果图像进行分析的软件。生产厂家的设备也配备一定功能质控分析程序，但基本无法满足我们质控检测的需求，因此检测方应配备独立的满足标准算法要求的 SPECT 图像分析软件。

图像分析软件应能对 DICOM 格式图像进行分析，可计算固有空间均匀性、固有空间线性、空间分辨力和系统灵敏度，软件在计算断层空间分辨力时，可同时直接计算 X、Y、Z 三个方向的空间分辨力。软件操作方式应有自动和手动两种模式，自动方式用于快速对比较规范的图像进行自动参数设置、自动分析，手动方式是可手动调节分析参数设置，是自动操作方式的必要补充。

二、PET 质量控制检测设备

PET 检测参照标准为 NEMA（National Electrical Manufacturers Associations，美国国家电器制造商协会）NU 2-2001《Performance Measurements of Positron Emission TOMOgraphy》，NEMA 制定了两个 PET 检测标准，分别是 1994 年版本和现在使用的 2001 年及后续 2007、2012、2018 版本，1994 年版本主要使用头部模体，模体为 20cm 直径，19cm 长的圆柱体，但随着 PET 的进步，特别是轴向 FOV 的增加，全身显像检查的增多，原来的模体已不能反映体部检测的性能指标，所以 2001 年版本推荐使用 70cm 长的模体进行检测（以模拟体部的散射条件）。所以主要依据 NEMA 2001 及后续版本提供检测设备参考。

检测的项目包括：①空间分辨力；②散射分数；③计数丢失和随机符合测量；④计数丢失和随机符合校正；⑤灵敏度；⑥图像质量、衰减和散射校准准确性。

数据处理由计算机程序自动完成，除使用设备自带的分析计算软件外，也可使用第三方独立的分析软件对采集的数据进行分析。

1.空间分辨率：空间分辨率模体包括支架和毛细管，支架起提供支撑和定位作用。毛细管在横断面空间位置为：(0，1cm)、(0，10cm)、(10cm，0)、(0，20cm)、(20cm，0)。一种空间分辨率模体如图 3-58 所示。

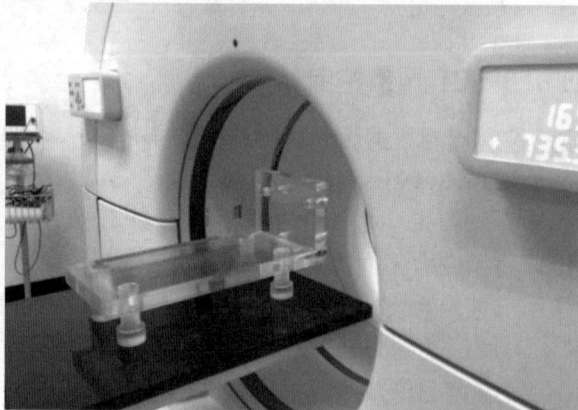

图 3-58 一种空间分辨率模体实物图

2.灵敏度：检测模体摆位如图 3-59 所示。

3.散射分数。

4.计数丢失和随机符合测量。

5.计数丢失和随机符合校正。

3～5 项使用同一种模体。散射分数等项目检测模体摆位如图 3-60 所示。

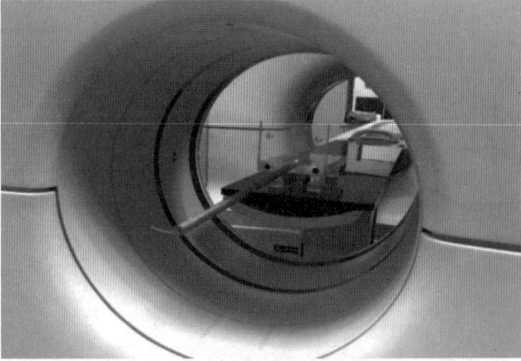

图 3-59　灵敏度检测模体摆位图

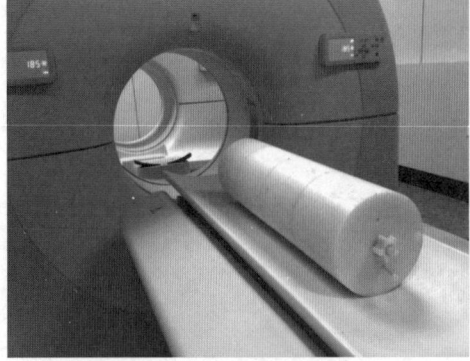

图 3-60　散射分数等项目检测模体摆位图

6. PET NEMA 数据分析软件。

使用以上模体测试时，数据采集使用 PET 生产厂家设备标配的 NEMA 采集程序，其中空间分辨率测试可使用符合 NEMA 文件要求的临床模式采集。数据分析环节可使用生产厂家 PET 设备中标配的数据分析程序，但更应该使用第三方独立的分析程序，但这些程序需要从机器中导出 DICOM 图像或正弦图数据才能分析。

第 4 章
数 据 处 理

人类在观察和描述客观事物时,通常以"量"的方式来表达对事物的认识,"量"是指现象、物体或物质的特性,其大小可用一个数和一个参照对象表示。人们通过对事物的大量观察、测量、分析,总结"量"值的变化规律,获得被测量的量值,量值的可靠性及准确性直接关系到人们是否正确认识事物变化的规律。测量是获取量值的重要手段,所以门捷列夫说过"没有测量,就没有科学"。

测量有时也称计量,是指通过实验获得并可合理赋予某量一个或多个量值的过程。但是在测量过程中由于测量人员素养、测量设备精度及灵敏度、对被测量对象的认识不足、测量方法或程序的局限、测量环境等因素的影响,任何测量过程都不可能获得被测量的真值,而只能是在一定程度上使测量结果接近真值。通常需要对被测量值进行处理,使其更准确反映被测量对象的客观情况,因此数据处理是测量工作的关键环节之一。根据测量目的和要求通过对数据进行正确处理,赋予测量结果合理的估值以及合理表述估值分散程度,它直接关系到测量结果的准确性和可靠性。本章结合放射防护检测需要就数据处理相关基本知识做简要介绍。

第一节 数据处理基本知识

本节简单介绍和数据处理相关一些基本概念和基本知识,以便在实际工作中对测量数据做出正确处理和判定。

一、随机试验和概率

在大多数实验前,由于无法事先预知实验结果,其结果呈现不确定性。但是如果大量重复该试验,则该实验结果具有某种规律,这种实验称之为随机试验。实验所有可能结果组成的集合称为样本空间,记为 Ω,样本空间的元素为实验结果的样本点。样本空间 Ω 的任一子集被称为随机事件,通常用大写英文字母表示,如随机事件 A,则 $\Omega=\{A_1, A_2, A_3, \cdots A_n\}$,由此可以看出随机事件是样本空间的子集。随机事件中的每一个可能出现的试验结果称为这个随机事件 A 的一个样本点,当 $i=1$ 时,事件称为基本事件,含有多个样本点的随机事件称为复合事件。

事件 A 的概率是表示某个事件发生可能性大小的数量指标,是一个确定的数,是客观存在的,与每次实验无关,介于 0 和 1 之间。在重复实验条件下,如果实验次数 $n \rightarrow \infty$,则事件 A 发生的频率无限逼近常数 p,则称事件 A 发生的概率为 p,记为 $p(A)=P$,$p(A)$ 越大,事件 A 发生的可能性就越大,反之越小。当 $p(A)=1$ 时,事件 A 为必然事件,当 $p(A)=0$ 时,事件 A 不可能发生。

【例 4.1】"测量一块宝石质量"是一个随机事件，以 m 表示测得值，假如测得值的最小值不小于 2.50g，最大值不大于 2.60g，则 $\Omega=\{m \mid 2.50 \leqslant m \leqslant 2.60\}$，通过实验获得的值范围为 2.52～2.58g 的概率是 95%，即 A=$\{M \mid 2.52 \leqslant M \leqslant 2.58\}$，则 $P(A)=95\%$。

二、随机变量

随机试验的样本空间中每一个样本点都被赋予一个数值，由此得到试验结果的函数我们称之为随机变量。随机变量通常用大写字母 X、Y、Z 等表示，用小写字母 x、y、z 等表示随机变量被赋予的数值，相应 $P(X)$、$P(Y)$、$P(Z)$ 表示随机变量取值为 x、y、z 的概率，用小写 p 表示随机变量概率的数值。随机变量是随机事件的分布函数模型，通常的表现形式有 $\{X \leqslant x\}$、$\{X > x\}$、$\{x_1 < X \leqslant x_2\}$ 等。比如：投掷一颗骰子是一件随机事件 A，用变量 X 表示掷出骰子出现的点数，对应数值为 x，出现这个点数的概率为 P，则 $P(X)=p$，那么 x 与 p 的对应关系就是投掷一颗骰子这个随机事件掷出骰子点数的随机变量分布。

随机事件 A 的 p 按照全部可能取值的性质，随机变量可分为离散型随机变量和连续型随机变量。

(一)离散型随机变量

离散型随机变量是指样本区间内随机变量只能取有限个值或者取可以一一列出的无限多个值。例如掷骰子的点数 X 只有 6 个可能取值；某医院一周新生儿出生人数，理论上讲可以是 0，1，2，3，…。

离散型随机变量的分布：假设离散型随机变量所有取值为 $x_i=1, 2, 3, \cdots$，事件 $\{X=x_i\}$ 的概率：$P\{X=x_i\}=p_i$（$i=1, 2, 3, \cdots$），分布函数见公式（4-1）所示：

$$F(x)=P(X \leqslant x)=\sum_{x_i \leqslant x} P_i \tag{4-1}$$

p_i 满足：① $p_i \geqslant 0$；② $\sum_{i=1}^{\infty} p_i=1$。

常见的离散型随机变量分布有两点分布、二项分布、泊松分布。

(二)连续型随机变量

连续型随机变量是指在样本区间内变量取值不仅有无限多个，而且无法无遗漏一一列举，取值充满整个区间。如称量质量的误差，我们难以明确称量误差的可能范围，为便于描述，我们取误差范围为（$-\infty \sim \infty$）。

连续型随机变量的分布：假设连续型随机变量的概率分布函数为 $F(x)$，见公式（4-2）所示：

$$F(x)=P(X \leqslant x)=\int_{-\infty}^{x} f(x)dx \tag{4-2}$$

$F(x)$ 的导数 $F'(x)=f(x)$ 称为 X 的概率密度函数，对应函数曲线称为概率分布密度曲线，$f(x)$ 满足：① $f(x) \geqslant 0$；② $\int_{-\infty}^{x} f(x)dx=1$；③ 对任何实数 a 和 b（假设 $a < b$）有 $P(a \leqslant X \leqslant b)=F(b)-F(a)=\int_{a}^{b} f(x)dx$。

三、随机变量特征数和统计学特征数

在概率论与数理统计中用特征数来描述一个群体的特征或属性，分为随机变量特征数

☆☆☆☆

和统计学特征数。随机变量特征数包括由随机变量的分布所决定的常数和衡量变量或其分散程度的取值范围。统计学特征数用来估计被考察个体（样本）与总体的关系，研究总体中各个个体之间的分布情况，在数理统计学中主要关心计量特征和计数特征。

（一）随机变量特征数

1. 数学期望（均值）　表示随机变量所有取值的以概率为权的加权平均值，一般记 $E(X)$ 为或 μ。

离散型随机变量的数学期望见公式（4-3）所示：

$$E(X)=\sum_{i=1}^{\infty} x_i p_i \tag{4-3}$$

连续型随机变量的数学期望见公式（4-4）所示：

$$E(X)=\int_{-\infty}^{+\infty} xf(x)dx \tag{4-4}$$

不是任何随机变量都存在数学期望，存在条件是级数必须绝对收敛，从而使 $E(X)$ 不与 X 取值的排序有关。

2. 方差　随机变量的方差是期望值 $E(X)$ 的二次偏差的期望，用于度量 X 的取值与数学期望值的偏离程度，记为 $D(X)$。

离散型随机变量的 X 方差见公式（4-5）所示：

$$D(X)=\sum_{i=1}^{\infty}[x_i - E(X)]^2 p_i \tag{4-5}$$

连续型随机变量的 X 方差见公式（4-6）所示：

$$D(X)=\sum_{i=1}^{\infty}[x - E(X)]^2 f(x)dx \tag{4-6}$$

3. 标准差 $\sigma(X)$　方差的正平方根，定义为 $\sigma(X)=\sqrt{D(X)}$。

4. 协方差 $Cov(X, Y)$ 或 $\sigma(X, Y)$　二维随机变量 (X, Y) 的协方差是估计 X 与 Y 互相依赖程度的量，定义为：$Cov(X, Y)=Cov(Y, X)=E\{[X - E(X)][Y - E(Y)]\}$。

5. 相关系数 ρ　衡量两个变量的相互依赖关系的量，ρ 的取值区间为 $[-1, +1]$，是一个纯数，当 $\rho(X, Y)=0$ 时，X 和 Y 不相关。

6. 大数定理和中心极限定理

大数定理：若 $X_1 X_2 \cdots X_n$ 是独立同分布的随机变量，a 为它们的公共均值，它们存在方差 σ^2，则对任意给定的常数 $\varepsilon > 0$ 有：$\lim_{n \to \infty} P(|\overline{X}_n - a| \geqslant \varepsilon)=0$，意思是说无论给定怎样小的 $\varepsilon > 0$，$\overline{X}_n$ 与 a 的偏差都有可能达到 ε 或更大，但当 n 很大时，出现这种较大偏差的可能性很小，以至于当 n 很大时，我们可以有把握推断 $\overline{X}_n$ 很接近 μ，在概率论中叫作"$\overline{X}_n$ 依概率收敛于 a"。

中心极限定理：若 $X_1 X_2 \cdots X_n$ 是独立同分布的随机变量，$E(X_i)=\mu$，$Var(X_i)=\sigma^2$，$0 < \sigma^2 < \infty$，则对任意实数 x，有：

$$\lim_{n \to \infty} P\left[\frac{1}{\sqrt{n}\,\sigma}(X_1+X_2+\cdots+X_n - na) \leqslant x\right]=\frac{1}{\sqrt{2\pi}}\int_{-\infty}^{-\infty} e^{-t^2/2}dt=\Phi(x) \tag{4-7}$$

$\Phi(x)$ 是标准正态分布 $N(0, 1)$ 的分布函数。值得注意的是对于 $X_1+X_2+\cdots+X_n$ 有均数 $n\mu$，方差 $n\sigma^2$，故可对 $X_1+X_2+\cdots+X_n$ 标准化：

$$(X_1+X_2+\cdots+X_n - n\mu)/\sqrt{n}\,\sigma \tag{4-8}$$

使其 $n\mu=0$，$n\sigma^2=1$，因此，当 n 很大时，独立同分布的随机变量 X_1 X_2 ⋯ X_n 近似服从正态分布 $N(n\mu \quad n\sigma^2)$。在实际工作中，只要 n 足够大，便可以把独立同分布的随机变量之和当作近似正态变量，那么它的分布将近似于正态分布。

（二）统计数量特征数

1. **总体**　观测个体（样本）全体所构成的集合，在数理统计中总体是指概率分布，如正态分布、均匀分布、泊松分布等。

2. **样本**　按照一定规定从总体中抽出的部分个体（考虑总体包含无限多个个体），每一个个体被抽出的机会和附加条件相同。例如从总体中抽出一组样本 $X_1, X_2, \cdots X_n$，n 是样本大小（样本容量），X_i 是其中第 i 个样本，在实际观测中样本是一组具体数值 $x_1, x_2, \cdots x_n$，属于随机变量。

3. **统计量 $\overline{X}$**　只完全依赖于随机变量（样本）所决定的量，例如：假设从正态分布 $X \sim N(\mu, \sigma^2)$ 中抽出样本 $X_1, X_2, \cdots X_n$，$\overline{X}$ 则是统计量。因为 μ 未知，所以 $\overline{X} - \mu$ 不是统计量，它是随机变量的函数。

4. **样本均值 $\overline{x}$**　赋值样本 $X_1, X_i \cdots X_n$ 对应数值为 $x_1, x_i \cdots x_n$，则其算术平均值按照公式（4-9）计算：

$$\overline{x} = \frac{1}{n}\sum_{i=1}^{n} x_i \tag{4-9}$$

5. **残差 v_i**　观测值 x_i 与 $\overline{x}$ 之差，v_i 按照公式（4-10）计算：

$$v_i = x - \overline{x} \tag{4-10}$$

6. **方差 σ^2 和标准差 s**　在实际工作中由于测量值个数 n 有限，常用样本方差 $s^2(\overline{x})$ 代替总体方差 σ^2。

样本方差按照公式（4-11）计算：

$$s^2(\overline{x}) = \frac{1}{n(n-1)}\sum_{i=1}^{n}(x_i - \overline{x})^2 \tag{4-11}$$

n 次测量中单个测得值 x_i 的实验标准偏差 $s(x_i)$ 按照（4-12）计算：

$$s(x_i) = \sqrt{\frac{1}{n-1}\sum_{i=1}^{n}(x_i - \overline{x})^2} \tag{4-12}$$

n 个测得值的实验标准偏差为样本方差的非负平方根，按照公式（4-13）计算：

$$s(\overline{x}) = \sqrt{\frac{1}{n(n-1)}\sum_{i=1}^{n}(x_i - \overline{x})^2} = \frac{s(x_i)}{\sqrt{n}} \tag{4-13}$$

7. **协方差 $Cov(x, y)$**　两个独立随机变量 X, Y 之间互相依赖的估量，设来自总体样本观测值分别为 $x_1, x_i \cdots x_n$ 及 $y_1, y_i \cdots y_n$，$cov(x, y)$ 可通过观测值按照公式（4-14）计算：

$$s(x_i, y_i) = \frac{1}{n-1}\sum_{i=1}^{n}(x_i - \overline{x})(y_i - \overline{y}) \tag{4-14}$$

8. **样本相关系数 $y_i(x_i, y_i)$**　衡量两个变量相互依赖关系，$r(x_i, y_i)$ 按照公式（4-15）计算：

$$r(x_i, y_i) = r(y_i, x_i) = \frac{s(x_i, y_i)}{s(x_i)s(y_i)} = \frac{\sum_{i=1}^{n}(x_i - x)(y_i - y)}{\left[\sum_{i=1}^{n}(x_i - x)^2 \sum_{i=1}^{n}(y_i - y)^2\right]^{1/2}} \tag{4-15}$$

相关系数 r 是一个数值为 $-1 \leqslant r(x_i, y_i) \leqslant 1$ 的纯数。

9. **自由度 v**　方差计算中总的残差平方和的项数减去对和的限制条件数，如果 n 个变量

☆☆☆☆

x_i 的平方和 $\sum\limits_{i=1}^{n} x_i^2$ 之间存在 k 个约束条件，则 n 个变量中仅存在 $n-k$ 个独立变量，则称 $\sum\limits_{i=1}^{n} x_i^2$ 的自由度为。比如在重复测量条件下，每次独立测量的残差为 v_i，n 次独立测量的残差平方和为 $v_1 + v_2 + \cdots + v_n$，和的项数为残差的个数 n，当 n 很大时 $\sum v_i = 0$ 是唯一一个限制条件，即约束条件为 1，可得自由度为 $v = n - 1$；如果测量 n 组数据是用最小二乘法拟合曲线而得，t 个被测量，则自由度为 $v = n - t$，如果还有个约束条件，则自由度为 $v = n - (t+k)$。就一元线性回归而言由于自变量为 1 个，所以回归平方和的自由度为 1，残差平方和的自由度为 $n-2$，总的自由度为 $v = n - 1$。

10. 变异系数 CV 衡量各个观测值变异程度的统计量，随机变量的标准差除以均值，常用百分数表示，不建议使用"相对标准差"。

四、随机变量的几种典型分布

（一）正态分布（高斯分布）

若连续随机变量 X 的概率密度函数为：

$$f(x) = \frac{1}{\sigma \sqrt{2\pi}} e^{-\frac{(x-\mu)^2}{2\sigma^2}} \quad (-\infty < x < +\infty) \tag{4-16}$$

则称变量 X 为正态随机变量，记为 $X \sim N(\mu, \sigma^2)$。

式中：$f(x)$ 为概率密度；x 为随机变量 X 的取值；μ 为数学期望值（或称为加权平均值），可以取任何实数值，是正态分布的中心，$f(x)$ 关于 μ 点对称；$\sigma > 0$ 为标准差，表示 X 取值的分散程度，同时决定了曲线中峰的高度和陡峭程度。当 $\mu = 0$，$\sigma = 1$，随机变量 X 服从标准正态分布，记为 $X \sim N(0, 1)$，其概率密度函数分布函数为 $\Phi(x)$：

$$\Phi(x) = \frac{1}{\sqrt{2\pi}} \int_{-\infty}^{x} e^{-\frac{1}{2}t^2} dt \tag{4-17}$$

任何一个服从正态分布 $N(\mu, \sigma^2)$ 的随机变量 X 都可以通过标准化变换：

$$u = \frac{x - \mu}{\sigma} \tag{4-18}$$

变换为服从 $N(0, 1)$ 的随机变量 u，通过正态分布积分表查得标准正态分布密度值。

实际工作中，根据正态概率密度曲线下横轴上某一区间的面积占总面积的百分数，可以估计观测值落在该区间的概率。正态分布是许多统计方法的理论基础，如 t 检验、χ^2 分析、相关分析和回归分析等多种统计方法均要求分析的指标服从正态分布，许多大样本统计推断方法也是以正态分布为基础的。

根据标准正态分布曲线可以看出尽管变量 X 的取值 x 范围在 $(-\infty, +\infty)$，但是 x 落在 $(\mu - 3\sigma, \mu + 3\sigma)$ 内的概率是 99.73%，只有低于 0.3% 的 x 可能落在这个范围外。

（二）均匀分布

若连续随机变量 X 的概率密度函数为：

$$f(x) = \begin{cases} 1/(b-a) & a \leqslant x \leqslant b \\ 0 & \text{其他} \end{cases} \tag{4-19}$$

则称 X 服从区间 $[a, b]$ 上的均匀分布，记为 $X \sim R(a\ b)$。

均匀分别的数学期望为：$E(x) = \dfrac{a+b}{2}$；方差为：$D(X) = \dfrac{(b-a)^2}{12}$。

对于均值和方差，均匀分布概率密度函数可写为：

$$f(x)=\begin{cases} \dfrac{1}{2\sqrt{3}\,\sigma} & -\sqrt{3}\sigma < x-\mu < \sqrt{3}\sigma \\[2mm] 0 & 其他 \end{cases} \tag{4-20}$$

在实际问题中，当我们无法区分在区间内取值的随机变量取不同值的可能性有何不同时，我们就可以假定随机变量服从区间内的均匀分布，因此均匀分布对于任意分布的采样是有用的。

（三）三角分布

若连续随机变量 X 的概率密度函数为：

$$f(x|a,b,c)=\begin{cases} \dfrac{2(x-a)}{(b-a)(c-a)} & a \leqslant x \leqslant c \\[3mm] \dfrac{2(b-x)}{(b-a)(b-c)} & c \leqslant x \leqslant b \end{cases} \tag{4-21}$$

则称 X 服从为低限 a，为上限 b，为众数 c 的连续概率分布为三角分布。

（四）梯形分布

若连续随机变量 X 的概率密度函数为：

$$f(x)=\begin{cases} \dfrac{1}{a(1+\beta)} & |a-\mu| < \beta a \\[3mm] \dfrac{1}{a(1+\beta)(1-\beta)}\left(1-\dfrac{|x-\mu|}{a}\right) & \beta a \leqslant |x-\mu| \leqslant a \\[3mm] 0 & |x-\mu| > a \end{cases} \tag{4-22}$$

则称 X 服从梯形底边半宽为 a，顶边半宽为 b，角参数为 $\beta=b/a$ 的连续概率分布梯形分布。当 $\beta \to 1$ 时，梯形分布趋于均匀分布；当 $\beta \to 0$ 时，梯形分布趋于三角分布。

（五）反正弦分布

若连续随机变量 X 的概率密度函数为：

$$f(x)=\begin{cases} \dfrac{1}{\pi\sqrt{a^2-x^2}} & |x-\mu| < a \\[3mm] 0 & |x-\mu| \geqslant a \end{cases} \tag{4-23}$$

（六）泊松分布

泊松分布是一种统计与概率学里常见到的离散随机分布，其离散随机变量 X 的概率分布函数为：

$$P(X{=}k)=\frac{\lambda^i}{i!}e^{-\lambda},\ i=0,\ 1\cdots \tag{4-24}$$

泊松分布的期望和方差均为 λ，是单位时间（或单位面积）内随机事件的平均发生次数。例如放射性物质的衰变，原子核数目 N_0 很大，其中的原子核在什么时候、哪一个或哪几个核衰变是完全独立的、随机的，是不可预测的，其核衰变现象是一种随机现象，各个原子核的衰变过程，互不影响，相互独立，衰变过程满足独立性，所以放射性衰变分布概率分布可以近似为泊松分布。

泊松分布可看作二项分布极限，当 n 很大而 p 很小，$\lambda=np$ 不太大时，泊松分布可近似二项分布，通常 $n \geqslant 10$ 当，$p \leqslant 0.1$ 时，二项分布就可以用泊松分布函数计算。

☆★☆☆

五、最小二乘法和回归分析

最小二乘法原理是利用测量值残余误差平方和最小化以寻求测量结果的最可信赖估值，由此可以减小随机误差对测量结果的影响。对于用最小二乘处理后的测量结果，不仅要给出待测量的最可信赖估值，还要确定估值的精度，实际工作中，可以依据有限测量次数的标准差 σ 来进行精度估计。比如在医用电子直线加速器设备质量控制检测中对吸收剂量（率）线性测量，需要用最小二乘法求得水下一定深度处实际吸收剂量（率）的最可信赖估值，利用误差的抵偿作用，准确计算吸收剂量（率）线性偏差。最小二乘法不仅可用于解决测量结果的最可信赖估值问题，还可用于组合测量、用试验方法拟合经验公式、对测量函数模型做回归分析等。

回归分析是基于最小二乘法对大量观测值进行数学处理，从而得到变量之间的内部规律。回归分析主要包括确定变量之间的数学表达式（回归方程或经验公式）、对回归方程的可信度进行统计检验、对影响变量的因素进行分析。

第二节　测量离群值的判别与剔除

在测量工作中，受人员、设备、材料、方法、环境、测量等因素影响，常会遇到对同一被测量在重复或可复现测量条件下可能出现一个或几个测得值偏离其他值较远的坏值或异常值，该值被认为与其他测量数据不一致，称这些坏值或异常值为离群值。离群值是指样本中的一个或几个观测值，它们离开其他观测值较远，暗示它们可能来自不同的总体，按其显著性程度分为岐离值和统计离群值。如果我们把这些离群值和其他观测值放在一起进行统计或分析，可能会影响测量结果的可靠性和精确度，如果把这些值简单地剔除，可能又忽略了重要的测量信息。只有合理取舍这些离群值，才不会影响测量数据统计结果的正确性。

当测试者知道测试偏离了规定的试验方法、测试仪器发生故障、测试环境条件改变、人为错误等影响测试数据偏离正常结果时，通常可根据技术上或物理上的理由，利用专业知识直接在测量过程中随时判定，随时对离群值进行剔除。但是对于来源不清楚的测量离群值要将专业知识和统计学方法结合起来认真核查原始数据，通常人们对这类离群值的判别与剔除主要采用统计判别法，给定一个置信概率，并确定一个置信区间，超过此区间的测量值则可认为它不属于随机性误差范围，由此判定此异常值为统计离群值并进行合理剔除或作为岐离值保留并进一步分析。

自然界许多现象大多呈正态分布或近似符合正态分布形式，正态分布也是检验、方差分析、相关和回归分析等许多统计方法的理论基础。正态分布常用以下几个概率：

$P\{\mu - \sigma \leqslant X \leqslant \mu+\sigma\}$=68.26%、$P\{\mu - 2\sigma \leqslant X \leqslant \mu+2\sigma\}$=95.45%、$P\{\mu - 3\sigma \leqslant X \leqslant \mu+3\sigma\}$= 99.93%。

由此可见尽管变量 X 的取值 x 范围在 $(-\infty, +\infty)$，但是 x 落在 $(\mu-3\sigma, \mu+3\sigma)$ 内的概率是 99.73%，只有不到 0.3% 的可能落在这个范围外，这就是通常说的"3σ 法则"。由于受测试条件影响，测量样本量和观测次数总是有限的，因此目前常用的测量离群值判定规则大都是在"3σ 法则"基础之上考虑样本量、观测次数和置信概率（显著性水平），提出各自规则的临界值，通过数学模型将统计量与临界值比较，从而进行离群值判定。

在实际测量工作中,离群值的判断方法有很多,其基本思想是需要根据测量次数和对测量准确度的要求给定一个检出水平及其相应的临界值,根据观测值的统计量是否超过临界值判断观测量中是否有离群值。本节介绍观测量呈近似正态分布,且未知测量标准差情况下几种离群值判断方法。

一、拉依达准则（3σ准则）

拉依达准则又称 3σ 准则,是常用的判别准则,适用于测量次数充分多,测量结果中不含系统误差,随机误差服从正态分布的情况,在已知总体标准差的情况下使用 σ 判断。但在实际测量中,总体标准差 σ 往往不知道,因此,常以贝塞尔公式计算的测量值标准差 s 代替 σ,以测量值的算术平均值 $\bar{x}$ 代替真值进行计算判断。

拉依达准则只适用于测量次数比较多的情形,要求最好在 $n > 50$ 时使用,但在测量实际中 $n > 10$ 即可使用,当 $n < 10$ 时不能使用此判断方法。

拉依达准则判定程序:

对变量在规定测试条件下进行 n 次重复测量,分别得到测量值 $x_1, x_2, x_3 \cdots x_n$,每次独立测量值不一定相同。

1. 对变量测量数值按从小到大顺序重新排列: $x_{(1)}, x_{(2)}, x_{(3)} \cdots x_{(n)}$。
2. 按照公式（4-9）和（4-12）计算测量值的算术平均值 $\bar{x}$ 和标准偏差 σ。
3. 判定离群值:确定 3σ 为粗差:当 $|x_i - \bar{x}| > 3\sigma$ 时,x_i 为离群值。
4. 对剩下的 $n - 1$ 个数据进行上述检验,得到的离群值可能是一个,也可能是几个。

拉依达准则判断精度较高,但一般情况下测量次数有限,因而使得用其判断的可靠性下降,但由于不用查表,所以在要求不很高的情况下,还是经常应用它判定离群值。

二、4d 检验法

"4d" 检验法是比较简单、常用的判断离群值的方法,它适用于测量次数 $n \geqslant 10$ 但又不是很多,且观测值基本服从正态分布的情况。其判断程序如下:

假设 x_d 是观测值 $x_1, x_2, x_3 \cdots x_n$ 中偏离最大者,认为是可疑值,

1. 剔除 x_d 后计算余下的 $n - 1$ 个观测值的算术平均值 $\bar{x}'$。
2. $n - 1$ 个观测值的平均偏差按照公式（4-25）计算:

$$\bar{d} = \frac{1}{n-1} \sum_{i=1}^{i-1} |x_i - \bar{x}'| \tag{4-25}$$

3. x_d 与 $\bar{x}'$ 之差的绝对值 D 按照公式（4-26）计算:

$$D = |x_i - \bar{x}'| \tag{4-26}$$

判断,若 $D > 4\bar{d}$ 则可判定 x_d 为离群值而剔除。

三、肖维涅准则（Chauvenet 准则）

肖维涅准则在拉依达准则基础之上同时考虑了观测次数 n 和标准偏差 σ 对离群值判断的影响。

1. 测量值的算术平均值 $\bar{x}$ 和测量标准差 S 按照公式（4-9）和（4-12）计算。
2. 根据测量次数查表 4-1 获得肖维涅系数确定粗差 $c_n\sigma$。
3. 判定离群值:当 $|x_i - \bar{x}| > c_n\sigma$ 时,x_i 为离群值。

4. 对剩下的 $n-1$ 个数据进行上述检验，直到无离群值。

表 4-1　肖维涅系数 C_n

n	C_n	n	C_n	n	C_n
5	1.68	14	2.10	23	2.30
6	1.73	15	2.13	24	2.31
7	1.79	16	2.16	25	2.33
8	1.86	17	2.17	30	2.39
9	1.92	18	2.20	40	2.49
10	1.96	19	2.22	50	2.58
11	2.00	20	2.24	75	2.71
12	2.03	21	2.26	100	2.81
13	2.07	22	2.28	200	3.02

注：使用肖维涅准则判断离群值需要的肖维涅系数与测量次数 n 相关，要求测量次数 $n > 5$

四、t 检验（罗曼诺夫斯基检验法）

t 检验是首先剔除一个可疑的测量值，然后按 t 分布检验被剔除的测量值是否为离群值。对于一个测量列 $x_1, x_2, x_3 \cdots x_n$，若怀疑其中一个测量值 x_j 疑似离群值，先剔除它，剩余 $n-1$ 数据的平均值和标准差按照公式（4-27）计算：

$$\bar{x}_{n-1} = \frac{1}{n-2} \sum_{i=1}^{n-1} x_i \tag{4-27}$$

$n-1$ 个观测值的标准差按照公式（4-28）计算：

$$s = \sqrt{\frac{1}{n-2} \sum_{i=1}^{n-1} v_i^2} \tag{4-28}$$

其中：$v_i = x_i - \bar{x}_{n-1}$。

根据测量次数 n 和选取的显著性水平 α，查表 4-2 t 分布检验系数 $k(n, a)$。

若：$|x_j - \bar{x}| > ks$，则认为该测量值 x_j 为离群值，应予剔除。

表 4-2　t 检验系数 $k(n,\alpha)$

n	α		n	α		n	α	
	0.05	0.01		0.05	0.01		0.05	0.01
4	4.97	11.46	13	2.29	3.23	22	2.14	2.91
5	3.56	6.53	14	2.26	3.17	23	2.13	2.90
6	3.04	5.04	15	2.24	3.12	24	2.12	2.88
7	2.78	4.36	16	2.22	3.08	25	2.11	2.86
8	2.62	3.96	17	2.20	3.04	26	2.10	2.85
9	2.51	3.71	18	2.18	3.01	27	2.10	2.84
10	2.43	3.54	19	2.17	3.00	28	2.09	2.83
11	2.37	3.41	20	2.16	2.95	29	2.09	2.82
12	2.33	3.31	21	2.15	2.93	30	2.08	2.81

五、格拉布斯准则

格拉布斯准则不仅考虑了测量次数 n 和 σ，还考虑了统计检验的显著性水平 α 的影响，可判定观测量中一个或多个离群值。依据 GB/T 4883—2008 的规定确定观测量 x_1, x_2, x_3 … x_n 离群值的统计检验显著性水平 α 值为 0.05（另有约定除外），高度离群值的统计检验显著性水平 $\alpha*$ 值为 0.01（$\alpha*$ 的值应不超过 α），其判定程序如下：

（一）上侧情形

如怀疑最大值 x_n 为离群值，则按下述步骤进行判断：

1. 测量值的算术平均值 $\bar{x}$ 和测量标准差 S 按照公式（4-9）和公式（4-12）计算；

2. 统计量 G_n 按照公式（4-29）计算：

$$G_n = \frac{x_{(n)} - \bar{x}}{s} \tag{4-29}$$

3. 确定检出水平 α，查表 4-3 得出临界值 $G_{1-\alpha}(n)$；

4. 根据计算的统计量 G_n 和临界值 $G_{1-\alpha}(n)$ 的关系进行判断：当 $G_n > G_{1-\alpha}(n)$ 时，判定 $x_{(n)}$ 为离群值，否则判定未发现 $x_{(n)}$ 是离群值；

5. 对于检出的离群值 $x_{(n)}$，确定剔除水平 $\alpha*$，查表 4-3 得出临界值 $G_{1-\alpha*}(n)$，当 $G_n > G_{1-\alpha*}(n)$ 时，判定 $x_{(n)}$ 为统计离群值，否则判定未发现 $x_{(n)}$ 是统计离群值，$x_{(n)}$ 即为岐离值。

（二）下侧情形

若怀疑最小值 $x_{(1)}$ 为离群值，则按以下步骤判定：

1. 根据算术平均值 $\bar{x}$ 和观测值标准差 s，统计量 G'_n 按照公式（4-30）计算：

$$G'_n = \frac{\bar{x} - x_{(1)}}{s} \tag{4-30}$$

2. 确定检出水平 α，查表 4-3 得出临界值 $G_{1-\alpha}(n)$；

3. 根据计算的统计量 G'_n 和临界值 $G_{1-\alpha}(n)$ 的关系进行判断，当 $G'_n > G_{1-\alpha*}(n)$ 时，判定 $x_{(1)}$ 为离群值，否则判定未发现 $x_{(1)}$ 是离群值；

4. 对于检出的离群值 $x_{(1)}$，确定剔除水平 $\alpha*$，查表 4-3 得出临界值 $G_{1-\alpha*}(n)$，当 $G'_n > G_{1-\alpha*}(n)$ 时，判定 $x_{(1)}$ 为统计离群值，否则判定未发现是统计离群值，$x_{(n)}$ 即为岐离值。

（三）双侧情形

若怀疑 $x_{(1)}$、$x_{(n)}$ 为离群值，按以下步骤进行判定：

1. 根据算术平均值 $\bar{x}$ 和观测值标准差 s，计算统计量 G_n 和 G'_n；

2. 确定检出水平 α，查表 4-3 得出临界值 $G_{1-\alpha/2}(n)$；

3. 根据计算统计量 G_n、G'_n 和临界值的关系进行判定：

当 $G_n > G'_n$，且 $G_n > G_{1-\alpha/2}(n)$ 时，判定 $x_{(n)}$ 为离群值，否则判断未发现 $x_{(n)}$ 是离群值；

当 $G'_n > G_n$，且 $G'_n > G_{1-\alpha/2}(n)$ 时，判定 $x_{(1)}$ 为离群值，否则判断未发现 $x_{(1)}$ 是离群值；

当 $G_n = G'_n$ 时，应重新考虑限定检出离群值的个数。

4. 对于检出的离群值 $x_{(1)}$ 或 $x_{(n)}$，确定剔除水平 $\alpha*$，查表 4-3 得出临界值 $G_{1-\alpha*/2}(n)$，并根据统计量 G_n、G'_n 的值进行比较判断：

当 $G'_n > G_{1-\alpha*/2}(n)$ 时，判定 $x_{(1)}$ 为统计离群值，否则判定未发现 $x_{(1)}$ 是统计离群值，即 $x_{(1)}$ 为岐离值；

当 $G_n > G_{1-\alpha*/2}(n)$ 时，判定 $x_{(n)}$ 为统计离群值，否则判定未发现 $x_{(n)}$ 是统计离群值，x_n

即为岐离值。

利用格拉布斯检验法判定离群值时，若无法认定是单侧情形，则按双侧情形处理。

表 4-3　格拉布斯（Grubbs）临界值表

n	α					n	α				
	0.1	0.05	0.025	0.01	0.005		0.1	0.05	0.025	0.01	0.005
3	1.148	1.153	1.155	1.155	1.155	27	2.519	2.698	2.859	3.049	3.178
4	1.425	1.463	1.481	1.492	1.496	28	2.534	2.714	2.876	3.068	3.199
5	1.602	1.672	1.715	1.749	1.764	29	2.549	2.730	2.893	3.085	3.218
6	1.729	1.822	1.887	1.944	1.973	30	2.563	2.745	2.908	3.103	3.236
7	1.828	1.938	2.020	2.097	2.139	31	2.577	2.759	2.924	3.119	3.253
8	1.909	2.032	2.126	2.221	2.274	32	2.591	2.773	2.938	3.135	3.270
9	1.977	2.110	2.215	2.323	2.387	33	2.604	2.786	2.952	3.150	3.286
10	2.036	2.176	2.290	2.410	2.482	34	2.616	2.799	2.965	3.164	3.301
11	2.088	2.234	2.355	2.248	2.564	35	2.628	2.811	2.979	3.178	3.316
12	2.134	2.285	2.412	2.255	2.636	36	2.639	2.823	2.991	3.191	3.330
13	2.175	2.331	2.462	2.607	2.699	37	2.650	2.835	3.003	3.204	3.343
14	2.213	2.371	2.507	2.659	2.755	38	2.661	2.846	3.014	3.216	3.356
15	2.247	2.409	2.549	2.705	2.806	39	2.671	2.857	3.025	3.228	3.369
16	2.279	2.443	2.585	2.747	2.852	40	2.682	2.866	3.036	3.240	3.381
17	2.309	2.475	2.620	2.785	2.894	41	2.692	2.877	3.046	3.251	3.393
18	2.335	2.504	2.651	2.821	2.932	42	2.700	2.887	3.057	3.261	3.404
19	2.361	2.532	2.681	2.854	2.968	43	2.710	2.896	3.067	3.271	3.415
20	2.385	2.557	2.709	2.884	3.001	44	2.719	2.905	3.075	3.282	3.425
21	2.408	2.580	2.733	2.912	3.031	45	2.727	2.914	3.085	3.292	3.435
22	2.429	2.603	2.758	2.939	3.060	46	2.736	2.923	3.094	3.302	3.445
23	2.448	2.624	2.781	2.963	3.087	47	2.744	2.931	3.103	3.310	3.455
24	2.467	2.644	2.802	2.987	3.112	48	2.753	2.940	3.111	3.319	3.464
25	2.486	2.663	2.822	3.009	3.135	49	2.760	2.948	3.120	3.329	3.474
26	2.502	2.681	2.841	3.029	3.157	50	2.768	2.956	3.128	3.336	3.483

引自 GB/T 4883—2008

六、狄克逊检验法

（一）单侧情形

样本量在 $8 \leqslant n \leqslant 30$ 时，根据经验或实际情况，离群值只发生在数列 $x_{(1)}, x_{(2)}, x_{(3)} \cdots$ $x_{(n)}$ 的高端或低端一侧，不会同时发生在两端。如怀疑最大值 $x_{(n)}$ 或最小值 $x_{(1)}$ 为离群值，则按下述步骤进行判断。

1. 确定检出水平，根据样本量选择表 4-4 的公式计算临界值 D_n 或 D'_n。

2. 判定离群值：检验高端值时，使用统计量 D_n，当 $D_n > D_{1-a}(n)$ 时，判定 $x_{(n)}$ 为离群值；检验低端值时，使用统计量 D'_n，当 $D'_n > D'_{1-a(n)}$ 时，判定 $x_{(1)}$ 为离群值，否则判定未发现离群值。

3. 判定统计离群值：对于检出的离群值 $x_{(1)}$ 或 $x_{(n)}$，确定剔除水平 $\alpha*$，查表 4-5 得出临界值 $D_{1-a*(n)}$，根据计算统计量进行判定。

检验高端值时，当 $D_n > D_{1-a*(n)}$ 时，判定 $x_{(n)}$ 为统计离群值，否则判定未发现 $x_{(n)}$ 是统计离群值，$x_{(n)}$ 即为岐离值。

检验低端值时，根据计算的统计量 D'_n，当 $D'_n > D_{1-a*(n)}$ 时，判定 $x_{(1)}$ 为统计离群值，否则判定未发现 $x_{(1)}$ 是统计离群值，即 $x_{(1)}$ 为岐离值。

表 4-4　狄克逊检验法单侧情形判定表

样本量 (n)	检验高端离群值	检验低端离群值
3 ~ 7	$D_n=r_{10}=\dfrac{x_{(n)}-x_{(n-1)}}{x_{(n)}-x_{(1)}}$	$D'_n=r'_{10}=\dfrac{x_{(2)}-x_{(1)}}{x_{(n)}-x_{(1)}}$
8 ~ 10	$D_n=r_{11}=\dfrac{x_{(n)}-x_{(n-1)}}{x_{(n)}-x_{(2)}}$	$D'_n=r'_{11}=\dfrac{x_{(2)}-x_{(1)}}{x_{(n-1)}-x_{(1)}}$
11 ~ 13	$D_n=r_{11}=\dfrac{x_{(n)}-x_{(n-2)}}{x_{(n)}-x_{(2)}}$	$D'_n=r'_{21}=\dfrac{x_{(3)}-x_{(1)}}{x_{(n-1)}-x_{(1)}}$
14 ~ 30	$D_n=r_{22}=\dfrac{x_{(n)}-x_{(n-2)}}{x_{(n)}-x_{(3)}}$	$D'_n=r'_{22}=\dfrac{x_{(3)}-x_{(1)}}{x_{(n-2)}-x_{(1)}}$

引自 GB/T 4883—2008

表 4-5　单侧狄克逊检验的临界值 ($n \leqslant 30$)

统计量	n	α			
		0.1	0.05	0.01	0.005
$r_{10}=\dfrac{x_{(n)}-x_{(n-1)}}{x_{(n)}-x_{(1)}}$ $r'_{10}=\dfrac{x_{(2)}-x_{(1)}}{x_{(n)}-x_{(1)}}$	3	0.885	0.941	0.988	0.994
	4	0.679	0.765	0.889	0.920
	5	0.557	0.642	0.782	0.823
	6	0.484	0.562	0.698	0.744
	7	0.434	0.507	0.637	0.680
$r_{11}=\dfrac{x_{(n)}-x_{(n-1)}}{x_{(n)}-x_{(2)}}$ $r'_{11}=\dfrac{x_{(2)}-x_{(1)}}{x_{(n-1)}-x_{(1)}}$	8	0.479	0.554	0.681	0.723
	9	0.441	0.512	0.635	0.676
	10	0.410	0.477	0.597	0.683
$r_{21}=\dfrac{x_{(n)}-x_{(n-2)}}{x_{(n)}-x_{(2)}}$ $r'_{21}=\dfrac{x_{(3)}-x_{(1)}}{x_{(n-1)}-x_{(1)}}$	11	0.517	0.575	0.674	0.707
	12	0.490	0.546	0.642	0.675
	13	0.467	0.521	0.617	0.649

续表

统计量	n	α			
		0.1	0.05	0.01	0.005
	14	0.491	0.546	0.640	0.672
	15	0.470	0.524	0.618	0.649
	16	0.453	0.505	0.597	0.629
	17	0.437	0.489	0.580	0.611
	18	0.424	0.475	0.564	0.595
	19	0.412	0.462	0.550	0.580
	20	0.401	0.450	0.538	0.568
$r_{22}=\dfrac{x_{(n)}-x_{(n-2)}}{x_{(n)}-x_{(3)}}$	21	0.391	0.440	0.526	0.556
	22	0.382	0.431	0.516	0.545
$r'_{22}=\dfrac{x_{(3)}-x_{(1)}}{x_{(n-2)}-x_{(1)}}$	23	0.374	0.422	0.507	0.536
	24	0.367	0.413	0.497	0.526
	25	0.360	0.406	0.489	0.519
	26	0.353	0.399	0.482	0.510
	27	0.347	0.393	0.474	0.503
	28	0.341	0.387	0.468	0.496
	29	0.337	0.381	0.462	0.489
	30	0.332	0.376	0.456	0.484

引自 GB/T 4883—2008

（二）双侧情形

根据经验或实际情况，离群值可能发生在数列 $x_{(1)}$, $x_{(2)}$, $x_{(3)}$ $\cdots$ $x_{(n)}$ 高端和低端，如怀疑最大值 $x_{(n)}$ 或最小值 $x_{(1)}$ 为离群值，则按下述步骤进行判断：

1. 按照单侧情形计算出统计量 D_n 与 D'_n。

2. 确定检出水平 α，查表 4-6 得出出临界值 $\widetilde{D}_{1-\alpha}(n)$。

3. 根据计算统计量 D_n 与 D'_n 与临界值 $\widetilde{D}_{1-\alpha}(n)$ 进行判断：

当 $D_n > D'_n$，且 $D_n > \widetilde{D}_{1-\alpha}(n)$ 时，判定 $x_{(n)}$ 为离群值，否则判定未发现 $x_{(n)}$ 是离群值；

当 $D'_n > D_n$，且 $D'_n > \widetilde{D}_{1-\alpha}(n)$ 时，判定 $x_{(1)}$ 为离群值；否则判定未发现 $x_{(1)}$ 是离群值。

4. 判断统计离群值。对于检出的离群值 $x_{(1)}$ 或 $x_{(n)}$，确定剔除水平 α^*，查表 4-6 得出临界值 $\widetilde{D}_{1-\alpha^*}(n)$，根据计算统计量 D_n 与 D'_n 与临界值 $\widetilde{D}_{1-\alpha^*}(n)$ 的关系进行判断：

当 $D_n > D'_n$，且 $D_n > \widetilde{D}_{1-\alpha^*}(n)$ 时，判定 $x_{(n)}$ 为统计离群值，否则判定未发现 $x_{(n)}$ 是统计离群值，即 $x_{(n)}$ 为岐离值；

当 $D'_n > D_n$，且 $D'_n > \widetilde{D}_{1-\alpha^*}(n)$ 时，判定 $x_{(1)}$ 为统计离群值，否则判定未发现 $x_{(1)}$ 是统计离群值，即 $x_{(1)}$ 为岐离值。

对于样本量 ≥ 30 时狄克逊法则统计量计算与前述一致，检验临界值查阅相关参考资料。

表 4-6　双侧狄克逊检验临界值表（$n \leqslant 30$）

统计量	n	α		统计量	n	α	
		0.05	0.01			0.05	0.01
r_{10} 和 r'_{10} 中较大者	3	0.970	0.994	r_{22} 和 r'_{22} 中较大者	17	0.527	0.614
	4	0.829	0.926		18	0.513	0.602
	5	0.710	0.821		19	0.500	0.582
	6	0.628	0.740		20	0.488	0.570
	7	0.569	0.680		21	0.479	0.560
r_{11} 和 r'_{11} 中较大者	8	0.608	0.717		22	0.469	0.548
	9	0.564	0.672		23	0.460	0.537
	10	0.530	0.635		24	0.449	0.522
r_{21} 和 r'_{21} 中较大者	11	0.619	0.709		25	0.441	0.518
	12	0.583	0.660		26	0.436	0.509
	13	0.577	0.638		27	0.427	0.504
r_{22} 和 r'_{22} 中较大者	14	0.587	0.669		28	0.420	0.497
	15	0.565	0.646		29	0.415	0.489
	16	0.547	0.629		30	0.409	0.480

引自 GB/T 4883—2008

七、偏度 - 峰度检验法

偏度 - 峰度检验法适用于样本量 n 较大的离群值判定，应首先在正态概率纸上对测量值进行正态性检验。对获得的观测值按从小到大顺序排列：$x_{(1)}, x_{(2)}, x_{(3)} \cdots x_{(n)}$，在正态概率纸上考察观测值，若其近似分布于一条直线的两侧，且观测值的低端向上而高端向下偏离，此时可以使用偏度 - 峰度检验法判定离群值。

（一）单侧情形—偏度检验法

当考虑离群值处于高端或低端的某一侧时，可使用偏度检验法判断，判断步骤如下：

1. 偏度统计量 b_s 按照公式（4-31）计算

$$b_s = \frac{\sqrt{n} \sum\limits_{i=1}^{n}(x_i - \bar{x})^3}{\left[\sum\limits_{i=1}^{n}(x_i - \bar{x})^2\right]^{3/2}} = \frac{\sqrt{n}\left[\sum\limits_{i=1}^{n} x_i^3 - 3\bar{x}\sum\limits_{i=1}^{n} x_i^2 + 2n(\bar{x})^3\right]}{\left[\sum\limits_{i=1}^{n} x_i^2 - n(\bar{x})^2\right]^{3/2}} \tag{4-31}$$

2. 确定检出水平 α=0.05，查表 4-7 得出临界值 $b_{1-\alpha}(n)$。

3. 根据怀疑为离群值的数据所处位置分别做出判断：

对于高端值：当 $b_s > b_{1-\alpha}(n)$ 时，则判定最大值 $x_{(n)}$ 为离群值；反之未发现 $x_{(n)}$ 为离群值；

对于低端值：当 $b_s > b_{1-\alpha}(n)$ 时，则判定最小值 $x_{(1)}$ 为离群值；反之未发现 $x_{(1)}$ 为离群值。

4. 统计离群值的判定：对于检出的离群值 $x_{(1)}$ 或 $x_{(n)}$，确定检出水平 α^*=0.01，查表 4-7 得出临界值 $b_{1-\alpha^*}(n)$，应分情况进行判定。

对于上侧情形：当 $b_s > b_{1-\alpha^*}(n)$ 时，判定高端值 $x_{(n)}$ 为统计离群值，反之未发现 $x_{(n)}$ 是统计离群值，即 $x_{(n)}$ 为岐离值；

☆★☆☆

对于下侧情形：当 $b_s > b_{1-\alpha^*}(n)$ 时，判定低端值 $x_{(1)}$ 为统计离群值，反之未发现 $x_{(1)}$ 是统计离群值，即 $x_{(1)}$ 为岐离值。

表 4-7　偏度检验临界值 $[b_{1-\alpha}(n)]$

n	α		n	α	
	0.05	0.01		0.05	0.01
8	0.99	1.42	40	0.59	0.87
9	0.97	1.41	45	0.56	0.82
10	0.95	1.39	50	0.53	0.79
12	0.91	1.34	60	0.49	0.72
15	0.85	1.26	70	0.46	0.67
20	0.77	1.15	80	0.43	0.63
25	0.71	1.06	90	0.41	0.60
30	0.66	0.98	100	0.39	0.57
35	0.62	0.92			

引自 GB/T 4883—2008

（二）双侧情形—峰度检验法

当考虑高、低两端值都可能出现离群值时，可使用峰度检验法判断，判断步骤如下：

1. 峰度统计量 b_k 按照公式（4-32）计算：

$$b_k = \frac{n\sum_{i=1}^{n}(x_i-\bar{x})^4}{\left[\sum_{i=1}^{n}(x_i-\bar{x})^2\right]^2} = \frac{n\left[\sum_{i=1}^{n}x_i^4 - 4\bar{x}\sum_{i=1}^{n}x_i^3 + 6(\bar{x})^2\sum_{i=1}^{n}x_i^2 - 3n(\bar{x})^4\right]}{\left[\sum_{i=1}^{n}x_i^2 - n(\bar{x})^2\right]^2} \tag{4-32}$$

2. 确定检出水平 α=0.05，查表 4-8 查出临界值 $b'_{1-\alpha}(n)$。

3. 根据统计量的值与临界值关系作出判断。当 $b_k > b'_{1-\alpha}(n)$ 时，判定离均值最远的观测值为离群值；反之未发现离群值。

4. 判断统计离群值：对于检出的离群值，确定剔除水平 α^*=0.01，查表 4-8 查出临界值 $b'_{1-\alpha}(n)$，根据统计量与临界值关系判定：当 $b_k > b'_{1-\alpha}(n)$ 时，判定离均值最远的观测值为统计离群值，反之未发现该离群值是统计离群值，即该离群值为岐离值。

表 4-8　峰度检验临界值 $[b'_{1-\alpha}(n)]$

n	α		n	α	
	0.05	0.01		0.05	0.01
8	3.70	4.52	40	4.05	5.02
9	3.86	4.82	45	4.02	4.94
10	3.95	5.00	50	3.99	4.87
12	4.05	5.20	60	3.93	4.73
15	4.13	5.30	70	3.88	4.62
20	4.17	5.38	80	3.84	4.52
25	4.14	5.29	90	3.80	4.45
30	4.11	5.20	100	3.77	4.37
35	4.08	5.11			

上述的几种离群值判断方法中拉依达准则和 *4d* 检验法不需要查表，只能用于一般测量数据离群值的粗略判定，所以在对剔除异常值要求不是很高的情况下经常应用。当对剔除异常离群值要求比较高的时候，通常使用格拉布斯检验法、狄克逊检验法、偏度-峰度检验法等，这些方法根据观测次数给定了一个置信概率及判定离群值的临界值，对异常离群值的判定较为准确，但这些判定方法往往需要查表。

离群值的判断方法不仅限于上述方法，实际判定中到底选用哪个，需要综合考虑判定精确度和灵敏度要求以及判别和处理离群值的目的。若以识别为目的，选择判断离群值的主要标准在于判定准确性，要根据所判定错误带来的风险不同，选择适宜的规则；以估计和检验为目的，就应把判定和处理离群值的方法和进一步作估计或检验的准确性统一起来考虑。一般情况下，当观测值 $n \geqslant 10$ 且做粗略判断时，可以采用 3σ 准则；判断精度要求不高，但要求判断快捷时，可选用 *4d* 检验法；当 n 较小且检出离群值的个数不超过 1 时，格拉布斯准则由于狄克逊检验法，判定离群值的功效具有最优性；当 n 较大时且同时在正态概率纸上，若样本主体是基本在一条直线的近旁，建议使用偏度-峰度检验法；当 n 较大时且同时在正态概率纸上，若样本主体不是基本在一条直线的近旁，重复使用格拉布斯 (Grubbs) 检验法。检出离群值的个数大于 1 时可根据实际要求选定其中一种检验法重复使用，但是重复使用同一检验法可能犯判多为少（只检出一部分离群值）的错误，而不易犯判少为多（错将一部分非离群的观测值判为离群值）的错误，这两类错误的概率以重复使用偏度-峰度检验法为少，它也具有正确判定离群值的功效优良性，但计算相对复杂得多，重复使用狄克逊检验法的效果次之，而重复使用格拉布斯 (Grubbs) 的效果则较差。若没有发现离群值，则整个检验判断工作结束；若检出离群值，当检出的离群值总数超过规定上限时，应停止检验，对观测值重新分析。

应重视检出离群值给出的信息，根据实际问题的性质，综合衡量寻找和判断产生离群值的原因所付出的代价、正确判定离群值的收益以及错误剔除正常观测值的风险。离群值处理规则：

1. 若在技术上或物理上找到了产生离群值的原因，则应剔除或修正；若未找到产生离群值的技术上或物理上的原因，则不得剔除或进行修正，保留为岐离值并用于后续数据处理。

2. 若在技术上或物理上找到产生离群值的原因，或剔除或修正，或保留为岐离值，剔除或修正统计离群值。在重复使用同一检验规则检验多个离群值的情形，每次检出离群值后，都要再检验它是否为统计离群值，若某次检出的离群值为统计离群值，则此离群值及在它前面检出的离群值（含岐离值）都应被剔除或修正。

3. 根据实际测量要求确定剔除离群值后是否追加新的观测值或适宜的插补值代替。

4. 被剔除或修正的离群值及剔除或修正理由和追加的观测值或插补值都应记录被查询。

5. 测量程序中应有对观测值处理的相应规定，采取相应措施加以防范，防止再次出现离群值。

为防止误判，可以进一步采用不同精度再次测量或实验室内（或外）部人员比对、实验室之间比对等方法进行再次确认，若确为离群值则从观测值中剔除，否则保留为岐离值。在测量工作中，离群值可能代表着一些未知的因素，在这种情况下保留离群值为岐离值深入分析和研究可能会带来新的发现。

☆☆☆☆

第三节　有效数字与数值修约

在测量过程中由于系统误差和随机误差的影响，得到的观测值都是被测量的估计值，是有误差的，同时受测量仪器的限制、计算的要求等因素影响，在测量过程中数据记录时、数据计算过程中及结果报告中我们不可能无限地记录测量的数值位数，适当合理地对数值位数进行取舍，既可保证测量结果的准确性，又可减少计算时的繁琐，因此测量过程中数值的有效数字及其位数都必须正确按照一定规则进行合理修约，以满足测量要求，降低出错概率，达到测量目的。

一、有效数字及有效位数

测量值包括直接读数得到的可靠数字和通过估计得到的一位存疑（或不确定）数字，通常把测量结果中能反映被测量大小的带有一位存疑数字的全部数字叫有效数字，具体讲就是在一个数中，从该数的第一个非零数字起，直到末尾数字止的全部数字称为有效数字，如 1.234 的有效数字有四个，分别是 1、2、3、4，有效数字最末一个数所对应的单位量值是有效数字的末位。例如用 300mm 长的毫米分度直尺测量某长度，根据直尺实际的准确度测得某长度为 39.8mm，表明 39 是根据直尺刻度确切地读出有刻线的位数，是可靠的准确数字，称之为"可靠位"，在读出可靠数字后，还应在测量过程中根据直尺的最小分度值估读一位，即读到 1/10mm，8 是估读数字，因而是可疑的、不确定的，但它又是有意义的，不能舍去，称之为"存疑位"。该测量值最末一位量值为 0.8mm，它是数字 8 与其对应的单位量值 0.1mm 的乘积，所以 39.8mm 的末为 0.1mm。在实际测量中得到的数字与数学上的数字是不一样的，如数学的 10.2=10.20=10.200，而测量由于测量仪器的精密度不同，因而 $10.2 \neq 10.20 \neq 10.200$。

有效数字的有效位数是指从左边第一个非零数字算起，所有有效数字的个数，即可靠数字个数加 1 个存疑数字，存疑位后面数字都是无效数字，应舍去。记录有效数字的位数有严格的要求，应能大致反映出测量误差或不确定度的大小，对这些数字不能随意取舍。例如 0.398、0.0398 和 39.8 都为三位有效数字，其中"3、9"是 2 个可靠数字，"8"是 1 个存疑数字；3.980 则是四位有效数字，其中"3、9、8"是 3 个可靠数字，"0"是 1 个存疑数字。

数字"0"在有效数字中一种是作为数字定值，另一种是有效数字。在数字中间和末位出现的"0"都是有效数字，如 $39.8 \neq 39.80$，它们分别是三位和四位有效数字。但用来确定小数点位置的"0"，即第一个非零数字之前的"0"不算有效数字，如 39.8mm=0.039 8m=0.000 039 8km 都是三位有效数字，所以有效数字的位数与小数点的位置无关，移动小数点位置变换单位时，有效数字的位数不变，但是以"00"结尾的正整数，有效数字的位数不确定，此时应根据需要采用科学记数法，如果一个数值很大而有效数字位数又不多时，数字的大小与有效数字的表示就会发生矛盾，如 398 000mm，当取有效数字位数为 3 位时，为了正确表示出有效位数，此时应记录为 3.98×10^5mm，而 0.000 039 8km 应记录为 3.98×10^{-5}km。

值得注意的是，在有些文献中当第一位有效数字为 8 或 9 时，因为与多一个数量级的数相差不大，可将这些数字的有效数字位数多加一位，如 8.567 是五位有效数字，93 421

是六位有效数字。

二、数值修约规则

依据《数值修约规则与极限数值的表示和判定》（GB/T 8170—2008）的定义，数值修约是指通过省略原数值的最后若干位数字，调整所保留的末位数字，使最后所得到的值最接近原数值的过程，经修约后的数值为原始数字的修约值。当测量数值需要修约时，应当按照该规则的规定进行，本节主要介绍 GB/T 8170—2008 规定的修约间隔确定及数值进舍规则。

（一）确定修约间隔

修约间隔是指修约值的最小单位，一旦修约间隔数值确定，修约值即为该数值的整数倍数，非整数倍数部分的数值应该按进舍规则保留或舍去。

1. 指定修约间隔为 10^{-n}（n 为正整数），或指明将数值修约到位小数。

2. 指定修约间隔为 1，或指明将数值修约到"个"数位。

3. 指定修约间隔为 10^n（为正整数），或指明将数值修约到 10^n 数位，或指明将数值修约到"十""百""千"……数位。

（二）进舍规则

1. 拟舍弃数字的最左一位数字小于 5，则舍去，保留其余各位数字不变。

【例 4.2】将 12.1498 修约到个数位，得 12；将 12.1498 修约到一位小数，得 12.1。

2. 拟舍弃数字的最左一位数字大于 5，则进一，即保留数字的末位数字加 1。

【例 4.3】将 1268 修约到"百"数位，得 13×10^2（修约间隔明确时可写为 1300）。

3. 拟舍弃数字的最左一位数字是 5，且其后有非 0 数字时进一，即保留数字的末位数字加 1。

【例 4.4】将 10.5002 修约到个数位，得 11。

4. 舍弃数字的最左一位数字为 5，且其后无数字或皆为 0 时，若所保留的末位数字为奇数（1、3、5、7、9）则进一，即保留数字的末位数字加 1；若所保留的末位数字为偶数（0、2、6、8）的，则舍去。

【例 4.5】修约间隔为 0.1（或 10^{-1}）。

拟修约数值	修约值
1.050	10×10^{-1}（或 1.0）
0.35	10×10^{-1}（或 1.0）

【例 4.6】修约间隔为 1000（或 10^3）。

拟修约数值	修约值
2500	2×10^3（或 2000）
3500	4×10^3（或 4000）

5. 负数修约时，先将它的绝对值按上述规定进行修约，然后在所得值前面加上负号。

【例 4.7】将下列数字修约到"十"数位。

拟修约数值	修约值
-355	-36×10（特定场合可写为 -360）
-325	-32×10（特定场合可写为 -320）

【例 4.8】将下列数字修约到 3 位小数，即修约间隔为 10^{-3}。

☆★☆☆

拟修约数值	修约值
− 0.036 5	− 36 × 10^{-3}（特定场合可写为 − 0.036 5）

6. 0.5 单位修约与 0.2 单位修约：在对数值进行修约时，若有必要，也可采用 0.5 单位修约或 0.2 单位修约。

（1）0.5 单位修约：（半个单位修约）是指按指定修约间隔对拟修约的数值 0.5 单位进行的修约。

0.5 单位修约方法如下：将拟修约数值 X 乘以 2，按指定修约间隔对 $2X$ 修约，所得数值（$2X$ 的修约值）再除以 2。

【例 4.9】将下列数字修约到"个"数位的 0.5 单位修约。

拟修约值	$2X$	$2X$ 的修约值	X 的修约值
60.25	120.50	120	60.0
60.38	120.76	121	60.5
60.28	120.56	121	60.5
− 60.75	− 120.50	− 122	− 61.0

（2）0.2 单位修约：方法如下：将拟修约数值 X 乘以 5，按指定修约间隔对 $5X$ 修约，所得数值（修约值）再除以 5。

【例 4.10】将下列数字修约到"百"数位的 0.2 单位修约。

拟修约值	$5X$	$5X$ 的修约值	X 的修约值
830	4150	4200	840
842	4210	4200	840
832	4160	4200	840
− 930	− 4650	− 4600	− 920

7. 不允许连续修约：拟修约数字应在确定修约间隔或指定修约数位后一次修约获得结果，不得多次连续修约。

【例 4.11】拟修约值 97.46，修约间隔为 1。

正确的做法：97.46 → 97；

不正确的做法：97.46 → 97.5 → 98。

【例 4.12】拟修约值 15.454 6，修约间隔为 1。

正确的做法：15.454 6 → 15；

不正确的做法：15.454 6 → 15.455 → 15.5 → 16。

在具体实施中，有时测试或计算部门先将获得数值按指定的修约数位多一位或几位报出，而后由其他部门判定。为避免产生连续修约的错误，应按下述步骤进行：

（1）报出数值最右的非零数字为 5 时，应在数值右上角加"+"或加"−"或不加符号，分别表明已进行过舍，进或未舍未进。

【例 4.13】16.5^{+} 表示实际值大于 16.50，经修约舍弃为 16.5；16.50^{-} 表示实际值小于 16.50，经修约进一为 16.5。

（2）如对报出值需进行修约，当拟舍弃数字的最左一位数字为 5，且其后无数字或皆为零时，数值右上角有"+"者进一，有"−"者舍去，其他仍按上述规定进行。

【例 4.14】将下列数字修约到个数位（报出值多留一位至一位小数）。

实测值	报出值	修约值
15.454	15.5⁻	15
− 15.454 6	− 15.5⁻	− 15
16.520 3	16.5⁺	17
− 16.520 3	− 16.5⁺	− 17
17.500 0	17.5	18

三、测量及运算过程中有效数字有效位数的确定

有效数字的有效位数在一定程度上反映测量值的不确定度，在运算过程中遵循一定规则合理取舍各运算值的有效位数可以保证运算结果的准确度基本不会因位数取舍而受影响，同时有避免因保留一些无意义的多余位数而做无用功。

（一）测量原始数据有效位数的确定

按照《环境质量监测管理技术导则》（HJ 630—2011）的规定，记录测量数据时应同时考虑计量器具的精密度、准确度和读数误差，对检定合格的计量器具有效数字位数可记录到最小分度值，最多保留记录有效数字位数可以记录到最小分度值，最多保留一位不确定数字。

对于游标类器具读至游标最小分度的整数倍；对于有数字显示的测量/称量器具，直接读取并记录全部数值；指针式仪表及其他非数字显示器具，读数时根据测量精度要求估读到仪器最小分度的 $1/10 \sim 1/2$，对于最小分度为 0.5 时可疑位估读为 $0.1 \sim 0.4$ 或 $0.6 \sim 0.9$，不必估读到下一位；对于标明误差的仪器，应根据仪器误差来确定测量值中可疑位；如果测量值恰为整数值，必须补"0"直到可疑位。总之，测量结果所记录的数字，应与所用仪器测量的准确度相适应，读数时应尽量选择与被测量值接近的量程，以避免因丢失有效数字而造成较大误差。

（二）运算及结果有效数字位数的确定

间接测量的计算过程存在不确定度的传递，应根据间接测量的不确定度合成结果来确定运算结果的有效数字，但是在没有进行不确定度估算时，可根据下列的有效数字运算法则粗略地计算出结果。

1. 加减运算 以小数点后位数最少的数值作为计算时有效位数取舍基准，运算中首先将其他运算的数值修约到比小数点后最少数字位数多一位进行加减，所得结果的数值小数点后面位数应与加减数中小数点后位数最小者对齐。

【例 4.15】 $123.5365+11.2+21.356+13.43 \approx 123.54+11.2+21.36+13.43 \approx 169.5$。

2. 乘除运算 以参与运算的有效数字位数最少的数值为基准，其他有效数字修约至相同有效位数，再进行乘除运算，计算结果仍保留最少的有效数字位数，如 $0.535\ 6 \times 11.2 \times 21.356 \approx 0.536 \times 11.2 \times 21.4 \approx 128.468\ 48 \approx 128$。

3. 乘方、开方、立方运算 运算结果的有效位数与底数的有效位数相同。

【例 4.16】 $2.3^2 = 5.29 \approx 5.3$；$\sqrt{10.25} = 3.201\ 56\cdots \approx 3.202$。

4. 指数、对数、三角函数运算 结果的有效数字位数由其变量对应的数位决定。

指数函数运算后有效位数与指数小数点后有效位数相同。

【例 4.17】 $10^{1.125} = 13.335\cdots \approx 13.3$。

对数函数运算后结果的小数点后有效位数与真数的有效位数一致。

☆★☆☆

【例 4.18】lg2021=3.305 6…为 4 位有效数字，ln20.21=3.006 178 为 4 位有效数字。

三角函数运算结果有效位数与角度有效数字位数相同。

【例 4.19】sin30.5=0.50753…≈ 0.508 为 3 位有效数字。

5. 其他运算　自然数、π、e 等常数、$\sqrt{2}$、$\sqrt{3}$ 等无理数在运算时，其有效数字可视为无限，有效位数可根据需要取舍，不影响计算结果有效数字的确定。

对于 pH，由于小数点以前的部分只表示数量级，故有效数字位数仅由小数点后的数字决定，pH=7.355 为三位有效数字。

（三）测量不确定度的有效位数

测量不确定度只与可疑位相关，有效数字越多，测量的相对不确定度越小，测量准确度越高。

测量不确定度的有效数字最多不超过 2 位，多余数字，按 1/3 法则进行舍入，即：若舍去部分的数值大于保留末的 1/3，则末位加 1；若舍去部分的数值小于保留末的 1/3，则末位不变。如计算出扩展不确定度 U 为 0.124mm，若保留两位有效数字，则末为 0.01，舍去部分为 0.004 > 0.01/3，故保留的有效数字末位加 1，结果 U=0.13mm。但是作为中间计算结果，直接测量值的不确定度，可以取 3 位有效数字或者不加修约，以避免积累舍入误差。

（四）测量结果最终表达式中的有效位数

1. 扩展不确定度 U_{rel} 的有效位数：取 1 ～ 2 位，当首位 ≥ 3 时，一般取 1 位，当首位为 1、2 时，一般取 2 位。

2. 被测量结果有效位数的确定：被测量值的末位要与不确定度的末位对齐，多余的数舍去，如由 TLD 测得的 $H_p(10)$=1.232mSv，不确定度 U=0.12mSv，将 $H_p(10)$ 值与 U 最后一位对齐，结果表示为 $H_p(10)$=1.23mSv。

有效数字位数要与不确定度位数综合考虑，一般情况下，表示最后结果的不确定度的数值只保留 1 位或 2 位，而测量或计算最后结果的有效数字的最后一位与不确定度所在的位置对齐，如果实验测量中读取的数字没有存疑数字，不确定度通常需要保留两位，但要注意的是具体规则有一定适用范围，在通常情况下，由于近似的原因，如要求不严格可认为是正确的。

由于计算机技术的不断发展，如今许多测量结果运算公式已有现成的成熟算法模型，人们在计算时只需要根据测量读数进行数据录入，对参与运算的数值和中间运算结果都可不作修约，测量效率得以大大提高。然而我们也不能因此而否定有效位数的近似运算法则，正是计算机的广泛使用，使很多人很少去考虑测量结果的有效位数问题，致使运算结果有效位数方面的问题越来越多，比如有效数字末位"0"的处理问题、常数及无理数有效位数在不同算法中位数取舍问题、计算结果与测量仪器分度值有冲突，如仪器分度值为 0.2，读数时按照 1/10 估读，因此修约间隔为 0.02，计算结果为 20.03，不是 0.02 的整数倍，最后结果取值结果为 20.04，在未知不确定度时如何正确获得结果有效位数的问题等，因此掌握有效位数的近似运算法则将是防止错误的一种很好手段，在实际工作中应正确评估先修约后计算和先计算后修约带来的对结果不确定度的影响。

第四节　测量不确定度

人们发现测量工作中对某一未知量的多重复次测量时，无论采用什么方法，使用测量设备的精确度有多高，测量值并不完全一致，测量值之间总是会存在或大或小的差异。根据误差公理，除理论真值（比如各种常数）或计量学上约定真值外，误差始终存在，是不可避免的，因此测量结果只是未知量真值的估计值，所以测量结果具有不确定性。为表示测量结果的这种不确定性，1927 年德国物理学家 Werner Karl Heisenberg 在量子力学领域提出著名的"海森堡不确定性原理（Heisenberg uncertainty principle）"，首次在科学研究领域提出了"不确定度"概念。1963 年美国数理统计学专家 Eisenhart 在《仪器校准系统精度和准确度估计》中建议定量表示不确定度，从此，术语"不确定度"在测量领域得到应用和认可。为统一和规范不确定度的表示方法，促进其应用，国际计量委员会（CIPM）联合 7 个国际组织于 1993 年发布了《测量不确定度指南》（Guide to Expression of Uncertainty in Measurement，93，GUM）指导测量领域正确评定和表示测量不确定度，2008 年 GUM 被命名为《测量不确定度第 3 部分：测量不确定表示指南》[ISO/IEC GUIDE 98-3：2008，Uncertainty of measurement-Part 3：Guide to the expression of uncertainty in measurement（GUM：1995）]。测量不确定度现已成为国际上评定测量结果质量的约定指标。

为提高测量结果的可信性、有效性、可比较性和可接受性，理解掌握测量不确定度的表示和评定方法，在测量工作中运用它来评价测量结果质量，20 世纪 80 年代我国也积极参与不确定度研究的国际工作，至今 GUM 在我国各测量领域得到了广泛的应用，国家相继发布了相关的标准、指南和规范，比如《测量不确定度评定与表示》（JJF 1059.1—2012）、《测量不确定度评定和表示》（GB/T 27418—2017）和《测量不确定度的要求》（CNAS-CL 01-G003）等。

本节基于 GUM 内容，介绍测量工作最常见情况下测量不确定度相关知识，以便于理解和有助于实际应用。

GUM 主要适用于：

1. 可以假设输入量的概率分布呈对称分布。

2. 可以假设输出量的概率分布近似为正态分布或 t 分布。

3. 测量模型为线性模型或可以转化为线性模型，或可用线性模型近似的模型。

注：当输出量的概率密分布较大程度地偏离正态分布或 t 分布，或不宜对测量模型进行线性化转化或建立近似模型时，按照 GUM 确定输出量的估计值和标准不确定度可能会变得不可靠，可考虑采用蒙特卡洛法（MCM）对其进行比较，如果比较结果较好，则 GUM 法仍适用于此类似的情形，否则，应考虑采用 MCM 或者其他合适的替代方法评定测量不确定度。

一、测量不确定度定义及评定流程

（一）测量不确定度定义

按照 GUM 定义，测量不确定度是表征合理地赋予被测量之值的分散性，与测量结果相联系的参数，GB/T 27418 给出的测量不确定度定义是利用可获得的信息，表征赋予被测量量值分散性的非负参数，二者意义相同。

GUM 对测量不确定度的解释：

1. 测量不确定度包括由系统影响引起分量，如与修正量和测量标准所赋量值有关的分量及定义的不确定度。有时对估计的系统影响未作修正，而是当作不确定度分量处理。

2. 此参数可以是诸如称为标准测量不确定度的标准偏差（或其特定倍数），或是说明

☆★☆☆

了包含概率的区间半宽度。

3. 测量不确定度一般由若干分量组成。其中一些分量可根据一系列测量值的统计分布，按测量不确定度的 A 类评定进行评定，并用实验标准偏差表征。而另一些分量则可根据经验或其他信息假设的概率分布，按测量不确定度的 B 类评定进行评定，也用标准偏差表征。

4. 通常，对于一组给定的信息，测量不确定度是相应于所赋予被测量的量值的，该值的改变将导致相应的不确定度的改变。

（二）测量不确定度评定流程

用 GUM 法评定测量不确定度一般流程：

分析不确定度来源和建立测量数学模型→评定标准不确定度 u_i →计算合成标准不确定度 u_c →确定扩展不确定度 U 或 U_p →报告测量结果及其不确定度。

在计算合成不确定度前应再次检查各分量的不确定度是否完成，确保其不遗漏不重复。

二、测量不确定度来源及测量模型

（一）测量不确定度来源

由于被测量的分散性，测得值只是被测量的估计值。测量过程中的随机误差、系统误差及对已认识的系统影响进行修正等各种测量因素均会导致测量不确定度。在进行测量不确定度评定时应对其来源正确识别，否则不确定度评定将不可能是合理的。

测量不确定度的影响因素通常来源于被测样本、测量设备、测量方法、测量环境及测量人员等，GUM 指出在实际测量中不确定度来源可能有：

1. 被测量的定义不完整。

2. 复现被测量的测量方法不理想。

3. 取样的代表性不够，即被测样本不能代表所定义的被测量。

4. 对测量过程受环境影响的认识不恰如其分或对环境的测量与控制不完善。

5. 对模拟式仪器的读数存在人为偏移。

6. 测量仪器的计量性能（如最大允许误差、灵敏度、鉴别力、分辨力、死区及稳定性等）的局限性，即导致仪器的不确定度。

7. 测量标准或标准物质提供的标准值不准确。

8. 引用的数据或其他参量值的不准确。

9. 测量方法和测量程序中的近似和假设。

10. 在相同条件下，被测量重复观测值的变化。

由 GUM 给出的十个来源可以看出测量不确定度来源有的是对被测量本身概念理解不清楚，有的是测量条件不充分，具有随机性，但来源不仅限于上述，必须根据实际测量情况进行具体分析，可从测量仪器、测量环境、测量方法、测量人员等方面全面考虑，特别要注意对测量不确定度评定影响较大的不确定度来源。值得注意的是不是每个测量不确定度评定都必须包含上述全部来源，应尽量做到不遗漏，不重复，应正确考虑修正值对不确定度的影响，在评定时应考虑剔除离群值。

（二）测量模型

测量模型指测量中被测量（即输出量）Y 与其他 n 个已知量 $X_1, X_2, \cdots X_n$（即输入量）的函数关系 f 表示为：

☆ ☆ ☆ ☆

$$Y=f\ (X_1,\ X_2,\ \cdots\ X_n) \tag{4-33}$$

设输入量 X_i 的估计值为 x_i，被测量 Y 的估计值为 y，则测量模型可写成：

$$y=f(x_1,\ x_2,\ \cdots x_n) \tag{4-34}$$

测量模型可以根据观测量的物理原理，实验方法、实践经验或数据统计分析导出，与测量方法相关。在直接测量中测量模型的函数关系 f 甚至可以简单到 $Y=X$，而有时输入量本身也是由其他量决定的被测量，从而导致复杂的函数关系 f，此时函数关系 f 应尽可能将测量过程模型化至测量所要求的准确度，否则应增加其他附加输入量来弥补或建立分级模型修正测量模型的缺陷。

输入量 X_i 的主要来源有：

1. 由当前直接测得的量，这些量值及其不确定度可以由单次观测、重复观测或根据经验估计得到，并可包含对测量仪器读数的修正值和对诸如环境温度、大气压力、湿度等影响量的修正值。

2. 由外部来源引入的量，如已校准的计量标准或有证标准物质的量，以及由手册查得的参考数据等。

3. 被测量由其他量决定的，其他量的不确定度也是输入量不确定度的来源。

三、标准测量不确定度评定

标准测量不确定度是以标准差表示的不确定度，用 u 表示，其包含的若干个不确定度分量均是标准不确定度分量，用 $u(x_i)$ 表示。

（一）标准不确定度的 A 类评定

对在规定测量条件下测得的量值，用统计分析的方法进行的测量不确定度分量的评定，简称 A 类评定。

规定测量条件是指重复性测量条件、期间精密度测量条件或复现性测量条件。依据 ISO/IEC GUIDE99：2007 定义：重复性测量条件（简称重复性条件）是指相同测量程序、相同操作者、相同测量系统、相同操作条件和测量地点，并在短时间内对同一或相类似被测对象重复测量的一组测量条件；期间精密度测量条件（简称期间精密度条件）是指除了相同测量程序、相同地点，以及在一个较长时间内对同一或相类似的被测对象重复测量的一组测量条件外，还可包括涉及改变的其他条件，如新的校准、测量标准器、操作者和测量系统等；复现性测量条件（简称复现性条件）是指不同地点、不同操作者、不同测量系统，对同一或相类似被测对象重复测量的一组测量条件。

对被测量进行独立重复测量，通过所得到的一系列测得值，用统计分析方法获得实验标准偏差 $s(x_i)$，用算术平均值 $\bar{x}$ 作为被测量估计值。A 类评定的被测量估计值的标准不确定度按公式（4-35）计算：

$$u(x)_A=s(\bar{x})=u(x_i)\ /\sqrt{n} \tag{4-35}$$

1. **标准不确定度的 A 类评定流程**　对被测量 X 进行 n 次独立测量得到一系列测得值 $x_i(i=1,\ 2,\ \cdots\ n)$ →计算被测量的最佳估值 $\bar{x}=\dfrac{1}{n}\sum\limits_{i=1}^{n}x_i$ →计算单个测得值 x_i 的实验标准偏差 $s(x_i)$ →计算标准不确定度 $u(x)=s(x_i)\ /\sqrt{n}$。

2. **评定方法**　被测量估计值 $\bar{x}$ 的标准不确定度按照如下方法进行评定：

（1）贝塞尔公式法：n 次测量算术平均值 $\bar{x}$ 按照公式（4-9）计算，单个测得值 x_i 的实

☆☆☆☆

验标准偏差 $s(x_i)$ 可按（4-12）公式计算。输入量单次测得值的标准不确定度 $u(x_i)=s(x_i)$，反映了单个测得值的分散性。被测量估计值 $\bar{x}$ 的标准不确定度为按照公式（4-36）计算：

$$u(x)=s(\bar{x})=s(x_i)/\sqrt{n} \tag{4-36}$$

式中：$s(\bar{x})$ 为实验标准偏差，按公式（4-13）计算，实验标准偏差 $s(\bar{x})$ 表征了被测量估计值 $\bar{x}$ 的分散性。

（2）极差法：在重复性测量条件或复现性测量条件下，一般测量次数小于 10 次时可采用极差法评定测量不确定度 $u(x)$。

在重复性条件或复现性条件下，对 X_i 进行 n 次独立测量，测得值中的最大值与最小值之差称为极差，用符号 C 表示。在 X_i 可以估计接近正态分布的前提下，单次测得值 x_i 的实验标准差 $s(x_i)$ 可按公式（4-37）近似地评定：

$$x(x_i)=R/C \tag{4-37}$$

式中：R 为极差，C 为极差系数，极差系数 C 及自由度 v 可查表 4-9。

表 4-9 极差系数 C 及自由度 v

n	2	3	4	5	6	7	8	9	10	15	20
C	1.13	1.64	2.06	2.33	2.53	2.70	2.85	2.97	3.08	3.47	3.73
v	0.9	1.8	2.7	3.6	4.5	5.3	6.0	6.8	-	-	-

【例 4.20】某台 DR 设备信号传递特性（STP）的测量：在某入射空气比释动能 K 下独立测量图像像素值（PV）结果见表 4-10。

表 4-10 测量图像像素值（PV）结果

序号	1	2	3	4	5	6	7	8	9	10
像素测量值（PV）	523	531	529	543	533	538	528	525	541	534

用贝塞尔法计算结果：

$\bar{x}=532.5$，$s(x_i)=6.09$，$u(x)=s(\bar{x})=s(x_i)/\sqrt{n}=6.09/\sqrt{10}=1.9(PV)$。

用极差法计算结果：$R=20$，$C=3.08$，$u(x)=s(x_i)=R/C\sqrt{n}=20/3.08/\sqrt{10}=2.1(PV)$。

理论上观测次数 n 越大，获得的测量值越能反映输入量的分布情况，采用贝塞尔法评定不确定度越可靠，但在实际工作中增大 n 值会加大工作量，有时还难以保持规定的测量条件，反而会带来新的不确定度来源，因此测量时应选取适当的测量次数，一般 $6 \leqslant n \leqslant 20$ 比较合适。使用极差法评定的标准测量不确定度适用于测量次数 n 值较小，较贝塞尔法的可靠性有所降低。

标准不确定度的 A 类评定方法除了上述方法外还有最大误差法和最大残差法。

最大误差法：

$$u(x)=C_n\max|v_i|/\sqrt{n} \tag{4-38}$$

式中：C_n 为最大残差系数；$v_i=x_i-\bar{x}$ 为残差；

最大残差法：

$$u(x)=C_n'\max|\delta_i|/\sqrt{n} \tag{4-39}$$

式中 C_n' 为最大误差系数，$\delta_i = x_i - \mu$ 为与期望值 μ 的误差。

3. **测量过程中合并样本标准偏差的 A 类评定** 在重复性测量条件或复现性测量条件下且测量过程处于统计控制状态下，对每一组输入量进行 n_j 次测量，得到测量值 $x_{j1}, x_{j2}, \cdots x_{jn}$，自由度为 v_j 共测得 m 组测量值，则测量过程的标准不确定度可以用合并样本标准偏差 s_p 表示。

每组样本标准偏差按照公式（4-40）计算：

$$s_p(x_j) = s_j(x_i) = \sqrt{\sum_{i=1}^{n}(x_{ji} - \bar{x}_j)^2/n_j - 1} \tag{4-40}$$

式中：x_{ji} 为第 j 组中第 i 个测量值，$\bar{x}_j$ 为第 j 组测量平均值。

单次测得值的标准偏差 $s_p(x_i)$（若每组测量次数不同）按照公式（4-41）计算：

$$s_p(x_i) = \sqrt{\sum_{j=1}^{m}(n_j - 1)s_j^2/\sum_{j=1}^{m}(n_j - 1)} \tag{4-41}$$

若全测量过程总测量次数为 k，以总的算术平均值 $\bar{x}$ 作为最佳估值，则被测量最佳估值的 A 类标准不确定度按照公式（4-42）计算：

$$u(x)_A = s_p = s_p(x_i)/\sqrt{k} \tag{4-42}$$

A 类评定方法通常比用其他评定方法所得到的不确定度更为客观，并具有统计学的严格性，但要求有充分的重复次数，测量程序中的重复测量所得的测得值，应相互独立，在评定时还应尽可能考虑随机效应的来源，使其反映到测得值中去。

（二）测量不确定度的 B 类评定

由于有的不确定度无法用统计学方法评定，但在不确定度评定中占有重要地位，对这类不确定度的评定采用测量不确定度的 B 类评定，它是根据有关的信息或经验，判断被测量的可能值区间 $(\bar{x} - a, \bar{x} + a)$，基于被测量值的概率分布，因此应对测量值进行分布假设，比如正态分布、三角分布、均匀分布等，根据概率分布和要求的概率 p 确定 k，则 B 类评定的标准不确定度 $u(x)_B$ 按照公式（4-43）计算：

$$u(x) = \frac{a}{k} \tag{4-43}$$

式中：a 为被测量可能值区间的半宽度；k 为根据概率论获得的称包含概率（备注：根据 VIM，包含概率是指在规定包含区间内包含被测量的一组值的概率）；当 k 为扩展不确定度的倍乘因子时称包含因子（备注：根据 VIM，包含因子指为获得扩展不确定度，对合成标准不确定度所乘的大于 1 的数）。

1. **标准不确定度的 B 类评定流程** 确定区间半宽度 a →假设被测量在区间内的分布概率→确定 k →计算标准不确定度 $u(x) = a/k$（其中 a 为被测量估计值区间的半宽度，k 为置信因子或包含因子）。

2. **确定区间半宽度 a** 区间半宽度 a 一般根据以下信息确定：

（1）既往数据（比如根据以前实验估计的可能区间）。

（2）对有关材料和测量仪器特性的了解和经验。

（3）生产厂家提供的技术说明书，如生产厂家提供的测量仪器的最大允许误差为 $\pm\Delta$，并经计量部门检定合格，则评定仪器的不确定度时，可能值区间的半宽度为：$a = \Delta$。

（4）校准证书、检定证书或其他文件提供的数据，若校准证书提供的校准值，给出了其扩展不确定度为 U，则区间的半宽度为：$a = U$。

☆☆☆☆

（5）手册或某些资料给出的参考数据及其不确定度，由手册查出所用的参考数据，其误差限为 $\pm\Delta$，则区间的半宽度为：$a=\Delta$；由有关资料查得某参数的最小可能值为 a_- 和最大值为 a_+，最佳估计值为该区间的中点，则区间半宽度可以用下式估计：$a=(a_+ - a_-)/2$。

（6）检定规程、校准规范或测试标准中给出的数据（当测量仪器或实物量具给出准确度等级时）可以按检定规程规定的该等级的最大允许误差（或测量不确定度）得到对应区间半宽度。

（7）其他有用的信息。

3. 假设分布、确定 k 值

（1）正态分布：被测量受许多随机影响量的影响，当它们各自的效应同等量级时，不论各影响量的概率分布是什么形式，被测量的随机变化服从正态分布。如果有证书或报告给出的不确定度是具有包含概率为 95%、99% 的扩展不确定度（即给出 U_{95}、U_{99}），此时，除非另有说明，可按正态分布来评定。

根据表 4-11 可查正态分布概率 p 和 k 值。

表 4-11　正态分布情况下概率 p 与 k 之间的关系

p	0.50	0.68	0.90	0.95	0.954 5	0.99	0.997 3
k	0.67	1	1.645	1.960	2	2.576	3

引自 JJF 1059—2012

（2）非正态分布：常用非正态分布包括均匀分布、三角分布、梯形分布、反正弦分布、两点分布等。

当利用有关信息或经验，估计出被测量可能值区间的上限和下限，其值在区间外的可能几乎为零时，若被测量值落在该区间内的任意值处的可能性相同，则可假设为均匀分布（或称矩形分布、等概率分布），比如由数据修约、测量仪器最大允许误差或分辨力、参考数据的误差限、度盘或齿轮的回差、平衡指示器调零不准、测量仪器的滞后或摩擦效应导致的不确定度。对输入量的估计值可能落入的区间内情况不了解时可视为均匀分布。

若被测量值落在该区间中心的可能性最大，则假设为三角分布。两个相同均匀分布的合成、两个独立量之和值或差值服从三角分布。

已知被测量的分布由两个不同大小的均匀分布合成时，则可假设为梯形分布。

若落在该区间中心的可能性最小，而落在该区间上限和下限的可能性最大，则可假设为反正弦分布。比如由度盘偏心引起的测角不确定度、正弦振动引起的位移不确定度、无线电测量中失配引起的不确定度、随时间正弦或余弦变化的温度不确定度，一般假设为反正弦分布（即 U 形分布）；

按级使用量块时（除 00 级以外），中心长度偏差的概率分布可假设为两点分布；当被测量受均匀分布的角度 α 的影响呈 $u(x)=1 - \cos\alpha$ 的关系时，角度导致的不确定度、安装或调整测量仪器的水平或垂直状态导致的不确定度常假设为投影分布。

根据表 4-12 查得值和 B 类评定的标准不确定度 $u(x)$。

表 4-12　常用非正态分布时的 k 值及 B 类评定的标准不确定度 $u(x)$

分布类型	p	k	$u(x)_B$
三角	1	$\sqrt{6}$	$a/\sqrt{6}$
梯形	1	2	$a/2$
矩形（均匀）	1	$\sqrt{3}$	$a/\sqrt{3}$
反正弦	1	$\sqrt{2}$	$a/\sqrt{2}$
两点	1	1	a

注：1. 表中 β 为梯形的上底与下底之比，对于梯形分布来说，$k=\sqrt{6/(1+\beta^2)}$，特别当 β 等于 1 时，梯形分布变为矩形分布；当 β 等于 0 时，变为三角分布

2. 表中数据引自 JJF 1059—2012

根据表 4-12 可以计算上述分布其他不同概率 p 值的置信因子 k 值。

【例 4.21】假设输入量 X 服从三角分布，极限区间为 $(\mu - a, \mu + a)$，μ 为数学期望，根据表 4-12 查得 $p=1$ 时，$k=\sqrt{6}$，$u(x)_B = a/\sqrt{6}$，假设概率 $p=0.99$ 的区间为 $(\mu - b, \mu + b)$ $(b < a)$，求 k_{99}。

由 $[(U_{100} - U_{99})/U_{100}]^2 = 1 - 0.99$ 得到：

$U_{99} = (1 - \sqrt{0.01})\, U_{100} = 0.9 U_{100} \times 0.9\sqrt{6}\, u(x) = 2.2 u(x)$

所以：$k_{99} = U_{99}/u(x) = 2.2 u(x) = 2.2$。

同理可以求出其他分布不同概率 p 值下的置信因子 k。

在实际工作中，对被测量可能落在的区间缺乏了解时，可假设为均匀分布，或根据同行专家的研究和经验来假设测量值的概率分布。

（三）合成标准不确定度评定

若测量结果估计值 y 由多个输入量影响而形成了若干个标准不确定度分量时，测量结果的标准不确定度应由各标准不确定度分量合成而得，称此为合成标准不确定度评定简称合成标准不确定度，用 U_c 表示。备注：根据 VIM 定义：合成标准不确定度指用由在一个测量模型中各输入量的标准测量不确定度获得的输出量的标准测量不确定度。

1. 合成标准不确定度计算　假设 $y=(x_1, x_2 \cdots x_n)$，被测量 Y 的合成标准不确定度 $u_c(y)$ 按照公式（4-44）计算：

$$u_c(y) = \sqrt{\sum_{i=1}^{n} (\partial f/\partial x_i)^2 u^2(x_i) + 2\sum_{i=1}^{n-1}\sum_{j=i+1}^{n} (\partial f/\partial x_i)(\partial f/\partial x_j) r(x_i, x_j) u(x_i) u(x_j)} \qquad (4\text{-}44)$$

式中：y 为输出量的估计值；

x_i 为第 i 个输入量；

$\partial f/\partial x_i$ 为输出量 Y 与有关输入量 X_i 的偏导数，称为灵敏度系数 [备注：灵敏度系数表明输入量 X_i 的不确定度 $u(x_i)$ 影响被测量 Y 估计值 y 不确定度 $u_c(y)$ 的灵敏程度]；

$r(x_i, x_j)$ 为输入量 X_i 与 X_j 的相关系数，按照公式（4-15）计算。

2. 输入量不相关时合成标准不确定度计算

当 $r(x_i, x_j)=0$ 时，则公式（4-44）转化为：

$$u_c(y) = \sqrt{\sum_{i=1}^{n} (\partial f/\partial x_i)^2 u^2(x_i)} = \sqrt{\sum_{i=1}^{n} u_i^2(y)} \qquad (4\text{-}45)$$

当测量模型为 $Y=X$，输入量不相关时公式（4-45）转化为公式（4-46）：

$$u_c(y)=\sqrt{\sum_{i=1}^{n}u_i^2} \tag{4-46}$$

式中：u_i 为输入量 X 各个分量 x_i 的标准不确定度。

用合成不确定度作为被测量 Y 的估计值 y 的测量不确定度，测量结果可表示为：

$$Y=y\pm u_c(y) \tag{4-47}$$

【例 4.22】设输出量 $Y=X_1+X_2+X_3$，分别重复测量 5 次、10 次、20 次，输入量的估计值的平均值分别为 x_1，x_2，x_3，其不确定度分别为 $u(x_1)=6$，$u(x_2)=10$，$u(x_3)=2$，且 X_1，X_2，X_3 分别不相关。求合成标准不确定度 $u_c(y)$ 和有效自由度 v_{eff}。

由于各分量不相关，所以：

$$u_c(y)=\sqrt{u(x_1)^2+u(x_2)^2+u(x_3)^2}=\sqrt{6^2+10^2+2^2}=12$$
$$v_{eff}=u_c^2(y)/[u^4(x_1)/v_1+u^4(x_2)/v_2+u^4(x_3)/v_2]$$
$$=12^4/[6^4/(5-1)+10^4/(10-1)+2^4/(20-1)]=14$$

（四）扩展不确定度评定

用合成不确定度表示测量结果的不确定度仅对应于标准差，由其表示的测量结果区间包含被测量的真值的概率不高，在实际工作中要求给出的测量结果区间包含真值的包含概率较大，尽可能地将真值包含在测量结果区间范围内，因此需要将合成不确定度扩大，用扩展不确定度可以满足测量要求。扩展不确定度是被测量可能值包含区间的半宽度，等于合成不确定度与一个数值大于 1 的因子的乘积，扩展不确定度分为 U 和 U_p 两种。

1. 扩展不确定度 U　由合成标准不确定度 u_c 乘包含因子 k 得到扩展不确定度 U，按照公式（4-48）计算：

$$U=ku_c \tag{4-48}$$

式中：k 为包含因子，k 值一般取 2 或 3，由本章第二节可知标准正态分布情况下 $k=2$ 的置信概率为 95.45%，实际测量中 $k=2$，表示置信概率为 95%。若测量要求更高，可取 $k=3$，此时置信概率为 99.93%。

测量结果按照公式（4-49）计算：

$$Y=y\pm U \tag{4-49}$$

表示被测量 Y 的可能值以较高的包含概率落在 $[y-U, y+U]$ 区间内，被测量的值落在包含区间内的包含概率取决于所取的包含因子 k 的值。

2. 扩展不确定度 U_p　规定包含概率 p 时，扩展不确定度符号 U_p 表示，当 p 为 0.95 或 0.99 时，分别表示 U_{95} 为和 U_{99}。

U_p 按照公式（4-50）计算：

$$U_p=k_pu_c \tag{4-50}$$

式中：k_p 为包含概率为 p 时的包含因子，按照公式（4-51）计算：

$$k_p=t_p(v_{eff}) \tag{4-51}$$

当被测量 Y 接近于正态分布时可根据合成标准不确定度 $u_c(y)$ 的有效自由度 v_{eff} 和需要的包含概率，查表 4-13 得 t 分布在不同概率 p 与自由度 v 时的 t 值得到 $t_p(v_{eff})$ 值，该值即包含概率为 p 时的包含因子 k_p 值。

表 4-13　t 分布临界值表（值）

自由度	$p(\%)$					
	68.27[a]	90	95	95.45	99	99.73[a]
1	1.84	6.31	12.71	13.97	63.66	235.80
2	1.32	2.92	4.30	4.53	9.92	19.21
3	1.20	2.35	3.18	3.31	5.84	9.22
4	1.14	2.13	2.78	2.87	4.60	6.62
5	1.11	2.02	2.57	2.65	4.03	5.51
6	1.09	1.94	2.45	2.52	3.71	4.90
7	1.08	1.89	2.36	2.43	3.50	4.53
8	1.07	1.86	2.31	2.37	3.36	4.28
9	1.06	1.93	2.26	2.32	3.25	4.09
10	1.05	1.81	2.23	2.28	3.17	3.96
11	1.05	1.80	2.20	2.25	3.11	3.85
12	1.04	1.78	2.18	2.23	3.05	3.76
13	1.04	1.77	2.16	2.21	3.01	3.69
14	1.04	1.76	2.14	2.20	2.98	3.64
15	1.03	1.75	2.13	2.18	2.95	3.59
16	1.03	1.75	2.12	2.17	2.92	3.54
17	1.03	1.74	2.11	2.16	2.90	3.51
18	1.03	1.73	2.10	2.15	2.88	2.48
19	1.03	1.73	2.09	2.14	2.86	3.45
20	1.03	1.72	2.09	2.13	2.85	3.42
25	1.02	1.71	2.06	2.11	2.79	3.33
30	1.02	1.70	2.04	2.09	2.75	3.27
35	1.01	1.70	2.03	2.07	2.72	3.23
40	1.01	1.68	2.02	2.06	2.70	3.20
45	1.01	1.68	2.01	2.06	2.69	3.18
50	1.01	1.68	2.01	2.05	2. 68	3.16
100	1.005	1.66	1.984	2.025	2.626	3.077
∞	1.000	1.645	1.960	2.000	2.576	3.000

　　a：对期望 μ，总体标准偏差的 σ 正态分布描述某量 z，当 $k=1,2,3$ 时，区间 $\mu \pm k\sigma$ 分别包含分布的 68.27%，95.45%，99.73%

引自 JJF 1059—2012 附录 B

　　注：当自由度较小而又要求较高准确度时，非整数的自由度可以内插计算 t 值，具体方法见 JJF 1059—2012 附录 B

　　用扩展不确定度 U_p 表示测量结果时，在给出 U_p 时，应同时给出有效自由度 v_{eff}。

如果测量值 Y 的可能分布不是接近于正态分布，则不能用公式（4-48）计算 U_p，比如若 Y 接近均匀分布时对于 U_{95}，$k_p=1.65$；U_{99} 时，$k_p=1.71$。在实际应用中为便于测量结果之间的比较，对于均匀分布约定 $k=2$，这种情况下给出的 U，其包含概率远大于 95%。

在进行扩展不确定度评定时，如果假设 Y 的分布不能满足近似正态分布条件时，对评定结果可用蒙特卡洛法（MCM）验证，若验证结果接近时，依然可以用 GUM 进行评定。

（五）关于标准不确定度类评定的自由度

自由度按照 GUM 定义：通常情况下为总和的项数减去总和中受约束的项数（GUM 引用 ISO 3534-1：1993）。

1. 标准不确定度 A 类评定的自由度 v　对于 A 类评定的标准不确定度的自由度 v 为标准差 σ 的自由度。准差计算方法不同，其自由度有所差异，用贝塞尔公式计算的标准差，自由度 v 按照公式（4-52）计算：

$$v=n-1 \tag{4-52}$$

用极差法计算的标准差，其自由度见表 4-9。

2. 标准不确定度 B 类评定的自由度　B 评定的标准不确定度的自由度按照公式（4-53）计算：

$$v=\frac{1}{2}\{u^2(x_i)/\sigma^2[u(x_i)]\}=\frac{1}{2}\{\Delta[u(x_i)]/u(x_i)\}^{-2} \tag{4-53}$$

式中：$\Delta[u(x_i)]/u(x_i)$ 为 B 类评定 u 的相对标准差。

B 类评定的标准不确定度的自由度可查表 4-14。

表 4-14　B 类评定的标准不确定度的自由度

$\Delta[u(x_i)]/u(x_i)$	0.50	0.40	0.35	0.32	0.30	0.27	0.25	0.24	0.22	0.16	0.10	0.07
v_i	2	3	4	5	6	7	8	9	10	20	50	100

3. 合成标准不确定度的有效自由度　合成标准不确定度 $u_c(y)$ 的自由度称为有效自由度，用符号 v_{eff} 表示。它表示了评定的 $u_c(y)$ 的可靠程度，v_{eff} 越大，评定的 $u_c(y)$ 越可靠。

在以下情况时需要计算有效自由度 v_{eff}：

（1）当需要评定 U_P 时为求得 k_p 而必须计算 $u_c(y)$ 的有效自由度 v_{eff}。

（2）当用户为了解所评定的不确定度的可靠程度而提出要求时。

如果 $u_c^2(y)$ 是二个或多个估计方差分量 $u_i^2(y)=(\partial f/\partial x_i)u^2(x_i)$ 的合成，每个 x_i 是正态分布的输入量 X_i 的估计值，变量 $(y-Y)/u_c(y)$ 的分布可以用 t 分布近似，合成标准不确定度的有效自由度由按照公式（4-54）计算：

$$v_{eff}=u_c^4/\sum_{i=1}^{N}[u_c^4(y)/v_i] \text{ 并且 } v_{eff}\leqslant\sum_{i=1}^{N}v_i \tag{4-54}$$

在实际计算中，有效自由度 v_{eff} 取计算值的整数。

（六）测量不确定度的报告与表示

由于测量不确定度避免了作为理想概念而不可知的真值，且只与测量条件有关，故它可通过对影响测量的诸多因素的分析得出，较之测量误差更便于量化评定。根据 CNAS-CL01-G003 对检测实验室测量不确定度评估的要求，在下列情况下，适用时，应在检测报告中报告测量结果的不确定度：①当不确定度与检测结果的有效性或应用有关时；②当用户要求时；③当测量不确定度影响到与规范限量的符合性时。

完整的测量结果应报告被测量的估计值及其测量不确定度以及有关的信息。当定量表示某一被测量估计值的不确定度时要明确说明是"合成标准不确定度"还是"扩展不确定度"，报告应尽可能详细，以便使用者可以正确地利用测量结果。只有对某些用途，如果认为测量不确定度可以忽略不计，则测量结果可以表示为单个测得值，不需要报告其测量不确定度。

测量结果的不确定度的报告通常有下列形式及要求：

1. 使用合成标准不确定度 $u_c(y)$ 的测量结果报告形式，这种形式主要用于基础计量学研究、基本物理常量测定及复现国际单位制单位的国际比对。在给出测量结果是应明确说明被测量 Y 的定义，给出被测量 Y 的估计值及其标准不确定度 $u_c(y)$，应在报告结果文件中说明 $u_c(y)$ 的定义、给出相应的计量单位，必要时给出有效自由度 v_{eff}，或给出相对标准不确定度 $u_{crel}(y)$。在给出合成标准不确定度时，不必说明包含因子 k 或包含概率 p。

2. 如果没有特殊要求，通常在报告测量结果时都用扩展不确定度表示，当用扩展不确定度 U 或 U_p 报告测量结果的不确定度时应：明确说明被测量 Y 的定义；给出被测量 Y 的估计值 y，扩展不确定度 U 或 U_p 及其单位，必要时也可给出相对扩展不确定度 U_{rel}（扩展不确定度除以估计值 y 的绝对值）；当报告扩展不确定度 U 时，一般取 $k=2$ 或 3，不必说明 p 值；对 U_p 应给出 p 和 v_{eff}。

3. 测量不确定度表述和评定时应采用规定的符号，单独用数值表示时，不要加"±"号。

4. 测量不确定度的数值应按照 GB/T 8170—2008 的规定修约到需要的有效数字，有时也可将不确定度最末位只进不舍，取一位或两位有效数字。

5. 通常在相同计量单位情况下，被测量 Y 的估计值 y 的数值应修约到其末位与不确定度的末位一致。

第五节　辐射防护测量计算实例

在实际测量工作中，测量人员不仅要了解被测量的物理定义、保证测量方法的正确性和测量仪器性能的可靠性，还要考虑测量结果的准确性。本节结合辐射防护检测实际应用需要给出辐射防护检测仪器的期间核查方法、α/β 表面污染仪和剂量率仪的判断阈和探测限以及个人剂量监测结果计算过程，方便读者了解如何准确、清晰、客观处理测量数据，保证测量结果的准确可信。

特别声明以下案例和数据是示范性的，适用范围有限，如果测量标准方法有规定的应按照标准规定的方法对数据进行处理。

一、测量设备期间核查

期间核查是指设备在使用过程中或在相邻两次校准之间，按照规定程序验证其功能或计量特性能否持续满足方法或规定要求而进行的操作。通过期间核查可以增强实验室的信心，保证检测数据的准确可靠，同时在发现设备不合格时可及时对以往检测结果的有效性进行追踪评价。

依据《检验和校准实验室能力的通用要求》（GB/T 27025），当需要利用期间核查以保持对设备性能的信心时，应按程序进行核查。一般情况下，实验室实施期间核查应：建立

☆★☆☆

核查程序（包括被核查对象范围、相关人员的职责和要求、作业指导文件等）、制订年度核查计划（确定核查仪器、核查内容、核查方法、核查日期）、按计划实施核查、记录结果并评价／分析（如果核查结果不符合要求，应停用被核查仪器，评估其造成的影响）以及核查资料归档保存。

根据被核查设备的类型和核查内容的不同，期间核查可分为"测量功能期间核查"和"计量特性期间核查"两类，"计量特性期间核查"可进一步分为"准确性（或＜示值＞误差）期间核查"和"其他计量特性期间核查"。

实验室在确定计量性能期间核查范围时，宜重点考虑以下设备：

校准周期较长及使用频繁较高的设备、历次校准结果波动较大或临近最大允许误差的设备、新购的不了解其计量特性及变化规律的设备、使用或存储环境（振动、高湿等）恶劣或发生过剧烈变化的设备、主要和重要设备（计量基准、标准等）稳定性差（易漂移、易老化等）的设备、经常携带到客户现场或脱离机构管理控制的设备、使用中易受损及数据易变或有可疑现象发生的设备、使用寿命临近到期的设备、准确度要求较高的关键设备、对测量结果有重要价值和重大影响（如较大风险等）的设备、检测／校准方法对核查有规定的设备等。

对于辐射防护检测类设备，其使用过程中根据自身示值稳定性和使用情况主要考虑进行计量特性期间核查，对其核查一般可采用下列常见方法：

（一）E_n 值判定法

当被核查设备经校准返回机构后，立即用核查标准对其进行核查得到核查结果 x_0 及测量不确定度 U_0；经过一段时间后，用同样的方法再次进行核查，得到核查结果 x_1 及测量不确定度 $_0$，则：

$$E_n = \frac{x_1 - x_0}{\sqrt{U_1^2 + U_0^2}} \tag{4-55}$$

若 $|E_n| \leqslant 1$，核查通过；若 $|E_n| > 1$，核查不通过。

E_n 值可以判定设备在一段时间内的稳定性，当 $0.7 \leqslant E_n \leqslant 1$ 时，应加大核查频次，防止测量结果偏离。

（二）设备比对法

若机构无法获取合适的核查标准，但有准确度相当的同类 $k(k \geqslant 3)$ 台设备，可用这几台设备对同一被测对象进行测量来核查设备的准确性，核查方法如下：

1. 用被核查对象对选定的被测对象重复测量 n 次得到算术平均值 y_1 及测量不确定度 U_1。

2. 在短时间内和相同条件（包括操作人员、环境条件、操作步骤等）下，用其他设备分别对相同的被测对象独立重复测量 n 次，得到对应的算术平均值分别为 y_2，y_3，y_k，计算 y_1，y_2，y_3，y_k，的平均值 $\bar{y} = \frac{1}{n}(y_1 + y_2 + \cdots + y_k)$，若 $|y_1 - \bar{y}| \leqslant \sqrt{\frac{k-1}{k}} U_1$，则核查通过。

（三）重复性核查

重复性核查是指在重复性测量条件下，用被核查对象对被测对象重复测量所得的示值或测得值之间的一致程度。

通常用重复性测量条件下所得结果的分散性定量表示，即用单次测量结果 y_i 的实验标准偏差 $s(y_i)$ 来表示，方法如下：

在重复性条件下，用被核查对象对常规被测对象进行 n 次独立的重复测量，得到的测量结果为 $y_i(i=1, 2, \cdots, n)$，重复性 $s(y_i)$ 按照公式（4-56）计算：

$$s(y_i)=\sqrt{\frac{\sum_{i=1}^{n}(y_i-\bar{y})^2}{n-1}} \tag{4-56}$$

式中：$\bar{y}$ 为 n 次测量结果的算术平均值。

重复性核查的判定及应用：

1. 若检测/校准方法对测量重复性有规定，按照其规定进行判定。

2. 若检测/校准方法对测量重复性无规定，应将重复性核查结果应用于测量不确定度评定，并定期进行重复性复核。

【例 4.23】笔者实验室一台型号为 XX 的 x、γ 剂量率仪，能量及角度响应（有保护套）最大偏差 17%，剂量率测量非线性最大偏差 10%，不考虑测量环境对读出值的影响。该仪器于某年 1 月 10 日完成校准，校准实验室给出该仪器的校准系数 $C_f=0.91$，相对扩展不确定度 $U_{rel}(\%)=7(k=2)$。笔者于 1 月 15 日，用该仪器对环境本底 20 次重复测量，对 ^{137}Cs 参考辐射源进行 22 次重复测量，同年 4 月 15 日，采用重复性测量条件做本底测量 20 次。设备校准时的环境与现场使用时的环境差异对测量结果影响忽略不计。测量结果见表 4-15。

表 4-15　测量结果 $\dot{H}$（nSv/h）

本底测量值 x_{01} 测量时间：	102	106	106	104	101	103	99	101	102	98
1 月 15 日	99	101	103	102	104	106	105	103	100	99
$\bar{x}_{01}\pm u(x_{01})$	\multicolumn{10}{c}{102.2 ± 2.5}
本底测量值 x_{02} 测量时间：	99	93	104	98	90	99	93	94	107	99
4 月 15 日	102	110	95	96	94	99	92	91	101	98
$\bar{x}_{02}\pm u(x_{02})$	\multicolumn{10}{c}{97.8 ± 5.4}

1. 计算 1 月 15 日测量不确定度

环境本底测量平均值：

$$\bar{x}_{01}=102.2(nSv/h)；$$

计算 A 类不确定度：

$$u(x_{01})_A=2.5/\sqrt{20}=0.559(nSv/h)；$$

校准不确定度：

$$u_{校准}=102.2\times5\%\div2=2.56(nSv/h)；$$

能量及角度响应不确定度：

$$u_{能量、角度}=102.2\times17\%\div2/\sqrt{3}=5.02(nSv/h)；$$

剂量率测量非线性不确定度：

$$u_{非线性}=102.2\times100\%\div2/\sqrt{3}=2.95(nSv/h)；$$

计算 B 类不确定度：

$$u(x_{01})_B=\sqrt{u_{校准}^2+u_{能量、角度}^2+u_{非线性}^2}=\sqrt{2.56^2+5.02^2+2.95^2}=6.36(nSv/h)；$$

计算扩展不确定度：

$$u_{01}=\sqrt{[u(x_{01})_A]^2+[u(x_{01})_B]^2}\times 2=\sqrt{0.56^2+6.36^2}\times 2=13(nSv/h)。$$

2. 计算 4 月 15 日测量不确定度：环境本底测平均值：

$$\bar{x}_{02}=97.8(nSv/h)；$$

计算 A 类不确定度：

$$u(x_{01})_A=5.4/\sqrt{20}=1.21(nSv/h)；$$

校准不确定度：

$$u_{校准}=97.8\times5\%\div2=2.45(nSv/h)；$$

能量及角度响应不确定度：

$$u_{能量、角度}=97.8\times17\%\div2/\sqrt{3}=4.80(nSv/h)；$$

剂量率测量非线性不确定度：

$$u_{非线性}=97.8\times10\%\div2/\sqrt{3}=2.82(nSv/h)；$$

计算 B 类不确定度：

$$u(x_{02})_B=\sqrt{u^2_{校准}+u^2_{能量、角度}+u^2_{非线性}}=\sqrt{2.45^2+4.80^2+2.82^2}=6.08(nSv/h)；$$

扩展不确定度：

$$U_{02}=\sqrt{[u(x_{02})_A]^2+[u(x_{02})_B]^2}\times2=\sqrt{1.21^2+6.08^2}\times2=12(nSv/h)。$$

3. 采用 E_n 值核查，可得：

$$E_n=\left|\frac{\bar{x}_{02}-\bar{x}_{01}}{\sqrt{U^2_{01}+U^2_{02}}}\right|=\left|\frac{97.8-102.2}{\sqrt{13^2+12^2}}\right|=0.25<1$$

此次核查结果为：设备校准状态得到保持。

上述核查方法利用相对稳定的环境本底辐射水平作为核查标准，方法简单，适用于辐射防护检测。在实际工作中，为了控制风险，实验室可采用此方法类似进行第 2、3、4……次核查，得到一系列值 E_{n2} E_{n3} E_{n4}……，当 $0.7\leqslant E_m\leqslant 1$ 时，建议实验室分析原因并采取预防措施，以避免仪器性能进一步下降对结果带来影响。

实验室还可通过设定警戒值和控制限值，对核查结果进行分析判定。用被核查设备定期对测量对象进行重复检测，并利用得到的特性值绘制出警戒值和控制限值图，控制图绘制方法参考《控制图－第 1 部分：通用指南》（GB/T 17989.1—2020）和《控制图－第 2 部分：常规控制图》（GB/T 17989.2—2020），若核查值落在控制限内，则核查通过，若核查值落在警戒值内应加大核查频次。

二、辐射防护仪器的判定阈和检测限

电离辐射测量的一个特点是必须在存在辐射背景的情况下进行，被测量物可以看是作为总计数率和背景计数率之差的净计数率，或者是样品的净活度。由于诸如天然放射性、计数中的统计涨落、测量系统的校准、样品处理和测量装置灵敏度、分辨力等因素会对测量结果产生影响，因此所有测量方法都应有判断样品或环境中是否存在放射性物质和其含量大小的能力，特别是对于低放射性水平测量，由于样品中净计数率与本底计数率相差不大，甚至还要低，这就需要判断所得的计数究竟是样品中放射性的贡献还是本底辐射的统计涨落所致。由此，在测量时，应为测量装置规定一个合理的判定阈（"判定阈"允许决定是否存在量化的物理效应）和检测限（"检测限"表示通过规定的应用测量程序检测被测物的最小真实量值）。

（一）α、β 表面污染仪的判定阈和探测限

在实际检测工作中如果仅简单考虑那些同计数统计相关的变化可依据《摄入放射性核素引起的职业照射评估》（IAEARS-G-1.2，2000）给出的公式计算 α、β 表面污染监测仪的判定阈和探测限。

1. 判定阈（L_C）：是指放射工作场所中显著超过特定测量方法本底响应的最小有效信号，它相当于随机涨落本底响应的水平在不存在放射性时，将仅以某种低的概率 α（通常称为 α 错误概率，一般取 $\alpha=0.05$）超过这个水平，这样，当测量仪器结果显示超过 L_C 时，可以看成是以 95% 的概率表明存在放射性。如果等精度测量次数 ≥ 20 次时，计数中的随机涨落的概率密度分布可近似遵循正态分布，L_C 将相当于 1.65σ，其中 σ 是该分布的标准偏差。

如果 n_b 是本底计数率，t_s 和 t_b 分别是样品和本底相关测量的计数时间，R_i 是测量仪器的表面活度响应，而且假定被测对象覆盖区间的概率为 95%，标准正态分布函数的分位数为 1.65。

判定阈（L_C）按照公式（4-57）计算：

$$L_C = \frac{1.65}{R_i} \sqrt{\frac{n_b}{t_s} \left(1 + \frac{t_s}{t_b}\right)} \tag{4-57}$$

式中：n_b 为本底计数率（cps）；

t_s 和 t_b 分别为样品和本底测量的计数时间（s）；

R_i 为粒子表面活度响应（$s^{-1} \cdot Bq^{-1} \cdot cm^2$）。

对于以相等的计数时间测量样品和本底，即 $t_s = t_b$，公式可简化为：

$$L_C = \frac{2.33}{R_i} \sigma_b \tag{4-58}$$

式中：σ_b 为本底计数率的标准偏差，$\sigma_b = \sqrt{n_b/t_b}$。

2. 探测限（L_D）：是指可探测放射性最小活度，相当于为了以某种选定的概率确保按照其超过 L_C 的依据将测得净信号所需的放射性活度水平，通常选定的概率为 95%，在这种情况下，错误判定被测物放射性活度真值为零的概率为 β（通常称为 β 错误概率，一般取 $\beta=0.05$）。

3. 探测限 L_D 按照公式（4-59）计算：

$$L_D = \frac{3}{R_i} + 2L_C \tag{4-59}$$

式中：$\dfrac{3}{R_i}$ 为总计数很低时泊松计数统计的非正态修正；

【例 4.24】已知某 α、β 表面污染仪有效探测面积为 $170cm^2$，该仪器某年 1 月 10 日检定结果为：对 ^{241}Am 的 α 粒子表面发射响应因子 $R_q=0.33$，对 ^{36}Cl 的 β 粒子表面发射响应因子 $R_q=0.45$。1 月 15 日用该仪器测得 β 粒子本底计数率：$\bar{r}_\beta = 15.7$cps。

计算表面活度响应 R_i：

$$R_\alpha = R_q \times s \times \varepsilon_\alpha = 0.33 \times 170 \times 0.51 = 28.6(s^{-1} \cdot Bq^{-1} \cdot cm^2)$$

$$R_\beta = R_q \times s \times \varepsilon_\beta = 0.45 \times 170 \times 0.62 = 47.4(s^{-1} \cdot Bq^{-1} \cdot cm^2)$$

式中：R_q 为 α、β 粒子表面发射率响应，无量纲；

s 为表面污染仪探测面积，单位 cm^2；

ε 为测量 R_q 所用标准平面源的发射效率，单位 s·Bq^{-1}，其中，$\varepsilon_\alpha=0.51$s·Bq^{-1}，$\varepsilon_\beta=0.62$s·Bq^{-1}。

根据公式（4-58）和（4-59）计算判断阈及探测限：

对于 α 粒子：测量时间为 1200s，假设测得 α 粒子个数为 $n=1$，

判断阈：$L_D(\alpha)=\dfrac{2.33}{28.6}\sqrt{1/1200^2}=6.79\times10^{-5}(\text{Bq/cm}^2)$

检测限：$L_D(\alpha)=\dfrac{3}{28.6}+2\times6.79\times10^{-5}=0.10(\text{Bq/cm}^2)$

对于 β 粒子：

判断阈：$L_C(\beta)=\dfrac{2.33}{47.4}\sqrt{15.7}=0.19(\text{Bq/cm}^2)$

检测限：$L_D(\beta)=\dfrac{3}{47.4}+2\times0.19=0.44(\text{Bq/cm}^2)$

注：应单独处理计数率为 0 的特殊情况。在本例中测量时间为 1200s，实际测得的 α 的本底计数为 $n=0$，如果 $n=0$ 则意味着计数率 $\tilde{r}$ 的 $u(\tilde{r})=0$，但是 $u(\tilde{r})=0$ 是一个不现实的结果，因为在有限的测量持续时间内，如果没有记录到脉冲，人们永远无法确定在这个时间段内真实的计数率 $\tilde{r}_0$ 值为 0，此时对于近似正态概率分布原则上不再有效，根据《电离辐射测量用特性限值（判定阈值、检测限值和覆盖区间限值）的测定－基本原理和应用第 2 部分：高级应用》（ISO 11929：2019）的解释，如果 $n=0$，应设置 $\tilde{r}=1/t$ 和 $u^2(\tilde{r})=1/t^2$。

（二）剂量率仪器的判定阈和探测限

对于剂量率仪器的判定阈和探测限的简单论述以《电离辐射测量特征值（判定阈、检测限和覆盖区间限值）的测定》（ISO 11929：2019）给出的以测量值的标准不确定度为基础，所涉及的计算模型都具有从总量中减去背景贡献的特点，背景可能是背景辐射或影响测量程序的任何空白的结果，问题是样品的贡献是否可以被识别。

1. 判定阈 y^*　由于输入量的所有估计以及由此产生的被测量都是不确定的，因此这个问题只能通过决策理论来处理，允许预先确定错误决策的概率。因此判定阈 y^* 的定义为：

$$P(y>y^*|\tilde{y}=0)=\alpha \tag{4-60}$$

式中：y 为被测对象的测量结果，也用作描述可能的测量结果；y^* 为被测对象的判定阈值；$\tilde{y}$ 为被测物的可能或假定的真量值；如果不存在感兴趣的物理效应 $\tilde{y}=0$，则；否则，$\tilde{y}>0$。

判定阈 y^* 由以下条件定义：如果实际上放射性物理因素真值 $\tilde{y}$ 为零，则获得大于判定阈值 y^* 的主要测量结果 y 的概率等于 α，也就是说事实上如果没有样本的影响，概率 α 则为假阳性的决策。

判定阈 y^* 按照公式（4-61）计算：

$$y^*=k_{1-\alpha}\cdot\tilde{u}(0) \tag{4-61}$$

式中：$k_{1-\alpha}$ 为概率为 $1-\alpha$ 的标准正态分布的分位数；$\tilde{u}(0)$ 为背景测量值的标准不确定度。

如果测量结果 y 超过判定阈值 y^*，则判定存在由被测物所提供的物理效应，即确认有来自样本的贡献。如果结果 y 低于判定阈值 y^*，则判定结果不能归因于物理效应，然而不能断定物理效应不存在，如果物理效应真的不存在，作出决定存在物理效应的错误概率等于规定的概率 α。

2. 检测限 $y^{\#}$ 表示被测物的最小真值，该值能被应用的测量程序以规定的概率检测到。任何测量结果 y 都有这样一种可能性：给定由判定阈 $y*$ 提供的决策规则，人们错误地判断出物理效应不存在，尽管它在现实中存在。为了使这种错误判断的概率超过预定的概率 β，检测限被定义为被测对象的最小真值：

$$P(y < y* | \tilde{y} = y^{\#}) = \beta \tag{4-62}$$

如果真值 $\tilde{y}$ 等于检测限 $y^{\#}$，则检测限 $y^{\#}$ 定义为获得小于判定阈 $y*$ 的主要测量结果 y 的概率等于 β。

检测限 $y^{\#}$ 按照公式（4-63）计算：

$$y^{\#} = y* + k_{1-\beta} \cdot \tilde{u}(y^{\#}) \tag{4-63}$$

式中：$k_{1-\beta}$ 为标准正态分布的 $1 - \beta$ 分位数；$\tilde{u}(y^{\#})$ 为与测量结果 y 有关的被测物的标准不确定度。

3. 评价模型和标准不确定度 被测物是一个净剂量率，是背景区域和潜在污染总面积的一系列测量值之间的差值。使用符号 y 表示未规定特定剂量率的物理量的测量值。评价模型如下：

$$y = (\bar{x}_g - \bar{x}_b) \cdot C_f \tag{4-64}$$

式中 $\bar{x}_g = \dfrac{1}{n_g} \sum\limits_{j=1}^{n_g} x_{g,j}$：为总测量值的均值，$S_g = \left[\dfrac{1}{n_g} \sum\limits_{j=1}^{n_g} (x_{g,j} - \bar{x}_g)^2 \right]^{1/2}$ 为总测量值的标准差；$\bar{x}_b = \dfrac{1}{n_b} \sum\limits_{i=1}^{n_b} x_{b,i}$ 为背景测量值的均值，$S_b = \left[\dfrac{1}{n_b} \sum\limits_{i=1}^{n_b} (x_{b,i} - \bar{x}_b)^2 \right]^{1/2}$ 为背景测量值的标准差；n_g 为样本测量次数，n_b 为本底测量次数；C_f 为校准系数。

假设 $x_{b,i}(i=1, \cdots n_b)$ 和 $x_{g,j}(j=1, \cdots n_g)$ 是来自具有未知期望和方差的高斯分布的样本，$\bar{x}_g$ 和 $\bar{x}_b$ 是最佳估计值，该分布的方差产生与总测量值和背景测量值的平均值相关的标准不确定度按照公式（4-65）计算：

$$u(\bar{x}_g) = \left(\frac{n_g - 1}{n_g - 3} \right)^{1/2} \cdot \frac{s_g}{\sqrt{n_g}} \ \text{和} \ u(\bar{x}_b) = \left(\frac{n_b - 1}{n_b - 3} \right)^{1/2} \cdot \frac{s_b}{\sqrt{n_b}} \tag{4-65}$$

注：测量次数 $n_g > 3$、$n_b > 3$ 是必需的。

与主要测量结果 y 相关的标准不确定度按照公式（4-66）计算：

$$u^2(y) = C_f^2 \cdot [u^2(\bar{x}_g) + u^2(\bar{x}_b)] + y^2 \cdot u_{rel}^2(C_f) \tag{4-66}$$

为了获得判定阈值，假设 $y_g = y_b$ 和 $s_g = s_b$，保持 y 的真值 $\tilde{y} = 0$。$\tilde{y} = 0$ 时的标准不确定度和判定阈按照公式（4-67）和（4-68）计算：

标准不确定度：

$$\tilde{u}^2(\tilde{y} = 0) = C_f^2 \cdot \left[\frac{n_g - 1}{n_g \cdot (n_g - 3)} + \frac{n_b - 1}{n_b \cdot (n_b - 3)} \right] \cdot s_b^2 \tag{4-67}$$

判定阈 $y*$：

$$y* = k_{1-\alpha} \cdot C_f \cdot s_b \cdot \sqrt{\frac{n_g - 1}{n_g \cdot (n_g - 3)} + \frac{n_b - 1}{n_b \cdot (n_b - 3)}} \tag{4-68}$$

检测限 $y^{\#}$ 按照公式（4-69）计算：

$$y^{\#} = a + \sqrt{a^2 + (k_{1-\beta}^2 - k_{1-\alpha}^2) \tilde{u}^2(0)} \tag{4-69}$$

式中：a 为辅助计算量

$$a=k_{1-\alpha} \cdot \widetilde{u}^2(0)+\frac{1}{2}\left\{(k_{1-\beta}^2)/y\left[\left(u^2(y)-\widetilde{u}^2(0)\right)\right]\right\} \tag{4-70}$$

（1）测量结果接近或小于 $y^{\#}$ 时，并不意味着不存在电离辐射，有可能是测量仪器的灵敏度达不到最低检测限，在这种情况下，测量结果的正确表达应为"小于检测限"

（2）对于 $y \geqslant 4u(y)$，最佳估值 $\hat{y}$ 近似等于 y，$u(\hat{y})=u(y)$ 是足够的，并且不需要单独计算最佳估计值 $\hat{y}$，及其相关的不确定度 $u(\hat{y})$

（3）当无参考源时，可以用测量不同地点的本底辐射水平值来计算仪器的检测限，但由于本底辐射水平统计涨落相对较大，其标准不确定度会比用参考源测量的剂量率的标准不确定度大，这样仪器的检测限通常会高一些，这也可以认为是合理的。

【例 4.25】可用信息：测量仪器及环境本底测量值参见例 4.23，背景测量值和总测量值的读数次数分别为：$n_b=20$，$n_g=22$，见表 4-16。

表 4-16　参考源测量结果 $\dot{H}$（nSv/h）

参考源测量值 x_g 单位：nSv/h	903	878	874	909	872	892	882	908	908	886	903
	897	907	904	895	899	887	902	901	907	901	898
$\bar{x}_g \pm u(x_g)$						896 ± 12					

1. 本底测量标准不确定度　$u(\bar{x}_b)=\left(\dfrac{n_b-1}{n_b-3}\right)^{1/2} \cdot \dfrac{s_b}{\sqrt{n_b}}=\left(\dfrac{20-1}{20-3}\right)^{1/2} \cdot \dfrac{2.5}{\sqrt{20}}=0.59$（nSv/h）

2. 参考源测量标准不确定度

$$u(\bar{x}_g)=\left(\frac{n_g-1}{n_g-3}\right)^{1/2} \cdot \frac{s_g}{\sqrt{n_g}}=\left(\frac{22-1}{22-3}\right)^{1/2} \cdot \frac{12}{\sqrt{22}}=2.69\text{（nSv/h）}$$

3. 初步测量结果

$$y=(\bar{x}_g-\bar{x}_b) \times C_f=(896-102.2) \times 0.91=722.36\text{（nSv/h）}$$

4. 与主要测量结果相关的标准不确定度

$$u(y)=\sqrt{C_f^2 \cdot [u^2(\bar{x}_g)+u^2(\bar{x}_b)]+y^2 \cdot u_{rel}^2(C_f)}$$
$$=\sqrt{0.91^2[2.69^2+0.59^2]+722.36^2 \times 0.07^2}=50.63\text{（nSv/h）}$$

5. 根据公式（4-68）计算判断阈 y^*　假设概率 $\alpha=5\%$，标准化正态分布 $\Phi(k_{1-\alpha})=1-\alpha$ 的分位数 $k_{1-\alpha}=1.645$，对于被测物的真值 $\widetilde{y}=0$：

$$\widetilde{u}(\widetilde{y}=0)=s_b \cdot C_f \cdot \sqrt{(n_g-1)/[n_g \cdot (n_g-3)]+(n_b-1)/[n_b \cdot (n_b-3)]}$$
$$=2.5 \times 0.91 \times \sqrt{(22-1)/[22 \times (22-3)]+(20-1)/[20 \times (20-3)]}=0.74\text{（nSv/h）}$$

则判断阈为：$y^*=k_{1-\alpha} \cdot \widetilde{u}(\widetilde{y}=0)=1.645 \times 0.74=1.22$（nSv/h）。

6. 根据公式（4-69）计算检测限 $y^{\#}$　假设标准化正态分布 $\Phi(k_{1-\beta})=1-\beta$ 的分位数为 $k_{1-\beta}=1.645$，计算辅助量 a：

$$a=k_{1-\alpha} \cdot \widetilde{u}(0)+\frac{1}{2}\left\{(k_{1-\beta}^2)/y\left[\left(u^2(y)-\widetilde{u}^2(0)\right)\right]\right\}$$

$$=1.645 \times 0.74+\frac{1}{2}\left\{(1.645^2/722.36)[50.63^2-0.74^2]\right\}=6.0(nSv/h)$$

则检测限 $y^{\#}$ 为：

$$y^{\#}=a+\sqrt{a^2+(k_{1-\beta}^2 - k_{1-\alpha}^2)\tilde{u}^2(0)}$$
$$=6.0+\sqrt{6.0^2+(1.645^2 - 1.645^2] \times 0.74^2}=12.0(\text{nSv/h})；$$

（三）个人剂量监测

评价模型按照公式（4-71）：

$$m=n \cdot k \cdot (\bar{g}-\bar{g}_0) \tag{4-71}$$

式中：m 为个人剂量当量 H_p（10）测量结果的估计值；

n 为校准系数最佳估计值；

k 为辐射入射的能量和角度等修正系数最佳估计值；

$\bar{g}$ 为剂量计的读数指示值的均值；

$\bar{g}_0$ 为剂量计本底读数估计值的均值。

注：假定修正系数所有可能取值为高斯分布，其最佳估值可取为 $k=1$。

【例 4.26】个人剂量监测：

可用信息：热释光个人剂量探测器为 LiF(Mg, Cu, P) 粉末，能量响应最大偏差 10%，角度响应最大偏差 15%，最大非线性偏差 3.6%，校准证书给出能量刻度因子 $C_f(mSv/X_i)$：1.08，不确定度 U_{rel}=9.3%(k=2)。测量条件测量：高压 848V，测量量程 3，计数频率 f=3，加热参数：M2，光源读数：1.02，仪器预热时间：3min，环境温度：24℃，℃湿度：相对湿度 70%。测量结果见表 4-17。

表 4-17　测量结果（mSv）

跟随本底值 g_0	0.158	0.159	0.148	0.149	0.148	0.154	0.148	0.152	0.150	0.150
$\bar{g}_0 \pm s(g_0)$	\multicolumn{10}{c}{0.152±0.004}
测量值	1.165	1.229	1.209	1.213	1.169	1.220	1.252	1.214	1.213	1.218
$\bar{g} \pm s(g)$	\multicolumn{10}{c}{1.210±0.026}
$m=n \cdot k \cdot (\bar{g}-\bar{g}_0)$	\multicolumn{10}{c}{$(\bar{g}-\bar{g}_0) \times 1 \times 1.08=1.143$}

1. 别除离群值　将个人剂量计测量值按照由小到大排列：

1.165、1.169、1.209、1.213、1.213、1.214、1.218、1.220、1.229、1.252。

按双侧情形计算统计量 G_{10} 和 G_{10}'：

$$G_{10}=\frac{1.252 - 1.210}{0.026}=1.62, \quad G_{10}'=\frac{1.210 - 1.165}{0.026}=1.73$$

确定检出水平 α=0.05（包含概率 95%），查表 4-3 得格拉布斯临界值 $G_{1 - \alpha/2}(10)$=2.176；

根据计算统计量 G_{10}'、G_{10}' 和临界值的关系进行判定：$G_{10}' > G_{10}$ 且 $G_{10} < G_{1 - \alpha/2}$，判定该组测量值无离群值。

2. 计算不确定度　个人剂量监测 A 类不确定度主要来源于：探测器灵敏度非一致性，零剂量时探测器读数的变异以及由于灵敏度和本底引起的读数变异。

本例 A 类不确定度：

$$u_A=s(x_i)/\sqrt{10}=0.026/\sqrt{10}=0.008(\text{mSv})$$

B 类不确定度主要来源于：剂量系统的校准误差，剂量计的能量依赖性，剂量计的方

☆★☆ ☆

向依赖性和响应的非线性，探测器的信号衰退、湿度及温度的依赖性，光照射影响，非电离辐射的影响，机械振动影响及不同地区天然本底辐射影响的差异。

本例 B 类不确定度（概率分布假设为均匀分布）包括：

$$u_{B\,能响}=g\times 5\%/\sqrt{3}=1.143\times 5\%/\sqrt{3}=0.033(\text{mSv})$$

$$u_{B\,非线性}=g\times 1.8\%/\sqrt{3}=1.143\times 1.8\%/\sqrt{3}=0.012(\text{mSv})$$

$$u_{B\,角响应}=g\times 7.5\%/\sqrt{3}=1.143\times 7.5\%/\sqrt{3}=0.049(\text{mSv})$$

$$u_{B\,校准}=g\times 9.3\%\div 2=1.143\times 9.3\%\div 2=0.053(\text{mSv})$$

$$u_{B}=\sqrt{u_{B\,能响}^{2}+u_{B\,非线性}^{2}+u_{B\,角响应}^{2}+u_{B\,校准}^{2}}$$

$$=\sqrt{0.033^{2}+0.012^{2}+0.049^{2}+0.053^{2}}=0.081(\text{mSv})$$

合成不确定度：

$$u_{c}=\sqrt{u_{A}^{2}+u_{B}^{2}}=\sqrt{0.033^{2}+0.012^{2}+0.049^{2}+0.053^{2}}=0.081(\text{mSv})$$

扩展不确定度：

$$U_{0.95}=u_{c}\times 2=0.081\times 2=0.16(\text{mSv})(k=2,\,p=0.95)$$

相对扩展不确定度：$U_{rel}=u_{c}/g=0.16\div 1.14=14\%$

$$H_{p}(10)=g\pm U_{0.95}=1.14\pm 0.16(\text{mSv})$$

3. 测量结果报告

（1）平均值：$H_{p}(10)=1.14\text{mSv}$

（2）扩展不确定度：$U_{0.95}=0.16\text{mSv}$，$k=2$，置信概率 $p=95\%$

（3）相对扩展不确定度：$U_{rel}=14\%$

（4）概率约为 95% 的置信覆盖区间：[0.98mSv, 1.30mSv]

（四）测量值或其计算值与规定的限值作比较

在判定测量值或其计算值是否符合规定限值要求时，应将测量值或其计算值与规定的限值作比较，一旦标准或实验室在体系管理文件中说明了比较方法，就不得改动。

比较的方法可采用如下方法。

全数值比较法：当标准或有关文件中，对限值（包括带有极限偏差值的数值）无特殊规定时，均应使用全数值比较法。将测试所得的测定值或计算值不经修约处理（或虽经修约处理，但应标明它是经舍、进或未进未舍而得），用该数值与规定的限值作比较，只要超出限值规定的范围（不论超出程度大小），都判定为不符合要求。

修约值比较法：将测量值或其计算值进行修约，修约数位应与规定的限值数位一致。当测试或计算精度允许时，应先将获得的数值按指定的修约数位多报出一位或几位，然后按规定采用修约值比较法，只要超出限值规定的范围，都判定为不符合要求。

第二部分

分　论

第 5 章

医用常规 X 射线诊断设备

第一节 概　述

自从 1895 年德国物理学家伦琴发现 X 射线以后，它的强贯穿能力，以及能够使特定物质发出荧光和使胶片感光的特性就被广泛运用。X 射线被发现后首先就被运用于医学诊断，即 X 射线影像诊断。因为其波长长，能量高，当其与物质相互发生作用时，仅小部分 X 射线被吸收，而大部分 X 射线则穿过原子间隙表现出较强的穿透能力。同时由于物质的原子间隙与其本身密度密切相关，物质密度高则原子间隙小，相应的透过的 X 射线就少，物质本身吸收的射线就多，反之亦然。所以不同密度的物质原子间隙不同，阻挡 X 射线能力也就不同，即对 X 射线的吸收率不同，某物质对 X 射线的吸收率同时也是 X 射线的成像基础。

20 世纪初期研制出常规医用 X 射线机，并于 20 世纪 60 年代中、末期形成了较完整的放射诊断学体系。人体作为自然界的生物体之一，其密度特性也遵循自然规律。利用 X 射线的穿透特性可区别人体内不同密度的骨骼、肌肉、脂肪以及气体，即便是密度相近的软组织也可以引入造影剂通过改变组织密度予以区别，其原理是利用不同组织对造影剂的吸收率不同直接改变组织密度即组织的原子间隙来达到区别的目的。

由于 X 射线同时还具有荧光效应、电离效应以及生物效应，所以在日常工作中，人们总是尽量利用其对人体有益的部分，而对于可能对人体造成损害的部分则尽可能摒弃，即尽可能减少对人体的损害。这就关系到对 X 射线如何正确利用和屏蔽的问题。为此，科学工作者通过长时间的研究和总结，并借鉴国内外的先进经验制定了详尽的质量管理（Quality Management，QM）程序来规范涉及 X 射线的工作，以保证患者、公众和医务工作者的身体健康。即质量保证（Quality Assurance，QA）和质量控制（Quality Control，QC）两方面。而要保证质量管理体系的正常运行，就设备方面来说，设备是否运行正常是基础，性能是否符合国家标准要求则是关键。

相关基本术语和概念：

1. X 射线影像诊断（X-ray imaging diagnosis）　利用一定能量的 X 射线穿透人体，以取得人体内器官或组织的影像信息用以诊断疾病的技术。

2. 质量管理（quality management，QM）　为拍摄满足临床诊断需要的影像制订相应计划，正确进行各种检测，准确评价所得结果，并精确实施检测行动所进行的系列管理活动。

3. 质量控制（quality control，QC）　为了实现质量管理的目标任务所进行的所有活动过程，包括对 X 射线诊断设备的性能检测、维护以及对 X 射线影像形成过程的监测和校正行动。

4. **基线值**（baseline value）　为设备性能参数的基本参考值。通常在验收检测合格后，由最初的性能检测所得，或者由相应的标准给定。其实质是既要确定每个参数最可能出现的那个值即基线值，也要确定每个参数可接受的即合理的波动范围，目的是便于进行灵敏性分析、观察决策分析结果的稳定性。

5. **球管**（X-ray tube）　即 X 射线管，具有阴、阳极两极，阴极有灯丝，通电加热可溢出电子，阳极有靶面。工作原理为阴极灯丝发热溢出的电子在高压发生器产生的高压电场的作用下轰击球管阳极靶面经过能量转换产生 X 射线，施加于球管阴极和阳极两端的高压就是管电压。

6. **高压发生器**（X-ray high voltage generator）　即 X 射线高压发生器，实质就是 X 射线机的交流变压器，通过改变初级、次级线圈的匝数比而提高输出电压等级的装置，同时还为 X 射线管提供电能。

7. **摄影床**　是 X 射线摄影检查时用来安置患者的支撑装置，同胸部 X 线片架和诊视床一样都是 X 射线检查的附属设备。

8. **诊视床**　是透视时用来安置患者和支撑附属设备的装置。

9. **模拟 X 射线成像**　包括 X 射线摄影检查和 X 射线透视检查，是指利用 X 射线与物质作用时产生衰减的特性，当相同强度的 X 射线穿过人体时，因为人体组织密度与厚度不同，则 X 射线的衰减也不同，故透过人体的 X 射线强度也不同，形成 X 射线强度差。这种有强度差异的 X 射线作用于胶片或荧光屏，使胶片或荧光屏产生不同亮度的荧光，使胶片感光或荧光屏发光。感光的 X 射线胶片经过暗室处理，形成 X 射线照片影像，此过程称 X 射线摄影检查；荧光屏产生不同亮度的荧光则形成传统 X 射线透视影像，此过程称 X 射线透视检查。

10. **模拟图像**　由模拟 X 射线摄影系统经过 X 射线照射处理后形成的由连续变化的模拟信号构成的图像即模拟图像，是用一种直观的物理量来连续、形象地表现另一种物理场的情况，这类图像不能用计算机直接处理。

11. **影像接收器即成像板**（image receptor，IR）　是用来接收透过人体的带有不同人体组织密度信息的 X 射线的载体，即用于将入射 X 射线直接转换成可见图像的设备，或转换成需要通过进一步变换才能成为可见图像的中间形式，包括荧光屏、放射胶片、CR 专用成像板（IP）、影像增强器或平板探测器等。

12. **焦点 - 影像接收器的距离**（focal spot to image receptor distance，SID）　X 射线管阳极靶面有效焦点中心至影像接收器表面的距离。有效焦点的基准平面至基准轴线与影像接收器平面相交点的距离，在测量过程中是有效焦点的基准平面至基准轴线与探测器的距离。

13. **自动曝光控制**（automatic exposure control，AEC）　在利用 X 射线进行检查的系统中，通过反馈电路或系统自动控制该设备的一个或几个变量即加载因素，包括管电压、管电流、曝光时间或管电流曝光时间乘积等因素，以便获得理想剂量（或剂量率）的操作方法，最终目标是获得理想图像用于临床诊断。通常包括：自动剂量控制（ADC）、自动剂量率控制（ADRC）和自动亮度控制（ABC）等多种形式。ADC 和 ADRC 多用于 X 射线摄影检查中，ABC 多用于透视或 DSA 检查中。

☆★☆☆

14. **探测器剂量指示**（detector dose indicator，DDI）　用来反映 X 射线影像采集过程中影像接收器（IR）上入射剂量的特定指示。

15. **照射量**（exposure，X）　是仅用以量度 X 或 γ 射线在空气中产生电离能力大小的物理量，其 SI 单位为库伦每千克（C/kg），已废除的非法定专用单位伦琴（R）曾经被广泛应用。照射量只用于量度 X 或 γ 射线在空气中的辐射场，不适用于中子或电子束等辐射类型和其他物质。计算公式为 $X = \dfrac{dQ}{dm}$，单位 C/kg。dQ 是在质量为 dm 的空气中由光子（X 或 γ 射线）释放出来的或创生的全部电子（正、负电子）完全被空气阻止时，在空气中产生任一种符号的离子总电荷的绝对值。

16. **比释动能**（kerma，K）　指不带电的致电离粒子与物质相互作用时，度量将多少能量传递给了带电粒子的量，用 K 表示。定义为不带电的电离粒子，在质量为 dm 的某种物质中释放出来的全部带电粒子的初始动能总和 dE_{tr} 除以 dm。单位焦耳 / 每千克（J/kg），国际单位（SI）为戈瑞（Gy），计算公式 $K = \dfrac{dE_{tr}}{dm}$。不同介质的质能转换系数不同，在描述比释动能大小时必须指明介质和所研究点的位置。实际工作中还需要测量某一特定物质内的另一种物质中某一点的比释动能或比释动能率，需要满足被测的质量元必须小到对非带电的致电离粒子场不引起明显扰动的要求。

17. **吸收剂量**（absorbed dose，D）　指授予单位质量物质（或被单位质量物质吸收）的任何致电离辐射的平均能量，即任何电离辐射时，授予质量为 dm 的物质的平均能量 $d\bar{\varepsilon}$ 除以 dm，用 D 表示，单位戈瑞（Gy），计算公式 $D = \dfrac{d\bar{\varepsilon}}{dm}$，1Gy 的吸收剂量就等于 1kg 受照物质吸收 1J 的辐射剂量。曾用单位拉德（rad），$1rad = 10^{-2}Gy$，即 1Gy=100rad。

18. **吸收剂量率**（absorbed dose，$\dot{D}$）　单位时间内吸收的剂量。定义为吸收剂量率 $\dot{D}$ 是 dD（时间间隔 dt 内吸收剂量的增量）除以 dt 得的商，计算公式：$\dot{D} = \dfrac{dD}{dt}$，单位为戈瑞每小时，或毫戈瑞每小时，即：Gy/h 或 mGy/h。

19. **辐射输出量**（radiation output）　距离 X 射线管焦点一定距离的有用 X 射线束在单位时间内的曝光量（即时间电流积）产生的空气比释动能，单位为 mGy/mAs。在距离焦点 1m 处产生的辐射输出量即特定辐射输出量。

20. **入射剂量**　在某一放射区域中部，在人体表面测得的剂量。但在该点测量时，X 射线束的路径上无被照物体（人体等），也就是入射剂量不包括来自人体的散射剂量。国际单位为戈瑞，即 Gy，1Gy=1J/kg。

21. **表面剂量**　在人体体表测得的剂量。包括入射剂量和人体的散射剂量。国际单位为戈瑞，即 Gy，1Gy=1J/kg。

22. **出射剂量**　X 射线离开患者身体时所测得的患者体表的剂量，国际单位为戈瑞，即 Gy，1Gy=1J/kg。

23. **入射屏前剂量**　是在影像接收器表面测得的辐射剂量，实际上此时的 X 射线已经携带了人体组织或器官的密度信息。

第二节　设备的构成及工作原理

一、医用常规 X 射线诊断摄影设备

医用常规 X 射线诊断摄影设备即医用通用 X 射线摄影机，它是利用 X 射线穿过人体，用胶片或其他影像接收器记录被照体信息，用可见光学影像加以展示，供诊断者观察分析的医疗设备。基本原理是利用 X 射线穿过人体后，由于人体组织密度存在差异，对 X 射线的吸收率不同，到达影像接收器的 X 射线强度就不同，通过相应的图像后处理即获得用于诊断的 X 光影像。其特点是简单、经济、使用方便、临床运用广，不足之处是所获得的是瞬时图像，不能了解脏器的动态变化，同时还可能对受检者带来辐射危害。

利用 X 射线成像的设备采集人体信息的原理及过程基本上是一致的，唯一不同之处是用于接收带有人体信息的 X 射线的影像接收器和图像后处理方式。屏 - 片组合利用胶片、透视机利用荧光屏或影像增强器、计算机 X 射线摄影（CR）利用影像板（IP）、数字 X 射线摄影（DR）利用数字平板探测器。故普通屏 - 片组合、透视机、计算机 X 射线摄影（CR）、数字 X 射线摄影（DR）在涉及球管的质量控制检测是通用的。

（一）医用 X 射线诊断摄影设备的构成

基本构成包括：球管、高压发生器、控制系统、电源系统、机架等辅助系统和图像处理系统（图 5-1）。

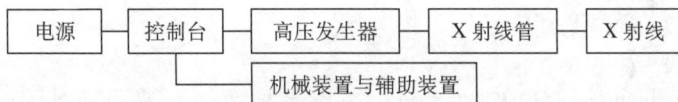

图 5-1　医用 X 射线诊断摄影设备结构图

作为核心部件的球管，主要是在高压电场的作用下产生 X 射线。而高压发生器主要是为球管的阴极和阳极之间提供高压电场，即为球管阴极灯丝溢出的电子轰击阳极靶面产生 X 线提供足够的动力。控制系统则通过对管电压、管电流和曝光时间的控制来决定 X 射线的质和量。辅助系统则包括供电、机架、胸部 X 线片架等（图 5-2）。

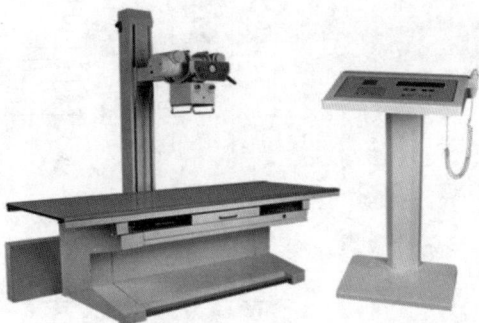

图 5-2　医用常规 X 射线诊断摄影设备

（二）工作原理

医用常规 X 射线诊断摄影设备工作原理分两部分。

第一部分为曝光前准备。当外接电源接通，控制系统、球管灯丝以及辅助系统通电，球管灯丝通电发热溢出电子，高压初级供电。通过调节控制系统预置管电压（kV）以及曝光时间（s）和管电流（mA）的大小来控制曝光量（mAs），此时，无高压、管电流产生，即无 X 射线产生，但是已经做好发生 X 射线的准备。

☆★☆☆

第二部分为曝光。按下手闸，通过低压控制开关控制使高压接触器闭合，高压发生器工作产生高压施加于球管阴极和阳极之间，球管阴极灯丝溢出的电子在高压电场的作用下高速轰击阳极靶面，绝大多数（约 99% 以上）电子的动能转换成热能，仅不到 1% 转换成 X 射线（光子），通过球管窗口射出对人体进行照射。松开手闸，高压接触器断开，高压电场消失，球管阴极无电子轰击阳极靶面，X 射线消失，所以 X 射线的发生与中断是随球管高压的接通而发生，中断而消失。

此过程中，X 射线发射的时间长短，是通过控制高压电场（即管电压）作用于阴极电子轰击阳极靶面的时间长短来控制的，而曝光电流（即管电流）的大小则是以通过调节轰击阳极靶面的电子的多少来实现的，在一定条件下，管电压、管电流和曝光时间三者之间可以相互影响，在特定条件下管电流和曝光时间还可以互换。

X 射线球管窗口射出的 X 射线穿过人体后，由于人体组织密度不同，对 X 射线的吸收率也就不同，换而言之，穿过人体的 X 射线就携带了人体不同密度的组织信息，这类射线到达影像接收器（IR），包括屏 - 片结合、间接接收器（IP 板）、直接接收器（数字化接收器 FPD）以及荧光屏或影像增强器等，通过影像接收器以灰阶形式把人体组织信息显示出来，供临床医师分析诊断。

二、医用 X 射线诊断透视设备

医用 X 射线诊断透视设备是利用 X 射线的穿透性和荧光效应，在荧光屏或影像增强器上形成人体组织结构影像的检查方法，特点是经济简便，可以多角度、实时动态观察组织器官的形态和功能，缺点是动态图像不能长期保存，细节分辨力差，而且患者接受辐射剂量较大。

（一）设备的构成

包括球管、高压发生器、控制系统、电源系统及机架等辅助系统和图像处理系统（图 5-3）。

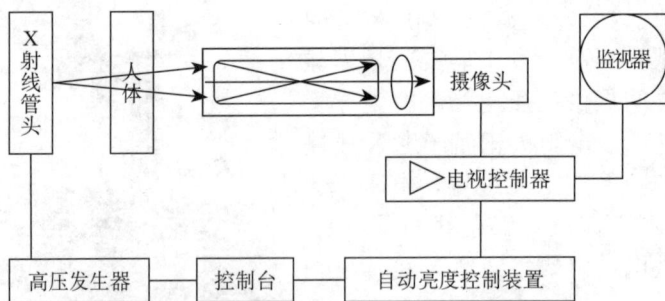

图 5-3　医用 X 射线诊断透视设备结构图

医用 X 射线诊断透视设备除了包括医用常规 X 射线诊断摄影设备所具有的电源、控制装置、高压发生器、球管以及辅助系统外，最大的区别就是影像接收器。医用 X 射线诊断透视设备一般没有胸部 X 线片架和成像部分的胶片和冲洗胶片的暗室，取而代之的是可以直接显示影像的荧光屏或影像增强器。同时透视设备工作时的管电压和管电流相对较小，特别是管电流，而曝光时间则可以根据需要人为控制或自动设置。采用低管电流工作有利于在球管热容量有限的情况下延长曝光时间。目前此类设备除了具有透视功能获取动态图像，还具有即时摄影功能获取固定影像，透视和摄影在使用中二者可以互相转换。

医用 X 射线诊断透视设备因临床运用不同还可以分为普通透视设备和专用透视设备，普通透视设备就是用于临床胸部透视、胃肠检查（包括数字胃肠机）和手术过程中的透视机（包括数字透视机）；专用透视设备通常是指大型透视系统即数字减影血管造影成像系统（DSA），此类设备 X 射线的发生和普通透视机一致，主要区别在于它的强大的图像后处理功能和较长的曝光时间。目前单纯的荧光屏直接透视设备因为操作不方便、图像质量差、患者及操作者受到的辐射剂量大，临床应用已经较少见，取而代之的是具有影像增强器的间接透视机（图 5-4）。

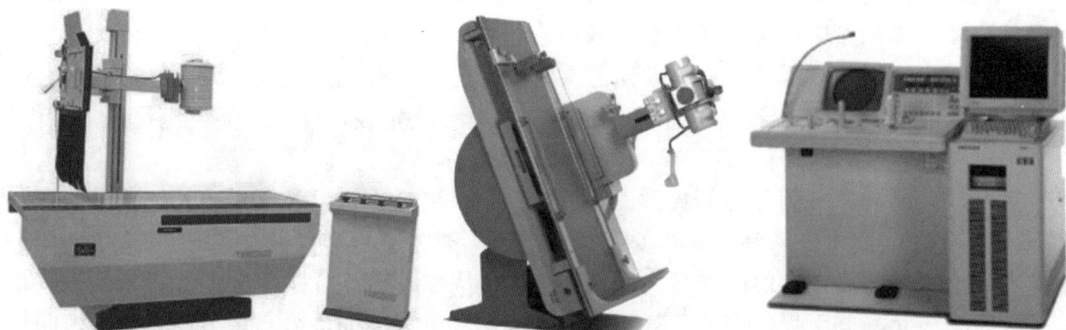

图 5-4　X 射线诊断透视设备

（二）工作原理

与医用常规 X 射线诊断摄影设备一样，普通医用 X 射线诊断透视设备仍然要经历曝光前准备和曝光两个步骤产生 X 射线，当其到达荧光屏或影像增强器（图 5-5）后，以黑白对比图像显示出来供诊断者研判，就是透视诊断。不过医用 X 射线诊断透视设备所显示的影像是动态图像，由于没有图像载体，曝光停止，图像即消失。随着科技进步，目前医用 X 射线诊断透视系统已可以存储动态图像，如数字胃肠机、电影摄影机等，透视图像也可以用不同形式保存，为诊断复查提供了依据。

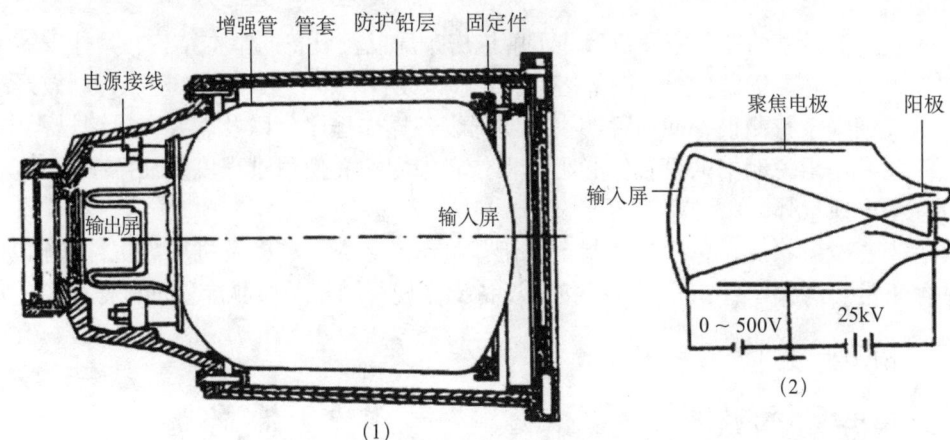

图 5-5　影像增强器结构示意图
（1）增强器；（2）增强管

☆☆☆☆

第三节　医用常规X射线诊断摄影设备检测指标与方法

一、检测依据与标准

高质量的医学影像资料是临床正确诊断和治疗的坚实基础，也是循证医学的主要来源之一，同时又是预防医疗纠纷和解决医疗事故的直接依据。为了满足临床诊断需要，在保证医学影像质量，达到以最低辐射剂量、最好影像质量的同时，为临床提供真实、准确的医学影像信息，就必须遵循放射防护三原则，即实践正当性、防护最优化和个人剂量限值。而最优化和个人剂量限值都是在医学影像检查过程中实现的。同时影像综合评价标准也以诊断学要求为依据，在满足诊断学要求的同时，充分考虑并减少影像检查的辐射剂量。故医用常规X射线诊断摄影设备的性能稳定与否，直接决定该设备是否能够满足以上条件，并为临床提供合格影像资料。

目前，医用常规X射线诊断摄影设备质量控制检测主要使用X射线多功能质量检测仪（简称：剂量仪），该检测仪采用一机多用模式，即一个主机，配套多个检测探头（即探测器），主机有多个不同的检测模块供选择，配套相应的检测探头实现对被检X射线设备的不同指标进行非介入式检测，操作简便，具有可重复性和精度较高的优势。需要注意的是不同生产厂家对同类检测仪有不同称谓，同时其检测量程即灵敏度也不尽相同。检测前必须认真阅读检测仪及其各个检测探头使用说明书，特别注意要明确其量程和响应时间，以及校准因子等指标，在测量过程中所选择的曝光时间一定要和其响应时间相匹配。本章节使用的检测仪及检测工具请参考本书第3章，在此不再赘述。

根据国家卫生行业标准《医用X射线诊断设备质量控制检测规范》（WS 76—2020）要求，医用常规X射线诊断摄影设备通用检测指标包括：管电压指示的偏离、辐射输出量重复性、输出量线性、有用线束半值层、曝光时间指示的偏离、AEC重复性、AEC响应、AEC电离室之间一致性、有用线束垂直度偏离、光野与照射野四边的偏离共10个项目。

二、检测前注意事项

首先查看该设备的控制室和机房，了解机房布局以及设备的基本结构、具体安装情况，为检测设备提供必要依据。查看设备铭牌，了解该设备基本参数为制订检测计划做好准备。

其次详细阅读待测设备使用说明书，明确设备操作程序，以及需要在检测过程中注意的事项。没有使用说明书的设备，必须向操作者询问相关使用过程以及注意事项，以免在检测过程中出现意外。

最后查看设备状况，包括各控制台按钮、旋钮、参数调节以及机房内机件和辅助设施运行是否正常。与操作者充分沟通，按照设备操作规程和相关检测规程进行检测。

三、检测方法

（一）管电压指示的偏离

1. 检测目的　管电压是用X射线摄影设备的千伏（kV）峰值表示，指施加在X射线球管阴极和阳极之间高压电场的电位差，主要用于提供球管阴极灯丝在加热状态下溢出电子轰击阳极靶面产生X射线的能量。X射线球管的管电压决定了单个光子的能量的大小，即 X 射线的质，同时反映 X 射线的穿透力，管电压值越大单个光子能量越大，X 射线的穿透力越强，X 射线束的总能量越大，但它只能粗略反映 X 射线的线质。

不同的管电压决定了 X 射线光子穿过人体达到影像摄影胶片的能力，直接反映到达胶片的光子数的多少，即 X 射线的穿透能力的大小，间接表现为所得图像是否满足临床诊断需要。通过对管电压指示的检测和偏离的计算，主要判定球管性能是否稳定，即该设备的有用 X 射线输出是否稳定，是对影像质量控制和人员的辐射剂量是否符合国家规范的判断依据之一。

2. 检测工具　X 射线多功能质量检测仪。

3. 设备准备　首先将 X 射线摄影机调整至床上摄影模式（即球管在上），且球管置水平位置，中心线垂直于床面，调节球管高度使 X 线球管焦点至 X 射线多功能质量检测仪探头有效测量点的距离为 100cm（图 5-6）。

DR 此项目检测过程中，为了防止在空载状况下多次曝光，致平板探测器的使用寿命缩短，需用一块不小于 10cm × 10cm 大小的铅皮或铅防护裙平置于摄影床面或影像探测器表面，目的是让铅皮或铅裙吸收 X 射线，以免空曝光时 X 射线损坏 DR 探测器。同时此方式亦适用于 DR 部分不涉及影像观察的通用项目检测，包括：管电压指示的偏离、辐射输出量重复性、输出量线性、有用线束半值层、曝光时间指示的偏离等项目。

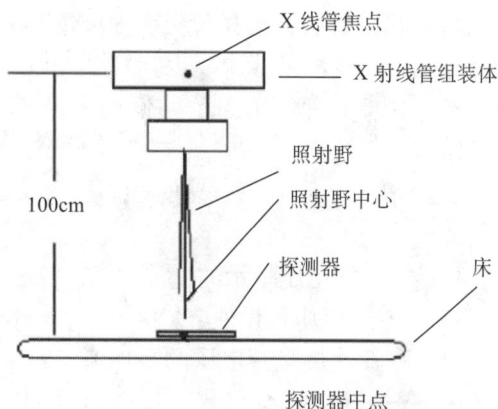

图 5-6　管电压检测示意图

安装好 X 射线多功能质量检测仪及检测探头，将检测探头平放于摄影床上或影像探测器外壳上，打开摄影模拟灯，调整中心线和检测探头中心重合并垂直，固定球管，调节球管窗口限束器，使指示光野略大于 X 射线多功能质量检测仪探头尺寸，即照射野应全部覆盖检测探头灵敏区域（图 5-7）。

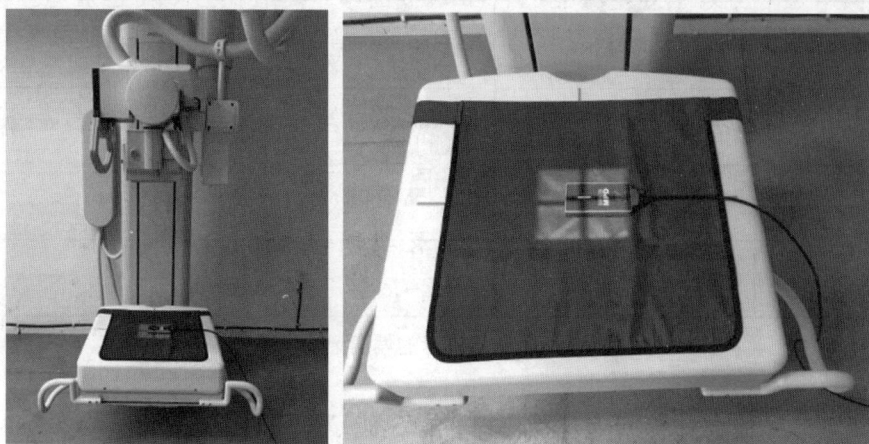

图 5-7　管电压指示的偏离检测图

☆☆☆☆

4. 检测步骤 查看设备实际允许最大摄影条件，包括管电压 kV、管电流 mA 和曝光时间（s）；根据实际应用，一般 100mA 为大、小焦点的分界点，> 100mA 的为大焦点，≤ 100mA 的为小焦点。

（1）验收检测：首先选择大焦点测量。调整管电流在 100mA 以上，一般为最大管电流的 50% 或大于 50% 但是未到最大值，选择合适（或常用）的曝光量（电流时间乘积）分别进行曝光，至少进行 60kV、80kV、100kV、120kV 或者是管电压接近这些值的各档测量，每档管电压至少测量 3 次以上。然后计算平均值。

其次选择小焦点。调整管电流小于或等于 100mA，选择合适（或常用）的曝光量（电流时间乘积）分别进行曝光，至少进行 60kV、80kV、100kV、120kV 或者是管电压接近这些值的各档测量，每档管电压至少测量 3 次以上。然后计算平均值。

（2）状态检测：选择管电压 80kV 和临床常用管电压，临床常用管电流时间积（mAs）进行曝光，至少测量 3 次以上计算平均值。

参考图 5-8 管电压指示的偏离记录样表进行记录，并按照公式（5-1）或公式（5-2）计算结果。

$$kV_{RE}=(kV_s - \overline{kV_i} \cdot C_f)/kV_s \times 100\% \tag{5-1}$$

式中：

kV_{RE}——管电压指示的偏离，%；

kV_s——管电压预设值，kV；

$\overline{kV_i}$——3 次测量管电压的平均值，kV；

C_f——校准因子。

$$kV_E=kV_s - \overline{kV_i} \cdot C_f \tag{5-2}$$

式中：

kV_E——管电压指示的偏离，kV；

kV_s——管电压预设值，kV；

$\overline{kV_i}$——3 次测量管电压的平均值，kV；

C_f——校准因子。

检测条件	检测结果 (kV)	计算结果（□ kV □ %）	
		$kV_E=kV_s - \overline{kV_i} \cdot C_f$	$kV_{RE}=(kV_s - \overline{kV_i} \cdot C_f)/kV_s \times 100\%$
kV mA ms SID= cm		kV	%
kV mA ms SID= cm		kV	%
kV mA ms SID= cm		kV	&

图 5-8 管电压指示的偏离记录样表

5. 结果判定 验收检测和状态检测时管电压指示偏离应在 ±5.0% 或 ±5.0kV 以内，并以差别较大者控制。

6. 检测中的注意事项及应对方法 影响管电压的因素较多，包括电源电压、球管真空度、设备电压补偿电路以及检测设备是否精确等。在此检测过程中采用的是测量 X 线束能量的方法间接测量管电压,以上几种因素都可能影响实测值,在出现测量结果与显示电压不符时,应该分析具体情况:

(1) 首先必须保证设备输入电源稳定,测量前应检查输入电源是否符合设备供电要求,如不符合则应调整输入电源电压至符合。

(2) 在进行状态检测时管电压的选择应充分考虑被检设备的实际以及临床应用情况,注意管电压、曝光时间和管电流的相互关系,并且确定设备的技术条件要与用户实际工作需要一致,即尽量选用该设备日常工作的最大条件。

(3) 结果判定中相对偏差 (E_V) "±5.0% 或 ±5.0kV 并以较大者控制"的理解:测量管电压为 100kV 时,相对偏差 (E_V) 可以选用 ±5.0% 或 ±5.0kV 进行判断;测量管电压小于 100kV 时,测量值的 5.0% 必定小于 5.0kV,为满足较大者控制,故选用 ±5.0kV 判断;测量管电压大于 100kV 时,测量值的 5.0% 必定大于 5.0kV,为满足较大者控制,故选用 ±5.0% 判断。也就是管电压的 ±5.0% 或 ±5.0kV 只要满足一个条件即可判断为合格。

(二) 辐射输出量重复性

1. 检测目的　输出量重复性代表了该设备在相同条件下每次曝光发射的 X 射线的质和量是否前后一致,达到稳定输出,主要为了保证图像质量满足临床诊断需要,保护患者免受额外辐射。

2. 检测工具　X 射线多功能质量检测仪。

3. 设备准备　设备准备以及摆位方法同管电压指示的偏离。

4. 检测步骤　调节管电压为 80kV,采用无附加滤过条件,选用常用管电流时间积,以间隔 5s 左右曝光 5 次,如图 5-9 记录每次曝光管电流时间积的输出量,并按照公式 (5-3) 计算输出量重复性,即变异系数 (CV)。

$$CV = \frac{1}{\overline{K}} \sqrt{\frac{\sum (K_i - \overline{K})^2}{n-1}} \times 100\% \tag{5-3}$$

式中:

CV——输出量重复性,%;

$\overline{K}$——n 次输出量测量值的平均值,mGy/mAs;

K_i——每次输出量的测量值,mGy/mAs;

n——输出量测量的总次数。

检测条件	检测结果 (mGy)	计算结果 (%) $CV - \frac{1}{\overline{K}} \sqrt{\sum (K_i - \overline{K})^2 / (n-1)} \times 100\%$
kV　mA　ms SID=　　cm		

图 5-9　输出量重复性记录样表

5. 结果判定　输出量重复性要求 $CV \leqslant 10.0\%$。建议在验收检测时建立基线值,目的在于日后对该设备性能进行长期跟踪观察,也以便于日常维护数据比对。

6. 检测中的注意事项及应对方法

(1) 输出量重复性受多种因素的影响,既体现了辐射输出的分散性,又反映设备各个

☆ ☆ ☆ ☆

方面的稳定性，包括电源、曝光时间、管电压、管电流，如果重复性偏差与标准值不符合，则应该从以上几方面加以考虑。

（2）输出量重复性在验收检测、状态检测和稳定性检测的过程中管电流可以选用该设备常用管电流（mA），或是常用曝光量（mAs）。选用该设备常用管电流（mA）时，曝光时间的选择应不低于检测仪器的响应时间。

（3）在状态检测和稳定性检测过程中输出量重复性如果没有超过标准值 ±10%，但是与基线值偏差过大的也应该引起注意。

（三）输出量线性

1. 检测目的　输出量线性即是相邻两档间的线性度，是 X 射线摄影设备在管电压一定情况下，管电流和时间的互换性，最终目的是确保 X 射线机在相同的 kV 和 mAs 的条件下，获得近似于相同的照射量。

当管电压确定后，不同管电流和照射时间组成相同的曝光量（mAs），在相同的位置上应有相等的输出量。输出量的变化比例是否与管电流（mA）和曝光时间（s）的变化比例相一致，有利于在摄影时正确设置照射条件。

2. 检测工具　X 射线多功能质量检测仪。

3. 检测步骤　设备准备以及摆位方法同管电压指示的偏离。选择管电压 80kV（或最接近档位）、常用管电流时间积进行曝光。改变管电流和曝光时间，要使得改变后的管电流和曝光时间的积与改变之前的管电流时间积相同或近似，再进行曝光。同一曝光条件下至少测量 3 次以上并记录检测值（空气比释动能值），如图 5-10。计算出空气比释动能值的平均值后再按照公式（5-4）计算相邻两档间的线性。

$$L_{12}= \left(\frac{\overline{K_1}}{I_1 t_1} - \frac{\overline{K_2}}{I_2 t_2}\right) \bigg/ \left(\frac{\overline{K_1}}{I_1 t_1} + \frac{\overline{K_2}}{I_2 t_2}\right) \times 100\% \qquad (5\text{-}4)$$

式中：

L_{12}——相邻两档间的线性度；

$\overline{K_1}$——1 档时测量空气比释动能的平均值，mGy；

I_1——1 档的电流，mA；

t_1——1 档的曝光时间，s；

$\overline{K_2}$——2 档时测量空气比释动能的平均值，mGy；

I_2——2 档的电流，mA；

t_2——2 档的曝光时间，s；

检测条件	检测结果 (mGy)	计算结果（%）
		$L= \left(\frac{\overline{K_1}}{I_1 t_1} - \frac{\overline{K_2}}{I_2 t_2}\right) \bigg/ \left(\frac{\overline{K_1}}{I_1 t_1} + \frac{\overline{K_2}}{I_2 t_2}\right) \times 100\%$
kV　mA　ms SID=　　cm		
kV　mA　ms SID=　　cm		
kV　mA　ms SID=　　cm		

图 5-10　输出量线性记录样表

4.结果判定　验收检测时相邻两档间的线性应控制在 ±10.0% 内。

5.检测中的注意事项及应对方法

（1）测量过程中对于管电流（mA）和曝光时间（s）不可同时调节的设备，或者只能调节曝光量（mAs）的设备，检测时可以选择只改变一个可以调节的参数，然后进行计算或直接测量。

（2）若随 mA 档的升高，辐射输出逐级变化即下降或升高，主要原因是电源电阻与机器内阻不匹配，要注意设备是否进行维修更换过元器件或设备有小故障。

（3）不同厂家的 X 射线多功能质量检测仪数据读取时，显示值和评价值可能有所不同，在使用过程中必须首先认真阅读使用说明书，明确检测读取数据和评价数据的关系。

（四）有用线束半值层

1.检测目的　半值层（Half Value-Layer，HVL）又称半价层，广义上指某种射线束的路径上能使指定的辐射量的值减少 50% 所需的给定物质的厚度。通俗讲是指 X 射线束某一点的空气比释动能（或强度）减少到初始值的 50% 时所需要的某标准物质的厚度，又称第一半价层，是反映 X 射线束辐射特性的一个重要参数，代表 X 射线在某物质内的穿透能力。半值层与 X 射线束的能量成正比，与吸收物的原子系数、密度成反比。国家标准中规定 X 射线机的半值层为：使在 X 射线束某一点的照射量率减少一半所需的标准吸收铝片的厚度。通过对 X 射线机的半值层的测量或计算，可以评价设备发出的 X 射线束发生穿透力的大小及其输出是否稳定。

2.检测工具　X 射线多功能质量检测仪、纯度不低于99.9%、1～5mm 的标准铝吸收片、铝吸收片固定检测支架。

3.检测方法

（1）铝片法测量有用线束半值层

检测原理

X 射线穿透后的衰减与吸收材料的线性衰减系数 μ 和吸收片的厚度 d 有关，未加标准吸收片时 X 射线束中心空气比释动能率 I_0 与穿透吸收滤片时 X 射线束中心空气比释动能率 I 的关系式为：

$$I = I_0 e^{-\mu d} \tag{5-5}$$

式中：

I——穿透吸收滤片时 X 线束中心空气比释动能，mGy；

I_0——未加标准吸收片时 X 线束中心空气比释动能，mGy；

μ——吸收材料的线性衰减系数；

d——吸收片的厚度，mm。

检测步骤

将 X 线摄影设备调整至床上摄影模式，球管置水平位置，中心线垂直于床面。将 X 射线多功能质量检测仪检测探头平放于诊视床上，调节焦点至 X 射线多功能质量检测仪探头有效测量点距离为 100cm，中心线应和检测探头中心重合并垂直，固定球管，打开摄影模拟灯，调节球管窗口限束器，使指示光野略大于检测探头标识区。

首先不放置铝片，用 80kV、常用曝光量（mAs）进行照射，测量并记录空气比释动能。然后分别将不同厚度（1～5mm）的铝吸收片放在诊断床上方 50cm（或 1/2 SID 处），设备设置如图 5-11。

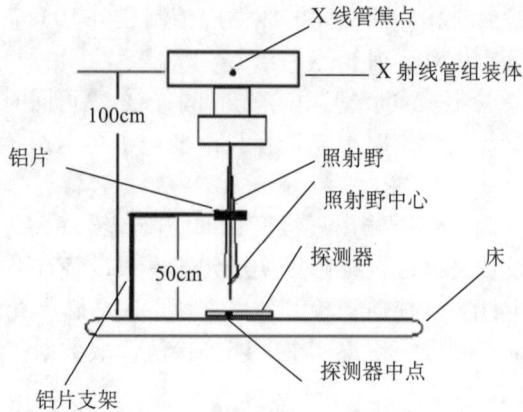

图 5-11　X 射线有用线束半值层检测示意图

用 80kV、常用曝光量（mAs）进行照射，至少测量 3 次，记录空气比释动能值，直到测得的空气比释动能值小于未加铝片时空气比释动能值的一半，利用公式（5-6）计算出半值层。

$$HVL = \frac{d_1 \cdot \ln(2 \cdot K_2/K_0) - d_2 \cdot \ln(2 \cdot K_1/K_0)}{\ln(K_2/K_1)} \tag{5-6}$$

式中：

HVL——半值层，mmAl；

d_1——K_1 对应的铝片厚度，mm；

K_2——经过铝片衰减后，比 $K_0/2$ 稍大的剂量，mGy；

K_0——无铝片时的剂量，mGy；

d_2——K_2 对应的铝片厚度，mm；

K_1——经过铝片衰减后，比 $K_0/2$ 稍小的剂量，mGy。

（2）多功能剂量仪直接测量法：采用 X 射线多功能质量检测仪检测，如图 5-11 设置检测设备，不需要放置铝吸收片，按上述方法调整好被检测设备，曝光前调整 X 射线多功能质量检测仪测量模块至半值层测量模式。

待测设备选择 80kV、常用曝光量（mAs）直接进行照射，曝光完成后直接读取半值层数值并记录。为了保证检测数据准确，至少测量 3 次以上，取其平均值。

4. 结果判定　有用线束半值层采用标准铝片的厚度进行标定，单位是 mmAl，80kV 时的半值层应 ≥ 2.3mmAl。

5. 检测中的注意事项及应对方法

（1）有用线束半值层如果低于国家标准要求，则提示该 X 射线管的总滤过不足，不能更好地吸收软射线，导致被检者的吸收剂量增加，不利于对患者的 X 射线防护，需要适当增加窗口的滤过。

（2）用多功能剂量仪直接测量法测得的 X 射线束半值层与国家标准相差过大时或当对结果有异议时应采用铝片法重新测量。

（3）用铝片法测量有用线束半值层在结果判定时提出用作图法求出有用线束半值层，考虑到在作图过程中存在人为因素如笔迹、视力以及其他不确定因素影响而导致数据不准确，故作图法求出有用线束半值层在此不作介绍。

（五）曝光时间指示的偏离

严格意义上曝光时间是指 X 射线球管发射 X 射线束的时间，即负载曝光时间，也是检测人员重点关注的时间，具体是指球管灯丝在加热，溢出电子，在阴极和阳极两端高压电场的作用下，阴极电子高速轰击阳极靶面，通过能量转换发射出 X 射线光子的时间，用秒（s）表示。

1. 检测目的　主要是验证曝光时间的准确性。曝光时间直接决定 X 射线作用于人体的时间，管电压和管电流一定的情况下，曝光时间的长短直接决定曝光量的大小。管电流(mA) 与曝光时间的乘积即曝光量（mAs）决定了有多少 X 射线穿透人体到达影像接收器，直接表现就是胶片的黑化程度，也间接反映受检者所接受的辐射剂量。

2. 检测工具　X 射线多功能质量检测仪。

3. 检测步骤　采用 X 射线多功能质量检测仪测量曝光时间，具体条件按仪器操作说明书进行，设备设置如图 5-12。

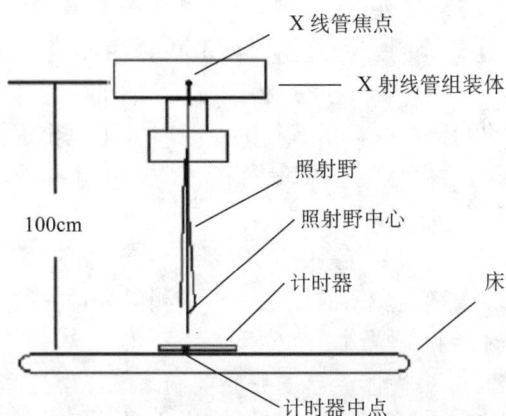

图 5-12　曝光时间指示的偏离检测示意图

将 X 线摄影设备调整至床上摄影模式，球管置水平位置，中心线垂直于床面。将 X 射线多功能质量检测仪检测探头（即图 5-12 的计时器）平放于诊视床上，调节 SID 为 100cm，中心线应和检测探头中心重合，固定球管，打开摄影模拟灯，调节球管窗口限束器，使指示光野略大于检测探头标识区。

X 射线多功能质量检测仪调整至曝光时间测量模式。按照该 X 射线机操作人员提供的常用曝光条件设置曝光参数并进行至少 3 次以上曝光，曝光完毕读取并记录测量值，记录样表如图 5-13，按照公式（5-7）或公式（5-8）进行计算。

$$S_{RE}=(S_s - \overline{S}_i \cdot C_f)/S_s \times 100\% \qquad (5-7)$$

$$S_E=S_s - \overline{S}_i \cdot C_f \qquad (5-8)$$

式中：

S_{RE}——曝光时间的偏离，%；

S_E——曝光时间的偏离，ms；

$\overline{S}_i$——曝光时间测量值的平均值，ms；

S_s——曝光时间预设值，ms；

C_f——校准因子。

检测条件	检测结果 (ms)	计算结果（□ ms　□ %）	
		$S_E=S_s - \overline{S_i} \cdot C_f$	$S_{RE}=(S_s - \overline{S_i} \cdot C_f)/S_s \times 100\%$
kV　mA　ms SID=　　cm		kV	%
kV　mA　ms SID=　　cm		kV	%
kV　mA　ms SID=　　cm		kV	%

图 5-13　曝光时间指示的偏离记录样表

4. 结果判定　曝光时间 $t \geqslant 100ms$ 时，曝光时间指示的偏离应控制在 $\pm 10.0\%$ 内；曝光时间 $t < 100ms$ 时，曝光时间指示的偏离应控制在 $\pm 2ms$ 内或 $\pm 15.0\%$ 内，以绝对值较大者为判定依据。

5. 检测中的注意事项及应对方法

（1）曝光时间指示的偏离检测分为两档，以 100ms 为界线，分别以曝光时间 $t \geqslant 100$ ms 和曝光时间 $t < 100ms$ 进行检测，应重点检测临床常用时间，但是要充分考虑检测仪即 X 射线多功能质量检测仪的响应时间，所选择的曝光时间不能小于检测仪的响应时间。

（2）曝光时间指示偏离的测量关注重点是临床常用时间档，如果临床常用时间档范围较宽，所检测的档位应该涵盖高、中和低档。

（3）由于曝光时间判定利用设定值和实际测量值计算的偏差，对相同的设定值，为了保证测量数据准确，需要多次（至少 3 次以上）重复测量并计算其平均值。

（六）AEC（自动曝光控制）重复性

AEC 重复性是指对于同一被检体，自动曝光控制系统能够准确控制摄片千伏值（kV）和曝光量（mAs），保证球管输出的 X 射线穿过被检体到达影像接收器（IR）的 X 射线量 mAs 或探测器剂量指示 DDI 是相等的，具有良好的可重复性。

1. 检测目的　要保证在相同曝光条件下不同时间段所获得的图像具有一致性并且符合临床诊断需求，相同被检体不同时段的曝光量管电流时间积（mAs）或探测器剂量指示（DDI）的显示值就应该保持一致，该项功能是通过自动曝光控制系统的重复性来实现的。

2. 检测工具　20mm 厚度铝板。

3. 检测步骤　首先将 X 射线摄影机调整至床上摄影模式即球管在上，且球管置水平位置，中心线垂直于影像接收器，然后在 X 射线摄影设备控制面板上找到 AEC 按钮，并按下确认其转换到自动曝光即 AEC 模式，即将 X 射线设备手动调节摄影条件模式转换至自动曝光模式，等待曝光。

查看设备使用说明书或询问厂家工程师确定该设备 AEC 的感应区域即 AEC 电离室位置，并明确该设备的 AEC 是全自动曝光还是半自动曝光，选择全部电离室接收 X 射线信号。

将 20mm 厚度铝板平放于照射野中并覆盖设备的 AEC 电离室灵敏区域，打开模拟指示灯，调节球管限束器使光野小于铝板的尺寸，即照射野小于铝板。

再次检查并确认 X 射线摄影机的自动曝光状态（如果该设备无全自动曝光功能，则需要人工设定曝光管电压为 80kV，mAs 则为自动曝光状态），然后曝光，在不改变曝光条件情况下至少重复曝光 5 次，每次曝光间隔时间控制在 5 s 左右，以保证 X 射线摄影设备工作状态稳定一致，记录曝光后管电流时间积（mAs）或 DDI 的显示值（图 5-14），并以公式（5-9）计算该设备的 AEC 重复性。

$$CV = \frac{1}{\overline{D}}\sqrt{\sum (D_i - \overline{D})^2/(n-1)} \times 100\% \tag{5-9}$$

式中：

CV——变异系数，%；

$\overline{D}$——n 次曝光管电流时间积读数值（mAs）或 DDI；

D_i——第 i 每次曝光管电流时间积读数值（mAs）或 DDI；

n——曝光读取管电流时间积总次数。

检测条件	检测结果 (□ mAs　□ DDI)	计算结果（%） $CV = \frac{1}{\overline{D}}\sqrt{\sum (D_i - \overline{D})^2/(n-1)} \times 100\%$
□自动曝光□ 80kV　自动 mAs		

图 5-14　AEC 重复性记录样表

4.结果判定　X 射线摄影设备自动曝光控制的重复性（CV）在验收检测、状态检测时均要求其变异系数 $CV \le 10.0\%$。

5.检测中的注意事项及应对方法

（1）该项检测前提是该 X 射线摄影设备具有自动曝光控制功能（AEC），包括全自动和半自动功能。

（2）X 射线摄影设备自动曝光控制重复性的检测过程中，要特别注意每次曝光间隔时间不能过短，以免球管过热影响检测数据。对于老旧设备更应该注意，以免设备负荷过大而损坏。

（3）检测结果不合格时，首先要检查铝板放置时是否全部覆盖所有 AEC 电离室。若对 DR 的 AEC 电离室的具体位置不清楚或者铝板放置在影像探测器表面不能覆盖所有 AEC 电离室时，可将铝板直接放在遮线器出束口处，以便使所有 X 射线均得到滤过。

（七）AEC（自动曝光控制）响应

1.检测目的　AEC 响应主要是反应被照物体厚度发生改变时，自动曝光控制系统是否能够精确控制和调节 X 射线摄影设备的摄片参数千伏值（kV）、曝光量（mAs），以保证其输出剂量的稳定一致。

2.检测工具　X 射线多功能质量检测仪、20mm 厚度铝板、1.5mm 厚度铜板。

3.检测步骤　与检测 AEC 重复性一样调整好 X 射线摄影设备。先将厚 20mm 铝板放在影像探测器中心，并覆盖设备的 AEC 电离室灵敏区域，调节球管限束器使照射野小于铝板的尺寸。然后把 X 射线多功能质量检测仪检测探头放在铝块后影像接收器上照射野的中心位置，中心线应垂直入射检测探头中心，此时应注意质量检测仪检测探头不要遮挡 AEC 电离室灵敏区域，如图 5-15。

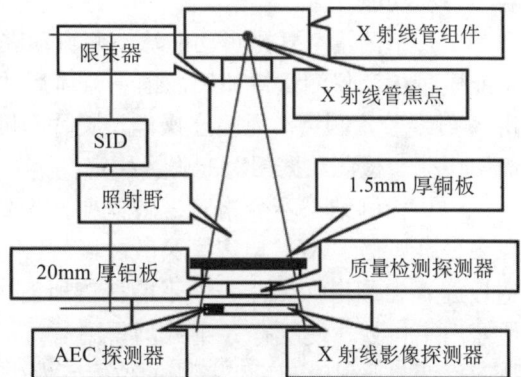

图 5-15　AEC（自动曝光控制）响应检测示意图

☆☆☆☆☆

选择影像探测器全部电离室接收 X 射线信号，在自动曝光条件下进行曝光（若无全自动曝光条件，则固定管电压为 80kV，mAs 自动），为了保证数据准确，至少测量 3 次，记录空气比释动能值并计算其平均值。

然后保持检测几何条件和探头位置不变，将 1.5mm 厚度的铜板置于前一块铝板上，在自动曝光条件下进行曝光（若无全自动曝光条件，则固定管电压为 80kV，mAs 自动），同样至少测量 3 次，记录空气比释动能值并计算其平均值（如图 5-16），并按照公式（5-10）进行计算。

$$E_D = \left(\frac{D_i - \overline{D}}{\overline{D}} \right) \times 100\% \tag{5-10}$$

式中：

E_D——AEC 响应，%；

D_i——每种状态测量 3 个读数的平均值 D_1 或 D_2，mGy；

$\overline{D}$——两次测量 D_1 和 D_2 的平均值，mGy。

检测条件	检测结果（mGy）	平均值（D_i）	平均值（$\overline{D}$）	计算结果（%） $E_D = \left(\frac{D_i - \overline{D}}{\overline{D}} \right) \times 100\%$
□自动曝光□ 80kV　自动 mAs （2cm 铝板）				
□自动曝光□ 80kV　自动 mAs （2cm 铝板 +1.5cm 铜板）				

图 5-16　AEC（自动曝光控制）响应记录样表

4. 结果判定　对于厚度不同的被检体，自动曝光控制（AEC）的响应最能体现该系统对被检体厚度改变的反应，也就是说对于被检体不同的厚度或不同厚度的被检体，该系统都能保证输出剂量的稳定，也有利于为临床提供对比度和黑化度良好的影像图像。X 射线摄影设备自动曝光控制（AEC）的响应在验收检测和状态检测时均要求实测值与平均值相比较的相对偏差在 ±20.0% 内，稳定性检测其相对偏差在 ±25.0% 内。

5. 检测中的注意事项及应对方法

（1）该项检测前提是该 X 射线摄影设备具有自动曝光控制功能（AEC），包括全自动和半自动功能。

（2）用测量空气比释动能法检测自动曝光控制（AEC）的响应，该方法采用 X 射线多功能质量检测仪测量铝和铝加铜衰减体后的空气比释动能的方法进行检测。此方法不再利用 X 射线胶片测量，无暗室操作及胶片密度测量过程以及由此带来的测量误差，故该方式简便快捷，检测数据相对准确、稳定。

（3）检测结果不合格时，首先要确定铝板、铜板是否覆盖全部 AEC 电离室，剂量仪探头是否遮挡了 AEC 电离室灵敏区域。若对 DR 的 AEC 电离室的具体位置不清楚或者铝板、铜板放置在影像探测器表面不能覆盖所有 AEC 电离室时，则可将铝板、铜板直接放在遮线器出束口处，使所有 X 射线均得到滤过，并将剂量仪探头放置在照射野边缘位置，并保持前后两次照射时剂量仪探头的位置不发生变化。

（八）AEC 电离室之间一致性

1. 检测目的　AEC 电离室之间一致性主要是反映在自动曝光控制的作用下，自动曝光控制接收信号的单个电离室在同一摄片条件，即相同的千伏值（kV）和曝光量（mAs）时，通过反馈系统所控制球管输出的 X 射线穿过同一被检体到达影像接收器（IR）的 X 射线量 mAs 或探测器剂量指示 DDI 是否一致。

2. 检测工具　1mm 厚度铜板。

3. 检测步骤　同检测自动曝光控制重复性一样调整好 X 射线摄影设备，先将 1mm 铜滤过板置于 X 射线球管限束器出束口并将其全部遮挡；在 X 射线摄影控制面板上选择 AEC 曝光状态，找出 AEC 电离室并选择其中一个电离室，关闭其他电离室。

设置管电压为 70kV，在 AEC 状态下曝光。曝光后记录系统显示管电流时间积 mAs 或 DDI 值。然后分别依次选择其他电离室按上述相同条件进行曝光，记录系统显示管电流时间积 mAs 或 DDI 值，每个电离室至少曝光 3 次计算平均值。

将单个电离室显示值（mAs 或 DDI）的均值与所有电离室显示值（mAs 或 DDI）的均值进行比较，参照公式（5-10）计算出最大相对偏差，记录样表如图 5-17。

检测条件	检测结果（□mAs　□DDI）	平均值（D_i）	平均值（$\overline{D}$）	计算结果（%） $E_D = \left(\dfrac{D_i - \overline{D}}{\overline{D}}\right) \times 100\%$
70kV				
70kV				
70kV				

图 5-17　AEC 电离室之间的一致性记录样表

4. 结果判定　验收检测时要求相对偏差在 ±10.0% 以内，状态检测时要求相对偏差在 ±15.0% 以内。

5. 检测中的注意事项及应对方法

（1）该项检测前提是 X 射线摄影设备具有自动曝光控制功能（AEC），包括全自动和半自动功能。

（2）由于自动曝光控制系统中，一般情况下最少有 3 个电离室且呈"品"字形分布，或者 5 个电离室呈梅花形分布的。生产厂家不同其自动曝光控制电离室大小和分布也可能不同，检测前必须要在影像探测器上找到并确定其具体位置。

（九）X 射线摄影设备的几何学特性

1. 检测目的　有用线束垂直度偏离、光野与照射野四边的偏离是 X 射线摄影设备几何学特性的重要指标。掌握 X 射线摄影设备的几何学特性，有利于准确诊断及防止在实际工作中由于设备的几何学特性改变导致的影像失真引起误诊或漏诊，检测包括如下内容。

（1）有用线束垂直度偏离：主要反映有用线束中心线与探测器中心垂线是否一致。

（2）光野与照射野四边的偏离：主要是验证指示光野与实际照射野边界的一致性，防止在实际工作中，由于光野与实际照射野存在偏差造成投照体位不准而延误诊断或因为重复照射而增加受检者的辐射剂量。

2. 检测工具　准直度检测板、线束垂直度测试筒（检测筒）、直尺（最小分刻度

≤1mm，最小长度≥100mm）。

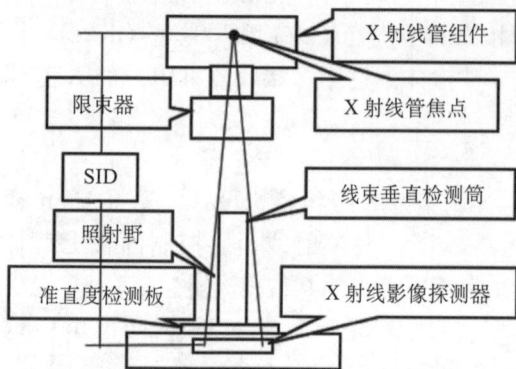

图 5-18　几何学特性检测示意图

3. 检测步骤与数据处理

（1）检测步骤：将准直度检测板平放在诊断床或者影像接收器外壳上，长轴与检查床长轴一致，然后将检测筒放在检测板上，检测筒底部的小圆心与检测板的中心对准并在垂直方向重合，调节 SID 为 100cm，实际焦片距小于 100cm 的 X 射线机则选择最大 SID，如图 5-18。

在床下托盘内插入影像接收器（或装有胶片的片盒），用手动方式将光野中心与检测板上的中心对准，然后调节球管限束器旋钮，将光野边界与检测板上 18cm×14cm 的长方框刻线重合（图 5-19，见彩图），如不重合，则记下光野与检测板刻线的距离，然后选择适当曝光条件进行摄片，一般选择手部摄片条件（65～70kV，10mAs）即可满足读片要求。

（2）数据处理

①对于屏片摄影设备，冲洗胶片后观察影像，光密度较大的区域为照射野。对于 DR 和 CR，直接在显示器上观察影像，或打印胶片后观察影像。观察检测筒上下两钢珠影像间的位置。检测筒在制作过程中就已经固定好顶部钢珠影像与检测板上圆的关系，直接读取结果即可，无须再进行计算。读取方法是：当检测板上中心小圆直径为检测筒高度的 0.05 倍，大圆直径为其 0.10 倍，检测筒上表面中心钢珠的影像落在小圆影像内时，垂直度偏差小于 1.5°，落在大圆影像内时，垂直度偏差小于 3°，如图 5-20。

②在所得图像上观察照射野与光野的偏离，如图 5-21。分别测量横轴上的偏离 a_1、a_2，纵轴上的偏离 b_1、b_2。

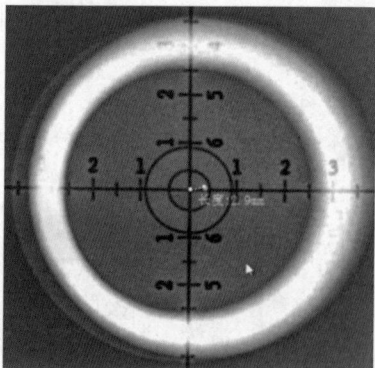

图 5-20　有用线束垂直度偏离测量图

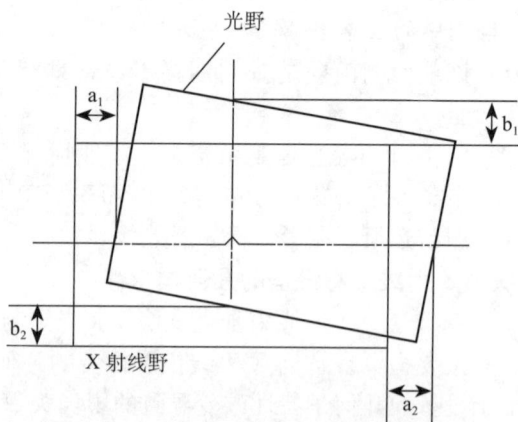

图 5-21　光野与照射野四边偏离测量示意图

4. 结果判定　有用线束垂直度偏离要求应≤3°。

光野与照射野四边的偏离要求任一边的偏离应在 ±1.0cm 以内。光野小于照射野，判读为 "-"；光野大于照射野，判读为 "+"。

5. 检测中的注意事项及应对方法

（1）在检测板放置过程中 X 射线中心线束必须与其垂直（保持检测板放置水平是一个有效的措施），同时模拟中心线应与其中点重合，检测筒置检测板上时应保证其底部的小圆心与检测板的中心对准并在垂直方向重合。如果中心线不垂直与垂线有夹角，被照器官可因几何学投影出现的变形失真，从而影响读片医师的判断。

（2）进行光野与照射野四边的偏离的测量时必须按照标准测量方式进行，同时注意灵活运用系统放大器，以免测距误差过大。

（十）聚焦滤线栅与有用线束中心对准

1. 检测目的　该项目为屏片 X 射线摄影设备专用检测项目，主要为了核实有用线束中心与滤线栅中心是否一致，防止其不一致时，有用射线被滤线栅所吸收，所拍摄的 X 线片图像出现曝光不足，而增大曝光量，从而导致患者吸收剂量增加。

2. 检测工具　光密度仪、测试板（孔径 10mm，孔间距 25mm）、小铅板（2mm 厚）、胶片。

3. 检测步骤

（1）使用聚焦滤线栅中心对准测试板及两块能同时覆盖四个大孔区域的小铅板进行测量。

（2）将测试板放在诊断床上，使其长轴与诊断床的长轴垂直，中心孔对准床的中心，如图 5-22。

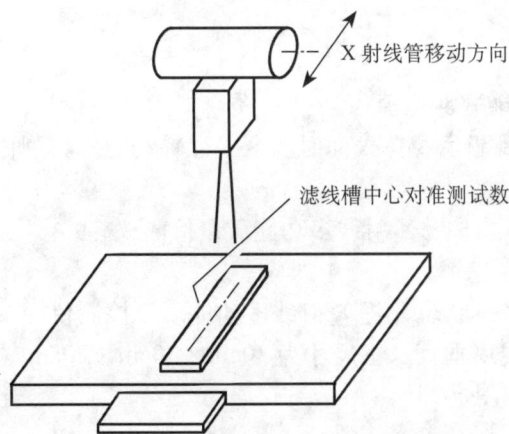

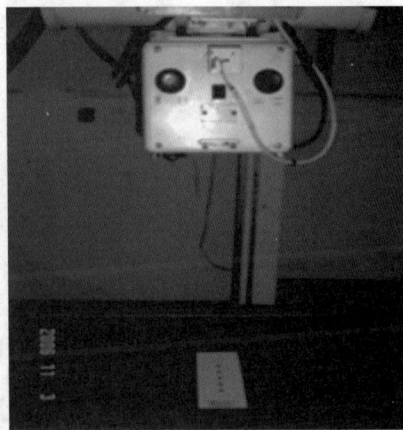

图 5-22　滤线栅中心对准检测装置摆放示意图

（3）首先查询会聚滤线栅焦距，然后调节 SID 与会聚滤线栅的聚焦距离一致。再用两块小铅板盖住两边的 4 个大孔，将照射野的中心对准中间的大孔。最后用适当的条件进行照射，使冲洗后胶片的圆孔区域影像的光密度为 1.0 ～ 2.0OD。

（4）在垂直于床中心线的方向移动 X 射线管，逐个改换照射野中心所对准大孔的位置，用铅板覆盖其余孔，以同样的条件进行照射。

4. 结果判断　冲洗胶片后测试 5 个大孔影像的光密度，如中心孔影像光密度最高，两侧各孔影像光密度对称分布，可以认为聚焦滤线栅中心对准；如两侧光密度不对称，但偏离小于 13mm，这时判为无明显不对准；如中心孔影像的光密度低于其旁边的孔，则判为明显不对称。

☆☆☆☆

5.检测中的注意事项

（1）注意调节 SID 使其与会聚滤线栅的聚焦距离一致，且中心线应和检测板垂直。

（2）在移动 X 射线球管过程中，中心线的位置相对于检测板测试孔的对准必须保持一致，不能有差异。

第四节　医用 X 射线诊断透视设备检测指标与方法

一、检测依据与标准介绍

医用 X 射线透视设备质量控制依据标准《医用 X 射线诊断设备质量控制检测规范》（WS 76—2020）的要求进行检测和评价，参数包括：透视受检者入射体表空气比释动能率典型值、透视受检者入射体表空气比释动能率最大值、高对比度分辨力、低对比度分辨力、入射屏前空气比释动能率、自动亮度控制、透视防护区检测平面上周围剂量当量率，以及直接荧光屏透视设备的专用检测项目：直接荧光屏透视的灵敏度和最大照射野与直接荧光屏尺寸相同时的台屏距。

由于 X 射线透视设备根据临床应用的不同，其机架构成也采用适合临床应用的多样性，如球管在检查床上的、床下的以及手术室用的 C 形臂等。根据球管位置的不同，在检测过程中应根据实际情况合理放置检测设备，在保证安全的前提下完成检测任务。

二、检测方法

（一）透视受检者入射体表空气比释动能率典型值

1.检测目的　测量 X 射线透视机入射到患者身体表面时的空气比释动能率典型值是否符合国家标准要求，是吸收剂量的表征量。

2.检测工具　30cm×30cm×20cm 的水模体、X 射线多功能质量检测仪。

3.检测步骤

（1）测量前，调整透视机位于垂直或水平状态，将 X 射线多功能质量检测仪探头置于 X 射线照射野中心，检测探头中心轴与射线束垂直。将尺寸为 30cm×30cm×20cm 的水模体放置在检测仪探头和影像接收器之间，如图 5-23。

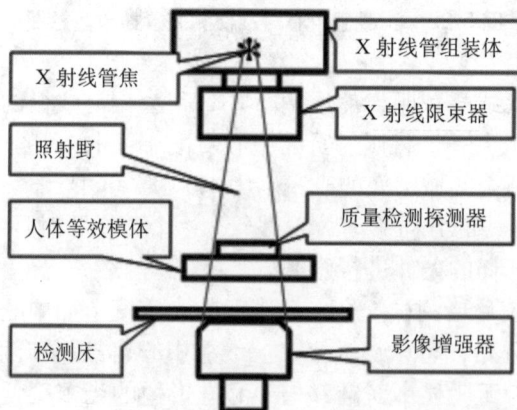

图 5-23　入射体表空气比释动能率检测示意图

在影像接收器最大的视野尺寸下，设定帧率为 15fps，普通剂量模式进行透视，按照表 5-1 所列测量条件设置透视机曝光条件。

表 5-1　X 射线设备受检者入射体表空气比释动能率检测条件[①]

X 射线透视设备类型	检测探头位置	影像接收器位置	有自动透视条件	无自动透视条件
直接荧光屏透视设备	床上	—	自动条件，水模	70kV，3mA，水模
X 射线球管在床上	床上 30cm	SID 最小	自动条件，水模	70kV，1mA，水模
X 射线球管在床下	床上	SID 最小，距床面 30cm	自动条件，水模	70kV，1mA，水模
C 形臂透视	影像接收器前 30cm	SID 最小	自动条件，水模	70kV，1mA，水模

注：①本表引自标准《医用 X 射线诊断设备质量控制检测规范》（WS 76—2020）

（2）将 X 射线多功能质量检测仪调整至剂量率检测模式，每个测量点连续曝光 3 次以上，计算其平均值，并按照公式（5-11）计算出结果。记录样表如图 5-24。

$$\dot{D} = \overline{\dot{D}} \times C_f \times 60 \tag{5-11}$$

式中：

$\dot{D}$——透视受检者入射体表空气比释动能率典型值，mGy/min；

$\overline{\dot{D}}$——透视受检者入射体表空气比释动能率均值，mGy/s；

C_f——校准因子。

检测条件	检测结果（□mGy/s　□μGy/s）	计算结果（mGy/min）$\dot{D} = \overline{\dot{D}} \times C_f \times 60$
□kV　　mA□自动透视		

图 5-24　透视受检者入射体表空气比释动能率典型值记录样表

4. 结果判定

（1）直接荧光屏透视受检者入射体表空气比释动能率典型值在验收检测和状态检测时要求≤ 50.0 mGy/min。验收检测时应建立基线值。

（2）采用影像增强器（或其他非直接荧光屏透视）的设备其透视受检者入射体表空气比释动能率典型值在验收检测、状态检测以及稳定性检测时，要求≤ 25.0mGy/min。

5. 检测中的注意事项及应对方法

（1）该项目检测应尽量使用不带附加屏蔽材料的剂量仪检测探头，如果使用了带附加屏蔽材料的剂量仪检测的探头，应避开 AEC 探测器区域，且对检测结果进行反散射修正，见公式（5-12）：

$$K_e = K_i \cdot B \tag{5-12}$$

式中：

K_e——入射体表空气比释动能率；

K_i——剂量仪测得的入射体表空气比释动能率；

B——反散射因子，具体值见表 5-2。

表 5-2　不同辐射质 X 射线照射标准水模的反散射因子[①②③]

管电压 kV	滤过					
	2.5mmAl		3.0mmAl		3.0mmAl+0.1mm Cu	
	HVL mmAl	B	HVL mmAl	B	HVL mmAl	B
50	1.74	1.26	-	-	-	-
60	2.08	1.31	-	-	-	-
70	2.41	1.35	2.64	1.36	3.96	1.46
80	2.78	1.38	3.04	1.40	4.55	1.49
90	3.17	1.41	3.45	1.42	5.12	1.51
100	3.24	1.41	3.88	1.45	5.65	1.53
110	3.59	1.43	-	-	-	-
120	-	-	4.73	1.48	6.62	1.54

注：①本表数据引自 Dosimetry in diagnostic radiology: an international code of practice（IAEA Technical Reports Series No.457）

②本表数据是在 1000mm 焦皮距、250mm×250mm 照射野和 300mm×300mm×150mm 水模时计算得到的，照射野在 150mm 厚的水模已经提供了全部反散射，500～1500mm 范围内的不同焦皮距的反散射因子之间的差异可以忽略，250mm×250mm 照射野和 200mm×200mm 照射野之间的反散射因子之间的差异也可以忽略

③当 X 射线辐射质参数介于表中给出点值之间时可以使用线性内插获取相应的值

（2）验收检测时建立基线值，状态检测和稳定性检测（若有）时应将所测数据与基线值进行比较，观察其变化情况。

（3）因为测量的是空气比释动能率，在无自动透视条件测量，透视曝光时间没有精确控制时，通常情况下由操作者控制时间，一般选择小于 5s 左右，差别不应过大。

（二）透视受检者入射体表空气比释动能率最大值

1. 检测目的：验证透视受检者入射体表空气比释动能率最大值的真实情况是否符合国家相关要求，主要适用于验证自动曝光控制系统，具有高剂量率模式的透视系统还应增加在高剂量率模式下的检测。

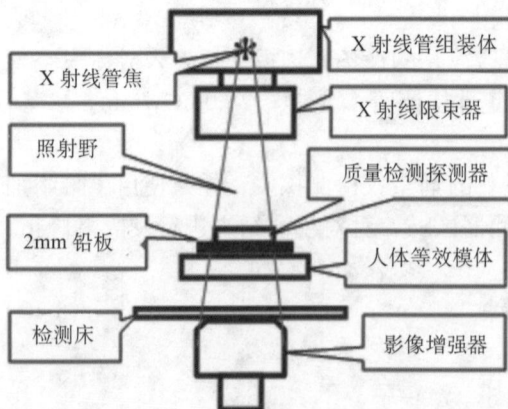

图 5-25　透视受检者入射体表空气比释动能率最大值检测示意图

2. 检测工具：X 射线多功能质量检测仪、15cm×15cm×2mm 的铅板、尺寸为 30cm×30cm×20cm 的水模。

3. 检测步骤：在透视受检者入射体表空气比释动能率典型值检测程序的基础上，在水模体和 X 射线多功能质量检测仪探头之间加一块至少 15cm×15cm×2mm 的铅板（图 5-25），调节照射野小于铅板的尺寸，在常规剂量率和高剂量率透视模式下分别测量受检者入射体表空气比释动能率最大值，按照表 5-1 所列测量条件设置透视机曝光条件。并参照公式（5-11）计算出结果。记录样表参照图 5-24。

4. 结果判定：在验收检测时，透视受检者入射体表空气比释动能率最大值要求 ≤ 88.0 mGy/min；高剂量率模式下要求 ≤ 176.0mGy/min。

5. 检测中的注意事项及应对方法同透视受检者入射体表空气比释动能率典型值。

（三）高对比度分辨力

1. 检测目的 高对比度分辨力也称空间分辨力，是指成像设备对细微结构的显示或鉴别能力，也就是荧光屏显示最小体积病灶或细微结构的能力。

2. 检测工具 线对卡、20mm 厚铝板。

3. 检测步骤

（1）对于直接荧光屏透视设备，将测试卡紧贴在荧光屏的入射面上，以适当条件（如 70kV，3mA）进行透视，从荧光屏上观察并记录能分辨的最大线对数。

（2）对于非直接荧光屏透视设备，检测时应将线对卡紧贴在影像接收器的入射屏或放在诊断床上，并使显示器中测试卡的线条影像与扫描线的方向成 45° 夹角，以自动曝光控制条件或临床常用透视条件进行透视。如果出现影像饱和现象（影像全白），可以在线对卡上放一块 20mm 厚铝板用以减小 X 射线量，检测条件同表 5-1，无须放置水模。从显示器上观察并记录能分辨的最大线对数，如图 5-26 所示。

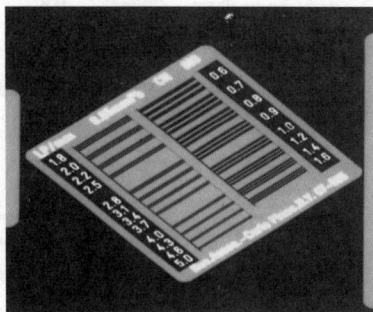

图 5-26 高对比分辨力测试图

4. 结果判定

（1）直接荧光屏透视设备高对比度分辨力验收检测要求 ≥ 0.8lp/mm；状态检测要求 ≥ 0.6lp/mm。

（2）影像增强器透视设备验收检测时高对比度分辨力应符合表 5-3 要求；状态检测要求 ≥ 0.6lp/mm；稳定性检测时与基线值比较不超过 ±20%。

（3）平板探测器透视设备验收检测与状态检测时高对比度分辨力应符合表 5-3 要求；稳定性检测时与基线值比较不超过 ±20%。

表 5-3 非直接荧光屏透视的高对比度分辨力验收检测时要求[①]

影像增强器视野 /mm	350（15in）	310（12in）	230（9in）	150（6in）
影像增强高对比度分辨力 /（lp/mm）	≥ 0.8	≥ 1.0	≥ 1.2	≥ 1.4
平板探测器视野 /（mm×mm）	400×400	300×400	300×300	200×200
平板探测器高对比度分辨力 /（lp/mm）	≥ 1.0	≥ 1.2	≥ 1.2	≥ 1.6

注：①本表引自标准《医用 X 射线诊断设备质量控制检测规范》（WS 76—2020）

5. 检测中的注意事项及应对方法

（1）不同的透视设备其检测方法是一致的，但是不同的检测状态使用的判定结论是不完全一致的。

（2）直接透视荧光屏和间接透视（影像增强器）在检测过程中要注意室内环境亮度不能过高或过低，以日常工作状态为主，检测者在检测前应该做好暗适应，以防检测过程中观察线对时出现误判。

☆☆☆☆

（四）低对比度分辨力

1.检测目的　低对比度分辨力又称密度分辨力，是指 X 射线成像系统可以从均一背景中分辨出特定形状和面积的微小目标的能力，该指标能够反映出人体组织的细微变化。该项目检测的目的在于反映透视设备对细微病灶，特别是低密度的病灶的检出率。

2.检测工具　低对比度分辨力检测模体（模体要求具有 7 ～ 11mm 直径中的一组细节；对比度至少包含 2% ～ 4%）。

3.检测步骤

（1）详细阅读低对比度分辨力检测模体使用说明书。

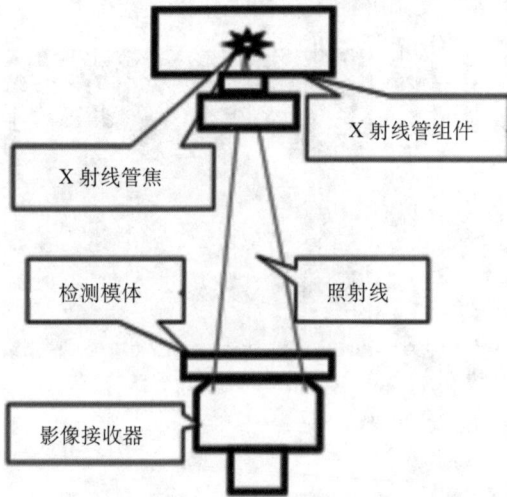

图 5-27　低对比度分辨力检测示意图

（2）将低对比度分辨力检测模体放在 X 射线管和影像接收器之间，使其尽量靠近影像接收器表面并固定，调整限束器使照射野小于检测模体尺寸，依据检测模体说明书选择适当的 X 线球管窗口过滤，如图 5-27。按照表 5-1 所列测量条件设置透视机曝光条件，无须放置水模。

（3）检测过程中，可适当调节显示器亮度、对比度；如果该透视设备无自动透视条件时，当调节显示器亮度、对比度均不能使显示器图像达到最佳状态时，还可以同时调节透视设备的管电压（kV）与透视管电流（mA），使模体图像在显示器中的影像达到最佳状态，用目测法观察影像并记录结果。

4.结果判定　依据所使用的低对比度分辨力检测模体，针对直径为 7 ～ 11mm 的一组图像细节，验收检测时要求低对比分辨力 ≤ 2% 的细节；状态检测和稳定性检测时要求 ≤ 4% 的细节。

5.检测中的注意事项及应对方法

（1）不同生产厂家的低对比度分辨力检测模体可能存在形态差异，使用前应详细阅读使用说明书，一方面了解使用方法，主要是明确使用的过滤，另一方面了解相应指标的判断。

（2）透视是动态过程，X 射线透视机需要连续曝光，但是曝光时间又不能太长。在直接荧光屏和影像增强透视状态下，没有图像固定装置，要求测试者要操作熟练，做好暗适应，观察细致，判断准确。

（五）入射屏前空气比释动能率

1.检测目的　影像增强器性能的优劣，直接关系到受检者接受 X 线检查时的皮肤入射剂量。入射屏前空气比释动能率响应较好的影像增强器，能以较小的入射剂量即可产生质量较好的影像，大大减少受检者在进行检查时受到的辐射剂量，同时还可以提高影像质量。入射屏前空气比释动能率是评价影像增强器性能优劣的关键，也是反映影像增强器系统质量的重要指标，特别是反映影像增强器和球管质量的重要指标，同时也是保护受检者免受不必要照射的关键。

2.检测工具　厚 1.5mm 的铜板一块、X 射线多功能质量检测仪。

3. 检测步骤

（1）将不带附加屏蔽材料的剂量仪检测探头置于 X 射线照射野中心，X 射线束中心与检测探头中心重合并垂直，检测探头紧贴影像增强器入射面。如果使用带附加屏蔽材料的剂量仪检测探头，应注意避开 AEC 的检测区。

（2）1.5mm 厚的铜板置于球管限束器出束口，并固定。影像增强器距焦点最近。按照表 5-1 所列测量条件设置透视机曝光条件，无须放置水模。参照公式（5-11）计算出结果。

（3）验收检测时需要测量不同视野的入射屏前空气比释动能率，而状态检测时只要求对最大视野和常用视野的入射屏前空气比释动能率进行检测；若检测探头不能紧贴影像增强器表面，还应该将测量结果根据距离平方反比定律进行修正；如有滤线栅，应对测量结果进行校正，一般除以 2 即可。记录样表如图 5-28。

检测条件	检测结果（□ mGy/s　□ μGy/s）	计算结果（μGy/min） $\dot{D} = \overline{\dot{D}} \times C_f \times 60$
kV　　mA　　□ AEC □影像增强器入射屏直径　　　mm □平板探测器长边尺寸　　　mm □ CCD 探测器 □无滤线栅□有滤线栅（检测结果除以 2）		

图 5-28　入射屏前空气比释动能率记录样表

4. 结果判定　影像增强器最大入射屏前空气比释动能率要求见表 5-4，平板探测器最大入射屏前空气比释动能率要求见表 5-5。

表 5-4　影像增强器最大入射屏前空气比释动能率要求[①]

影像增强器入射屏直径 /mm	350（15in）	310（12in）	230（9in）	150（6in）
影像增强器入射屏前空气比释动能率 /（μGy/min）	≤ 30.0	≤ 48.0	≤ 60.0	≤ 134.0

注：①本表引自标准《医用 X 射线诊断设备质量控制检测规范》（WS 76—2020）

表 5-5　平板探测器最大入射屏前空气比释动能率要求[①]

平板探测器长边尺寸 /mm	400	300	250	200
平板探测器入射屏前空气比释动能率 /（μGy/min）	≤ 46.0	≤ 60.0	≤ 72.0	≤ 72.0
CCD 探测器入射屏前空气比释动能率 /（μGy/min）	≤ 92.0	—	—	—

注：①本表引自标准《医用 X 射线诊断设备质量控制检测规范》（WS 76—2020）

5. 检测过程中的注意事项　在测量前需确定设备是否有滤线栅，以便计算时保证数据准确。

（六）自动亮度控制

自动亮度控制（ABC）是指在 X-TV 透视中，为保证显示器显示的图像亮度不随被检

☆☆☆☆

部位的厚度、密度的改变而变化所采取的措施，通常采用亮度法检测。

1. 检测目的 亮度自动控制系统具有较高的可调节适应能力，能够满足不同体厚的工作条件，保证 X 射线的成像质量，使显示器的亮度保持稳定有利于观察，提高临床诊断效率并给操作带来更大的便利。

2. 检测工具 铝板（18cm×18cm×2cm）、铜板（18cm×18cm×1.5mm）、亮度计。

3. 检测方法 自动亮度控制（ABC）属于闭环控制，因为影像亮度正比于视频信号电平，故直接对视频信号电平的测量就可以反映实际的影像亮度。同时由于视窗内影像各部分亮度不同，故视频信号的采集可以选择取全部视窗亮度的均值和视窗中心一定范围亮度的均值。

4. 检测步骤

（1）将一块 18cm×18cm×2cm 的铝板放在诊断床上，照射野调节到略小于铝板，在自动亮度控制条件下曝光，待显示器亮度稳定后，用亮度计测量显示器屏幕中心位置的亮度，读取 3 个数值并记录，计算平均值 C_1。

（2）将一块 18cm×18cm×1.5mm 铜板置于铝板上，不改变其他条件，包括照射野尺寸、监视器亮度及对比度等控制旋钮状态，重复上次曝光过程，用亮度计测量显示器屏幕中心位置的亮度，读取 3 个数值并记录，计算平均值 C_2。记录样表如图 5-29。

检测条件	检测结果 (cd/m²)	平均值 (C_i)	平均值 ($\overline{C}$)	计算结果 (%) $E_C=\left(\dfrac{C_i-\overline{C}}{\overline{C}}\right)\times100\%$
自动透视（18cm×18cm×2cm 铝板）				
自动透视（18cm×18cm×2cm 铝板 +18cm×18cm×1.5cm 铜板）				

图 5-29 自动亮度控制记录样表

（3）按照公式（5-13）计算两次测量结果与平均值的相对偏差 E_C。

$$E_C=\left(\frac{C_i-\overline{C}}{\overline{C}}\right)\times100\% \tag{5-13}$$

式中：

E_C——相对偏差；

C_i——每种状态测量时 3 个读数的平均值 C_1 或 C_2，cd/m²；

$\overline{C}$——两次测量 C_1 和 C_2 的平均值，cd/m²。

5. 结果判定 验收检测时与平均值比较在 ±10% 以内，状态检测时与平均值比较在 ±15% 以内。

（七）透视防护区检测平面上周围剂量当量率

1. 直接荧光屏透视设备立位和卧位

（1）检测目的：有效评估透视防护区检测平面上周围剂量当量。

（2）检测工具：30cm×30cm×20cm 的标准水模体、X 射线防护巡测仪。

（3）检测步骤：首先将标准水模体置于 X 射线管照射野中心，并使有用线束中心与模体中心重合。

然后调节诊视床与影像接收器距离 250mm；调节球管窗口限束器，使影像接收器上照射野面积为 250mm×250mm。

检测条件为 70kV、3mA，用 X 射线防护巡测仪在透视防护区检测平面上按图 5-30 布点测量立位 5 点的散射线周围剂量当量率，按图 5-31 布点测量卧位 7 点的散射线周围剂量当量率。

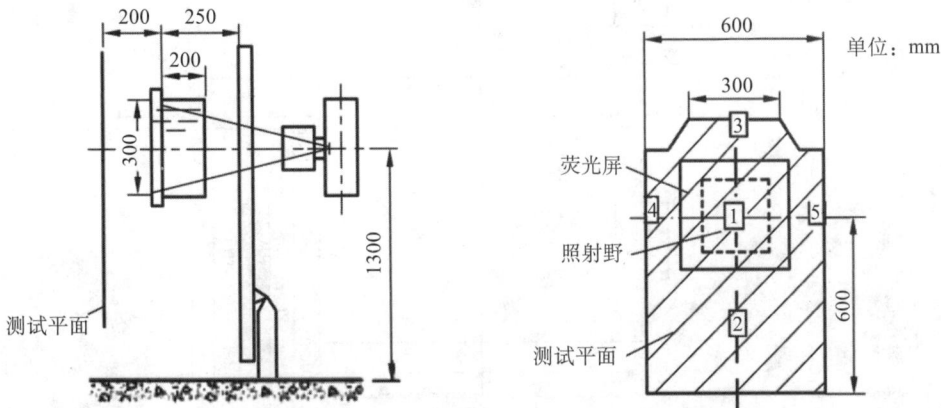

图 5-30　立位透视防护区检测平面检测点示意图

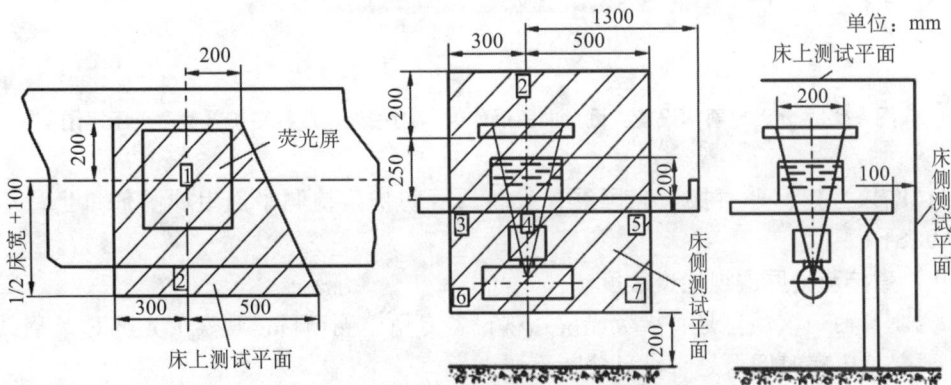

图 5-31　卧位透视防护区检测平面检测点示意图

（4）结果判定：立位直接荧光屏透视设备透视防护区检测平面上周围剂量当量率要求 ≤ 50.0μSv/h；卧位直接荧光屏透视设备要求 ≤ 150.0μSv/h。

2. 近台同室操作的 X 射线设备

（1）检测目的：有效评估透视防护区检测平面上周围剂量当量。

（2）检测工具：30cm×30cm×20cm 的标准水模体、X 射线防护巡测仪。

（3）检测步骤：将 X 射线透视设备和设备配置的防护设施置于正常工作状态时的位置，将标准水模体置于照射野中心具有自动亮度控制的透视设备选择自动模式，不具有自动亮度控制的透视设备选择 70kV、1mA 的曝光条件；首先选择射线束方向由床下垂直射向床上（设备条件不具备时选择射线束垂直从床上向床下照射）。

检测平面和点位如图 5-32 所示，要求使用 X 射线防护巡测仪有效测量点位于检测平面上进行巡测，即分别在床侧第一术者和第二术者平面上按照头部、胸部、腹部、下肢和足部位置进行巡测。第一术者的检测点距离球管焦点轴线 30cm，第二术者检测点距球管焦点轴线 90cm，检测点距地面高度分别为 155cm、125cm、105cm、80cm 和 20cm。如有第三术者也同样按此条件进行检测。

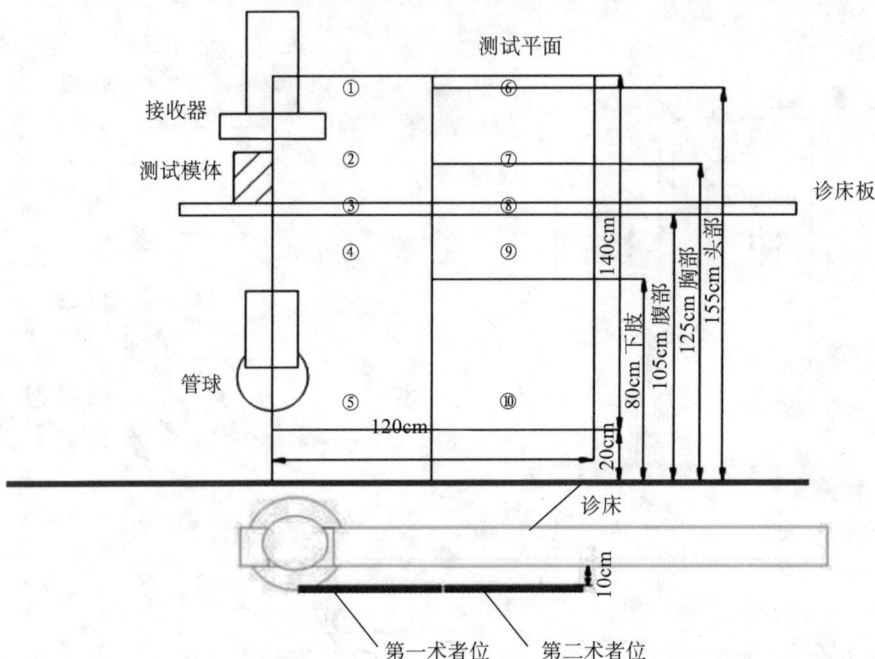

图 5-32   介入放射学设备、近台同室操作的 X 射线设备透视防护区检测点示意图

（4）结果判定：非直接荧光屏透视设备透视防护区检测平面上周围剂量当量率要求 ≤ 400.0μSv/h。

（八）直接荧光屏透视的灵敏度

1. 检测目的   该项目是直接荧光屏透视设备专用检测项目，观察荧光屏对 X 射线的反应，主要是确定实时图像是否满足诊断需要。

2. 检测工具   亮度计（测量下限 ≤ 0.01cd/m^2）、X 射线多功能质量检测仪。

3. 检测步骤

（1）将 X 射线多功能质量检测仪的剂量检测探头用胶带固定于荧光屏入射面的中心（如有滤线栅，多功能质量检测仪的剂量检测探头应在滤线栅后面），并与 X 射线球管中心线重合并垂直。设置曝光条件为 60kV，3mA，剂量仪预热完成后进行曝光，并记录荧光屏入射面测得的空气比释动能率。

（2）用相同条件再次曝光，并用亮度计测量荧光屏的亮度。按公式（5-14）计算荧光屏的灵敏度。

$$B = b / \dot{K} \tag{5-14}$$

式中：

B——荧光屏灵敏度，（cd/m^2）/（mGy/min）；

b——荧屏亮度，cd/m^2；

$\dot{K}$——荧光屏入射面测得的空气比释动能率，mGy/min。

4. 结果判定   直接荧光屏透视的灵敏度验收检测要求荧光屏的灵敏度 B ≥ 0.11（cd/

m²）/（mGy/min）；而状态检测时要求荧光屏的灵敏度 B ≥ 0.08（cd/m²）/（mGy/min）。

5. 检测中的注意事项及应对方法

（1）该检测只针对直接荧光屏透视设备。

（2）亮度计所放置的位置应该和 X 射线多功能质量检测仪的探测器放置的位置基本一致。

（3）两次曝光间隔时间不应该太短，尽量以荧光屏余辉完全消失后再进行下一次曝光，以免前次曝光余辉影响第二次测量。

（九）最大照射野与直接荧光屏尺寸相同时的台屏距

1. 检测目的　该项目是直接荧光屏透视设备专用检测项目。其目的是确定 X 射线束的照射范围是否与荧光屏的大小一致，防止 X 射线束过大，超过荧光屏边缘多余的射线会照射到荧光屏以外，给受检者或操作者带来额外的照射剂量，过小则不能完全显示受检者被检部位，为满足诊断则需反复照射才能显示完毕，间接增加受检者的辐射剂量。

2. 检测工具　直尺（最小分刻度 ≤ 1mm，最小长度 ≥ 100cm）。

3. 检测步骤　首先将荧光屏推到距诊断床最近处，将照射野设置为最大，这时照射野应小于荧光屏。然后在透视条件下，慢慢将荧光屏往远处拉，当最大照射野和荧光屏大小一致时，锁定荧光屏位置。测量床面板到荧光屏后面板（与受检者身体接触的平面）的距离。

4. 检测中的注意事项以及应对方法

（1）该项检测只适用于直接荧光屏透视机的性能检测，而且该设备的荧光屏台屏距是可以调整的。

（2）测量所用的直尺最小刻度应为 mm，在读数过程中还应该注意直尺刻度的精确度。

第 6 章
计算机 X 射线摄影设备及数字 X 射线摄影设备

第一节 概 述

数字 X 射线设备是指把 X 射线模拟图像数字化并进行图像处理，再转换成模拟图像显示的一种 X 射线设备。数字 X 射线设备的技术进步对影像存档与传输系统（Picture Archiving and Communication System，PACS）的发展具有决定性的影响，数字 X 射线设备已成为大、中型医院影像科的主导设备。

根据成像原理的不同，数字 X 射线设备可分为计算机 X 射线摄影（CR）、数字 X 射线摄影（DR）、数字减影血管造影（DSA）、X 射线计算机体层摄影（CT）等。计算机 X 射线摄影设备（CR）是采用可重复使用的成像板（IP）代替增感屏 - 胶片作为信息接收载体记录曝光后带有人体信息的 X 射线潜像信息，通过激光扫描成像板后，使潜像信息转换成光信号，经光电倍增管转换成电信号，再经 A/D 转换成数字信号后输入计算机处理，形成的数字图像。数字 X 射线摄影（DR）是采用 X 射线探测器将 X 射线图像信号直接变成电信号，再转化为数字图像。

1972 年 CT 问世后，出现了图像数字化的浪潮。1979 年出现了飞点扫描的数字 X 射线摄影系统（DR），1980 年在北美放射学会（Radiological Society of North America，RSNA）的产品展览会上，DR 展品引起了全世界的关注，1982 年又研制出了 CR。20 世纪 80 年代中期，各厂商竞相开发 DR 和 CR，90 年代又大力研制 DR 探测器，推出了一些实用的 DR 设备。

数字 X 射线成像与传统的增感屏 - 胶片成像相比，有许多优点：①对比度分辨力高；②辐射剂量小；③图像的后处理功能强；④可利用大容量的光盘存储数字图像，消除用胶片记录 X 射线图像带来的种种不便，并可方便地接入 PACS 实施联网，更高效、低耗、省时间、省空间地实现图像的储存、远距离传输和诊断。但数字 X 射线设备空间分辨力（为 2l ～ 4lp/mm）不如屏片组合的高（理论值为 5l ～ 7lp/mm）。

数字 X 射线设备成像的几个基本的概念：

1. 像素（pixel）是数字图像的基本单位，是一个二维概念，其大小可以用像素尺寸进行描述，就是单位面积内构成图像的最小单元。

2. 采集矩阵（acquisition matrix）是指 X 射线成像时该幅数字图像所含的像素的数量。

3. 模 / 数转换（analog/data，A/D）是将模拟信号转换为数字信号，完成这种转换的电子器件称为模 / 数转换器（ADC）。

4. 噪声（noise）是指在 X 射线成像的图像上观察到的亮度水平的随机波动，常表现为斑点、细点、网状或者雪花状的异常结构，是影响图像质量的重要因素，会掩盖或者降低图像细节的可见度，与图像质量成反比。

第二节　设备的构成及工作原理

一、计算机 X 射线摄影设备

计算机 X 射线摄影设备（CR）是采用可重复使用的成像板（IP）代替增感屏 - 胶片系统作为载体记录曝光后带有人体信息的 X 射线量子形成潜影，用激光扫描后，所得潜影重新被激发，通过光致发光现象完成潜影读取，由光学系统收集，通过光电转换和 A/D 转换，最后由计算机收集和处理，得到数字化影像显示的一种 X 射线摄影设备。

CR 成像设备核心部件为成像板（IP），即光激励发光储能磷光体（photo stimulable storage phosphor，PSP）探测器。PSP 探测器是基于光激励发光（photo stimulated luminescence，PSL）原理设计的，在 PSP 晶体结构缺陷中可以储存被吸收的 X 射线能量，这种存储的能量形成潜影，在适当波长的可见光的激发下，可以把俘获的能量释放出来而发出可见光，这种在光激发下发光的过程称为光激励发光。光激发光被光电倍增管所接收，产生数字化影像的信号，并经过计算机的一系列处理，最终得到一副数字化的 X 射线影像。

（一）CR 系统的基本结构

CR 系统主要由信息采集、信息转换、信息处理、信息储存和信息记录等几部分组成，如图 6-1 所示。

信息采集由 IP 代替胶片实现，以潜影的形式记录 X 射线图像。

信息转换由图像读取装置实现，可将潜影变换为数字图像信号。

信息处理由计算机完成，对数字图像做各种相关的后处理，如大小测量、放大、灰阶处理、空间频率处理等。

信息存储和信息记录是将影像存储到硬盘、光盘等介质中，或者以打印胶片进行保存。

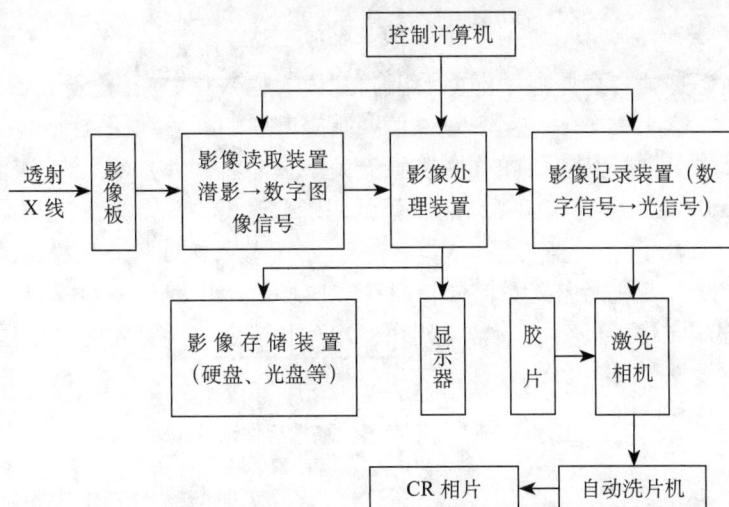

图 6-1　CR 系统的基本结构

☆☆☆☆

1. IP 板 作为记录图像信息的载体，是 CR 系统的关键部件。IP 板结构分为四层，分别是：

（1）表面保护层：由一层较薄的聚酯树脂类纤维制成，其作用是防止荧光层受到损伤。它非常薄且透光率高。

（2）光激励发光（photon stimulation light，PSL）荧光层：又称成像层，它由 PSL 荧光物混于多聚体溶液中，涂在基板上制成，主要成分是掺入 2 价铕离子（Eu^{2+}）的氟卤化钡（BaFX Eu^{2+}，X=Cl，Br，I）的结晶。

（3）基板：即支持层，是由聚酯树脂类纤维制成，用于支持和固定成像物质，通常为了避免激光在成像层和支持层之间发生界面反射、提高清晰度而制成黑色，同时也保护荧光层免受外力的损伤。

（4）背面保护层：其作用是防止 IP 摩擦损伤。

IP 板按分辨率分为高分辨率型（high resolution，HR）和普通型（standard，ST）两类，高分辨率型多用于乳腺摄影，普通型多用于常规摄影；按基板是否可以卷曲分为刚性板、柔性板两种；按基板是否透明分为不透明板、透明板两种；IP 板按读取方式可分为单面阅读和双面阅读两种，双面阅读 IP 板采用透明基板作为支持层；IP 板按照 PSL 物质结构分为粉末 PSL 探测器和结晶 PSL 探测器。

2. 读取装置 是完成读取 IP 上的潜影信息、传送 IP、擦除 IP 残留潜影的装置，又被称为读取器或者扫描器。IP 板阅读器的基本组件如图 6-2 所示。

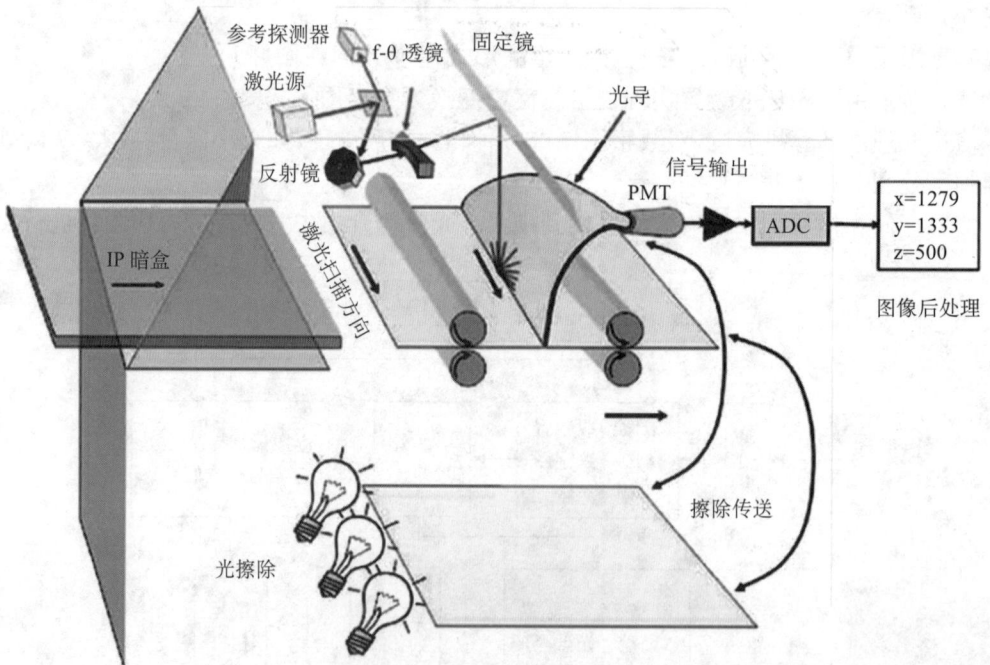

图 6-2 PSP 阅读器和基本组件示意图

目前典型的读出系统有三种：

（1）点扫描读出系统：聚焦激光束在扫描 IP 板前需要经过分束器、光学滤波器、快门、透镜组件、f-θ 透镜、固定镜等几个光学元件，如图 6-3。利用分束器使用部分输出激光来监测探测器入射激光强度，并补偿入射功率波动的输出 PSL 信号强度。通过光学滤波器、快门和透镜组件将激光能量的主要部分从扫描设备反射到 f-θ 透镜。通过 f-θ 透镜到达固定镜后的激光在 IP 板上保持恒定的聚焦和线性扫描速度。

（2）点扫描双面读出系统：双面读出最初是为数字乳腺摄影探测器研制的，从刺激点激光源获取反射和透射的 PSL，具有光学透明基底层的探测器两侧各有两个光波导，可以捕获更大比例的受激光，并且通过对反射和发射信号的优化频率加权，可以实现更高的信噪比，并且保持良好的空间分辨率。

（3）线扫描读出系统：与点扫描读出系统相比，线扫描读出系统使用的是一个紧凑的二极管激光线源和微型透镜，以收集到 CCD 光电二极管阵列的 PSL 光子。

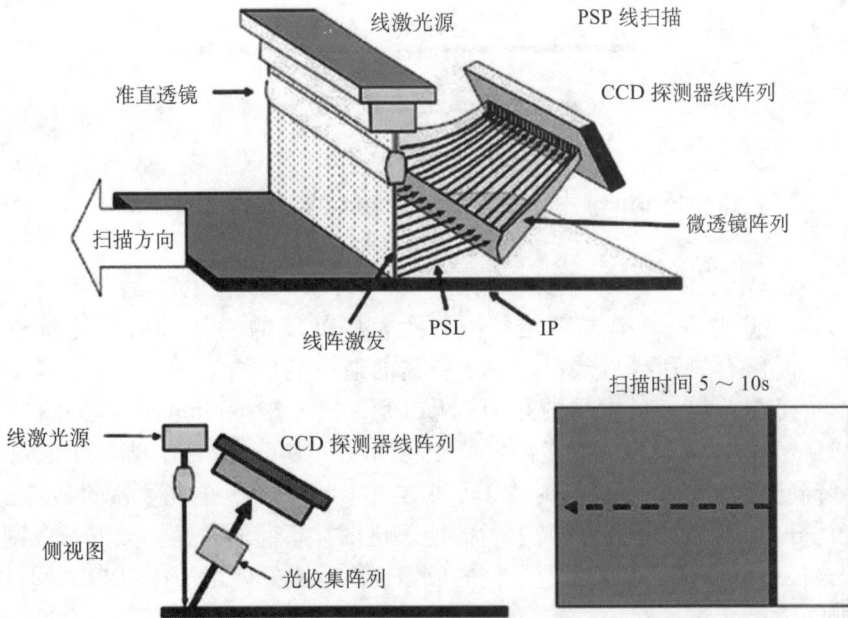

图 6-3　扫描读出系统示意图

3. 光激励发光（PSL）　许多化合物都具有 PSL 的性质，但很少有化合物具有 X 射线摄影所需的特性，即在由普通激光产生的波长处的刺激吸收峰、容易被普通光电倍增管（PMT）输入磷光体吸收的受激发射峰，以及在不因磷光而导致显著信号损失的情况下保留潜影。其中典型的化合物是碱土金属卤化物，如 RbCl，$BaFBr：Eu^{2+}$，BaF（BrI）：Eu^{2+}，$BaSrFBr：Eu^{2+}$ 等。以 $BaFBr：Eu^{2+}$ 为例，PSL 主要分为吸收过程和光激发光过程。

（1）吸收：研究发现 BaFBr 中加入微量 Eu^{2+} 取代晶体中的碱土金属形成的 PSL 物质中光激发光作用最强。$BaFBr：Eu^{2+}$ 晶体被 X 射线照射后形成电子 / 空穴对。电子 / 空穴对将 Eu^{2+} 提升到激发态 Eu^{3+}，以捕获电子的形式储存的能量形成了潜影。Eu^{3+} 返回基态 Eu^{2+} 时产生可见光。目前对于 PSL 的能量吸收过程和随后发光中心形成的主要理论是光刺激发光复合物（PSLC）模型，如图 6-4 所示。PSLC 是一个高能量的亚稳复合物（"F 中心"），其靠近 Eu^{3+}-Eu^{2+} 复合中心。PSL 中吸收的 X 射线形成"空穴"和"电子"，这些空穴和电子通过被 F 中心俘获而激活非活动的 PSLC，所产生的活性 PLSC 的数量与荧光粉中局部吸收的 X 射线成正比。

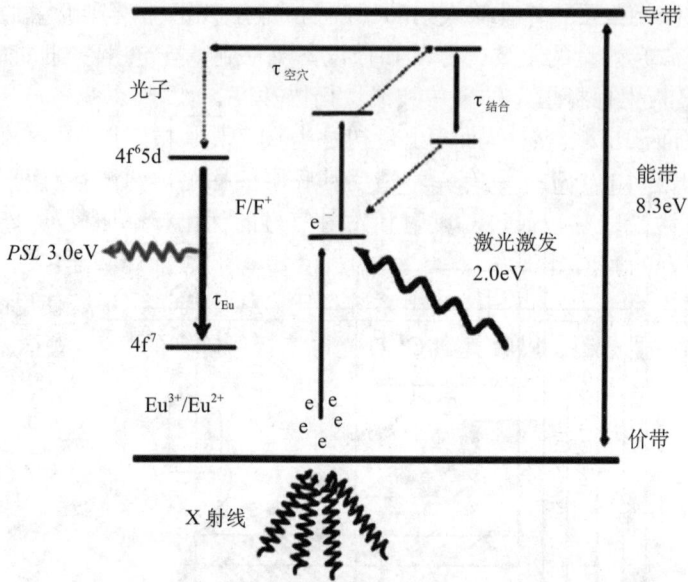

图 6-4　BaFBr：Eu^{2+} 的 X 射线能量吸收和光激发光过程图

（2）激发与发光：留在经 X 射线曝光的 BaFBr：Eu^{2+} 荧光粉上的"电子"潜影对应于激活的 PLSC（F 中心），其局部电子数与大范围暴露的入射 X 射线注量成正比。刺激 Eu^{3+} ～ F$^-$ 中心络合物和释放储存的电子所需的最小能量约为 2eV，最容易由特定波长的高聚焦激光光源获得，最常用的是 He-Ne（氦 - 氖，λ=633nm）激光源和"二极管"（λ=680nm）激光源。入射激光能量激发荧光粉局部 F 中心的电子。当电子通过 Eu^{3+} 络合物的能级下降到更稳定的 Eu^{2+} 能级时，一个 3eV（λ=410nm）的光子紧随其后。图 6-5 显示的是激光诱导电子刺激和随后的光发射的能量谱图。不同的磷光体配方具有调谐到特定激光能量的最佳刺激能量。为了获得最佳的成像性能，最好使用为特定 PSP 阅读器系统设计的荧光物质。

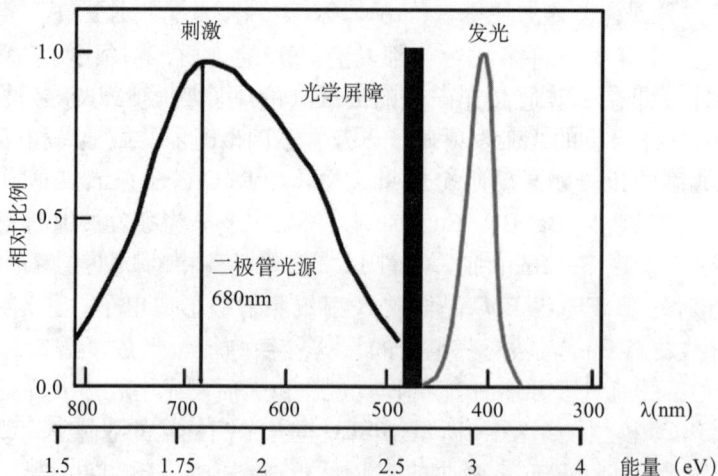

图 6-5　激光 BaFBr：Eu^{2+} 刺激和光激发光的能量谱图

（3）衰退：随着时间的推移，通过自发的磷光效应，捕获信号的将呈指数级衰退。典型的成像板在曝光后 10min 到 8h 之间会损失约 25% 的存储信号，之后会损失得更慢。衰退会引入输出信号中的不确定性，可通过在曝光和读出之间引入固定的延迟时间来控制存储信号的衰减。

（二）工作原理

光激励发光储能磷光体（PSP），可以将吸收的 X 射线能量储存在晶体结构的"陷阱"中，在适当波长的附加光能的刺激下，捕获的能量可以释放出来。PSP 图像的采集和显示可以分为五个广义步骤。①图像采集，包括用特定的 X 射线技术曝光受检者和用 PSP 探测器记录透射的 X 射线通量；②通过激光刺激读取器设备提取得到的潜影，并记录 PSL 强度；③图像预处理包括校正提取过程中的系统变化，确定相关信息的范围，随后将数字值调整到标准化的输出范围；④图像后处理转换原始数字图像的数字值，以呈现适合解剖和研究的灰度和频率增强；⑤输出图像显示在校准后的图像监视器上进行显示。如图 6-6 所示。

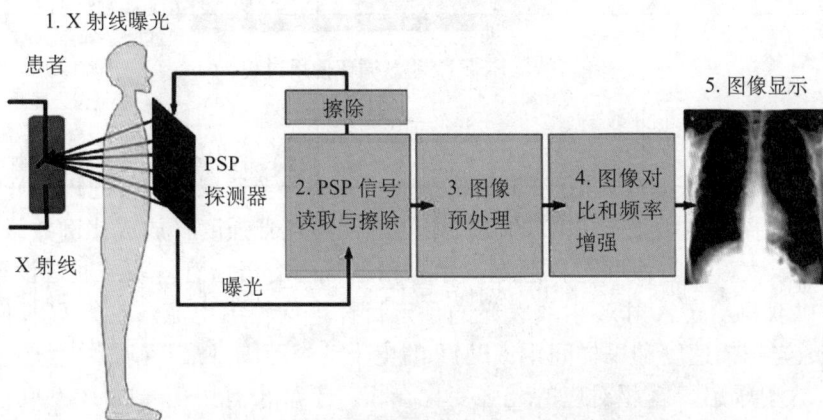

图 6-6　PSP 图像的采集和处理步骤示意图

1. **图像采集**　在曝光过程中，穿过患者的 X 射线被 IP 吸收，沉积在 PSP 材料中的能量导致局部电子从平衡（基态）能级上升到一个稳定的"陷阱"，称为"F 中心"，形成不可观测的"电子"潜像，其中被捕获的电子数与入射到 IP 上的 X 射线光子数成正比。如果受到适当波长的光的刺激，受激发光过程可以立即释放一部分俘获能量，所发射的光构成用于创建数字图像的信号。

2. **PSP 信号读取与擦除**　用低能量（约 2eV）的高聚焦强激光扫描 PSP。PSP 中的俘获电子受到激光能量的刺激，相当一部分电子返回到磷光体中的最低能级，同时释放出较高能量的 PSL（约 3eV）。PSL 的强度与释放的电子数成比例，从激光中进行光学过滤，并由靠近 IP 的导光组件捕获。光波导输出处的光电倍增管（PMT）将 PSL 转换并放大成相应的输出电压。随后使用模数转换器（ADC）进行数字化，在数字图像矩阵中由激光束和 IP 位置的同步确定的特定位置产生相应的数字。

光激励发光储能磷光体（PSP）的剩余潜影信号在读出后保留在荧光板上。剩余信号用不重新引入电子的高强度光源擦除。PSP 探测器循环使用过程包括：（a）未曝光的 IP 板，（b）暴露在 X 射线下产生潜影；（c）利用激光束扫描 IP 板使俘获的电子释放出来并产生光；（d）用高强度光源去除残余信号；（e）IP 板重复使用。总结如图 6-7 所示。

☆★☆☆

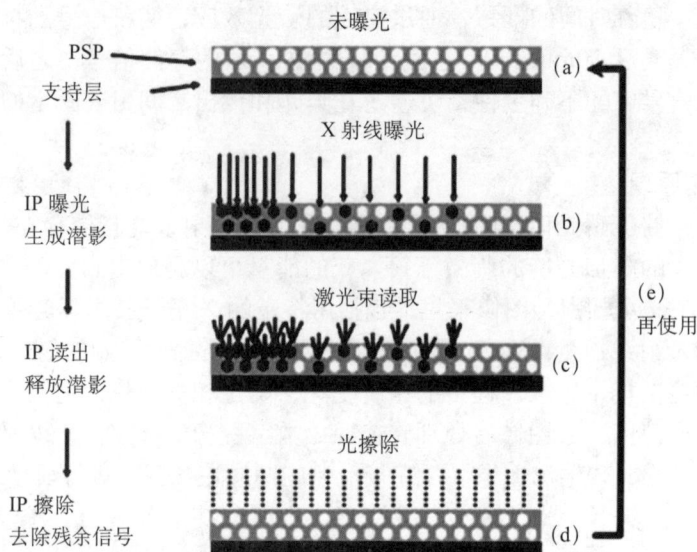

图 6-7　PSP 探测器循环使用过程

（1）信号的检测和转换：对于粉末 PSP 材料，PSL 从荧光屏向各个方向发射。对于点扫描系统，光学收集系统捕获发射光的一部分，并将其引导至读取器组件的 PMT 的光电阴极。光电阴极材料的探测灵敏度与 PSL 的波长相匹配，并且光强度释放成比例数量的光电子。电子被加速和放大，通过级联过程通过一系列倍增管内的倍增管。增益通过设置电压进行内部调整，以获得给定入射 X 射线曝光的预定目标平均输出电流。收集 PSL 信号的积分时间取决于激光扫描速度和采样间距。PMT 的电子动态范围（最小到最大信号输出）远大于 IP 板，与入射辐射暴露相对应的光强变化在相对于最小有用信号的 10 000 倍范围内线性响应。

输出信号的数字化需要识别最小和最大信号范围，因为大多数临床相关的传输曝光变化发生在 100 ~ 400 的动态范围内。在早期版本的 PSP 阅读器中，低能量激光预扫描粗略地对曝光的 PSP 探测器进行取样，并确定有用的曝光范围。然后调整 PMT 的增益（增加或减少），以便在高能激光扫描期间在预定强度范围内数字化 PSL。在大多数当前系统中，PMT 放大器被调整为对 PSL 敏感，这是由于在 0.1 ~ 100μGy 的入射空气比释动能的范围内对应的曝光范围。

在线扫描系统中，激光线源和 PSL 发射透镜阵列将激发和发射事件定位在 IP 上，将输出聚焦到 CCD 光敏阵列上进行电子转换和数字化。

在所有 PSP 系统中，输出信号都是用对数或平方根函数非线性放大的。对数转换提供了与 X 射线衰减的近似线性关系，因此与通过物体的透射 X 射线强度的近似线性关系，而平方根放大提供了与检测到的曝光相关联的量子噪声的线性关系，在原始输出信号中，低信号强度被扩展，高信号强度被压缩。许多系统对输出信号进行非线性模拟放大，然后进行数字化。有些系统首先对输出信号进行数字化，然后使用非线性数字方法对信号进行转换。

（2）数字化：是将连续模拟信号转换成一系列离散数字量的信号，要经历采样和量化两步过程。采样确定来自 PSP 检测器特定区域的 PSL 信号的位置和大小，量化确定采样区域内信号幅度的平均值。在与激光扫描速率协调的特定时间频率处测量 PMT 的输出，并根据信号的振幅和可能的数字值的总误码率量化为离散整数值。ADC 以与扫描方向上的像素数除以每行时间相对应的速率转换 PMT 信号。像素时钟与绝对扫描光束位置和数字矩阵中的相应位置同步。磷光体板在扫描方向上的平移速度与快速扫描像素尺寸相协调，使得线的宽度等于像素的长度（即，像素是"正方形"）。像素间距（样本之间的距离）通常在 100μm 到 200μm 之间，这取决于 IP 的尺寸，但对于专用乳腺 X 射线摄影系统，像素间距可以小到 50μm。采样孔径是平均信号信息的区域。这是由激光束分布决定的，理想情况下等于全宽半最大值（FWHM）。由于该分布具有高斯形状，因此生成的 PSL 信号超出像素孔径，并且测量的空间分辨率通常小于像素间距和像素孔径设置所推断的值。

虽然来自 PMT 的模拟输出在最小和最大电压之间具有无限范围的可能值，但是 ADC 将信号分解为一系列离散整数值（模拟 - 数字单位或"代码值"），用于编码信号幅度。即用模拟信号的位数或"像素深度"确定整数值的个数。PSP 系统通常有 10 ～ 16 位 ADC，因此有 2^{10} ～ 2^{16} 个给定模拟信号幅度的可能代码值。一个制造商使用非常大的位深度（16 位或更大）来实现到最终 12 位 / 像素图像的数字对数转换。其他系统制造商在预数字信号上使用模拟对数放大器或平方根放大器。当 ADC 比特数（量化级别）有限时，模拟放大避免了信号估计中的量化误差。

3. 图像预处理　是以校正静态导光灵敏度变化和固定噪声模式，从而忠实地再现成像对象并将其缩放到作为"原始"图像数据的标准化范围，核心步骤是读出参数预处理（Readout parameter pre-processing）。

读出参数预处理的中心环节称为"曝光数据识别（Exposure data recognizer，EDR）"，其目的在于保证整个系统在一个宽动态范围内自动获得最佳密度与对比度的影像，以便在最佳阅读条件下实现数字化。

曝光数据识别前先用一束微弱激光对已照射后 IP 板进行一次快速扫描，从而得到一组抽样数据（200×200 像素，8bit），按下述流程进行曝光数据识别处理（EDR）：

（1）分割范围识别：把需要的和不需要的影像信号分割开来从而确定原始数据中图像的数量和方位。

（2）照射野识别：利用 EDR 中准直器的边缘定位方法，确定有用解剖学区域中影像边缘，获得照射野的形状和位置。

（3）直方图分析：以 X 轴为像素值和 Y 轴为频率的一种原始图像。在直方图分析中，各厂家都使用一种分析算法来识别和分类直方图中各种组成部分的信号特性（界限值和探测参数），如骨、软组织、皮肤、对比剂、准直、未衰减 X 射线和其他信号，从而正确地重建影像的灰阶范围。

（4）X 射线剂量和范围的计算：通过上述直方图分析和计算，自动地确定 X 射线的剂量范围，确定荧光发光强度范围，确定影像阅读装置的输入信号范围和确定对该读出的 IP 影像所需的输出信号范围，而这些范围是该装置的自动范围控制（Auto ranging）来实现的。

（5）确定读出条件：通过 EDR 装置自动范围控制，自动地校准 X 射线入射到 IP 板上的曝光量，达到所需的影像信号灵敏度和宽容度，使输入信号无论在曝光不足和曝光过度情况下，都可以调整输出信号在相同范围内变化。具体讲，实现这一自动范围控制方式是通过调整光电倍增管灵敏度和读数放大器的增益而实现的。

☆★☆☆

对于 Fuji 成像板在 EDR 自动范围控制中，可以选择三种阅读模式：①自动模式（Automatic mode），对灵敏度和宽容度自动进行调整；②半自动模式（Semi-Automatic mode），宽容度固定，而灵敏度进行调整；③固定模式（Fixed mode），对系统的灵敏度和宽容度都加以固定的一种阅读模式。半自动和固定模式在临床实践中不太常用，但在对 CR 系统进行性能检验或 QC 检测中是特别有用的，因为这两种模式选择对于评价 Fuji 成像板影像阅读和形成过程的内在稳定性提供可控制的方法。

4. 图像后处理　PSP 检测器的宽动态范围响应需要图像识别、缩放和对比度增强来优化"处理"图像数据的图像特性和信噪比（SNR）。

影像显示处理，也称为影像的后处理（Image post-processing）或影像灰阶处理（Image grayscale processing）。这个环节目的在于通过下述各种特定处理，为医师提供满足诊断要求的具有高诊断价值影像。其显示功能处理包括动态范围控制（Dynamic range control）、谐调处理（Gradation processing），空间频率处理（Spatial frequency processing）和特殊处理（Special processing）。

（1）动态范围控制（Dynamic range control，DRC）。必须在谐调处理和空间频率处理之前实施。主要目的在于使影像的动态范围变窄，有利于对不同密度区域压缩后，在同一影像中或增强高密度区或增强低密度区，从而使对比度能很好显示。

（2）谐调处理，又叫对比度处理（Contrast processing）。这种处理的目的在于改变影像的数据以调整其对比度，使在胶片上获得密度良好的影像。不同的生产商使用不同的谐调处理技术，例如：

—Fuji 使用四种不同参数来控制曝光范围，实现对比度和光学密度的调节：谐调曲线类型（Gradation type，GT），它有 16 种，编号从 A 到 P 线，通常选 A 线，表示产生大宽容度线性层次，其作用是显示灰阶范围各段被压缩和放大的程度，实现合理选择匹配，获得最佳影像。旋转中心（Gyration Center，GC）改变谐调曲线密度中心，达到感兴趣清晰显示，其值选在 0.3 ～ 2.6。旋转量（Gyration amount，GA），主要用来改变影像对比度，其值在 - 4 到 4 之间（不包括 0）。通常选 GA=1.0，表示输入与输出影像对比度无变化。谐调曲线移动量（Gradation Shift，GS）用来改变整幅影像的密度，降低 GS 值，曲线右移，影像密度变小，反之亦然，GS 的值 - 1.44 ～ 1.44。总之调整这四个参数达到调整影像对比度，总体光密度及黑白反转的效果，在 GT 不变情况下，调整 GC 和 GA 可增加或减少层次，调整 GS 可改变影像整体亮度。

—Kodak 使用两种参数来对检查表（Look-up table LUT）重新转换各个像素值来调整对比度曲线，即平均密度（Average density）和 LUT 起始（LUT Start）。

—Agfa 使用三种参数对检查表（LUT）中对比度进行处理。窗左延伸（Extend Window left），窗右延伸（Extend window right）和感度测量（Sensitometry）。Agfa 对感度测量中提供四种预先定义的显示功能，用调整显示窗方式（窗左延伸或窗右延伸）来控制灰阶数据与显示功能的图像。Agfa 另一种对比度处理方法，称为"多阶影像对比度放大（MUSICA）方法"。这种方法把一幅影像分解成一组对应该影像特征的系数，对应 12 个特定频率的次频段。在采样过程中，自动改变这些次频段的系数来完成整体对比度增强和标准化。各种影像处理技术就是应用这 12 个组分影像的一部分或全部的不同的量值的过程，处理的效果表现在这些组分影像的重新组合，而 MUSICA 对比度的级别可选在 0.0 和 6.0 之间任一整数。对 Agfa 性能参数 QC 检测中，选 MUSICA=0。

（3）空间频率处理。其目的在于改善影像锐利度，最常用一种频率处理的技术就是边缘增强（Edge enhancement）。它是通过增加高频响应使感兴趣结构的边缘得到增强而突出影像轮廓。

对于 Fuji 和 Kodak 公司使用模糊影像减影（blurred-mask subtraction）技术，得到边缘增强影像，从而改善影像的锐利度。对于 Agfa 使用上述 MUSICA 技术，实现了整体对比度和边缘对比度增强，改善了影像锐利度。

（4）影像特殊处理。如双能量减影（Dual energy subtraction）和时间减影（Temporal subtraction）和断层伪影抑制（TOMOgraphic artifact suppression）等影像处理技术。

5. 图像显示　数字图像的显示是将数字图像代码值呈现为软拷贝监视器的相应灰度亮度变化或者硬拷贝胶片的光学密度（OD）值。

与 DR 相比，在 DR 探测器中 X 射线能量被捕获并以局部沉积电荷的形式转换为潜影。潜影直接转换为数字图像数据集，而无须人工进行进一步的系统交互。DR 设备在图像显示的快速转换方面具有优势，但相对昂贵，且大多数不是便携式的，灵活性相对较差。

二、医用数字 X 射线摄影设备

医用数字 X 射线摄影设备（DR）是指采用数字化 X 射线影像探测器技术实现影像直接从影像探测器读出的一种 X 射线摄影医学成像装置。

（一）设备构成

DR 设备通常由 X 射线发生装置、数字化 X 射线影像探测器和机械辅助装置组成，具体构成如图 6-8。立柱式 DR 见图 6-9，吊轨式 DR 见图 6-10。

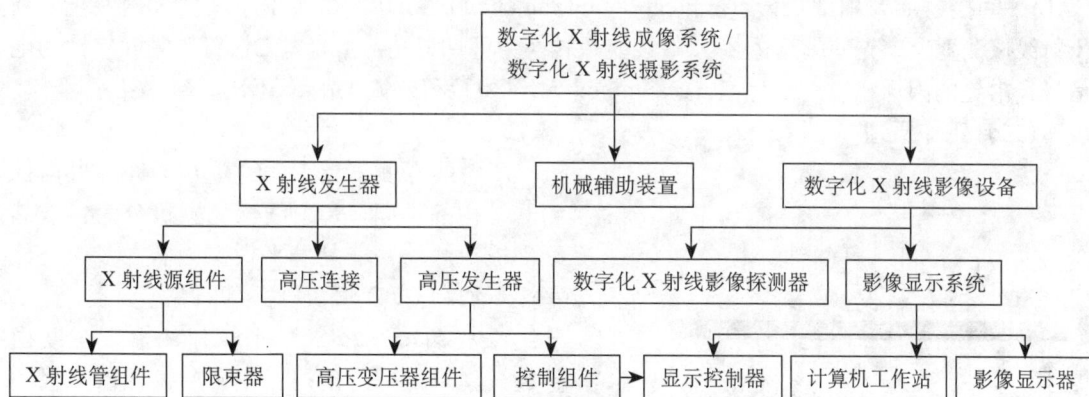

图 6-8　DR 设备的结构

X 射线发生装置、机械辅助装置与普通诊断 X 射线设备基本一致，不再赘述。数字化 X 射线影像装置由 X 射线探测器、图像处理系统、图像显示系统组成。

1. X 射线探测器是将 X 射线信息直接转换为电信号的器件，具体作用是将 X 射线模拟信号转换为数字信号，送计算机处理。

2.图像处理系统其功能主要包括各种图像处理，如灰阶变换、黑白反转、图像滤波降噪、放大、各种测量、数字减影等。

3.图像显示系统用于摄影图像的重现、软阅读。

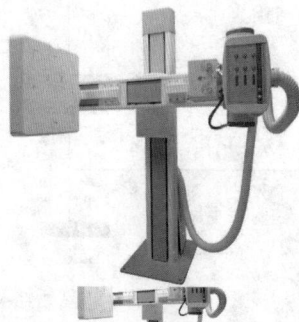

图 6-9　DR 设备（立柱式）

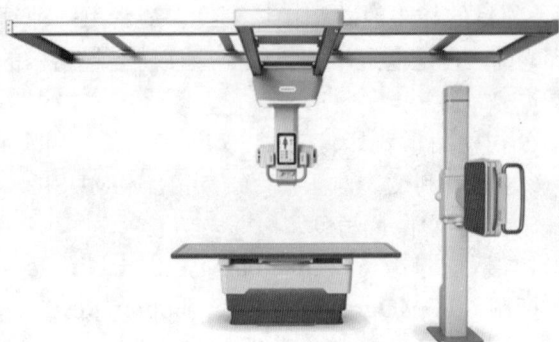

图 6-10　DR 设备（吊轨式）

　　DR 设备按曝光方式分为面曝光成像和线扫描成像两种，面曝光成像技术的主要特点是探测器采用大面积的面阵探测器，也称为平板探测器（flat plane detector，FPD），包括非晶硒、非晶硅和电荷耦合器件（charge couple device，CCD）等平板探测器。线扫描成像技术的主要特点是采用线阵成像，线阵探测器需与 X 射线管同步移动以采集不同位置的图像信息，然后经过处理和重建形成数字 X 射线图像，包括多丝正比电离室气体探测器、闪烁体 / 光电二极管线阵探测器等。

　　DR 设备更为常见的分类方法是按照 X 射线探测器能力转换方式分类，分为直接转换式和间接转换式。直接数字 X 射线摄影（direct digital radiograph，DDR）的基本原理是 X 射线投射到 X 射线探测器上，光电材料采集到 X 射线量子后，直接将 X 射线的强度转换为电信号，常用的光电材料有非晶硒（amorphousselenium，α-Se），碲化镉（CdTe）和碲锌镉（CdZnTe，CZT）。间接数字 X 射线摄影（indirect digital radiograph，IDR）的基本原理是 X 射线投射到 X 射线探测器上，先使闪烁体将 X 射线能量转换为可见荧光，由光电二极管采集并转换为电信号，常见的闪烁物质有碘化铯（cesium iodide，CsI）和硫氧化钆（GOS）。

（二）工作原理

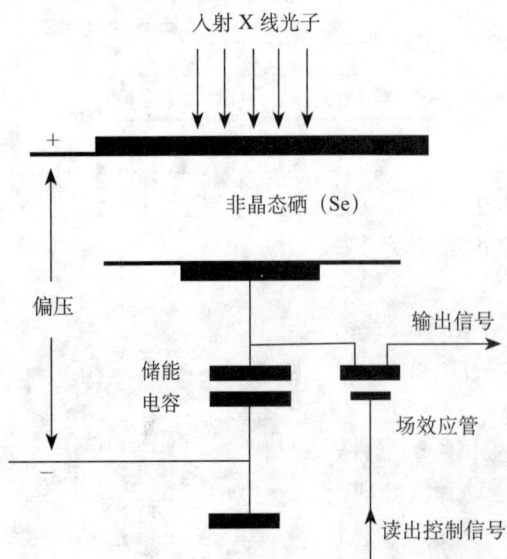

图 6-11　非晶硒结构示意图

　　X 射线探测器是 DR 的核心部件。根据探测器结构的不同，X 射线探测器可分为：非晶硒平板探测器、非晶硅平板探测器、多丝正比室探测器和 CCD 摄像机探测器等。

　　1. 非晶硒（α-Se）平板探测器　主要由基板、集电矩阵、硒层、电介层、顶层电极和保护层等构成，其结构如图 6-11。集电矩阵即探测元阵列由按矩阵排列的接收电容和薄膜晶体管（TFT）组成，一个电容和一个 TFT 组成一个探测元，对应一个采集图像的最小单元，一个像素。非晶态硒层涂覆在集电矩阵上，其上是电介层、顶层电极。非晶硒（α-Se）为光电材料，在电场的作用下可将 X 射线直接转换成电信号。因放大器和 A/D 转换器都置于探测器封装扁平外壳内，故称为平板探测器（flat panel detector，FPD）。因为探测器是接收 X

☆ ☆ ☆ ☆

射线照射而直接输出数字图像信息，所以称作直接X射线摄影。TFT像素的尺寸直接决定图像的空间分辨力，如每个像素为 $139\mu m \times 139\mu m$，在 $43cm \times 43cm$（$17'' \times 17''$）的范围内有 3072×3072 个像素。

工作原理：带有人体信息的X射线光子照射非晶硒的硒光电导层后，其导电性能发生改变，在硒层中产生一定比例的电子-空穴对，在顶层电极和集电矩阵间的外加高压电场的作用下，电子-空穴对被分离并向相反方向移动，形成信号电流，其大小与入射X射线光子的数量成正比，被相应单元的接收电极所收集，形成信号电荷，存储在电容中。因电容存储的电荷量与入射X射线强度成正比，故X射线图像被转换为信号电荷多少的图像或电容电压高低的图像。每个单元都有一个场效应管，起开关作用。在读取控制信号的作用下，场效应管依次导通，把各像素电容存储的电荷或电压依次传送到外电路，经读取放大器放大后被同步转换成数字图像信号。信号读取后，扫描电路自动清除各像素电容中的残余电荷，以保证非晶硒FPD能反复使用。

2. **非晶硅平板探测器**　主要由碘化铯（CsI）闪烁体层、非晶硅光电二极管阵列、行驱动电路、列读取电路、图像信号读取和A/D转换电路等构成，其结构如图6-12所示。CsI闪烁体是吸收X射线并把能量转换为可见光的一种化合物。当掺入铊（Tl）时，CsI激发出550nm的光，是非晶硅光谱灵敏度的峰值。

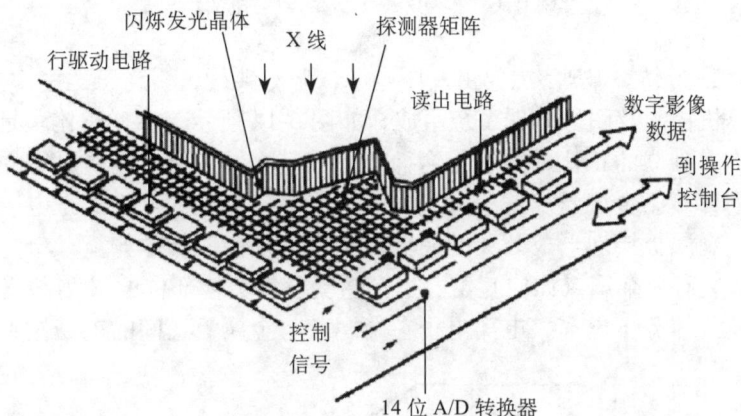

图6-12　非晶硅结构示意图

工作原理：穿透患者被检部位后的X射线光子，照射到非晶硅FPD上，由碘化铯晶体层将X射线图像转换成荧光图像；荧光沿碘化铯针状晶体传递到由非晶硅光电二极管构成的探测器矩阵，将荧光图像转换成信号电荷的多少。计算机控制读出电路，依次读出各像素信号电荷信息，再经A/D转换后，获得数字图像信号，传送到图像处理器进行处理和存储后，在监视器上显示。

3. **CCD摄像机型探测器**　主要由荧光板、反光板、CCD摄像机、计算机控制及处理系统等构成，其结构如图6-13所示。电荷耦合器件（charge coupled device，CCD）是一种具有半导体器件的摄像器，由于它的光敏特性（即在光照下能产生与光强度成正比的电子电荷）而形成电信号。CCD是由数量众多的光敏元件排列组成，光敏元件的数量决定了CCD的空间分辨力（或称高对比度分辨力）。常用的光敏元件有金属氧化物半导体（metal oxygen semiconductor，MOS）电容器和光敏二极管两大类。

★☆☆☆

工作原理：X 射线透过人体被检部位后，经滤线栅滤除散射线到达由碘化铯闪烁晶体组成的探测器——荧光板，由荧光板将 X 射线信息转换成可见光，经过一组透镜反射，采用阵列技术，在同一平面上近百个性能一致的 CCD 摄像机摄取荧光，由 CCD 摄像机将荧光图像经 A/D 转换成数字图像信号，送图像处理器进行图像后处理、存储，由显示器显示或激光相机打印。

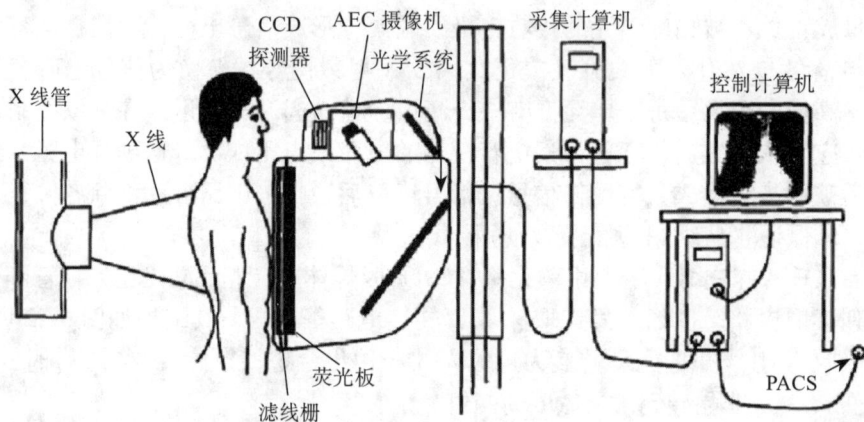

图 6-13　CCD 摄像机型 DR 结构图

4. 多丝正比室扫描型 DR　主要由高压电源、水平狭缝，多丝正比室、机械扫描系统、数据采集、计算机控制及图像处理系统组成，如图 6-14 所示。多丝正比室是一种气体探测器，可看作由许多独立的正比计数管组合而成。其基本结构是在两块平行的大面积金属板之间，平行并列许多条金属丝。这些金属丝被此绝缘，各施加一定的正电压（1kV 左右），形成许多阳极，金属板接地形成公共的阴极。室内充以惰性气体如氩（Ar）气，或有机气体如 CH_4，室壁装有薄金属（如铝）窗。当穿透受检者被检部位的 X 射线光子经金属窗射入正比室后，使气体分子电离。电离电子在金属丝与金属板之间的电场作用下向金属丝移

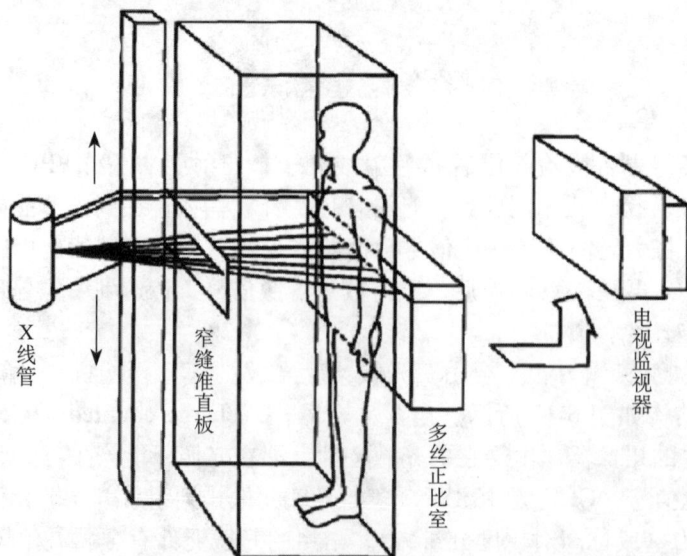

图 6-14　多丝正比室扫描型 DR 结构示意图

动，并与气体分子碰撞，如果电子从电场获得的能量大于气体的电离能时，将会引起气体进一步电离。电子越接近金属丝电场越强，这将导致气体雪崩式电离，使金属丝收集到的电子比原始气体电离所产生的电子多 $10^1 \sim 10^3$ 倍。因正比室对电离电子有放大作用，故具有较高的探测灵敏度。另外，每根金属丝上收集的电子正比于初始气体电离电子，亦即正比于入射 X 射线强度。

工作原理：X 射线管辐射的锥形 X 射线束，经水平狭缝准直后形成平面扇形 X 射线束。X 射线通过患者被检部位，射入水平放置的多丝正比室窗口，在被探测器接收后，机械扫描装置使 X 射线管头、水平狭缝及探测器沿垂直方向作均匀的同步平移扫描，到达新位置后再作水平照射投影；如此重复进行，就完成一幅图像的采集。多丝正比室的每根金属丝都与一路放大器相连，经 A/D 转换器将电压信号数字化后，输入计算机进行图像处理。监视器既可显示存储器内未经处理的图像，又可显示计算机处理后的图像。

本节中涉及的探测器成像原理同样适用于乳腺 CR 设备和乳腺 DR 设备。

第三节　CR 检测指标与方法

一、常见 CR 系统的参数介绍

各生产厂家的 CR 设备的性能、系统结构和其性能参数、系统响应标准、影像处理方式和 QC 检测与评价等都有较大差别。目前常见的 CR 设备生产厂家主要有 4 家，分别是爱克发医疗（Agfa）、富士胶片（Fuji）、柯尼卡 - 美能达（Konica-Minolta）、锐珂医疗（Carestream Health）。4 个生产厂提供的 CR 设备的剂量指示与 IP 响应（$K_{响应}$）的计算公式见表 6-1，其推荐的 CR 设备专用检测项目及其技术要求见表 6-2。

表 6-1　4 个生产厂提供的 CR 设备的剂量指示与 IP 响应（$K_{响应}$）的计算公式[a]

项目	爱克发医疗 （Agfa）[b]	富士胶片 （Fuji）	柯尼卡 - 美能达 （Konica-Minolta）	锐珂医疗[c] （Carestream Health）
剂量指示表示的量与符号	扫描平均水平：SAL 基于对数的扫描平均水平：SAL-log 基于对数的像素值指数：PVI-log	感度值 S	感度值 S	照射量指数 EI
响应空气比释动能（K响应）计算公式	12bit： $K_{响应}（\mu Gy）=6.17 \times 10^{-6} \times SAL^2$ 15bit： $K_{响应}（\mu Gy）=6.17 \times 10^{-6} \times$ $10^{[(SAL\_log/10000)+3.9478]}$ 16bit： $K_{响应}（\mu Gy）=9.473 \times 10^{-8} \times$ $10^{[(PVI\_log+64460)/13287.5]}$	$K_{响应}（\mu Gy）$ $=1740/S$	$K_{响应}（\mu Gy）$ $=1740/S$	$K_{响应}（\mu Gy）$ $=8.7 \times 10^{[(EI-2000)/1000]}$

注：1. 本表引自《医用 X 射线诊断设备质量控制检测规范》（WS 76—2020）

2. Agfa 部分老旧机型的剂量指示符号为照射量中位值 M 的对数（lgM），响应空气比释动能的计算公式为 $K_{响应}（\mu Gy）=8.7 \times [(2276/S) \times 10^{(lgM-3.2768)}]$，其中 S 为感度

a. 响应空气比释动能（$K_{响应}$）的计算公式因各生产厂家的新产品可能会发生变化，具体以厂家更新的公式为准

b. Agfa 的三个曝光指数计算公式，分别使用不同的 CR 阅读器和 CR 工作站，并且适用于所选定数值范围，如 12bit、15bit 和 16bit，在对一台 Agfa CR 机进行检测时，首先要弄清楚生产厂家所提供设备的上述特性，以及工作站上所显示出是哪一种曝光指数而定

c. "锐珂医疗"原名为"柯达"（"Kodak"），其先后生产的各种类型 CR 设备的 IP 性能暂时没有改变

☆★☆☆

表6-2　4个生产厂推荐的 CR 设备专用检测项目及其技术要求 [a]

项目	爱克发医疗 （Agfa）	富士胶片 （Fuji）	柯尼卡 - 美能达 （Konica-Minolta）	锐珂医疗 （Carestream Health）
IP 处理条件	系统诊断（system diagnosis） 平野（flat field） 感度等级（speed class）=200	检验（Test） 感　度（Sensitivity） （L=1） 半 -EDR[b]（Semi-EDR）	检验（Test）1 G=40	模式（Pattern）
暗噪声	SAL ≤ 134 （VIP, QS 和 NX2.0 版本） SAL-Log 或 PVL-Log ≤ 3064 （NX2008 及以后版本） PVI-Log 或 SAL-Log ≤ 4159 （CR30-X 版本） PVI-Log ≤ 17500 （CR10-X/DX-G/DX-M 等版本）	S=200	平均像素值（$PV_{average}$） < 1.0 平均像素值标准偏差（PV_{SD}）< 1.0	柔性 IP： 平均像素值（APV） > 3994 最大像素值（APV_{Max}） < 4094 标准偏差（PV_{SD}）< 2.5 刚性 IP： EI < 150
IP 探测器剂量指示 / 响应线性的曝光条件	75kV，1.5mmCu 滤过，无延迟读取	80kV，无滤过，10 分钟延迟读取	80kV，无滤过，2 分钟延迟读取	80kV，0.5mmCu + 1mmAl 滤过，15 分钟延迟读取
极限空间分辨力（fNyquist）	3.3lp/mm	5lp/mm（18cm × 24cm，100μm 像素） 3.3lp/mm（24cm × 35cm，150μm 像素） 2.5lp/mm（35cm × 43cm，200μm 像素）	5.6lp/mm（87.5μm 像素）	≥ 2.8lp/mm

注：本表引自《医用 X 射线诊断设备质量控制检测规范》（WS 76—2020）

a. 厂家的技术要求可能因新产品会发生变化，具体以厂家更新的规定值为准

b. Semi-EDR 全称为"半自动模式的曝光数据识别"（Semiautomatic Mode-Exposure Data Recognizer）

二、检测方法

WS 76—2020 将 CR 系统的质量控制检测项目分为通用检测项目和专用检测项目两部分。

通用检测项目包括：管电压指示的偏离、辐射输出量重复性、输出量线性、有用线束半值层、曝光时间指示的偏离、AEC 重复性、AEC 响应、AEC 电离室之间一致性、有用线束垂直偏离、光野与照射野四边的偏离。具体检测方法参照本书第 5 章。

CR 系统专用检测项目分为两大部分，第一部分为探测器对入射空气比释动能的响应与清除性能，包括 IP 暗噪声、探测器剂量指示（DDI）、IP 响应均匀性、IP 响应一致性、IP 响应线性、IP 擦除完整性，第二部分为探测器的图像性能包括测距误差、高对比度分辨力、低对比度分辨力。

（一）IP 暗噪声

1. 检测目的　IP 暗噪声是用于确认已擦除的 IP 板的剂量指示值应符合厂家的规定值。

2.检测工具　已擦除影像信息的 IP 板 3 块。

3.检测方法

（1）测量：检测前对选用的 IP 进行 1 次擦除处理。随机选三块 IP 放入阅读器中，用表 6-2 中生产厂家提供的 IP 处理条件对每块 IP 读取，获得 3 幅影像。

（2）计算及数据处理：读取每块 IP 的指示值，在显示器上观察原始全野影像，记录样表如图 6-15。

IP 暗噪声检测：				
IP	暗噪声规定值	暗噪声指示值	暗噪声在规定值范围内	影响均匀一致、无伪影
1			是□　否□	是□　否□
2			是□　否□	是□　否□
3			是□　否□	是□　否□

图 6-15　IP 暗噪声检测记录样表

4.结果评价　每块 IP 的指示值应在表 6-2 中生产厂家的规定值范围内，原始全野影像应清晰、均匀一致，无伪影。

5.检测主要问题与实例　无论 IP 是否处于使用后的状态，在进行暗噪声检测之前均应进行一次擦除处理。所选用的 IP 板最好覆盖不同规格。

（二）探测器剂量指示（detector dose indicator，DDI）

1.检测目的　探测器剂量指示（DDI），简称剂量指示，是由 CR 系统的生产厂家提供的用以反映影像采集过程中成像板上平均入射空气比释动能的特定指示，可以用于检查 CR 系统的灵敏度变化。

2.检测工具　0.5mmCu 滤过板、1mmAl 滤过板、诊断水平剂量仪。

3.检测方法

（1）测量：任选三块不同尺寸（类型）的 IP，分别用 80kVp、0.5mmCu 和 1mmAl 滤过，焦点到 IP 距离（SID）为 180cm，选择约 10μGy 入射空气比释动能的曝光条件对每一块 IP 曝光，每次曝光后保持相同的延迟时间读取。用生产厂家提供的 IP 处理条件对每块 IP 读取，获得三幅软拷贝影像，获取 CR 系统的剂量指示所显示的读数值，利用生产厂家提供的计算公式，计算 IP 曝光后的响应空气比释动能 $K_{响应}$，记录样表如图 6-16。

（2）计算及数据处理：计算每块 IP 测量空气比释动能（$K_{测量}$）与响应空气比释动能（$K_{响应}$）的相对偏差和每块 IP 响应值与三块 IP 的平均响应值之间的误差。

探测器剂量指示（DDI）检测： 检测条件：SID　　cm　　kV　　mAs　　附加滤过：						
	$K_{测量}$（μGy）	$K_{校准}$（μGy）		$K_{响应}$（μGy）	偏差（单板）	$\overline{K}_{响应}$（μGy）	偏差（多板）
IP1							
IP1							
IP2							

图 6-16　探测器剂量指示（DDI）检测记录样表

☆☆☆☆

4. 结果评价 每块 IP 测量空气比释动能（$K_{测量}$）（μGy）与响应空气比释动能（$K_{响应}$）（μGy）应在 ±20.0% 内一致。每块 IP 响应值与三块 IP 的平均响应值之间的误差应在 ±10.0% 内一致。

5. 检测主要问题与实例 以锐珂医疗的 DirectView Vita CR 为例，设置 SID 为 180cm，用 80kVp、5mAs、0.5mmCu 和 1mmAl 滤过对 3 块 IP 分别进行曝光，测量空气比释动能为 10.8μGy，3 块 IP 的 EI 分别为 2099、2036、2068，按照锐珂医疗提供的响应空气比释动能计算公式 $K_{响应}$（μGy）$= 8.7 \times 10^{[(EI - 2000)/1000]}$ 进行计算，3 块 IP 的 $K_{响应}$（μGy）分别为 10.93、9.45、10.18，3 块 IP 的 $K_{响应}$（μGy）平均值为 10.19；每块 IP 测量空气比释动能（$K_{测量}$）与响应空气比释动能（$K_{响应}$）的相对偏差分别为 −1.6%、13.8%、5.7%；每块 IP 响应值与三块 IP 的平均响应值之间的误差分比为 7.29%、−7.19%、−0.10%。

注意比较与被比较的量的顺序，若以检测实例中的数值，计算每块 IP 响应空气比释动能（$K_{响应}$）与的测量空气比释动能（$K_{测量}$）相对偏差结果为 1.2%、−12.5%、−5.7%，两种计算方式得到的结果的绝对值略有差别，当接近标准限值时会出现截然相反的评价结论。

应在检测开始前，设置 80kVp、0.5mmCu 和 1mmAl 滤过，焦点到剂量仪距离（SID）为 180cm，选择适当的管电流时间积用诊断水平剂量仪测得入射空气比释动能约为 10μGy，记录此时入射空气比释动能和对应的管电流时间积，即为具体的曝光条件。

如果测量超过规定值，应采用生产厂家设定的 IP 剂量指示校准曝光 / 读取条件重新进行检验。

尽量选择同一批次的 IP 板进行比较，不同批次的 IP 板衰减程度不同，可能会影响检测结果。

（三）IP 响应均匀性

1. 检测目的 IP 响应均匀性是指成像板平面上不同区域对入射空气比释动能响应的差异。

2. 检测工具 0.5mmCu 滤过板、1mmAl 滤过板、诊断水平剂量仪、胶片密度计。

3. 检测方法

（1）测量：任选一块 IP 分别采用 80kVp，0.5mmCu 和 1mmAl 滤过，焦点到 IP 距离（SID）为 180cm，100μGy 入射空气比释动能曝光，读取，获得硬拷贝照片或软拷贝影像。用胶片光密度计测量照片的中央区和 4 个象限区中心点光密度，获取并记录 5 个点光密度值；或者对工作站每一幅影像中选面积大致相同的中央和 4 个象限的感兴趣区（ROI）获取 5 个平均像素值，记录样表如图 6-17。

（2）计算及数据处理：计算照片 5 个点的平均光密度值或 5 个影像感兴趣区的平均像素值，IP 响应均匀性为单块 IP 所有单点测量值与 5 点的平均值进行比较的结果。

IP 响应均匀性检测：						
检测条件：SID cm kV mAs 附加滤过：						
	光密度□ / 平均像素值□					
	上	下	左	右	中	平均值
测量值						
偏差						

图 6-17 IP 响应均匀性检测记录样表

4. 结果评价　对单幅照片5个点计算平均光密度值或5个影像感兴趣区的平均像素值，所有单点测量值在5点的平均值的±10%内一致，则单一IP的响应均匀性良好。

5. 检测主要问题与实例　IP应完全置于X射线束中均匀曝光，并保持重复的放置和相同取向。如果出现明显足跟效应，应将IP旋转180°方向各使用一半的入射剂量进行两次曝光。

应在检测开始前，设置80kVp、0.5mmCu和1mmAl滤过，焦点到剂量仪距离（SID）为180cm，选择适当的管电流时间积用诊断水平剂量仪测得入射空气比释动能约为100μGy，记录此时的管电流时间积，即为具体的曝光条件。

采用光密度作为检测参数时需要注意，IP进行曝光读取后的图像不应对其采取任何自动或者手动的图像后处理方法，尽量选择固定模式的曝光数据识别。

（四）IP响应一致性

1. 检测目的：IP响应的一致性是指不同成像板对入射空气比释动能响应的差异。

2. 检测工具：0.5mmCu滤过板、1mmAl滤过板、诊断水平剂量仪、胶片密度计。

3. 检测方法

（1）测量：任选相同尺寸的三块IP分别采用80kVp，0.5mmCu和1mmAl滤过，焦点到IP距离（SID）为180cm，选择100μGy入射空气比释动能的曝光条件对每一块IP曝光，每次曝光后保持相同的延迟时间读取，获得3幅硬拷贝照片或3幅软拷贝影像。用胶片光密度计分别测量每幅照片的中央区和4个象限区中心点光密度，获取并记录5个点光密度值。或者在工作站对每一幅影像中选面积大致相同的中央和4个象限的感兴趣区（ROI）获取5个平均像素值，记录样表如图6-18。

（2）计算及数据处理：计算单幅照片5个影像感兴趣区的平均像素值和3块IP总平均值进行比较的结果。

IP 响应一致性检测： 检测条件：SID　　cm　　kV　　mAs　　滤过：								
IP	光密度□/平均像素值□							
	上	下	左	右	中	平均值	总平均值	偏差
1								
2								
3								

图6-18　IP响应一致性检测记录样表

4. 结果评价：单块IP的5点平均值在3块IP总平均值的±10.0%内一致，则3块IP的一致性良好。

5. 检测主要问题与实例同IP响应均匀性。

（五）IP响应线性

1. 检测目的　IP响应线性指成像板的剂量指示随入射空气比释动能变化程度的一致性。

2. 检测工具　0.5mmCu滤过板、1mmAl滤过板、诊断水平剂量仪。

3. 检测方法

（1）测量：设置SID为180cm、80kVp、0.5mmCu和1mmAl滤过，分别在约1μGy、

☆✩☆✩

10μGy 和 100μGy 入射空气比释动能曝光条件下，对同一块 IP 按顺序完成三次曝光—读取周期，每次曝光后保持相同延迟时间读取。用生产厂家提供的 IP 处理条件对 IP 三次曝光后在工作站上获取三幅影像，记录 CR 系统剂量指示所显示的读数值，记录样表如图 6-19。

（2）计算及数据处理：利用生产厂家提供的计算公式计算 IP 三次曝光的响应空气比释动能。

IP 响应线性检测： 检测条件：SID　　cm　　kV　　滤过：0.5mmCu+1.0mmAl					
	mAs	$K_{测量}$（μGy）	$K_{校准}$（μGy）		$K_{响应}$（μGy）	偏差
1					
2					
3					

图 6-19　IP 响应线性检测记录样表

4. 结果评价　验收检测中对单个 IP 在 3 个不同的曝光档中，测量空气比释动能（μGy）与响应空气比释动能（μGy）在 ±20.0% 内一致。

5. 检测主要问题与实例　以锐珂医疗的 DirectView Vita CR 为例，设置 SID 为 180cm、80kVp、0.5mmCu 和 1mmAl 滤过，用 1mAs、5mAs、50mAs 分别对单块 IP 分别进行曝光，相应的测量空气比释动能分别为 2.2μGy、10.8μGy、107.0μGy，3 次曝光的 EI 分别为 1366、2068、3068，按照锐珂医疗提供的响应空气比释动能计算公式 $K_{响应}$（μGy）= $8.7 \times 10^{[(EI-2000)/1000]}$ 进行计算，3 次曝光的 $K_{响应}$（μGy）分别为 2.02、10.18、101.8，每次曝光后 IP 测量空气比释动能（$K_{测量}$）与响应空气比释动能（$K_{响应}$）的相对偏差分别为 8.5%、5.7%、5.2%。

同样要注意比较与被比较的量的顺序，若以检测实例中的数值，计算每次曝光后 IP 响应空气比释动能（$K_{响应}$）与的测量空气比释动能（$K_{测量}$）相对偏差结果为 −8.2%、−5.7%、−5.0%，两种计算方式得到的结果的绝对值略有差别，当接近标准限值时会出现截然相反的评价结论。

应在检测开始前，设置 80kVp、0.5mmCu 和 1mmAl 滤过，焦点到剂量仪距离（SID）为 180cm，分别选择适当的管电流时间积用诊断水平剂量仪测得入射空气比释动能约为 1μGy、10μGy 和 100μGy，记录上述入射空气比释动能和对应的管电流时间积，该管电流时间即为具体的曝光条件。

如果测量超过规定值，应采用生产厂家设定的 IP 响应线性的曝光 / 读取条件重新进行检验；每次曝光后保持相同延迟时间读取。

（六）高对比度分辨力（high contrast resolution）

1. 检测目的　高对比度分辨力，是指在特定条件下特定线对组测试卡影像中用目测可分辨的最小空间频率线对组，也称为空间分辨力（spatial resolution），其单位为 lp/mm。高对比度分辨力与成像板的极限空间分辨力有关。

极限空间分辨力（limiting spatial resolution），也叫作尼奎斯特频率（Nyquist frequency，$f_{Nyquist}$），是指由采样间距 a（单位为 mm）确定的空间频率，即像素单元的大小，关系式为：$f_{Nyquist}$=1/（2a），其单位为 lp/mm。

高对比度分辨力的检测结果可以反映设备成像对微小目标的分辨能力。

2. 检测工具　高对比度分辨力测试卡（0.5 ～ 10lp/mm）3 块。

3. 检测方法

（1）测量：选用 3 个相同型号空间分辨力测试卡，线对范围在 0.5 ～ 10lp/mm，同时放置在一个 IP 暗盒表面，呈水平、垂直和 45°，按照生产厂家给出条件或者适当曝光条件对 IP 进行曝光，生产厂家未给定条件的，则选择适当曝光条件（如 60kV/ 约 3mAs）对 IP 曝光并读取；获取一幅硬或软拷贝影像，用 10 ～ 20 倍放大镜在硬或软拷贝影像上观察 3 个线对卡影像中最大可分辨的线对数目，分别记录水平方向、垂直方向和 45°方向的该线对数目：$R_{水平}$、$R_{垂直}$、$R_{45°}$，记录样表如图 6-20。

（2）计算及数据处理：

高对比度分辨力检测：			
检测条件：SID　　　cm　　　kV　　　mAs　　　$f_{Nyquist}$：　　　lp/mm			
$R_{水平}$：　　　lp/mm，$R_{水平}/f_{Nyquist}=$			
$R_{垂直}$：　　　lp/mm，$R_{垂直}/f_{Nyquist}=$			
$R_{45°}$：　　　lp/mm，$R_{45°}/(1.4 \times f_{Nyquist})=$			

图 6-20　高对比度分辨力检测记录样表

4. 结果评价　验收检测时 45°方向与生产厂家保证的高对比度分辨力规定值进行比较，应≥ 90.0%；如果无规定值，应与 $f_{Nyquist}$ 进行比较，45°方向应≥ 1.4 倍 $f_{Nyquist}$ 的 80.0%；同时建立基线值。状态检测结果与基线值进行比较（≥ 90.0% 基线值）。

5. 检测主要问题与实例　因不同厂家生产的高分辨力测试卡，其测试步骤不一定相同，可以在报告中对高分辨力测试卡的参数进行描述。

（七）低对比度分辨力（low contrast resolution）

1. 检测目的　低对比度分辨力，是指在规定测量条件下从一均匀背景中能分辨出来的规定形状和面积的最低对比度分辨力。低对比度分辨力的检测结果可以反映设备成像时对密度相近的目标的分辨能力。

2. 检测工具　目前，市场上低对比分辨力模体种类比较多，要选择适当的检测模体，模体中同一直径的低对比细节数不宜少于 10 个。如 TO-16 或 TO-20 低对比度分辨力模体，用于 CR 或 DR 设备影像质量快速而定量化检验和评价。两种模体均为一个直径 250mm 和厚度 10mm 的圆形板，板中有 12 组不同细节尺寸排列，每个有 12 个直径相同的细节，12 组的细节直径尺寸从 0.25mm 到 11mm 的变化范围，共有 144 个细节得到从 0.001 4 到 0.924（在 75kV 和 1.5mm 铜滤过）12 组不同对比度范围。

CDRAD 和 Pro-RF 低对比度模体，为一块尺寸 264mm × 264mm × 76mm PMMA 材料板构成，板上含有 15 行和 15 列方形区分布 225 栅格组成的矩阵，每一个方形栅格中前 3 行仅有一个检测点（成像点），其他行有 2 个检测点，一个在栅格中央，另一个随机地选在一个角上，检测点的光密度比之均匀背景光密度要高，且检测点的深度和直径呈对数变化，其范围从 0.3mm 到 8.0mm（精度 ±0.02mm），在矩阵同一行的检测点有相同直径而其深度变化导致对比度变化，而矩阵同一列是检测点深度相同即对比度相同而其直径变化，因而使检测点的深度和直径在矩阵中分别以 15 的对数阶形式从 0.3mm 到 8.0mm 变化。

☆☆☆☆☆

低对比度测试卡，测试卡由 20mm 厚的铝板制成。在该铝板上均布 1cm 孔径圆孔，孔的深度（mm）及对比度（括号内数值%）从 0.07mm（0.35%）到 3.2mm（16%）变化，共计 19 个圆孔。它们分别是：0.07（0.35%）、0.11（0.55%）、0.15（0.75%）、0.19（0.95）、0.22（1.1%）、0.26（1.3%）、0.32（1.6%）、0.36（1.8%）、0.44（2.2%）、0.52（2.6%）、0.88（4.4%）、1.06（5.3%）、1.36（6.8%）、1.48（7.4%）、1.76（8.8%）、2.14（10.7%）、2.5（12.5%）、2.9（14.5%）、3.2（16%）。

IEC 低对比度模体，包含有一组直径为 1cm 孔径（共 19 个圆孔）的铝制圆形盘构成。如果使用一块衰减体模提供在自动曝光控制下使 X 射线衰减和硬化，如 IEC 推荐为 40mmPMMA 加 1mm 厚的铜滤过板，则这种组合的模体，使这些圆盘产生 X 射线辐射的对比度从 1% 到 20% 的变化，每一个圆盘的所产生一级近似对比度如下：1.0%、1.4%、1.8%、2.3%、2.7%、3.3%、3.9%、4.5%、5.5%、6.6%、7.6%、8.6%、10.8%、12.3%、14.5%、16.0%、18.0%、20.0%。

3. 检测方法

（1）测量：将低对比度细节模体放置在一个 IP 上，根据模体说明书要求，选取管电压和适当的滤过，用约 10μGy 入射空气比释动能曝光并读取，得到硬或软拷贝影像。

（2）计算及数据处理：在观片灯箱上或工作站的监视器上，观察硬或软拷贝模体影像，按模体说明书要求，观察和记录模体影像中可探测到最小细节。

4. 结果评价　验收检测应按模体说明书要求判断，对验收检测的数据建立基线值；状态检验结果与基线值进行比较，不超过 2 个细节变化。

5. 检测主要问题与实例　不同的检测机构使用的低对比度检测模体不同，因此在状态检测时，需要使用与验收检测相同的检测模体、相同的几何条件和曝光参数，结果评价才具有可比性。所以检测报告中应对使用的低对比度检测模体进行描述。

（八）测距误差

1. 检测目的　测距误差，即空间距离准确性，用于度量 CR 系统度量物体大小的偏差程度。

2. 检测工具　嵌有刻度的铅尺 2 支。

3. 检测方法

（1）测量：将两支有刻度的铅尺分别垂直和水平放置在一个 IP 暗盒上面，SID 为 180cm，如达不到则调节到最大，适当的曝光条件对 IP 曝光并读取，采集一幅软拷贝影像。用测距软件在监视器上对铅尺影像读取两个方向的测量距离。

（2）计算及数据处理：用测距软件对水平和垂直两个方向上的铅尺刻度不低于 10cm 的影像测量距离（D_m），与真实长度（D_o）进行比较，记录样表如图 6-21。按公式（6-1）计算它们的偏差（E）。

$$E = [(D_m - D_o) / D_o] \times 100\% \qquad (6-1)$$

式中：

D_m——影像测量距离，单位为厘米（cm）；

D_o——真实长度，单位为厘米（cm）；

E——偏差。

4. 结果评价　垂直和水平方向上均应在 ±2.0% 以内。

测距误差检测：			
检测条件：SID　cm　kV　mAs			
方向	D_m/cm	D_o/cm	偏差 E
垂直			
水平			

图 6-21　测距误差检测记录样表

（九）IP 擦除完全性

1. 检测目的　IP 擦除完全性用以检测 IP 系统的擦除性能。

2. 检测工具　4cm×4cm、厚 4mm 的铅板一块。

3. 检测方法

（1）测量：将一块 4mm 厚的铅板（面积 4cm×4cm）放置在一个 IP 暗盒中央区，设置 60kV，无滤过，SID 为 180cm，约 500μGy 入射空气比释动能对 IP 曝光并读取，然后，再在上述条件下无铅板的情况下，约 10μGy 入射空气比释动能对 IP 第二次曝光，获取一幅软拷贝影像。

（2）计算及数据处理：在工作站上观察第二次曝光的影像，是否存在第一次曝光留下的铅板的幻影。

4. 结果评价　在工作站上观察第二次曝光的影像，不应存在第一次曝光留下的铅板的幻影。否则，表明 IP 板擦除不完全。然后应用暗噪声检查方法，将 IP 插入阅读器再扫描一次后重复读取图像后，IP 的暗噪声应在厂家规定值内。该指标状态检测不作要求。

5. 检测主要问题与实例　注意不要将 IP 板损坏后产生的伪影误认为是擦除不完全。

第四节　DR 检测指标与方法

DR 系统的质量控制检测项目分为通用检测项目和专用检测项目两部分。

通用检测项目包括：管电压指示的偏离、辐射输出量重复性、输出量线性、有用线束半值层、曝光时间指示的偏离、AEC 重复性、AEC 响应、AEC 电离室之间一致性、有用线束垂直度偏离、光野与照射野四边的偏离。具体检测方法参见本书第 5 章。

本章节只对 DR 专用检测项目的检测方法进行介绍，包括探测器剂量指示（DDI）、信号传递特性（STP）、响应均匀性、测距误差、残影、伪影、高对比度分辨力和低对比度分辨力。对于采用一个以上数字 X 射线影像探测器的 DR 系统，应对每一个数字 X 射线影像探测器分别进行质量控制检测。

在对数字 X 射线影像探测器进行质量控制检测时，需要对影像数据进行线性化。影像数据线性化指在预处理影像中用探测器一系列入射空气比释动能所产生相对应的影像数据（通常为像素值，或者曝光指数）建立的两者之间的关系。这种关系所对应曲线（如 STP 曲线或者 DDI 曲线）可能存在直线、对数和乘方三种形式，对这些曲线进行逆运算可以得到影像数据的线性化，经过线性化后其影像数据（像素值或曝光指数）与探测器入射空气比释动能成正比关系。

在 DR 系统中的一些质量控制检测项目如 DDI、响应均匀性、残影等的检测与评价，都需要对相应的输出参数进行线性化，以达到定量分析结果的准确和有效。这种线性化是

☆☆☆☆

通过对某一函数逆转换来实现的。

对 STP 函数有三种曲线形式的逆转换，如公式（6-2）、（6-3）、（6-4）：

$$PV_{线性} = aK+b \qquad \rightarrow \qquad P' = K = (PV-b) / a \qquad (6-2)$$

$$PV_{对数} = a\ln(K)+b \qquad \rightarrow \qquad P' = K = \exp(PV-b) / a \qquad (6-3)$$

$$PV_{乘方} = aK^b+c \qquad \rightarrow \qquad P' = K = [(PV-c)/a]^{1/b} \qquad (6-4)$$

式中：

$PV_{线性}$、$PV_{对数}$、$PV_{乘方}$——STP 函数曲线的直线、对数和乘方关系中的像素值；

P'——STP 函数的逆转换；

K——探测器空气比释动能；

a，b，c——与探测器类型相关的常数。

对 DDI 函数有三种曲线形式的逆转换，如公式（6-5）、（6-6）、（6-7）：

$$DDI_{线性} = aK+b \qquad \rightarrow \qquad K_{DDI} = K = (DDI-b) / a \qquad (6-5)$$

$$DDI_{对数} = a\ln(K)+b \qquad \rightarrow \qquad K_{DDI} = K = \exp(DDI-b) / a \qquad (6-6)$$

$$DDI_{乘方} = aK^b+c \qquad \rightarrow \qquad K_{DDI} = K = [(DDI-c)/a]^{1/b} \qquad (6-7)$$

式中：

$DDI_{线性}$、$DDI_{对数}$、$DDI_{乘方}$——DDI 函数曲线的直线、对数和乘方关系中的 DDI 值；

K_{DDI}——线性化的 DDI；

K——探测器空气比释动能；

a、b、c——与探测器类型相关的常数。

一、预处理图像的提取

（一）预处理图像

AAPM Report No 116：*An Exposure Indicator for Digital Radiography*（美国 AAPM 第 116 号报告）对 DR 系统从探测器所获取的最原始影像到形成临床上用于诊断的待显示影像的一系列处理过程进行了详细描述，不同阶段图像的价值是不同的，如图 6-22。

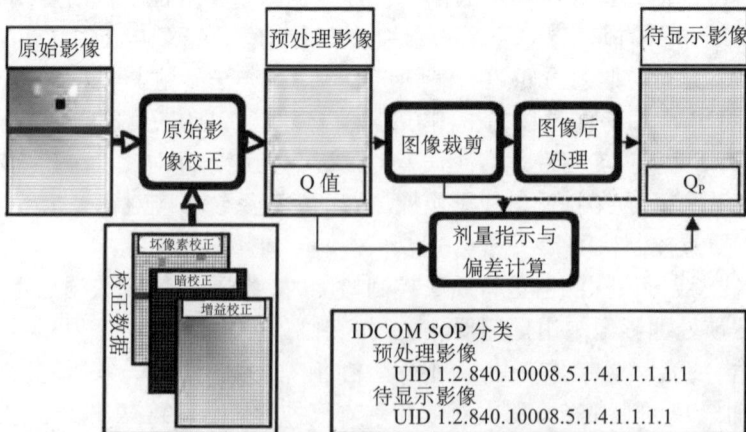

图 6-22　数字放射影像获取的必需处理过程

由图 6-22 可知，这种影像形成全过程大致分为三个阶段：

第一阶段称为原始影像（raw image）。它包含有原始数据（raw data），这种影像通常不具有任何检测和诊断的性质，而且在影像中存在各种非均匀性。因此，原始影像中的数据信息对于质量控制检测没有任何意义。

第二阶段称为预处理（for processed image 或 pre-processing image）。这种影像是将原始影像中原始数据进行了如下的一些校正：

1. 对探测器阵列中坏的或有缺陷的像素校正。

2. 对平野（flat field）的校正，包括照射野非均匀性校正，个别像素偏移校正，个别像素增益校正和在一次扫描中速度变化校正。

3. 几何学失真的校正。

第三阶段称为待显示（for presentation image）。这种待显示影像是经过灰阶转换，大面积均衡化，边缘增强，降噪处理和准直识别等一系列后处理，更适合临床应用。

DR 的质量控制检测项目中的信号传递性质(STP)、探测器剂量指示(DDI)、响应均匀性、残影等检测项目都使用预处理影像中获取相应的像素值进行评价。值得注意的是，各个生产厂家对预处理图像的称谓各有不同，显示界面也不尽相同，需要进行确认。

（二）平均像素值测量方法

平均像素值测量一般有三种方法：

1. DR 设备工作站　以西门子、飞利浦、GE 为代表的国外 DR 生产厂家，北京万东医疗装备股份有限公司以及上海联影医疗科技股份有限公司为代表的国内 DR 生产厂家，其工作站均配备有像素值测量工具。

2. Fiji 软件　大部分国内 DR 生产厂家其工作站均未配备有像素值测量工具，因此需要借助第三方软件进行平均像素值的测量。Fiji 是基于 ImageJ 开发的开放免费软件，不涉及版权问题，且用户间具备高度一致性。

（1）安装 Fiji：可以在网址 https：//imagej.net/software/fiji/downloads 上下载 Fiji 软件。Fiji 是作为一个可移植的应用程序发布的；只需下载、解压，然后启动。

特别提醒：如果要在 Windows 上安装 Fiji，建议将 Fiji.app 目录存储在用户空间中的某个位置（例如 "C：\Users\[your name]\Fiji.app"），而不是存储在 "C：\Program Files" 或其他系统范围目录中，如图 6-23。如果将 Fiji.app 移动到系统范围目录中，Windows 的更新版本将拒绝 Fiji 对其自身目录结构的写入权限，从而使其无法更新。

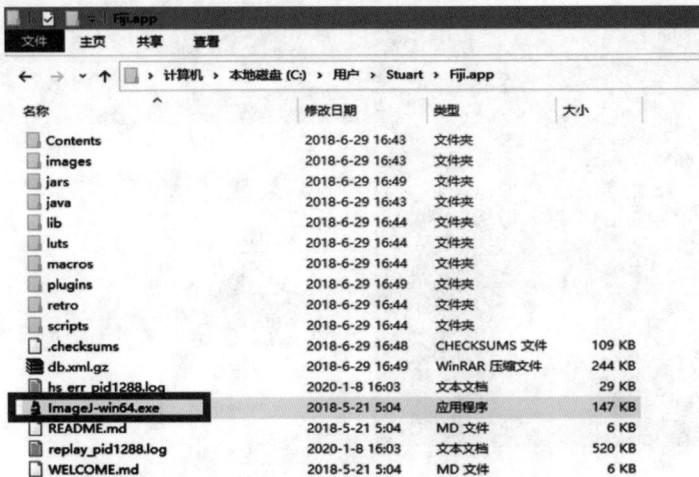

图 6-23　Fiji 典型的安装位置及启动程序

☆☆☆☆

（2）载入图像：打开 Fiji，软件主界面见图 6-24，将图像拖放到 Fiji 主界面上。

DICOM 图像可以被直接打开。RAW 图像没有图像信息头，Fiji 会弹出 Import 对话框，如图 6-25。除图像高度和宽度需要按照探测器的像素尺寸输入外，其余参数按图设置即可。

图 6-24　Fiji 软件主界面

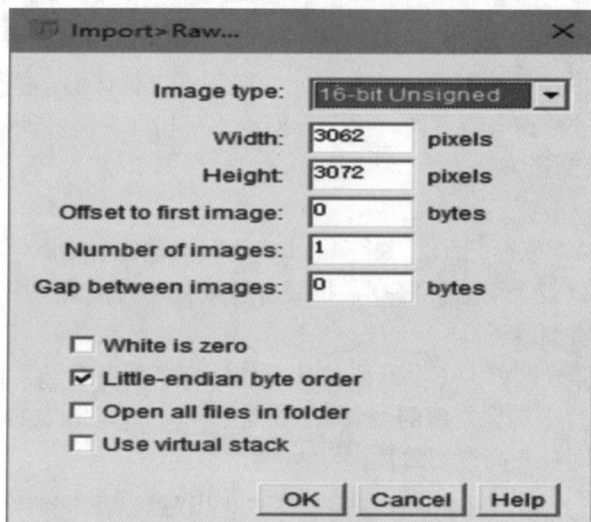

图 6-25　RAW 图像输入对话框

（3）测量图像：使用十字光标选择一块区域，Ctrl+M 会弹出测量的对话框；Ctrl+H 会弹出直方图分析的对话框，提供的分析项较测量对话框多，如图 6-26。

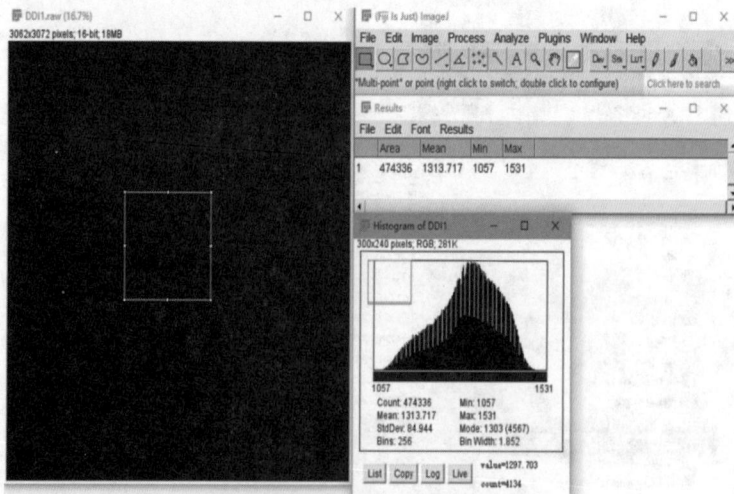

图 6-26　Fiji 的两种图像测量方式

3. DR 设备校正程序　部分国内 DR 生产厂家为了便于进行 DR 探测器校正，自主开发探测器校正程序，校正程序中带有平均像素值的测量功能，因可能造成探测器校正文件丢失，所以并不建议使用此类方法。

（三）几种常见 DR 设备预处理图像提取方法

1. 西门子　其 DR 有多种软件平台，各平台之间有一定的差异性。

（1）以 YISO、Multix Fusion、Multix Select DR 等型号采用 VC、VD 软件平台的 DR 为例，曝光后，打开患者页面下已拍摄的图像，点击右侧的"维修"选项卡，点击"IQ"，将鼠标移动至"图像质量"选项卡第一列、第二行的位置，按键盘功能键"F12"，按住鼠标左键的同时点击键盘"ENTER"，打开 WinNIE Viewer 界面，点击"Image"选项卡，点击"Load File Sub"，选择"FLC_IQF.img"，此时的图像即为预处理图像。点击"Evaluation"选项卡，选择"BasicEvaluation"，在右侧的 actual ROI 中输入数值确定 ROI 的大小和范围，点击"Calculate"，下方 actual ROI 的"mean grayvalue"即为 ROI 的平均像素值。

（2）以 YISO MAX、Multix Fusion MAX、Mobilett Mira Max 等型号采用 VE 平台的 DR 为例，曝光后，打开患者页面下已拍摄的图像，在"Post-processing"选项卡下使用快捷键"Ctrl+Shift+F9"打开 WinNIE Viewer 界面，点击"Image"选项卡，点击"Load File Sub"，选择"FLC_IQF.img"，此时的图像即为预处理图像；点击"Evaluation"选项卡，选择"BasicEvaluation"，在右侧的 actual ROI 中输入数值确定 ROI 的大小和范围，点击"Calculate"，下方 actual ROI 的"mean grayvalue"即为 ROI 的平均像素值。若为 VF 平台，则需要先在配置中启用 WINNIE 功能。

（3）以 VX Plus 型采用 VD 平台的 DR 为例，曝光后，打开患者页面下已拍摄的图像，点击"Options"选项卡，选择"Copy Image To Winnie"，然后再次点击"Options"选项卡，选择"Service"，选择"Local Service- Service Key – Quality Assurance"，选择"Winnie – Start interactive"打开 WinNIE Viewer 界面，点击"Image"选项卡，点击"Load File Sub"，选择"FLC_IQF.img"，此时的图像即为预处理图像。点击"Evaluation"选项卡，选择"BasicEvaluation"，在右侧的 actual ROI 中输入数值确定 ROI 的大小和范围，点击"Calculate"，下方 actual ROI 的"mean grayvalue"即为 ROI 的平均像素值。

2. 飞利浦　其 DR 目前仅有 Eleva 平台。正常进入工作站，摄影拍摄完成后，在 Examination 界面下，选择已经完成曝光的图像，点击"Processing protocols（图像后处理）"按键，选择"Other"，部位选择"-all regions-"，即为预处理图像。点击"测量"，选择"柱状图"，鼠标点击选择感兴趣区，感兴趣区下方的以"raw："开头的信息，即为预处理图像的信息，其中"md"代表像素值的平均值，"AV"代表像素值的标准差。

3. GE　其生产的 DR 有两种调取预处理图像的方式。

（1）以 Brivo XR515、Definium 6000、DR-F 等型号的 DR 为例，摄影拍摄完成后，在显示器的左半部分，系统默认显示后处理影像"Images - Processed"或者"图像 - 后处理"。点击下拉菜单，选择"Images-Raw"或者"图像 - 原始"，然后选择所观察的图像，即为预处理图像。再点击下拉菜单，选择"Annotations/MASK"或者"注释 / 标记"，点击下方的圆形工具，即可测量平均像素值。

（2）以 Revolution XR/D、Optima 等型号的 DR 为例，曝光完成后，退出检查界面。进入病例界面，选择病例，点击"Browser"或者"打开"，选择 Image-RAW 进行查看，即为预处理影像。选择工作站上的圆形测量工具，即可测量平均像素值。

4. **万东医疗** 以新东方 1000 型 DR 为例，摄影拍摄完成后，工作站采集图像后，点击图像处理工具中的"更多"操作，选择无图像处理和无 GOP，即为预处理影像。采用影像显示工具中的面积工具即可测量像素值。

5. **中科美伦** 以 ZK-DR 型 DR 为例，摄影拍摄完成后，点击工作站工具中的"导入原图"，所获取的图像即为预处理影像。鼠标右键缩略图，选择获取灰度值，即可测量平均像素值。

6. **安健科技**

（1）以 DP520-B 型 DR 为例，在图像处理核文件夹 ProParamFiles 中，打开想要保存预处理图像的部位，查看图像处理核文件，修改需要保存中间结果的命令。

命令由两行命令组成：

"[Save]

SaveStep　　　　　　　　　=1"。

SaveStep 设置值为 1 表示保存中间结果，SaveStep 设置值为 0 表示不保存，如果图像处理核文件中没有这一项，需要添加这两行命令到文件末尾。

预处理图像保存在安装文件夹下的 cudaTmp 文件夹中。若没有该文件夹，则需先新建该文件夹。该文件夹下有一系列的图像，预处理图像为 10-PyramidEnImg.RAW。

采用 Fiji 软件打开上述文件，Image type = 16-bit Unsighed、Width/Height 为探测器像素大小、Offset to first image=0、Number of images=1、Gap between images=0、勾选 Litte-endian byte order，Ctrl+H 获取直方图，即可测量平均像素值。

（2）以 DP560 型 DR 为例，采用正常检查程序，进入图像存储位置，预处理图像的存储格式为 RAW 文件（*.RAW）。同样采用 Fiji 软件打开上述文件，即可测量平均像素值。

（3）以 ADR-1417 型 DR 为例，采用正常检查程序，进入图像存储位置，预处理图像的存储格式为 DICOM 文件（*.dcm）[文件名以 O 结尾的 DICOM 文件为处理后图像]。采用 Fiji 打开上述文件，即可测量平均像素值。

注意：即便是同一生产厂家的生产 DR，因为其型号不同，其预处理图像的获取方式与存储格式不尽相同，上述步骤仅供参考。

7. **鱼跃医疗** 以 DR200U 型 DR 为例，运行工作站软件安装目录下的 QXvue-Calibration.exe，输入密码（联系厂家获取密码），点击通信测试选项卡，确认通信正常后，点击后测试选项卡，按检测条件进行曝光，该界面获取的图像即为预处理图像。鼠标在图像上选择 ROI，点击打开属性信息，在弹出的对话框中点击更新，对话框中的 Avg，即为测量平均像素值。

8. **深图医学** 以 SONTU100-FDR 型 DR 为例，运行工作站软件安装目录下的探测器校准程序 NDT.exe 以及高压控制程序 Demo.exe。高压控制程序 com 选择 com4，点击 set，power on，选择 small focus，time mode，设置 kV 点击 setkV，设置 ms，点击 set ms。探测器校准程序点击 connect，曝光模式和信号模式均选择默认，点击 Image 选项卡，点击 Acq Img，下方框为绿色后，进行曝光，该界面获取的图像即为预处理图像。鼠标在图像上选择 ROI，选择 measure，在弹出对话框中的 Avg，即为测量平均像素值。

9. **其他** 其他国内生产厂家生产的 DR 则将预处理图像与后处理图像存储在图像存储文件夹下。

沈阳东软医疗系统有限公司的 N600 型 DR：采用正常检查程序曝光，保存图像。关闭软件，重启操作系统，进入安全模式，进入 D：\\Images，按图像生成时间确定最近一次曝光生成的图像，预处理图像的存储格式为 DICOM 文件（*.dcm）[文件名以数字结尾，文件名中含有 -pro 的 DICOM 文件为处理后图像]。

石家庄华东医疗科技有限公司的 DP5500P 型 DR：采用正常检查程序曝光，保存图像。进入图像存储位置，按图像生成时间确定最近一次曝光生成的图像，预处理图像的存储格式为 DICOM 文件（*.dcm）[文件名以 -pre 结尾的 DICOM 文件为处理后图像]。

广州七喜医疗设备有限公司的 IVY-2000E 型 DR：采用正常检查程序，保存图像。进入图像存储位置，按图像生成时间确定最近一次曝光生成的图像，预处理图像的存储格式为 RAW 文件（*.raw）。

北京国药恒瑞美联信息技术有限公司的 Eagle-DR50B 型 DR：采用正常检查程序，裁剪图像，点击工作站右侧 RAW 工具导入预处理图像，保存图像。进入图像存储位置，按图像生成时间确定最近一次曝光生成的图像，预处理图像的存储格式为 DICOM 文件（*.dcm）[文件名以 P 结尾的 DICOM 文件为处理后图像]。

深圳市贝斯达医疗器械有限公司的 BTR-640 型 DR：工作站软件安装目录下的 newimage.raw 文件为预处理影像。

上述 DR 的预处理图像均可采用 Fiji 软件测量平均像素值。

特别需要注意的是，同一厂家的不同型号的 DR 设备其预处理图像调取方式会存在一定的差异，甚至同一型号的 DR 设备也可能因为软件系统的升级或者变化，其预处理图像的调取方式也有可能会发生变化，检测时需要与生产厂家进行确认。

二、检测方法

DR 检测前应注意的问题：①尽可能取出滤线栅和移走诊视床；②设置标准化的曝光条件，小焦点，70kVp，1mm 铜滤过板；③设置统一几何条件，SID=180cm，如达不到则调节 SID 为最大值；照射野完全覆盖探测器，尽可能用垂直照射；④根据所需参考探测器空气比释动能（如 1μGy，5μGy，10μGy，20μGy，30μGy），建立剂量与 mAs 设置之间的关系；⑤选择预处理的影像所需采集的数据（像素值或者 DDI），但是，对于高对比度分辨力和低对比度分辨力应使用处理后影像（待显示影像）；⑥平均像素值的测量，优先使用工作站的测量工具，如果没有可以使用第三方软件进行测量；⑦正确使用评价标准和对应的计算公式。

DR 系统专用检测项目分为两大部分。

第一部分为探测器对入射空气比释动能的响应与清除性能，包括探测器剂量指示(DDI)、信号传递特性（STP）、响应均匀性、残影；第二部分为探测器的图像性能，包括测距误差、伪影、高对比度分辨力、低对比度分辨力。

（一）探测器剂量指示（detector dose indicator，DDI）

1. 检测目的　探测器剂量指示（DDI）是用以反映影像采集过程中影像接收器上入射剂量的特定指示，通常采用曝光指数（Exposure Index，EI）来表示。DR 系统可以利用 DDI 的变化范围探测出数字成像系统的灵敏度变化和检验自动曝光控制性能变化。

DR 系统提供的 DDI 依赖于生产厂家所使用的校准条件，需要注意的是各厂家对其定义、量度、甚至名称都有差别，甚至同一台 DR 都可能会采用两种或者多种 DDI。其中偏差指数（Deviation Index，DI）是量化特定曝光程序下实际曝光指数与目标曝光指数的数值，此数值不是 DDI。

2. 检测工具 1.0mm 铜滤过板、诊断水平剂量仪。

3. 检测方法

（1）测量：验收检测前应当与生产厂家确认探测器剂量指示（DDI）的计算公式；状态检测前应与医疗机构确定探测器剂量指示（DDI）的基线值，没有基线值的应该在检测后建立基线值。尽可能取出滤线栅，设置焦点—影像探测器距离（SID）为 180cm，如达不到则调节 SID 为最大值。调整照射野完全覆盖影像探测器，用 1.0mm 铜滤过板挡住遮线器出线口，设置 70kV，将剂量仪放置于探测器表面中心，选取适当管电流时间积使得入射空气比释动能约为 10μGy，记录该管电流时间积和相应的入射空气比释动能。然后移走剂量仪，采用该管电流时间积，其他条件不变，对影像探测器进行曝光，重复曝光 3 次，记录每次曝光后的预处理图像的 DDI 的数值。若 DR 系统没有 DDI 指示，获取每一幅预处理影像中央面积约 10cm×10cm ROI 的平均像素值。

（2）计算及数据处理：计算三次曝光的 DDI 平均值，并根据生产厂家提供 DDI 公式计算入射空气比释动能相应的 DDI 理论值。若 DR 系统没有 DDI 指示，则计算三幅影像的平均像素值并记录，记录样表如图 6-27。

探测器剂量指示（DDI）检测：
检测条件：SID cm kV mAs 滤过：1.0mmCu K： μGy $K_{校准}$： μGy

	基线值	读数 1	读数 2	读数 3	平均值	计算值	偏差	建立基线值	与基线值的偏差
平均像素值						-	-		
DDI（ ）									

图 6-27 探测器剂量指示（DDI）检测记录样表

4. 结果评价

（1）如果 DR 设备有 DDI 值显示，且生产厂家提供 DDI 值与入射空气比释动能的计算公式，则验收检测和状态检测时 DDI 平均值应在 DDI 理论计算值的 ±20% 内。

（2）如果 DR 设备有 DDI 值显示，且生产厂家未能提供 DDI 值与入射空气比释动能的计算公式，则以 DDI 平均值作为验收检测的基线值，状态检测的 DDI 平均值与基线值比较应在 ±20.0% 内。

（3）如果 DR 设备无 DDI 值显示，则以验收检测的三幅影像的平均像素值建立基线值，状态检测的平均值与基线值比较应在 ±20.0% 内一致。

5. 检测主要问题与实例 在检测准备阶段，遮线器出口铜滤过板一定要水平放置并完全遮盖遮线器出口。

由于数字成像探测器对不同能量 X 射线存在能量的和方向的响应相依性，因此 DDI 也显示对出各种能量和方向响应相依性，所以必须规定对 DDI 使用的标准化辐射质条件，即 70kVp 加 1mmCu 滤过，才能便于比较。

虽然目前有《医用电气设备数字 X 射线成像系统的曝光指数 第 1 部分：普通 X 射线摄影的定义和要求》（YY/T 0796.1—2010）等标准和 AAPM Report No 116：*An Exposure Indicator for Digital Radiography* 等出版物对 DDI 进行了介绍，但是由于各个生产厂家技术更新等原因，DDI 与入射空气比释动能的关系与前述出版物及标准已大部分不相符，因此由 DDI 计算空气比释动能时必须依据随机文件中给定的计算公式进行计算。

虽然大部分 DR 的 DDI 在预处理影像和待显示影像中是一致的，但是仍有部分 DR 的

DDI 在预处理影像和待显示影像中仍然存在一定的差异，比如飞利浦医疗器械集团有限公司的 DigitalDiagnost 型 DR，因此为便于比较 DDI 必须使用预处理图像的 DDI 值。

同时，由于各种像素值测量方式之间可能存在差异，特别是飞利浦医疗器械集团有限公司的 DR，应优先使用 DR 设备自带的像素值测量工具。

（二）信号传递特性（signal transfer property，STP）

1. 检测目的　信号传递特性（STP）是指影像接收器入射面影像中心区域测量的平均像素值和影像探测器接收的入射空气比释动能之间的一种相互关系描述。

信号传递特性的检测结果可以反映探测器对入射空气比释动能的响应，可以反映探测器的工作性能。

2. 检测工具　1.0mm 铜滤过板、诊断水平剂量仪。

3. 检测方法

（1）测量：尽可能取出滤线栅，设置 SID 为 180cm，如达不到则调节 SID 为最大值。调整照射野完全覆盖影像探测器，用 1.0mm 铜滤过板盖住遮线器出线口，设置 70kV，将剂量仪放置于探测器表面中心，分别选取适当管电流时间积使得入射空气比释动能约为 $1\mu Gy$、$5\mu Gy$、$10\mu Gy$、$20\mu Gy$ 和 $30\mu Gy$，记录上述 5 个管电流时间积和对应的入射空气比释动能。然后移去探测器，采用上述 5 个管电流时间积，其他条件不变，依次对影像探测器进行曝光，获取每一幅预处理影像。在每一幅影像中央选取面积约 $10cm \times 10cm$ 的感兴趣区（region of interest，ROI），获取每幅影像 ROI 的平均像素值，记录样表如图 6-28。

（2）计算及数据处理：以平均像素值为纵坐标，影像接收器入射空气比释动能值为横坐标进行拟合：

①对于线性响应的系统，拟合直线，计算相关系数 R^2。

②对于非线性响应的系统（比如对数相关或幂相关），拟合对数曲线或指数曲线，计算相关系数 R^2。

信号传递特性（STP）检测： 检测条件：SID　　cm　　kV　　附加滤过：1.0mmCu　　响应曲线类型：				
mAs	K（μGy）	$K_{校准}$（μGy）	平均像素值	响应曲线方程及线性相关系数（R^2）

图 6-28　信号传递特性（STP）检测原始记录样表

4. 结果评价　验收检测要求 $R^2 \geqslant 0.98$，状态检测和稳定性检测要求 $R^2 \geqslant 0.95$，稳定性检测周期为 3 个月。

5. 检测主要问题与实例　线性响应的 DR 系统以广州七喜医疗设备有限公司的 IVY-2000E 型 DR 为例，STP 采用不同的图像，其平均像素值测量结果如图 6-29，可以明显判断出待显示图像的平均像素值与入射空气比释动能无关，换言之，可以通过图像的平均像

☆☆☆☆

素值与入射空气比释动能的关系来判断是否为预处理图像。

序号	$K_{校准}$/(μGy)	平均像素值	
		预处理图像	待显示图像
1	0	99.342	8164.536
2	0.923	310.361	8402.399
3	4.990	1254.057	8496.520
4	10.28	2461.551	8252.916
5	20.32	4783.808	8398.723
6	32.23	7467.812	8180.646

图 6-29　某线性响应 DR 不同图像的平均像素值结果

拟合曲线并计算相关系数既可以通过办公软件（WPS、Excel、OriginLab 等）进行，也可以通过专门的统计分析软件（SPSS、SAS、R）进行。这里采用 R 语言进行直线拟合，代码及结果如图 6-30，即信号传递特性（STP）的曲线方程为 $PV=228.8K+110.3$，$R^2=1.000$。

```
> K<-c(0.923,4.990,10.28,20.32,32.23)
> PV<-c(310.361,1254.057,2461.551,4783.808,7467.812)
> x<-K
> y<-PV
> modl<- lm(y~ x)    ##指定STP曲线类型为简单直线相关
> summary(modl)

Call:
lm(formula = y ~ x)

Residuals:
      1       2       3       4       5
-11.095   2.209  -0.469  24.977 -15.622

Coefficients:
            Estimate Std. Error t value Pr(>|t|)
(Intercept) 110.3054   12.8369    8.593  0.00331 **
x           228.7660    0.7214  317.104 6.92e-08 ***
---
Signif. codes:  0 '***' 0.001 '**' 0.01 '*' 0.05 '.' 0.1 ' ' 1

Residual standard error: 18.22 on 3 degrees of freedom
Multiple R-squared:       1,    Adjusted R-squared:       1
F-statistic: 1.006e+05 on 1 and 3 DF,  p-value: 6.916e-08
```

图 6-30　某线性响应 DR 的 STP 分析结果

对数响应的 DR 系统以飞利浦医疗器械集团有限公司的 DigitalDiagnost 型 DR 为例，ROI 像素值的统计量有平均值和中位数两个，如图 6-31。

序号	$K_{校准}/(\mu Gy)$	平均像素值	
		平均值	中位数
1	0	18.3	0
2	0.941	12 437.4	12 398
3	5.216	17 280.3	17 203
4	10.28	19 046.2	18 996
5	20.66	20 916.3	20 856
6	32.84	22 075.4	22 044

图 6-31　某对数响应的 DR 的像素值测量结果

对像素值的平均值采用 R 语言进行直线拟合，代码及结果如图 6-32，即信号传递特性（STP）的曲线方程为 $PV=2717.7*\lg(K)+12676.0$，$R^2=0.9995$。

```
> K<-c(0.941,5.216,10.28,20.66,32.84)
> PV<-c(12437.4,17280.3,19046.2,20916.3,22075.4)
> x<-K
> y<-PV
> modl<- lm(y~ log(x))   ##指定STP曲线类型为对数相关
> summary(modl)

Call:
lm(formula = y ~ log(x))

Residuals:
      1       2       3       4       5
 -73.34  115.36   37.37   10.51  -89.91

Coefficients:
            Estimate Std. Error t value Pr(>|t|)
(Intercept) 12676.01      84.90  149.30 6.63e-07 ***
log(x)       2717.71      34.94   77.78 4.68e-06 ***
---
Signif. codes:  0 '***' 0.001 '**' 0.01 '*' 0.05 '.' 0.1 ' ' 1

Residual standard error: 97.09 on 3 degrees of freedom
Multiple R-squared:  0.9995,    Adjusted R-squared:  0.9993
F-statistic:  6050 on 1 and 3 DF,  p-value: 4.684e-06
```

图 6-32　以像素平均值为基础的某对数响应 DR 的 STP 分析结果

对像素值的中值采用 R 语言进行直线拟合，代码及结果如图 6-33，即信号传递特性（STP）的曲线方程为 $PV=2718.4*\lg(K)+12622.8$，$R^2=0.9997$。

由此可以看出采用像素值的平均值和中位数进行曲线拟合得到的结果基本相同，但由于平均值和中值的统计学适用范围略有不同，对于非线性响应 DR 系统宜优先采用中位数进行的 STP 曲线拟合。

考虑到 DR 系统的滤线栅对入射空气比释动能的影响，以飞利浦医疗器械集团有限公司的 DigitalDiagnost 型 DR 为例，两种情况下 ROI 像素值的中位数具体如图 6-34。

```
> K<-c(0.941,5.216,10.28,20.66,32.84)
> PV<-c(12398,17203,18996,20856,22044)
> x<-K
> y<-PV
> modl<- lm(y~ log(x))    ##指定STP曲线类型为对数相关
> summary(modl)

Call:
lm(formula = y ~ log(x))

Residuals:
        1       2       3       4       5
 -59.485  90.091  38.721   1.261 -70.588

Coefficients:
            Estimate Std. Error t value Pr(>|t|)
(Intercept) 12622.80      68.00  185.63 3.45e-07 ***
log(x)       2718.43      27.98   97.14 2.40e-06 ***
---
Signif. codes:  0 '***' 0.001 '**' 0.01 '*' 0.05 '.' 0.1 ' '

Residual standard error: 77.76 on 3 degrees of freedom
Multiple R-squared:  0.9997,    Adjusted R-squared:  0.9996
F-statistic:  9436 on 1 and 3 DF,  p-value: 2.405e-06
```

图 6-33　以像素中值为基础的某对数响应 DR 的 STP 分析结果

序号	$K_{校准}$/(μGy)	像素值	
		未取下滤线栅	取下滤线栅
1	0.859	12 793	13 569
2	4.979	17 388	18 161
3	10.08	19 241	20 009
4	20.36	21 062	21 835
5	31.65	22 213	23 001

图 6-34　某对数响应的 DR 的像素值测量结果

对未取下滤线栅的像素值采用 R 语言进行直线拟合，代码及结果如图 6-35，即信号传递特性（STP）的曲线方程为 $PV=2612.2*\lg(K)+13\,193.8$，$R^2=1.000\,0$。

```
> K<-c(0.859,4.979,10.08,20.36,31.65)
> PV<-c(12793,17388,19241,21062,22213)
> x<-K
> y<-PV
> modl<- lm(y~ log(x))    ##指定STP曲线类型为对数相关
> summary(modl)

Call:
lm(formula = y ~ log(x))

Residuals:
       1      2       3       4       5
 -3.781  1.070  11.642  -3.764  -5.166

Coefficients:
            Estimate Std. Error t value Pr(>|t|)
(Intercept) 13193.796      6.797  1941.2 3.01e-10 ***
log(x)       2612.172      2.824   924.9 2.79e-09 ***
---
Signif. codes:  0 '***' 0.001 '**' 0.01 '*' 0.05 '.' 0.1 ' ' 1

Residual standard error: 7.997 on 3 degrees of freedom
Multiple R-squared:  1,    Adjusted R-squared:  1
F-statistic: 8.554e+05 on 1 and 3 DF,  p-value: 2.787e-09
```

图 6-35　未取下滤线栅时某对数响应 DR 的 STP 分析结果

☆ ☆ ☆ ☆

对取下滤线栅的像素值采用 R 语言进行直线拟合，代码及结果如图 6-36，即信号传递特性（STP）的曲线方程为 $PV=2613.8*\lg(K)+13\,966.0$，$R^2=1.000\,0$。

由此可以看出滤线栅是否取下不会影响 STP 的相关系数 R^2，但会对拟合参数 a、b 产生影响。

```
> K<-c(0.859,4.979,10.08,20.36,31.65)
> PV<-c(13569,18161,20009,21835,23001)
> x<-K
> y<-PV
> modl<- lm(y~ log(x))    ##指定STP曲线类型为对数相关
> summary(modl)

Call:
lm(formula = y ~ log(x))

Residuals:
      1       2       3       4       5
 0.2411 -0.8032  3.6066 -7.9581  4.9136

Coefficients:
             Estimate Std. Error t value Pr(>|t|)
(Intercept) 13966.024      4.936    2829 9.74e-11 ***
log(x)       2613.820      2.051    1274 1.07e-09 ***
---
Signif. codes:  0 '***' 0.001 '**' 0.01 '*' 0.05 '.' 0.1 ' ' 1

Residual standard error: 5.808 on 3 degrees of freedom
Multiple R-squared:        1,    Adjusted R-squared:        1
F-statistic: 1.624e+06 on 1 and 3 DF,  p-value: 1.066e-09
```

图 6-36 取下滤线栅时某对数响应 DR 的 STP 分析结果

检测入射空气比释动能时需将剂量仪置于影像探测器的中央。进行曲线拟合时，要计算拟合曲线的参数，以便于进行响应均匀性的检测。得到拟合曲线的参数之后可以用于验证暗噪声的平均像素值是否处理合理范围。

在进行 STP 曲线拟合时，需要参照厂家给定的曲线类型进行拟合，特别是对于幂相关响应曲线，需要尽可能获得幂函数的具体指数值，否则会造成拟合曲线的偏差，影响响应均匀性的计算和判定。

检测时对于入射空气比释动能的选择，有些 DR 不一定有明确的 1μGy、5μGy、10μGy、20μGy 和 30μGy 入射空气比释动能，应该选择最靠近该数值的入射空气比释动能。

由于滤线栅会对拟合参数产生影响，因此必须明确检测条件中是否卸下滤线栅。

由于各种像素值测量方式之间可能存在差异，特别是飞利浦医疗器械集团有限公司的 DR，应优先使用 DR 设备自带的像素值测量工具。

（三）响应均匀性

1. **检测目的** 响应均匀性是指影像接收器平面上不同区域对入射空气比释动能响应的差异。

2. **检测方法**

（1）测量：从 DDI 检测中，选取任一幅预处理影像，使用分析软件在影像中央区和四个象限中央区各取一个面积约 4cm×4cm 感兴趣区（ROI），分别获取像素值。

（2）计算及数据处理：记录每个 ROI 的平均像素值 PV_i，根据 STP 中获得的拟合曲线将平均像素值逆运算得到入射空气比释动能，即每个 ROI 的响应空气比释动能 K_i，记录样表如图 6-37。

对于线性响应的系统，其处理公式为

$$K=(PV-b)/a \tag{6-8}$$

对于对数相关的系统，其处理公式为

$$K=\exp^{[(PV-b)/a]} \tag{6-9}$$

☆★☆☆

对于幂相关的系统，其处理公式为

$$K=[(PV-c)/a]^{(1/b)} \tag{6-10}$$

以上公式中 K 为响应空气比释动能，单位为微戈瑞（μGy）；PV 为像素值；a、b、c 为 STP 拟合曲线中的数值。

响应均匀性检测： 检测条件：SID cm kV 附加滤过：1.0mmCu						
	1	2	3	4	5	CV
PV						
$K/\mu Gy$						

图 6-37　响应均匀性检测记录样表

按公式（6-11）计算响应空气比释动能的变异系数：

$$CV=\frac{1}{\overline{K}}\sqrt{\frac{1}{(5-1)}\sum_{i=1}^{5}(K_i-\overline{K})}\times 100\% \tag{6-11}$$

式中：

K_i——第 i 个测量 ROI 的响应空气比释动能；

$\overline{K}$——5 个 ROI 的平均响应空气比释动能；

CV——变异系数，%。

3. 结果评价　验收检测、状态检测以及稳定性检测结果均要求 $CV \leqslant 5.0\%$。稳定性检测周期为 3 个月。

4. 检测主要问题与实例　用于获取像素值的测量的感兴趣区（ROI），在范围大小选择时尽量一致，不要误差太大，以免测量误差（包括设备原因）影响计算值。

以某直线负相关响应的 DR 为例，其暗噪声的平均像素值为 64 330，STP 曲线方程为 $PV=-407.78K+64\ 182$，$R^2=0.999\ 4$，响应均匀性的 5 个平均像素值为 59 731，61 390，61 718，61 443，61 822，其响应空气比释动能（μGy）分别为 10.925，6.853，6.048，6.723，5.792，若直接以平均像素值进行响应均匀性计算其结果为 1.39%，若以响应空气比释动能进行响应均匀性计算其结果为 28.79%。

以某对数相关响应的 DR 为例，其暗噪声像素值的中值为 0，STP 曲线方程为 $PV=2718.4*\lg(K)+12\ 622.8$，$R^2=0.999\ 7$，响应均匀性的 5 个像素值的中值为 19 280，19 144，19 046，19 148，19 107，其响应空气比释动能（μGy）分别为 11.576，11.011，10.621，11.027，10.862，若直接以平均像素值进行响应均匀性计算其结果为 0.45%，若以响应空气比释动能进行响应均匀性计算其结果为 3.19%。

因此响应均匀性必须要使用像素值对应的响应空气比释动能进行计算，除非信号传递特性的拟合曲线类型为直线相关且 $b=0$。

同时需要考虑滤线栅对入射空气比释动能衰减的影响，以飞利浦医疗器械集团有限公司的 DigitalDiagnost 型 DR 为例，信号传递特性（STP）在未取下滤线栅时的曲线方程为 $PV=2612.2*\lg(K)+13\ 193.8$，$R^2=1.000\ 0$，未取下滤线栅时响应均匀性的 5 个像素值为 19 241，18 190，18 694，18 590，18 888，其响应空气比释动能（μGy）分别为 10.13，6.77，8.21，7.89，8.85，计算结果为 14.78%。信号传递特性（STP）在取下滤线栅时的曲线方

☆ ☆ ☆ ★

程 $PV=2613.8*\lg (K) +13\,966.0$，$R^2=1.000\,0$，取下滤线栅时响应均匀性的 5 个像素值为 20 009，19 842，19 870，20 077，20 051，其响应空气比释动能（μGy）分别为 10.10，9.47，9.57，10.36，10.26，计算结果为 4.08%，因此检测时应尽量将滤线栅卸下。

同时，由于各种测量方式之间可能存在差异，特别是飞利浦医疗器械集团有限公司的 DR，应优先使用 DR 设备自带的像素值测量工具。

（四）测距误差

1. 检测目的　测距误差，也叫空间距离准确性，用于度量 DR 系统度量物体大小的偏差程度。

2. 检测工具　2 个带有米制刻度的铅尺或者固定长度的标记物。

3. 检测方法

（1）测量：设置 SID 为 180cm，如达不到则调节 SID 为最大值。选用两个带有米制刻度的铅尺或者固定长度的标记物，相互交叉垂直放置在影像探测器表面中央，用 50kV 和约 10mAs 进行曝光，获取一幅影像。

（2）计算及数据处理：用测距软件对水平和垂直两个方向上的铅尺刻度不低于 10cm 的影像测量距离（D_m），与真实长度（D_o）进行比较，记录样表如图 6-38。按公式（6-12）计算它们的偏差（E）。

$$E =[(D_m - D_o) / D_o] \times 100\% \tag{6-12}$$

式中：

D_m——影像测量距离，单位为厘米（cm）；

D_o——真实长度，单位为厘米（cm）；

E——偏差。

测距误差检测： 检测条件：SID　　cm　　kV　　mAs					
焦点至检测模体 表面的距离 /cm	焦点至影像探测器表面 的距离 /cm	方向	D_m / cm	D_o / cm	偏差 E
		垂直			
		水平			

图 6-38　测距误差检测原始记录样表

4. 结果评价　对于验收检测和状态检测，其垂直和水平方向上的误差均应在 ±2.0% 以内。

5. 检测主要问题与实例　如果铅尺不能放置在影像接收器表面，应把铅尺放置在患者床面中央，获得影像应采用相似三角形原理做距离校正。相似三角形距离校正原理如图 6-39。

如某次检测时，焦点至检测模体表面（铅尺）的距离为 170cm，焦点至影像探测器表面（铅尺影像）的距离为 180cm，铅尺的实际长度为 10cm，影像测量距离为 10.50cm，若直接计算测距误差 $E = (10.50 - 10) /10 \times 100\% = 5.0\%$，若采用相似三角形原理近距离校正计算（计算公式见 6-13）测距误差 $E = [10.50 \div (180 \div 170) - 10]/10 \times 100\% = -0.83\%$。

☆★☆☆

$$E = \{[D_m / (H/h) - D_o] / D_o\} \times 100\% \qquad (6\text{-}13)$$

式中：

D_m——铅尺影像测量距离，单位为厘米（cm）；

D_o——铅尺真实长度，单位为厘米（cm）；

H——焦点到影像接收器表面的距离，单位为厘米（cm）；

h——焦点到铅尺表面的距离，单位为厘米（cm）；

E——偏差。

由此可以看出，当铅尺不能直接放在探测器表面时，要进行距离校正否则会导致评价结果出现偏差。当然也存在部分 DR 会根据自身设备的物理参数、SID 值、摄影程序进行图像尺寸自动校正。因此在进行测距误差检测时需要先确定该 DR 是否具备图像尺寸自动校正功能。当铅尺不能平放在探测器表面时，也可以用胶带将铅尺粘贴在探测器表面中央进行检测。

（五）残影

1.检测目的　残影（image retention）是由于影像探测器的前次影像信号清除不彻底而导致在随后一次读出影像中出现的前次影像的部分或全部。残影的检测可以反映探测器对入射空气比释动能产生的电荷信号的清除能力。

2.检测工具　面积 15cm×15cm、厚 2mm 的铅板 1 块，面积 4cm×4cm、厚 4mm 的铅块 1 块，1.0mm 铜滤过板，诊断水平剂量仪。

3.检测方法

（1）测量：尽可能取出滤线栅，设置 SID 为 180cm，如达不到则调节 SID 为最大值。关闭遮线器，再用一块面积 15cm×15cm、厚 2mm 的铅板完全挡住遮线器出线口，设置最低管电压和最低管电流时间积进行第一次曝光，获取一幅空白影像。打开遮线器取走铅板，在探测器表面中央部位放置一块面积 4cm×4cm、厚 4mm 的铅块，在 70kVp、1mmCu 滤过，探测器入射空气比释动能约 5μGy 进行第二次曝光。取走铅块，在 1.5min 内使用 70kV、1mmCu 滤过，探测器入射空气比释动能约 1μGy 进行第三次曝光，获得一幅影像。

（2）计算及数据处理：调整窗宽和窗位，在工作站监视器上目视观察第三次曝光后的空白影像中是否存在第二次曝光影像中的残影。若发现残影，则利用分析软件在预处理图像的残影区和非残影区各取相同的 ROI 面积获取平均像素值，记录样表如图 6-40。根据 STP 中获得的拟合曲线将 ROI 的平均像素值逆运算得到入射空气比释动能，即每个 ROI 的响应空气比释动能 K_i，响应空气比释动能的处理公式与检测响应均匀性时计算响应空气比释动能的处理公式相同。

4.结果评价　第三次曝光后的空白影像中不应存在第二次曝光影像中残影，若存在残影，则残影区的响应空气比释动能相对非残影区的响应空气比释动能的误差应≤5.0%。此参数及要求适用于验收检测和稳定性检测，稳定性检测周期为 3 个月。

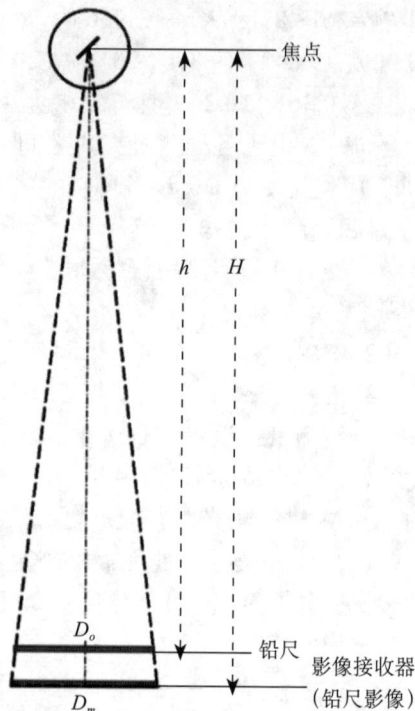

图 6-39　相似三角形距离校正原理

焦点

h　H

D_o　铅尺

D_m　影像接收器（铅尺影像）

残影检测：						
检测条件	第 1 次：SID　　cm　　kV　　mAs　　附加滤过：2mmPb　　标记物：无					
	第 2 次：SID　　cm　　kV　　mAs　　附加滤过：1mmCu　　标记物：4mmPb 块					
	第 3 次：SID　　cm　　kV　　mAs　　附加滤过：1mmCu　　标记物：无					
残影	残影区			非残影区		偏差 E
否□ 是□	平均像素值	$K_{响应}/\mu Gy$		平均像素值	$K_{响应}/\mu Gy$	

图 6-40　残影检测原始记录样表

5. 检测主要问题与实例　第二次曝光和第三次曝光所需的管电流时间应当根据信号传递特性中确定的管电流时间积与入射空气比释动能之间的关系来确定。

（六）伪影

1. 检测目的　伪影（artifact）是指影像上明显可见的图形，但它既不体现物体的内部结构，也不能用噪声或系统调制传递函数来解释。伪影的检测结果可以反映设备成像时有无干扰。

2. 检测工具　屏 / 片 X 射线摄影金属丝密着检测板。

3. 检测方法　设置 SID 为 180cm，如达不到则调节 SID 为最大值。将屏 / 片 X 射线摄影密着检测板放在影像探测器上面，在 60kV 和约 10mAs 进行曝光，获取一幅预处理影像。在工作站监视器上观察影像，适当调整窗宽和窗位，通过目视检查影像探测器的影像是否存在伪影；若发现伪影，检查伪影随影像移动或摆动情况，并应记录和描述所观察到的伪影情况。

4. 结果评价　通过目视检查影像探测器的影像不应存在伪影，若存在伪影不应影响临床诊断。如果发现伪影，伪影随影像移动或摆动表示来自影像探测器，不移动则表示来自监视器。

5. 检测主要问题与实例　屏 / 片 X 射线摄影密着检测板的金属丝的线径和间距应与探测器的采样间距匹配，不能小于采样间距太多，也不能大于采样间距太多。当小于采样间距时，容易出现摩尔纹，此时应在高放大倍数下观察预处理图像；当大于采样间距太多时，则不能保证是否存在伪影。同时由于部分 DR 工作站显示屏的分辨力小于探测器的分辨力，此时在某一特定的缩放倍数下也会出现摩尔纹，如图 6-41，使得屏片密着板的影像出现波浪纹，此时应适当缩放图像来消除摩尔纹，如图 6-42。

不同厂家的密着检测板因为使用方法不同，在使用过程中可能出现图像失真，必须按照该密着检测板使用说明书（厂家给定曝光条件）进行设置。

（七）高对比度分辨力（high contrast resolution）

1. 检测目的　高对比度分辨力，是指在特定条件下特定线对组测试卡影像中用目力可分辨的最小空间频率线对组，也称为空间分辨力（spatial resolution），其单位为 lp/mm。高对比度分辨力与 DR 探测器的极限空间分辨力（limiting spatial resolution）有关。

极限空间分辨力，也叫作尼奎斯特频率（Nyquist frequency，$f_{Nyquist}$），是指由采样间距 a（单位为 mm）确定的空间频率，即像素单元的大小，关系式为：$f_{Nyquist}=1/（2a）$，其单位为 lp/mm。

高对比度分辨力的检测结果可以反映设备成像对微小目标的分辨能力。

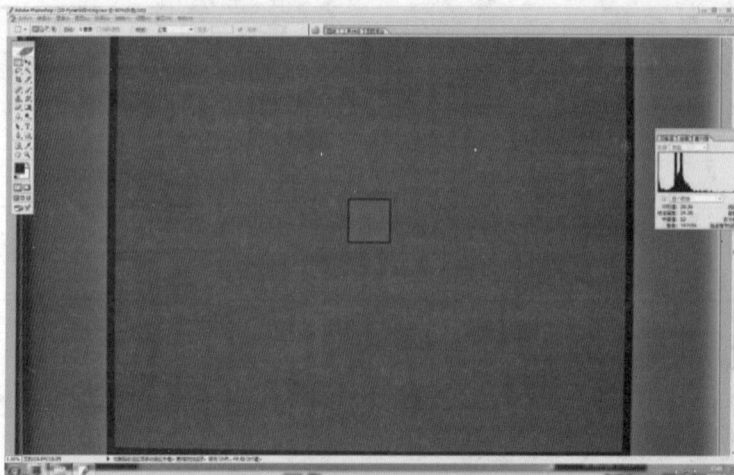

图 6-41 存在摩尔纹的伪影影像

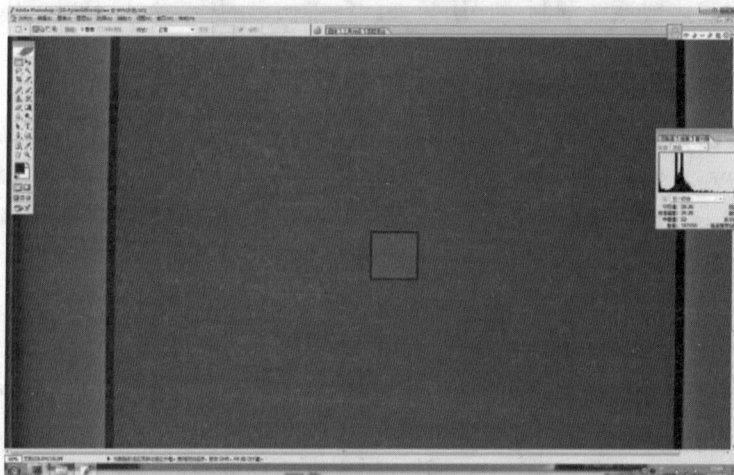

图 6-42 不存在摩尔纹的伪影图像

2. 检测工具 高对比度分辨力测试卡（最大线对数不低于 5lp/mm）3 块。

3. 检测方法

（1）测量：验收检测前应当与生产厂家确认探测器的极限空间分辨力规定值或者尼奎斯特频率（Nyquist frequency，$f_{Nyquist}$）。状态检测前应与医疗机构确定极限空间分辨力的基线值。尽可能取出滤线栅，设置 SID 为 180cm，如达不到则调节 SID 为最大值。取 3 块分辨力测试卡（最大线对数不低于 5 lp/mm），分别放置在影像探测器表面，并与其面呈水平、垂直和 45°方向。按生产厂家给出条件或者适当曝光条件进行曝光，生产厂家未给定条件的，则选择适当曝光条件（如 60kV、3mAs）。

（2）计算与数据处理：调整窗宽和窗位，使其分辨力最优化，从监视器上观察出最大线对组数目，记录样表如图 6-43。验收检测时与生产厂家保证的极限空间分辨力的规定值进行比较，如果得不到规定值，则与 $f_{Nyquist}$ 进行比较。验收检测的结果作为基线值，状态检测与基线值进行比较。

高对比度分辨力
检测条件：SID　　cm　　kV　　mAs　　附加滤过：
极限空间分辨力的规定值□/ 尼奎斯特频率（$f_{Nyquist}$）□/ 高对比度分辨力基线值□：
$R_{水平}$：　　lp/mm，$R_{水平}$/　　　　=
$R_{垂直}$：　　lp/mm，$R_{垂直}$/　　　　=
$R_{45°}$：　　lp/mm，$R_{45°}$/　　　　=

图 6-43　高对比度分辨力检测原始记录样表

4. 结果评价　验收检测时45°方向与生产厂家保证的高对比度分辨力规定值进行比较，应 ≥ 90.0%；如果无规定值，应与 $f_{Nyquist}$ 进行比较，45°方向应 ≥ 1.4 倍 $f_{Nyquist}$ 的 80.0%；同时建立基线值。状态检测与基线值进行比较（≥ 90.0% 基线值）。

5. 检测主要问题与实例　验收检测时采用规定值进行比较时要注意规定值产生的方法，《数字化医用 X 射线摄影系统专用技术条件》（YY/ T 0741—2018）中规定的是有衰减模体、线对卡放置方向与滤线栅成45°方向产生规定值。因此要注意规定值是否具有可比性，在未获取到无衰减模体的规定值的情况下，建议采用尼奎斯特频率（$f_{Nyquist}$）进行比较。

在监视器上观察最大线对组数目过程中，观察结果可能会受观察者视力和图像窗宽、窗位的不同而出现差别，应尽量避免视力不良者观察，同时在观察过程中适当调节窗宽、窗位，使其分辨率最优化。

（八）低对比度分辨力（low contrast resolution）

1. 检测目的　低对比度分辨力，是指在规定测量条件下从一均匀背景中能分辨出来的规定形状和面积的最低对比度分辨力。

低对比度分辨力的检测结果可以反映设备成像时对密度相近的目标的分辨能力。

2. 检测工具　TO-16（图 6-44）或 TO-20（图 6-45）低对比度分辨力模体，用于 CR 或 DR 设备影像质量快速而定量化检验和评价。两种模体均为一个直径 250mm 和厚度 10mm 的圆形板，板中有 12 组不同细节尺寸排列，每个有 12 个直径相同的细节，12 组的细节直径尺寸从 0.25mm 到 11mm 的变化范围，共有 144 个细节得到从 0.001 4 到 0.924（在 75kV 和 1.5mm 铜滤过）12 组不同对比度范围。

图 6-44　TO16 模体外观及影像示意图

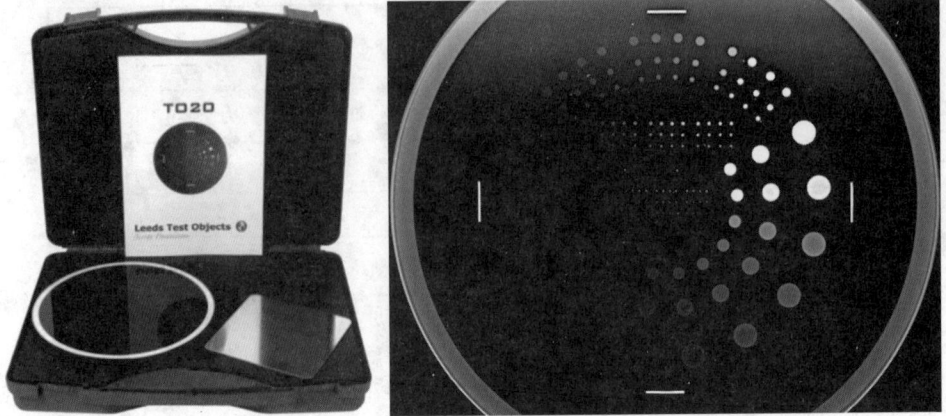

图 6-45　TO20 模体外观及影像示意图

　　CDRAD（图 6-46）和 Pro-RF 低对比度模体，为一块尺寸 264mm×264mm×76mm PMMA 材料板构成，板上含有 15 行和 15 列方形区分布 225 栅格组成的矩阵，每一个方形栅格中前三行仅有一个检测点（成像点），其他行有二个检测点，一个在栅格中央，另一个随机地选在一个角上，检测点的光密度比之均匀背景光密度要高，且检测点的深度和直径呈对数变化，其范围从 0.3mm 到 8.0mm（精度 ±0.02mm），在矩阵同一行的检测点有相同直径而其深度变化导致对比度变化，而矩阵同一列是检测点深度相同即对比度相同而其直径变化，因而使检测点的深度和直径在矩阵中分别以 15 的对数阶形式从 0.3mm 到 8.0mm 变化。

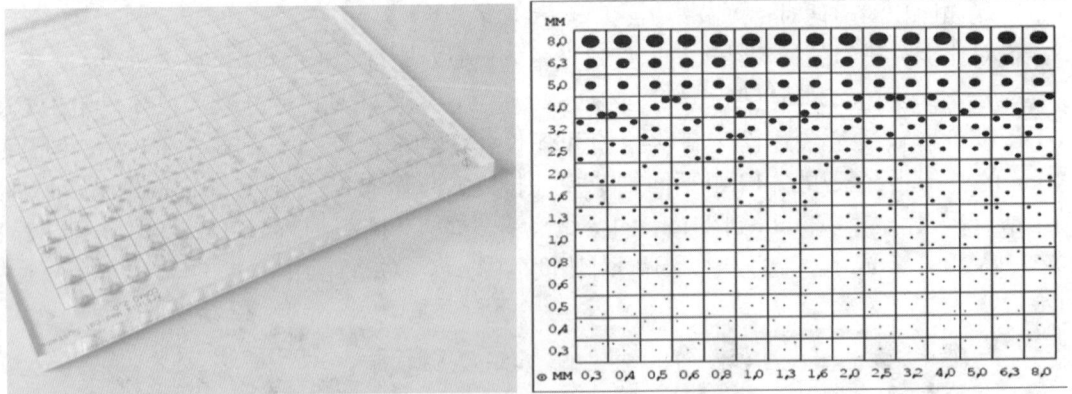

图 6-46　CDRAD 模体外观及结构示意图

　　低对比度测试卡（图 6-47），测试卡由 20mm 厚的铝板制成。在该铝板上均布 1cm 孔径圆孔，孔的深度（mm）及对比度（括号内数值 %）从 0.07mm（0.35%）到 3.2mm（16%）变化，共计 19 个圆孔。它们分别是：0.07（0.35%）、0.11（0.55%）、0.15（0.75%）、0.19（0.95）、0.22（1.1%）、0.26（1.3%）、0.32（1.6%）、0.36（1.8%）、0.44（2.2%）、0.52（2.6%）、0.88（4.4%）、1.06（5.3%）、1.36（6.8%）、1.48（7.4%）、1.76（8.8%）、2.14（10.7%）、2.5（12.5%）、2.9（14.5%）、3.2（16%）。

图 6-47　低对比度测试卡模体外观及成像图

IEC 低对比度模体，包含有一组直径为 1cm 孔径（共 19 个圆孔）的铝制圆形盘构成。如果使用一块衰减体模提供在自动曝光控制下使 X 射线衰减和硬化，例如 IEC 推荐为 40mmPMMA 加 1mm 厚的铜滤过板，则这种组合的模体，使这些圆盘产生 X 射线辐射的对比度从 1% 到 20% 的变化，每一个圆盘的所产生一级近似对比度如下：1.0%、1.4%、1.8%、2.3%、2.7%、3.3%、3.9%、4.5%、5.5%、6.6%、7.6%、8.6%、10.8%、12.3%、14.5%、16.0%、18.0%、20.0%。

3. 检测方法

（1）测量：状态检测前应与医疗机构确定低对比度分辨力的基线值及其检测模体。选择上述四种低对比度细节检测模体之一或者其他模体，放置在影像探测器上面，根据模体说明书要求，选择适当的管电压、滤过和 SID，照射野完全覆盖住影像探测器，以入射空气比释动能约 5μGy 进行曝光获取影像。

（2）计算及数据处理：根据在临床上对影像最常使用评价方式观察影像，应调节窗宽和窗位使每一细节尺寸为最优化，在监视器上观察影像细节，记录可观察到的最小细节，并根据模体说明书转换至对比度。

4. 结果评价　验收检测按检测模体说明书要求判断或建立基线值。状态检测与基线值进行比较，不得超过基线值的 2 个细节变化。

5. 检测主要问题与实例　不同的检测机构使用的低对比度检测模体不同，因此在状态检测时，需要使用与验收检测相同的检测模体、相同的几何条件和曝光参数，结果评价才具有可比性。所以检测报告中应对使用的低对比度检测模体进行描述。

仅有 7 个低对比度细节数的模体不能完全体现 DR 的低对比度分辨力，宜选择模体中同一直径的低对比度细节数不少于 10 个。

第7章
X射线计算机体层摄影装置

第一节 概 述

一、CT 的诞生、发展、临床应用及发展前景

（一）CT 的诞生与发展

1895 年 11 月 8 日，德国物理学家伦琴在进行阴极射线的试验时，发现放在射线管附近的氰亚铂酸钡荧光屏上发出微光。经过研究，确定是由于射线管中发出的某种射线导致荧光屏发光。由于当时对于这种射线的本质及特性了解有限，故称之为"X"线。1896 年 1 月 23 日，伦琴在德国物理学会上宣布发现了 X 射线并且展示了他夫人手部的 X 射线照片。这是人类历史上首次通过非创伤技术直观看到了体内结构，自从发现 X 射线不久后，X 射线就被人们广泛应用于对疾病的检查，并奠定了医学影像摄影的基础。但是，由于人体内部分器官对 X 射线的吸收差别极小，X 射线难以发现那些前后重叠组织的病变。于是，科学家开始寻找一种新的方式来弥补用 X 射线技术检查人体病变的不足，CT 随之应运而生。

1917 年，奥地利数学家雷登（Radon）提出了图像重建理论的数学方法。他指出对二维或三维的物体可以从各个不同的方向进行投影，然后用数学方法重建出一张图像，当时这种方法应用于无线电天文学的图像重建。最初将投影图像重建应用于医学领域的是无线电天文学家奥顿道夫（W.H.Oldendorf），1961 年他做了一个称为"旋转 – 平移"的实验，用 I-131 发出伽玛射线平行射线束，并用碘化钠晶体光电倍增管探测器进行检测。但是因为通过模型的所有射线束虽然能够被检测到，却没有存储起来，所以没有使用价值，但是这种利用透射型成像的初级装置第一次实现了医学上建立真正的断层图像的愿望。

1963 年，美国物理学家考马克（Cormack）发现 X 射线穿透人体不同的组织对射线的衰减有所不同，进一步发展了 X 射线投影重建图像的准确数学方法，为后来 CT 的研究奠定了理论基础。

1967 年，英国电子工程师豪斯菲尔德（Hounsfield）在并不知道 Cormack 研究成果的情况下，也开始了研制一种新技术的工作。在研究模型识别技术时他意识到，如果 X 射线从各个方向通过一个物体，并且对所有这些衰减的 X 射线进行测量。那么就有可能得到这个物体内部的信息，并且该信息能够以图像的形式提供给放射诊断医师。然后制作了一台能加强 X 射线放射源的简单的扫描装置，即后来的 CT，用于对人头部进行实验性的扫描测量。在图像重建过程中，Hounsfield 发现透过被扫描物体的 X 射线束各个方向能构成数学上的联立方程组，通过解这组联立方程能够获得该平面的图像。经过多次实验，他采用

了一个合适的数学模型使方程式程序化，重建出第一幅完整的图像，后来，他又用这种装置去测量全身，获得了同样的效果。因此，他被认为是自从伦琴发现 X 射线以来，在医学、放射、医学物理和相关领域里，没有能与之比拟的发明了，1979 年他和 Cormack 获得诺贝尔生理学和医学奖。

1971 年 9 月，Hounsfield 又与一位神经放射学家合作，在伦敦 Atkinson Morley 医院安装了他设计制造的可用于临床的第一台 CT，开始了头部检查。10 月 4 日，医院用它检查了第一个患者。患者在完全清醒的情况下平躺仰卧，X 射线管装在患者的上方，绕检查部位转动，同时在患者下方装上探测计数器，使 X 射线被人体各部位吸收衰减的多少反映在计数器上，经过计算机的数据处理，使人体各部位的图像在显示屏上显示出来，成功拍摄了第一张临床 CT 图像。

Hounsfield 于 1972 年 4 月在英国放射学家年会上发表了正式论文，宣布了 CT 的诞生。CT 令人信服地证明，它是检查囊性额叶肿瘤的有效方法。自 CT 发明以后，立即受到医学界的热烈欢迎，随后越来越多的厂家和研究所致力于 CT 的研制工作，使得 CT 技术得以迅猛发展。

自 1972 年第一台 EMI 型头颅 CT 问世后，1974 年研制成为全身 CT，检查范围扩大到胸、腹、脊柱及四肢，CT 先后经历了五代结构性能的发展和改变，从 1972 年 CT 机的发明到 20 世纪 80 年代，CT 技术的发展主要在于扫描部位的延伸，从单一的头部 CT 拓展到体部。从 20 世纪 80 年代到 90 年代，是扫描速度的角逐，螺旋 CT 技术使横断 CT 发展为可以连续扫描的螺旋 CT，并且突破了亚秒级扫描能力。20 世纪 90 年代到 2000 年多层 CT 的临床应用，大大拓展了 CT 的临床价值。在这 30 多年期间，CT 的硬件、软件技术经历了几次大的革命性的进步。CT 的发展大致可分为两个阶段，从发明后的前 18 年为一个阶段，后十几年为一个阶段。第一个阶段共产生五代 CT，第二个阶段是以螺旋 CT 扫描方式为代表的单层和多层 CT。至第二阶段，各种 CT 不再以"代"称呼，第一至第五代 CT 扫描方式如图 7-1 所示。

螺旋 CT 与传统 CT 在供电方式和扫描方式上的区别在于供电方式上由传统的电缆供电转为采用滑环技术；扫描方式由传统的往复旋转改为向一个方向连续旋转扫描，同时受检体向一个方向连续匀速运动通过扫描野，X 射线管连续曝光并采集数据。采集的数据是一个连续空间内的容积数据，获得三维信息，称为容积扫描。在数据处理中增加了 Z 轴内插法，可以回顾性地对任意位置图像进行重建，螺旋 CT 扫描方式如图 7-2。其特点是没有扫描间隔的暂停时间（死时间），可进行连续扫描，解决了传统扫描时的层隔问题；提高了扫描速度，减少运动伪影，提高了病灶检出率；可进行多轴面重建、三维重建和回顾性重建。到目前为止，临床所使用的 CT 大多以螺旋 CT 为主。

1989 年，螺旋 CT 在滑环技术日益完善和成熟的基础上投入临床使用。之后推出了双排探测器结构的双螺旋 CT，从而使 CT 设备进入多层螺旋扫描时代。多层螺旋 CT 扫描覆盖范围更大，时间短，Z 轴分辨力更高，可以得到更好的三维重建图像。1998 年四大医疗公司推出 4 层 CT 设备，2001 年随之又推出 16 层螺旋 CT，64、128、256 层 CT 也相继问世，目前，最多的是东芝的 320 排螺旋 CT。但随着探测器排数的增加，Z 轴的覆盖范围越来越大，也会带来一些问题，如屋顶效应等。其特点是体积覆盖范围大，扫描速度快，在较宽的层厚条件下能够满足大面积的体积覆盖区域，对必须控制被检者运动的扫描尤为重要；扫描层面薄，可以快速获取大量的薄层图像，Z 轴分辨力高，三维图像质量更好，如在血管造

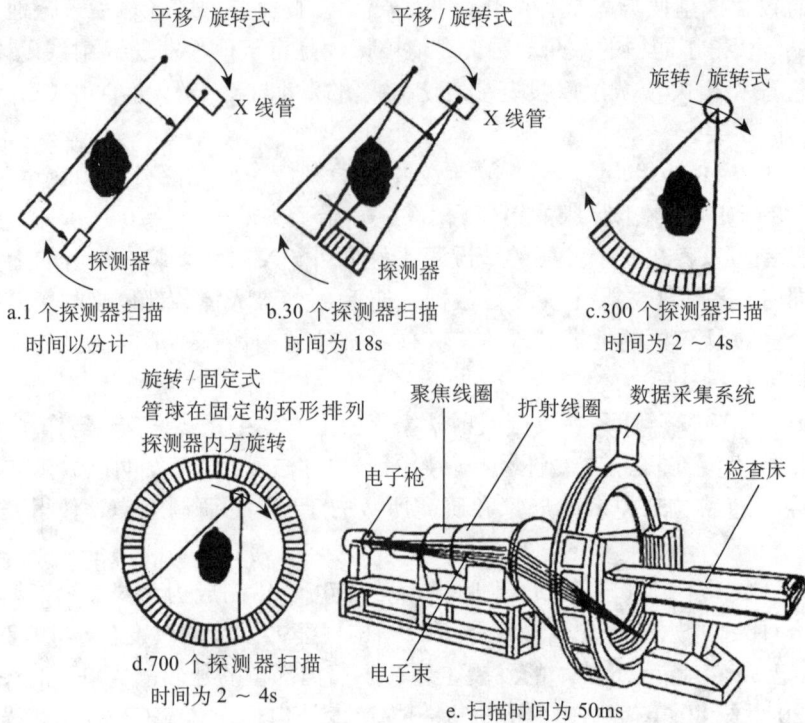

平移／旋转式　　　　平移／旋转式　　　　　　　旋转／旋转式

X 线管

探测器

a.1 个探测器扫描
时间以分计

b.30 个探测器扫描
时间为 18s

c.300 个探测器扫描
时间为 2～4s

旋转／固定式
管球在固定的环形排列
探测器内方旋转

聚焦线圈　　折射线圈　　数据采集系统

电子枪　　　　　　　　　　　　　　检查床

d.700 个探测器扫描
时间为 2～4s

电子束

e.扫描时间为 50ms

图 7-1　第一至五代 CT 扫描方式

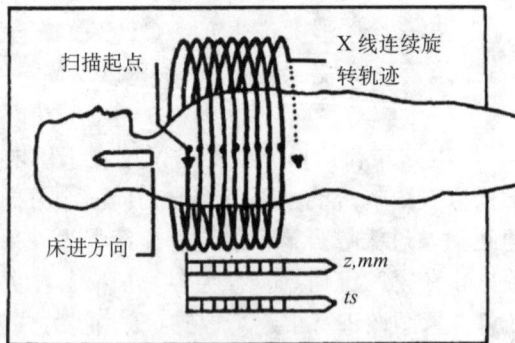

扫描起点　　　　　　　　　　X 线连续旋
　　　　　　　　　　　　　转轨迹

床进方向

z,mm

ts

图 7-2　螺旋 CT 扫描示意图

影和仿真内镜等领域更显其优势；在球管冷却方面要求不高，因为在一定的 mAs 条件下可以增加扫描覆盖范围，缩短球管工作时间，从而达到延长球管寿命的目的。

我们 CT 常说的"排"和"层"，其区别在于"排"是指在 Z 轴方向上有多少排（个）探测器的数目，就说是多少排 CT，主要是 CT 的硬件结构；而"层"是 CT 数据采集系统同步获取图像的能力，扫描一圈能够同步获得多少幅图像就代表是多少层 CT，比如常说的 16 层 CT、64 层 CT，就是扫描一圈能够获得 16 层图像、64 层图像。目前的 CT 基本上都是多层 CT。

（二）CT 的临床应用及发展前景

CT 作为一种技术手段，由于计算机、信息处理等尖端技术的不断进步而迅猛发展。

主要应用于医学影像诊断，随着多层螺旋 CT 的发展，现在也应用于放射治疗的 CT 图像引导与立体定位，在工业探伤、农业、环保、地质勘探等方面都有广泛应用。本文主要简单介绍其在医学诊断中的临床应用。

1. CT 灌注成像　充分利用了多层螺旋 CT 可以显示毛细血管染色情况这一特性，通过在静脉中注射对比剂后，对特定的组织或器官进行连续多层扫描，以获得该组平面内的时间密度曲线（TDC），用不同的数学模型得出血流量（BF）、血容量（BV）、平均通过时间（MTT）、峰值时间（TTP）、表面渗透性（PS）等参数，并用这些参数对该层面的组织或器官的功能进行评价。在脑、肝、肺、胰、肾等组织得到广泛应用。具有无创、简单易普及、空间和时间分辨力高等特点成为研究组织器官血流动力学最方便的工具之一。

2. CT 血管造影　血管造影智能跟踪技术是将 CT 快速扫描与血管造影相结合，使注入血管中的造影剂在到达目的脏器（如脑、肾脏、肝脏）区域后与预先设定的阈值相等时启动扫描，应用计算机三维重建从而获得最佳动脉期、静脉期与平衡期图像。能对动脉瘤、脑血管狭窄、动静脉畸形等多种脑血管患者进行多层螺旋 CT 血管造影检查，以立体图像显示出病变解剖关系，获得准确清晰图像。CT 血管造影三维重建可全方位显示脑血管，具有微创、安全、可靠、费用低廉等特点，适合于手术计划制订、术前定位及随访，对脑血管疾病手术有重要指导意义，也可用于肾动脉狭窄、腹腔动脉及肢体大范围血管显示检查，是对血管病变进行早期发现和诊断的有力手段。

3. 虚拟内镜　实质是一种三维图像处理技术，包括虚拟血管镜、虚拟支气管镜、虚拟结肠镜、虚拟胃镜和虚拟胆管镜等。由于其无创、安全、无痛苦，可观察内镜无法达到的部位，并且可以通过调节透明度和颜色，同时观察腔内外情况，使之没有真正的解剖边界，更有利于观察病变周围结构和向外侵犯程度，还能像内镜或外科手术显微镜在运动时从不同方向在远端观察组织结构，获取疾病信息，为手术和穿刺提供更准确、丰富的解剖信息。

4. CT 图像引导立体定位　多层螺旋 CT 和三维图像重建技术的兴起与临床应用，推动了立体定向技术的成熟与发展。CT 以其清楚的扫描可视性图像，能将组织内占位性病变的轮廓勾画出来，并显示它们与周围组织的解剖关系。特别是将 CT 图像引导与立体定位结合为一体，能准确定位原发肿瘤的位置，检测局部转移瘤和淋巴瘤，模拟照射角度，监测放射治疗的效果，确认肿瘤对放射治疗的敏感性。患者在 CT 上完成图像采集后，操作人员可用图形输入装置在 CT 影像上选择圈定肿瘤轮廓，用计算机计算深部剂量，或单独计算等剂量曲线。还可实施横断面外的计算，使等剂量曲线呈现在冠状面和矢状面，从而实现等剂量曲线的三维显示。建立坐标系导入 TPS 后，便可以结合 X 刀、γ 刀、医用电子直线加速器等放射治疗设备对肿瘤进行治疗，并且大大减轻术后致残率。

5. CT 的其他应用　由于 CT 可进行全身大范围的扫描，迅速查出内脏受损伤的情况，常用于外伤或急重症患者的诊断，以便正确及时地进行抢救，是外伤急诊 CT 临床应用的巨大突破。CT 在核医学诊断中，还可与 PET、SPECT 系统结合，结合了多层 CT 的复合成像设备 SPECT-CT 和 PET-CT 系统，可以精确定位病变的位置、性质和程度。代表了当今医学影像发展的最高水平，是分子影像学的重要技术代表，也是未来 CT 发展的重要领域和方向。

6. CT 的发展前景　CT 作为一种计算机断层成像技术，在医学的各个领域发挥着越来越重要的作用，螺旋 CT 问世以来逐步代替了以前的断层 CT，目前临床应用大多以多层螺旋 CT 为主，它的出现是 CT 技术迈入新阶段的标志，主要体现在扫描速度、图像质量、

☆★☆☆

扫描范围、适用器官等方面有了关键突破。2001 年在北美放射学会第八十七届年会上，各国专家就提出"扫描层数更多，扫描时间更短"的口号。随着科学技术的进一步发展，CT 技术将向着多源、多排、多层、多领域、多用途、低剂量方向发展，以求得扫描速度、覆盖范围、图像质量、应用价值的同时改善。同时便携化的 CT 技术也将成为今后 CT 发展的方向。近年来出现了分子成像、μ 子成像等先进的成像技术。综上所述，当今医学影像技术正处于一个日新月异的时代，CT 技术将会发挥越来越重要的作用。

二、CT 质量控制发展过程

随着 CT 在医学影像中的应用，已被广泛应用于肿瘤、出血及梗死、肝、脾、胰、肾、前列腺、胸腔、肺、心腔内的肿块、脊柱、脊髓、盆腔、胆囊、子宫等疾病的检查，如果不重视 CT 临床应用质量与控制，将直接影响诊疗效果。诊断设备的质量性能得不到保证，不仅会发生误诊、漏诊，还会对使用者及患者的身体健康带来极大的损害，甚至会酿成医疗事故，危及生命安全。我国 CT 设备数量多、分布广，质量控制工作主要依赖于检测机构与使用单位的内部质量控制，因此提高检测机构以及相关人员的检测能力就显得尤为重要。

从第一台 CT 的诞生并投入使用，Edwin 博士等对全世界第一台头部 CT 和第一台全身 CT 机进行了性能评价及质量检测，并在同年第一次放射年会上系统地提出了 CT 性能检测评价及质量保证的相关理论，人们就认识到了 CT 质量控制的重要性。从此，一些发达国家及相关组织陆续出台了 CT 质量控制相关标准规范，具体发展过程如表 7-1 所示。

表 7-1　国外 CT 质量控制发展过程

时间	内容
1977 年	美国医学物理学家学会的第一号报告中，首次系统地提出了 CT 质量保证的方法、内容及工具等
1982 年	世界卫生组织对 CT 主要性能参数做了一些规定要求并发布了《诊断放射学中的质量保证》
1989 年	德国国家标准《放射线诊断工作中图像质量的保证 X 射线计算机断层摄影装置稳定性检测》正式生效。在 1990 年，德国国家标准《放射线诊断工作中图像质量的保证 X 射线计算机摄影装置验收和检测》正式起效
1989 年	日本公布了工业标准《X- 射线 CT 扫描装置用体膜》，还制定了《关于 X- 射线 CT 装置性能评价的标准（草案）》
1993 年	美国医学物理学家学会发表了第 39 号报告，对第 1 号报告做了修改、补充，比较系统、详细地阐述了 CT 验收测试时的基本要求
1994 年	国际电工委员会（IEC）公布了国际通用标准《关于 X 射线计算机断层成像设备的稳定性测试》

我国 CT 质量控制工作起步较晚，相对于德、美、日等发达国家，技术相对落后，主要发展过程如表 7-2 所示。

表 7-2　国内 CT 质量控制发展过程

时间	内容
20 世纪 80 年代中期	国内一些学术组织和专家大力宣传大型医疗设备质量控制重要性并推动其工作发展，使质量控制工作在思想上引起了重视
20 世纪 90 年代	全国多次召开放射科质量保证学术交流会
1993 年	长春计量监督局首次提出了 CT 性能状态检测，并出台了相应的标准规范。此规范中，参数与 IEC 报告相同，状态检测和验收检测与德国标准规范一致
1995 年	我国卫生部和国家医药管理局着手对大型医疗设备加大管理，并研究大型医疗设备的检测评估的方法和相关标准，分别制定了卫生部第 43 号部长令和关于"大型医疗设备管理办法"的规定
1996 年	卫生部办公厅下发了"X 射线计算机体层摄影装置（CT）等大型医用设备配置与应用管理实施细则"，从此我国卫生行政部门开始对医疗机构中 CT 的配置、人员培训及其应用质量进行规范化的监督和管理
1998 年	国家卫生部和质量技术监督局发布了《X 射线计算机断层摄影装置影像质量保证检测规范》，即适用于 CT 运行状态检测和验收检测的国家标准
2001 年	国家技术监督局发布了《医用诊断计算机断层摄影装置（CT）X 射线辐射源检定规程》
2003 年	军队发布了《X 射线计算机断层扫描系统应用质量检测与评审规范》
2007 年	国家技术监督局发布《医用诊断螺旋计算机断层摄影装置（CT）X 射线辐射源检定规程》
2011 年	国家标准化管理委员会发布了《X 射线计算机断层摄影装置质量保证检测规范》（GB 17589—2011）
2019 年	国家卫生健康委员会发布了《X 射线计算机体层摄影装置质量控制检测规范》（WS 519—2019）

　　我国 CT 质量控制工作发展较快，检测技术、检测体模、监督管理等方面得到了不断改进与完善。目前，2011 年发布的国家标准《X 射线计算机断层摄影装置质量保证检测规范》（GB 17589—2011）与 2019 年发布的卫生行业标准《X 射线计算机体层摄影装置质量控制检测规范》（WS 519—2019）均是现行有效标准，工作中可采用任一标准中的方法及其限值要求开展 CT 质量控制检测工作。WS 519—2019 对 CT 的质量控制检测方法及要求做出了部分修改，本章将以 WS 519—2019 为主要依据，介绍 CT 的质量控制检测方法，供读者参考。

三、基本概念和术语

（一）CT 剂量指数

　　目前，CT 中常用的剂量测量的量有 CT 剂量指数 $CTDI_{100}$、加权 CT 剂量指数（$CTDI_w$）、容积 CT 剂量指数（$CTDI_{vol}$）和剂量长度乘积（DLP）。

　　1. CT 剂量指数（$CTDI_{100}$）　是指单次轴向扫描时，沿着标准横断面中心轴线从 −50mm 到 +50mm 对辐射剂量剖面曲线的积分，除以标称层厚 T 与层面数 N 的乘积，其计算公式为：

☆★☆☆

$$CTDI_{100} = \frac{1}{NT} \int_{-50mm}^{50mm} D(z)dz \tag{7-1}$$

式中：

N——单次轴向扫描所产生的层面数；

T——标称层厚；

$D(z)$——沿着标准横断面中心轴线的剂量剖面分布曲线。

注：此公式适用于准直宽度（NT 乘积）不大于 40mm 的情况。

2.加权 CT 剂量指数（$CTDI_w$） 在扫描平面内不同深度位置的吸收剂量不同，对于人体扫描成像，身体表面的 $CTDI$ 值通常高于人体旋转中心值的 $1 \sim 2$ 倍，因此专门定义了一个加权 CT 剂量指数（$CTDI_w$），用来反映整个照射野截面的平均 CT 剂量。

加权 CT 剂量指数为模体中心点测量的 $CTDI_{100}$ 与外围各点测量的 $CTDI_{100}$ 的平均值进行加权求和之值，其计算公式为：

$$CTDI_w = \frac{1}{3} CTDI_{100,C} + \frac{2}{3} CTDI_{100,p} \tag{7-2}$$

式中：

$CTDI_{100,c}$——模体中心点测量的 $CTDI_{100}$；

$CTDI_{100,p}$——模体外围各点测量的 $CTDI_{100}$ 的平均值。

3.容积 CT 剂量指数（$CTDI_{vol}$） 螺旋 CT 出现后，考虑到螺距对扫描剂量的影响，用容积 CT 剂量指数（$CTDI_{vol}$）反映整个扫描容积中的平均剂量，其计算公式为：

$$CTDI_{vol} = CTDI_w \times \frac{NT}{\Delta d} \tag{7-3}$$

式中：

N——单次轴向扫描所产生的层面数；

T——标称层厚；

Δd——X 射线管每旋转一周诊断床移动的距离；

$\frac{NT}{\Delta d}$——CT 螺距因子。

4.剂量长度乘积（DLP） 用以评价受检者一次完整扫描的总的辐射剂量，对于序列扫描，其计算表达式为：

$$DLP = i \sum nCTDI_w \cdot N \cdot T \cdot m \cdot C \tag{7-4}$$

式中：

i——扫描序列数；

N——单次轴向扫描所产生的层面数；

T——标称层厚；

$nCTDI_w$——所用管电压和总标称限束准直宽度相对应的归一的加权 CT 剂量指数（$mGy \cdot mAs^{-1}$）；

m——旋转圈数；

C——X 射线管每旋转一周的管电流与曝光时间的乘积，（mAs）。

对于螺旋扫描，其表达式为：

$$DLP = CTDI_{vol} \times L \tag{7-5}$$

式中：

$CTDI_{vol}$——容积 CT 剂量指数；

L——沿 Z 轴方向的扫描长度。

（二）CT 值

CT 值用来表示与 X 射线 CT 影像每个像素对应区域相关的 X 射线衰减平均值的量。通常用 Hounsfield 单位来表示，简称 HU。其表达式为：

$$CT_{物质} = \frac{\mu_{物质} - \mu_{水}}{\mu_{水}} \times 1000 \tag{7-6}$$

上式被称为 Hounsfield 公式，式中：

$\mu_{物质}$——所测量物质对所用 X 射线束感兴趣区的线性衰减系数；

$\mu_{水}$——水的线性衰减系数。

按照上述标度定义 CT 值，水和每一种相当于水的组织，其 CT 值为 0 HU，而空气相对于水的 X 射线的吸收衰减非常低，在实际工作中可以忽略不计，所以空气的 CT 值为 - 1000HU。CT 值不是绝对不变的数值，它不仅与人体内在因素如呼吸、血流等有关，而且与 X 射线管电压、CT 装置、室内温度等外界因素有关，应经常进行校正，否则将导致误诊。而水的 CT 值不受 X 射线能量变化的影响，因此水的 CT 值作为 CT 值标尺上的固定点。

（三）CT 噪声

CT 噪声指均匀物质影像中给定区域 CT 值对其平均值的变异。其数值可用感兴趣区中均匀物质的 CT 值的标准差除以对比度标尺表示。其表达式为：

$$n = \frac{\delta_{水}}{CT_{水} - CT_{空气}} \times 100\% \tag{7-7}$$

式中：

$\delta_{水}$——水模体 ROI 测量中的标准偏差；

$CT_{空气}$——空气的 CT 值的测量值；

$CT_{水}$——水的 CT 值的测量值；

$CT_{水} - CT_{空气}$——称为对比对标尺，在本书中取 1000（HU）。

（四）重建层厚、准直宽度

1. 重建层厚　为扫描野中心处成像灵敏度剖面分布曲线的半值全宽，即扫描的断层层厚，相当于灵敏度剖面分布曲线上最大值一半处两点平行于横坐标的距离。

2. 准直宽度　是指 CT 机球管侧和患者侧所采用准直器的宽度，在非螺旋和单层螺旋扫描方式时，所采用的准直器宽度决定了层厚的宽度，即层厚等于准直器宽度。但是，在多层螺旋扫描方式时，情况则不完全一样，因为同样的准直宽度可由 4 排甚至 16 排探测器接收，而此时决定层厚的是所采用探测器排的宽度。如同样 10mm 的准直宽度，可以由 4 个 2.5mm 的探测器排接收，那么层厚就是 2.5mm；如果由 16 个 0.625mm 的探测器排接收，那么层厚就变成了 0.625mm。

（五）体素与像素

体素是体积单位。体素作为体积单位，它有三要素，即长、宽、高。在 CT 扫描中，根据断层设置的厚度、矩阵的大小，能被 CT 扫描的最小体积单位，通常 CT 中体素的长和宽都为 1mm，高度或深度则根据层厚可分别为（10、5、3、2、1）mm 等。像素又称像元，它与体素相对应，体素的大小在 CT 图像上的表现，即为像素，是构成 CT 图像最小的单位。

（六）矩阵

矩阵是像素以二维方式排列的阵列，它与重建后图像的质量有关。在相同大小的采样野中，矩阵越大像素也就越多，重建后图像质量越高。CT 扫描中常用的采集矩阵大小为 256×256、512×512，为保证图像质量，显示矩阵一般要大于或等于采集矩阵。

（七）窗口技术与灰阶

1. 窗口技术　为了良好的显示人体组织结构图像，在 CT 图像显示技术中，常通过窗口技术对窗宽、窗位进行调节，以适应视觉的最佳范围。这种通过窗值来调整显示和适应人眼视觉的方法称为窗口技术。

2. 灰阶　是根据像素的 CT 值在图像上显示的一段不同亮度的信号，把从白色到黑色之间的灰度分成若干等级，则称为灰阶或灰度级。人眼一般只能识别 40 级左右连续的灰阶，因个体差别，最多不超过 60 个灰阶，而组织密度灰阶差要大得多。

（八）窗宽和窗位

窗宽和窗位是 CT 检查中用以观察不同密度的正常组织或病变的一种显示技术。由于各种组织结构或病变具有不同的 CT 值，因此欲显示某一组织结构细节时，应选择适合观察该组织或病变的窗宽和窗位，以获得最佳显示。

1. 窗宽　是 CT 图像上显示的 CT 值范围，常用符号 W（width）表示。在此 CT 值范围内的组织和病变均以不同的模拟灰度显示。CT 值低于此范围的组织结构，不论低的程度有多少，均以黑影显示，而高于此范围的组织和病变，无论高出程度有多少，均以白影显示，不再有灰度差异；也不存在灰度差别。减小窗宽，则显示的组织结构减少，然而各结构之间的灰度差别增加。增大窗宽，则图像所示 CT 值范围加大，显示具有不同密度的组织结构增多，各结构之间的灰度差别减少。如观察某组织的窗宽为 300HU，窗位为 0HU，则窗宽范围 $-150HU \sim +150HU$，即密度在 $-150HU \sim +150HU$ 范围内的各种结构以不同的灰度显示。而高于 +150HU 的组织结构均以白影显示，无灰度差别，肉眼不能分辨；而低于 $-150HU$ 的组织结构均以黑影显示，其间也无灰度差别。

2. 窗位　是窗的中心位置，常用符号 C 或 L 表示，同样的窗宽，由于窗位不同，其所包括 CT 值范围的 CT 值也有差异。如窗宽同为 300HU，当窗位是 0HU 时，其 CT 值范围为 $-150HU \sim +150HU$；如窗位是 +30HU 时，则 CT 值范围为 $-120HU \sim +180HU$。通常欲观察某一组织的结构及发生的病变，应以该组织的 CT 值作为窗位。

第二节　CT 的成像原理与扫描系统构成

一、CT 的成像原理

X 射线具有频率高波长短，能量较高等特性，因此可以穿透物体。部分射线与物体发生诸如光电效应等物理效应产生少部分能量衰减，所以不是全部的 X 射线都可以穿透物体，射线的衰减强度与物体本身属性有关，整个过程遵循朗伯比尔定律（Lambert-Beer law）。

假设 X 射线为单能光子束，当其穿过一种均匀物体时，根据朗伯比尔定律（Lambert-Beer law）可得。

$$I = I_0 e^{-\mu x} \tag{7-8}$$

式中：

I——穿过均匀密度物体后的 X 射线强度；

I_0——入射的 X 射线强度；

μ——物体对该波长的线性衰减系数；

x——穿过均匀密度物体的路径长度；

e——自然对数底。

如果当被检测物体内部不是均匀材料时（物体各处线性衰减系数不一致），需计算X射线穿透物体后总衰减特性，可将对象分割成 n 个足够小的单元（一个小单元ΔX可视为单一均匀材料），其衰减系数分别为 μ_1、μ_2、$\cdots\mu_n$，如图 7-3 所示。

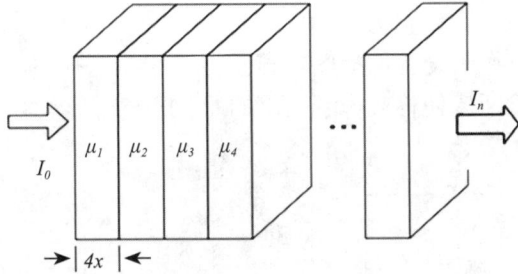

图 7-3 射线穿过非均匀物体衰减示意图

由公式（7-8）可得其数学表达模型为：

则穿过第一个体素后的强度：

$$I_1=I_0 e^{-\mu_1 \Delta X} \tag{7-9}$$

穿过第二个体素后的强度：

$$I_2=I_1 e^{-\mu_2 \Delta X}=I_0 e^{-(\mu_1+\mu_2)\Delta X} \tag{7-10}$$

则穿过第 n 个体素后的强度：

$$I_n=I_0 e^{-(\mu_1+\mu_2+\cdots)\Delta X} \tag{7-11}$$

式 7-11 变换后可得：

$$\mu_1+\mu_2+\cdots\mu_n=\frac{1}{\Delta X}\ln\frac{I_0}{I_n} \tag{7-12}$$

公式(7-12)为X-CT建立断层图像成像的理论基础，其中I_0和I_n可通过测量获取其数值，ΔX可看作常量，公式（7-12）右边在图像重建时一般称为已知量，称为投影值，用 P 表示，可得$P=1/\Delta X \ln I_0/I_n$。因此，公式（7-12）是以 n 个衰减系数为变量的线性方程组。

把人体横断面按照一定大小划分为 n×n 个体素组成的矩阵，称为体素矩阵。假设每个体素的衰减系数分别为 μ_{11}、μ_{12}、$\cdots\mu_{1n}\cdots\mu_{nn}$，如图 7-4 所示，当 X 射线穿过体素矩阵的第一行体素时，由探测器测得 X 射线的 I_0 和 I_n 第一行体素的投影值；同理，把 X 射线管和探测器逐一向下平移到第二行、第三行、…、第 n 行，便可以计算出 n 个投影值，依据（7-12）式，可以建立 n 个关于衰减系数的线性方程，而体素矩阵中共有 n^2 个衰减系数，所以需要 n^2 个线性独立的方程组，因此，可以将探测器和 X 射线管旋转一个角度，然后依次平移扫描，又能获得 n 个关于衰减系数的线性方程，这种通过旋转 X 射线管和探测器并依次平移获得投影值的方法，称为扫描，通过不断的扫描，就可以建立 n^2 个线性独立的方程，通

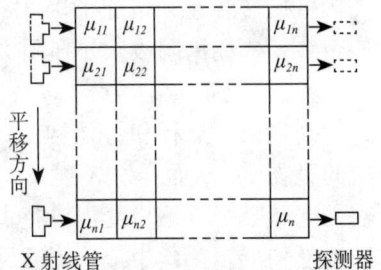

图 7-4 体素矩阵扫描示意图

过计算机求出体素矩阵中每个体素的衰减系数，再排列成矩阵，称为数字矩阵，数字矩阵可存贮于磁盘或光盘中，经数字／模拟转换器把数字矩阵中的每个数字转为由黑到白不等灰度的小方块，即像素，并按矩阵排列，通过计算机的处理，就可以绘制出由 n^2 个像素构成的人体断层图像。

二、CT 扫描系统构成

CT 扫描系统主要由成像系统、计算机系统以及附属设备等系统构成，其基本结构和流程如图 7-5。成像系统包括 X 射线球管、探测器、准直器、楔形补偿器（或滤过器）、高压发生器、对数放大器、模数转换器（A/D）、接口电路、滑环等；计算机系统包括计算机以及（D/A）转换器等；附属设备包括图像显示器、相机、接口电路等。整个系统在中央控制器的控制下，加上诊断床便构成一套完整的 CT 扫描成像系统。

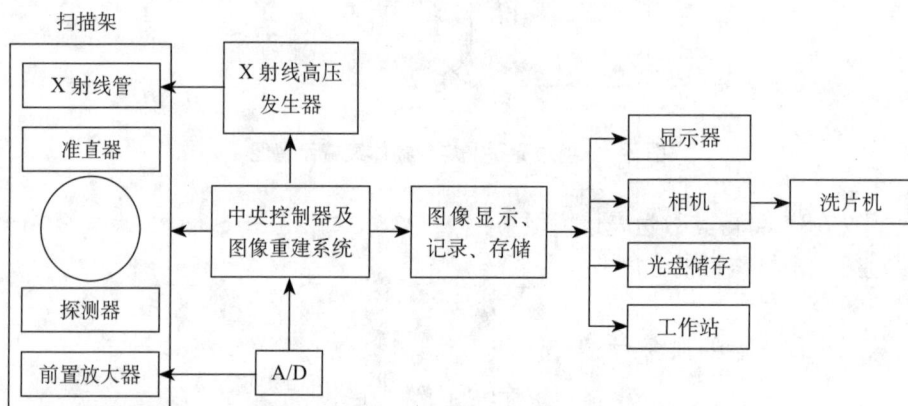

图 7-5　CT 工作基本结构和流程示意图

（一）成像系统

1. X 射线球管　是 CT 极其重要的部件，它是设备的信号源，主要由阳极、阴极、外壳以及防护罩所构成，如图 7-6 所示（见彩图）。X 射线球管发射出 X 射线，穿过人体的射线被探测器所接收，经过数据处理形成 CT 图像。

20 世纪 70 年代 CT 扫描机发明初期，所采用的 X 射线球管为固定阳极 X 射线球管（图 7-7），由于电子束长时间对某一点进行轰击产生巨大热量，如果 X 射线球管连续长时间工作，阳极可能被烧蚀。

为了能对人体进行长时间连续扫描，于是出现了旋转阳极 X 射线球管（图 7-8），电子束轰击产生的热量得以分散，提高了散热效率。后来通过不断采用增大阳极靶盘直径和提高阳极旋转转速，增加了 X 射线球管的热容量和散热速率。后来又选择耐热性能更好的铼钨合金替代纯钨阳极，并在阳极背面涂上石墨层，石墨层将热量以红外线的形式辐射出去，进一步提高了散热能力。

阴极由聚焦杯和灯丝构成，其主要作用是产生自由电子，通过聚焦杯聚集电子轰击阳极的靶物质，从而产生 X 射线。因为钨在高温下具有高熔点、延展性好、不易挥发、易加工、在强电场吸引下不易变形等特点，所以目前 X 射线管的灯丝几乎都选用由很细的呈螺旋状的钨丝构成。钨丝中加入微量元素钍可以增加电子的发射率和延长灯丝的寿命。聚焦杯又称韦内电极，作用是保证电子束流大小和电子发射方向，将到达阳极的电子聚焦成窄束。

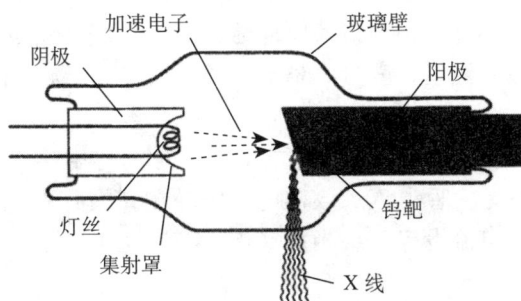

图 7-7　固定阳极 X 射线球管示意图

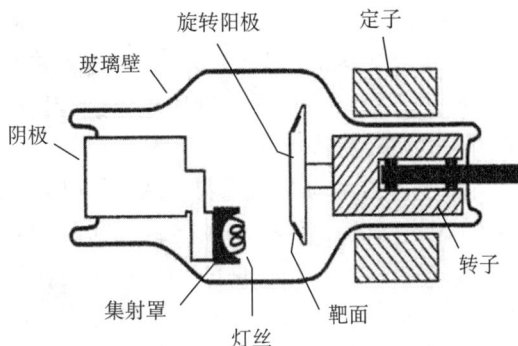

图 7-8　旋转阳极 X 射线球管示意图

阳极又称靶电极，分为固定阳极和旋转阳极，现在基本上都采用旋转阳极，在球管中位于正电位，是真空电子管的正极。在 X 射线管内，阴极产生的自由电子被加速到阳极，在阳极受阻，高速运动的电子轰击阳极，使得阳极产生热和电磁辐射。

球管外壳有玻璃外壳和金属陶瓷外壳，其作用主要是绝缘与隔热，所以外壳材料要耐高温，保证电子在真空管内的自由加速，减少 X 射线的吸收。玻璃外壳主要成分是硼酸盐，具有较好的隔热和绝缘性能。缺点是随着使用时间的增加，灯丝和阳极靶面的钨蒸发，会附着在玻璃壳内壁，与阳极相连形成第二阳极，一部分高速运动的电子轰击玻璃壳，最终导致玻璃壳被击穿。与玻璃外壳相比，金属陶瓷外壳主要由金属和陶瓷组合而成，增加了外壳强度，用陶瓷做电极支座，可以提高绝缘性。金属外壳可靠性和寿命均优于玻璃外壳，所以目前基本上都采用金属陶瓷外壳。

X 射线球管防护罩通常是由钢和铅制成，产生有用的 X 射线以及支撑与冷却，如图 7-9 所示（见彩图）。

2. 高压发生器

（1）高压发生器的作用：高压发生器主要作用是在主计算机程序的控制下，产生具有足够功率的稳定的高频逆变后的直流高压供给 CT 球管，灯丝电流控制电路供给球管灯丝产生稳定的管电流，同时提供旋转阳极驱动电路电压。

（2）高压发生器的原理：高压发生器由三相交流电源经过全波整流器、电容滤波器、逆变器、变压器等组成，其原理如图 7-10 所示。

整流器把交流电源整流，经滤波器变为平滑直流电流，确保了 X 射线管的恒压输入，提高了激发效率。

逆变器把直流电变成频率为几万 Hz 的交流电，决定了高压发生器输出电压的大小。

变压器是高压发生器的重要组成部分，它提供 X 射线管所需要的高压。

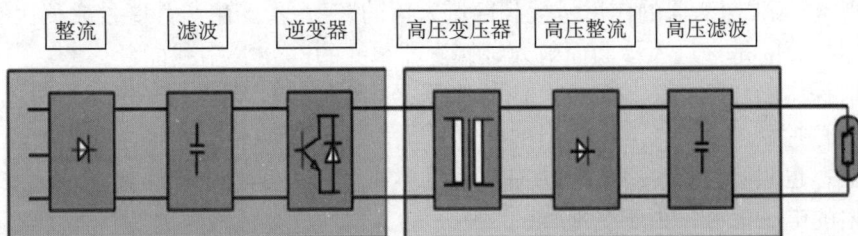

图 7-10　高压发生器原理示意图

☆★☆☆☆

CT 设备中一般采用闭环控制方法确保 X 射线管变电和电流的稳定。电压和电流的误差一般可以做到小于 0.05%，好的设备甚至可以达到 0.01%。其原理为从高压负载回路取得反馈电压信号，与同一参比电压进行比较，然后经过误差放大器放大误差，最后通过控制调整电路使其输出稳定在设定值。

反馈电压信号是从跨接在高压输出回路的高压分压电阻的低端取得，总的电阻常为 50～100MΩ，视误差放大器输入回路的阻抗而定。管电流的取样电阻串联在高压回路的近地端，可改变其电阻值，进而可获得不同的管电流设定值。当反馈电压与参比电压不相等时，调整其控制电路，直到其电压相等而稳定。

参比电压的稳定度是决定整机稳定度的关键之一，特别是影响 CT 图像上的噪声和射线硬化误差。所以常采用高指标稳压电源，但也有采用对交流干扰信号具有一定抑制能力的直流电桥输出电源。

在 CT 设备中，为了进一步提高稳定度，通常采用的另一类调整器件是大功率电子管、晶体管和可控硅等。这类器件的响应速度快，调整精度高，但过载能力差，电源调整范围有限，所以一般只能用作细调。当用作大范围调整时，通常必须利用伺服马达带动调压器来升降高压。驱动马达的信号电压取自调整管的两端，与参比电压进行比较，当误差超过一定范围时，驱动马达就开始升压或降压，直至达到平衡。

3. 准直器

（1）准直器的作用：准直器是一种辐射衰减物质，要求对 X 射线吸收大，易于加工且经济的材料，一般使用铅或含有少量锑、铋的铅合金。利用其对射线的吸收，用来限制射线的分布，进行空间定位，确保图像质量，使无用的 X 射线被吸收屏蔽，降低患者接受检查时的辐射剂量。

（2）准直器的结构：在 CT 设备中常采用两种准直器，一种是距 X 射线管焦点很近，称为 X 射线管侧准直器，又叫前准直器，它可以将射线束限制在一定范围内。对于多层 CT 而言，其准直器一般采用多叶式，通过调节准直器缝隙决定被检者层厚的大小。后准直器紧靠探测器，称为探测器侧准直器，又称后准直器。它的狭缝对准每一个探测器，使探测器只接收垂直于探测器方向的射线，减少散射线的干扰。为了提高 X 射线利用率，探测器孔径宽度要略大于准直器宽度。前后两组准直器必须精确地对准，否则会产生条形伪影。

4. 滤过器　作用是使穿过滤过器的投射线束的能量分布达到均匀硬化，并且吸收低能 X 射线，这些低能射线对 CT 图像的形成没有任何作用，但是却增加了受检者的照射剂量。

目前临床采用的滤过器类型有楔形滤过器和平板滤过器，其组成材料主要是铜或者铝，放置在 X 射线管和检查者之间。

5. 探测器　CT 探测器的作用是接收穿过人体的 X 射线，产生与其能量成正比的电信号。每个探测器接收的是穿过人体断面射入该探测器单元的部分 X 射线能量。

核辐射探测器包括气体探测器、闪烁探测器、半导体探测器、中子探测器以及探测带电粒子的径迹探测器。在 CT 中常用的探测器类型主要有两种，一种是收集荧光的，称作闪烁探测器，也叫固体探测器。一种是收集气体电离所产生的电子和离子，记录由他们的电荷所产生的电压信号，由于受电离的气体一般为惰性气体，故称之为气体探测器。

（1）气体探测器：是由一系列单独的气体电离室构成（图 7-11）。当入射 X 射线进入各个气体电离室后，使气体分子、原子电离和激发，电离产生的正离子和电子分别顺着和逆着电场方向运动，电离电流与入射的 X 射线强度（光子数）成正比，电流经前置放大器放大后，最后被收集下来。气体探测器的光子转换效率比固体探测器要低。气体探测器中各个电离室是相互连通的一个整体，处在相同的密度、纯度、气压、温度条件下，因而有较好的一致性。由于电压存在波动，CT 射线管辐射的 X 射线强度不稳定，而 X 射线强度变化对成像有很大的影响。因此，一般在探测器的两端装有参考探测器，以修正探测器的测量结果。在扫描和采集数据过程中保证系统的稳定性是非常重要的。为防止探测器零点漂移，在扫描过程中需对探测器的变化进行校正，使得每个脉冲到来之前所有探测器输出为 0。

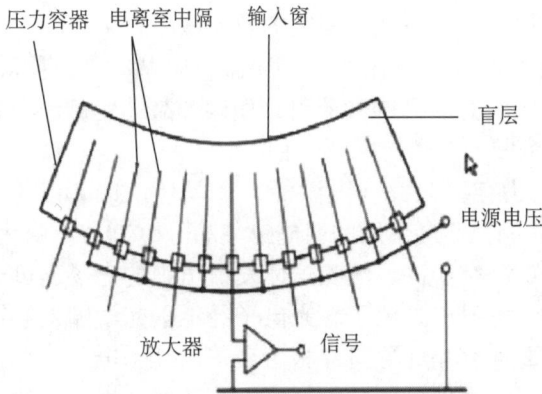

图 7-11 气体探测器的结构

（2）闪烁探测器：人们很早就发现，当 X 射线照射于某些物质上时，这些物质能瞬间发光，闪烁探测器便是利用射线能使某些物质闪烁发光的特性来探测射线的装置，有时也称固体探测器。由于此种探测器的探测效率高，分辨时间短，既能探测带电粒子，又能探测中性粒子，既能探测粒子的强度，又能测量它们的能量，鉴别它们的性质。所以，闪烁探测器在 CT 扫描机中得到了广泛的应用。其构成主要由闪烁体、光电倍增管和相应的电子仪器三个部分所组成，如图 7-12 所示。

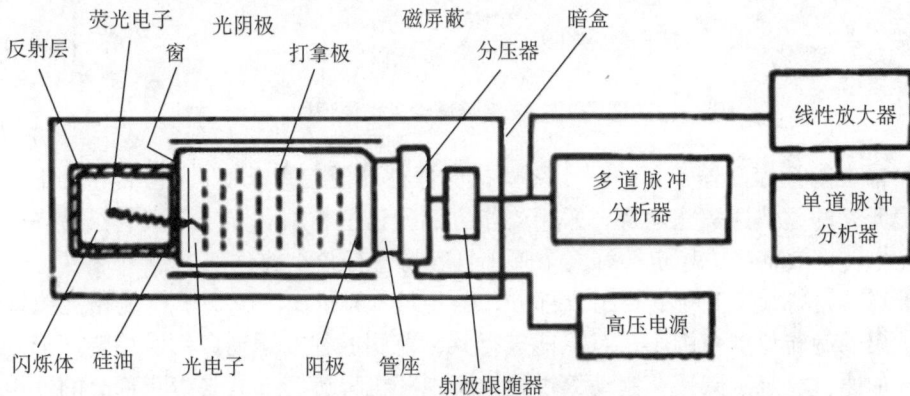

图 7-12 闪烁探测器的结构

☆★☆☆

　　最左边的是圆柱形的闪烁体，射线能在其中产生闪烁发光，当射线进入闪烁体时，产生次级电子，使闪烁体分子电离和激发，退激时发出大量光子，光子从四面八方发射出去。闪烁体前面加有反射层，它是涂有白色氧化镁粉末的铝盒，使闪烁晶体产生的荧光光子能大部分反射到光电阴极上。在晶体与光电倍增管间放置涂有硅油的有机玻璃制成的光导，以保证良好的光偶合。

　　目前普遍使用的闪烁晶体是含有少量杂质（称为"激活剂"）的无机盐碘化钠 NaI（Tl）晶体，其中 Tl 是元素铊，为杂质。这种晶体的密度大，对 γ 射线和 X 射线有较大的阻止特性。它的透明度和发光度都很高。但 NaI（Tl）晶体极易潮解，NaI（Tl）晶体一旦潮解，探测器效率和能量分辨力均急剧下降，以致完全不能使用。在实际应用中，碘化钠晶体被密封在一个铝制外壳内。另一种适用的闪烁晶体是碘化铯 CsI（Tl）晶体。其主要优点是在空气中不易潮解，故不需铝制外壳封装。但它的发光效率仅为 NaI（Tl）的 30%～40%，且价格昂贵。因此远不及 NaI（Tl）晶体应用普遍。闪烁晶体在使用和保存时，应避免强光照射，否则会严重影响其性能。若因强光照射致使闪烁晶体变色，可用长期避光的方法褪色，使闪烁晶体的性能得到恢复。

　　除上述闪烁体外，还有硫化锌（银激活）多晶体，即 ZnS（Ag），铈激活的锂玻璃 $Li_2O.2SiO_2$（Ce）玻璃体以及不参杂质的锗酸铋单晶（BGO）与氟化钡单晶（BaF_2）等。

　　光电倍增管是一个电真空器件，从闪烁体发射出来的光子通过光导射向光电倍增管的光阴极，产生光电效应，发射出光电子。光电子经电子光学输入系统加速、聚集后射向第一打拿极，又称倍增极。每个光电子在打拿极上轰击出几个电子，这些电子射向第二打拿极，再经倍增射向第三打拿极，直到最后一个打拿极。最后产生大量的电子射向阳极，阳极将所有产生的电子收集起来，变成电信号输出，光电倍增管工作原理如图 7-13 所示。

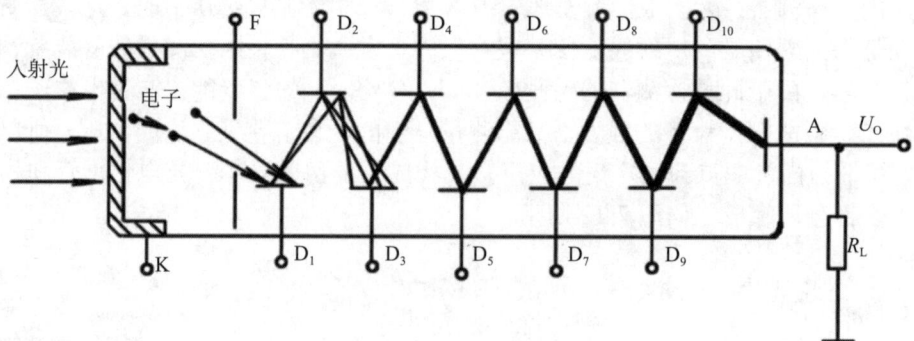

图 7-13　光电倍增管工作原理图

　　（3）稀土陶瓷探测器：目前稀土陶瓷探测器被广泛应用于 CT，它实际上是掺杂了钇之类金属元素的超快速氧化陶瓷，采用光学方法使这些材料和光电二极管结合在一起。其特点是光电转换效率高、稳定性好、余晖小且容易进行较小的分割。

　　6. 滑环　是螺旋 CT 的重要组成部分，与传统 CT 相比，解决了电缆相互缠绕从而导致扫描机架的旋转角度范围小，且只能进行某一范围的往复运动。每次旋转扫描之前必须有启动、加速、稳定、减速、制动等过程，实现了机架旋转部分与静止部分的馈电和信号传递，可以连续扫描。滑环技术是采用一个多圈滑环和一个碳刷架代替电缆，当电刷沿滑环滑动，则电源经滑环与碳刷向 X 射线球管供电。X 射线球管与探测器都安装在一个滑环上，因此可以使滑环单方向连续旋转，其结构如图 7-14 所示，根据滑环上电压的不同，分为低压滑环与高压滑环。

（1）低压滑环：扫描机架中以低电压馈电的方式，称为低压滑环。低压滑环是将数百伏的直流电输入扫描机架内，电压较低，容易实现良好的绝缘以及稳定的数据传输性能。但此时的电流很大，这就要求碳刷与集流环接触电阻非常小，所以集流环常采用电阻率非常低的材料制作。

由于低压滑环的高压发生器装在机座旋转架上，所以要求发生器体积小、重量轻、功率大，因此发生器普遍采用中高频逆变技术，

图 7-14 滑环结构示意图

当代高频技术在商用中常将 X 射线管、高压发生器、逆变器等组合在一起。

在 X 射线发生装置中，输入的是 50 ～ 500V 的直流电压。组合机头内的逆变器是一个串联振荡电路，它由两组逆变压器组件、高压电容、限流圈、损耗电阻等组成。逆变器将几百伏的直流电压转换成频率很高的交流电压。高压变压器的初级与次级分别由两个单独的逆变器供电，次级与两组倍压整流电路串联，所以供给 X 射线管的直流高压是输入交流高压的 4 倍。与只有一个高压变压器的电路比较，每个变压器只需供给管电压的 1/4 就可满足要求，故组合机头式 X 射线发生器体积小、功率大、电压高、波形好、X 射线源强度高、频谱窄、硬质射束多，X 射线的总能量相对有较大的提高。

低压滑环优势是对绝缘要求不高，安全、稳定、可靠，不足之处是 X 射线发生器与 X 射线球管一起旋转，增加了旋转部分的重量、离心力和旋转力矩，限制了扫描速度的提高，但由于工艺要求和制作成本相对较低，所以被大多数 CT 厂家采用。

（2）高压滑环：是利用滑环技术将高压电流馈入机架内以供给 X 射线管产生 X 射线。高压滑环的高压在框架外地面的高压发生器产生后，经高压滑环进入 X 射线管。旋转的高压滑环装在满绝缘或惰性气体的密闭室内，高压在地面产生 1 万伏高压，经滑环进入机座内旋转架上，高压发生器再产生 120kV 或 140kV 电压。高压滑环的优点是可使高压发生器外置，一方面由于高压发生器不受体积重量的限制，可使发生器功率做得很大，当然技术要求也比较高；另一方面，不增加旋转机架的重量，也不必担心集流环因触点电流而引起的升温问题，扫描速度更快。但高压滑环容易引起机架旋转部件与静止部件及接触臂、电刷之间的高压放电，绝缘较难处理，因此会引起高压噪声，影响数据采集。

7. 数据采集系统（Data acquisition system，DAS） 作用是将探测器探测到的微弱电信号放大、积分、采样保持后经多路开关混合成若干路，经过模数（A/D）转换器将模拟信号转换成数字信号，送入计算机进行图像重建处理。数据采集系统的设计因 X 射线系统的工作方式（连续工作方式或脉冲工作方式）不同而不同，它与扫描器的几何形状相适应。

数据采集系统紧挨着 CT 探测器，由于探测器输出的初始电信号很弱，所以两者之间的电缆连接线很短，并且处在非常良好的电磁屏蔽环境中，四周用金属壳体封闭，以尽量避免受到外界的噪声干扰。

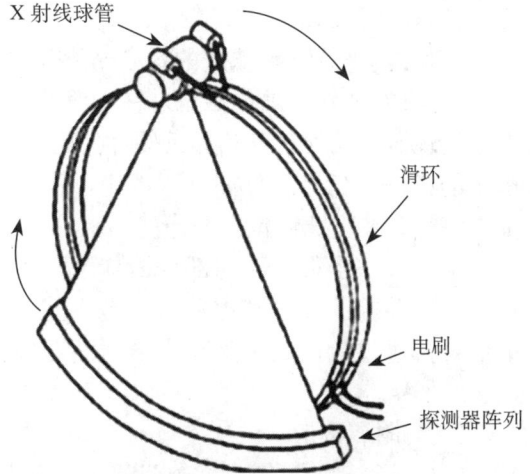

☆☆☆☆

（二）计算机系统

计算机系统是 CT 系统的核心功能部件，一般具有运算速度快和存储量大这两个特点。CT 计算机的硬件通常包括输入输出设备、央处理器（CPU）、阵列处理器、接口装置、反投影处理器、储存设备和通讯硬件。当然 CT 的计算机还必须包括软件，并通过硬件执行指定的指令和任务。例如，软件操作程序可以通过输入设备输入指令启动扫描程序、显示图像、调节窗宽窗位、图像的测量注解、图像的放大和图像的多平面显示等。在 CT 计算机中，有一个很重要的部分被称为阵列处理器，阵列处理器一般与主计算机相连，其本身不能独立工作，其主要作用是在主计算机控制下，接收数据采集系统（DAS）的数字信号，通过数据处理重建成横断面图像，最后通过键盘与计算机对话在图像显示器上显示。

（三）附属设备

1. 扫描机架　机架俗称龙门架，是一个与检查床相垂直安装的框架，里面安装有各成像部件，如滑环、X 射线球管、高压发生器、准直器、探测器和数据采集系统。其作用主要用来完成特定扫描方式的扫描，以获得被检者扫描层面的原始数据，供计算机系统进行图像处理。机架的结构形式和运动状态直接影响采样数据的精确性和采样速度，而机架运动在精度上又必须满足 CT 采样要求的平稳性和准确性，同时对扫描机架的临床操作简易性以及对环境的低噪声等也有要求。为了便于对某些器官进行一定方向的 CT 扫描，CT 设备的机架还要具有倾斜功能，可根据需要做各种倾斜扫描。例如，头部 CT 检查和腰椎检查均要将机架做某角度的扫描，以获得有诊断价值的 CT 图像。

CT 工作时 X 射线球管会产生热量，机架内众多组件的工作状态，也对环境温度有一定的要求，所以机架内的冷却是首要问题。现在的 CT 扫描机架内专门安装了冷却系统，可将外界的冷空气通过循环直接送入机架内，如 Picker PQ 2000 其机架内有一个大的低压吸风机，将扫描室内的冷空气通过过滤网送入机架，安装于机架前面板侧的循环管道，将冷空气送至探测器单元和数据采集系统，最后通过机架顶部排出外界。X 射线球管的散热，则专门配备了一个油 - 空气热交换器，协助球管冷却。

2. 诊断床　作用是把患者准确地送入预定或适当的位置上，根据检查的需要，诊断床必须满足以下要求：一是诊断床的水平定位和运行速度要有很高的精度；二是诊断床应能够上下运动，以方便患者上下；最后诊断床的材料要求结实，且对射线的吸收非常小，因此常选用碳化纤维材料。

3. 控制台　CT 控制台主要用来放置监视器、鼠标、键盘、扫描控制器等输入输出设备，操作技师在上面进行程序启动、参数输入、扫描操作、图像显示贮存和处理、胶片摄印、系统故障诊断、联网通信等控制。可以说，CT 扫描机的大部分功能均是在控制台上实施的。鼠标为输入设备，它方便技师选择程序模式、菜单目录和设定图像窗宽窗位功能，使技师能便捷地进行各种图像处理和机器运行操作；扫描控制器是显示 CT 设备曝光信号，供操作技师和被检者的对话通讯，利用该设备，技师可告知被检者在扫描中需注意的事项，如屏气、呼气等，及时让被检者了解诊断过程，同时接收被检者返回的相应信息，从而保证扫描的图像质量；键盘是数据、文本、参数、指令的输入设备，是登记被检者信息和运行系统程序的主要途径。有的机器还设有大量的功能键，可以进行程序运行、图像处理、X 射线曝光等各项特殊操作，以方便机器操作使用，提高工作效率。

第三节　质量控制检测指标与方法

CT 影像对临床医师确诊病灶有着重要的意义，极大地造福了人类。但如果 CT 设备的性能不好，图像质量差，不仅会增加患者的经济负担，造成误诊或漏诊，还会因为高剂量照射或重复照射对患者健康带来损害。因此，CT 的质量控制保障了 CT 设备在临床应用中的性能以及患者的安全。

一、测量前准备

（一）测量标准依据

根据卫生行业标准《X 射线计算机体层摄影装置质量控制检测规范》（WS 519—2019）要求，CT 检测项目共有诊断床定位精度、定位光精度、扫描架倾角精度、重建层厚偏差、$CTDI_w$、CT 值（水）、均匀性、噪声、高对比分辨力、低对比可探测能力和 CT 值线性共 11 项。与国家标准《X 射线计算机断层摄影装置质量保证检测规范》（GB 17589—2011）的要求相比较，验收检测项目相同，状态检测及稳定性检测所要求的项目有所减少，个别项目的检测要求、计算方法、限值要求有所改变。

如前所述，本章以国家卫生行业标准 WS 519—2019 为依据对相关项目的检测进行介绍，至于相较于 GB 17589—2011 的差异，读者可以在实际工作中进行对照。

（二）模体摆放要求

测量模体应置于扫描野中心位置并垂直于扫描轴，即将激光线在 X 轴、Y 轴、Z 轴三个方向上分别与模体所在平面的中心线对齐。

二、检测方法

（一）诊断床定位精度

1. 检测目的　诊断床能否准确并重复的移动到设置的位置，对确定图像的相对位置、保证病变定位精度非常重要，因此需要确定诊断床径向运动的准确性和稳定性，理想情况下，诊断床定位精度差值应为 0。

2. 检测工具　使用检定合格后的最小刻度为 1mm，有效长度不小于 300mm 的直尺。

3. 检测方法

（1）测量：检测时在床面上负重 70kg 左右的物体，然后将最小精度为 1mm、有效长度不小于 300mm 的直尺紧贴诊断床床面边缘并固定，使直尺与床面运动方向平行，并且在移动床面上做一个能够指示直尺刻度的标记指针，分别对诊断床给出"进 300mm"和"退 300mm"的指令，记录标记指针在完成进 / 退床指令后的指示位置，计算定位误差和归位误差。

（2）计算及数据处理：将进床时指针位于直尺刻度位置（大于 300mm）记为 D_1，执行进床 300mm 指令后，记录标记指针位置记为 D_2，记录在原始记录上，然后执行退床 300mm 指令，记录标记指针此时位置记为 D_3，其定位与归位误差根据公式（7-13、7-14）进行计算。

$$\Delta d_{定位} = D_1 - D_2 - 300 \tag{7-13}$$

$$\Delta d_{归位} = D_3 - D_2 - 300 \tag{7-14}$$

☆☆☆☆

（3）结果评价：要求定位与归位误差在 ±2mm。

（4）检测的主要问题与实例：为了模拟正常运行状态，要求检测时床面必须负重。直尺长度需大于300mm 以免测量结果为正偏差时指示超过直尺刻度区而无法判定。应选择在控制台上给出"进300mm"和"退300mm"的指令，若在机架上直接操作指令，无法确保一次性精确移动到位而会因多次停顿和启动的惯性造成误差，同时，在机架上操作指令若超过了300mm 移动距离而进行回退到300mm 处的操作更不可取。

（二）CTDIw

1. 检测目的　CT 剂量指数 $CTDI_{100}$、$CTDI_w$、$CTDI_{vol}$ 均是用来反映患者所受照射剂量，用来了解和控制扫描剂量，在保证满足临床诊断需要的前提下，减少患者的受照剂量。按照标准要求以 $CTDI_w$ 进行评价。

2. 检测工具　采用聚甲基丙烯酸甲酯（PMMA）的均质圆柱模体，头模直径为160mm，体模直径为320mm，模体长度约为150mm。模体要有可放置剂量仪探测器的孔，这些孔平行于测试物的对称轴，共 5 个孔，中心一个孔，其余 4 个分别距模体外圆表面10mm，并位于过模体中心的"十"字线上，如图 7-15 所示。剂量测量仪器需检定或校准，检测时使用的剂量仪探测器即笔形电离室长度至少为10cm，直径与模体中的孔径相一致。

3. 检测方法

（1）测量：将头模或体模置于扫描野中心，模体圆柱轴线与扫描层面垂直，笔形电离室的有效探测中心位于扫描层面的中心位置，具体操作按照模体摆放要求进行摆位，对未测量的探测器放置孔用模体相同材料填充棒填充，其摆位图如 7-16。分别按照厂家说明书中给定的典型成人头部/体部条件或者采用临床常用头部/体部条件进行单次单层轴向扫描。记录模体中心测量值即 $CTDI_{100.c}$ 和模体边缘测量值 $CTDI_{100p}$。体部模体测量方法与头部模体测量方法一样。

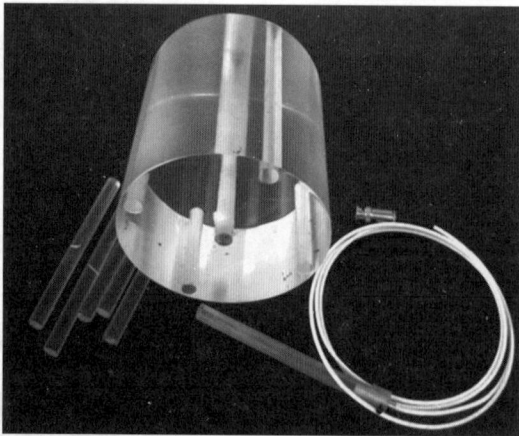

图 7-15　剂量指数（$CTDI_W$）检测模体

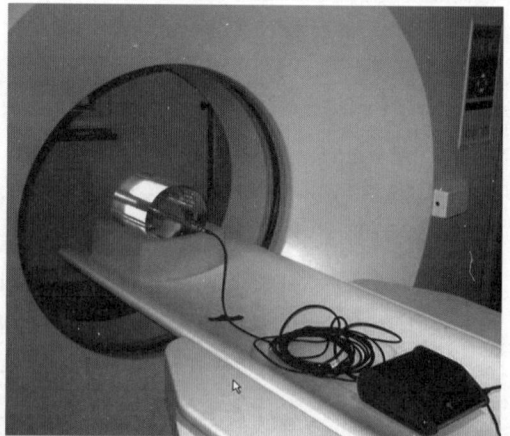

图 7-16　剂量指数（$CTDI_W$）检测摆位图

（2）计算及数据处理：其检测数据记录样表如图 7-17 所示，将 $CTDI_{100.c}$ 与 $CTDI_{100.p}$ 带入公式（7-2），经剂量仪校准因子修正，便可得到 $CTDI_w$。

（3）结果评价：头部 $CTDI_w$ 验收检测结果与厂家说明书指标相差 ±15% 以内，状态检测与厂家说明书指标相差 ±20% 以内，若无厂家说明书，应 ≤ 50mGy；体部 $CTDI_w$ 验收检测结果与厂家说明书指标相差 ±15%。

部位	测量位置	测量值（mGy）	$CTDI_w$ 检测结果：$CTDI_w = \dfrac{1}{3} CTDI_{100\cdot c} + \dfrac{2}{3} CTDI_{100\cdot p}$	$CTDI_w$ 计算结果：$CTDI_w$ 检测结果 $\times N_{FKL}$
临床常用头部： kV；mA s；mm 厂家 $CTDI_w$	$CTDI_{100\cdot c}$ 中心			
	$CTDI_{100\cdot p}$ 上			
	$CTDI_{100\cdot p}$ 下			
	$CTDI_{100\cdot p}$ 左			
	$CTDI_{100\cdot p}$ 右			
临床常用体部： kV；mA s；mm 厂家 $CTDI_w$	$CTDI_{100\cdot c}$ 中心			
	$CTDI_{100\cdot p}$ 上			
	$CTDI_{100\cdot p}$ 下			
	$CTDI_{100\cdot p}$ 左			
	$CTDI_{100\cdot p}$ 右			

图 7-17　剂量指数记录样表

（4）检测中的主要问题：$CTDI_w$ 表示的是 CT 扫描一层的剂量，即一幅图像，检测时需注意扫描条件。每次更换笔形电离室测量位置后，都要确保笔形电离室的有效探测中心位于扫描层面的中心位置，在更换笔形电离室测量位置过程中不能造成模体位置的变动。未插电离室的孔应用填充棒填充。

（三）CT 值（水）、均匀性及噪声

1. 检测目的　由于组织的 CT 值不是恒定不变的，不同的 CT 扫描同一个患者时会有 CT 值的偏差，同一 CT 在不同时间系列扫描同一患者的同一结构时 CT 值也会出现偏差，而 CT 值（水）理论上为 0HU，所以 CT 值（水）、CT 值的均匀性是保障 CT 诊断对不同组织定性分析的准确性的关键指标。噪声反映 CT 对细小不同组织的分辨能力，直接影响图像质量的高低，必要时进行适当的维护、校正对保障图像质量是十分必要的。

2. 检测工具　采用内径为 18 ~ 22cm 圆柱形均质水模体。

3. 检测方法

（1）测量：使水模体圆柱轴线与扫描层面垂直并处于扫描野中心，对水模体中段进行扫描，采用头部常规扫描条件进行扫描，且每次扫描的剂量 $CTDI_w$ 应不大于 50mGy。在图像中心选取直径约为测试模体图像直径 10% 的 ROI（在影像中划定的感兴趣区域，圆形或矩形），测量该 ROI 的平均 CT 值作为水的 CT 值的测量值。在图像中心选取直径约为测试模体图像直径 40% 的 ROI 测量该区域内 CT 值的标准偏差。在图像圆周相当于时钟 3 点、6 点、9 点、12 点的方向，距模体影像边沿约 10mm 处，选取直径约为测试模体图像直径 10% 的 ROI，分别测量这四个 ROI 的平均 CT 值（图 7-18）。

（2）计算及数据处理：CT 值（水）、均匀性及噪声检测记录样表如图 7-19 所示。

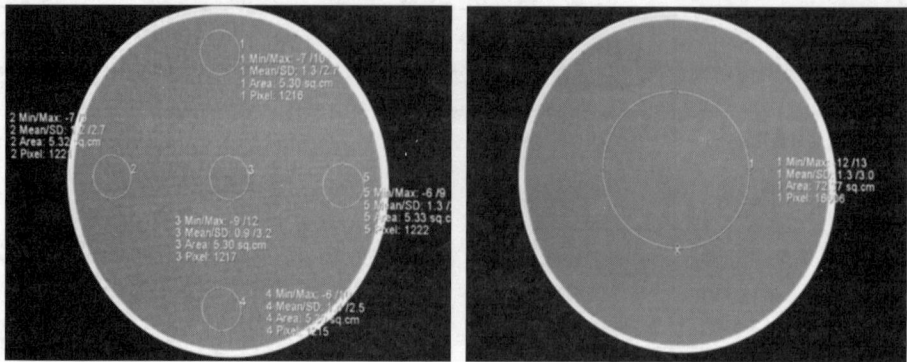

图 7-18　水的 CT 值与噪声测量示意图

测量位置（床外）	HU	SD（$\sigma_{水}$）	计算公式	计算结果
中心			CT 值（水）$=HU_{中心}$	
上			均匀性：$(HU_{上，下，左，右}-HU_{中心})_{max}$	
下				
左				
右				
$n=\dfrac{\sigma_{水}}{CT_{水}-CT_{空气}}\times 100\%$			n_{10}—层厚为 10mm 时的噪声 n_T—实际层厚为 T 时噪声的测量值　$n_{10}=n_T\sqrt{\dfrac{T}{10}}$ T—预设层厚，单位为毫米（mm）	

图 7-19　CT 值（水）、均匀性及噪声记录样表

　　将测得的模体图像中心直径 10% ROI 的平均 CT 值作为水的 CT 值。测得模体图像中心直径 40% ROI 的标准偏差带入公式（7-7）计算出噪声的测量值。需要注意的是噪声的检测与评价应在层厚为 10mm 的情况下进行，对于层厚不能设置为 10mm 的 CT，按公式（7-15）对噪声进行修正。水的均匀性为选取图像上、下、左、右 10% ROI 分别测量其平均 CT 值，其中与图像中心平均 CT 值的最大差值作为均匀性的测量报告值。

$$n_{10}=n_T\times\sqrt{\frac{T}{10}} \tag{7-15}$$

　　式中：

　　n_{10}——层厚为 10mm 时的噪声；

　　n_T——实际层厚为 T 时噪声的测量值；

　　T——预设层厚，mm。

　　（3）结果评价：验收检测时要求噪声 < 0.35%，状态检测时要求 < 0.45%。水的 CT 值验收检测时要求在 ±4HU 以内，状态检测时要求 ±6HU 以内。均匀性验收检测时要求在 ±5 HU 以内，状态检测时要求在 ±6HU 以内。

　　（4）检测中的主要问题：由于有些医疗机构未定期进行空气校正或者水模校正，因此在检测过程中，当发现噪声以及水的 CT 值超出国家标准限值时，应当进行空气校正或者水模校正以后再进行复检。检测时水模体内要注满蒸馏水，不能留有气泡，防止水中含有杂质从而影响测量的准确性。如果检测时采用的是固体水（如 Catphan 500 的 CTP486）则无法进行水的 CT 值和噪声判断。

（四）定位光精度

1. 检测目的　定位光精度是判断 CT 扫描定位光与扫描断面的一致性，如果定位光精度偏差过大，将影响受检者扫描层面的对准。

2. 检测工具　CT 性能模体（详见本书第 3 章相关内容，本章以 Catphan 500 模体为例）、免冲洗胶片等。Catphan 500 型模体包括四个检测模块，如图 7-20 所示。CTP401 模块直径 15cm，厚 2.5cm，内嵌两组 23° 金属斜线（X 方向和 Y 方向）和四个密度不同的小圆柱体，用于测量层厚、CT 值线性以及定位光精度；CTP528 模块直径 15cm，厚 4cm，21 组呈放射状分布的高密度线对结构，用于测量高对比分辨力；CTP515 模块直径 15cm，厚 4cm，内外两组呈放射状分布的低密度孔径结构，用于测量低对比可探测能力；CTP486 固体均匀材料，不可用于测量水的 CT 值和噪声。

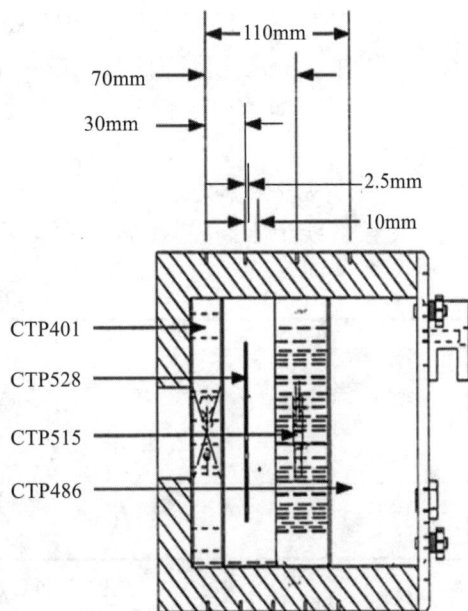

图 7-20　Catphan 500 模体

3. 检测方法

（1）测量

方法一：模体法

去掉诊视床的床垫，将模体和包装箱直接放在诊视床上，模体悬挂在包装箱的一边，确保模体和包装箱放置稳固。调节旋转螺丝利用水平仪将模体放置水平。待模体放置水平后将 X 轴的激光定位线对准模体模块 CTP401 标注的中心点。升降床将模体 Y 轴的中心对准 Y 轴激光定位线，将 Z 轴方向激光定位线对准模体上部所有模块标注的中心点，其摆位图如 7-21（见彩图）。将扫描层数设置为 1 层，床步进距离设为 0，以确保扫描后床的位置不变，采用临床常用头部条件进行曝光，获得定位光标记层的图像。

由于在 CT 中，不同的窗宽窗位下，显示的线段长度是不一样的，所以需要在固定的窗宽窗位下进行测量。窗宽窗位调整方法为：将窗宽调至最小，逐渐调高窗位，在四条斜线的影像刚好完全消失时，记录下此时的窗位 L_1，同时测量背景模块的 CT 值 L_2，然后将图像的窗位调节到 $(L1+L2)/2$。测量图像斜线中心到模块图像中心的距离 A，如图 7-22 所示。也可以在两条线段端点画垂线，测量两条垂线的距离 B，如图 7-23 所示（见彩图）。

方法二：胶片法

将诊视床升至头部扫描位置，把边长不低于 15cm 的胶片平整放置于床面板上内定位激光线的光束范围内，用针在胶片上沿着激光定位线中线分别扎上 2～3 个小孔作为定位线位置标记，小孔直径应尽可能小，直径最大值不应超

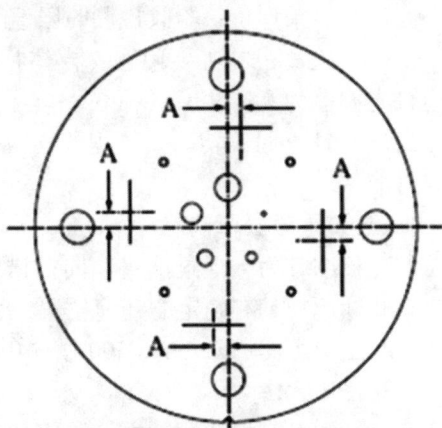

图 7-22　定位光偏差测量示意图（一）

过 1mm。选择适当的曝光条件，最小的标称层厚，采用单层轴向扫描方式进行扫描。读取胶片影像，测量实际扫描线在胶片上的影像与标记小孔连接线间在旋转中心轴线上的间距，该间距即为内定位光的偏离程度，检测时常使用内定位光偏差作为定位光精度偏差。

（2）计算及数据处理：定位光精度偏差记录样表如图 7-24 所示。如果采用方法一中测量图像斜线中心到模块图像中心的距离进行测量，定位光精度偏差按式（7-16）进行计算。

检测条件	最低窗宽	峰值窗位 (L_1)	背景 CT 值 (L_2)	测量窗位 (L_1+L_2) /2	斜线中心到模块图像中心的距离 A (mm)	标记物被分割后两段长度 (mm)				计算结果 (mm)
						水平		垂直		
						D_1	D_2	D_3	D_4	
kV；mAs；mm										

图 7-24　定位光精度原始记录样表

$$\Delta d = A \times 0.42 \tag{7-16}$$

式中：

Δd——定位光精度偏差，mm；

A——斜线中心到模块图像中心的距离，mm。

如果选择方法一测量两条垂线的距离进行测量，必须是在水平或垂直的同一侧测量标记物被分割后的长度，按式（7-17）分别计算水平和垂直方向的定位光精度偏差。

$$\Delta d = \frac{|D_1 - D_2|}{2} \times 0.42 \tag{7-17}$$

式中：

Δd——定位光精度偏差；

D_1、D_2——标记物被分割后在水平或垂直方向同一侧的长度。

（3）结果评价：验收检测时限值为 ±2mm，状态检测时限值为 ±3mm。

（4）检测中的主要问题：模体扫描后获得图像如图 7-25 所示，图 a，表示位置正确，定位光偏差为 0；图 b，斜面从中心向顺时针方向偏转，模体需远离机架；图 c，斜面从中心向反时针方向偏转，模体需移向机架；图 d，斜面长度和旋转呈非对称性，表明与 Z 轴未对准。

（五）重建层厚偏差

1. 检测目的　通过测量轴向扫描层厚偏差测量模体内嵌的与均质背景成高对比的标记物，此标记物具有确定的几何位置，通过其几何位置能够反映成像重建层厚。

2. 检测工具　Catphan 500 模体中的 CTP 401 模块。

3. 检测方法

（1）测量：模体测量方法与定位光精度检测方法相同，在测量定位光精度所调节的窗宽窗位下，测量模体内标记物的长度，如图 7-26。利用标记物的固定几何关系，计算得到重建层厚的测量值。

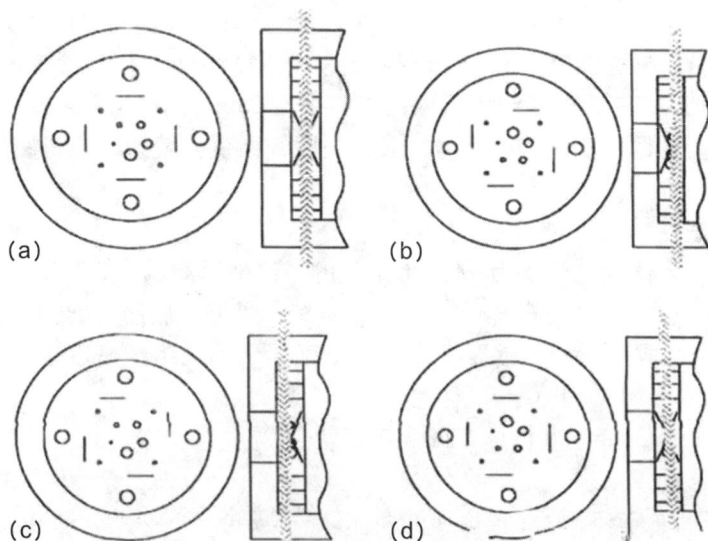

图 7-25 定位光对准示意图

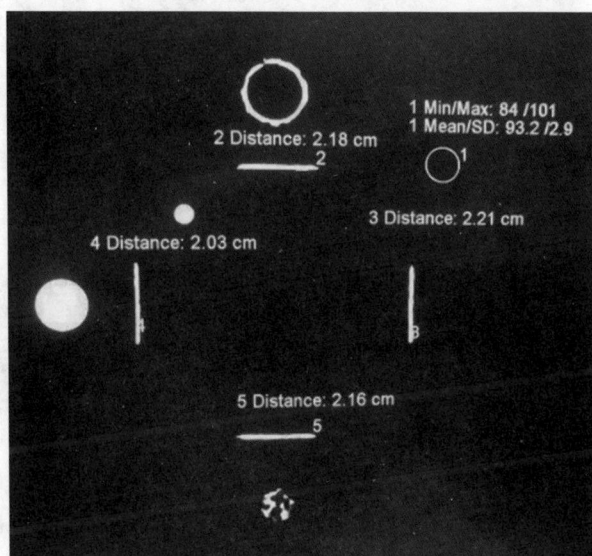

图 7-26 重建层厚偏差测量示意图

（2）计算及数据处理：重建层厚偏差记录样表如图 7-27 所示，其检测结果按公式（7-18）进行计算。

检测条件	最低窗宽	峰值窗位 (L₁)	背景 CT 值 (L₂)	测量窗位 (L₁+L₂)/2	测量值（mm）				标称值 (mm)	计算结果 (mm)
					水平		垂直		D₀	
					D₁	D₂	D₃	D₄		
kV；mA s；mm										

图 7-27 重建层厚偏差记录样表

☆☆☆☆

$$\Delta D = (D_i \times 0.42 - D_0)_{max} \qquad (i=1、2、3、4) \qquad (7-18)$$

（3）结果评价：标称层厚大于 2mm 时，偏差要求 ±1mm 以内；标称层厚不大于 1mm 且不小于 2mm 时，偏差要求 ±50% 以内；层厚小于 1mm 时，偏差要求 ±0.5mm 以内。

（4）检测主要问题与实例：测距时，人为肉眼判断误差较大，应将图像放大进行测量以减小误差。

（六）CT 值线性

1. 检测目的　人体接近 70% 都是由水组成的，其他组织的 CT 值都是以水的 CT 值作为参照，但人体的组织成分是多样的，包括软组织、骨骼、脂肪等，为综合评价 CT 值的准确性，保证 CT 的成像质量，需要图像中能准确显示不同组织密度之间的 CT 值差异并保持线性关系。

2. 检测工具　Catphan 500 模体 CTP 401 模块。

3. 检测方法

（1）测量：采用嵌有不同 CT 值模块的模体，一般要求 3 种以上，部分设备能达到 9 种，且模块 CT 值之差均应大于 100HU。以 Catphan 500 模体为例，其材料分别为低密度聚乙烯（LDPE）、空气（Air）、丙烯（Acrylic）、特氟隆（Teflon）。采用模体说明书指定扫描条件或分别使用临床常用头部和体部扫描条件扫描。在不同模块中心选取直径约为模块直径 80% 的 ROI，测量其平均 CT 值。

（2）计算及数据处理：按照模体说明书中标注的各种衰减模块在相应射线线质条件下的衰减系数，计算得到各模块的标称 CT 值。各模块标称 CT 值分别与该模块的平均 CT 值测量值比较，差值最大者即为 CT 值线性。

（3）结果评价：验收检测时要求在 ±50HU 以内。

（4）检测中的主要问题：由于特氟隆（Teflon）材料模块不同厂家的 CT 设备线性拟合有较大差异，其测量值与标称值偏差较大。选取 ROI 一定要适当，ROI 太大其取值区域会靠近模体基质材料，容积效应明显；ROI 太小取样样本量不足会造成测量值平均性不够。各模块材料密度不同，对 X 射线的衰减系数（μ 值）也不同，其对应的 CT 值也不同，如图 7-28。需要说明的是，各种衰减模块在不同射线线质条件下其衰减系数是不一样的，如表 7-3 所示，也就是说在不同的扫描 kV 下各模块的标称 CT 值是不一样的。例如通常定义的低密度聚乙烯（LDPE）CT 值为 −100HU，实际上表示在能量为 66keV（100～110kV）条件下，μ 值为 0.177 时的 CT 值。

材料	丙烯	空气	Teflon	LDPE
μ 值	0.219	0	0.374	0.177
标准 CT 值	120	−1000	990	−100

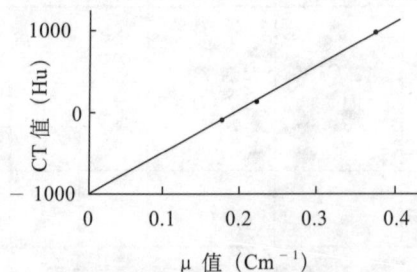

图 7-28　不同材料在一定衰减系数下的 CT 值

表 7-3　不同材料在不同线质下的线性衰减系数 μ（/cm）

keV	Teflon	Delrin	Acrylic	Polystyrene	水	LDPE	PMP	空气
40	0.556	0.327	0.277	0.229	0.268	0.209	0.189	0
50	0.447	0.283	0.244	0.209	0.227	0.191	0.173	0
60	0.395	0.260	0.227	0.196	0.206	0.181	0.164	0
62	0.386	0.256	0.224	0.194	0.203	0.179	0.162	0
64	0.380	0.253	0.221	0.192	0.200	0.178	0.160	0
66	0.374	0.251	0.219	0.191	0.197	0.177	0.160	0
68	0.370	0.248	0.217	0.189	0.195	0.175	0.158	0
70	0.363	0.245	0.215	0.188	0.193	0.174	0.157	0
72	0.359	0.243	0.214	0.186	0.191	0.172	0.155	0
74	0.355	0.240	0.211	0.185	0.189	0.171	0.155	0
76	0.351	0.238	0.210	0.184	0.187	0.170	0.154	0
78	0.346	0.236	0.208	0.183	0.185	0.168	0.152	0
80	0.342	0.234	0.207	0.180	0.184	0.167	0.151	0
90	0.328	0.225	0.199	0.175	0.177	0.163	0.147	0
100	0.315	0.218	0.194	0.170	0.171	0.158	0.143	0

（七）高对比分辨力

当不同物体间衰减系数的差异与背景噪声相比足够大（通常认为至少为 100HU）时，在显示的 CT 图像中分辨不同物体的能力。通常用每 cm 内的线对数（lp）来表示。线对数越多，说明高对比分辨力越好，判断组织内密度变化范围（病灶大小）的能力越强。

1. 检测目的　判定 CT 对组织病变的识别能力。对所有影像诊断设备而言，高对比分辨力（有的设备中称高对比度分辨力或空间分辨力）是一个设备性能优劣的关键性指标。

2. 检测工具　Catphan 500 模体 CTP528 模块。

3. 检测方法

（1）测量：采用 Catphan 500 中的 CTP528 高对比分辨力测试模块，该模块具有用于直接观察图像进行评价的模体周期性细节，这种周期性结构之间的间距与单个周期性细节自身宽度相等，周期性细节的有效衰减系数与均质背景的有效衰减系数差异导致的 CT 值之差应大于 100HU。

将模体置于扫描野中心并使其轴线垂直于扫描层面。按照临床常用头部条件、标准重建模式进行轴向扫描。每次扫描的剂量 $CTDI_w$ 应不大于 50mGy。调整图像观察条件或观察者所认为的细节最清晰状态，如图 7-29 所示。能分辨的最小周期性细节的尺寸作为空间分辨力的测量值，如果采用特殊算法获得的高对比分辨力，应将扫描图像按该特殊算法重建，记录该特殊算法对应的高对比分辨力的测量值。

除上述直接观察图像的高对比分辨力外，还有一种方法是通过测量调制传递函数(MTF)来反映空间分辨力。MTF 是成像系统空间分辨能力的客观描述，一般需要在 CT 工程师的辅助下进行测量，且测量软件都是厂家自带的，一般不建议用此方法，不过目前国内已经

☆ ☆ ☆ ☆

有 CT 成像性能模体，对模体扫描后重建的 DICOM 图像通过软件分析也可判定高对比分辨力。

（2）结果评价：要求 $CTDI_w$ 小于 50mGy 的情况下完成检测。验收检测时要求常规算法 > 6lp/cm，高分辨算法 > 11lp/cm；状态检测时要求常规算法 > 5lp/cm。

（3）检测中的主要问题：由于目前大部分检测机构都是采用直接观察扫描图像来判断和评价高对比分辨力，在判断时要求模体每组周期性细节全部清晰可分辨、单个细节不能断裂、多个细节间不粘连且比该组分辨能力低的一组细节同样清晰可辨。

（八）低对比可探测能力

CT 图像中能识别低对比的细节的最小尺寸。

1. 检测目的   低对比可探测能力主要针对相近密度组织的分辨能力，低对比可探测能力越好，其鉴别均匀组织发生密度变化（病变）的能力越强。主要体现在对病变的定性能力。

2. 检测工具   Catphan500 模体 CTP515 模块。

3. 检测方法

（1）测量：通常检测该指标要求模体采用细节直径为 2 ～ 10mm，与背景所成对比度在 0.3% ～ 2%，因为标准限值的原因，其最小直径不得大于 2.5mm，最小对比度应低于 0.6%。Catphan 500 中的 CTP515 模块中，内外两组低密度孔径结构呈放射状分布，内层孔阵对比度为 0.3%、0.5%、1.0%；圆孔直径为（3、5、7、9）mm。外层孔阵对比度为 0.3%、0.5%、1.0%；圆孔直径为（2、3、4、5、6、7、8、9、15）mm。

将模体 CTP515 模块置于扫描野中心，并使其轴线垂直于扫描层面。采用标准重建模式、层厚 10mm（设备若达不到 10mm 时选择最接近的层厚）、每次扫描的剂量 $CTDI_w$ 不大于但尽量接近 50mGy，按照临床常用头部条件轴向扫描。调出扫描获取的图像，如图 7-30，用适当的 ROI 分别测量外层孔阵不同标称对比度中 15mm 圆孔的 CT 值（即目标 CT 值）和标准偏差（SD），再测量圆孔附近背景（基质材料）CT 值和标准偏差（SD），将目标 CT 值 - 背景 CT 值 +5 倍最大 SD 的计算值作为测量窗宽，将（目标 CT+ 背景 CT）/2 的计算值作为测量窗位，观察图像，分别得出每种标称对比度的细节所能观察到的最小直径。

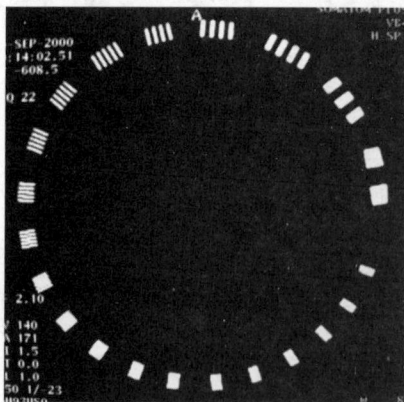

图 7-29 高对比分辨力示意图

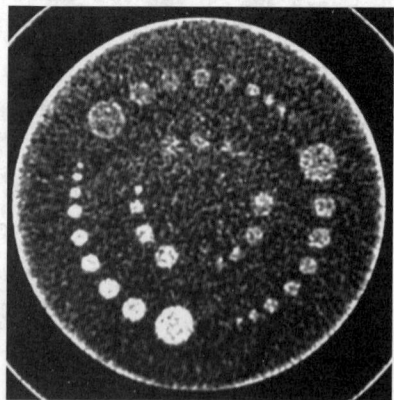

图 7-30 低对比可探测能力示意图

（2）计算及数据处理：低对比可探测能力记录样表如图 7-31 所示，记录每种标称对比度的细节所能观察到的最小直径，然后与标称对比度相乘，不同标称对比度细节乘积的平均值作为低对比可探测能力的检测值。例如对比度为 0.3%、0.5%、1.0% 时测得可辨孔径分别为 D_1、D_2、D_3，则其低对比可探测能力按公式（7-19）进行计算。

检测条件	对比度 (%)	目标		背景		测量窗宽	测量窗位	可辨孔径 (mm)	计算结果 (mm)
		CT 值	SD	CT 值	SD				
kV；mA s；mm	0.3								
	0.5								
	1.0								

图 7-31　低对比可探测能力记录样表

$$d = \frac{0.3 \times D_1 + 0.5 \times D_2 + 1.0 \times D_3}{3} \qquad (7\text{-}19)$$

（3）结果评价：验收检测时要求 < 2.5mm，状态检测时要求 < 3.0mm。

4. 检测中的主要问题　该模块整体较薄，封装在基质材料中，测量时应尽量扫描最中间层面进行测量。

低对比可探测能力与高对比分辨力相互间有一定制约，这跟各厂家设计理念有一定关系，低对比可探测能力是要解决定性问题，即只要有病变（密度改变）就要能够发现，而高对比分辨力要解决的是物体间衰减系数的差异与背景噪声相比足够大时的分辨能力，要能判断病变的大小。

（九）扫描架倾角精度

1. 检测目的　人体器官、骨骼、关节等结构遵循一定的空间位置关系，有时需要契合其角度进行扫描以取得最佳影像资料，这就需要倾斜机架来实现，将机架角度调整到我们所认知的人体结构角度，避免图像达不到临床诊断要求或漏诊病情。

2. 检测工具　长方体模体或斜率指示器。

3. 检测方法

（1）测量

方法一：采用长方体的模体，将模体中段与扫描野中心点重合，并水平固定，使扫描层面经过模体中段位置，设置机架倾角为 0°、床步进为 0mm，采用临床常用头部扫描条件进行单次扫描（模体应全部处于扫描野内）。模体固定不动，机架倾斜 15°～20°，按照相同条件再次扫描。使用设备测距软件，测量垂直（机架倾角 0°）扫描和机架倾斜 α_0° 后模体横断面图像中上下边沿之间的距离，分别记为 L_1 和 L_2。两次测量时需要保证窗宽窗位一致。

方法二：除上面方法外还可以使用斜率指示器进行测量，首先将扫描架倾角调至 0°，将一斜率指示器固定在 CT 机架的合适位置，记录斜率指示器读数。将机架倾斜 15°～20°，读取斜率指示器读数，计算扫描架倾角误差。

（2）计算及数据处理：如果采用方法一测量，需利用反三角函数公式（7-20）计算扫描架倾角的实际值与设定值比较，确定扫描架倾角精度。记录样表如图 7-32 所示。

$$\Delta\alpha = \arccos\frac{L_1}{L_2} - \alpha_0 \qquad (7\text{-}20)$$

式中：

$\Delta\alpha$——扫描架倾角精度偏差；

L_1——垂直扫描模体横断面图像中上下边沿之间的距离；

L_2——机架倾斜后模体横断面图像中上下边沿之间的距离；

α_0——机架倾斜的角度。

检测条件	倾角 0° 扫描影像中上下边沿间长度 L_1（mm）	倾角 α_0 扫描影像中上下边沿间长度 L_2（mm）	计算结果（°）
临床常用头部扫描条件			

图 7-32　扫描架倾角精度记录样表

（3）结果评价：验收检测时要求偏差在 ±2° 以内。

4. 检测中的主要问题　测量模体横断面图像中上下边沿之间的距离时，要确保测距线垂直于上下边沿，不能有二次角度误差。使用的长方体模体不宜过大，不能超出扫描野范围。测量时的窗宽要适当低一些，使模体影像锐利一点，太平滑容易造成测距时对始末点定位的误差。两次测量窗宽窗位必须保持一致才具有可比性。

第 8 章
乳腺 X 射线摄影系统

第一节 概 述

一、软射线摄影的物理基础

高速电子与阳极靶原子撞击的结果，产生两种类型的电磁辐射，一种是光学光谱，波长在可见光、红外线、紫外线附近，另一种是 X 射线。由于物体内各部分对 X 射线的吸收程度不一从而使作用于增感屏胶片系统的 X 射线束横截面上各处强度也不同，这种吸收差别越大则在增感屏胶片系统上形成的影像也越清晰。物体吸收 X 射线的程度也与物体的密度、厚度及质量有关。在普通 X 射线摄影技术中由于各解剖结构间具有较大的密度差，因此具有良好的自然对比的组织（如胸腔、骨骼等）会在 X 射线照片上留下清晰的影像。

相对于自然对比差的器官和系统（如血管、肠道等）则可以通过各种造影检查，人为地扩大被检器官与周围组织的密度差从而增加 X 射线照片上的成像反差。乳房的结构相对复杂，包括乳头、皮肤、皮下组织、乳晕、导管、腺体、脂肪、血管和乳后间隙等多种解剖结构，这些软组织密度近似，对 X 射线衰减系数差别很小，几乎无法在 X 射线照片上形成有效的对比影像，因为物质的密度及厚度为一定时质量吸收系数之差越大 X 射线的衰减变化也越大则 X 射线照片上的反差也越大。如果控制 X 射线的波长使乳房各结构的吸收差别拉开，这样就有可能获得一幅层次丰富的软组织影像。

通常 X 射线摄影用的阳极靶材料是钨，其原子序数 74，发射的 X 射线波长为 0.068 ～ 0.031nm，由于波长过短，穿透力较强，无法用于软组织摄影；而以钼为阳极靶材料的话，钼的原子序数为 42，其发射的 X 射线波长为 0.063 ～ 0.071nm，钼靶 X 射线管可以输出具有 17keV 能量的特性 X 射线，波长较长，穿透力较弱，衰减系数较高，能使低密度及吸收差别微小的物体在照片上显示出影像，是软组织摄影所需的 X 射线，被称为软射线，用软射线进行的 X 射线摄影称为软射线摄影，满足乳腺摄影的成像要求。作为软 X 射线能够产生并得以应用的基本技术，独特的软 X 射线辐射源（Mo）、恰到好处的激发电压方式、适当的小焦点和透明的辐射窗口集中体现在高技术的器件上：钼靶、铍窗口、小焦点软 X 射线球管，这些核心器件的出现，促成了乳腺钼靶 X 射线机的问世。

二、乳腺钼靶机的产生、发展、临床应用及发展前景

（一）第一代钼靶 X 射线机

1913 年 Salomon 首次应用 X 射线摄影检查乳腺疾病，1965 年钼靶 X 射线管第一次

☆★☆☆

用于乳腺摄影，1966 第一台乳腺成像专用 X 射线机产生，1967 年科研人员设计出了一种采用钼滤波板的专用装置，能使 X 射线更好地聚焦于乳腺组织及胸腔，提高了图像质量。1969 年法国医生 Gross 研制出钼靶阳极 X 射线机，乳腺 X 射线摄影技术得到了迅速发展。1973 年旋转阳极钼靶 X 射线管、自动曝光控制技术（Automatic Exposure Control，AEC）、压迫器应用于乳腺机上。1976 年专用滤线栅出现，与常规 X 射线摄片用滤线器不同，乳腺摄影用的固定滤线器的栅密度 > 601p/cm，以避免在图像上产生形条状伪影；活动滤线器（Bucky）栅比 > 10∶1，栅密度 > 361p/cm，栅焦距 > 110cm。1981 年 0.1mm 焦点 X 射线管启用，不久第一台机械压迫装置诞生。乳腺摄影时，一般要将乳腺厚度压缩到 5cm 左右，以避免乳头前部分曝光过度而基底部曝光不足，同时适当压迫还可以减少散射线、提高照片对比度、减少乳腺的位置变化、降低图像几何模糊度。第一代钼靶机的基本特征为：体积重量较大、产生无用射线和热量过多、X 射线成像采用增感屏 / 胶片模拟图像方式、专用 X 射线胶片、单层增感屏、非金属暗盒组合系统。

（二）第二代钼靶 X 射线机

20 世纪 80 年代后期第二代乳腺钼靶机广泛应用。第二代乳腺机的技术特征为：高压发生器的微机化。体积更小的高压发生装置使得输出高压脉动率非常小，接近恒压，因此输出的 X 射线剂量可提高 2 倍，X 射线质量得以改善，单面增感屏 - 胶片摄影系统增加了对比度和分辨力，提高了摄影质量并减少了患者吸收剂量。但 X 射线成像仍采用传统的增感屏 / 胶片模拟图像方式。

（三）第三代钼靶 X 射线机

随着 1995 年北美放射学会（Radiological Society of North America，RSNA）上推出的第一台平板探测器，1996 年电荷耦合器件（Charge Coupled Device，CCD）应用于乳腺机，1998 年独特数字暗盒 Seno Vision 的引进使操作人员能在同一台机器上快速地从胶 / 屏暗盒图像转换到数字点片状态，极大地提高了工作效率。1999 年《乳腺成像质量标准法》对乳腺成像设备作出了规定。2000 年全景数字化乳腺 X 射线摄影系统获美国 FDA 批准，取得了乳腺成像领域 30 年来的重大突破。2002 年计算机辅助诊断（Computer Aided Diagnosis，CAD）技术用于乳腺影像诊断。2004 年三维乳腺摄影技术用于乳腺影像诊断。20 世纪末数字化乳腺 X 射线影像进入三维断层融合发展阶段。要在极短时间内实现十几次的连续曝光，高效、快速地完成相应的 X 光—电信号的转换、信号读出及图像后处理等过程，其平板探测器要具有更高的性能。2008 年，Hologic 公司研发的 DBT 探测器成功实现了数字乳腺断层技术（Digital Breast TOMOsynthesis，DBT）的临床应用。DBT 系统采用 X 射线组件做弧形运动，平板探测器不动，随后断层数据经计算机重建成三维容积图像，可降低常规 X 射线摄影中组织重叠的问题，改善病灶的探测和显示情况，并能够对病灶准确定位，有助于提高乳腺疾病诊断的准确率和手术定位的准确率。第三代乳腺钼靶机是与现代计算机技术紧密相连的新一代钼靶机，实现了控制与图像的双重数字化。

（四）临床应用及发展前景

第一代乳腺 X 射线机基本架构沿用至今；第二代乳腺 X 射线机引入微机化控制，方便操作人员控制机器；第三代乳腺 X 射线机图像采集环节和后处理部分采用数字化技术，在方便操作者的同时，能够更好地保证图像质量。乳腺专用摄影装置的技术发展趋势为：首先不再局限于传统的钼靶，而是逐渐向铑和钨靶发展，或是同时拥有钼、钨、铑 3 个靶面。如铑靶输出 X 射线的能量集中在 20.2keV，对于致密型乳腺有更好的穿透能力，能提供更短的曝光时间，降低曝光剂量，更有利于观察微小钙化、组织纤维化和包块组织，对于正在进行放射治疗及荷尔蒙治疗的妇女乳腺也具有很好的穿透力。其次，设备功能会由以往的单一摄片发展到集摄片、病理活检与介入治疗于一体，能开展安全微创的三维立体定位活检，可通过计算机精密控制持针器进行三维全自动运动及自动校准。未来数字乳腺摄影将实现全视野、全数字化，借助采用计算机辅助诊断、多分辨率小波分析（Multiresolution wavelet analysis，MWA）等技术，能准确检出微小钙化灶，提高乳腺癌诊断的可靠性。

第二节　乳腺 X 射线摄影设备的构成及工作原理

乳腺 X 射线摄影是传统的早期发现、早期诊断乳腺癌的有效可行的乳腺影像学检查方法，乳腺 X 射线摄影设备依据摄影技术的不断更新经历了从乳腺干板 X 射线摄影机、乳腺专用屏-片摄影机、乳腺计算机 X 射线摄影设备到现在乳腺数字 X 射线摄影设备的巨大变化，在不断提升图像质量的同时尽可能地降低辐射剂量。

一、乳腺 X 射线屏片摄影系统

（一）设备构成

一般乳腺 X 射线屏片摄影系统的结构由电器部分和机械部分组成。电气结构包括：高压发生器、高压升压组件、X 光球管、电机控制器、遥控器、计算机控制器、面板等；机械结构包括：驱动、平衡部分、乳房压迫装置、组合机头、片盒。

（二）工作原理

乳腺 X 射线屏片摄影系统发出的软 X 射线通过乳腺后照射到装在暗盒中的特殊 X 线片中感光，形成影像。由于乳腺结构中不同组织成分的密度不同，会在 X 线片上形成不同的影像表现，医师可通过这些具有密度差别的照片对乳腺疾病进行诊断。X 射线成像采用增感屏/胶片模拟图像方式。

二、乳腺计算机 X 射线摄影系统（乳腺 CR）

（一）设备构成

CR 系统采用柔性潜影影像板（Image Plate，IP）代替胶片，接收并记忆 X 射线摄影信息，形成潜影，而后通过激光读取装置，将其转换成数字影像信息并应用计算机进行处理，进而获得高质量的数字图像。CR 系统与 X 射线屏/片摄影相比具有以下优点：X 射线剂量显著降低，可与原有的 X 射线摄影设备匹配工作，具有多种后处理功能，可数字化存储，易并入网络系统。

（二）工作原理

乳腺计算机 X 射线摄影系统，是通过软射线乳房成像的一种放射设备。将常规的 X 光照相通过特殊 IP 板成像，转化为数字信号，经过激光打印胶片的一种新的数字影像系统。较普通乳腺钼靶 X 线片相比，它由于是数字信号成像，图像较前显著提高，对于细微病灶发现率较高，而且没有伪影形成，并且可以进行图像的后处理，使得影像诊断率更高，误诊率明显降低。经激光打印的胶片，保存容易，不易毁损，而且可以复制胶片。对于乳腺疾病的早期诊断，预防恶性病变的发生有较好的效果。CR 系统主要技术性不足：时间分辨力较差，在细微结构的显示上空间分辨力稍有不足。

☆★☆☆

三、乳腺数字X射线摄影系统（乳腺DR）

（一）设备构成

基本结构包括机架、X射线球管、高压发生器、平板探测器、控制系统、图像处理工作站等。其X射线球管采用体积更小、阳极热容量更大的高频组合球管，并使用钼钨合金靶或钼、铑双靶以提高致密型乳腺的影像诊断准确性。

（二）工作原理

DR系统通过专用X射线机产生X射线，经过患者身体投照到晶态平板探测器上，其光能经光电二级管转换成电信号，经放大、A/D变换后送入计算机进行图像处理、显示与输出。数字化DR乳腺机核心部件的平板探测器经历了2个发展阶段：第一代为采用间接能量转换方式的碘化铯-非晶硅平板探测器，其X射线首先被吸收转换为可见光，之后可见光再转换为电信号，但可见光在碘化铯层传输过程中不可避免地会发散从而造成空间分辨率降低；第二代为采用直接能量转化方式非晶硒平板探测器，相对于非晶硅平板探测器，非晶硒探测器可直接将X射线转换为电信号，其非晶硒材料两端施加有电压，形成强电场防止电子发散。

第三节　乳腺X射线摄影设备通用检测项目与方法

根据卫生行业标准《医用X射线诊断设备质量控制检测规范》（WS 76—2020），乳腺X射线摄影设备的通用检测指标，分为两大部分，第一部分为涉及X射线限束装置的指标，包括胸壁侧射野与影像接收器一致性和光野与照射野的一致性，第二部分为涉及X射线发生装置的指标，包括管电压指示的偏离、半值层、输出量重复性、特定辐射输出量、自动曝光控制重复性、乳腺平均剂量。

为了方便检测过程，减少重复摆位和曝光次数，建议采用可同时测量管电压、入射空气比释动能、半值层的多功能诊断水平剂量仪进行检测。

一、胸壁侧射野与影像接收器一致性

（一）检测目的

乳腺X射线摄影时，需要照射野覆盖全部乳腺组织。照射野过小，胸壁侧的病变容易漏诊，照射野过大，会造成不必要的照射，所以应该检测射野与影像接收器是否一致，确认胸壁侧照射野是否在有效的范围。

（二）检测工具

光野/照射野一致性检测工具，如硬币、胶片暗盒或者IP暗盒、钢直尺、光野/照射野一致性检测尺、免冲洗胶片等。

（三）检测与结果评价

1. 测量

方法1：打开光野，调整光野至10cm×15cm，将带胶片的暗盒（对于乳腺CR系统可以使用带IP的暗盒）置于乳腺支撑台上，暗盒超出支撑台边缘5cm，将2枚相同直径的硬币置于暗盒上并使2枚硬币相切，且内公切线距离暗盒边缘5cm，采用钢直尺或者千分尺等保证与支撑台的胸壁边缘平行（如图8-1所示，见彩图），压下压迫板，以28kV、

50mAs、Mo/Mo 靶 - 滤过组合的条件进行曝光。曝光完毕后暗室冲洗胶片（对于乳腺 CR 系统则读取 IP 获取影像），位于支撑台上的硬币轮廓应完全显示，如图 8-1（见彩图），并使用测量工具测量图像上支撑台外硬币的边缘到弦的距离，此距离即为射野超出台边的距离；若位于支撑台上的硬币轮廓未完全显示，则射野未超出台边，直接判定为不合格，不需要进行测量。

方法 2：打开光野，调整光野至 10cm×15cm，将乳腺摄影专用免冲洗胶片置于支撑台上，将免冲洗胶片的零点与支撑台边缘的重合并与支撑台边缘垂直，并确定以超出支撑台边缘为正方向，压下压迫器，以 28kV、200mAs 进行曝光，曝光后测量标记点与照射野边缘的距离。

方法 3：打开光野，调整光野至 10cm×15cm，将光野 / 照射野一致性检测尺置于支撑台上，将光野 / 照射野一致性检测尺的零点与支撑台边缘重合并与支撑台边缘垂直，确定以超出支撑台边缘为正方向，如图 8-2（见彩图），压下压迫器，以 28kV、100mAs 进行曝光，曝光后测量标记点与照射野边缘的距离。

2. 计算及数据处理　测量胸壁侧照射野与胸壁侧支撑台边沿的距离。

3. 结果评价　结果判定标准均为：胸壁侧射野超出台边，并 ≤ 5.0mm。

（四）检测主要问题与实例

方法 1 难度比较高，首先对标志物的摆放要求较高，特别是两枚硬币与支撑台中间间隔有暗盒；其次，两枚硬币的内公切线要与支撑台边缘平行，为达到要求，需要保证暗盒边缘与支撑台边缘平行，并且需要在暗盒表面的中央做好支撑台短边的平行线标记。乳腺 DR 系统不适合使用本方法。

二、光野与照射野一致性

（一）检测目的

确认除胸壁侧以外的其他三个边缘的照射野与光野的偏离，保证光野和照射野一致。

（二）检测工具

光野 / 照射野一致性检测工具，如硬币、胶片暗盒或者 IP 暗盒、钢直尺、光野 / 照射野一致性检测尺、免冲洗胶片等。

（三）检测方法

1. 测量

方法 1：将 6 枚相同直径的硬币置于支撑台上，将其分成 3 组，并使每组硬币的边缘相切，切点位于除胸壁侧的其他三边的光野边缘的中点，且每组硬币的内公切线分别与对应的光野边缘平行，如图 8-3 所示（见彩图），压下压迫板，以 28kV、50mAs、Mo/Mo 靶 - 滤过组合的条件进行曝光。对乳腺屏片摄影系统曝光完毕后暗室冲洗胶片获取影像，对乳腺 CR 系统曝光完毕后读取 IP 获取影像，对乳腺 DR 系统则直接在工作站上获取影像，然后观察图像。

图像左侧边缘上显示有一个硬币的完整轮廓和另一个硬币的部分轮廓，此时照射野大于光野，使用钢直尺等测量工具在图像上测量出两硬币切点至部分轮廓显示的硬币的弦的距离 d_1（mm），d_1（mm）即为光野与照射野偏离；图像右侧边缘上显仅一个硬币的部分轮廓，此时照射野小于光野，使用钢直尺等测量工具在图像上测量仅显示部分轮廓的硬币的弦的长度 l(mm)，同时使用钢直尺等测量工具测量该硬币的直径 R(mm)，采用公式（8-1）

☆☆☆☆

计算两硬币切点至显示部分轮廓的硬币的弦的距离 d_2（mm）。

$$d_2 = \frac{R}{2} - \sqrt{\left(\frac{R}{2}\right)^2 - \left(\frac{l}{2}\right)^2} \qquad (8\text{-}1)$$

式中，d_2——光野与照射野的偏离，mm；

R——硬币的直径，mm；

l——显示部分轮廓的硬币的弦的长度，mm。

方法 2：将 3 条乳腺摄影专用免冲洗胶片置于支撑台上除胸壁侧的其他三边，将免冲洗胶片的零点与光野边缘的位置重合并与支撑台边缘垂直，并确定以超出光野为正方向，压下压迫器，以 28kV、200mAs 进行曝光，曝光后读取免冲洗胶片的零点与照射野边缘的距离，如图 8-4。

图 8-4　免冲洗胶片检测位置图

方法 3：将光野 / 照射野一致性检测尺置于支撑台上，依次将光野 / 照射野一致性检测尺的零点与除胸壁侧的其他三边的光野边缘重合并与支撑台边缘垂直，并确定以超出光野边缘为正方向，压下压迫器，以 28kV、100mAs 进行曝光（图 8-2，见彩图）。曝光后测量标记点与照射野边缘的距离。

2. 计算及数据处理　分别计算除胸壁侧外的其他三边光野与照射野相应边沿位置的偏离。

3. 结果评价　胸壁侧外其他三边光野与照射野相应边沿的距离在 ±5.0mm 之内。

三、管电压指示的偏离

（一）检测目的
用于确认乳腺 X 射线摄影设备的高压发生器工作状态正常。

（二）检测工具
乳腺摄影专用数字式高压检测仪。检测设备的校准或检定应包括不同靶 - 滤过的校准因子。

（三）检测方法
1. 测量　采用非介入方法，用乳腺摄影专用数字式高压测试仪进行检测。将乳腺摄影专用数字式高压测试仪置于支撑台胸壁侧内 4cm 处 X 射线束轴上（对于乳腺摄影专用数字式测试仪是空气电离室探测器的，应将探测器在设备支撑台上支起 10cm 高度测量；底部有铅衬的半导体探测器，可以直接将探测器放置在设备支撑台上测量），光野大于测量探头面积。选择管电压档（25 ～ 32kV）和适当的管电流时间积（30 ～ 60mAs）以及靶/滤过组合。

2. 计算及数据处理　采用公式（8-2）计算每个管电压测量值和标称值的偏差。

$$E=V_i - V_o \tag{8-2}$$

式中，E——管电压测量值和标称值的偏差，单位 kV；

V_i——管电压测量值的平均值，单位为 kV（实际计算时应根据校准因子进行修正）；

V_o——管电压设置值，单位为 kV。

3. 结果评价　结果判定标准均为：管电压指示的测量值和标称值的偏差在 ±1.0kV 之内。

四、半值层

（一）检测目的
用于检测乳腺 X 射线的辐射质在合适的范围内。

（二）检测工具
剂量仪、7 张 0.1mm 厚的铝片。

（三）检测方法

1. 测量

方法 1：测量可选用具备半值层测量功能的剂量仪在光野完全覆盖剂量仪探测器并在无附加铝片的情况下对半值层进行直接测量。

方法 2：当对结果有异议时应采用以下方法重新测量。将探测器厚度有效点位于乳房支撑台上方 10cm 处（无厚度有效点标记的，以探测器厚度中心为准）；对于底部有铅衬的半导体探测器，可将探测器直接放在支撑台上。压下压迫器，设置管电压为 28kV，适当的管电流时间积，没有铝片的情况下进行曝光并记录剂量仪读数。分别将不同厚度的铝吸收片放在焦点与探测器之间约 1/2 处的半值层专用支架或压迫器上，铝片应完全遮住光野，用同样条件进行曝光，分别记录剂量仪读数，直到剂量仪的指示值达到在没有铝片情况下的数值的 1/2 以下为止。

2. 计算及数据处理

方法 1：直接读出剂量仪数据即可。

方法 2：需对于 X 射线衰减率在 50% 前后的剂量，与各自剂量相对应的铝片厚度的值，根据公式（8-3）求出半值层（HVL）：

$$HVL=\frac{d_1 \cdot \ln(2 \cdot K_2/K_0) - d_2 \cdot \ln(2 \cdot K_1/K_0)}{\ln(K_2/K_1)} \tag{8-3}$$

式中：

HVL——半值层，单位毫米铝（mmAl）；

d_1——K_1 对应的铝片厚度，单位为毫米（mm）；

K_2——经过铝片衰减后，比 $K_0/2$ 稍大的剂量，单位为毫戈瑞（mGy）；

K_0——无铝片时的剂量，单位为毫戈瑞（mGy）；

d_2——K_2 对应的铝片厚度，单位为毫米（mm）；

K_1——经过铝片衰减后，比 $K_0/2$ 稍小的剂量，单位为毫戈瑞（mGy）。

3.结果评价　不同靶/滤过组合的半值层要求是不一样的，一定要注意根据不同的靶/滤过组合来判定结果，见表 8-1。

表 8-1　不同靶/滤过组合的判定结果[①]

管电压	靶/滤过	半层值/mmAl
28kV	Mo/Mo	$0.30 \leqslant HVL \leqslant 0.4$
	Mo/Rh	$0.30 \leqslant HVL \leqslant 0.47$
	Mo/Cu	$HVL \geqslant 0.30$
	Rh/Rh	$0.30 \leqslant HVL \leqslant 0.5$
	Rh/Al	$HVL \geqslant 0.30$
	Rh/Cu	$HVL \geqslant 0.30$
	Rh/Ag	$HVL \geqslant 0.30$
	W/Rh	$0.30 \leqslant HVL \leqslant 0.58$
	W/Al	$0.30 \leqslant HVL \leqslant 0.53$
	W/Ag	$0.30 \leqslant HVL \leqslant 0.60$

①本表数据引自《医用 X 射线诊断设备质量控制检测规范》（WS 76—2020）

五、输出量重复性

（一）检测目的
用于检测手动曝光条件下输出剂量的稳定性。

（二）检测工具
剂量仪。

（三）检测方法
1.测量　摘去乳房压迫器，将探测器置于乳房支撑台胸侧向里 4cm 处 X 射线束轴上，为了减少反散射将探测器有效点位于乳房支撑台上方 10cm 处（无有效点标记的，以探测器厚度中心为准），如果是底部自带铅衬的半导体探测器则可以直接将探测器摆放在设备的支撑台上进行测量。设置管电压为 28kV，选择临床常用的靶/滤过，最常用的管电流时间积（如 40～80mAs），重复曝光 5 次，记录每次曝光的空气比释动能值。

2.计算及数据处理　根据公式（8-4）计算输出量重复性。

$$CV = \frac{1}{\bar{K}} \sqrt{\frac{\sum (K_i - \bar{K})^2}{n-1}} \times 100\% \tag{8-4}$$

式中：

CV——变异系数，%；

$\bar{K}$——n 次空气比释动能测量值的平均值，单位为毫戈瑞，mGy；

K_i——第 i 次空气比释动能测量读数，单位为毫戈瑞，mGy；

n——空气比释动能测量的总次数。

3.结果评价　结果判定标准均为：辐射输出量重复性 ≤ 5%。

六、特定辐射输出量

（一）检测目的

用于确定乳腺 X 射线摄影系统具有相应的输出剂量。

（二）检测工具

剂量仪。

（三）检测方法与结果评价

1. 测量　摘去乳房压迫器，将探测器置于乳房支撑台胸侧向里 4cm 处 X 射线束轴上，探测器有效点位于乳房支撑台上方 10cm 处（无有效点标记的，以探测器厚度中心为准），如果是底部自带铅衬的半导体探测器则可以直接将探测器摆放在设备的支撑台上进行测量。设置管电压为 28kV，选择最常用的管电流和曝光时间，其乘积的范围为 30 ～ 60mAs，进行曝光 3 ～ 5 次，记录每次曝光的空气比释动能值，测量探测器到焦点的距离 d_1。

2. 计算及数据处理　计算平均空气比释动能值（K_1），利用距离平方反比定律公式（8-5）换算成焦点距探测器 1m 时（d_2）的特定辐射输出量（K_2），单位为 μGy·(mAs)$^{-1}$。

$$K_2 = K_1 \times \frac{d_1^2}{d_2^2} \tag{8-5}$$

式中：

K_2——距离焦点 d_2（cm）100cm 处的输出量，单位为微戈瑞每毫安秒，μGy/mAs；

K_1——距离焦点 d_1（cm）处的输出量，单位为微戈瑞每毫安秒，μGy/mAs；

d_1——焦点至探测器的距离，cm；

d_2——焦点至感兴趣点的距离，cm，为 100cm。

3. 结果评价　验收检测结果判定标准为：靶 / 滤为 Mo/Mo 组合的时候，焦点距探测器 1m 处的特定辐射输出量 > 35μGy/mAs；状态检测结果判定标准为：焦点距探测器 1m 时的特定辐射输出量 > 30μGy/mAs。针对其他的靶 / 滤过组合的，在验收检测时对焦点距探测器 1m 时的特定辐射输出量的测量值作为基线值，以后每次的状态检测的测量值不低于基线值的 75%。

（四）检测主要问题与实例

大部分乳腺机的焦台距为 65 ～ 67cm，最常见的是 65cm，探测器抬高 4cm 以后，测量点到焦点的距离（d_1）应为 61cm。乳腺机出厂时的 X 射线管的发射效率很高，随着时间的推移，它的发射效率会逐渐降低，当它的发射效率低到焦点距探测器 1m 时的特定辐射输出量在 30μGy/mAs（靶 / 滤过为 Mo/Mo 组合）以下或者低于基线值的 75%（其他的靶 / 滤过组合）时，要及时停用更换球管。

七、AEC 重复性

（一）检测目的

确认乳腺 X 射线摄影设备自动曝光控制功能的稳定性。

（二）检测工具

4cm 厚的 PMMA 模体。

（三）检测方法与结果评价

1. 测量　为便于测量乳腺平均剂量，根据模体成分，4cm 厚的 PMMA 对于 X 射线的吸收相当于 4.5cm 厚的平均人体乳房，因此将 4cm 厚的 PMMA 模体置于乳房支撑台上，

☆★☆☆

覆盖临床常用 AEC 区域，模体边沿与乳房支撑台胸壁侧对齐，在 4cm PMMA 模体上垫 0.5cm 厚泡沫塑料（或其他不显著影响 X 射线吸收的材料），并将压迫板压在泡沫塑料表面，使得压迫板高度保持在 4.5cm 并且造成压迫力，设置临床常用电压（如 28kV）和靶／滤过，选择自动曝光控制（AEC）条件进行曝光。如参数无法单独设置，则选择全自动曝光条件。重复曝光 5 次，每次曝光后记录毫安秒值。

2. 数据处理　按式（8-6）计算所记录的管电流时间积（mAs_R）与平均管电流时间积（mAs_m）值的偏差（E）。取其最大值作为该指标检测结果。

$$E = \frac{mAs_R - mAs_m}{mAs_m} \times 100\% \tag{8-6}$$

式中：

E——记录的管电流时间积与平均管电流时间积值的偏差，%；

mAs_R——每次曝光后记录的管电流时间积，mAs；

mAs_m——5 次曝光的平均管电流时间积，mAs。

3. 结果评价　验收检测结果判定标准为：±5% 以内；状态检测及稳定性检测（检测周期为 6 个月）结果判定标准为：±10% 以内。

八、乳腺平均剂量

（一）检测目的

用于衡量乳腺 X 射线摄影中，受检者受均匀压迫乳房的腺体组织中（不包括皮肤和脂肪组织）的平均吸收剂量。

（二）检测工具

剂量仪、4cm 厚的 PMMA 模体、辅助材料（不显著影响 X 射线吸收的材料）。

（三）检测方法与结果评价

1. 普通乳腺数字 X 射线摄影（2D）

（1）测量：根据模体成分，4cm 厚的 PMMA 对于 X 射线的吸收相当于 4.5cm 厚的平均人体乳房，因此将 4cm 厚的 PMMA 模体置于乳房支撑台上，模体边沿与乳房支撑台胸壁侧对齐，在 4cm PMMA 模体上垫 0.5cm 厚泡沫塑料（或其他不显著影响 X 射线吸收的材料），并将压迫板压在泡沫塑料表面，使得压迫板高度保持在 4.5cm 并且造成压迫力，选用 AEC 模式进行曝光，记录管电压、管电流时间积、焦点状态、滤线栅状态和靶滤过等曝光参数。

移去 PMMA 模体，将剂量仪探测器放置于乳房支撑台胸壁侧向内 4cm 处 X 射线束轴上，探测器厚度有效点与模体表面（乳房支撑台上方 4cm）的位置相同（无厚度有效点标记的，以探测器厚度中心为准）。选用上述曝光参数进行手动曝光（如果手动曝光参数选择与 AEC 不能完全一致，则选用最接近的曝光参数），记录入射空气比释动能值。

（2）计算：根据下列公式 8-7 计算乳腺平均剂量 AGD。

$$AGD = K \times g \times c \times s \tag{8-7}$$

式中：

K——模体上表面位置（无反散射时）入射空气比释动能值，mGy；

g——转换因子，mGy/mGy，其值（不考虑成分修正和靶／滤过）可以从表 8-2 查得。若 HVL 处于表中两值之间，应用内插法计算 g 值；

c——不同乳房成分的修正因子，其值可从表 8-3 查得；

s——不同靶 / 滤过时的修正因子，其值可从表 8-4 查得。

表 8-2　40mm 厚 PMMA 入射空气比释动能转换为乳腺平均剂量转换因子 *g*[①]

PMMA 厚度 (mm)	等效乳房厚度 (mm)	HVL（mmAl）								
		0.25	0.30	0.35	0.40	0.45	0.50	0.55	0.60	0.65
40	45	0.155	0.183	0.208	0.232	0.258	0.285	0.311	0.339	0.366

①本表数据引自《医用 X 射线诊断设备质量控制检测规范》（WS76—2020）

表 8-3　40mm 厚 PMMA 乳房成分修正因子 *c*[①]

PMMA 厚度 (mm)	等效乳房厚度 (mm)	HVL（mmAl）								
		0.30	0.35	0.40	0.45	0.50	0.55	0.60	0.65	0.70
40	45	1.043	1.041	1.040	1.039	1.037	1.035	1.034	1.032	1.026

①本表数据引自《医用 X 射线诊断设备质量控制检测规范》（WS76—2020）

表 8-4　不同靶 / 滤过时的修正因子 *s*[①]

靶材料	滤过材料	滤过厚度 /μm	修正因子
Mo	Mo	30	1.000
Mo	Cu	250	1.000
Mo	Rh	25	1.017
Rh	Rh	25	1.061
Rh	Al	100	1.044
Rh	Cu	250	1.000
Rh	Ag	30	1.086
W	Rh	50～60	1.042
W	Ag	50～75	1.042
W	Al	500	1.134
W	Al	700	1.082

①本表数据引自《医用 X 射线诊断设备质量控制检测规范》（WS76—2020）

2. 乳腺数字体层合成摄影（DBT）

（1）测量：根据模体成分，4cm 厚的 PMMA 对于 X 射线的吸收相当于 4.5cm 厚的平均人体乳房，因此将 4cm 厚的 PMMA 模体置于乳房支撑台上，模体边沿与乳房支撑台胸壁侧对齐，在 4cm PMMA 模体上垫 0.5cm 厚泡沫塑料（或其他不显著影响 X 射线吸收的材料），并将压迫板压在泡沫塑料表面，使得压迫板高度保持在 4.5cm 并且造成压迫力。将乳腺摄影设备设置成体层合成摄影模式，获取并记录临床常用的 3D 模式时对 4.5cm 厚人体乳房的 AEC 曝光条件（管电压、管电流时间积和靶滤过等曝光参数）以及曝光过程（每次单独曝光的角度、管电压、管电流时间积和靶滤过等曝光参数）。移去 PMMA 模体，将设备固定在 0°曝光模式。将电离室探测器放置于乳房支撑台胸壁侧向内 4cm 处 X 射线束轴上，探测器厚度有效点与模体表面（乳房支撑台上方 4cm）的位置相同（无厚度有效点

☆☆☆☆

标记的，以探测器厚度中心为准）。选用上述记录的各角度曝光参数进行手动曝光（如果手动曝光参数选择与 AEC 不能完全一致，则选用最接近的曝光参数），记录入射体表空气比释动能值 K。

（2）计算：对于各角度曝光参数不同的 DBT 曝光过程，先按公式 8-8 计算每个投照角度的乳腺平均剂量：

$$D(\theta)=K \times g \times c \times s \times t(\theta) \tag{8-8}$$

式中：

$D(\theta)$——投照角度为 θ 时单次曝光的乳腺平均剂量，mGy；

K——0°位置时模体上表面位置（无反散射时）入射空气比释动能值，mGy；

g——转换因子，mGy/mGy，其值从表 8-2 可查得；

c——乳房成分修正因子，其值从表 8-3 可查得；

s——不同靶 / 滤过时的修正因子，其值从表 8-4 可查得；

t——DBT 摄影时不同投照角度为 θ 的角度修正因子 t，其值从表 8-5 可查得。

表 8-5　数字体层合成摄影 3D 模式时不同角度的修正因子 t[①]

PMMA 厚度 (mm)	等效乳房厚度 (mm)	不同投照角度的 t 因子					
		5	10	15	20	25	30
40	45	0.996	0.984	0.963	0.934	0.900	0.857

①本表数据引自《医用 X 射线诊断设备质量控制检测规范》（WS76—2020）

计算出所有角度的乳腺平均剂量（D）后，累加所有角度的乳腺平均剂量，其结果即为乳腺平均剂量检测结果。

对于各角度间隔和曝光参数相同的 DBT 曝光过程，可采用公式 8-9 的简化方法计算乳腺平均剂量：

$$AGD=K_T \times g \times c \times s \times T \tag{8-9}$$

式中：

AGD——乳腺平均剂量，mGy；

K_T——0°位置时模体上表面位置（无反散射时）入射空气比释动能值，其对应的管电流时间积（mAs）为整个扫描过程全部单次曝光管电流时间积（mAs）之和，mGy；

g——转换因子，mGy/mGy，其值从表 8-2 可查得；

c——乳房成分修正因子，其值从表 8-3 可查得；

s——不同靶 / 滤过时的修正因子，其值从表 8-4 可查得。

T——3D 摄影时不同投照角度的修正因子 T，其值从表 8-6 可查得。

表 8-6　数字体层合成摄影 3D 模式时不同角度的修正因子[①]

PMMA 厚度 (mm)	等效乳房厚度 (mm)	不同投照角度的 T 因子				
		$-10° \sim +10°$	$-15° \sim +15°$	$-20° \sim +20°$	$-25° \sim +25°$	$-30° \sim +30°$
40	45	0.992	0.983	0.972	0.959	0.943

①本表数据引自《医用 X 射线诊断设备质量控制检测规范》（WS 76—2020）

（3）结果评价：验收检测、状态检测和稳定性检测（检测周期为 6 个月）结果判定标

☆ ☆ ☆ ✦

准为：普通模式，4cm PMMA 模体，AGD < 2.0mGy；DBT 模式，4cm PMMA 模体，AGD < 2.0mGy；普通模式 +DBT 模式，4cm PMMA 模体，AGD < 3.5mGy。

（四）检测主要问题与实例

若在检测 AEC 重复性的模体摆位与压迫厚度与普通模式的模体摆位与压迫厚度相同，则可以使用 AEC 重复性检测过程中获取的平均管电流时间积作为管电流时间积的曝光参数，可以减少曝光次数。在进行乳腺平均剂量检测之前，需要先完成相应曝光参数下的半值层的检测，以便计算乳腺平均剂量。

如 Philips Medical Systems 生产的 MammoDiagnost 型乳腺 DR，设置 28kV，靶滤过为 W/Rh，普通乳腺数字 X 射线摄影程序对 4cm PMMA 模体曝光时的管电流时间积为 96.1mAs，手动设置曝光电压为 28kV，靶滤过为 W/Rh，曝光管电流时间积为 100mAs，将剂量仪的有效中心置于离支撑台上方 4.0cm，半值层测量结果为 0.488mm Al，剂量仪读数为 3.109mGy，剂量校准因子为 1.061，查表进行内插得 $g=0.278$，$c=1.037$，$s=1.042$，则乳腺平均剂量为 0.992mGy。

第四节　乳腺屏片 X 射线摄影设备专用检测项目与方法

乳腺屏片 X 射线摄影设备现已少用，其专用检测项目仅有三项，分别是标准照片密度、AEC 响应、高对比度分辨力。

一、标准照片密度

（一）检测目的

用于检测标准厚度下自动曝光控制功能在预选位置上获得相同的入射空气比释动能。

（二）检测工具

4cm 厚 PMMA 乳腺专用检测模体，胶片密度计。

（三）检测方法与结果评价

1. 测量　将 4cm 厚的专用检测模体置于乳房支撑台上。将装有胶片的暗盒插入乳房支撑台的暗盒匣中，在自动曝光条件下曝光，标准冲洗照射后的胶片，测量距胸壁侧边沿 4cm 处照片的长轴中心的光密度。

2. 计算及数据处理　光密度测量结果需根据胶片密度计的校准因子进行修正，验收检测建立基线值，状态检测与稳定性检测结果与基线值进行比较。

3. 结果评价　验收检测的结果判定标准为 1.4 ~ 1.8OD 并建立基线值；状态检测与稳定性检测（检测周期为 1 个月）的结果判定标准为与基线值相比在 ±0.2OD 内。

二、AEC 响应

（一）检测目的

用于检测不同厚度下自动曝光控制功能在预选位置上获得相同的入射空气比释动能。

（二）检测工具

4cm 厚 PMMA 乳腺专用检测模体，胶片密度计。

（三）检测方法与结果评价

1. 测量　乳房支撑台上分别放置厚度为 2cm、4cm、6cm 的模体，将装有胶片的暗盒

☆☆☆☆

分别插入暗盒匣中，在自动曝光控制下分别进行曝光。测量距离胸壁侧 4cm 处的照片长轴中心的光密度。

2. 数据处理及计算　光密度结果需根据胶片密度计的校准因子进行修正，2cm 和 6cm 的模体影像光密度分别与 4cm 厚的模体影像光密度进行比较。

3. 结果评价　验收检测、状态检测和稳定性检测（检测周期为 6 个月）结果判定标准均为：2cm 和 6cm 的模体影像光密度分别与 4cm 厚的模体影像光密度进相比在 ±0.2OD 内。

三、高对比度分辨力

（一）检测目的

在特定的条件下，使用特定的高对比分辨力测试卡来检测乳腺 X 射线摄影系统，评价该设备对乳房组织细微结构的鉴别能力，即显示最小体积病灶或结构的能力。

（二）检测工具

4cm 厚的 PMMA 模体、2 块高对比分辨力测试卡（最大线对数不低于 10 lp/mm）或配有高对比分辨力测试卡的检测模体。

（三）检测方法

1. 测量　将装有胶片的暗盒插入乳房支撑台的暗盒匣中，用配有高对比分辨力测试卡的检测模体或直接用高对比分辨力测试卡（分别呈水平和垂直方向）放置在 4cm 厚的 PMMA 模体上面，按照检测模体（或高对比分辨力测试卡）的说明书，选择适当的曝光条件进行曝光，冲洗曝光胶片。若是厂家没有给出条件，则选取 AEC 模式进行曝光。

2. 计算及数据处理　在有遮幅的观片灯上读取分辨力值，记录分辨力读数，单位为线对每毫米（lp/mm）。

3. 结果评价　验收检测、状态检测结果判定标准均为：高对比分辨力 > 10 lp/mm。

（四）检测主要问题与实例

高对比分辨力的观察依赖于暗室技术和观察者，因此需要优化暗室技术，并综合多位观察者的结果。在均匀背景下对线对卡的读取一定要注意，判断的标准为：线条黑白要分明、线条要通顺、不能断线，线条不能有扭曲变形。

第五节　乳腺数字 X 射线摄影（DR）设备专用检测项目与方法

乳腺 DR 与普通 DR 仅在 X 射线发生装置上有所区别，在探测器成像上基本相同，因此关于乳腺 DR 预处理图像部分不再赘述，只对几种常见机型的预处理图像提取方法做简要介绍。

一、常见机型预处理图像提取方法

（一）飞利浦

飞利浦的乳腺 DR 目前仅有 Eleva 平台。以 Mammo Diagnost 型乳腺 DR 为例，正常进入工作站，摄影拍摄完成后，在 Examination 界面下，选择已经完成曝光的图像，点击"Processing protocols（图像后处理）"按键，选择"Other"，部位选择"-all regions-"，即为预处理图像；点击"测量"，选择"柱状图"，鼠标点击选择感兴趣区，感兴趣区下方的以"raw："开头的信息，即为预处理图像的信息，其中"md"代表像素值的中值，"av"代表像素值的平均值，"SD"代表像素值的标准差。

（二）GE

GE 的乳腺 DR 以 Senographe Crystal 型乳腺 DR 为例，摄影拍摄完成后，进入图像浏览界面，系统默认显示后处理影像；选择图像处理参数为"Raw"，即为预处理图像；点击工作站的圆形或者矩形 ROI 工具，即可测量平均像素值。

（三）西门子

西门子的乳腺 DR 以 MAMMOMAT Inspiration 型乳腺 DR 为例，摄影拍摄完成后，点击完成检查，进入病例浏览界面，每一个病例下均有两组图像，第一组为预处理图像，确认方法是平均像素值与入射空气比释动能成正比；点击工作站的圆形或者矩形 ROI 工具，即可测量平均像素值。

（四）圣诺

深圳圣诺的乳腺 DR 只需要在图像采集界面的图像采集选项卡，点击滤波核，选择滤波核为 None，此时采集得到的图像即为预处理影像，在观片界面上找到测量选项卡，使用矩形或者圆形 ROI 工具即可测量平均像素值。

二、乳腺 DR 系统专用检测指标

乳腺 DR 系统的专用检测指标分为两大部分，第一部分为探测器对入射空气比释动能响应的指标，包括影响接收器响应和影响接收器均匀性，第二部分为探测器成像的性能指标，包括高对比分辨力、低对比度细节和伪影。

（一）影像接收器响应

1. 检测目的　影像接收器响应是影像接收器入射面影像中心区域测量的平均像素值和影像探测器接受的入射空气比释动能之间的一种相互关系描述。

2. 检测工具　剂量仪、4cm 厚的 PMMA 模体。

3. 检测方法

（1）测量：将剂量仪探测器紧贴影像接收器，置于乳房支撑台胸壁侧向内 4cm 处 X 射线束轴上，将 4cm 厚的 PMMA 模体放置在探测器的上方并全部覆盖剂量仪探测器，模体边沿与乳房支撑台胸壁侧对齐，手动条件设置 28kV，在 10 ~ 100mAs 选取 4 ~ 6 档 mAs 的值进行手动曝光，记录每一次的曝光参数（kV、mAs、焦点状态、滤线栅和靶／滤过等），以及每次曝光后的影像接收器入射表面空气比释动能值（剂量仪的读数）。再移去剂量仪探测器，按上述每次记录的曝光参数手动曝光。如果不能完全一致，则选用最接近的曝光参数，获取上一步曝光后的预处理影像，在每一幅预处理影像的中心位置选取约 $4cm^2$ 大小的感兴趣区测量平均像素值和标准偏差。

（2）计算及数据处理：对于线性响应的系统，以平均像素值为纵坐标，影像接收器表面入射剂量为横坐标做图拟合直线（如 $P=aK+b$），计算相关系数的平方 R^2。

对于非线性响应的系统（比如对数相关），应参考厂家提供的信息进行对数或者指数曲线拟合 [如 $P=a\ln(K)+b$]，计算相关系数的平方 R^2。

4. 结果评价　验收检测结果要求 $R^2 > 0.99$；状态检测结果要求 $R^2 > 0.95$。

5. 检测主要问题与实例　以 Philips Medical Systems 生产的 Mammo Diagnost 型乳腺 DR 为例，其像素值测量结果见表 8-7。影像接收器响应的曲线方程为 $PV=3.67K+52.58$，$R^2=0.9999$。

表 8-7　乳腺 DR 不同入射表面空气比释动能时影像的平均像素值

序号	K 校准 /µGy	平均像素值
1	19.97	125
2	32.12	173
3	67.73	286
4	124.6	506
5	194.8	769

采用 R 语言对预处理图像的平均像素值进行直线拟合，代码如图 8-5。

```
K<-c(19.97,32.12,67.73,124.6,194.8)
PV<-c(125,173,286,506,769)
x<-K
y<-PV
modl<-lm(y ~ x)    ##指定曲线类型为简单直线相关
summary(modl)
其结果如下：
Call:
lm(formula=y~x)
Residuals:
1      2       3        4       5
3.080   6.350   -11.750  -1.118   3.438
Coefficients:
Estimate   Std.Error    tvalue      Pr(>|t|)
(Intercept) 48.3993   6.1738    7.839    0.00432**  ##b 的估计值
x          3.6815    0.0566    65.045   8.01e-06***##a 的估计值
Signif.codes:0'***'0.001'**'0.01'*'0.05'.'0.1''1
Residual standard error:8.184 on 3 degrees of freedom
Multiple R-squared:0.9993, Adjusted R-squared:0.9991      ##R²
F-statistic:4231 on 1 and 3 DF, p-value:8.007e-06
>k<-c(19.97,32.12,67.73,124.6,194.8)
>PV<-c(125,173,286,769)
>x<-K
>y<-PV
>modl<-lm(y~x)    ##指定曲线类型为简单直线相关
>summary(modl)
Call:
lm(formula =y~x)
Residuals:
       1      2    3     4      5
3.080   6.350   -11.750   -1.118    3.438
Coefficients:
           Estimate  Std. Error  t   value  Pr(>|t|)
(Intercept) 48.3993    6.1738     7.839  0.00432 **
x          3.6815     0.0556    65.045  8.01e-06 **
---
Signif. Codes: 0 '***'  0.001 '**'0.01  '*'  '0.05 '.'0.1  ' '1
Resedual standard error: 8.184 on 3 degrees of freedom
Multiple R-squraed:0.9993,Adjusted R-squraed:0.9991
F-statistic: 4321 on 1 and 3 DF, p-value:8.007e-06
```

图 8-5　采用 R 语言对平均像素的拟合代码

（二）影像接收器均匀性

1.**检测目的**　影像接收器均匀性是影像接收器平面上不同区域对入射空气比释动能响应的差异。

2.**检测工具**　4cm 厚的 PMMA 模体。

3.**检测方法**

（1）测量：将 4cm 厚的 PMMA 模体放置在乳房支撑台上，模体边沿与乳房支撑台胸壁侧对齐，设置 28kV，选取临床常用 mAs 和靶 / 滤过进行手动曝光，或者选用 AEC 进行自动曝光，获取曝光后的预处理影像，在预处理影像的中央区位置和 4 个象限中央区分别选取约 4cm^2 大小的感兴趣区，测量其平均像素值。

（2）数据处理及计算：应根据影像接收器响应中获得的拟合曲线将每个 ROI 的平均像素值 PV_i 逆运算得到每个 ROI 的剂量值（即入射空气比释动能 K_i），见公式 8-10、8-11、8-12。

对于线性响应的系统，其处理公式为：

$$K=(PV-b)/a \tag{8-10}$$

对于对数相关的系统，其处理公式为：

$$K=exp^{[(PV-b)/a]} \tag{8-11}$$

对于幂相关的系统，其处理公式为：

$$K=[(PV-c)/a]^{(1/b)} \tag{8-12}$$

依据公式 8-13 分别计算图像中心感兴趣区与图像四角感兴趣区剂量值的偏差（D_e），将最大偏差值作为检测结果。

$$D_e=\frac{K_{中心}-K_{角}}{K_{中心}}\times100\% \tag{8-13}$$

式中：

D_e——图像中心感兴趣区与图像四角感兴趣区剂量值的偏差，%；

$K_{中心}$——图像中心兴趣区的剂量值；

$K_{角}$——图像四角兴趣区的剂量值。

4.**结果评价**　图像中心兴趣区剂量值与四角兴趣区剂量值的最大偏差在 ±10% 以内。

5.**检测主要问题与实例**　仍以 Philips Medical Systems 生产的 Mammo Diagnost 型乳腺 DR 为例，其影像接收器响应的曲线方程为 PV=3.67K+52.58，R^2=0.999 9，其 4 个象限 ROI 区域像素值分别为 784，760，787，774，中心 ROI 区域像素值为 769，若直接以像素值进行计算各象限相对于中央区的偏差，最大偏差为 2.34%。若将像素值逆运算得到入射空气比释动能后再计算各象限相对于中央区的偏差，最大偏差为 2.51%。两种方法计算结果存在差异，与普通 DR 的响应均匀性一样，影像接收器均匀性必须要使用像素值对应的响应空气比释动能进行计算，除非信号传递特性的拟合曲线类型为直线相关且 b=0。

（三）伪影

1.**检测目的**　伪影（artifact）是影像上明显可见的图形，但它既不体现物体的内部结构，也不能用噪声或系统调制传递函数来解释。

2.**检测工具**　4cm 厚的 PMMA 模体。

3.**检测方法与结果评价**

（1）测量：采用评估影像接收器均匀性时产生的曝光影像，调节窗宽窗位使图像显示至观察者认为最清晰的状态，观察图像上有无非均匀区、模糊区或者其他影响临床诊断的

☆☆☆☆

异常影像。若存在上述可疑伪影，旋转或平移图像，若可疑伪影不随着移动，则可能是显示器系统伪影而非影像接收器伪影。

（2）结果评价：无影响临床诊断的伪影。

（四）高对比度分辨力

1. 检测目的　高对比度分辨力（high contrast resolution），是指在特定条件下特定线对组测试卡影像中用目力可分辨的最小空间频率线对组，也称为空间分辨力（spatial resolution），其单位为 lp/mm。高对比度分辨力与 DR 探测器的极限空间分辨力有关。

极限空间分辨力（limiting spatial resolution），也叫作尼奎斯特频率（Nyquist frequency，$f_{Nyquist}$），是指由采样间距 a（单位为 mm）确定的空间频率，即像素单元的大小，关系式为：$f_{Nyquist}=1/(2a)$，其单位为 lp/mm。

2. 检测工具　两块高对比分辨力测试卡（最大线对数不低于 10lp/mm）。

3. 检测方法与结果评价

（1）测量：将两个高对比分辨力测试卡（最大线对数不低于 10lp/mm）分别呈水平和垂直方向放置在乳房支撑台上胸壁侧内 4cm 处，高对比分辨力测试卡尽可能紧贴影像接收器。按照设备生产厂家推荐的测试步骤和方法进行曝光。如生产厂家未给出条件，可选取 AEC 模式进行曝光，对于没有 AEC 功能的可选用适当的手动曝光条件，如 26kV，15mAs。在高分辨显示器上读取该影像，调节窗宽窗位使影像显示最优化，观察可分辨的线对组数，记录高对比度分辨力读数，单位为线对每毫米（lp/mm）。

（2）数据处理及计算：验收检测时分别将水平放置和垂直放置的线对卡的结果与厂家规定值进行比较。如果得不到厂家规定值，则分别与尼奎斯特频率（$f_{Nyquist}$）进行比较。

（3）结果评价：验收检测判定标准为 ≥90% 厂家规定值或者 ≥70% $f_{Nyquist}$，建立基线值；状态检测判定标准为 ≥90% 的基线值。

（五）低对比度细节

1. 检测目的　低对比度细节，在规定测量条件下，从一均匀背景中能分辨出来的规定形状和面积的最低对比度细节，用 % 表示。

2. 检测工具　乳腺 X 射线摄影专用对比度细节模体，本书介绍常用的两种，仅供参考。

（1）PROMAM GOLD 模体：乳腺 X 射线摄影设备低对比度分辨力检测模体 PROMAM GOLD 细节排列示例见图 8-6。PROMAM GOLD 模体的低对比度细节面板尺寸为 240mm×180mm×20mm，板上含有 16 行和 16 列方形区分布 256 栅格组成的低对比度细节矩阵，每一个方形栅格中有两个金箔细节检测点（纯度 99.99%），共计 512 个检测点，一个在栅格中央，另一个随机地选在一个角上。检测点的横行直径范围从 0.05mm 到 2.00mm（精度 0.001mm），竖列厚度范围从 0.03μm 到 2.00μm（精度 0.1 nm）。在矩阵同一行的检测点有相同直径而其厚度变化导致对比度变化（对比度范围从 0.52% 到 29.53%），而矩阵同一列是检测点厚度相同即对比度相同而其直径变化。

PROMAM GOLD 另外包含两块 240mm×180mm×10mm PMMA 材料板和 2 块 240mm×180mm×5mm 的 PMMA 均匀衰减体。

使用时将乳腺低对比度细节模体需放置 2 块 10mm PMMA 板在乳腺机台上，然后放置主模体，再放置 2 块 5mm PMMA 板在最上层。

（2）CDMAM 3.4 模体：乳腺 X 射线摄影设备低对比度分辨力检测模体 CDMAM 3.4 细节示例如图 8-7。CDMAM 3.4 模体由一块尺寸为 240mm × 162mm × 3mm 的低对比细

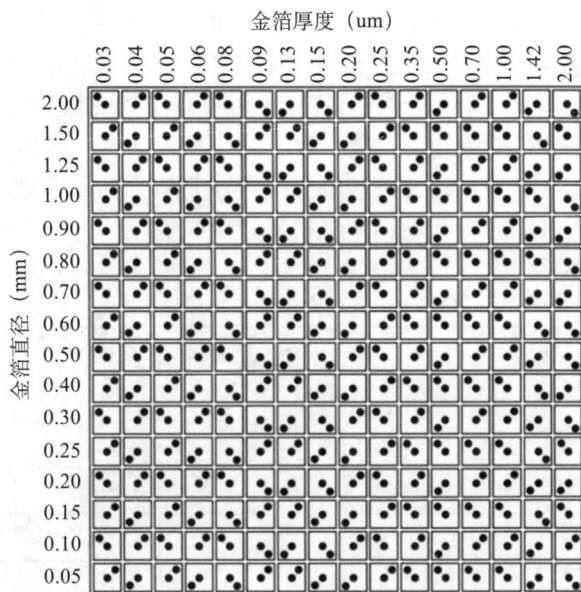

图 8-6　PROMAM GOLD 模体细节排列示意图

节面板和 4 块尺寸为 240mm × 162mm × 10mm 的 PMMA 均匀衰减模块组成。

低对比细节面板横向排列 16 排圆盘模块，直径范围从 0.06mm 到 2.0mm；在纵向排列 16 列模块，每一列模块直径相同，厚度范围从 0.03μm 到 2.0μm，对比度范围从 0.52% 到 29.53%。

使用时将低对比度细节面板放置在 2 块 1cm 厚的 PMMA 模块上，上方再放置两块 1cm 厚的 PMMA 模块。

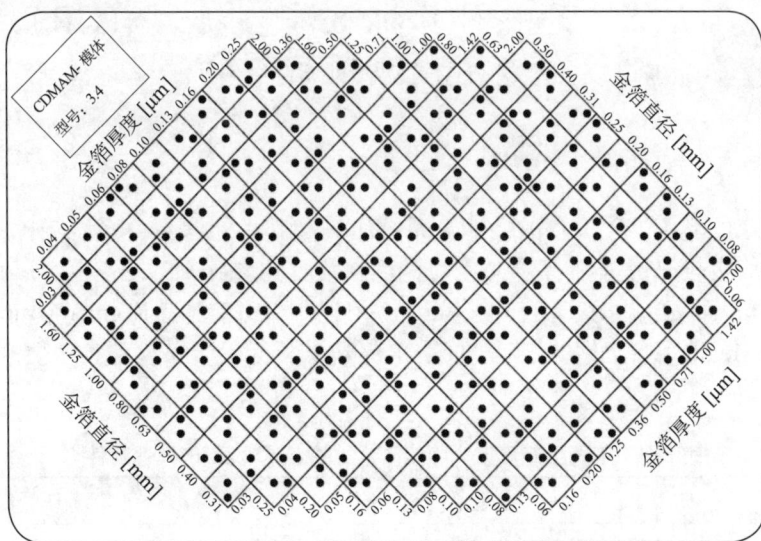

图 8-7　CDMAM 3.4 模体细节排列示意图

3. 检测方法与结果评价

（1）测量：选用乳腺 X 射线摄影专用对比度细节模体。将对比度细节模体放置在乳房

☆☆☆☆

支撑台上，模体边沿与乳房支撑台胸壁侧对齐，依据模体说明书给出的条件，或者28kV、常用靶/滤过、AEC条件进行曝光。在高分辨显示器上读取该影像，调节窗宽窗位使影像显示最优化，观察曝光图像，确定不同细节直径时可观察到的最小细节物，对照模体厂家说明书得出该直径的可分辨的最小对比度。对于临床曝光条件与模体说明书中不符的情况，系统应至少达到以模体说明书给出的条件曝光时要求观察到的细节数目。

（2）结果评价：低对比度细节的结果评价见表8-8。

表8-8 低对比度细节结果评价

检测条件		验收检测	状态检测
按照模体说明书进行曝光	细节直径 D（mm）	对比度	对比度
	0.1 ≤ D < 0.25	< 23%	< 23%
	0.25 ≤ D < 0.5	< 5.45%	< 5.45%
	0.5 ≤ D < 1.0	< 2.35%	< 2.35%
	1.0 ≤ D < 2.0	< 1.40%	< 1.40%
	D ≥ 2.0	< 1.05%	< 1.05%

4. 检测主要问题与实例　必须使用高分辨显示器进行观察，若模体带有分析软件则可以使用模体分析软件对摄影得到的 DICOM 文件进行数据读取，以便自动分析，避免肉眼识别差异。

若采用肉眼识别时，需要至少 3 名观察者同时进行观察，且同一细节直径的某一对比度细节可见时，则该组大于该对比度的细节均应可以被观察到。

第六节　乳腺计算机 X 射线摄影（CR）设备专用检测项目与方法

一、概述

各生产厂家的乳腺 CR 设备的性能、系统结构和其性能参数、系统响应标准、影像处理方式和 QC 检测与评价等都有较大差别。目前常见的乳腺 CR 设备生产厂家有 4 家，分别是爱克发医疗（Agfa）、富士胶片（Fuji）、柯尼卡 - 美能达（Konica-Minolta）、锐珂医疗（Carestream Health）。不同生产厂家乳腺 CR 系统的检测设置条件和技术要求应符合表8-9的要求。

表8-9 不同生产厂家乳腺 CR 系统的专用项目 IP 处理条件[①]

厂家	设置条件	DDI
富士 （FUJI）	QC test/Sensitivity Semi 质量控制检测 / 半感度	S 感度值
爱克发 （Agfa）	Systems diagnostic/Flat field Mammo 系统诊断 / 平野乳腺射野	SAL 扫描平均水平 SALlog 基于对数的扫描平均水平； PVlog[②] 基于对数的像素

厂家	设置条件	DDI
锐珂 (Carestream)	Others/pattern 其他 / 模式	EI 曝光指数
柯尼卡 - 美能达 (Konica-Minolta)	Mammo/Test 乳腺射野 / 检测	S 感度值

注：①本表印自《医用 X 射线诊断设备质量控制检测规范》WS76—2020；②取决于不同工作站版本

二、乳腺 CR 系统检测专用指标

乳腺 CR 系统专用检测项目分为两大部分，第一部分为探测器对入射空气比释动能的响应与清除性能，包括 IP 暗噪声、IP 响应线性、IP 响应均匀性、IP 响应一致性、IP 擦除完全性，第二部分为探测器的图像性能包括高对比度分辨力、伪影、低对比度细节。

（一）IP 暗噪声

1. 检测目的　IP 暗噪声是用于确认已擦除的 IP 板的剂量指示值应符合厂家的规定值。

2. 检测工具　多板 IP。

3. 检测方法

（1）测量：参见表 8-9 选择生产厂家建议的 IP 处理条件，检测前对选用的 IP 进行一次擦除处理，任选 3 ～ 5 块擦除处理后的 IP 放入阅读器中，进行扫描读取，调节窗宽和窗位并分别获取软拷贝影像。

（2）计算及数据处理：读取每块 IP 的 DDI 值，并与生产厂家的规定值进行比较。

4. 结果评价　结果应符合表 8-10 的要求。

表 8-10　部分生产厂家乳腺 CR 系统的暗噪声技术要求[①]

厂家	DDI	暗噪声
富士（FUJI）	S	200
爱克发（Agfa）	SAL SALlog PVIlog	SAL $\leqslant$ 134 SALlog15 $\leqslant$ 1000 PVIlog15 $\leqslant$ 1000 PVIlog16 $\leqslant$ 9503
锐珂（Carestream）	EI	$\leqslant$ 150
柯尼卡 - 美能达（Konica-Minolta）	S	5000

①本表引自《医用 X 射线诊断设备质量控制检测规范》（WS 76—2020）

（二）IP 响应线性

1. 检测目的　IP 响应线性指成像板的剂量指示随入射空气比释动能变化程度的一致性。

2. 检测工具　剂量仪、4cm 厚的 PMMA 模体、单板 IP。

3. 检测方法与结果评价

（1）测量：按照表 8-9 选择生产厂家建议的 IP 处理条件，将剂量仪探测器放置于乳房支撑台胸壁侧向内 4cm 处 X 射线束轴上，将 4cm 厚的 PMMA 模体放置在剂量仪

☆☆☆☆

探测器的上方并全部覆盖探测器，模体边沿与乳房支撑台胸壁侧对齐，设置28kV，在10～100mAs间选取4～6档mAs的值进行手动曝光。记录每一次的曝光参数（kV、mAs和靶/滤过等），以及每次曝光后的IP入射空气比释动能值。然后再移去剂量仪探测器，使用单独一块IP，将IP放置在乳腺支撑台上，保证IP入射面和剂量仪探测器厚度有效点一致，再按照上述曝光条件依次完成多次曝光并对IP进行读取，每次曝光后保持相同延迟时间读取，获取每一次曝光后的预处理影像，在每一幅预处理影像的中心位置选取约4cm²大小的感兴趣区，测量平均像素值。

（2）计算及数据处理：参考厂家提供的信息进行直线拟合，计算线性相关系数的平方R^2：

①对于线性响应的系统，以平均像素值（PV）为纵坐标，IP入射剂量（K）为横坐标作图拟合直线（如$PV=aK+b$），计算线性相关系数的平方R^2。

②对于非线性响应的系统（比如对数相关），应参考厂家提供的信息进行直线拟合，如$PV=aln(K)+b$，计算线性相关系数的平方R^2。

③对于非线性响应的系统（比如幂相关），应参考厂家提供的信息进行直线拟合，如$PV=aK^b+c$，计算线性相关系数的平方R^2。

PV为像素值，K为IP入射剂量，a、b、c均为拟合公式后形成的系数。

（3）结果评价：结果判定标准为$R^2 > 0.95$。

（三）IP响应均匀性

1.检测目的　IP响应均匀性是指成像板平面上不同区域对入射空气比释动能响应的差异。

2.检测工具　4cm厚的PMMA模体、单板IP。

3.检测方法与结果评价

（1）测量：按照表8-9选择生产厂家建议的IP处理条件，将4cm厚的PMMA模体放置在乳房支撑台上，模体边沿与乳房支撑台胸壁侧对齐，设置28kV，选取临床常用条件(mAs、靶/滤过组合、有无滤线栅及压迫器)对IP进行手动曝光，或者选用AEC对IP进行自动曝光，获取曝光后的预处理影像，依据图8-8在预处理影像中PMMA影像覆盖的范围内分别选取约4cm²（2cm×2cm）大小的感兴趣区，测量其平均像素值。

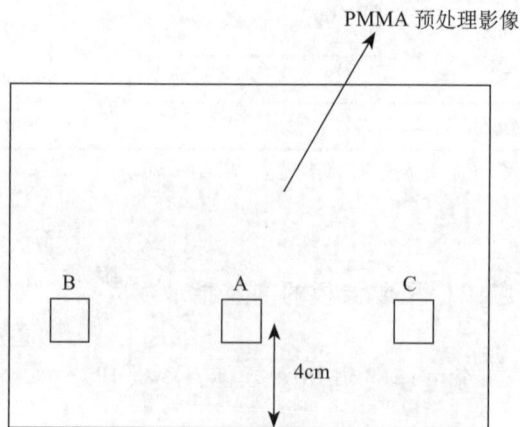

图8-8　IP响应均匀性测试示意图

（2）计算及数据处理：依据 IP 线性响应测量的拟合公式结果，对测量平均像素值（*PV*）进行线性化处理：

对于线性响应的系统，其线性化处理公式为：

$$K=(PV-b)/a \tag{8-14}$$

对于非线性响应的系统（比如对数相关），其线性化处理公式为：

$$K=e^{[(PV-b)/a]} \tag{8-15}$$

对于非线性响应的系统（比如幂相关），其线性化处理公式为：

$$K=[(PV-c)/a]^{(1/b)} \tag{8-16}$$

注：*PV* 为像素值，*K* 为经过线性化处理后的平均像素值，*a*、*b*、*c* 均为拟合公式后形成的系数。

（3）结果评价：验收检测、状态检测、稳定性检测（检测周期为 6 个月）结果判定标准均要求三处 ROI 中，经过线性化处理后的平均像素值，其任意两处结果的偏差在 ±10% 以内。

（四）IP 响应一致性

1. 检测目的　IP 响应的一致性是指不同成像板对入射空气比释动能响应的差异。

2. 检测工具　4cm 厚的 PMMA 模体、多板 IP。

3. 检测方法与结果评价

（1）测量：按照表 8-9 选择生产厂家建议的 IP 处理条件，将 4cm 厚的 PMMA 模体置于乳房支撑台上，模体边沿与乳房支撑台胸壁侧对齐，任选 3 块相同尺寸 / 型号的 IP，固定管电压（如 28kV），采用自动曝光控制模式曝光，无自动曝光控制模式的设备可选用临床常用条件，保证对每一块 IP 曝光条件一致，每次曝光后保持相同的延迟时间读取，获得 3 幅软拷贝影像，记录每一幅影像的 DDI 值。

（2）计算及数据处理：不同厂家的计算方式略有不同，富士和柯尼卡的比较方法为将三幅影像的 DDI 取平均值，然后每一幅影像的 DDI 值与总平均值进行相对偏差的比较；锐珂的比较方法为三幅影像的 DDI 取平均值，然后每一幅影像的 DDI 值与总平均值进行绝对偏差的比较；爱克发以 SAL 作为 DDI 值的按照富士和柯尼卡的方法进行计算相对偏差，以 SALlog 和 PVIlog 作为 DDI 值的按照锐珂的方法进行计算绝对偏差。

（3）结果评价：验收检测、状态检测、稳定性检测（检测周期为 6 个月）结果判定标准为：不同厂家的设备的 DDI 偏差应符合表 8-11 的要求。

表 8-11　不同生产厂家乳腺 CR 系统的 IP 响应一致性评价

检测条件	富士、柯尼卡	锐珂	爱克发
同样尺寸 / 型号多块 IP	平均值 ±5.0% 内	平均值 ±20.0 内	SAL 平均值 ±5.0% 内 SALlog：平均值 ±200.0 内 PVIlog：平均值 ±290.0 内

（五）IP 擦除完全性

1. 检测目的　IP 擦除完全性用以标示 IP 系统的擦除性能。

2. 检测工具　4cm 厚的 PMMA 模体、0.1mm 厚的铝片。

☆☆☆☆

3. 检测方法与结果评价

（1）测量：按照表 8-9 选择生产厂家建议的 IP 处理条件，将 4cm 厚的 PMMA 模体纵向置于乳房支撑台的一边，覆盖住 IP 的半边，如图 8-9 中的左边白色区域，选择临床常用条件进行手动曝光（如 28kV，30 ~ 50mAs），并对 IP 进行读取。再将 4cm 厚的 PMMA 模体横向置于乳房支撑台的中心，将 0.1mm 厚的铝片置于 PMMA 模体上方中心处，使用同一块 IP，用上述同样的曝光条件再次对 IP 进行曝光，获取软拷贝影像。两次曝光时间应尽量短（在 3min 内完成）。获取第二次曝光的影像，按照图 8-9 测量 1 区、2 区和 3 区的平均像素值。

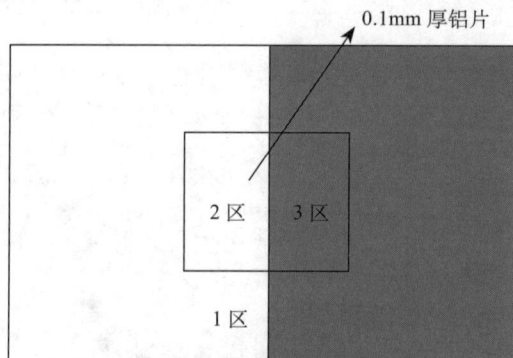

图 8-9 IP 擦除完全性测量示意图

（2）计算及数据处理：依据 IP 线性响应测量的拟合公式结果，对测量的平均像素值（PV）进行线性化处理。将线性化处理后的测量结果带入公式 8-17 中，计算影像残留因子。

$$F = \frac{MPV_3 - MPV_2}{MPV_1 - MPV_2} \tag{8-17}$$

式中：

F——影像残留因子；

MPV_3——图中 3 区的平均像素值经线性化处理后的结果；

MPV_2——图中 2 区的平均像素值经线性化处理后的结果；

MPV_1——图中 1 区的平均像素值经线性化处理后的结果。

（3）结果评价：验收检测、稳定性检测（检测周期为 6 个月）结果判定标准为：影像残留因子应 ≤ 0.3。

乳腺 CR 检测项目中的伪影、高对比度分辨力以及低对比度细节与乳腺 DR 相应的项目检测方法相同，在这里就不再一一赘述。

第七节 新型乳腺 X 射线摄影设备介绍

科宁乳腺 CT 系统是史上首个获准用于乳腺诊断成像的锥光束乳腺 CT 系统（图 8-10），也是首个投放市场的完全一体化专业乳腺 CT 扫描仪，专门用于扫描整个乳房，其空间分辨率高，放射剂量与诊断学乳房 X 光摄影术的相当或更少。该系统能在 10s 内获得一系列图像，生成"真正的"三维图像和多维跨横截面分割区。与目前存在弊端的二维诊断学乳房 X 线摄影术相比，乳腺 CT 系统几乎不存在组织重叠和结构运动伪影的情况，而这些正是经常造成早期，也就是在治疗的最佳时机，无法诊断出乳腺癌的原因。锥光束乳腺 CT 系统的出现代表着乳腺成像和女性医疗保健领域的一大进展。

一、设备构成及工作原理

乳腺 CT 系统由控制子系统、扫描子系统和操作子系统三部分构成。控制子系统包括电源变压器和控制柜，负责系统供电、系统安全控制。扫描子系统包括检查床、高压发生器、X 射线管、探测器。高压发生器、X 射线管、探测器固定在扫描架上，

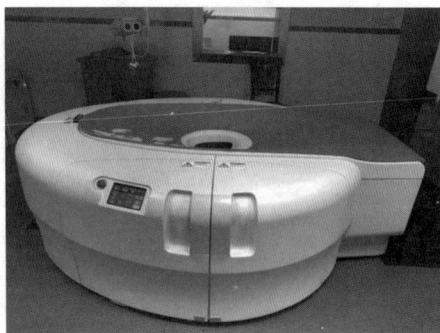

图 8-10　科宁 KBCT-1000 型乳腺 CBCT

主要用来发射 X 射线和采集 X 射线图像。操作子系统包括工作站和显示器，负责 X 射线参数的设置，成像系统的校正和对采集到的 X 射线图像进行重构与显示。乳腺 CT 的外加部件为定位支架和定位准直器。

乳腺 CT 能够以 30 帧 / 秒的速率以及 1024×768 的分辨率采集 397mm × 298mm 的图像。探测器为专门锥光束 X 射线成像的应用而设计。重构图像的数量因乳腺长度的不同而变化。单次扫描能够重构的最大乳腺长度为 16cm，采用标准重构模式。重构图像为各向同性，因此在任何方向的层厚均保持一致，如图 8-11（见彩图）。

检查床位于旋转 X 射线管 / 探测器装置上方，X 射线管和探测器固定在扫描架上，在提取图像的过程中，患者俯卧在检查床上，一只乳房从检查床中心的孔洞下垂，无须加压，X 射线管和探测器围绕乳腺扫描一周，在 10s 内即可获得数百幅二维乳腺投影图像，这数百幅二维乳腺投影图像用来对所扫描乳腺进行三维重建，从而实现对扫描乳房的三维层析成像。一个完整的乳腺 CT 扫描中的辐射剂量在诊断钼靶的辐射剂量范围之内，根据采集到的乳腺投影图像重建出三维图像。

图像处理系统和工作站包括整个图像处理流程所需的各种功能，如三维图像显示功能等。

乳腺摄影时适当地加压是为了减少散乱射线，而且加压可以使乳腺组织密度均匀，使重叠的乳腺结构适当分离，减少所需照射量，同时还有使乳房组织固定等优越性。但是加压会产生不适感，甚至并发出血。据不完全统计，70% 左右的妇女因不堪忍受加压之苦而不愿做定时普查，而乳腺 CT 在扫描过程中是不需要对乳腺进行加压的，因此近年越来越多地进入临床。

二、检测指标与方法

设备的质量控制检测指标包括：图像噪声、水的 CT 值、CT 值的准确性、CT 值的均匀性、低对比分辨率、高对比分辨率、对比度噪声比、伪影、噪声、系统剂量指数、总滤过等。本书编写期间，乳腺 CT 还未颁布相应的标准来规范其机器的质量控制，故参考生产厂家的标准，简单介绍乳腺 CT 质量控制几个指标的检测方法，供读者参考。

（一）图像噪声

1. 检测目的　在模拟临床条件下测量噪声及其在不同扫描参数下的变化情况。噪声影响低对比度细节的识别能力，噪声越低，图像的对比度分辨力越高。

2. 检测工具　标准乳房体模。

☆★☆ ☆

3. 检测方法与结果评价

（1）测量：在标准乳房体模重建图像的冠状位视图中，将图像调整至体模顶部下方 30mm 处，确保冠状位和矢状位视图的层厚 0.27mm。在冠状位视图中选取 5 个圆形感兴趣区（ROI），其中一个 ROI 放置在体模中心，另外四个均匀分布在四周（中心至边缘距离的 1/2 处），每个 ROI 的面积约 70 ～ 100mm^2，如图 8-12。记录下 5 个 ROI 区域的标准差值。在矢状位视图中沿着体模中心线放置 3 个 ROI，其位置分别位于体模底部至顶端距离的 1/4、1/2 和 3/4 处，如图 8-13。记录下 3 个 ROI 区域的标准差值。图像噪声 N 为 8 个 ROI 区域标准差的均值。

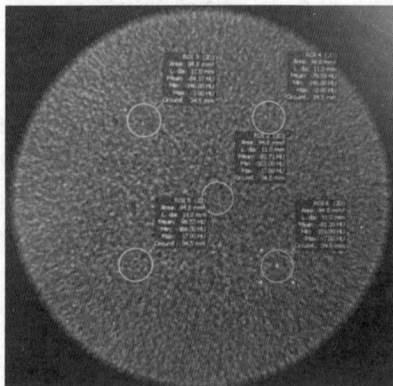

图 8-12　冠状位视图中 5 个 ROI 放置图

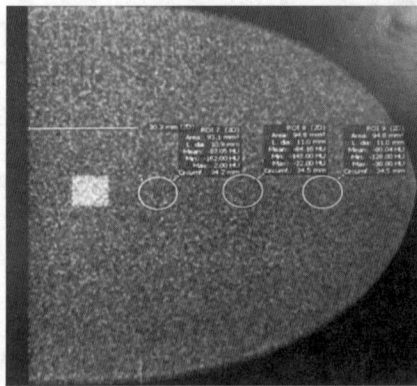

图 8-13　矢状位视图中 3 个 ROI 放置图

（2）结果评价：图像噪声需每月测量一次，厂家执行标准 ≤ 50 HU。

（二）水的 CT 值

1. 检测目的　通过设定 CT 值的灰度梯度，可显示各种物质对 X 射线的衰减能力，以水的 CT 值为标准，衡量系统的稳定性。

2. 检测工具　标准乳房体模。

3. 检测方法与结果评价

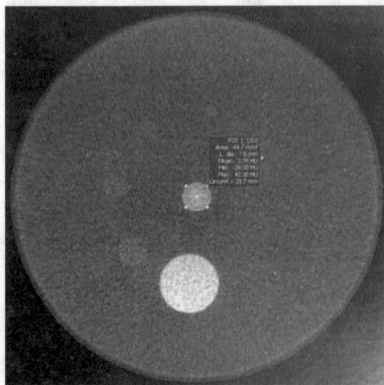

图 8-14　CT 值的准确性测试图

（1）测量：在标准乳房体模重建图像的冠状位视图中，将图像调整至 CT 值的准确性测试块所在层面，确保冠状位视图的层厚为 2.7mm。将 CT 值的准确性测试块放置一个圆形感兴趣区（ROI），ROI 的面积在 150 ～ 220mm^2（图 8-14），记录 ROI 的平均值，作为 CT 值的准确性的值。

（2）结果评价：水的 CT 值需每月测量一次，厂家执行标准 50 HU ± 20 HU。

（三）CT 值的均匀性

1. 检测目的　确定介质 CT 值的空间均匀性，均匀性测试是用一种简单而直观的方法来确定图像重建过程的精度。

2. 检测工具　标准乳房体模。

3. 检测方法与结果评价

（1）测量：在标准乳房体模重建图像的冠状位视图中，将图像调整至体模顶部下方 30mm 处，确保冠状位和矢状位视图的层厚 0.27mm。在冠状位视图中放置 5 个圆形感兴趣区（ROI），其中一个 ROI 放置在体模中心，另外四个均匀分布在四周（中心至边缘距离的 1/2 处），每个 ROI 的面积为 70 ～ 100mm^2（图 8-12）。记录下 5 个 ROI 区域的均值：M1、M2、M3、M4 和 M5。在矢状位视图中沿着体模中心线放置 3 个 ROI，其位置分别位于体模底部至顶端距离的 1/4、1/2 和 3/4 处（图 8-13）。记录下 3 个 ROI 区域的均值：M6、M7 和 M8。

（2）计算 8 个均值的平均 CT 值 CT_{BR}：

$$CT_{BR} = \sum_{i=1}^{8} M_i / 8 \tag{8-18}$$

根据上一步的结果，计算出 CT_{BR} 与 8 个均值的最大偏差为 CT 的均匀性：

$$Diff_{BR} = \max(|M_i - CT_{BR}|) \, where \, i \in \{1, 2, \cdots, 8\} \tag{8-19}$$

（3）结果评价：CT 值的均匀性需每月测量一次，厂家执行标准 ≤ 30 HU。

（四）高对比度分辨率

1. 检测目的　高对比度分辨率是对于给定图像中不同物体的空间分辨能力。由于解剖结构中有重要的高对比度分辨率细节（如乳腺组织中的钙化点），所以高对比度分辨率测试是一个重要的临床测试。高对比度微小物体的可视化主要受焦点尺寸、探测器像素尺寸、放大倍数和重建算法等产生的图像模糊的影响，所以该指标的测试可用于监控上述各种因素的变化。

2. 检测工具　标准乳房体模。

3. 检测方法与结果评价

（1）测量：在标准乳房体模重建图像的冠状位视图中，将图像调整至钙化点簇所在层面，确保冠状位视图的层厚为 2.7mm。调暗室内光线，仔细观察图像，检查所有钙化点簇的可见度，按照模体说明书记录所有六组钙化点中有哪些能观测到全部（6 个）钙化点（图 8-15）。

（2）结果评价：测试结果和模体说明书规定的技术参数进行比较。如上图各钙化点的直径由大到小分别为：S1:320μm，S2:290μm，S3:270μm，S4:240μm，S5:220μm，S6:160μm。

厂家标准 ≤ 290μm。

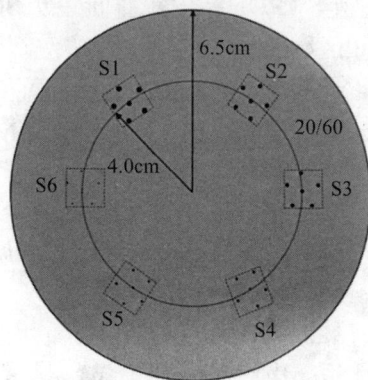

图 8-15　在冠状位视图中的钙化点簇

（五）低对比度分辨率

1. 检测目的　当细节与背景之间具有低对比度时，平板探测器能将低对比度的细节部分从背景中鉴别出来。乳腺的软组织细节具有低对比度，所以该指标的测试对于临床也是很重要的。乳腺 CBCT 的低对比度分辨率是对于给定图像中对 CT 值相近的物体的分辨能力，主要受图像噪声的振幅以及频率特性影响。

2. 检测工具　标准乳房体模。

3. 检测方法与结果评价

（1）测量：在标准乳房体模重建图像的冠状位视图中，将图像调整至低对比度分辨率

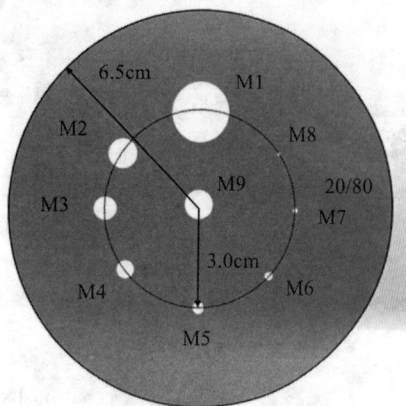

图 8-16　在冠状位视图中的"肿物"

测试块所在层面，确保冠状位视图的层厚为 2.7mm。参照模体说明书，检查低对比度"肿物"的可见度（图 8-16），记录最小可见低对比度"肿物"的直径。

（2）结果评价　测试结果和模体说明书规定的技术参数进行比较。如图 8-16 各"肿物"的直径由大到小分别为：M1:20mm，M2:10mm，M3:8mm，M4:6mm，M5:4mm，M6:3mm，M7:2mm，M8:1mm。

厂家标准 ≤ 6mm。

（六）对比度噪声比

1. 检测目的　评估对比度噪声比，即将如肿瘤样的目标与背景区分出来的能力。

2. 检测工具　标准乳房体模。

3. 检测方法与结果评价

（1）测量：在标准乳房体模重建图像的冠状位视图中，将图像调整至 CT 值的准确性测试块所在层面，确保冠状位视图的层厚为 2.7mm。在冠状位视图中（图 8-17），靠近 CT 值的准确性测试块的背景位置，放置一个圆形感兴趣区（ROI），ROI 的面积为 $70 \sim 100mm^2$，记录下 ROI 区域的均值 CT_{bg}。在直径 10mm 的低对比度分辨率测试块中放置一个圆形感兴趣区（ROI），ROI 的面积为 $30 \sim 40mm^2$，记录下 ROI 区域的均值 CT_{low}。

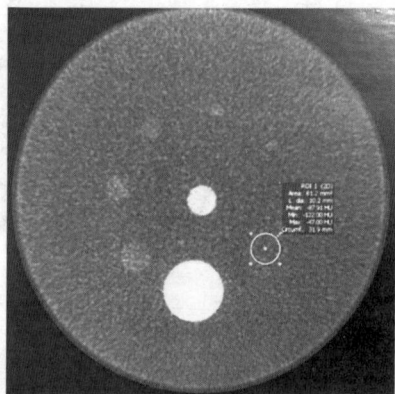

图 8-17　冠状位视图背景中 ROI 放置图

计算 CT_{low} 与 CT_{bg} 之间的差值 C_{low}。$C_{low} = CT_{low} - CT_{bg}$。

对比度噪声比（Contrast-to-Noise Ratio，CNR）为 C_{low} 与图像噪声值 N 的比值。

$$CNR = \frac{C_{low}}{N} \tag{8-20}$$

（2）结果评价：对比度噪声比需每月测量一次，厂家执行标准 > 0.7。

（七）伪影

1. 检测目的　在于检查重建图像中有无明显可见的结构，既不是物体的内部结构，也不能用噪声或系统调制传递函数来解释的纹理。

2. 检测工具　标准乳房体模。

3. 检测方法　在标准乳房体模重建图像中，按照模体说明书确定层厚，在冠状位、矢状位和横断位视图仔细检测所有重建图像中是否存在伪影。

第9章

牙科 X 射线设备

第一节　牙科 X 射线机

一、概述

自 1895 年德国物理学家伦琴发现 X 射线后，为自然科学和医学开辟了一条崭新的道路，在人类历史上具有极其重要的意义。

目前，随着人类社会的发展，X 射线应用于医学诊断，主要依据 X 射线的穿透、吸收、感光和荧光作用。根据成像胶片阴影浓淡的对比，结合临床表现、化验结果和病理诊断，即可判断人体某一组织是否异常。于是，X 射线诊断技术便成了世界上最早应用的非创伤性的内脏检查技术。

牙科 X 射线机，顾名思义就是专门为牙科医师辅助诊断和治疗口腔内牙齿疾患而研制应用的 X 射线诊断设备。随着科学技术的发展及口腔医学的不断进步，目前口腔 X 射线诊断设备的种类繁多，而且功能用途以及设备性能也日趋完善。按照牙科 X 射线设备影像接收器在口腔内和口腔外的位置可分为牙科口内 X 射线设备和牙科口外 X 射线设备。牙科口内 X 射线设备主要包括普通牙科 X 射线机，牙科口外 X 射线设备主要包括不含头颅摄影功能的口腔全景牙科机、含头颅摄影功能的口腔全景牙科机、口腔锥形束体层摄影设备（口腔 CBCT）等。目前市面上口腔 CBCT 一般多以"三合一"功能（即口腔 CT、口腔全景、头颅摄影功能于一体）为主。随着牙科 X 射线设备功能的不断优化，从最初的二维影像发展到了现在重建的三维影像，获得了更加全面的信息，为临床诊治带来了更加直观、全面的参考价值，大大提升了诊疗质量。本节主要介绍普通牙科 X 射线机，也称口内牙科 X 射线机。

二、设备的构成及工作原理

（一）设备的构成

普通牙科 X 射线设备主要由 X 射线球管、高压发生装置、限束集光筒、控制面板、机架（底座、座椅、立柱、支撑臂）、成像系统等构成。

（二）设备的分类

按照牙科 X 射线设备的体积大小及安装位置的要求，一般分为固定式牙科 X 射线机（图 9-1）、移动式牙科 X 射线机（图 9-2）和便携式牙科 X 射线机（图 9-3）三类。

图 9-1 固定式牙科 X 射线机

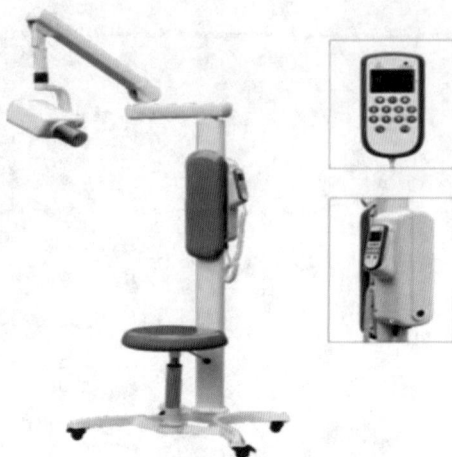

图 9-2 移动式牙科 X 射线机

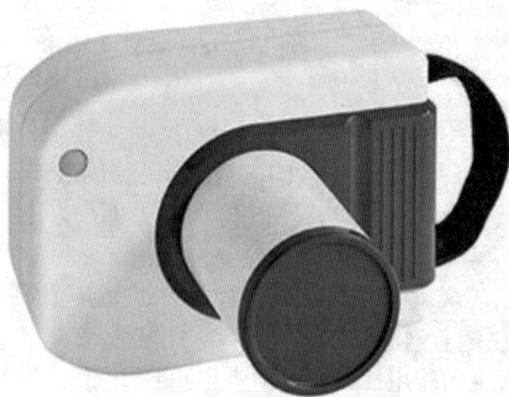

图 9-3 便携式牙科 X 射线机

（三）工作原理

X 射线成像，主要是利用 X 射线设备发射出 X 射线穿过人体不同组织和器官时，由于人体各组织和器官组成的不同以及 X 射线穿透能力的差别，对射线衰减程度不同，成像接收器接收到的衰减射线信号也就不同，从而在成像系统上显示出黑白不同的像素。结合受检者的临床表现以及其他辅助检查结果，即能确定体内病灶，为医师诊断提供诊疗依据。

X 射线球管是牙科 X 射线设备的主要部件，是一个高真空器件，包含两个电极：阴极主要是用于发射电子的灯丝，现代常用的是热阴极电子 X 射线管，通常用钨丝制成。阳极是用于接受电子轰击的靶材，通常由传热性好、熔点较高的金属材料制成。由于阳极产生热量的聚集，现在常用旋转阳极来提高热容量。

其工作原理是在真空 X 射线管内，阴极发出的电子束，在高压电场的作用下，高速运动撞击靶材料，高速运动的电子束受到阳极靶材料的急剧阻止，瞬间在阳极靶面上产生能量的转换，大部分转变为热量，另一小部分在韧致辐射的作用下，使阳极靶材料电子发生跃迁并产生 X 射线，通过限束装置输出并在胶片上或成像接收器上显像。

牙科 X 射线机成像系统性能的优劣直接影响牙科 X 射线机整体性能的好坏，直接决定诊断依据的可靠性。目前常用的牙科 X 射线机按照成像介质、成像原理以及成像方式，一般分为普通水洗胶片成像（图 9-4、图 9-5）、计算机成像（图 9-6）和直接数字化成像（图 9-7）三类。其中普通水洗胶片成像又分为暗室冲洗和明室冲洗两种方式，由于暗室冲洗胶片需要配制显影液和定影液，而两种液体不稳定，不能长期保存使用，操作复杂，已很少使用。目前使用的胶片冲洗法多为明室冲洗胶片，拍摄完成后不需要在暗室中冲洗胶片，而直接在牙片袋内注入一次性冲洗液即能使胶片在一分钟内自动成像。极大地缩短了成像的时间，操作更加便捷。普通水洗胶片成像的原理主要是运用了光化学理论。其成像的核心物质为卤化银，使用最多的一般为溴化银，溴化银具有很强的感光性能，当 X 射线穿过人体不同组织和器官时，由于人体各组织和器官组成的密度不同，而 X 射线的吸收率与人体的组织密度成正比，组织密度高则对 X 射线吸收率高，X 射线衰减程度大，透过人体组织的 X 射线少，胶片上溴化银还原程度低，通过显影和定影作用后胶片表现为白色；相反，人体组织密度低则对 X 射线吸收率低，X 射线衰减程度小，透过人体组织的 X 射线多，胶片上的溴化银还原程度高，则胶片表现为黑色。

　　虽然普通水洗胶片成像成本低廉，但胶片成像都需要使用化学试剂，过程复杂，耗时较长，最为严重的是，无论显影液、定影液还是一次性冲洗液都含有一定量的重金属物质，处理不当极易造成环境的污染，计算机成像和直接数字化成像方式就很好地避免了这一突

图 9-4　简易式牙科冲洗暗箱图

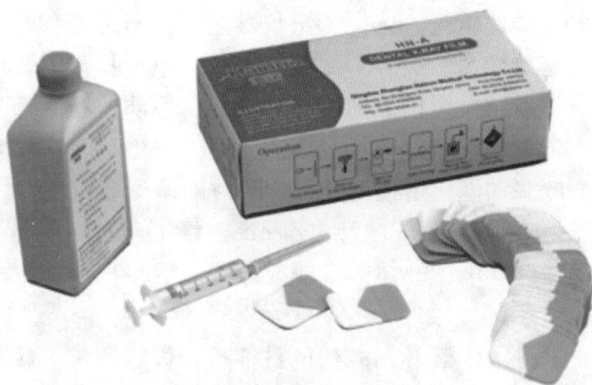

图 9-5　明室牙科冲洗胶片

图 9-6　牙科计算机成像设备

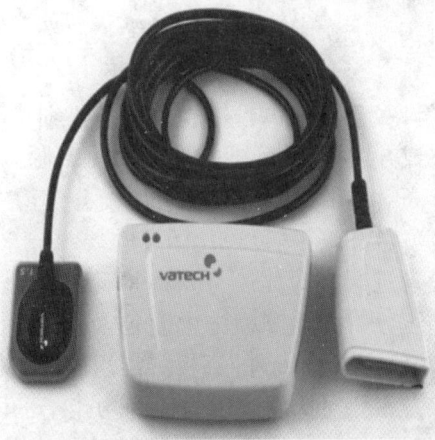

图 9-7　直接数字化成像设备

出问题，而且操作便捷，成像质量更高，还可以在计算机上进行简单的图像后处理工作，极大地缩短了患者的等待时间，提高了诊疗质量。

三、检测指标与方法

（一）检测仪器的选择

按照《医用 X 射线诊断设备质量控制检测规范》（WS 76—2020）标准的要求，新安装、重大维修或更换重要部件后的牙科 X 射线设备应委托具有资质的检验检测技术服务机构进行验收检测；处于正常使用状态的牙科 X 射线设备，应按要求每年进行一次状态检测。以此来判定设备性能是否持续符合随机文件中所列指标要求、双方合同或协议中技术条款或者标准的要求。另外，医疗机构还需按要求定期进行稳定性检测。检测用仪器应根据有关规定进行检定或者校准，其结果应能溯源。

测量结果的溯源，是保证检验检测结果一致性、准确性和有效性的重要手段。对检验检测结果的准确性或有效性有显著影响的仪器设备，包括辅助测量设备（如测量环境条件的设备），在投入使用前都应进行检定／校准，以保证测量结果的溯源性。

仪器检定或者校准完成后，会产生一组或多组修正因子，需要检验检测技术员进行检定或校准证书的确认，正确的使用修正因子，以保证测量结果与国家基准一致，确保检测结果的准确性和溯源性。

由此可见，选择测量仪器之前，首先要保证测量仪器已经过检定／校准且结论合格并在有效检定／校准时限内使用，才能保证检验检测结果的准确性和科学性。

目前按照相关标准的要求，使检测过程更加的便于操作，多采用非介入方法进行，此类方法对环境条件要求比较宽松。对于牙科 X 射线机的性能检测，主要检测设备包括 X 射线多功能质量检测仪和牙科性能检测专用模体。目前使用的 X 射线多功能质量检测仪多采用集管电压 kV、管电流 mA、管电流时间积 mAs、辐射输出量、半值层、曝光时间指示等检测功能于一体的多功能探头，数字直读式主机可通过无接触式进行数据传输，实现便捷检测。

对于牙科 X 射线机的性能检测设备，配置应有较多的测量功能，有产自瑞典 RTI 公司的 Barracuda 型 X 射线多功能质量检测仪，或者经过技术不断改进后的 B-Piranha 型 X 射线多功能质量检测仪；UNFORS 公司生产的 RaySafe Xi 型 X 射线多功能质量检测仪；目前，也有诸如中国测试技术研究院生产的 NT 2100 型等国产 X 射线多功能质量检测仪。这些设备都能实现一次曝光即可得千伏、剂量、剂量率、曝光时间、半值层等参数，能够很好满足对于牙科 X 射线设备在现行标准条件下所列举的性能检测指标的要求。

牙科 X 射线机的性能检测设备详细功能介绍请参考本书第 3 章，本节不再赘述。

完成牙科 X 射线机的性能检测，除以上设备，还需使用牙科性能检测模体（图 9-8）来进行高对比度分辨力和低对比度分辨力的检测。按照《医用 X 射线诊断设备质量控制检测规范》（WS 76—2020）标准的要求，采用高对比度分辨力测试卡对数字成像的牙科 X 射线设备进行高对比度分辨力检测的，分辨力测试卡检测范围必须满足 1.6 ～ 3.0lp/mm，低对比度分辨力检测模体中应包含其模体上有直径为 1.0mm、1.5mm、2.0mm、2.5mm 的圆孔，厚度为 0.5mm 的铝板。常用的牙科性能检测模体严格按照该标准的要求，集高对比度分辨力和低对比度分辨力检测功能于一体，能够满足检测的要求。为了测量设备影像接收器的剂量，模体上面部分是由不同锥状尺寸的中心环和 6mm 铝板衰减层，不同的锥状尺寸用来匹配不同的牙科 X 射线设备的集光筒尺寸直径，模体中间部分是高对比度分辨力测试卡和带有低对比度分辨力圆孔测试铝板，模体下面部分带有用于剂量仪探测器或口内机影像接收器的插口，用于 X 射线多功能质量检测仪探测器的固定，对于 UNFORS 公司生产的 RaySafe Xi 型 X 射线多功能质量检测仪，可将多功能探头插入此插口内进行曝光检测，可以起到很好的支撑和固定作用。

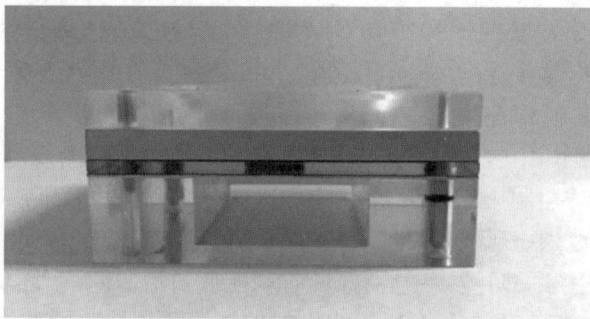

图 9-8　牙科性能检测模体

（二）检测依据

对于牙科 X 射线机的性能检测，依据的标准有以下几个阶段：

第一阶段。在《医用 X 射线诊断放射防护要求》（GBZ 130—2013）标准出台以前，当时的检验检测机构数量较少，各机构所开展的检测项目也差距较大。仅有少数的检验检测机构具备牙科 X 射线机性能检测的能力。查阅所依据的标准，仅有由国家质量监督检验检疫总局、中国国家标准化管理委员会 2005 年出台的《医用成像部门的评价及例行试验第 3-4 部分：牙科 X 射线设备成像性能验收试验》（GB/T 19042.4-2005/IEC 61223-3-4：2000）标准可参照，该标准部分内容适用于具有口内 X 射线影像接收器的牙科 X 射线设备和具有口外 X 射线影像接收器的牙科 X 射线设备（例如，牙科全景 X 射线设备、头颅 X 射线设备）的性能验收试验。该标准规定了口内牙科 X 射线设备性能检测的指标及具体的试验方法，包括目测和功能试验（现场查验随机文件等内容）、X 射线管电压、总滤过、X 射线管的焦点、X 射线束的限制和校准、焦点到皮肤的距离、辐射输出的重复性、线对分辨率、低对比分辨率 9 项指标。虽然此标准列举了检测的指标以及具体的检测方法，但是各项检测指标均未给出判定值，检测结果无法准确统一的判定。

第二阶段。为了尽快使国家标准与飞速发展的 X 射线诊疗设备相适应，2013 年由北京市疾病预防控制中心、中国疾病预防控制中心辐射防护与核安全医学所、江苏省疾病预防控制中心起草，中华人民共和国国家卫生和计划生育委员会出台的《医用 X 射线诊断放射防护要求》（GBZ 130—2013）标准部分章节给出了牙科 X 射线机的防护性能检测指标以及评判标准，共规定了管电压、管电压指示的偏离、半值层、曝光时间指示的偏离、集光筒出口平面的最大几何尺寸（直径／对角线）5 项指标。其中前四项检测指标的检测方法依据《医用常规 X 射线诊断设备影像质量控制检测规范》（WS 76—2011）的要求，第五项检测指标的检测方法依据《医用 X 射线诊断放射防护要求》（GBZ 130—2013）的检测要求。该标准的实施很大程度上解决了牙科 X 射线设备性能检测无适用标准可依的现实问题，具有一定的里程碑意义。

第三阶段。由中国疾病预防控制中心辐射防护与核安全医学所、北京市疾病预防控制中心、北京大学口腔医院、福建省职业病与化学中毒预防控制中心、北京市朝阳区疾病预防控制中心起草，中华人民共和国国家卫生和计划生育委员会出台的标准《牙科 X 射线设备质量控制检测规范》（WS 581—2017），该标准实施后，牙科 X 射线设备性能检测有了专用的检测标准可依据，使牙科 X 射线设备性能检测更加具有规范性、准确性和统一性。该标准于 2018 年 5 月 1 日实施，直至 2021 年被新发布的标准替代。

第四阶段。也就是现阶段，2020 年，放射卫生界放射卫生检测标准发生了很大的变化，包括同类放射诊疗设备标准的整合、更新，其中医用 X 射线影像诊断类发布了《医用 X 射线诊断设备质量控制检测规范》（WS 76—2020），该标准整合代替了医用 X 射线设备性能检测的 7 个标准，其中包括《牙科 X 射线设备质量控制检测规范》（WS 581—2017），该标准由中国疾病预防控制中心辐射防护与核安全医学所、北京市疾病预防控制中心、江苏省疾病预防控制中心、中国医学科学院放射医学研究所、首都医科大学附属北京同仁医院、福建省职业病与化学中毒预防控制中心、江西省职业病防治研究院、北京大学口腔医院起草，于 2021 年 5 月 1 日实施。目前牙科 X 射线机的性能检测依据此标准执行。

（三）检测指标

《医用 X 射线诊断设备质量控制检测规范》（WS 76—2020）规定了管电压指示的偏离、辐射输出量重复性、曝光时间指示的偏离、有用线束半值层、高对比度分辨力、低对比度分辨力 6 项指标。各指标的设置更加贴近临床实际，更具科学性和实用性。目的在于通过检测牙科 X 射线机的各项指标性能，在保证获得清晰的符合临床诊断需要的影像前提下，更加准确地控制受检者的受照剂量，保障受检者的健康权益。下面逐一对各项检测指标进行详细介绍。

1. 管电压指示的偏离　目前常见的口内牙科 X 射线机管电压分为固定管电压和可调节管电压两种。固定管电压牙科 X 射线机比较多见，管电压一般为 60kV、65kV、70kV 三种，可调节管电压范围一般为 60 ～ 70kV，步进一般为每 5kV 为一档，可根据受检者体型及年龄等因素选择合适的管电压来降低照射剂量，使在获得理想的诊断影像前提下将受检者的受照剂量控制在可合理达到的尽可能低的水平。对于验收检测，可调节管电压的牙科 X 射线机应对最低档位、中间档位、最高档位的管电压进行检测；对于状态检测，可选择设备的常用管电压档进行检测，该项检测方法步骤如下：

（1）检测前准备，设备调试。将 X 射线多功能质量检测仪连接好后开机预热，调试多功能质量检测仪探测器接收平面与牙科 X 射线机的集光限束筒平面垂直并且尽可能靠近集光限束筒出口位置，保证探测器有效测量点位于主射束中心轴并使探测器表面与主射束中心轴垂直，确保 X 射线束完全覆盖探测器。

（2）选择常用的曝光条件进行曝光、测量。由于此类设备一般管电流为固定值，不可调节。设备生产时根据牙齿的类型以及位置的不同设置不同的曝光时间，此项指标检测时，可选择在常用的曝光时间条件下进行检测。

（3）检测要求及数据计算。关于管电压指示的偏离检测，每档位要至少进行重复曝光 3 次，及时记录每一次的曝光检测数据并计算其平均值。管电压指示值的偏差按照公式（9-1）进行计算：

$$E_V = \frac{\overline{V_i} - V_0}{V_0} \times 100\% \tag{9-1}$$

式中：

E_V——管电压指示的相对偏差；

$\overline{V_i}$——管电压测量值的平均值，kV，（实际计算时应根据校准因子进行修正）；

V_0——管电压设置值，kV。

（4）记录格式示例如下图 9-9 所示。

（1）管电压指示的偏离

（1.1）（□ 口内机 / □ 口外机全景摄影功能）

预设值 kV	测量值 kV（V_i）			$V_i = \dfrac{(\overline{V_i} \times h) - V_0}{V_0} \times 100\%$
V_0	V_1	V_2	V_3	

（1.2）（□ 口外机头颅摄影功能）

预设值 kV	测量值 kV（V_i）			$V_i = \dfrac{(\overline{V_i} \times h) - V_0}{V_0} \times 100\%$
V_0	V_1	V_2	V_3	

（注：$\overline{V_i} = \dfrac{V_1 + V_2 + V_3}{3}$ ）

图 9-9 牙科 X 射线设备质量控制检测记录（局部）

（5）结果评价：口内机、口外机管电压指示的相对偏差均应在 ±10.0% 以内。

2. 辐射输出量重复性 此项指标可直观地反映牙科 X 射线机的稳定性，重复性越好，射线出束越稳定，成像质量越好，同一组织成像差异性越小。该项指标为口内牙科 X 射线设备专用指标，检测方法步骤如下：

（1）检测前准备，设备调试。此项检测指标与管电压指示的偏离相同，也是利用 X 射线多功能质量检测仪来完成，设备调试步骤参考管电压指示的偏离指标进行。

（2）选择常用的曝光条件进行曝光检测。根据被检设备控制面板上牙齿的类型及位置的不同选择常用成人的曝光条件进行检测。

（3）检测要求及数据计算。关于输出量重复性的检测，至少进行重复曝光 5 次，及时记录每一次的曝光检测数据并计算平均值。输出量重复性按照公式（9-2）进行计算：

$$CV = \frac{1}{\overline{K}} \sqrt{\frac{\sum (K_i - \overline{K})^2}{(n-1)}} \times 100\% \qquad (9\text{-}2)$$

式中：

CV——变异系数，%；

K_i——输出量单次测量值，mGy/mAs，（实际计算时应根据校准因子进行修正）；

$\overline{K}$——n 次输出量测量值的平均值，mGy/mAs，（实际计算时应根据校准因子进行修正）；

n——输出量测量总次数。

（4）记录格式示例如图 9-10 所示。

（2）辐射输出量重复性（口内机检测项）

检测条件：管电压　　kV 管电流　　mA 曝光时间　　s/ 管电注销时间积　　mAs。

测量次数 n	1	2	3	4	5
输出量 K，mGy/mAs					
平均值 $\overline{K}$，mGy/mAs		$CV = \dfrac{1}{\overline{k}}\sqrt{\dfrac{\sum\limits_{i=1}^{n}(k_i - \overline{K})^2}{n-1}} \times 100\%$			

图 9-10　牙科 X 射线设备质量控制检测记录（局部）

（5）结果评价：口内机辐射输出量重复性应 ≤ 5.0%。

3. 曝光时间指示的偏离　从放射防护最优化原则角度考虑，X 射线设备曝光时间的准确与否可直接影响受检者所接受的辐射剂量的大小。

曝光时间向负方向偏离，则实际曝光时间小于预置值，偏离超过标准规定范围，可能造成输出量减小，曝光度不足，图像颜色过浅；曝光时间向正方向偏离，则实际曝光时间大于预置值，偏离超过标准规定范围，可能造成输出量增大，曝光过度，图像颜色过深。以上两种情况均可对影像质量及诊断造成一定影响，所以控制好曝光时间，使其偏离在规定范围内尤为重要。此项指标检测方法步骤如下：

（1）检测前准备，设备调试。此项检测指标与管电压指示的偏离相同，也是利用 X 射线多功能质量检测仪一次曝光所显示的多种检测参数来完成，设备调试步骤参考管电压指示的偏离指标进行。

（2）选择常用的曝光条件进行曝光检测。根据被检设备控制面板上牙齿的类型及位置的不同选择常用成人的曝光条件进行检测。在临床工作中遇特殊情况时，曝光时间可根据实际拍摄需要再进行微调，以满足拍摄条件的要求，保证影像质量。

（3）检测要求及数据计算。关于曝光时间偏离的检测，至少进行重复曝光 3 次，及时记录每一次的曝光检测数据并计算平均值。口内牙科 X 射线设备曝光时间指示的偏离的计算分以下三种情况进行。

①当曝光时间预置值小于 400ms 时，判定值应选择 ±20ms，测量数据按照公式（9-3）进行计算：

$$E_T = \overline{T_i} - T_0 \tag{9-3}$$

式中：

E_T——曝光时间指示的偏离，ms；

$\overline{T_i}$——曝光时间测量值的平均值，ms；

T_0——曝光时间预置值，ms。

②当曝光时间预置值大于 400ms 时，判定值应选择 ±5% 内，测量数据按照公式（9-4）进行计算：

$$E_T = \frac{\overline{T_i} - T_0}{T_0} \times 100\% \qquad (9\text{-}4)$$

式中：

E_T——曝光时间指示的偏离，%；

$\overline{T_i}$——曝光时间测量值的平均值，ms；

T_0——曝光时间预置值，ms。

③当曝光时间预置值等于 400ms 时，按照公式 9-3 或 9-4 进行计算均可。

（4）记录格式示例如图 9-11 所示。

（3）曝光时间指示的偏离

（3.1）（□ 口内机 / □ 口外机全景摄影功能）

检测条件：管电压　　kV，管电流　　mA，曝光时间　　mAs。

预设值 ms	测量值 ms（T_i）			$E_T = \dfrac{\overline{T_i} - T_0}{T_0} \times 100\%$	$E_T = \overline{T_i} - T_0$
T_0	T_1	T_2	T_3		

图 9-11　牙科 X 射线设备质量控制检测记录（局部）

（5）结果评价：《医用 X 射线诊断设备质量控制检测规范》（WS 76—2020）标准对口内牙科 X 射线设备曝光时间指示的偏离判定标准统一规定为"±5% 内或 ±20ms，以较大者控制"、口外机为 ±（5%+50ms）内。

4. 有用线束半值层　该项指标可反映被检设备过滤低能量杂散射线的能力大小，降低受检者的辐射吸收剂量。

半值层测量方法分为铝片法和多功能剂量仪直接测量法，铝片法在前面章节也有述及，本章节仅介绍使用比较广泛的多功能剂量仪直接测量法，测量方法步骤如下：

（1）检测前准备，设备调试。此项检测指标与管电压指示的偏离相同，也是利用 X 射线多功能质量检测仪一次曝光所显示的多种检测参数来完成，设备调试步骤参考管电压指示的偏离指标进行。

（2）选择常用的曝光条件进行曝光检测。根据被检设备控制面板上牙齿的类型及位置的不同选择常用的曝光条件进行检测并及时记录检测数据。

（3）检测要求及数据计算。设置 1-3 挡被检设备常用管电压进行曝光，直接记录测量数据并计算平均值。

（4）记录格式示例如图 9-12 所示。

（4）有用线束半值层

（4.1）（□ 口内机 / □ 口外机全景摄影功能）

管电压 kV	测量值 mmAl			结果 = $\dfrac{HVL_1 + HVL_2 + HVL_3}{3}$，mmAl
	HVL_1	HVL_2	HVL_3	

图 9-12　牙科 X 射线设备质量控制检测记录（局部）

☆★☆☆

（5）结果评价：牙科 X 射线设备的半值层不低于表 9-1 的要求。

表 9-1　牙科 X 射线设备的半值层^①

设备类型	管电压 /mA		半值层 /mmAl
	正常使用 kV 范围	测量 kV	
口内机	60 ～ 70	60	1.5
		70	1.5
	60 ～ 90	60	1.8
		70	2.1
		80	2.3
		90	2.5
其他牙科设备	60 ～ 70	60	1.3
		70	1.5
	60 ～ 125	60	1.8
		70	2.1
		80	2.3
		90	2.5
		100	2.7
		110	3.0
		120	3.2
		125	3.3

注：①本表引自《医用 X 射线诊断设备质量控制检测规范》WS 76—2020

5. 高对比度分辨力　在规定的条件下成像从图像中能够分辨的规定线组测试卡中的最高空间频率，单位为 lp/mm，也称线对分辨率或空间分辨率。此项指标检测方法步骤如下：

（1）模体摆放。将牙科性能专用检测模体平面与牙科 X 射线机的集光限束筒平面垂直并且尽可能靠近集光限束筒出口位置，保证检测模体中心位于主射束中心轴并使模体平面与主射束中心轴垂直。检测模体摆放及测试示意图见图 9-13。

（2）选择曝光条件进行检测。按照检测设备厂家推荐的检测条件或选择常用的成人曝光条件进行曝光检测。

（3）被检设备须为数字成像设备，曝光完成后在高分辨显示器上读取影像，观察可分辨的线对组数。

（4）记录格式示例如图 9-14 所示。

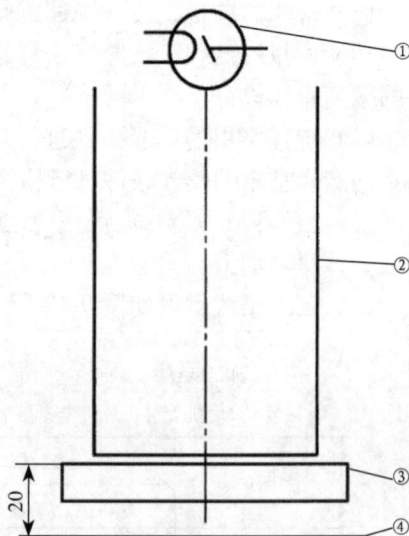

图 9-13　牙科 X 射线机分辨力检测模体摆放及测试示意图

注：①牙科 X 射线机球管；②集光限束筒；③牙科性能检测模体；④影像接收器平面

（5）高对比度分辨力（数字成像设备检测项）

设备类型 / 功能	检测条件	线对数（lp/mm）
□口内机 / □口外机全景摄影功能		
□口外机头颅摄影功能		

图 9-14　牙科 X 射线设备质量控制检测记录（局部）

（5）结果评价：对数字成像牙科设备，高对比度分辨力要求≥ 2.0 lp/mm。

6. **低对比度分辨力**　均匀背景条件下能够分辨的规定物体的最低对比度细节物，单位一般为 mm。此项指标检测方法与高对比度分辨力检测方法相同，步骤如下：

（1）模体摆放。与高对比度分辨力检测相同，将牙科性能专用检测模体平面与牙科 X 射线机的集光限束筒平面垂直并且尽可能靠近集光限束筒出口位置，保证检测模体中心位于主射束中心轴并使模体平面与主射束中心轴垂直。检测模体摆放及测试示意图见图 9-13。

（2）选择曝光条件进行检测。按照检测设备厂家推荐的检测条件或选择常用的成人曝光条件进行曝光检测。

（3）该项指标仍要求被检设备须为数字成像设备，曝光完成后在高分辨显示器上读取影像，观察可分辨的最小对比度细节。

（4）记录格式示例如图 9-15 所示。

（6）低对比度分辨力（数字成像设备检测项）

设备类型 / 功能	检测条件	可分辨最小低对比细节（mm）
□口内机 / □口外机全景摄影功能		
□口外机头颅摄影功能		

图 9-15　牙科 X 射线设备质量控制检测记录（局部）

（5）结果评价：对数字成像牙科设备，低对比度分辨力要求可分辨 0.5mm 厚铝板上 1mm 直径孔。

（四）检测主要问题与实例

在检测过程中，牙科 X 射线机的质量控制检测一般问题集中在管电压指示的偏离和曝光时间指示的偏离两项指标上。

牙科 X 射线机的质量控制检测方法相对简单，严格按照有关标准要求及本节介绍的方法步骤去检测，都会很顺利的完成。

对于长时间不使用的牙科 X 射线机，按照标准要求进行检测，结果显示管电压指示的偏离和曝光时间指示的偏离均不符合有关国家标准要求。具体原因可能为牙科 X 射线机长时间不使用，尽管 X 射线球管真空度很高，但仍然会存在少量的残余气体分子，这些残余气体分子一般会分布在管件里边，长时间停机后启用会导致这些气体分子分布异常，甚至导致异常放电。另外，电子元器件受潮或 X 射线球管灯丝老化均有可能会出现以上情况。

处理办法：预热球管，首先从设置最小条件进行曝光，循序渐进地增加曝光条件，一

☆★☆☆

直到满足检测曝光条件为止，后续再进行检测则显示管电压指示的偏离及曝光时间指示的偏离满足有关检测标准要求。

第二节　口腔全景牙科机

一、概述

随着科技的进步，人民生活水平的提高，越来越多的人开始注重口腔的卫生保健，各级各类型的医疗机构也开始加大对口腔医学的投入，以此来满足人们的需求。

由于普通的牙科 X 射线机限束集光筒自身的局限性，一次曝光最多能清晰地在胶片上显示 1～2 颗牙齿的影像，只能针对某一颗牙齿或某一部位进行拍摄成像观察，周围相邻的组织结构不能全面地显示出来，很多时候并不能完全确定疼痛是由哪一颗牙齿引起的，不能够为口腔医师提供全面的口腔疾病的诊断参考依据。为了满足临床诊断需要，更加全面的了解患者口腔疾病状况，口腔全景牙科机便应运而生。口腔全景牙科机具有全景拍摄功能，成像速度快，分辨率高，图像清晰，操作便捷，还具有强大的图像后处理系统，更大程度的辅助口腔医师诊断患者的病情。

牙齿具有切割、撕碎、研磨食物的功能，可以让我们快乐的享受美味佳肴，为机体提供必要的营养物质。同时，牙齿也是我们容貌的重要组成部分，对我们整体的容貌而言是不可或缺的一部分，洁白整齐的牙齿会让我们给人带来更多的视觉上的美感。随着人民对美好生活的追求，口腔健康不仅仅是牙齿不痛，牙齿的整齐美观越来越受到人们的重视，虽然口腔全景牙科机能够将弧形的牙骨清楚地拍摄出来，但是美观还需要参考颌骨的生长情况，因此，许多厂家在口腔全景牙科机的基础上增加了头颅摄影的功能，能够清楚地拍摄颌骨的生长状态，为牙齿的正畸及整个口腔牙齿的美观所需的解剖学影像提供了很好的参考。

二、设备的构成及工作原理

（一）设备的构成

口腔全景牙科机主要由 X 射线球管、高压发生装置、限束器、控制面板、立柱、升降架、旋转装置、激光定位器、成像系统等构成。口腔全景牙科机一般带有头颅摄影功能。

（二）工作原理

口腔全景牙科机，顾名思义，是利用不同组织对 X 射线的吸收不同的原理，根据患者的颌骨弧线通过步进电机调整成像轨迹，拍摄过程中，患者保持位置不动，X 射线球管和成像接收器绕患者脸部同步旋转一周成像，通过图像分析软件，综合生成口腔牙齿全景图，口腔全景牙科机一次曝光可以将全口牙列的体层影像显示在一张胶片上，且可将双侧上下颌骨、颞下颌关节、上颌窦、鼻腔等部位同时显示，为口腔临床医师提供重要的诊断参考依据。

三、检测指标与方法

（一）检测仪器的选择

与普通牙科 X 射线机类似，按照《医用 X 射线诊断设备质量控制检测规范》（WS 76—2020）标准的要求，新安装或者大修后的牙科 X 射线设备应委托有资质的检验检测机构进行验收检测；处于正常使用状态的牙科 X 射线设备，应按要求每年进行一次状态检测，所有检测仪器应根据有关规定进行检定或者校准，其结果应能溯源，包括修正因子的正确使用。

对于口腔全景牙科机的性能检测，也多采用非介入方法进行。主要检测设备包括 X 射线多功能质量检测仪和牙科性能检测专用模体。本章第一节介绍的检测仪器均能够满足检测项目的开展。

与牙科 X 射线机性能检测所不同的是，口腔全景牙科机所用的牙科性能检测模体（图 9-8）进行高对比度分辨力和低对比度分辨力的检测时，还需在全景牙科机的 X 射线球管出线口处增加 0.8mm 的铜板附加衰减层来共同完成高对比度分辨力和低对比度分辨力的检测。

（二）检测依据

与牙科 X 射线机的检测依据相同，口腔全景牙科机的检测依据同样经历了四个阶段的变化发展，目前口腔全景牙科机的性能检测依据国家卫生健康委员会发布并于 2021 年 5 月 1 日实施的《医用 X 射线诊断设备质量控制检测规范》（WS 76—2020）进行。

（三）检测指标

与普通牙科 X 射线机性能检测指标比较，口腔全景牙科机的性能检测指标既有相同之处，也有不同之处。按照《医用 X 射线诊断设备质量控制检测规范》（WS 76—2020）标准的要求，口腔全景牙科机的性能检测包括管电压指示的偏离、曝光时间指示的偏离、有用线束半值层、高对比度分辨力、低对比度分辨力五项指标。与普通牙科 X 射线机性能检测指标比较，该标准对口腔全景牙科机辐射输出量重复性的检测未做要求。下面逐一对各项检测指标进行详细介绍。

1. 管电压指示的偏离　目前常见的口腔全景牙科机多带有头颅摄影功能，且管电压多为可调节管电压。常见的口腔全景牙科机的全景摄影功能和头颅摄影功能管电压的调节范围最低一般为 60kV，最高可达 90kV。最低档管电压和最高档管电压之间一般步进为 1kV，为方便技师操作，厂家在出厂时会根据拍摄的模式及部位提前在系统内部设定好典型曝光参数，如遇特殊体型患者，技师可根据受检者体型及年龄等因素适当增减管电压，选择合适的曝光参数来降低照射剂量，使在获得理想的诊断影像前提下将受检者的受照剂量控制在可合理达到的尽可能低的水平。该项检测方法步骤如下：

（1）检测前准备，设备调试。将 X 射线多功能质量检测仪连接好后开机预热。由于口腔全景牙科机的球管位置及结构的特殊性，对检测仪器探测器的摆放位置提出了很高的要求，检测仪器位置摆放的准确与否直接关系到检测数据的可靠性和真实性。为保证测量结果的准确性和可靠性，对于全景摄影功能，需将免冲洗胶片贴于影像接收器表面，按照免冲洗胶片厂家要求曝光条件进行曝光，以准确定位全景摄影模式下主线束的具体位置（具体做法详见图 9-16）。确定好主线束具体位置后，将检测仪器探测器置于被检设备影像接收器上，其有效测量点位于主射束中心轴并使探测器表面与主射束中心轴垂直，测试示意图见图 9-17。

对于头颅摄影功能，也需先将免冲洗胶片贴于次级光阑外侧表面，按照免冲洗胶片厂家要求曝光条件进行曝光，以准确定位头颅摄影模式下射野的具体位置，确定好射野具体位置后，将检测仪器探测器置于被检设备次级光阑外侧表面，其有效测量点位于射野主射束中心轴并使探测器表面与射野主射束中心轴垂直，测试示意图见图 9-18。

☆☆☆☆

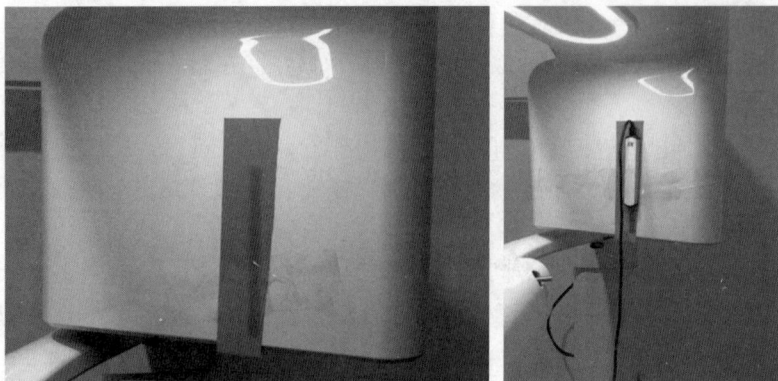

图 9-16 全景牙科 X 射线机检测寻找主射束位置示意图

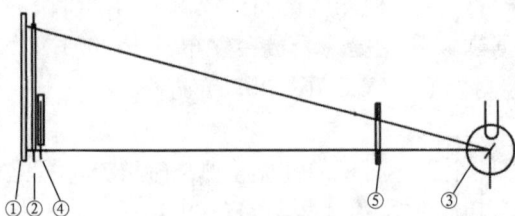

图 9-17 全景牙科 X 射线机全景摄影功能性能检
测探测器摆放及测试示意图
①全景牙科 X 射线机影像接收平面；②次级光阑；
③全景牙科 X 射线机球管；④检测设备探测器；
⑤初级光阑

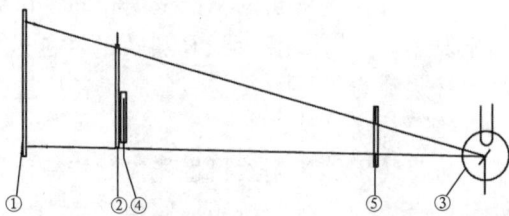

图 9-18 全景牙科 X 射线机头颅摄影功能性能检
测探测器摆放及测试示意图
①全景牙科 X 射线机影像接收平面；②次级光阑；
③全景牙科 X 射线机球管；④检测设备探测器；
⑤初级光阑

（2）按照检测类别（验收检测、状态检测、稳定性检测）选择适当的曝光条件进行曝光检测。对于验收检测，全景摄影功能和头颅摄影功能均需调节管电压为最低、中间、最高三档，每一档管电压都应进行检测。对于状态检测，可在每种曝光模式下选择常用管电压档进行检测。

（3）检测要求及数据计算。关于管电压指示的偏离检测，每档位要至少进行重复曝光 3 次，及时记录每一次的曝光检测数据并计算其平均值。管电压指示值的偏差仍需按照普通牙科 X 射线机管电压指示的偏离计算公式（9-1）进行计算。

（4）记录格式详见图 9-9 所示。

（5）结果评价：管电压指示的相对偏差均应在 ±10.0% 以内。

2. 曝光时间指示的偏离 此项指标检测方法步骤如下：

（1）检测前准备，设备调试。将 X 射线多功能质量检测仪连接好后开机预热，按照管电压指示的偏离中步骤（1）的检测方法，分别在全景摄影功能和头颅摄影功能下使探测器有效测量点位于主射束中心轴并使探测器表面与主射束中心轴垂直。

（2）选择常用的曝光条件进行曝光检测。根据被检设备系统内部设定好的常用成人的曝光条件进行检测。

（3）检测要求及数据计算。关于曝光时间指示的偏离的检测，至少进行重复曝光 3 次，及时记录每一次的曝光检测数据并计算平均值。由于《医用 X 射线诊断设备质量控制检测规范》（WS 76—2020）标准对口外牙科 X 射线设备曝光时间指示的偏离验收检测、状态检测判定标准统一规定为"±（5%+50ms）内"。所以对于口腔全景牙科机曝光时间指示的偏离的计算应按照公式 9-3 进行计算。

（4）记录格式示例详见图 9-11 所示。

（5）结果评价：曝光时间指示的偏离要求在 ±（5%+50ms）内。

3. 有用线束半值层　半值层测量方法分为铝片法和多功能剂量仪直接测量法，本章节仅介绍使用比较广泛的多功能剂量仪直接测量法，测量方法步骤如下：

（1）检测前准备，设备调试。将 X 射线多功能质量检测仪连接好后开机预热，按照管电压指示的偏离中步骤（1）的检测方法，分别在全景摄影功能和头颅摄影功能下使探测器有效测量点位于主射束中心轴并使探测器表面与主射束中心轴垂直。

（2）选择常用的曝光条件进行曝光检测。分别在被检设备全景摄影功能和头颅摄影功能下选择常用的曝光条件进行检测并及时记录检测数据。

（3）检测要求及数据计算。设置 1 ~ 3 挡被检设备常用管电压进行曝光，直接记录测量数据并计算平均值。

（4）全景摄影功能记录格式示例见图 9-12 所示；头颅摄影功能记录格式示例如图 9-19 所示。

（4.2）（□ 口外机头颅摄影功能）

管电压（kV）	测量值（mmAl）			结果 = $\dfrac{HVL_1+HVL_2+HVL_3}{3}$, mmAl
	HVL_1	HVL_2	HVL_3	

图 9-19　牙科 X 射线设备质量控制检测原始记录（局部）

（5）结果评价：半值层不低于表 9-1 的要求。

4. 高对比度分辨力　此项指标检测仍采用模体法进行检测，方法步骤如下：

（1）模体摆放。对于全景摄影功能，将牙科性能专用检测模体置于口腔全景机的头托中心，调整主射束中心轴与测试模体平面垂直。全景机 X 射线球管出线口处放置 0.8mm 铜板作为附加衰减层，检测模体摆放以及测试示意图见图 9-20。

对于头颅摄影功能，将牙科性能专用检测模体置于口腔全景机临床受检者头颅所在位置，调整主射束中心轴与测试模体平面垂直。全景机 X 射线球管出线口处放置 0.8mm 铜板作为附加衰减层，检测模体摆放以及测试示意图见图 9-21。

（2）选择曝光条件进行检测。按照检测设备厂家推荐的检测条件或选择常用的成人曝光条件进行曝光检测。

（3）曝光完成后直接在高分辨显示器上读取影像，观察可分辨的线对组数。

（4）记录格式示例同普通牙科 X 射线机高对比度分辨力检测记录（图 9-14）所示。

（5）结果评价：高对比度分辨力要求 ≥ 2.0 lp/mm。

5. 低对比度分辨力　此项指标检测方法与高对比度分辨力检测方法相同，步骤如下：

（1）模体摆放。与高对比度分辨力检测相同，对于全景摄影功能，将牙科性能专用检测模体置于口腔全景机的头托中心，调整主射束中心轴与测试模体平面垂直。全景机 X 射

★★☆☆

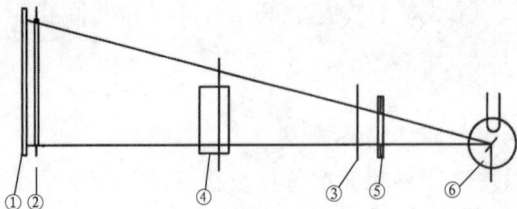

图 9-20 口腔全景牙科机全景摄影功能分辨力检测模体摆放及测试示意图
①口腔全景牙科 X 射线机影像接收器；②次级光阑；③附加 0.8mm 铜板衰减层；④牙科性能检测模体；⑤初级光阑；⑥口腔全景牙科 X 射线机球管

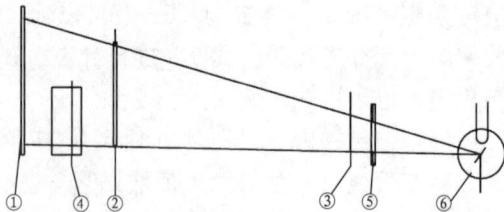

图 9-21 口腔全景牙科机头颅摄影功能分辨力检测模体摆放及测试示意图
①口腔全景牙科 X 射线机影像接收器；②次级光阑；③附加 0.8mm 铜板衰减层；④牙科性能检测模体；⑤初级光阑；⑥口腔全景牙科 X 射线机球管

线球管出线口处放置 0.8mm 铜板作为附加衰减层，检测模体摆放及测试示意图如图 9-20 所示；对于头颅摄影功能，将牙科性能专用检测模体置于口腔全景机临床受检者头颅所在位置，调整主射束中心轴与测试模体平面垂直。全景机 X 射线球管出线口处放置 0.8mm 铜板作为附加衰减层，检测模体摆放及测试示意图如图 9-21 所示。

（2）选择曝光条件进行检测。按照检测设备厂家推荐的检测条件或选择常用的成人曝光条件进行曝光检测。

（3）检测方法及要求。该项指标曝光完成后直接在高分辨显示器上读取影像，观察可分辨的最小对比度细节。

（4）记录格式示例同普通牙科 X 射线机低对比度分辨力检测记录（见图 9-15）所示。

（5）结果评价：低对比度分辨力要求可分辨 0.5mm 厚铝板上 1mm 直径孔。

（四）检测主要问题与实例

口腔全景牙科机的质量控制检测与普通牙科 X 射线机比较，无辐射输出量重复性的检测项目，但口腔全景牙科机一般都带有头颅摄影功能，虽然检测项目数量有所增加，但检测方法大同小异，只要严格按照有关标准要求及本节介绍的方法步骤去检测，都会很顺利的完成。

在以往的检测过程中，口腔全景牙科机的质量控制检测一般问题集中在寻找主射束轴的中心位置和牙科性能检测模体的摆位上。

对于管电压指示的偏离、曝光时间指示的偏离及有用线束半值层的检测时，利用 Barracuda 型、B-Piranha 型、RaySafe Xi 型和 NT2100 型等 X 射线多功能质量检测仪，在未使用低剂量胶片定位的情况下，按照被检设备焦点及球管几何中心定位的方法将探测器置于被检设备影像接收器中心位置，依据检测标准的方法要求进行检测，结果显示管电压指示的偏离和曝光时间指示的偏离及有用线束半值层等检测数据均不符合有关国家标准要求。存在可能性为检测设备探测器中心位置与球管主射束中心位置未对准，导致检测数据不准确。

处理办法：将探测器取下，利用低剂量胶片贴在影像接收器平面（详见图 9-16），设置常用条件进行曝光，找到球管主射束中心位置，再次将探测器置于曝光后胶片影像的中心位置，然后再次进行检测则显示管电压指示的偏离和曝光时间指示的偏离及有用线束半值层等检测数据均满足有关检测标准要求。

对于使用牙科性能检测模体对被检测设备进行高对比度分辨力和低对比度分辨力的检测时，牙科性能检测模体的摆放位置直接影响高对比度分辨力和低对比度分辨力的检测结果。

处理办法：无论是对牙科全景摄影功能和头颅摄影功能进行高对比度分辨力和低对比度分辨力检测，如果曝光完成后，在高分辨显示器上读出的分辨力检测影像有伪影或带有边缘模糊带，均为牙科性能检测模体摆放位置与射线及影像接收器中心不一致造成的，需要更改或微调模体摆放位置来获得清晰的检测图像。

第三节　新型牙科 X 射线设备

一、概述

口腔全景机一次曝光可以将口腔内全口牙列的体层影像显示在同一张胶片上，且可将双侧上下颌骨、颞下颌关节、上颌窦、鼻腔等部位同时显示。可作为患者口腔内实际状况影像资料随时查看。但是口腔全景机也存在一定的缺陷，影像仅显示一个体层的二维影像，其他解剖结构及异常改变无法清晰显示。且软组织及空气影像与硬组织发生重叠，影响后者显示。有些患者颌骨、牙列等解剖结构形态不规则，可能造成影像变形、不清晰。口腔全景机只能拍摄二维影像，不能获得颌骨的横断面及立体影像，无法获得颌骨宽度、厚度及密度，部分解剖结构定位不准确，失真率较高。

随着口腔行业的飞速发展，口腔正畸，种植牙发展迅速，口腔全景牙科机二维影像已不能满足临床诊断需要，口腔颌面锥形束计算机体层摄影设备（口腔 CBCT）便应运而生。

二、设备的构成及工作原理

（一）设备的构成

口腔颌面锥形束计算机体层摄影设备（口腔 CBCT）与口腔全景牙科机构成类似，主要由 X 射线球管、高压发生装置、限束集光筒、控制面板、机架（底座、座椅、立柱、摆臂、直角臂、弯臂）、成像系统等构成。

（二）设备的分类

按照设备的功能用途，口腔颌面锥形束计算机体层摄影设备（口腔 CBCT）一般分为"三合一（即口腔全景摄影功能、头颅摄影功能、口腔 CT 功能）"设备（图 9-22）和口腔专用 CBCT 设备（图 9-23）两类。

（三）工作原理

口腔颌面锥形束计算机体层摄影设备即口腔颌面锥形 CT（cone beam computed tomography，简称 CBCT），即由锥形束投照计算机重组断层影像设备，其基本原理是 X 射线从各个方向以一定的剂量（通常曝光条件：管电压 90kV、管电流 10mA 左右）和环形扫描的方式对受检者进行多部位连续扫描，利用计算机对 X 射线透过不同部位的衰减情况进行汇总分析，更加全面反映受检者的口腔内部结构信息，计算机进行重建形成分辨率清晰和临床参考价值高的三维影像信息。

（四）临床应用

口腔 CBCT 目前广泛应用于口腔颌面外科、正畸科、正颌外科、种植科、牙体牙髓科、

☆☆☆☆

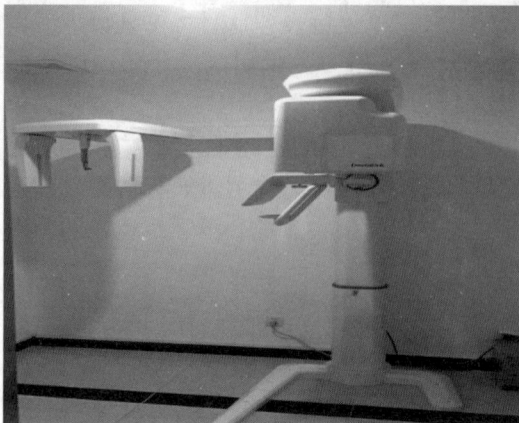

图 9-22 口腔 CBCT "三合一" 设备

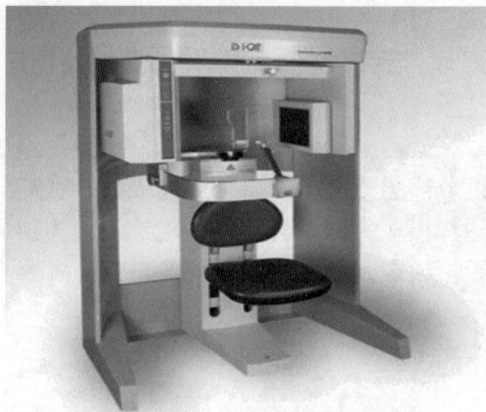

图 9-23 口腔专用 CBCT 设备

牙周科等。为临床多学科的诊断提供更加直观、准确的影像资料。

口腔 CBCT 在正畸治疗中可以实现投影测量、颌骨骨质结构观察、骨量评价、多生牙和阻生牙的辅助治疗等；在种植学中可实现植入前评价骨量、骨密度、牙槽突及下颌骨吸收情况，上颌窦底的位置及形态等，种植体植入角度的预算、种植体导板的制作、评价种植体骨结合状态及密度，植入完成后观察种植体的愈合及牙周情况。

随着口腔 CBCT 在口腔医学中的广泛应用，其分辨率高、定位准确、图像清晰、避免重叠的特点给口腔医学的发展提供了有利的推动，给患者和临床医师的诊治带来了便利，大大提升了医疗机构的服务质量。

三、检测指标与方法

目前实施的《医用 X 射线诊断设备质量控制检测规范》（WS 76—2020）标准不适用于口腔 CBCT 设备的质量控制检测，对于口腔 CBCT 设备的质量控制检测，目前无对应的专用检测标准，这也是我国标准界亟待解决的问题，值得一提的是，我国已对口腔 CBCT 质量控制检测的标准进行了立项，期待新标准的尽快出台来弥补此项检测的缺失。

针对口腔 CBCT "三合一" 功能的设备，由于其具有口腔全景摄影功能和头颅摄影功能，通过调查了解到，目前大部分检验检测机构参照 WS 76—2020 标准的要求，仅对此类设备的口腔全景摄影功能和头颅摄影功能进行检测评价。主要检测指标与口腔全景牙科机相同，包括管电压指示的偏离、曝光时间指示的偏离、有用线束半值层、高对比度分辨力、低对比度分辨力五项指标。相应指标的检测方法参见本章第二节口腔全景牙科机检测方法与步骤进行。

第 10 章

介入放射学设备

第一节 概 述

随着影像诊疗技术的不断发展，介入诊疗业务急剧增加。介入诊疗技术是在常规 X 射线设备、CT、超声或 MRI 等影像设备引导下，利用简单器材对人体器官、组织进行的微创性诊断或治疗的技术。

介入放射学（interventional radiology，IVR or IR）是介入诊疗技术的一部分，是指在医学放射影像系统的监视引导下，经皮针穿刺或引入导管做抽吸注射、引流或对管腔、血管等做成型、灌注、栓塞等诊疗操作，以诊断或治疗疾病的技术。

介入放射学一词最早由 Margulis 于 1967 年提出，是 20 世纪 70 年代后期迅速发展起来的一门边缘性学科。它是以影像诊断学和临床诊断学为基础，在医学放射影像设备的引导下，结合临床治疗学原理，对各种疾病进行诊断及治疗的一系列技术。用于引导的设备主要有常规医用诊断 X 射线设备、医用 CT 等医学影像设备，介入器材主要采用穿刺针、导管等，通过经皮穿刺途径或通过人体原有孔道，将特制的导管或器械插至病变部位，采集组织学、细菌学及生理、生化资料等标本进行诊断或对疾病进行治疗。

介入放射学自 1976 年成形以来，发展迅猛，临床需求旺盛，已经成为与内科、外科并列的第三大诊疗体系，成为真正独立的学科门类。介入放射学适用范围涵盖了头颈、胸腹、四肢等各个部位，涉及神经、心血管、呼吸、消化、泌尿生殖、骨关节等各个器官系统的病变诊治。按诊治目的不同，介入放射学可分为介入诊断学和介入治疗学。按涉及学科的门类，可分为神经介入、心血管介入、肿瘤介入、骨关节介入、妇产科介入等学科分支。而实用的介入诊疗技术则通常按进入途径进行分类，分为血管性和非血管性两大类介入技术。个别较为复杂的介入诊疗技术可以同时涉及血管性和非血管性两类进入途径，称为复合性介入技术。

作为医学影像学的组成部分，介入放射学由于有影像设备的引导，无须行开放式手术即能够看到介入器材在体内的行进、目标器官及病灶的影像特征，从而可以避免大开放式手术的创伤，也可避开重要脏器及不便进入的部位（如局部感染、血管过于纡曲等）实施诊治操作。介入放射学为现代医学诊疗提供了新的给药途径和手术方法。与传统的给药途径和手术方法相比较，更直接有效、更简便且微创。因此，介入放射学以其定位准确、创伤轻微、效果可靠、安全性高等优势，不但容易被患者接受，也吸引了大批相关学科的医学专家共同参与应用和研究。

☆ ☆ ☆ ☆

介入放射学正在逐渐突破医学影像学单一学科的局限,引领和促进神经、心血管、肿瘤、骨科等相关学科的发展,微创医学的理念逐渐深入人心。可以预期,随着影像设备、介入器材、操作技术的改进及相关药物的研制,介入放射学必将为更多的患者带来益处。

利用影像设备的引导是介入放射学的鲜明特征,医学影像设备在介入放射学领域不可或缺。目前最常用的介入引导设备是有数字减影血管造影(digital subtraction angiography, DSA)功能和电视透视功能的 X 射线设备,在血管性介入诊疗操作时是必需的。在非血管介入诊疗操作中,超声因其实时多方位显像,使用方便,无放射性损伤等优点,越来越多地作为引导设备应用。部分介入诊疗操作,如穿刺活检、穿刺引流和消融术等,也可采用 CT 或开放式 MRI 作为引导设备。

第二节 介入放射学设备构成、工作原理及适用范围

开展介入放射学所需设备及器材主要包括成像设备、导管导丝等专用器械、高压注射器、监护设备、消毒设备、消毒包等。本文主要介绍有 DSA 功能和电视透视功能的 X 射线设备。

一、介入放射学设备基本构成

介入放射学的成像设备有 C 形臂、U 形臂、G 形臂等。最常用的是 C 形臂,又称 C 形臂 X 射线设备。C 形臂 X 射线设备(C-arm X-ray equipment)是由 C 形机架、X 射线球管、准直器、高压发生器、X 射线控制开关、影像增强器(或动态平板探测器)及工作站等组成,机架、X 射线管组合体可在一个或两个方向上转动的医用 X 射线设备。其控制方式主要有手持控制器控制、脚闸控制器控制、自动透视、手动透视、脉冲透视等几种控制方式。根据其使用方式,可分为固定式 C 形臂和移动式 C 形臂。根据其体积及应用范围,分为大型 C 形臂(大 C)、中型 C 形臂(中 C)和小型 C 形臂(小 C)。

二、常见介入放射学设备种类、工作原理及适用范围

介入放射学成像设备的作用是为介入治疗提供影像学指引,实时的影像指引为最佳选择。影像增强器电视透视的出现使透视无须在暗室下进行,并可为遥控、磁带录像和数字减影血管造影提供方便。

血管造影是在透视引导下,把导管插入相应的靶血管内注射造影剂,以 X 射线快速摄影将在血管内流动的造影剂的分布及血流动力学情况显示出来。造影术者必须熟悉 X 射线设备等成像设备及附属设备的性能,掌握各部位造影要求,以达到最佳的效果。

血管造影需用的 X 射线设备性能取决于造影的部位和要求。动脉造影尤其是大动脉造影,由于血流量大而流速快,要求快速连续摄片,所以 X 射线设备须容量大、性能高,一般至少需 500mA 的 X 射线设备。同时还需有与 DSA 采集系统、高压注射器相连接的自动控制系统。血管造影床要求不仅能上能下,还能左、右、前、后各方向移动。

DSA 的基本原理是电子计算机将血管造影的 X 射线影像信息经过数字化减影处理,再转换成血管图像。它可减少造影剂用量,消除影响血管图像的一切不必要的重叠结构阴影。随着计算机和其他相关技术的发展,DSA 成像技术的分辨率也越来越高,一般的血管机均有 1024×1024 的分辨率,应用已经越来越广泛。

总体上来说,大 C、中 C 和小 C 除了尺寸大小不一及所面向的用户对象不同以外,主

要的区别在于其临床应用范围，功能上来说，大 C 更强大些，当然价格也更高一些，而小 C 由于其临床使用时具有灵活、便捷的特点，深受临床医师的喜爱。

（一）小 C，又称为小 C 臂、骨科 C 臂、移动式 C 形臂

小型 C 形臂 X 射线设备外形小、可移动，其临床应用范围广，主要用于骨科整骨、复位、打钉、外科取体内异物、置入起搏器、部分介入治疗、部分造影术及局部摄影等工作；配合臭氧机治疗疼痛，小针刀治疗，妇科输卵管导引手术等其他应用范围。

该型产品在医院普及率很高，二级医院基本都已配备。目前国内小型 C 形臂生产型企业有 30 多家，主要集中于北京、南京、上海等地，各家质量配置各不相同。随着医改形势的不断深入，基层医疗机构的需求量正在日益扩大，预计在未来 5 ~ 10 年逐步得到普及。

（二）中 C

中 C，又叫周边介入型 C 形臂，较小 C 外形大，中 C 的球管功率在小 C 的基础上有显著提高，中 C 这一类产品在系统性和操控性设计方面做了较大的改进，增加了许多 DSA 的相关功能，能够开展复杂的介入手术。它在临床上可以完成 DSA（大 C）80% 以上手术需求。

中 C 的临床范围主要包括：神经外科血管造影、减影术；消化道介入手术；四肢血管造影剂减影术，成型术疼痛微创介入手术，例如：腰椎间盘介入、颈椎介入、妇科输卵管再造手术、子宫肌瘤手术等。

目前中 C 设备主要集中在县级医院。随着国家卫生行政部门提出的扩大基层医院规模，提升基层医院诊疗水平的号召，未来中 C 的普及率将会有较大提升。

（三）大 C

和小 C、中 C 相比，大 C 都是固定式的，有固定在天花板的也有固定在地上的，功率一般都大于 80kW，比较有代表性的是 DSA，如图 10-1。

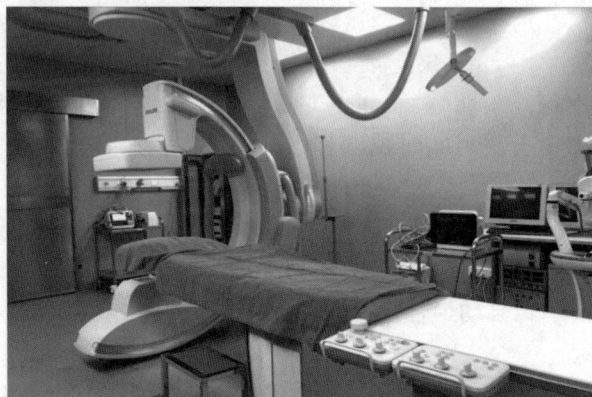

图 10-1 数字减影血管造影系统（DSA）

数字减影血管造影（Digital Subtraction Angiography）简称 DSA，所使用的影像设备俗称"大 C"，是通过电子计算机辅助进行血管造影的成像手法，主要用于血管造影检查和介入放射学治疗。即血管造影的影像通过数字化处理，把不需要的组织影像删除掉，只保留血管影像，这种技术称作数字减影技术，其特点是图像清晰，分辨率高，对观察血管病变、

☆☆☆☆

血管狭窄的定位测量、诊断及介入治疗提供了真实的立体图像,为各种介入治疗提供了必备条件。

DSA 由 Wiconsin 大学和 Arizona 大学首先研制成功,并于 1980 年 11 月在芝加哥召开的北美放射学会上公布。DSA 技术在 1981 年布鲁塞尔召开的国际放射学会上受到推荐。DSA 是 20 世纪 80 年代继 CT 产生之后的又一项新的医学成像设备,它的出现极大地促进了介入放射学的发展。经过 30 余年的发展演进,DSA 设备性能不断改进,功能不断增加,已逐步实现了数字化、系统化、自动化和网络化,目前很多大型医疗机构已使用平板DSA。

2005 年 3 月,在奥地利维也纳举办的欧洲放射年会上,一种创新的平板 C 臂的 CT 成像技术 -Dyna CT 首次亮相。作为突破性的血管造影三维软组织成像技术,Dyna CT 是在介入治疗过程中通过数字平板血管造影系统,采用平板 C 臂的旋转采集技术来同时实现血管造影和 CT 软组织成像。通过数字平板 DSA 获得的 Dyna CT 图像可提供清晰、任意角度的断面图像,特别在骨关节和腔道系统能获得优质的图像,可满足临床非血管介入诊疗的需要。由于 Dyna CT 是一种容积扫描,基于平板 DSA 基础上的一种新技术,我国还未出台相应的质量控制检测规范,其原理及质量控制检测本章节不做介绍。

1. DSA 的工作原理 DSA 的成像基本原理是将受检部位没有注入对比剂和注入对比剂后的血管造影,经计算机处理并将两幅图像的数字信息相减,去除骨骼、肌肉和其他软组织,只留下单纯血管影像的减影图像,通过显示器显示出来。首先摄制普通片,然后制备 mask 片(密度完全相反),或称蒙片,第三步摄制血管造影片(造影像、充盈像),最后把 mask 片与血管造影片重叠一起翻印成减影片。相减后获得的不同数值的差值信号,经数 / 模(D/A)转制成各种不同的灰度等级,在监视器上构成图像。通过 DSA 处理的图像,骨骼和软组织的影像被消除,仅留下含有造影剂的血管影像,使血管的影像更为清晰,在进行介入手术时更为安全。

2. DSA 的成像方式

(1)静脉法:将对比剂注入静脉,这种方法的缺点在于空间分辨率差,患者移动易产生伪影,较少用。

(2)动脉法:将对比剂注入动脉,临床上大量运用此法,优点在于造影剂用量少、浓度低,稀释的造影剂减少了患者不适,从而减少了移动性伪影;血管相互重叠少,明显改善了小血管的显示;灵活性大,便于介入治疗。

(3)动态 DSA:数字电影减影(DCM),一般双向 25 帧 / 秒,单向可达 50 帧 / 秒,旋转 DSA 常用于心血管减影,步进式血管造影主要用于四肢动脉 DSA 检查和介入治疗,拥有遥控造影剂跟踪技术和自动最佳角度定位系统。

3. DSA 的减影方式

(1)时间减影:在注入的造影团进入欲检部位之前,将一帧或多帧图像作 mask 像存储起来,并与时间顺序出现的含有对比剂的充盈像一一地进行相减,对比剂通过血管引起的高密度部分被显示出来。因造影像与 mask 像两者部分被显示出来,造影像与 mask 像两者获得的时间先后不同,故称为时间减影。由于患者自主或不自主运动而使 mask 像与造影像不能准确的重叠,而出现伪影或模糊不清。

(2)能量减影(又称双能减影或 K- 缘减影):利用碘与周围组织对 X 射线的衰减系数,在不同能量下有明显差异而进行的减影。能量减影主要用于腹部、胸部等含气部位的血管造影。

（3）混合减影：包含时间减影和能量减影。

4. DSA 的分类 常见 DSA 为数字化多功能 X 射线设备，按探测器种类不同，可分为影像增强器 /CCD 数字血管造影系统和平板探测器数字血管造影系统，较新颖的还有数字血管造影系统与多层螺旋 CT 混合的 Dyna CT。根据不同的固定方式，分为悬吊式和落地式数字化 C 臂 X 射线血管造影系统。按 C 臂的数量又可分为数字化单 C 臂 X 射线血管造影系统和数字化双 C 臂 X 射线血管造影系统。

5. DSA 的临床应用

（1）头颈部血管系统的检查，对颅脑占位性病变，动静脉畸形，脑血管闭塞，颈动脉狭窄、闭塞，动脉粥样硬化及溃烂等，可提供诊断依据。

（2）胸部血管系统的检查：DSA 对心脏及大血管的显示相当满意，用于对先天性心脏病、瓣膜病、心肌病、冠心病的诊断。

（3）腹部血管系统的检查：用于胃、肠、肝、脾、盆腔等的血管造影。

（4）四肢血管系统的检查，可以诊断四肢血管的狭窄、闭塞、出血、动脉瘤、动脉畸形等。

（5）在介入放射学治疗中的应用，是最理想的介入放射治疗技术，广泛应用于经皮腔内成形术、经导管药物灌注治疗、经导管栓塞治疗等介入放射治疗。

DSA 的高级临床应用还包括实时旋转 DSA，实时下肢 DSA 跟踪，三维血管重建，三维成像技术，支架成像技术等。由于脑血管组织细密、复杂，单一角度的平面投照远远不能满足临床诊断的需求，这就要求有多角度、多方位对血管成像进行采集和回放，以期达到对复杂脑血管疾病及时准确的定性和定位。目前高端机常采用独特的角度触发技术，是在 C 形臂旋转采集的过程中，运动到预设的角度时，自动触发对蒙片和充盈片的采集，使得蒙片和充盈片在相同角度上配对，实时减影处理后得出在这一确定角度的血管影像。在得到实时旋转 DSA 图像的基础上，配合先进的三维图像工作站，可以得到清晰的血管三维图像，无骨骼，软组织干扰图像，便于血管病变的多角度观察。

介入放射学的出现，彻底改变了放射学在医学中的地位，使放射学不仅能够诊断，而且能够治疗，并将诊断与治疗有机地结合起来，它已渗透到了临床学科的每一领域，其展示的优势是其他治疗手段所难以比拟的，它最大的优点是组织创伤小、适应证广、操作简单、疗效确切、并发症少，已成为微创医学重要的组成部分。如今，基于数字血管造影系统指导的介入放射学已发展成为内科、外科以外的第三种有效的临床治疗方法和手段。

（四）新型介入放射学设备

随着现代外科技术的日新月异和微创技术的不断发展，一台手术能否获得成功，不仅取决于医师自身的技术水平，而且更关键在于医师能否在手术中获得实时的精准定位。在使用传统 C 型骨科手术定位的实际操作中，需要频繁的转动 C 形臂来交替获得手术部位的正侧位图像，加之 C 形臂本身不是一个正圆，在转动过程中手术部位更容易丢失，重新照到需要更多的转动和定位，这一过程非常的繁琐而且不稳定。

G 形臂采用两套互相垂直的射线源和影像增强器，同时获得正侧位图像并把它们同时显示在两个高清晰的液晶屏幕上，术者可以最为直观地观察到手术部位和手术器械，做到一次定位，无须再动，极大地减少了设备对术者的干扰，也大幅度降低手术时间，如图 10-2。

G 形臂是目前唯一可移动式双平面（正位与侧位）成像的数字化 X 射线影像系统。从

☆★☆☆

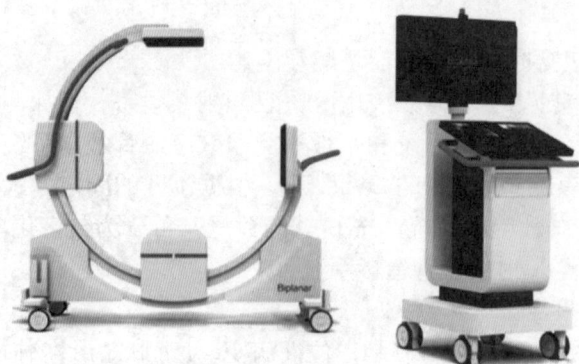

图 10-2 G 形臂医用诊断 X 射线设备

正位与侧位可实时监控整个骨科手术过程。无须旋转 G 臂并能准确无误的进行手术定位和复位。使用 G 形臂与 C 形臂相比，至少缩短 40% 的手术时间。患者麻醉时间缩短，减少手术麻醉的风险。由于手术过程中没有旋转移动 G 形臂，从而使整个手术过程处于无菌状态。

G 形臂使用了高度灵敏的影像增强器和先进的图像处理设备，G 形臂在较低 mA 下就可实现清晰的影像。同时使用可变化视野的遮光器，使得所需的 X 射线量进一步减少，对于保护患者及整体接触射线的医师来说极为有利。

由于 G 形臂主要用在骨科和脊柱手术中，所以配合 G 形臂使用的手术床也非常重要。并不是所有的手术床都可以配合 G 形臂使用。由于 G 形臂特殊的底座空间距离，还有 X 射线受金属的干扰，所以要求手术床具备超薄的底座高度，能够插入到 G 形臂的底座中，手术床的床板是碳纤维，甚至部分床边框没有金属等要求。

第三节　检测指标与方法

按照《医用成像部门的评价及例行试验第 3-3 部分：数字减影血管造影（DSA）X 射线设备成像性能验收试验》（GB/T 19042.3—2005/IEC 61223-3-3：1996）要求，对带有成像系统的数字减影血管造影设备中，影响影像质量的那些 X 射线设备部件必不可少的参数进行检测，验证与这些参数有关的被测量是否满足规定的允差要求，验证设备安装中影响影像质量的指标的符合性，以及检测影响影像质量使其不满足那些规范要求的故障。这些方法主要基于使用合适的试验设备在安装完成之后或安装过程中所进行的非介入式测量。DSA 设备的质量控制检测项目可分为用于常规 X 射线透视设备的通用检测和仅用于 DSA 功能的专用检测两部分。

按照中华人民共和国卫生行业标准《医用 X 射线诊断设备质量控制检测规范》（WS 76—2020）要求，对小 C、中 C 及大 C 等放射介入学设备的 X 射线透视功能通用检测项目进行检测，方法参见本书第 5 章相关章节内容。根据中华人民共和国卫生行业标准《医用 X 射线诊断设备质量控制检测规范》（WS 76—2020）和中华人民共和国国家标准《医用成像部门的评价及例行试验第 3-3 部分：数字减影血管造影（DSA）X 射线设备成像性能验收试验》（GB/T 19042—2005/IEC 61223-3-3：1996）要求，本节主要介绍 DSA 专用性能指标的检测方法。

一、检测模体和工具

DSA 设备质量控制检测模体结构和组成详见第 3 章。

以检测工作中用到的某型 DSA 测试工具为例,可检测动态范围、伪影、DSA 对比灵敏度和非线性衰减补偿(对数误差)这几个参数,如图 10-3,其结构见表 10-1。

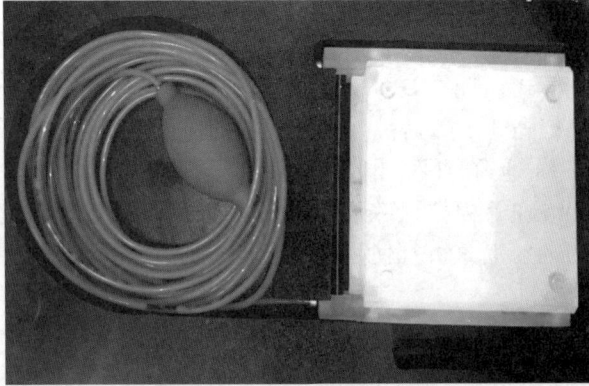

图 10-3 某型 DSA 测试工具

表 10-1 某型 DSA 测试工具结构

外形	嵌入体(血管模拟体)	楔形梯
聚甲基丙烯酸甲酯(PMMA) 180mm × 180mm × 57mm	PMMA,沿纵轴放置,使用纯度至少为 99.5%(符合 ISO 2092 指定的纯度为 99.5%)的 4 根铝条模拟血管密度。嵌入体中有 4 条厚度分别为 0.05mm,0.1mm,0.2mm 和 0.4mm 的铝条来模拟血管,铝条间充有碘菌素(5 ~ 10mg 碘菌素 /ml)。铝条宽度和铝条之间的距离为 10mm	厚度从 0.2mm 到 1.4mm 七阶线性排列的铜梯,沿垂直于(测试动态范围)嵌入长轴的方向放置。还有一个厚度从 1.4mm 到 0.2mm 的附加动态铜楔用于补偿测试

测试时对工具的设置要求:

1. 将该测试工具置于检查床面中心,使得铜楔在图像上可以水平显示。该工具应放在不易滑动的位置(必要时垫上橡胶垫)。

2. 模体与影像增强器之间保持最小距离。

3. 按照模体尺寸进行精确准直,尽量不对影像增强器产生直接照射。

4. 选择程序和所测试的影像增强器格式。

5. 在测试模块旁边有一个阀门,此滑阀可释放空气压力。用手指触压滑阀可将其打开,并可将其置于起始位置。

二、DSA 专用性能指标

(一) DSA 动态范围

减影图像的动态范围指的是影像中剂量的最大差异,能用于减影的衰减范围,此范围内的减影图像中均能观察到血管系统。

☆☆☆☆

测量 DSA 模体中可以被减影消除，但仍可显示出最粗的 DSA 血管模拟组件的厚度。尽管确定的动态范围的测量很难做到，这仍是一个可行的折中方案。

1. 测试方法

（1）将性能模体水平放置在诊断床上，调整焦点 - 影像接收器距离（SID）为系统允许的最小值，设置影像视野（FOV）为系统允许的最大尺寸，调节球管角度使射线垂直入射模体表面。

（2）在透视状态下进行定位观察，前后左右移动诊断床，使模体在视野的中心，调整限束器使得照射野与模体大小一致。

（3）采用自动控制模式，选择 DSA 程序进行减影，采集模体的影像作为蒙片。

（4）当蒙片影像采集完 3 ~ 5s 后，推动模体的血管插件模块，采集减影影像。通常蒙片与减影之间可选 3 ~ 5s 延迟时间，记录检测数据。观察减影后的影像，调节窗宽和窗位使影像显示最佳，0.4mm 血管模拟组件可见的灰阶数即为 DSA 动态范围。

为减少检测人员的辐射剂量，宜使用电动无线遥控体模推进器或气动推进器，使检测人员可以远程控制模体运动。

以图 10-3 某型 DSA 测试工具为例，必须能够显示基础衰减以上 1 ∶ 15 的动态范围。该模体的基础衰减为 57mm 聚甲基丙烯酸甲酯加上 0.2mm 铜，它的动态范围由 0.2mm 为梯度厚度从 0.2mm 到 1.4mm 的七阶铜梯组成（0.2、0.4、0.6、0.8、1.0、1.2 和 1.4）mmCu。启动 "RUN" 按钮，使其处于运动状态，推荐帧频率大于 1 幅 / 秒时的运行时间 > 20s。在动态范围检查期间，不能使滑动阀移动。所有铜阶在基础图像上应当可见，在减影图像上也应看到最大厚度 1.4mm 铜阶影像。所有记录应该用硬拷贝方式备份。如果仅执行一次 "RUN" 时，要对原始图像进行检查。

2. 结果评价　要求减影影像中，0.4mm 的 DSA 血管模拟组件在所有灰阶均可见。

（二）DSA 对比灵敏度

DSA 对比灵敏度是数字减影血管造影（DSA）系统显示低对比度血管相对于背景的能力，是一种对低对比血管影像可视性的衡量，DSA 对比灵敏度通过计数楔形阶梯的阶梯数来评估。

DSA 模体可在两种状态间切换，血管模拟模体被放置在 X 射线束中。将无血管模拟模体放置在 X 射线束中开始试验以建立蒙片，然后将血管模拟模体放置在 X 射线束内以模拟血管造影的填充阶段。DSA 影像是填充阶段影像减去蒙片得到的影像。这个过程也可以反过来先用血管模拟图形作为蒙片，而后在运行中用均质底片替换它。得到减影图像后，观察图像，得到灰阶上每一个血管模拟结构均可见的阶梯计数，即为 DSA 对比灵敏度。DSA 对比度仅与碘密度等价物有关，它不是光学对比度。

1. 测试方法

（1）将性能模体水平放置在诊断床上，调整焦点 - 影像接收器距离（SID）为系统允许的最小值，设置影像视野（FOV）为系统允许的最大尺寸，调节球管角度使射线垂直入射模体表面。

（2）在透视状态下进行定位观察，前后左右移动诊断床，使模体在视野的中心，调整限束器使得照射野与模体大小一致。

（3）采用自动控制模式，选择 DSA 程序进行减影，采集模体的影像作为蒙片。

（4）当蒙片影像采集完 3 ~ 5s 后，推动模体的血管插件模块，采集减影影像。

观察减影后的影像，调节窗宽和窗位使影像显示最佳，得到灰阶上每一个血管模拟结构均可见的阶梯计数，即为 DSA 对比灵敏度。

以图 10-3 某型 DSA 测试工具为例，其嵌入体内含有厚度递减的铝条（0.4mm、0.2mm、0.1m 和 0.05mm）铝。这些铝条的间隙中充满对比剂（例如碘菌素）来模拟血管。在典型剂量条件下（约 5μGy/ 帧），最薄的铝条应该在减影图像中看得到，如图 10-4。

启动"RUN"，在移出嵌入体的同时使用 DSA 序列来采集减影图像。此过程通过气囊加压来完成（如果嵌入体保留在移动位置，这一过程可以早些时间完成）。

对于该示例模体，模拟的最细血管（0.05mm 铝）应该在 0.8mm 铜阶区域识别出来。如果达不到这一标准，则应该对曝光剂量进行评估。比如说，如果所用剂量低于参考剂量值，那么最细的模拟血管显示不了是可以接受的。如果测试中仅执行一次"RUN"时，在嵌入体运动后必须对减影图像进行回顾。

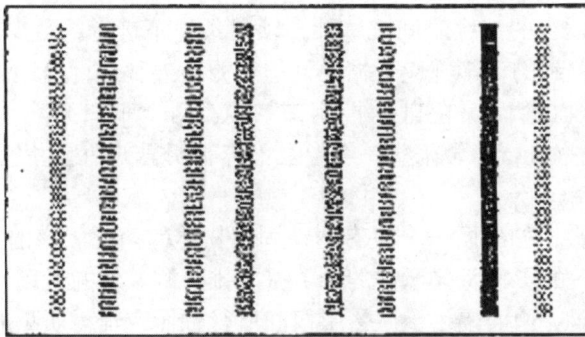

图 10-4　减影图像示例

为了识别所模拟的每一根血管，我们推荐按照下面的实例建立一个矩阵，如图 10-5、图 10-6。

非线性衰减的补偿（对数误差）：X 射线的衰减是非线性的，沿 X 射线束方向的 X 射线辐射衰减是该路径长度的非线性函数，它取决于物体密度和厚度等其他因素。在影像被减影前进行非线性衰减补偿。这种补偿可以通过取原始影像像素值的对数而做到。X 射线

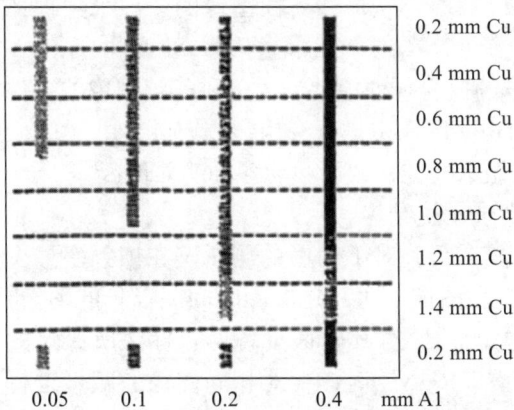

图 10-5　测试工具减影图像中可视结构的示例

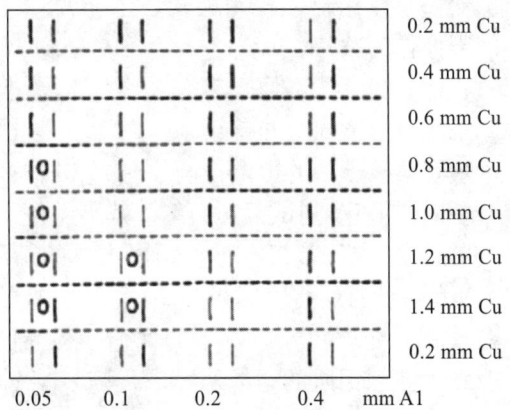

图 10-6　对图 10-5 的加权矩阵（O= 不可视结构的位置）

☆★☆☆

的衰减经过系统的对数增益处理后可变为线性。不恰当的补偿设置将产生假的减影影像。

为了方便回顾，可使用"对比灵敏度"测试的记录。

对补偿进行正确的调整后，1.4mm 铜阶和 0.2mm 铜阶的亮度应不存在差异，减影影像的对比度将不会随着穿过这级阶梯的可见血管模拟条而变化。如果 1.4mm 铜阶和 0.2mm 铜阶的亮度差异可以观察得到，则说明对数增益存在误差。

灰阶上每一个血管模拟结构均可见的阶梯计数即为 DSA 对比灵敏度。

2.结果评价　要求减影影像中，0.2mm 灰阶上所有血管可见。

（三）伪影

减影图像上不应出现的明显可见的干扰图影，它既不体现物体的内部结构，也不能用噪声或系统调制传递函数来解释。在理想的减影影像中，仅有被减影图像和蒙片之间的不同之处才保留下来。

在减影影像上对伪影进行试验应使用 DSA 模体和空气比释动能模体。为了检测伪影的时间依赖性，试验运行的持续时间在每秒一帧的条件下进行，至少为 20 s。试验关注伪影是否存在。所有检测到的伪影都应依据他们的来源和外观进行描述。

用模拟人体动脉血管模块在自动控制减影状态下，以 1 帧 / 秒的采集速率、10 ～ 50mm/s 的模块前进速率进行影像采集，影像上不应有明显的伪影（包括图像拖尾）。

1.造成伪影的原因

（1）配准不良伪影：如果同一个没有变动固定物体的两幅影像的空间坐标特性不完全相同，那么他们减影后的影像将显示假的细节（要排除测试块的运动）。

（2）辐照相关伪影：由两幅用于减影影像间所受辐照或辐射质量的差异造成。

（3）测量值的识别和数字化误差。

（4）放射几何学的影响。

2.测试步骤

（1）将性能模体水平放置在诊断床上，调整焦点 - 影像接收器距离（SID）为系统允许的最小值，设置影像视野（FOV）为系统允许的最大尺寸，调节球管角度使射线垂直入射模体表面。

（2）在透视状态下进行定位观察，前后左右移动诊断床，使模体在视野的中心，调整限束器使得照射野与模体大小一致。

（3）采用自动控制模式，选择 DSA 程序进行减影，以每秒一帧图像的条件采集模体的影像作为蒙片。

（4）当蒙片影像采集完 3 ～ 5s 后，推动模体的血管插件模块，以每秒一帧图像的条件下采集减影影像，并持续 10 ～ 20s。停止曝光，观察图像中是否有伪影并记录。

观察减影后的影像，调节窗宽和窗位使影像显示最佳，减影中无各种明显伪影。

以该 DSA 测试工具为例，减影图像上不应出现干扰结构。

启动"RUN"，在不移动嵌入体的情况下使其运行。对于伪影的测试，在帧频率最少为 1 幅 / 秒时运行时间最少 20s。对可视的不同减影图像（尤其是减影时间差很长的图像）在没有后处理图像影响下的评估。检测图像相关的伪影对其硬拷贝备份，标注所鉴定的伪影（注意铜阶的边缘）。如果测试中仅执行一次"RUN"时，要对相同图像的减影进行检查。

3.结果评价　要求减影影像中无各种明显伪影。

（四）DSA 可视空间分辨率（高对比度分辨力）

DSA 减影状态下的可视空间分辨率（高对比度分辨力）是数字减影血管造影（DSA）系统显示高对比度细小结构的能力。既取决于技术性能也依赖于观察者的能力。标准 WS 76—2020 未要求对该指标进行检测和评价。

DSA 可视空间分辨率可以在减影或非减影的影像上测量。被测影像的类型应予以分类记录。将试验物体放置在成像区域中心与防散射滤线栅线成 45°角的位置，可以在 X 射线束中没有附加衰减材料时使用低 X 射线管电压进行测量，对 DSA 可视空间分辨率测试工具进行曝光测量，记录测量数据。根据不同的检测类型对检测结果进行描述或评价。

第 11 章

钴 -60 远距离治疗机

第一节 概　　述

放射治疗使用的放射源主要有三类：①放出 α、β、γ 射线的放射性同位素；②产生不同能量 X 射线的 X 射线治疗机和各类加速器；③产生电子束、质子束、中子束、负 π 介子束，以及其他重粒子束的各类加速器。这些放射源以两种基本照射方式进行治疗：①位于体外一定距离，集中照射人体某一部位，叫作体外远距离照射，简称外照射；②将放射源密封直接植入被治疗的组织内或放入人体的天然腔内，如舌、鼻咽、食管、宫颈等部位进行照射，叫作组织间照射和腔内照射，简称近距离照射。还有一种情形，利用人体某种器官对某种放射性同位素的选择性吸收，将该种放射性同位素通过口服或静脉注入人体内进行治疗，如用碘 -131 治疗甲状腺癌、磷 -32 治疗癌性胸腔积液等，称为内用同位素治疗。

一、钴 –60 远距离治疗机的发展历程

在放射治疗历史中的最初 50 年间，X 射线产生技术主要基于 X 射线管、范德格拉夫静电高压加速器和电子感应加速器，技术进展相对较慢。1951 年加拿大科学家利用反应堆生产的人工放射性核素钴 -60 （^{60}Co），使用钴 -60 放出 γ 射线对人体某一部位进行体外远距离照射，达到治疗效果，从而成功研制出钴 -60 远距离治疗机。1952 年开始投入临床应用，从此开始了现代外照射治疗，改变了过去 X 射线治疗机只能治疗比较表浅肿瘤的状况，进一步扩大了放射治疗适应证，治疗效果也明显提高，这标志着放射治疗从 "kV" 时代进入 "MV" 时代。极大地推动了放射治疗对高能光子射线的需求，并且在相当长的时期里使钴治疗机占据了放射治疗的重要地位。1958 年我国引进加拿大钴 -60 远距离治疗机，20 世纪 60 年代我国也生产了钴 -60 远距离治疗机，20 世纪 90 年代时我国的放疗设备已有很大的发展和提高。

钴 -60 远距离治疗机从结构上可分为直立式和旋转式两种。旋转式可开展的照射技术有固定源皮距照射技术、等中心定角照射技术和旋转照射技术。直立式因其使用不方便，遂被旋转式取代。从钴源的活度不同一般可分为 "千居里" 级和 "万居里" 级两种。

钴 -60 远距离治疗机的主要特点有：相对高能量的 γ 射线发射、相对较长的半衰期、相对较高的比活度和相对简单的产生方式。

由此，不难发现，钴 -60 远距离治疗机（平均能量为 1.25MeV）相对一般深部 X 射线治疗机（200 ～ 400 kV）而言，除去能量高，单能外，还具有下列独特的优点。

穿透力强。高能射线通过吸收介质时的衰减率比低能 X 射线低。因此高能射线剂量随深度变化比低能 X 射线慢，即比低能 X 射线有较高的百分深度剂量，由于百分深度剂量高，所以钴-60 治疗时射野设计比低能 X 射线简单，剂量分布也比较均匀。

保护皮肤。钴-60 γ 射线最大能量吸收发生在皮肤下 4～5mm 深度，皮肤剂量相对较小。因此给予同样的肿瘤剂量，钴-60 治疗引起的皮肤反应比 X 射线轻得多。如果在皮肤表面放一薄层吸收体，则钴-60 γ 射线的这一优点将随之失去。因此在治疗摆位与设计准直器或挡块时，应充分保证铅块或准直器底端离开皮肤一定距离（一般为 15cm 以上），使得最大剂量的吸收不发生在皮肤上。

骨和软组织有同等的吸收剂量。低能 X 射线，由于光电吸收占主要优势，骨中每单位剂量吸收比软组织大得多。而对钴-60 γ 射线，康普顿吸收占主要优势，因此每单位剂量的吸收在每克骨中与软组织中近似相同。钴-60 γ 射线的这一优点保证了当射线穿过正常骨组织时，不致引起骨损伤；另一方面，由于骨和软组织有同等吸收能力，在一些组织交界面处，等剂量曲线形状变化较小，治疗剂量比较精确。这些特点是低能 X 射线所没有的。

旁向散射小。钴-60 γ 射线的次级射线主要向前散射，射线几何线束以外的旁向散射比 X 射线小得多，剂量下降快。因此保护了射野边缘外的正常组织和减低了全身积分剂量。但是如果设计钴-60 远距离治疗机时，几何和穿射半影很大的话，这种优点也会失去。

经济、可靠。钴-60 γ 射线治疗机与超高压 X 射线机、加速器相比，虽存在半影、半衰期短及防护等问题，但具有经济、可靠、结构简单、维护方便等优点。由于这个特点，使得钴-60 远距离治疗机比其他放疗设备发展快，仍然是发展中国家放射治疗中的主要设备。

钴-60 远距离治疗机由于其自身机构也存在以下三个问题。①需要经常换源，对工作人员产生不必要的照射；②治疗状态和非治疗状态都存在 γ 射线，从而影响放射工作人员的身体健康；③钴源的体积不可能做到很小，不可避免地存在较大的几何半影。另外钴-60 的 γ 射线和 2～4MV X 射线相似。随着高能 X 射线、高能电子束在放射治疗中的应用及其一系列优点，在工业发达国家，加速器已逐渐取代了钴-60 远距离治疗机。

二、术语和定义

1. 放射源活度 放射源活度是度量放射性物质在单位时间内原子核衰变数的物理量，即该放射源在单位时间内发生自发核衰变的次数。国际单位是贝可，符号 Bq。已废除的非法定专用单位居里，符号 Ci。二者之间的关系可表示为：$1 Ci=3.7×10^{10} Bq$。

2. 等中心 放射治疗设备中，各种运动的基准轴线围绕一个公共中心点运动，辐射束以此点为中心的最小球体通过，此点即为等中心。

3. 源皮距（SSD） 密封放射源到患者皮肤表面照射野中心的距离。

4. 正常治疗距离（NTD） 对等中心治疗设备而言，为沿辐射束轴从密封放射源到等中心的距离。对非等中心设备来说，是沿辐射束轴从密封放射源到某一规定平面的距离。

5. 准直器 限制射线照射方位并确定照射野大小的设备。

6. 主计时器 治疗机上用于控制辐照剂量的计时器。当达到时间预选值时，用来终止辐照的控制计时器。

7. 不对称性 平面上相对于某一指定中心的对应点之间的相同物理量的差别。如果对应点之间无任何差别，这种情况叫作对称性。

8. 均整度 在一个野的限定部分内，最高与最低的吸收剂量之比。标准体模入射面与

☆★☆☆

辐射束轴垂直，并在其特定深度上与规定的辐射条件下测量吸收剂量。

9.半影 半影区是射野剂量分布曲线的剂量改变非常快的区域，它受限定射野的准直器、焦点的实际大小（放射源的尺寸）和侧向电子不平衡等因素的影响。射野几何边界附近的剂量下降呈 S 形状，并从准直器的遮线门下延伸到半影区的尾部。这个区域里的一小部分剂量贡献来源于准直器遮线器的穿透剂量（穿透半影），另一部分来自于源具有的一定尺寸（几何半影），而最主要的部分则来自于患者体内的射线散射（散射半影）。穿透半影、几何半影和散射半影之和称为物理半影。物理半影的影响因素包括：射线束能量、射线源尺寸、源皮距 SSD、射线源到准直器的距离和体模内的深度，这个将在下节详细讨论。在一定辐射野和辐射条件下（如 SSD 等），在参考平面内，辐射范围内的最大吸收剂量率的 20% ~ 80% 所涵盖的区域定义为半影区。

第二节　钴 -60 远距离治疗机的构成及工作原理

钴 -60 远距离治疗机一般由以下部分组成：①一个密封的钴 -60 放射源；②一个源容器及机头；③具有开关遮线器；④具有定向限束的准直器；⑤支持机头的治疗机架；⑥治疗床；⑦控制台；⑧辐射安全及连锁系统。如图 11-1、图 11-2（见彩图）所示。

钴 -60 远距离治疗机的是将钴 -60 放射源密封在一个能作直线往复运动的圆柱形容器内（形象地称之为"源抽屉"），再将圆柱形容器置于治疗头防护体的孔道内，治疗时靠气动装置带动源抽屉，使放射源在贮存位与照射位之间转换。

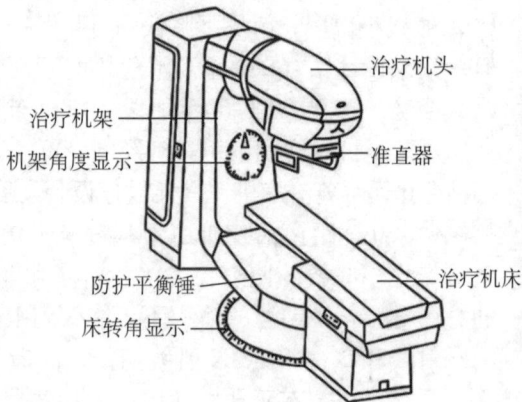

图 11-1　钴 -60 远距离治疗机一般结构图

一、钴 -60 γ 射线的特点

钴 -60 的半衰期为 5.271 年。其相关剂量学常数见表 11-1。

表 11-1　钴 -60 的剂量学常数表[1][2]

核素	半衰期	衰变方式	空气比释动能率常数	照射量率常数	周围剂量当量率常数	定向剂量当量率常数
^{60}Co	5.271a	β^-	8.50×10^1	2.50×10^0	9.83×10^1	9.83×10^1

注：①数据引自李士骏《发射光子的放射性核素各向同性点源的剂量学常数》；
②空气比释动能率常数和照射量率常数的单位分别为 aGy·m^2/(Bq·s)、aC·kg^{-1}·m^2/(Bq·s)，周围剂量当量率常数和定向剂量当量率常数单位为 aSv·m^2/(Bq·s)。单位中的 a 为 SI 词头，a=10^{-18}

^{60}Co 会通过 β 衰变成为 ^{60}Ni，同时会放出两束 γ 射线，发射能量分别为 1.17MeV 和 1.33MeV 两种，其平均能量为 1.25MeV。

外照射用的钴源通常由 1mm×1mm 的柱状源集合在一个不锈钢的圆筒形的源套内，其源套直径一般为 2.0 ~ 2.6cm，其高度决定于整个源的总活度。由于钴源本身的自吸收及准直器的限束，致使一定活度的钴源在治疗距离处的照射量率比由照射量率常数按距离平方反比定律推算的照射量率要低。

钴-60 远距离治疗机所使用的钴-60 源的总活度一般为 111～259TBq（3000～7000 Ci）；国家标准规定必须不少于 37 TBq（1000 Ci）。

二、源容器及机头

钴源密封在很薄的不锈钢容器中，由于其放射性活度大，不便应用、防护和更换，因此把它再固定在 1 个长 60～80cm 的钢柱中心内，源底暴露。机头除含有钴源外，还由包括屏蔽铅的不锈钢外壳及源驱动机构组成。机头如图 11-3。源驱动机构的作用是将放射源置于准直器前方产生临床用 γ 射线。目前使用放射源抽屉方式和旋转源柱式两种不同的方式将放射源移至出束和停止出束位置，两种方式均具有断电和紧急情况下自动中止出束的安全机构。

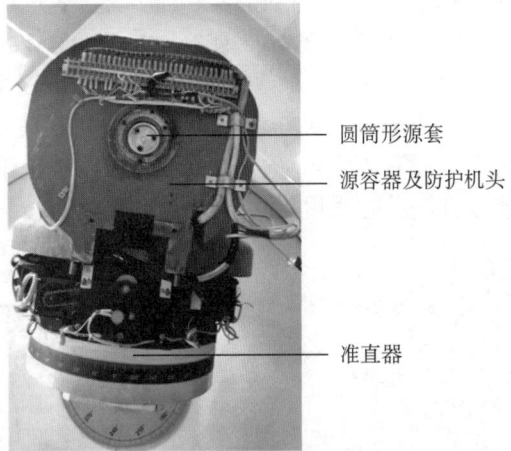

圆筒形源套
源容器及防护机头
准直器

图 11-3　钴-60 远距离治疗机机头照片

三、遮线器

所谓遮线器就是截断钴-60 源 γ 射线的装置。当遮线器处于开位时，射线束通过一定方向射出进行治疗；当遮线器处于关闭位时，射线束被截断，只有少部分射线漏出。遮线器有许多不同形式。图 11-4 是常用的 4 种形式，它们各有自己的优缺点，其中（a）、（c）最为常用。（c）型遮线器的缺点是每关闭一次遮线器都要旋转半周，但为选择使用和设计限束系统提供了较大的灵活性；（a）型遮线器为（c）型遮线器的变形，以钴-60 源的直线运动（源抽屉运动）代替了钴-60 源的旋转。钴-60 源抽屉运动靠气动或机械推动实现。（b）、（d）型遮线器均采用钴-60 源固定，以插入防护材料方式阻挡钴-60 γ 射线。不论哪一种设计，均要使得操作安全可靠。

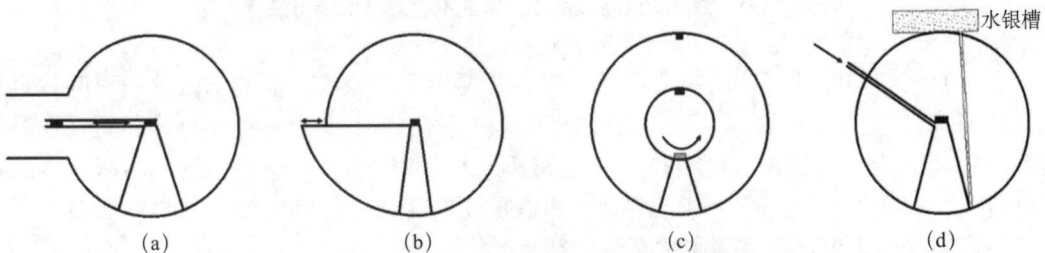

水银槽

(a)　　　　(b)　　　　(c)　　　　(d)

图 11-4　钴-60 远距离治疗机遮线器种类

四、定向限束的准直器

采用准直器的目的是限制一定的照射野大小和形状以适应治疗的需要。治疗时，钴源经气动或电动传输系统被移至照射窗口，经由口径固定的一级准直器限束确定最大照射野

☆☆☆☆

的范围，再经二级限光装置形成正方形或长方形射野，还可以在第三级准直器采用多叶光栅或适形制模，拼出与肿瘤投影适形的不规则射野。根据国际放射防护委员会（ICRP）推荐，准直器的厚度应使漏射量不超过有用照射量的5%。按照这个要求，钴-60准直器的最少吸收厚度应为4.5个半值层，例如铅，HVL=1.27cm，准直器所需铅厚为5.7cm，一般取6cm。摆位时，挡铅厚度也应该等于6cm。后面将要讨论，因5%穿射将增大穿射半影。实际治疗机中，多数准直器厚度比此厚度大，使漏射线剂量不超过有用射线剂量的1%，以减少穿射半影。准直器的理想设计，应使钴-60半影最小。准直器一般设计成一级准直器和二级准直器。一级准直器用来限定钴-60远距离治疗机的最大照射野，不能调节。二级准直器有固定可切换式和可调式两种，前者很笨重，不利于摆位，已弃用；可调式准直器较方便，并采用复式结构。如图11-5。

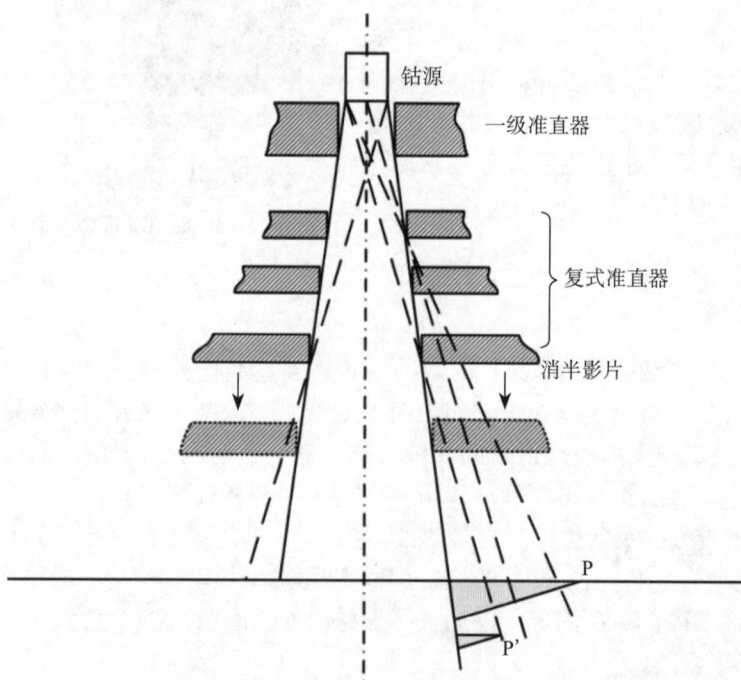

图 11-5　钴 -60 远距离治疗机复式准直器（消半影装置）

采用复式结构的准直器的主要目的是减少几何半影。该准直器的末端的两对叶片设计制成伸缩式，改变源至准直器末端的距离（SDD）。一般治疗时，该叶片处于标准位置（SDD1），特殊治疗时处于下拉位置（SDD2）。由于SDD2大于SDD1，几何半影进一步减少，故称此叶片为消半影装置（trimmer）。当射野邻近重要器官，如鼻咽癌治疗用鼻前野时，用此装置可以减少半影以降低双侧眼球晶体的剂量。

五、机架

机架可顺时针或逆时针旋转180°，以致于射线在垂直面每个角度都能够照射到等中心点。平衡锤为机架上一个部件，为了平衡机头重量。平衡锤有两种：一种是遮线平衡锤，既可平衡机头的重量，又能屏蔽射线，减少钴机治疗室防护墙的厚度，减少机房建造费用；另一种是摆动平衡锤，其作用只是在机架旋转时平衡配重，不能屏蔽射线。

六、治疗床

治疗床能够垂直升降，纵向和横向能够灵活移动也可固定，床面和床座可以顺时针或逆时针旋转 90°。

七、控制台

钴 -60 远距离治疗机的控制台包括：①治疗机控制钥匙开关；②总电源开关；③气源压力指示；④源位指示灯；⑤双道计时系统；⑥电视监控和微机接口；⑦对讲机等。

八、辐射安全及联锁系统

机房防护门和机头外部表面必须清楚、永久地设有电离辐射警告标志。必须在一些合适的位置配备"急停开关"，以便能够随时中断治疗机的各项运动和照射。必须备有连锁装置，以便故障发生（如门机连锁）时立即停止照射。

九、受照剂量的转换

我们在已知钴 -60 源活度的情况下，可以根据公式（11-1）估算出等中心点处的空气比释动能率。

$$K = \frac{A \cdot \Gamma}{d^2} \tag{11-1}$$

式中：

A ——放射源现有活度，Bq；

Γ ——钴 -60 的空气比释动能率常数，$Gy \cdot m^2/(Bq \cdot s)$；

d ——点源与等中心的距离，m。

例如，某医院的钴 -60 远距离治疗机刚进行换源，源活度为 1.11×10^{14} Bq （3000 Ci），由表 11-1 可知，钴 -60 的空气比释动能率常数为 8.50×10^{-17} $Gy \cdot m^2/(Bq \cdot s)$，钴源距等中心的距离为 0.8m，则等中心点处的空气比释动能率为：

$$K = \frac{1.11 \times 10^{14} \times 8.50 \times 10^{-17}}{0.8^2} = 1.474 \times 10^{-2} (Gy/s) = 53.07 (Gy/h)$$

十、钴 –60 远距离治疗机半影问题

由前面对半影的介绍可知，主要有三种原因造成钴 -60 远距离治疗机存在半影，如图 11-6。

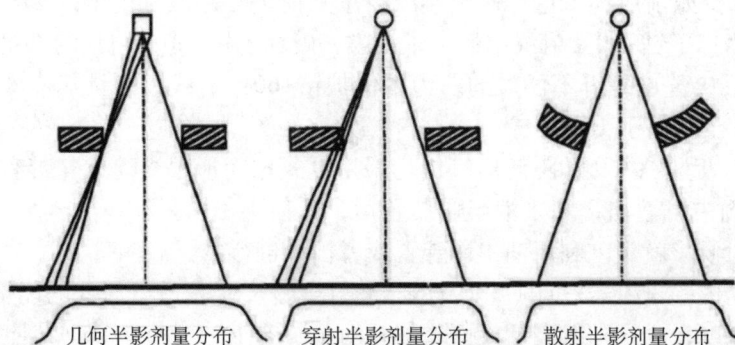

几何半影剂量分布　　穿射半影剂量分布　　散射半影剂量分布

图 11-6　三种半影的产生和剂量分布

☆★☆☆

（一）几何半影

由于钴-60源具有一定的尺寸，射线束经过准直器限束后，照射野边缘各点受到不均等剂量的照射，产生由高到低的剂量渐变分布，即为几何半影。消除几何半影可以使用直径较小的钴-60源，但会影响源的活度；也可以缩短准直器到患者皮肤的距离，但不能低于15cm，否则次级电子污染将减弱高能γ射线保护皮肤的效果。

（二）穿射半影

由于放射源射线束穿过准直器端面的厚度不等，造成射野边缘的剂量渐变分布，即为穿射半影。减小穿射半影的方法是改进准直器的设计，使用球面准直器，做以源为中心开合的弧形运动。

（三）散射半影

即使用点状源和球面限光筒使几何半影和穿射半影"消失"，组织中的剂量分布仍有渐变，这主要是由于组织中的散射线造成。在射野边缘，到达边缘的散射线主要由射野内的散射线造成。显然边缘的散射线的总量低于射野内任意一点的散射线的量。离开边缘越远，散射线量越少。由此可知，组织中的散射半影是无法消除的，但散射半影的大小随入射线的能量增大而减少。高能X射线或γ射线，散射线主要往前，散射半影小；低能射线、散射线呈各向同性，散射半影比较大。

上述三种原因，造成射野边缘剂量的不均匀性，这种剂量不均匀性对给予高的均匀的肿瘤剂量，减少周围正常组织的总剂量都是不利的。因此应该设法尽量减少半影。

根据相似三角形（见图11-7）有：

$$\frac{DE}{AB} = \frac{CE}{CA} = \frac{CD}{CB} = \frac{MN}{OM} = \frac{OF + FN - OM}{OM} \tag{11-2}$$

令 $AB = S$（放射源直径）；$OM = SDD$（源准直器距离）；$OF = SSD$；$FN = d$（肿瘤深度）；则在深度 d 处的几何半影 P_d 为：

$$P_d = \frac{S(SSD - d - SDD)}{SDD} \tag{11-3}$$

当 $d = 0$ 时，皮肤表面处的几何半影为：

$$P_{d=0} = \frac{S(SSD - SDD)}{SDD} \tag{11-4}$$

由上式可以看出，减少几何半影有两个方法。一是缩小放射源直径 S，但 S 不能太小，主要受放射源的放射性比活度的限制，否则射线输出剂量率太低，不经济。另一办法是加大准直器距离，即减少准直器到患者皮肤间距离，如图11-7所示。若 $SSD - SDD = 0$，则皮肤半影等于0。如前所述，这样做虽然减少了几何半影，但是由于减少了准直器至患者间的距离，却增加了钴-60γ射线中的电子污染，破坏了钴-60γ射线的剂量建成效应，从而增加了皮肤反应，这是得不偿失的。为了保护钴-60γ射线的剂量建成效应的优点，一般 $SSD - SDD$ 至少等于15cm。

目前设计的新型钴-60远距离治疗机均采用复式球面形限光筒，并带有半影消除装置（图11-5）。从图中可看出，加入消半影装置后，几何半影明显减少（$P > P'$）。后面我们进行半影检测时候，就可以利用消半影装置或者挡块进行修正后测量。

整个半影既依赖于机器设计（几何半影、穿射半影），又依赖于射线的能量（散射半影）。对给定的皮下深度，半影随射野增大而增加。图11-8给出了Eldorado A型钴-60远距离治

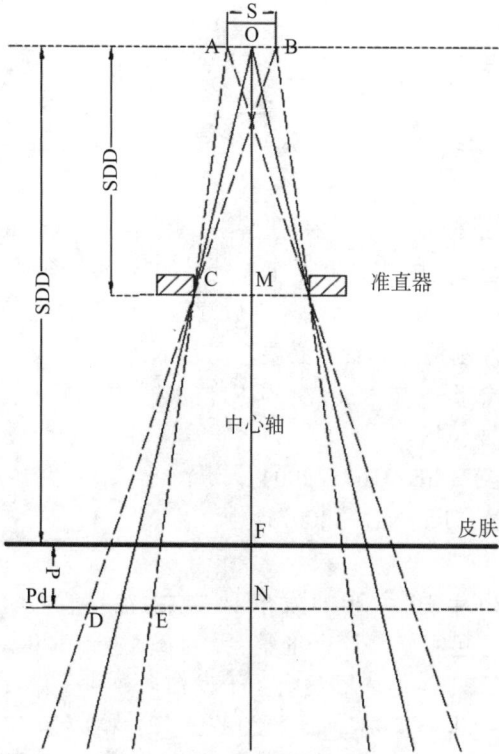

图 11-7　几何半影的计算

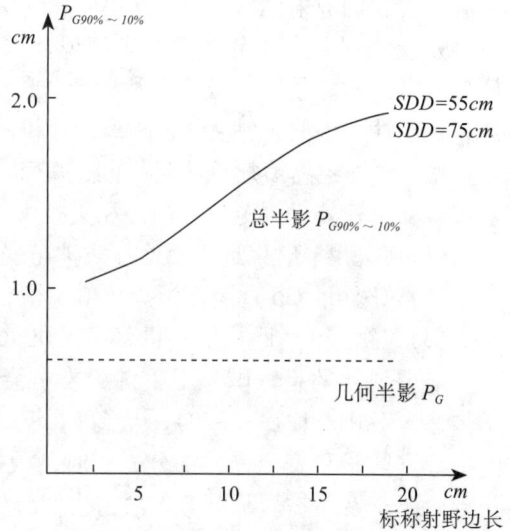

图 11-8　半影随射野的变化

疗机，皮下 1cm 处，90% 剂量至 10% 剂量半影 $P_{90\% \sim 10\%}$ 随射野面积的变化。

　　因几何半影与射野面积无关，因此，变化量主要由散射半影造成。其中有少部分由穿射半影造成。对给定的照射野，半影随深度增加而增加。图 11-9 给出了 Theratron B 型和 Eldo-rado A 型钴 -60 远距离治疗机，半影随深度变化情况。由图可以看出，源至限光筒距离越长，半影越小。

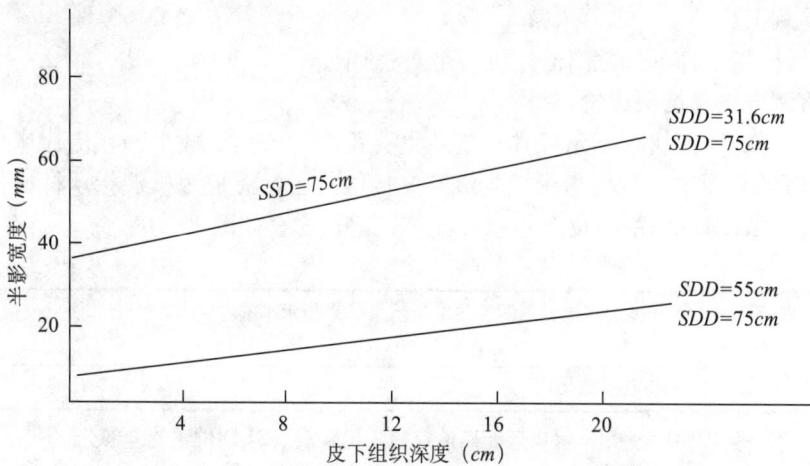

图 11-9　半影随深度的变化

☆★☆　☆

第三节　检测指标与方法

放射治疗的质量保证和质量控制是确保和提高整个肿瘤治疗水平的基础，也是放射治疗的安全和有效的关键。

随着我国放射治疗技术的发展，放疗物理质量控制及质量保证也越来越被重视。质量控制及质量保证主要分两方面来实现，一方面是保证相关放射工作人员（如放疗物理师、放疗医师、放疗技师、放疗工程师等）的专业能力；另一方面是控制放疗设备性能的优良性和稳定性。因此，钴-60 远距离治疗机的质量控制检测非常有必要。

钴-60 远距离治疗机质量控制检测和评价，依据的技术文件有国内技术标准、国际技术报告和企业技术规范。国内外相关技术标准主要包括：

（1）《医用 γ 射束远距离治疗防护与安全标准》（GBZ 161—2004）。

（2）《医用 ^{60}Co 远距离治疗辐射源检定规程》（JJG 1027—2007）。

（3）《钴-60 远距离治疗机》（YY 0096—2019）。

需要说明的是，国家卫生健康委员会于 2020 年 10 月 26 日发布了《放射治疗放射防护要求》（GBZ 121—2020），从 2021 年 5 月 1 日起实施，该标准整合了 GBZ 161—2004 的治疗室防护和安全操作部分。同时，根据《国家卫生健康委员会关于发布＜放射工作人员健康要求及监护规范＞等 5 项卫生健康标准的通告》（国卫通〔2020〕18 号）相关要求，GBZ 161—2004 已被 GBZ 121—2020 替代，因此，目前钴-60 远距离治疗机质量控制检测无卫生标准可依，但钴-60 远距离治疗机作为现存的肿瘤放射治疗设备之一，其设备性能不能不加以控制。因此，本书仍按照 GBZ 161—2004 中相关质量控制检测指标及要求，配合实例进行逐一介绍。本章介绍的检测工具中，直尺、剂量仪和配套的电离室、气压表、温度计和辐射巡检仪等检测工具均需要在检定有效期之内。

一、源皮距（SSD）位置偏差

源皮距指示器指示的源皮距位置与实际位置的偏差的测量。

（一）检测工具

源皮距机械指示杆（远距离治疗机自带）、白纸。

（二）检测方法与结果评价

1. 测量　将源皮距机械指示杆挂在机头上，再将一张白纸放平贴在治疗床上，将治疗床往上升至白纸与源皮距机械指示杆尖端刚好接触。去除源皮距机械指示杆，打开光学源皮距指示系统，查看此时的源皮距指示并记录，记录样表如图 11-10。

源皮距机械指示杆尖端的距离（cm）	光学源皮距指示系统来指示这时的源皮距（cm）	偏差（cm）

图 11-10　医用 γ 射束远距离治疗检测记录表（SSD 位置偏差部分）

2. 计算及数据处理　利用公式（11-5）计算偏差。

$$\Delta = d_2 - d_1$$

$$(11-5)$$

式中：

Δ——偏差，cm；

d_1——源皮距机械指示杆尖端的距离，cm（一般为 80cm）；

d_2——光学源皮距指示系统指示的源皮距，cm。

3. 结果评价　源皮距指示器指示的源皮距位置与实际位置的偏差不得大于 3mm。

（三）检测中的主要问题

在读取光学源皮距指示系统指示的源皮距时，由于光学源皮距指示系统指示的源皮距的最小刻度为毫米，读数结果受检测人员的主观影响很大。光学源皮距指示系统会因为设备抖动或人为触碰而发生位移，因此建议先对治疗机机械等中心进行检测和调校（必要时）准确后，再测量此指标。

二、准直器束轴位置偏差

准直器在不同位置时，束轴位置的偏差。

（一）检测工具

坐标纸。

（二）检测方法与结果评价

1. 测量　将一张坐标纸放在垂直于中心轴的平面上，使光野十字丝的投影与坐标纸上的十字线重合。现场摆位如图 11-11，取常用源皮距，转动准直器位于不同角度，记录各角度十字丝叉点投影与坐标纸上十字线叉点偏离的距离。

图 11-11　坐标纸摆位图（左图为准直器为 0°，右图为准直器转动过程中）

2. 结果评价　有用射束轴在不同准直器位置时，束轴在与其垂直的参考平面上的投影点的变化范围不大于 2mm。

（三）检测中的主要问题

准直器在转动过程中，无法时刻测量十字丝叉点与坐标纸上十字线偏离的距离。因此，测量前，在坐标纸中间用圆规以坐标纸上十字线中心为圆心，以最小刻度 1mm 和 2mm 为半径画两个圆，分别为圆 1 和圆 2。转动过程中，十字丝像中心一直未出圆 1，则记录准直器束轴的偏离 < 1mm；若十字丝像中心压到圆 1 的边界线但未超出圆 1，则记录准直器束轴的偏离 1mm；若十字丝像中心超出圆 1 的边界线但未超出圆 2，则记录准直器束轴的偏离 < 2mm；若十字丝像中心压到圆 2 的边界线但未超出圆 2，则记录准直器束轴的偏离 2mm。以此类推。

三、机械等中心

随机架的旋转等中心在束轴垂直的参考平面上位置的变化。

（一）检测工具

等中心测量仪、直尺。

（二）检测方法与结果评价

1. 测量　沿射束中心轴（Z轴）安放一个机械指针，沿水平方向（X轴）安放一个尖端直径不大于 2mm 的指示杆（图 11-12），把指针的高度调节到与指示杆的距离不超过 2mm，当治疗机头带着指针旋转时，测量出指针针尖与指示杆的尖端的距离。

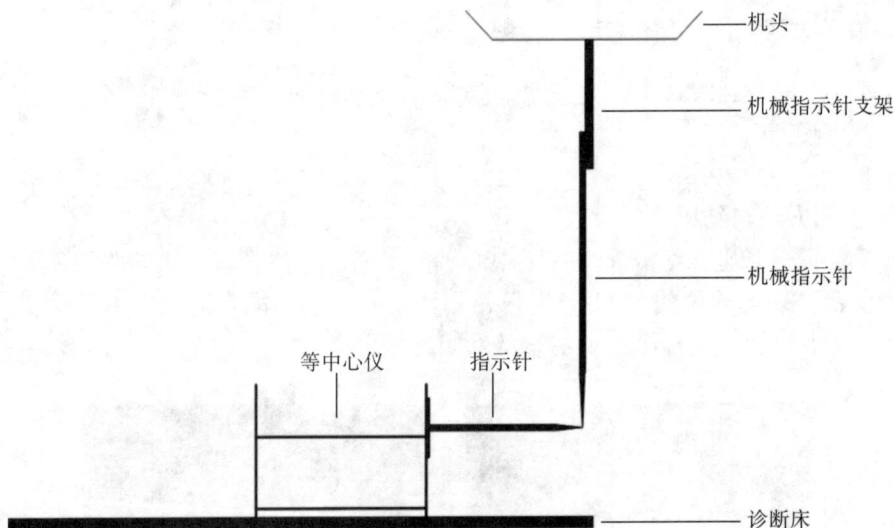

图 11-12　机械等中心检验仪器放置示意图

2. 结果评价　机械等中心在与束轴垂直的参考平面上的投影的轨迹的最大径不大于 2mm。

（三）检测中的主要问题

测量时，可能会遇到和准直器束轴的测量相同的问题，机架在旋转过程中我们无法时刻测量机械指针针尖和指示杆尖端的距离。这个需要我们在安放指示杆时，尽量让指示杆尖端与机械指针针尖靠近，然后机架转动过程中，我们观察机械指针针尖和指示杆尖端之间的距离，记录两者距离相对较大时的机架角度范围，最后将机架旋转到偏离最大的角度处用直尺测量机械指针针尖和指示杆尖端之间的距离。机械指针针尖和指示杆尖端应尽量尖细。

四、辐射野内有用线束非对称性

常规 TPS 是用强度分布均匀的线束来模拟对患者体内吸收剂量分布进行计算。因而照射野内非对称的测试显得尤为重要。通过对称于射线束轴上任意两点的吸收剂量率之差来衡量其非对称性。

（一）检测工具

二维或三维水箱、水箱配套数据处理软件、剂量仪、电离室。

（二）检测方法与结果评价

1. 测量　如图 11-13 摆放检测仪器。源到电离室的距离（SCD）取正常治疗距离。电离室放置在校准深度处与有用射束轴垂直的平面上，光野设置为 10cm×10cm。钴 -60 远距离治疗机开始出束，电离室沿光野的两个互相垂直的主轴（X 轴和 Y 轴）移动，测量剂量分布。

2. 计算及数据处理　利用公式（11-6）计算非对称。

$$\eta_S = \frac{\delta_{max}}{E_r} \times 100\% \tag{11-6}$$

式中：

η_S—非对称性百分数，%；

δ_{max}—各对称点测量值之差中的最大值，Gy/min；

E_r—辐射野中心点的测量值，Gy/min。

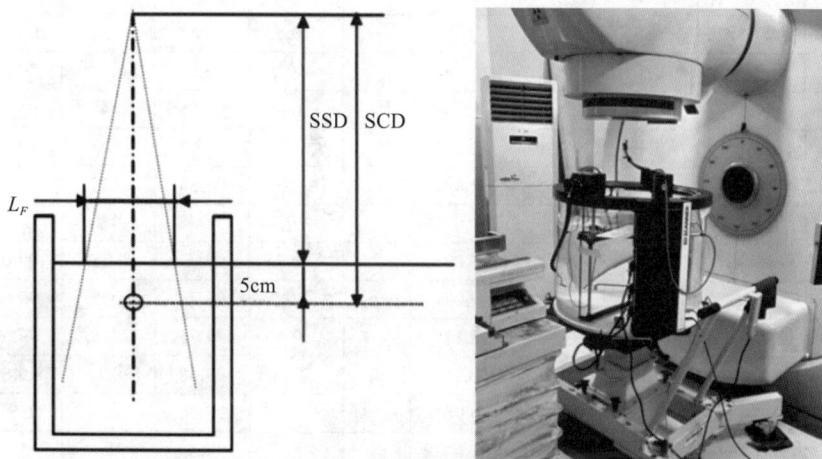

图 11-13　电离室位置（左）与现场水箱摆位（右）示意图

从测量软件中导出数据至 EXCEL 表中，取照射野 10cm×10cm 内的数据按照公式（11-6）进行数据分析，部分数据截图如图 11-14，记录数据处理结果，记录表详见图 11-15。

3. 结果评价　辐射野内有用射束非对称性不大于 ±3%。

（三）检测中的主要问题

应注意检测结果电子原始数据的保存，抄录到纸质版上的数据要能溯源，因此，电子数据的保存要制定专门的保存程序并得到有效执行，其保存期限与纸质版存档资料一致。

五、经修整的半影区宽度

（一）检测工具

二维或三维水箱、水箱配套数据处理软件、剂量仪、电离室。

（二）检测方法与结果评价

1. 测量　如图 11-13 摆放检测仪器。源到电离室的距离（SCD）取正常治疗距离，在

187	− 1.35	99.16	1.35	99.73	0.57		− 1.35	99.45	1.35	99.59	0.14
188	− 1.3	99.2	1.3	99.74	0.54		− 1.3	99.44	1.3	99.63	0.19
189	− 1.25	99.24	1.25	99.74	0.5		− 1.25	99.42	1.25	99.66	0.24
190	− 1.2	99.27	1.2	99.71	0.44		− 1.2	99.45	1.2	99.68	0.23
191	− 1.15	99.3	1.15	99.69	0.39		− 1.15	99.47	1.15	99.71	0.24
192	− 1.1	99.32	1.1	99.69	0.37		− 1.1	99.5	1.1	99.72	0.22
193	− 1.05	99.31	1.05	99.7	0.39		− 1.05	99.54	1.05	99.73	0.19
194	− 1	99.3	1	99.7	0.4		− 1	99.58	1	99.73	0.15
195	− 0.95	99.32	0.95	99.7	0.38		− 0.95	9.64	0.95	99.73	0.09
196	− 0.9	99.35	0.9	99.7	0.35		− 0.9	99.7	0.9	99.73	0.03
197	− 0.85	99.37	0.85	99.7	0.33		− 0.85	99.75	0.85	99.73	0.02
198	− 0.8	99.36	0.8	99.7	0.34		− 0.8	99.78	0.8	99.74	0.04
199	− 0.75	99.35	0.75	99.7	0.35		− 0.75	99.81	0.75	99.74	0.07
200	− 7	99.37	0.7	99.69	0.32		− 7	99.83	0.7	99.73	0.1
201	− 0.65	99.38	0.65	99.68	0.3		− 0.65	99.86	0.65	99.71	0.15
202	− 0.6	99.4	0.6	99.66	0.26		− 0.6	99.87	0.6	99.7	0.17
203	− 0.55	99.41	0.55	99.64	0.23		− 0.55	99.87	0.55	99.71	0.16
204	− 0.5	99.43	0.5	99.61	0.18		− 0.5	99.86	0.50	99.72	0.14
205	− 0.45	99.44	0.45	99.58	0.14		− 0.45	99.86	0.45	99.73	0.13
206	− 0.4	99.45	0.4	99.56	0.11		− 0.4	99.86	0.4	99.74	0.12
207	− 0.35	99.45	0.35	99.53	0.08		− 0.35	99.84	0.35	99.73	0.11
208	− 0.3	99.45	0.3	99.5	0.05		− 0.3	99.8	0.3	99.7	0.1
209	− 0.25	99.46	0.25	99.48	0.02		− 0.25	99.77	0.25	99.67	0.1
210	− 0.2	99.43	0.2	99.5	0.07		− 0.2	99.74	0.2	99.66	0.08
211	− 0.15	99.41	0.15	99.52	0.11		− 0.15	99.71	0.15	99.64	0.07
212	− 0.1	99.4	0.1	99.51	0.11		− 0.1	99.68	0.1	99.63	0.05
213	− 0.05	99.43	0.05	99.49	0.06		− 0.05	99.65	0.05	99.63	0.02
214	0	99.46	0	δ_{max}	1.64		0	99.63		δ_{max}	052
215				η_S	1.6%					η_S	0.5%

图 11-14　X 轴和 Y 轴测量剂量导出部分数据和数据处理结果

SCD：＿＿＿cm；光野：10cm×10cm；水下深度 d=5cm					
非对称性 η$_s$(%)	X 轴		均整度（%）	X 轴	
	Y 轴			Y 轴	
照射野与光野重合度（mm）	X$^-$		半影区宽度（mm）	X$^-$	
	X$^+$			X$^+$	
	Y$^-$			Y$^-$	
	Y$^+$			Y$^+$	

图 11-15　医用 γ 射束远距离治疗检测记录表
（照射野内有用射束非对称性、均整度、照射野与光野重合度、半影区宽度部分）

校准深度处与有用线束轴垂直的平面上，光野为 10cm×10cm。射线束轴穿经光野中心，电离室沿光野的两个互相垂直的主轴移动（X 轴和 Y 轴），测量剂量分布，以剂量分布曲线中相对于中心剂量 20% ~ 80% 的范围在主轴对应的距离为半影宽度。

2. 计算及数据处理　直接从测量软件中读出 X 轴和 Y 轴的半影宽度，X 轴、Y 轴导出数据分析结果如图 11-16，记录表见图 11-15。

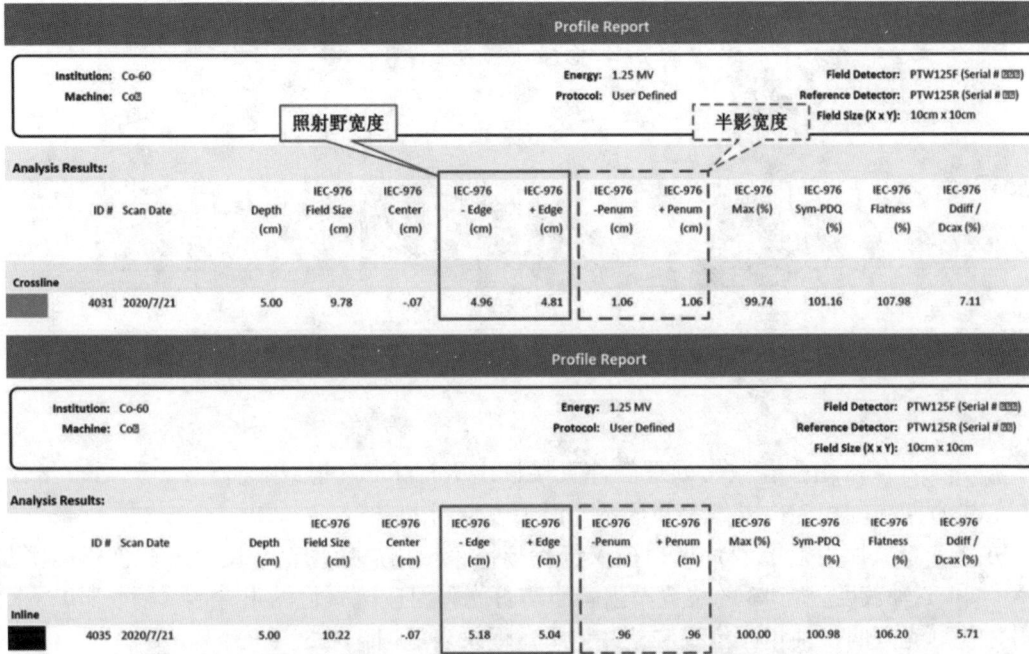

Profile Report

	Institution: Co-60		Energy: 1.25 MV	Field Detector: PTW125F (Serial # ▨▨)
	Machine: Co▨		Protocol: User Defined	Reference Detector: PTW125R (Serial # ▨▨)
			照射野宽度　半影宽度	Field Size (X x Y): 10cm × 10cm

Analysis Results:

	ID #	Scan Date	Depth (cm)	IEC-976 Field Size (cm)	IEC-976 Center (cm)	IEC-976 - Edge (cm)	IEC-976 + Edge (cm)	IEC-976 -Penum (cm)	IEC-976 + Penum (cm)	IEC-976 Max (%)	IEC-976 Sym-PDQ (%)	IEC-976 Flatness (%)	IEC-976 Ddiff / Dcax (%)
Crossline	4031	2020/7/21	5.00	9.78	-.07	4.96	4.81	1.06	1.06	99.74	101.16	107.98	7.11

Profile Report

	Institution: Co-60		Energy: 1.25 MV	Field Detector: PTW125F (Serial # ▨▨)
	Machine: Co▨		Protocol: User Defined	Reference Detector: PTW125R (Serial # ▨▨)
				Field Size (X x Y): 10cm × 10cm

Analysis Results:

	ID #	Scan Date	Depth (cm)	IEC-976 Field Size (cm)	IEC-976 Center (cm)	IEC-976 - Edge (cm)	IEC-976 + Edge (cm)	IEC-976 -Penum (cm)	IEC-976 + Penum (cm)	IEC-976 Max (%)	IEC-976 Sym-PDQ (%)	IEC-976 Flatness (%)	IEC-976 Ddiff / Dcax (%)
Inline	4035	2020/7/21	5.00	10.22	-.07	5.18	5.04	.96	.96	100.00	100.98	106.20	5.71

图 11-16　软件导出 X 轴和 Y 轴数据分析结果图

3. 结果评价　经修整的半影区宽度不得超过 10mm。

（三）检测中的主要问题

在检测过程中若没有工程师现场利用消半影装置或者挡块进行修正半影宽度，在评价该结果时应予以说明。

六、照射野与光野重合度

（一）检测工具

方法一：二维或三维水箱、水箱配套数据处理软件、剂量仪、电离室。

方法二：慢感光胶片、胶片扫描仪、图像灰度分析软件。

（二）检测方法与结果评价

1. 测量

方法一：按照半影区宽度的方法进行测试。由两个主轴上 4 个 50% 剂量点位置做出各边与灯光野对应边平行的正方形（辐射野），求出辐射野与灯光野两主轴相应位置偏差。

方法二：①将慢感光胶片放置在治疗床上；②用美纹胶将胶片固定住；③用圆珠笔在美纹胶上做出光野标志并在胶片上盖一层建成厚度的模体；④在正常源皮距治疗距离出束照射；⑤用针在光野的 4 个角刺穿胶片作为光野的标志。检查照射野与灯光野边缘之间距

☆ ☆ ☆ ☆

离即为照射野与灯光野的重合度。现场摆位如图 11-17。

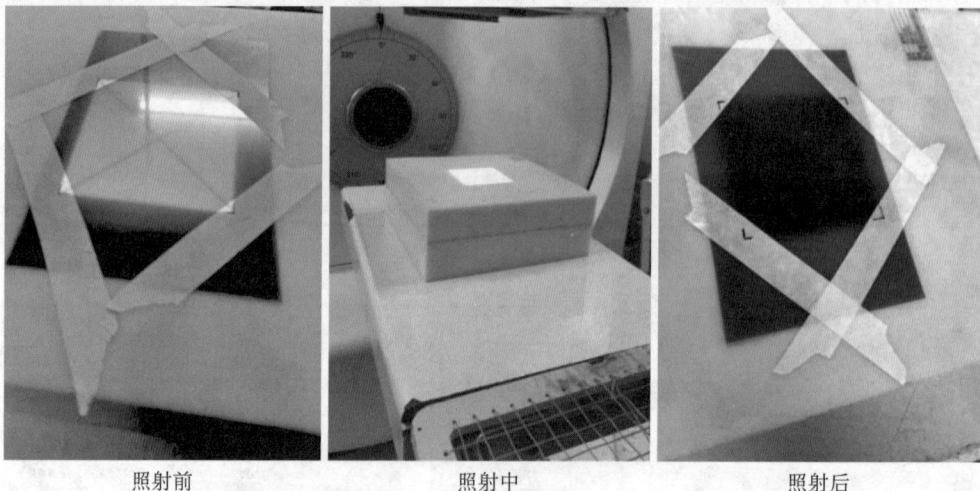

照射前   照射中   照射后

图 11-17 胶片法测量照射野和光野重合度摆位图

2. 计算及数据处理

方法一：从水箱配套数据处理软件直接读出 X 轴和 Y 轴照射野宽度，然后求出辐射野与灯光野两主轴相应位置偏差并记录，记录表见图 11-15。

方法二：将照射后的胶片用扫描仪进行扫描，扫描后用图像灰度分析软件进行测量，取 X 轴和 Y 轴灰度为 50% 的位置做出各边与灯光野对应边平行的正方形（辐射野），求出辐射野与灯光野两主轴相应位置偏差并记录，记录表见图 11-15。

3. 结果评价 灯光野边界线与照射野边界线之间的重合度每边不大于 2mm。

（三）检测中的主要问题

使用方法二进行测量时，不同批次不同型号的慢感光胶片，都需要进行灰度曲线标定，以减少由不同慢感光胶片带来的误差。

七、辐射野均整度

（一）检测工具

二维或三维水箱、水箱配套数据处理软件、剂量仪、电离室。

（二）检测方法与结果评价

1. 测量 按照半影区宽度的方法进行测试。电离室沿光野（10cm×10cm）的两个互相垂直的主轴（X 轴和 Y 轴）移动，测量出剂量分布。求出沿两个主轴 ±4cm 内（即灯光野边长的 80%）最大、最小剂量之差相对于中心轴剂量的百分偏差。

2. 计算及数据处理 利用公式（11-7）计算均整度：

$$\zeta = \frac{D_{max} - D_{min}}{E_r} \times 100\% \tag{11-7}$$

式中：

ζ——均整度，%；

E_r——辐射野中心点的测量值，Gy；

D_{max}——两个主轴 ±4cm 内最大剂量值，Gy；

D_{min}——两个主轴 ±4cm 内最小剂量值，Gy。

此结果可以直接从测量软件中读出 X 轴和 Y 轴的均整度，X 轴、Y 轴软件分析界面如图 11-18 和图 11-19，记录表详见图 11-15。

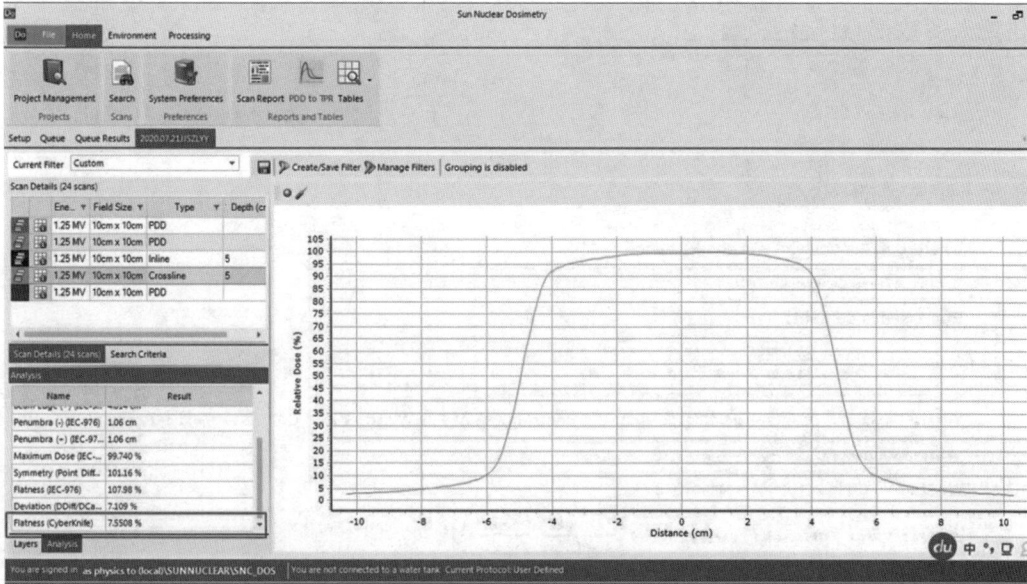

图 11-18　X 轴均整度软件分析结果图

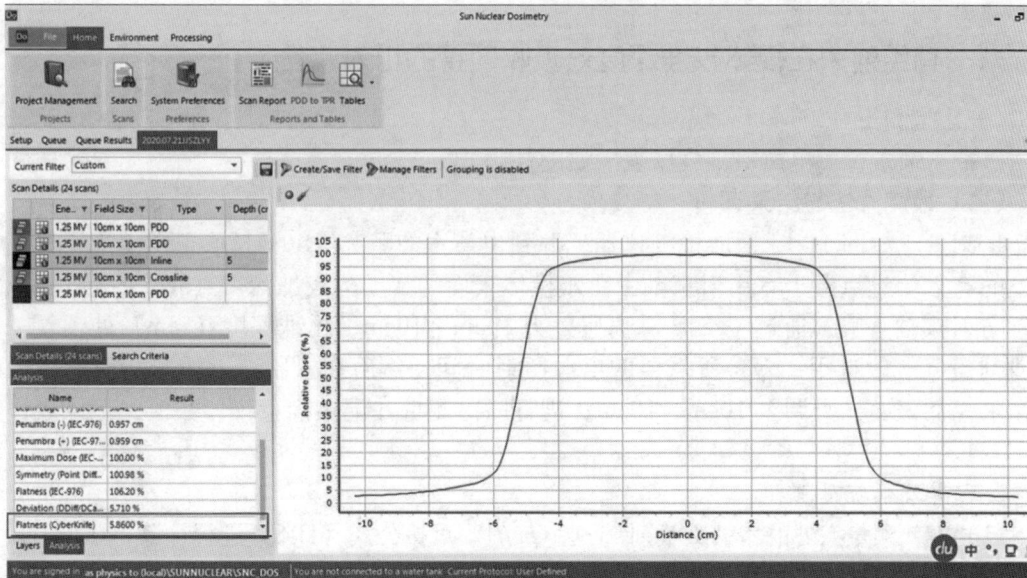

图 11-19　Y 轴均整度软件分析结果图

3. 结果评价　在辐射野边长 80% 的范围内，最大、最小剂量相对于中心轴剂量的百分偏差不大于 ±3。

（三）检测中的主要问题

由图 11-18 或图 11-19 中可知，分析结果中 Flatness（均整度）有两个值，分别是

☆☆☆☆

Flatness（IEC-976）和 Flatness（CyberKnife），因为这是通过两个不同的协议得到不同的值，查看协议（图 11-20）可知，第二个协议分析所用的公式与公式（11-7）一致，故选用后者的分析结果值。应特别注意的是，标准 GBZ 161—2004 中均整度定义和计算公式与其他放射治疗装置检测标准中的不一致，按此标准进行检测计算，目前市场上的钴 -60 远距离治疗机绝大多数都不符合要求。

f)　Dmax/DCax (IEC)

Expressed in percent:

$$Flatness = 100 \times \frac{Dmax}{DCAX} \qquad \text{Eq. 20}$$

where Dmax is anywhere in the Radiation Field.

g)　Dmax - Dmin (CyberKnife)

Expressed in percent:

$$Flatness = 100 \times \frac{Dmax - Dmin}{Dose\ at\ Beam\ Center} \qquad \text{Eq. 21}$$

Where Dmax and Dmin are calculated from the central 80% of Full Width at Half CAX. See Field Size (FWHC).

h)　Ratio to Average

Where Avg Dose = (Dmax + Dmin) / 2.

$$Flatness = Max\ Variation\ from\ Avg\ Dose \left[\frac{Dmax}{Avg\ Dose}, \frac{Dmin}{Avg\ Dose} \right] \times 100 \qquad \text{Eq. 22}$$

For Elekta (electrons), the flattened area is defined as described in 80% of Field Width.

图 11-20　三维水箱处理软件协议部分示意图

八、有用射束在模体校准深度处吸收剂量的相对偏差

（一）检测工具

水箱、剂量仪、电离室、气压表、温度计。

（二）检测方法与结果评价

1. 测量　如图 11-13 摆放检测仪器。源到电离室的距离（SCD）取正常治疗距离，电离室的有效测量点置于有用射束轴上距水模体表面的深度为校准深度（5cm）处，电离室的轴与射束轴垂直，通过 TPS 计算出照射野 10cm×10cm，校准深度（5cm）处预置一个吸收剂量（一般选用 2Gy）所需的出源照射时间，然后在控制台上设置相应的出源时间，水模体表面光野调至 10cm×10cm。进行三次测量并记录剂量仪读数值，记录表详见图 11-21。

2. 计算及数据处理

（1）有效测量点处的水的吸收剂量 D_w（peff），可按公式（11-8）进行计算，单位 Gy。

$$D_w\ (peff) = M \cdot N_D \cdot S_{W,air} \cdot P_u \cdot P_{cet} \qquad (11-8)$$

式中：

M——经过温度和气压修正后的电离室剂量仪仪表读数；

N_D——电离室空气吸收剂量因子；

$S_{W,air}$——校准深度水的空气的平均阻止本领比，对 ^{60}Co γ 射线 $S_{W,air}=1.133$；

P_u——电离室的扰动修正因子；

3. 计时器控制照射时间相对偏差的检验和校准点有用射束吸收剂量的测定

射野：$\underline{10cm \times 10cm}$，SSD：$\underline{80cm}$，$N_x$：____，$N_k$：____，$K_{att}K_m$：____，$P_{cel}$：$\underline{1}$，温度：____℃，气压：____kPa，$K_{TP}$：____，水下深度：$\underline{5cm}$，$PDD_{(5cm)}$：____%，$D_{20}/D_{10}$：____，$TPR_{10}^{20}$：____，$S_{W,air}$：____			
预置剂量 D_0：____Gy	读数值（Mi）：____ ____ ____	均值（$\overline{M}_i$）：____	
	预置剂量 D：____	偏差：____%	
预置时间 t：____s 治疗机给出的剂量 D_0：____Gy	读数值（Mi）：____ ____ ____	均值（$\overline{M}_i$）：____	
	预置剂量 D：____	预置剂量 D：____	
$D_w(peff)=M \cdot N_K(1-g) \cdot K_{att} \cdot K_m \cdot K_{TP} \cdot S_{W,air} \cdot P_u \cdot P_{cel}$ 注：M 为标准剂量计的读数；N_K 空气比释动能校准因子；N_x 为照射校准子；g-X 辐射产生的次级电子小号与韧致辐射的能量占其初始能量总和的份额，g 约为 0003；K_{att} 为校准电离室时，电离室室壁及平衡帽对校准辐射（一般为 ^{60}Co 的 γ 射线）的吸收和散射的修正；K_m 为电离室室壁及平衡帽的材料对校准辐射空气等效不充分而引起的修正。$S_{W,air}$ 为校准深度水对空气的平均阻止本领比；P_u 为扰动修正因子；P_{cel} 为中心电极影响，其数值取 1。			

图 11-21　医用 γ 射束远距离治疗检测记录表

（有用射束在模体校准深度处吸收剂量的相对偏差和计时器控制照射时间相对偏差部分）

P_{cet}——电离室中心收集极空气等效不完全的校准因子，其数值为 1。

（2）经过温度和气压修正后的电离室剂量仪仪表读数 M 可由公式（11-9）进行修正，单位 Gy。

$$M=\overline{M}_l \cdot K_{TP} \tag{11-9}$$

式中：

$\overline{M}_l$——未经过温度和气压修正后的电离室剂量仪仪表读数的均值；

K_{TP}——电离室空腔内空气密度效应的修正因子，其数值可按公式（11-10）通过气压温度计算可得。

$$K_{TP}=\frac{273.15+T}{293.15} \cdot \frac{101.3}{P} \tag{11-10}$$

式中：

T——水的温度，℃；

P——治疗室内气压，kPa。

（3）根据剂量仪给定的校准因子不同（空气比释动能校准因子 N_k 或照射量校准因子 N_x），电离室空气吸收剂量因子分别按公式（11-11）或公式（11-12）计算：

$$N_D=N_k \cdot (1-g) \cdot K_{att} \cdot K_m \tag{11-11}$$

$$N_D=2.58 \times 10^{-4}N_x \cdot (W/e) \cdot K_{att} \cdot K_m \tag{11-12}$$

式中：

N_k——空气比释动能校准因子；

N_x——照射量校准因子；

g——X 辐射产生的次级电子消耗与韧致辐射的能量占其初始能量总和的份额，g=0.003；

W/e——在空气中形成每队离子所消耗的平均能量，W/e =33.97J/C；

K_{att}——校准电离室时，电离室室壁及平衡帽对校准辐射（一般为 ^{60}Co 的 γ 射线）的吸收和散射的修正；

K_m——电离室室壁及平衡帽的材料对校准辐射空气等效不充分而引起的修正。

1R=2.58×10^{-4}C/kg。

☆★☆☆

（4）利用公式（11-13）计算偏差：

$$B_D = \frac{D - D_0}{D_0} \times 100\% \tag{11-13}$$

式中：

D——测量的吸收剂量值，Gy；

D_0——预置照射的吸收剂量值，Gy。

3. 结果评价　要求有用射束在模体校准深度处吸收剂量的相对偏差不大于 ±3%。

（三）检测中的主要问题

此指标测量时应注意是电离室的有效测量点位于校准深度，而非电离室的几何中心点。对于 ^{60}Co γ 射线，电离室几何中心向射线入射方向移动 0.6 r（r 为电离室内半径）。有时检测结果偏差超出标准要求，尝试增加出源时间后重新检测，建议 TPS 中模拟检测时预置剂量尽量不要小于 2Gy。

九、计时器控制照射时间相对偏差

测量治疗机计时器控制的照射时间间隔 t 内的吸收剂量值与在相同时间间隔由治疗机给出的剂量值之间的偏差。

（一）检测工具

水箱、剂量仪、电离室、气压表、温度计。

（二）检测方法与结果评价

1. 测量　按照图 11-13 摆放检测仪器。源到电离室的距离（SCD）取正常治疗距离，电离室的有效测量点置于有用射束轴上距水模体表面的深度为校准深度（5cm）处，电离室的轴与射束轴垂直，水模体表面光野取 10cm×10cm。用剂量仪测量由治疗机计时器控制的照射时间间隔 t 内的吸收剂量值，进行 3 次测量，记录剂量仪读数，记录表详见图 11-21。并记录剂量仪预置相同时间间隔测量的吸收剂量值。

2. 计算及数据处理　偏差按式（11-14）计算：

$$B_t = \frac{D - D_0}{D_0} \times 100\% \tag{11-14}$$

式中：

D——治疗机控制照射间隔时间测量的吸收剂量值，Gy；

D_0——剂量仪测量相同间隔时间测量的吸收剂量值，Gy。

3. 结果评价　γ 射束远距治疗机计时器在一定时间间隔内控制给出的输出剂量与在相同时间间隔内剂量仪测出的剂量之间的相对偏差不大于 ±2%。

十、放射源防护屏蔽周围杂散辐射空气比释动能率

（一）检测工具

X、γ 辐射巡检仪。

（二）检测方法与结果评价

1. 测量　用 X、γ 辐射巡检仪分别在距放射源防护屏蔽表面 5cm 和距放射源 1m 处做扫描测试，寻找出最大剂量点，并测量其杂散辐射空气比释动能率，然后做近似球面测试，取平均值作为杂散辐射空气比释动能率。记录表详见图 11-22。

	测量值（Gy/h）	检测结果（　　Gy/h）
距辐射头防护屏蔽表面 5cm 处		
距放射源 1m 处		

图 11-22　医用 γ 射束远距离治疗检测记录表
（放射源防护屏蔽周围杂散辐射空气比释动能率部分）

2. 计算及数据处理　检测结果 D 按公式（11-15）计算得出，单位 μGy/h。

$$D=\overline{M_l} \cdot \theta \tag{11-15}$$

式中：

D——测量的空气比释动能率值，μGy/h；

$\overline{M_l}$——X、γ 辐射巡检仪读数的均值，μGy/h；

θ——X、γ 辐射巡检仪的校准因子。

3. 结果评价　放射源置于贮存位置时，放射源防护屏蔽周围杂散辐射空气比释动能率距放射源防护屏蔽表面 5cm 的任何可接近位置不大于 0.2mGy/h；距放射源 1m 的任何位置上不大于 0.02mGy/h。

十一、照射期间透过准直器的泄漏辐射空气比释动能率

（一）检测工具

方法一：水箱、剂量仪、电离室、气压表、温度计。

方法二：热释光剂量仪、热释光剂量计（TLD）。

（二）检测方法与结果评价

1. 测量　在这项指标检测开始前，可以在照射野为 10cm×10cm 条件下测量照射野中心出束 2min 的剂量作为治疗机上读出的预置剂量，这样可以减少放射源衰变过程中医院未进行及时修正所带来的误差。预置剂量与出束时间的比值作为照射野中心的射束的空气比释动能率。

方法一：按照图 11-13 摆放检测仪器。源到电离室的距离（SCD）取正常治疗距离，照射野关至最小，用 6 个半值层厚度（即 7.2cm）的铅锭堵塞有用射线出线口。出束照射，将电离室分别移到 (7，0，5)、(－7，0，5)、(0，7，5) 和 (0，－7，5) 四个点，每个点测量 2min，读出剂量仪的读数并记录，记录表详见图 11-24。

方法二：将床面升至正常治疗距离，照射野调至 10cm×10cm，在照射野边界外 2cm 处取对称分布 4 点，各放置一个 TLD。将照射野关至最小，用 6 个半值层厚度（即 7.2cm）的铅锭堵塞有用射线出线口，现场摆位见图 11-23（见彩图）。出束照射，时间设置为 2min。结束后将 TLD 带回实验室，通过热释光剂量仪读取数值并记录，记录表详见图 11-24。

温度：＿＿＿℃，气压：＿＿＿kPa，预置时间 t：60s 治疗机给出的剂量 D_0：＿＿＿Gy，SSD:＿＿＿cm		
数值 (M_i)：＿＿＿	均值 $(\overline{M_i})$：＿＿＿	
测量均值 (D)：＿＿＿	透过率：＿＿＿%	

图 11-24　医用 γ 射束远距离治疗检测原始记录表
（照射期间透过准直器的泄漏辐射空气比释动能率部分）

☆☆☆☆☆

2. 计算及数据处理　由于我们每个点测量时间均为 2min，后面测量出的吸收剂量值除以 2min 即为吸收剂量率值。最后透过率按公式（11-16）计算得出。

$$\eta_c = \frac{E_c}{E_r} \times 100\% \tag{11-16}$$

式中：

η_c——透过率百分数，%；

E_c——穿过准直器的空气比释动能率，Gy/min；

E_r——照射野中心的空气比释动能率，Gy/min。

3. 结果评价　在正常治疗距离处，对任何尺寸的照射野，透过准直器的泄漏辐射的空气比释动能率都不得超过在相同距离处，照射野为 10cm×10cm 的辐射束轴上最大空气比释动能率的 2%。

十二、正常治疗距离处正交于辐射束轴平面内最大射束外泄漏辐射空气比释动能率

主要包含最大泄漏辐射的测试和平均泄漏辐射的测试。

（一）检测工具

热释光剂量仪、热释光剂量计（TLD）、电离室、剂量仪、气压表、温度计。

（二）检测方法与结果评价

1. 测量

（1）最大泄漏辐射的测试：在出束状态下，在等中心距离处取最大正方形照射野，关闭准直器，用 3 个 1/10 值层（即 12cm）的铅屏蔽最大辐射束，按图 11-25 所示紧靠最大照射野的边缘向机架及相反方向取长 B=80cm、宽 A=40cm 的区域（阴影部分），在该区域内每 100cm² 的面积上放一个 TLD，通过此方法来寻找该区域内的最大泄漏辐射点。此项检查须在治疗床绕辐射束轴 0°、45°、90°、135° 各方位下依次重复进行，找出最大泄漏辐射点。用治疗水平剂量仪测量最大泄漏辐射点处的泄漏辐射空气比释动能率。记录测量结果，记录表详见图 11-26。

（2）平均泄漏辐射的测试：在出束状态下，在等中心距离处取最大正方形照射野，关闭准直器，用 3 个 1/10 值层（即 12cm）的铅屏蔽最大辐射束，测量如图 11-27 所示的以辐射束轴为中心并垂直于辐射束轴，在半径为 2m 的圆平面内最大射束外照射野两主轴及对角线上 R+1/4（2m-R）处各 4 点、R+3/4（2m-R）处各 4 点共 16 点处各放置一个 TLD，来测量该 16 个点处的泄漏辐射。以视野中心为原点，水平和纵向方向为 X、Y 轴建立直角坐标系，则两个圆对角线上 8 个点的 X、Y 坐标为分别为 $\pm[R+1/4(2m-R) \times \sqrt{2}/2]$ 和 $\pm[R+3/4(2m-R) \times \sqrt{2}/2]$。这里给出常用最大照射野为 40cm×40cm 时 16 个点的坐标，分别为（0.924，0）、（1.641，0）、（0，0.924）、（0，1.641）、（－0.924，0）、（－1.641，0）、（0，－0.924）、（0，－1.641）、（0.654，0.654）、（1.161，1.161）、（－0.654，0.654）、（－1.161，1.161）、（－0.654，－0.654）、（－1.161，－1.161）、（0.654，－0.654）、（1.161，－1.161），单位 m。记录测量结果，记录表详见图 11-26。

2. 计算及数据处理　测量出来的值按公式（11-17）计算得出相应的比值。

$$\eta_c = \frac{E}{E_r} \times 100\% \tag{11-17}$$

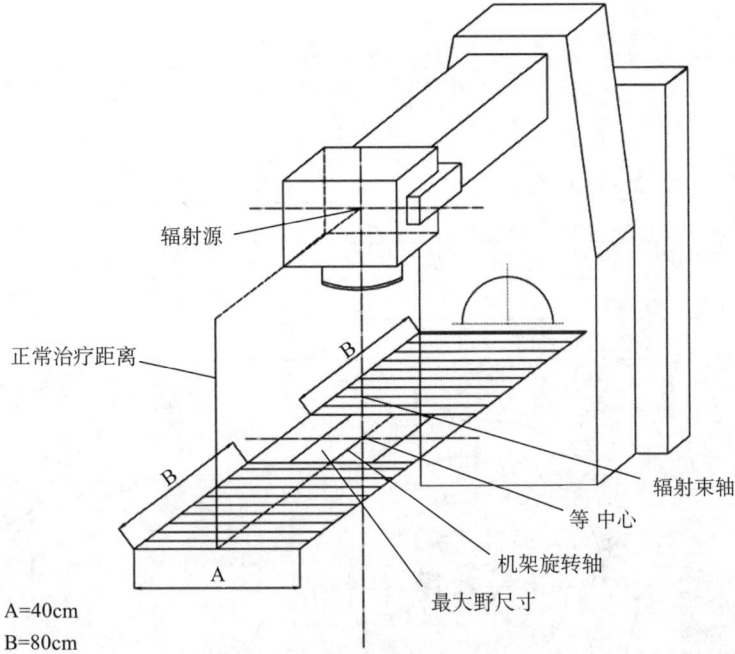

图 11-25　最大泄漏辐射的测试平面

标注：辐射源、正常治疗距离、辐射束轴、等中心、机架旋转轴、最大野尺寸、B、A

A=40cm
B=80cm

8. 正常治疗距离处正交于辐射束轴平面内最大射束外泄漏辐射空气比释动能率

预置时间 t：60s 治疗机给出的剂量 D_0：＿＿Gy，SSD：＿＿cm								
	1	2	3	4	5	6	7	8
测量值								

最大泄漏辐射点出的泄漏辐射空气比释动能率：＿＿＿

与照射野中心空气比释能率的比值：＿＿＿%

预置时间 t：60s 治疗机给出的剂量 D_0：＿＿Gy，SSD：＿＿cm								
半径	1	2	3	4	5	6	7	8
R+0.25（2 － R）								
R_0+0.75（2 － R）								

平均值：＿＿＿＿＿，与照射野中心空气比释能率的比值：＿＿＿＿%

图 11-26　医用 γ 射束远距离治疗检测记录表

（最大泄漏辐射比和平均泄漏辐射比部分）

☆☆☆☆

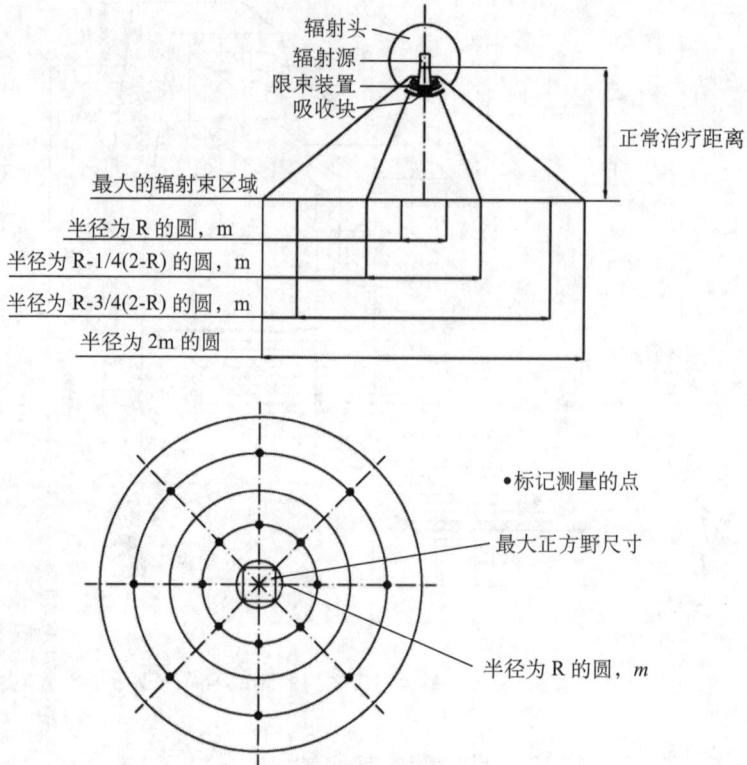

辐射头
辐射源
限束装置
吸收块

正常治疗距离

最大的辐射束区域

半径为 R 的圆，m

半径为 R-1/4(2-R) 的圆，m

半径为 R-3/4(2-R) 的圆，m

半径为 2m 的圆

· 标记测量的点

最大正方野尺寸

半径为 R 的圆，m

图 11-27　平均泄漏辐射的 16 个测量点

式中：

η_c——透过率百分数，%；

E——当算最大泄漏辐射比时，E 为最大泄漏辐射点处的空气比释动能率；当计算评价泄漏辐射比时，E 为 16 个测量点处的空气比释动能率的平均值，Gy/min；

E_r——照射野中心的空气比释动能率，Gy/min。

3. 结果评价　在正常治疗距离处，以辐射束轴为中心并垂直辐射束轴、半径为 2m 圆平面中的最大辐射束以外的区域内，最大泄漏辐射的空气比释动能率不得超过辐射束轴与 10cm×10cm 照射野平面交点处的最大空气比释动能率的 0.2%；平均泄漏辐射的空气比释动能率不得超过最大空气比释动能率的 0.1%。

（三）检测中的主要问题

最大泄漏辐射空气比释动能率与照射野中心空气比释动能率的比值和平均泄漏辐射空气比释动能率与照射野中心空气比释动能率的比值，可以用相同时间内测出最大泄漏辐射点处的吸收剂量与照射野中心的吸收剂量比值和平均泄漏辐射吸收剂量与照射野中心的吸收剂量比值代替。同样，在最大泄漏辐射的测试中，在找到最大泄漏辐射点后需再用剂量仪测量最大泄漏辐射点的空气比释动能率，这里我们用吸收剂量比值来代替空气比释动能率比值，这一步就可以省略。

十三、距放射源 1m 处最大辐射束外泄漏辐射空气比释动能率

（一）检测工具

热释光剂量仪、热释光剂量计（TLD）、三角支架。

（二）检测方法与结果评价

1. 测量

（1）确定检测点位：按图 11-28 所示选择测量点位。图中通过以放射源为中心、半径为 1m 的球面的极点（除去辐射束上的一个极点）和球面赤道上四个相等间隔的点，确定 13 个基本的测试点中的前 5 个点，其余的 8 个点位于从两极点到赤道上的 4 个点的直线与赤道所围成的 8 个球面三角形的中心。以放射源为原点，以放射源所在的水平面为 XY 面，建立三维直角坐标系，则这 13 个点的坐标分别为 $(0, 0, -1)$、$(1, 0, 0)$、$(0, 1, 0)$、$(-1, 0, 0)$、$(0, -1, 0)$、$(0.707, 0.707, 0.707)$、$(-0.707, 0.707, 0.707)$、$(-0.707, -0.707, 0.707)$、$(0.707, -0.707, 0.707)$、$(0.707, 0.707, -0.707)$、$(-0.707, 0.707, -0.707)$、$(-0.707, -0.707, -0.707)$、$(0.707, -0.707, -0.707)$。三角支架顶端按这些点位布置好，并在顶端放置 TLD。

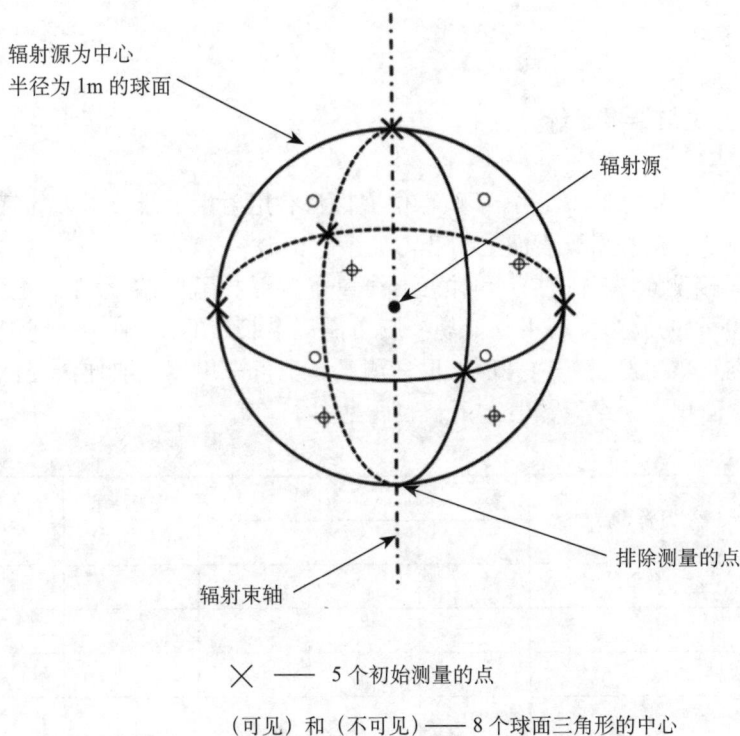

辐射源为中心
半径为 1m 的球面

辐射源

排除测量的点

辐射束轴

$\times$ —— 5 个初始测量的点

（可见）和（不可见）—— 8 个球面三角形的中心

图 11-28　距放射源 1m 处最大辐射束外泄漏辐射测量点位置

（2）放射源置于出束状态，取最大照射野，关闭准直器并以 3 个 1/10 值层（即 12cm）的铅屏蔽材料屏蔽最大辐射区，测量各点处的泄漏辐射。记录表详见图 11-29。

2. 计算及数据处理　测量值按公式（11-17）计算得出相应的比值。

3. 结果评价　距放射源 1m 处，最大有用射束外泄漏辐射的空气比释动能率不得超过辐射束轴上距放射源 1m 处最大空气比释动能率的 0.5%。

（三）检测中的主要问题

由检测点位所给出的直角坐标系坐标，可以确定三角支架摆放的水平面位置。但由于不同机房放射源到地面的距离不一样，导致不同机房里三角支架摆放高度位置就不一样。

☆★☆☆

预置时间 t:<u>60</u>s 治疗机给出的剂量 D$_0$：___Gy，SSD：___cm													
测量值	1	2	3	4	5	6	7	8	9	10	11	12	13
最大泄漏辐射点出的泄漏辐射空气比释动能率：_____													
与照射野中心最大空气比释能率的比值：_____%													

图 11-29　医用 γ 射束远距离治疗检测记录表

（距放射源 1m 处最大辐射束外泄漏辐射空气比释动能率部分）

测量开始前，先测量放射源到地面的垂直距离 d，然后将之前提供坐标中的纵坐标加上这个距离 d，即为三角支架摆放的高度。

十四、β 放射性物质污染

（一）检测工具

α、β 表面污染仪。

（二）检测方法与结果评价

1. 测量

方法一（直接测量法）：γ 源置于贮存位置，将有用射束出线口下方的有机玻璃托盘卸下，用污染检验仪直接测量其表面上的 β 污染。

方法二（间接测量法）：对有用射束出线口下方无托盘的治疗机，将源置于贮存位，取 5 条 2cm×10cm 的胶布（若用其他规格胶布需记录胶布的大小），分别平整粘贴在有用射束出线口上准直器可触及的内表面，取样测量。也可采用擦拭取样法进行测量，采用擦拭法需记录擦拭面积。记录读数值，记录表详见图 11-30。

测量编号	测量点描述	测量值 N（cps）			检测结果（Bq/cm^2）	备注
		1	2	3		
1						
2						
3						
4						

图 11-30　医用 γ 射束远距离治疗检测原始记录表

（β 放射性物质污染测量部分）

2. 结果评价　载源器的表面由于放射源泄漏物质所造成的 β 辐射污染水平低于 4Bq/cm^2。

第 12 章
医用 X 射线治疗机

第一节 概　　述

医用 X 射线治疗机是目前最古老的外照射治疗设备之一。在 1896 年，人类已经开始利用 X 射线治疗了第一例晚期乳腺癌；1902 年，开展了第一例皮肤癌患者治疗；1920 年，200 千伏级 X 射线治疗机诞生，在当时的喉癌治疗上起到了积极的效果。医用 X 射线治疗机与 ^{60}Co 远距离治疗机、医用电子直线加速器相比，X 射线治疗机由于其本身制作工艺的限制，只能产生 kV 级 X 射线，并且其能量低，容易散射，深部剂量分布差，表面吸收剂量大，只适合对身体浅表部位肿瘤的治疗，目前临床上仅用于某些特殊部位的治疗，如体表淋巴瘤、血管瘤、皮肤疾病等，以及作为电子束治疗的代用装置，但由于它的造价低廉，结构相对简单，适当调整电压和滤过板，对浅表肿瘤和皮肤病的治疗仍占一席之地，且有较好的生物效应，国内外仍在继续研究、生产、使用医用 X 射线治疗机。

医用 X 射线治疗机经过多年的发展，目前在用的主流千伏级 X 射线治疗设备，根据射线能量主要可以分为以下三类。

X 射线接触式治疗机。主要用于治疗皮肤表面或体腔浅层的疾病，管电压范围一般在 10 ～ 60kV。例如：腔内辐射的接触式治疗机，如图 12-1。

X 射线浅部治疗机。主要用于治疗较大面积的皮肤或浅层病变，管电压范围一般在 60 ～ 160kV，如图 12-2。

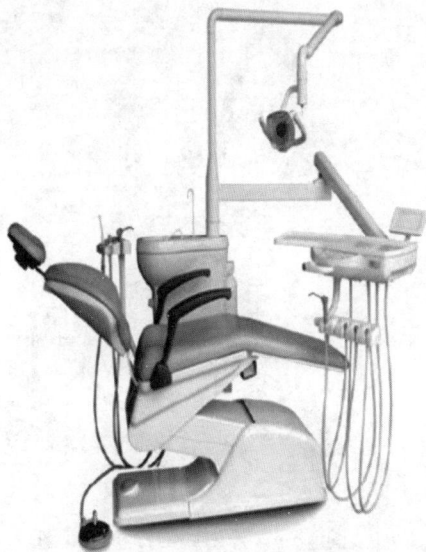

图 12-1　接触式医用 X 射线治疗机

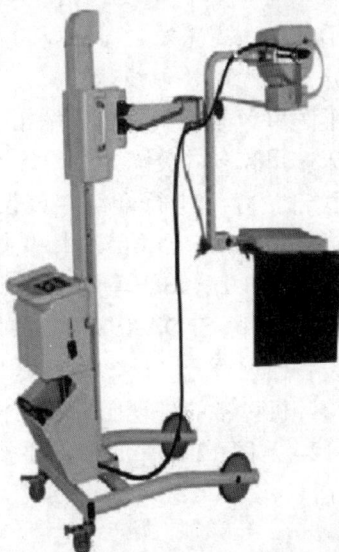

图 12-2　浅部式医用 X 射线治疗机

☆☆☆☆

X射线深部治疗机。用于组织深部疾患的治疗，管电压范围一般在180～400kV。例如：国产F34-I型深部X射线治疗机、丹东康嘉的XSZ-220/20型深部X射线治疗机等，如图12-3。

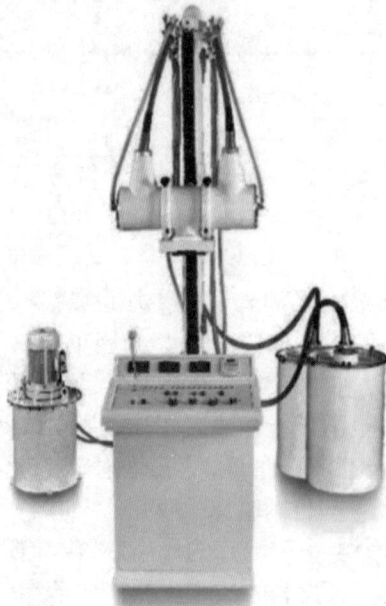

图12-3　深部式医用X射线治疗机

第二节　医用X射线治疗机的构成及工作原理

医用X射线治疗机，相较于医用电子直线加速器等先进的放射治疗设备，其结构组成和主要部件较为简单，主要包括：X射线球管、机架、治疗床、高压发生器和控制系统等，其核心部分是千伏级X射线球管。

由于医用X射线治疗机机型相对较少，本书以临床应用较多的美国SENSUS SRT-100型X射线浅部治疗机进行介绍。该设备于2004年由美国SENSUS公司设计和制造，2007年通过FDA、UL、ISO等国家组织的认证，2012年通过中国SFDA认证，目前全国运行的该类设备已近百台。该SENSUS SRT-100型X射线治疗机设备的外观照片和结构相关示意图如图12-4、图12-5所示，主要技术参数见图12-6所示。

图12-4　X射线治疗机外观图

旋转锁
旋转锁 旋转锁是手动操作手轮。按顺时针方向拧紧后，可阻止延伸臂的运动和 X 射线管头端的旋转。松开旋转锁使得延伸臂能够运动，X 射线管头端能够旋转。旋转锁不锁定主要臂运动 - 延长和高度调整

延伸臂
延伸臂位于机械臂组件的 X 射线管的末端。使得 X 射线管头端能够在平行于地面的平面旋转。拧紧旋转镜手轮后，延伸臂位置确定

机械臂组件
两件式机械臂组件使得 X 射线管头端能够从主机向外延伸，并上下移动。延伸机械臂组件之后，禁用提升圆柱操作。还提供了边对边运动，以便精确定位

X 射线管端口
X 射线管端口位于来自电缆连接的 X 射线管头端的末端。可提供限束器附件的安装方式。在未适当安装限束器附件的情况下，系统将不运行

机械臂锁

主机控制面板
主机上有控制面板，可提供控制和指示。在主机 - 附加信息部分，可获得更多信息

电源开关
此开关位于主机的后面下方。邻近电源线入口。1- 打开，2- 关闭

X 射线管头端
X 射线管头端包含 X 射线管、X 射线端口和过滤器，在射束路径中自动放置过滤器，以对应 kV 选择。在预热模式过程中，过滤器组还在射束路径中旋转铅阻塞物。X 射线管头端可在其底座内旋转，以固定 X 射线端口方向，从完全向下（指向地面）至完全向上（指向天花板）。拧紧旋转锁手轮后，锁定 X 射线管头端的旋转

提升圆柱
提升圆柱从主机向上延伸。内部电源驱动装置可提高并降低提升圆柱。以便在最初设置 X 射线管头端，适合于患者位置，坐位或卧位。只有在臂处于完全收起位置时，才能操作提升圆柱

脚轮锁

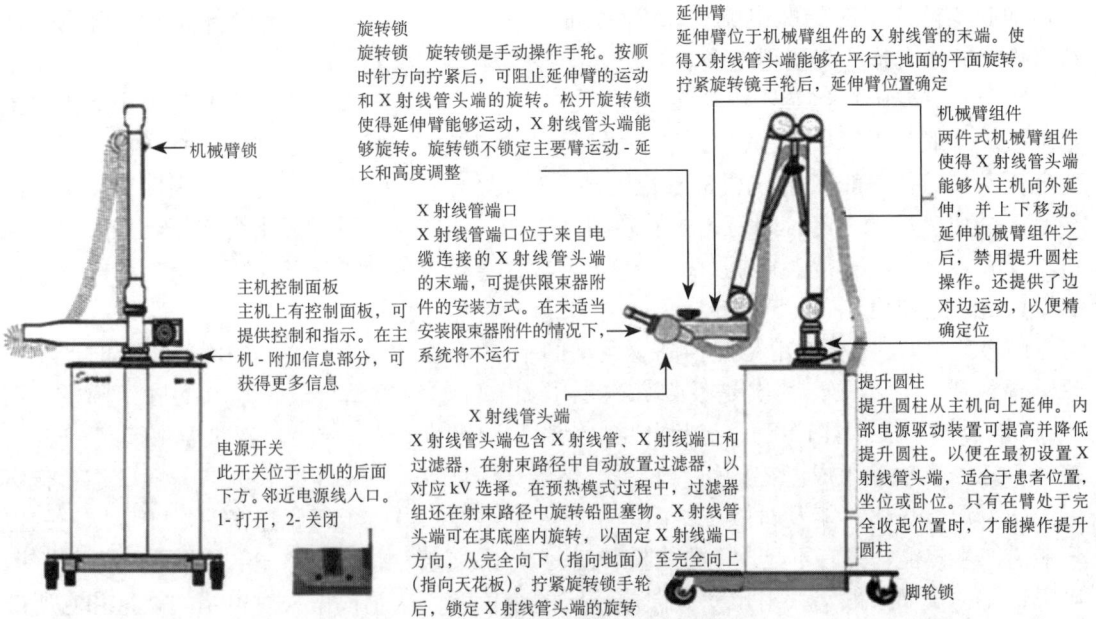

图 12-5 X 射线治疗机结构示意图

技术指标	技术参数	备注
X 射线能量	50kV、70kV、100kV	有三档可选
最大管电流	10mA	/
限束器	1.0cm 直径，15cmSSD	多种可选
	1.5cm 直径，15cmSSD	
	2.0cm 直径，15cmSSD	
	3.0cm 直径，15cmSSD	
	4.0cm 直径，15cmSSD	
	5.0cm 直径，15cmSSD	
	7.3cm 直径，15cmSSD	
	10.0cm 直径，25cmSSD	
	12.7cm 直径，25cmSSD	

图 12-6 SENSUS SRT-100 型 X 射线治疗机主要技术参数

一、基本构成

（一）X 射线球管

X 射线球管是千伏级 X 射线治疗机的心脏，是产生 X 射线的关键部件，作为工作在高电压下的真空二极玻璃管，内含阴极灯丝和阳极靶。

千伏级 X 射线球管真空目的：一是球管形成真空空间有利于减少甚至消除高速运动的电子在球管内加速时与空气分子发生碰撞而使得能量损失；二是提高球管的使用寿命，由于球管内的灯丝被加热到高温后，在空气中容易氧化并熔断，在真空中则可以得到保护从而延长其使用寿命。医用 X 射线治疗机开机时要注意从低电流（mA）、低电压（kV）逐

渐增加到实际应用时的高电流（mA）和高电压（kV），特别是对新设备 X 射线球管，注意保护能够大大延长其使用寿命。

阴极：主要由灯丝、聚焦极和金属罩组成，它的作用是发射电子，并使电子聚焦去轰击阳极。一般使用钨材料制作灯丝，其发射电子的能力比较强，通过调节灯丝电源可以改变电流（mA），一般 X 射线机都有稳流装置，电流（mA）代表 X 射线的强度。使用时应注意开机加热灯丝一定时间后，才能启动高压开关，增高电压，否则会使灯丝烧断。调高电流（mA）可增加 X 射线的强度（量），但应注意机器的允许电流范围。灯丝旁的聚焦极起聚焦电子的作用。

阳极（靶）：主要作用是阻挡高速运动的电子流而产生 X 射线，同时将曝光时产生的热量辐射或传导出去；其次是吸收二次电子和散乱射线。阳极（靶）分为固定阳极（图 12-7）和旋转阳极（图 12-8），前者主要由钨靶和传热的铜体构成，后者主要由钨靶、转子、转轴、定子及轴承组成。钨的熔点较高（熔点 3370℃）、原子序数较大，一般较适合作 X 射线靶；铜散热快，能及时散发靶面产生的大量热量。当电子与靶撞击时，99% 以上的电子能量产生热能，只有不足 1% 的能量转变为 X 射线。X 射线机的一个重要环节就是冷却，阳极钨靶的表面一般与入射电子方向成一定的小角度，这是根据入射电子的能量和它所产生的 X 射线的角分布关系为使有用射束方向上有最大输出而设计的。阴极和阳极外的罩壳是为了防止电子束散射到靶外而设，因这些电子打到玻璃壳上易将其击穿造成漏气而缩短使用寿命。另外这部分电子线在玻璃壁上因韧致辐射而产生的 X 射线会使整个 X 射线照射野焦点不清、边缘模糊。考虑到产生 X 射线的角分布，管电压 < 400 kV 时多用垂直于电子流方向的射线，而当电子能量 > 1MeV ～ 2MeV 时则采用穿过靶的射线。

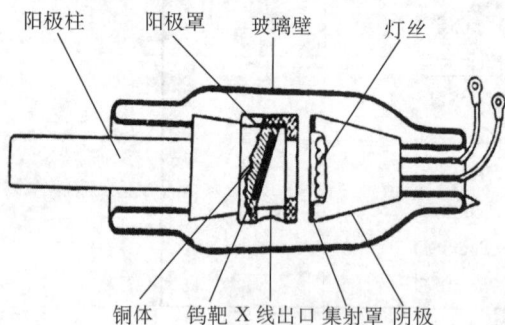

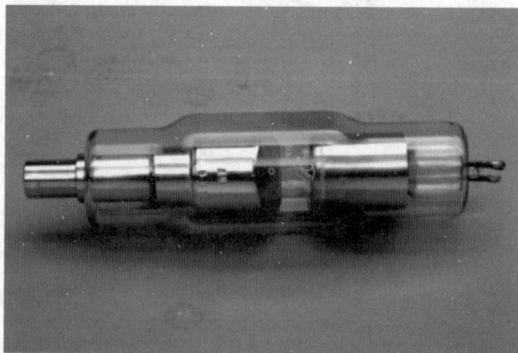

图 12-7 固定阳极结构示意图和外观图

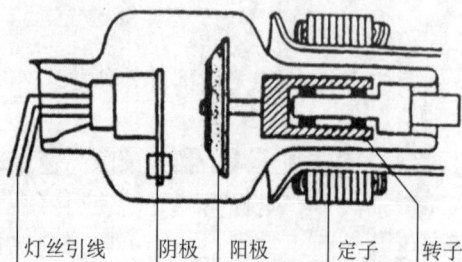

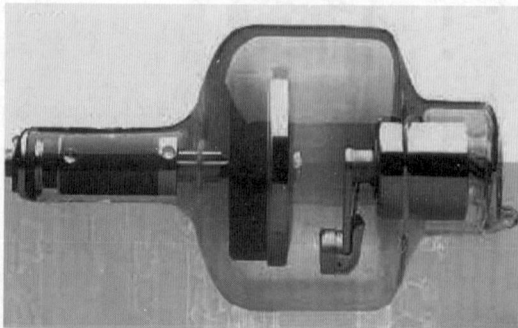

图 12-8 旋转阳极结构示意图和外观图

（二）高压（加速电场）发生器

高压发生器可以产生几百千伏（kV）的直流高压电场。该电压一般是采用自耦变压器调节，加在球管阳极。X 射线机的阳极有几百 kV 的高压作为电子加速场，从高压发生器输出的电压是正弦交流电，需通过一个整流器将其变成直流电以保持阴阳极间电场方向的恒定，否则反向加速的电子会熔断灯丝且无法形成极间电流以产生 X 射线。调节高压（用 kV 表示），可得到相应的 X 射线的峰值能量（不是平均能量），调节电压能改变 X 射线的质。

相对于诊断用的 X 射线球管而言，放射治疗所用的 X 射线球管的特点是：①瞬时功率小（约为前者的 1/10）；②长时间平均功率大（为前者的 10 ~ 100 倍）；③球管的焦点也较大，为 5 ~ 7mm。

（三）冷却系统

球管实际上是一个大的高真空的阴极射线二极管，是产生 X 射线的系统，球管曝光时大约不足 1% 的能量形成了 X 射线，由窗口发射，约超过 99% 的能量转化为热能，管芯内部会产生强大的热量。通常，球管故障的根本原因在于过热，球管曝光时如果散热不及时，内部轴承，钨靶热量可以积累到 700 ~ 1200℃，反映到油温上可以达到 60 ~ 90℃，瞬间或者持续过热会导致轴承变形、磨损、卡死。

（四）控制系统

控制台装有治疗机的控制系统、参数指示显示器、剂量检测仪、连锁装置和各种开关，起操作控制 X 射线的作用。

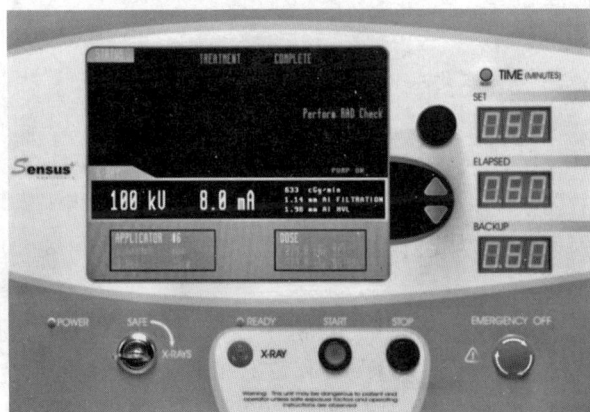

图 12-9　X 射线治疗设备控制系统外观图

（五）相关附件

1. 不同距离不同面积的限束器。其作用首先是限制照射范围，其次由于照射时限束器底部须与皮肤相贴，可起到固定治疗距离的作用。由于限束器的照射截面的形状与靶区的范围不一定一致，为保护正常组织，有时须在患者皮肤上放置一些铅皮或铅橡皮。

2. 各种不同厚度和不同条件的限束器如图 12-10 所示。

二、工作原理

X 射线产生原理主要是由于 X 射线机球管阴极灯丝通电加热，使其形成电子云团（即产生电子源），阴极与阳极之间施加正向管电压形成电场，经过高压电场加速后，高速运

图 12-10 限束器外观图

动的电子向阳极运动，当突然受到阳极靶物质的阻挡从而产生治疗病变的 kV 级的 X 射线。X 射线治疗机主要利用产生的 X 射线照射到生物机体，使得细胞被抑制、破坏或者直接死亡，致使生物机体在生化或病理等方面发生不同程度的改变。由于生物细胞存在不同的属性差异，对 X 射线的敏感性和耐受度各异，可用于对患者在某些疾病上的治疗，特别是肿瘤方面的治疗。由于设备产生千伏级 X 射线，其能量低，到达组织深部的剂量低，不适合深部肿瘤的治疗，常用于皮肤瘢痕、腋臭、神经性皮炎、鸡眼、血管瘤、体表淋巴瘤和阴茎海绵体硬结症等疾病的治疗。

第三节 检测指标与方法

现代放射治疗设备及技术飞速发展，日新月异，社会各方对放射治疗质量的要求越来越高，放射治疗设备的防护与质量控制在整个治疗过程中起着相当重要的作用，成为决定放射治疗质量的主要因素，所以放射治疗设备的质控管理非常重要，应当引起我们的足够重视。

医用 X 射线治疗机及其场所在检测与评价中，依据的技术文件包括国内标准、国际技术报告和企业技术规范等。其中国内外现行有效的相关技术标准主要包括：

（1）《放射治疗放射防护要求》GBZ 121—2020。

（2）《医用 X 射线治疗放射防护要求》GBZ 131—2017。

（3）《放射治疗机房的辐射屏蔽规范 第 1 部分：一般原则》GBZ/T 201.1—2007。

（4）*Intraoperative radiation therapy using mobile electron linear accelerators*：*Report of AAPM Radiation Therapy Committee Task Group No.61*，美国医学物理学家协会 AAPM TG 61 号技术报告。

在 GBZ 131—2017 中，对医用 X 射线治疗装置防护和性能明确了相关具体要求，并确定了主要技术指标和具体的检测方法。需要说明的是，国家卫生健康委员会 2020 年 10 月 26 日发布了《放射治疗放射防护要求》GBZ 121—2020，从 2021 年 5 月 1 日起实施，该标准整合了 GBZ 131—2017 的治疗室防护和安全操作部分。同时，根据《国家卫生健康委员会关于发布＜放射工作人员健康要求及监护规范＞等 5 项卫生健康标准的通告》（国卫通〔2020〕18 号）相关要求，标准 GBZ 131—2017 已被 GBZ 121—2020 替代，因此，目前医用 X 射线治疗质量控制检测无卫生标准可依，但医用 X 射线治疗机作为现存的放射治疗设备之一，其设备性能不能不加以控制。因此，本书仍按照 GBZ 131—2017 中相关质量控制检测指标及要求，配合实例进行逐一介绍。

（一）泄漏辐射

1. 检测目的　泄漏辐射是用于测量与分析医用 X 射线治疗机装置泄漏辐射水平是否符合规定值要求，以确保设备的安全使用。

2. 检测工具　热释光剂量仪 / 热释光个人剂量元件、辐射巡测仪。

3. 检测方法

（1）测量：泄漏辐射主要包括①治疗状态下 X 射线源组件的泄漏辐射；②限束器的泄漏辐射；③除 X 射线源组件外其余部件的泄漏辐射。

检测前应当与生产厂家确认在随机文件中给定的治疗机性能指标范围内导致最大泄漏辐射的条件（即额定 X 射线管电压和相应的最大管电流）下进行检测。热释光剂量检测系统的能量响应和测读范围应能满足相应测量要求。距离 X 射线管焦点 100cm 处的检测，热释光个人剂量元件应放置在与 X 射线束中心轴垂直的测量平面上长轴线度不大于 20cm 的 $100cm^2$ 面积上取平均值。距相应边界 2cm 和 5cm 的检测，应放置在与 X 射线束中心轴垂直的测量平面上长轴线度不大于 4cm 的 $10cm^2$ 面积上取平均值。检测时，个人剂量元件实际达不到所要求的位置时，可以在尽可能接近所要求的距离上进行检测，并将其作为所要求位置的检测结果。

①治疗状态下 X 射线源组件的泄漏辐射。首先，需要在 X 射线管套的有用线束出口覆盖屏蔽体，并且屏蔽厚度达到不少于 10^6 的衰减，其几何尺寸不得超过辐射束边界外 5mm；其次，检测点应当包括以 X 射线管焦点为中心，有用线束中心轴、X 射线管长轴、与此二轴垂直的轴组成三维坐标系，每两条轴线之间的夹角为 0°、45°、90°、135°、180°、225°、270°、315° 的方向上，其具体位置参考如图 12-11 所示；然后，按照上文中的基本检测要求及条件进行，检测可以采用直接剂量率测读或由计时累积剂量计算，直接测读应使用可在远距离测读的剂量率仪表，累积剂量可使用热释光剂量计或积分剂量计。

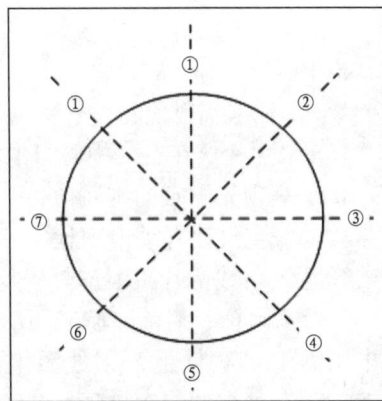

图 12-11　治疗状态下 X 射线源组件的泄漏辐射检测点位示意（某任一方向）

②限束器的泄漏辐射。首先，对与治疗机配套的所有限束器逐一进行检测，对可调限束器，测量应在照射野各规定的调节位置上进行；其次，卸下限束器远端的透辐射曲面端盖，并将限束器直接联接到 X 射线管组件上，在限束器远端出口处照射野几何中心位置，测量空气比释动能率；在额定 X 射线管电压和相应的最大管电流，且具有规定的最大衰减过滤的照射条件下检测，以对有用限束中心轴上的空气比释动能率具有不少于 10^4 衰减的平整铅板严密覆盖限束器出口；随后，在距铅板边缘 2cm 处检测限束器的泄漏辐射，计算检测点的泄漏辐射空气比释动能率，对于圆形限束器均匀选取 8 个检测点，对于矩形限束器，沿每条边取相应边线长度 1/4、1/2、3/4 位置的 3 个检测点（点位布置示例如图 12-12）；最后，计算铅板边缘外 2cm 外的任何位置的最大空气比释动能率占同一平面上无铅板时射线束中心点处空气比释动能率的百分数。

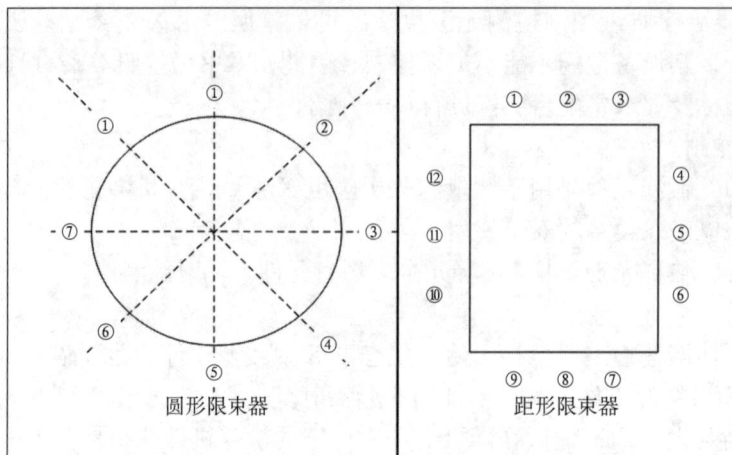

图 12-12　限束器的泄漏辐射控制水平检测点位示意

③除 X 射线源组件外其余部件的泄漏辐射。以空气比释动能率巡测仪在部件表面 5cm 的任何位置上进行直接测量，读取巡检仪仪表上的空气比释动能率值并记录。

（2）计算及数据处理：记录测量时的条件和测量结果，同时检测结果扣除预先测定的本底值，并按照设备检定 / 校准因子校正为空气比释动能率或周围剂量当量率，见公式（12-1）所示：

$$D=(M-M_0) \cdot N_{\mathrm{K}} \tag{12-1}$$

式中：

D——泄漏辐射值；

M——剂量仪在空气中测量的经过温度和气压修正后的值；

M_0——预先测定的本底值；

N_{K}——空气比释动能率检定 / 校准因子。

医用 X 射线治疗机泄漏辐射检测结果记录示例如图 12-13。

4. 结果评价　对治疗状态下 X 射线源组件的泄漏辐射空气比释动能率控制值，在额定管电压＞ 150kV 且距 X 射线源组件表面 5cm 时为 300mGy/h；距 X 射线管焦点 100cm 时为 10mGy/h。在额定管电压≤ 150kV 且距 X 射线管焦点 100cm 时的空气比释动能率控制值为 1mGy/h。

对限束器的泄漏辐射，当限束器出线口处屏蔽铅板的尺寸为照射野横（纵）向相应尺寸的 1.5 倍时，相对泄漏辐射控制水平为 0.5%；当限束器出线口处屏蔽铅板的尺寸为照射野横（纵）向相应尺寸的 1.1 倍时，相对泄漏辐射控制水平为 2%。需要说明的是，相对泄漏辐射控制水平指的是距铅板边缘 2cm 以外任何位置的最大空气比释动能率占同一平面上无铅板时射线束中点处空气比释动能率的百分数。

对除 X 射线源组件外其余部件的泄漏辐射，要求距部件表面 5cm 的任何位置上，空气比释动能率不应超过 0.02mGy/h。

5. 检测中的主要问题　治疗机泄漏辐射检测可以采用由计时累积剂量计算（热释光剂量系统）或直接剂量率测读(辐射巡检仪)，但直接测读应使用可在远距离测读的剂量率仪表，或者测量时可以自动保存最大剂量率值的设备（如 AT1123 等）。检测过程中需要考虑设备放置的位置对检测的便捷性与效率问题，对于二者的检测结果，可以根据不同设备检测值

检测项目	检测结果		
泄漏辐射	治疗状态下 X 射线组件泄漏福射	条件：____kV____mA	距 X 射线源组件表面 5cm：____
			距 X 射线管焦点 100cm：____
	限束器的泄漏福射控制水平	限束器出线口处屏蔽铅板尺寸：____，照射野尺寸：____	
		检测条件：____kV____mA 出束时间____	屏蔽铅板尺寸 / 照射野尺寸：____
		无铅板时射线束中心点处周围剂量当量：____	
		□圆形限束器　□矩形限束器	本底：____
		周围剂量当量（____）	1	5	9
			2	6	10
			3	7	11
			4	8	12
		相对泄漏辐射控制水平：____%	
		相对泄漏辐射控制水平 = 铅板屏蔽时周围剂量当量率 / 无给板时周围剂量当量率	
	X 射线组件外其余部件泄漏辐射	条件：____kV____mA	本底值：____	校准因子：____
		距 X 射线源其余部件 5cm 处：____	校准值：____	

图 12-13　质量控制检测记录（泄漏辐射）

进行讨论研究。

（二）辐射输出量

1. **检测目的**　辐射输出量是用于确保 X 射线治疗机输出的剂量能够达到相应的标准要求，从而使得对病变进行准确的治疗和对重要器官与正常组织尽可能有效保护的目的。输出量的准确与否，是其治疗效果不可或缺的基础与保障。

2. **检测工具**　平板电离室、静电计剂量仪、水等效模体、气压表、温湿度表。

3. **检测方法**

（1）测量：检测设备选用水等效模体和平行板电离室，吸收剂量测量点在模体上的深度与绝对剂量校准时参考点的深度一致，治疗机采用与绝对剂量校准时相同的照射参数、源皮距及限束器。

检测前，先测量治疗室内的温度和气压，然后把平板电离室连接到剂量仪，并把探头置于水等效模体表面上，剂量仪预热 15min 左右，将温度值和气压值输入剂量仪内进行修正，若实验中使用的剂量仪未配置有温度、气压的自动修正功能，则应对剂量仪的测读值进行电离室内的空气密度效应（K_{TP}）进行温度、气压的修正，其校正因子为 K_{TP}，见公式（12-2）所示。

$$K_{TP}=[(273.15+T)/293.15] \cdot 101.3/P \tag{12-2}$$

检测时治疗机采用与绝对剂量校准时相同的照射参数，源皮距（SSD）、限束器等均与绝对剂量校准时的条件相同。

（2）计算及数据处理：记录测量时的条件和测量结果。另外，按照国家计量检定的相关要求即《治疗水平电离室剂量计》（JJG 912—2010）的要求，需要定期将现场使用的剂量计连同电离室一起送至国家相关计量检定部门，由国际一级标准剂量实验室（PSDL）或次级标准剂量实验室（SSDL）进行校准，给出校准因子：照射量校准因子 N_X 或空气比释动能校准因子 N_K 或水吸收剂量校准因子 $N_{D,w}$。

然后根据剂量仪的不同校准因子，对数据进行处理：

①使用照射量校准因子 N_X，计算水等效模体表面剂量，见公式（12-3）：

$$D_W = M \cdot N_X \cdot W/e \cdot B \cdot k_u \cdot (\overline{\mu}_{en}/\rho)_{w,air} \cdot P_{cel} \tag{12-3}$$

式中：

D_W——水等效模体表面处的吸收剂量；

M——剂量仪在空气中测量的经过温度和气压修正后的值；

N_X——校准证书中的照射量校准因子；

W/e——空气平均电离能，即在空气中形成每对离子（其电荷量为 1 个电子的电荷）所消耗的平均能量，$W/e=33.97$ J/C；

B——水等效模体表面反散射因子，即模体表面处的剂量与在空间同一点无模体时的剂量的比值，由于测量吸收剂量的电离室探头不在空气中而是在水等效模体的表面处，故反散射因子可以视作取 1；

k_u——校准时的辐射场与检测时的辐射场的不同而引起的修正，一般取值为 1；

$(\overline{\mu}_{en}/\rho)_{w,air}$——水对空气的质能吸收系数之比的平均值；

P_{cel}——中心电极的影响，其数值取值为 1。

②使用空气比释动能校准因子 N_K，计算水等效模体表面剂量，见公式（12-4）：

$$D_W = M \cdot N_K \cdot B \cdot k_u \cdot (\overline{\mu}_{en}/\rho)_{w,air} \cdot P_{cel} \tag{12-4}$$

③使用水吸收剂量校准因子 $N_{D,w}$，则计算公式更为简化，见公式（12-5）：

$$D_W = M \cdot N_{D,w} \cdot K_Q \tag{12-5}$$

式中，K_Q 为能量校准因子，其余各相同符号代表的含义同上。

医用 X 射线治疗机辐射输出量检测结果记录示例如图 12-14。

检测项目	检测结果		
辐射输出量	检测条件：＿＿kV＿＿mA，温度：＿＿℃，气压：＿＿kPa SSD=＿＿cm，射野 =＿＿cm，标称值：＿＿射线质：＿＿mm Al		
	测量值		标准值
	偏差		偏差 = $\dfrac{测量值 - 标称值}{标称值} \times 100\%$

图 12-14　质量控制检测原始记录（辐射输出量）

4. 结果评价　校准点吸收剂量标称值与测量值的偏差绝对值不大于 3%。

5. 检测中的主要问题　X 射线治疗机，对于低能射线的辐射输出量的测量，源皮距 SSD 有微小变化时，即便是几个 mm，也会引起测量结果的很大变化。例如我们测量过程中进行摆位时，如果使用 5.0cm 直径，15cm SSD 的限束器，其筒的外端面与模体表面产生 2mm 变化，根据平方距离反比的规律计算得出 $15^2/(15+0.2)^2=0.974$，由此造成患者病灶处的实际剂量与处方剂量相比偏低 2.6%；如果筒的外端面与模体表面产生 4mm 变化，由此造成病灶处的剂量与处方剂量偏低 5.1%。可见虽然相差 2mm，但处方剂量偏少变化比较大（接近 2 倍）且超过 3% 的标准要求。因此建议治疗时，限束器摆放时严格按照要求放置。

（三）输出量的重复性

1.检测目的 输出量的重复性是指在对同一条件下发射 X 射线进行多次测量时，输出量的测量结果的一致程度，是衡量 X 射线治疗机稳定性的重要指标之一。

2.检测工具 平板电离室、静电计剂量仪、水等效模体、气压表、温湿度表。

3.检测方法

(1)测量:测量方法同辐射输出量,选用常用的限束器,标称管电压条件下重复测量10次,记录每次的测读值 K_{1j}。

(2) 计算及数据处理：记录测量时的条件和测量结果，按照剂量仪检定 / 校准因子进行修正，按照公式（12-6）计算相对标准偏差 C_v。

$$C_V = \frac{1}{K_{10}}\left[\sum_{j=1}^{10}\frac{(K_{1j}-K_{10})^2}{9}\right]^{\frac{1}{2}} \tag{12-6}$$

式中：K_{10} 为 10 次测读值的平均值；K_{1j} 为 10 次测读过程中的每次读数值；

医用 X 射线治疗机输出量的重复性检测结果记录示例如图 12-15。

检测项目	检测结果									
输出量的重复性	检测条件：____kV____mA, 0.2 满度值, 本底值：_____									
	剂量读数（　）									
	1	2	3	4	5	6	7	8	9	10
	$C_V=$	$C_V = \frac{1}{K_{10}}\left[\sum_{j=1}^{10}\frac{(K_{1j}-K_{10})^2}{9}\right]^{\frac{1}{2}}$								

图 12-15 质量控制检测记录（输出量的重复性）

4.结果评价 照射野内有用线束累积空气比释动能的重复性相对标准偏差 C_v 在 X 射线管电压 > 150kV 时应 ≤ 3%；在 X 射线管电压 ≤ 150kV 时应 ≤ 5%。

5.检测中的主要问题 X 射线治疗机,对于测量 100kV 低能射线中较高能量的输出量重复性时,也可以采用圆柱形电离室,但需要考虑电离室探头的几何中心对测量结果的影响,需要进行修正,即有效测量点至源的距离由原来的 s 变为 s+ (r/2)。可以针对不同限束器等情况下分别测量其重复性,比较其结果的差异性。

（四）输出量的线性

1.检测目的 输出量的线性是反映 X 射线治疗机性能稳定的重要指标之一，通过线性质量控制检测，以确保设备的输出量的线性符合相关标准要求。

2.检测工具 平板电离室、静电计剂量仪、水等效模体、气压表、温湿度表。

3.检测方法

(1) 测量：每次测量，X 射线管电流应是对应 X 射线管电压的最大值。选用常用的限束器 (5.0cm 直径, 15cm SSD)，在额定管电压条件下测量累积照射达到 20% 满度值的读数，重复测量 5 次，记录每次的测读值并计算出均值 $\overline{K}_1$；在额定管电压条件下测量累积照

☆☆☆☆

射达到 5% 满度值的读数，重复测量 5 次，记录每次的测读值并计算出均值 $\overline{K}_2$；在 X 射线管电压为"较低值"（即 50% 额定值或规定的最低值，取二者中较高者）时，测量累积照射达到 5% 满度值和 20% 满度值的读数，分别重复测读 5 次，记录并计算各平均值分别为 $\overline{K}_3$ 和 $\overline{K}_4$，同时记录下每次检测试验的预设值 Q_i。

（2）计算及数据处理：记录上述测量时的条件（包括预设值 Q_1，Q_2，Q_3，Q_4）和测量结果，同时检测结果扣除预先测得的本底值，按照剂量仪检定 / 校准因子进行修正，将 $\overline{K}_1$、$\overline{K}_2$、$\overline{K}_3$ 和 $\overline{K}_4$ 代入公式（12-7）分别得出 M_i、值。

$$M_i=K_i/Q_i \tag{12-7}$$

医用 X 射线治疗机输出量的线性检测结果记录示例如图 12-16。

检测项目	检测结果				
输出量的线性	检测条件：＿＿kV＿＿mA, 0.2 满度值，预置值：＿＿＿＿				
	剂量读数（　　　）				
	1	2	3	4	5
					$M_1=$
	检测条件：＿＿kV＿＿mA, 0.05 满度值，预置值：＿＿＿＿				
	剂量读数（　　　）				
	1	2	3	4	5
					$M_2=$
	检测条件：＿＿kV＿＿mA, 0.2 满度值，预置值：＿＿＿＿				
	剂量读数（　　　）				
	1	2	3	4	5
					$M_3=$
	检测条件：＿＿kV＿＿mA, 0.05 满度值，预置值：＿＿＿＿				
	剂量读数（　　　）				
	1	2	3	4	5
					$M_5=$
输出量的线性	$\mid M_1-M_2 \mid$ =		0.025 $\mid M_1+M_2 \mid$ =		
	$\mid M_3-M_4 \mid$ =		0.025 $\mid M_3+M_4 \mid$ =		
	$M_i=\dfrac{\overline{K}_i}{Q_i}$				

图 12-16　质量控制检测记录（输出量的线性）

4. 结果评价　照射野内有用线束累积空气比释动能的线性偏差绝对值应不大于 5%，同时 $\mid M_1-M_2 \mid \leqslant 0.025 \mid M_1+M_2 \mid$ 且 $\mid M_3-M_4 \mid \leqslant 0.025 \mid M_3+M_4 \mid$。

5. 检测主要问题与讨论　对于输出量线性的测量，可以针对不同限束器等情况下分别测量，比较其结果的差异性。

第 13 章
医用电子直线加速器

第一节 概　述

一、医用电子直线加速器的发展历程

1953 年世界上第一台行波电子直线加速器在英国投入临床应用，直线加速器的应用标志着放射治疗形成了一门完全独立的学科。

1959 年日本的 Takahashi 教授提出了适形放射治疗概念，20 世纪 70 年代三维治疗计划系统和多叶光栅的问世，使得放射治疗学从二维治疗迈向了三维治疗的新时代，实现了三维适形治疗。

20 世纪 80 年代，随着多叶光栅的进一步发展，在配备有三维治疗计划系统和多叶光栅的医用电子直线加速器上实现了更为精确的调强放射治疗，使放射治疗进入了精确放疗时代。

如今，随着影像技术的进一步发展，直线加速器上配备 CBCT 或 MR 等成像系统，实现了图像引导放疗。在治疗实施过程中对肿瘤及周围正常器官实施监控，通过影像引导减小摆位误差和器官生理运动对肿瘤靶区的影响。

目前，国内医用电子直线加速器高端市场主要还是由医科达和瓦里安两家进口企业占领。但近些年，国内的医用电子直线加速器技术水平取得了较大的进步，国产放疗设备已形成了完整的体系，具备提供整套放疗解决方案的能力。国产厂家主要包括新华医疗、东软医疗、海明医疗、利尼科、广东中能、海博科技和上海联影等。

二、医用电子直线加速器质量控制涉及的主要术语

1. 照射野（radiation field）　射线束经准直器垂直通过模体的范围，用模体表面的截面大小表示照射野的面积。临床剂量学中规定模体内 50% 等剂量曲线的延长线交于模体表面的区域定义为照射野。

2. 光学野（light field）　临床上为了治疗摆位方便，用内置灯光来模拟射线产生的照射野，必须定期进行照射野与光学野一致性验证。

3. 百分深度剂量（percentage depth dose，PDD）　射野中心轴上某一深度处的吸收剂量率与参考点深度处吸收剂量率的百分比。

4. 正常治疗距离（normaI treatment distance，NTD）　电子线时，为沿着有用线束轴，从电子线窗沿辐射束轴至限束器末端或规定平面所测量的距离。

X 射线时，为从靶的前表面沿辐射束轴至等中心所测量的距离；对于非等中心设备，

则为至规定平面的距离。

5. 建成材料（build-up material）　入射表面到建成深度的等效人体组织的物质。

6. 均整度（flatness）　量度某一规定照射距离处照射野内各点吸收剂量率是否均匀的性能指标。

7. M 区（M area）　在患者平面，以有用线束轴为中心，并以最大照射野为其边界的区域。

8. 患者平面（patient plane）　用加速器对患者进行治疗时，在正常治疗距离处与治疗床平面平行、与治疗床垂直距离为 7.5cm 的平面。

9. 患者平面测试区（test area in patient plane）　在患者平面上，距有用线束中心半径为 2m，不包括 M 区在内的区域。

10. 最大吸收剂量（maximum absorbed dose）　在正常治疗距离、照射野为 10cm×10cm 条件下，在模体中沿辐射束轴上测量的吸收剂量的最大值。

11. 杂散辐射（stray radiation）　除有用辐射束外的所有辐射，主要包括电子治疗时的杂散 X 射线、X 射线治疗时引起患者相对表面剂量升高的杂散辐射和杂散中子。

12. 基准深度（base depth）　体模内辐射束轴上最大吸收剂量的 90% 点（远端）的平面所在的深度。

13. 标准测试深度（standard measurement depth）　测量电离辐射特性时，体模内的规定深度。X 辐射时，标准测试深度为 10cm，能量小于 6MV 时测试深度可在 5cm 处；电子辐射时，标准测试深度为 10cm×10cm 辐射野时所规定的穿透性值的 1/2。

14. 穿透性（penetrative quality）　电子辐射时，为体模表面位于规定距离上，在规定的辐射野下，距体模表面远端的辐射束轴上 80% 最大剂量深度处至体模入射表面的距离；X 辐射时，为体模表面位于规定距离上，在规定的辐射野下，距体模表面远端的辐射束轴上 50% 最大剂量深度处至体模入射表面的距离。

15. 相对表面剂量（relative surface dose）　体模表面位于某一特定距离的位置时，在体模中测得的沿辐射束轴 0.5mm 深度处的吸收剂量与辐射束轴上最大吸收剂量之比。

16. 实际射程（practical range，R_p）　对电子辐射，体模表面位于正常治疗距离处，体模中沿辐射束轴的深度剂量曲线上，下降最陡处的切线处，外推后与深度吸收剂量曲线末段的外推线相交，交点处对应的深度即为实际射程。

17. 等剂量曲线（isodose chart）　将模体中百分深度剂量相同的点连接起来就成等剂量曲线，用来描述不同剂量值（某种规则的递增或递减）所包含的区域。

18. 深度剂量比（depth dose ratio）　保持辐射源至模体表面距离不变，在水模体中测得的 20cm 深处的吸收剂量与 10cm 深处的吸收剂量之比。用符号 D_{20}/D_{10} 表示。

19. 组织模体比　保持辐射源至电离室距离不变，在水模体中测得的 20cm 深处的吸收剂量与 10cm 深处的吸收剂量之比。用符号 TPR_{10}^{20} 表示。

第二节　医用电子直线加速器的工作原理及构成

一、医用电子直线加速器的工作原理

医用电子直线加速器是利用微波电场，沿直线加速电子到较高能量，从而获得高能 X

射线或电子线的放射治疗装置。根据加速器工作原理方式不同，可划分为医用行波电子直线加速器和医用驻波电子直线加速器；根据输出能量的高低，可划分为低能、中能和高能医用电子直线加速器。

（一）医用行波电子直线加速器

电子加速管由盘荷波导管组成，将微波源产生的微波送到加速管并在各个盘荷波导管内产生高频电磁场，电磁场在加速管的轴向上形成加速电场，轴向电场在各个盘荷波导管内不断变化。电子源产生脉冲电子，注入加速管，电子在轴向电场作用下不断加速，最终获得高能电子束。

（二）医用驻波电子直线加速器

电子加速管是由一系列耦合起来的微波谐振腔组成，微波送入谐振腔内，在腔内来回反射形成驻波电磁场，驻波电磁场在各个腔内的轴向形成轴向电场。将电子在合适的相位条件下注入电子加速管，电子在通过每个谐振腔时，轴向电场会对电子加速，最终得到高速电子束。由于驻波电子直线加速器利用了行波的反射波，功率消耗比行波要小，所以同样能量的加速器其长度可进一步缩短。因此，驻波电子直线加速器加速管体积要小于行波电子直线加速器的加速管。

（三）低能医用电子直线加速器

低能医用电子直线加速器一般只有一档 X 射线（≤6MV），用于治疗深部肿瘤。加速管可直立于辐射头上方，无须偏转系统、聚焦系统及束流导向系统，结构相对简单，操作简便。低能医用电子直线加速器是比较经济实用的放射治疗装置，可以满足大部分肿瘤患者的放射治疗需求。

（四）中能医用电子直线加速器

中能医用电子直线加速器除了两档 X 射线（6～10MV）外，还有不同能量的电子辐射（4～15MeV）。加速管较长，需要水平放置于机架的支臂上方，束流需经偏转系统引出，辐射头内除了用于均整 X 射线的均整器外，还有电子线散射箔，电子线治疗时还要附加不同尺寸的限束器。中能医用电子直线加速器结构相对复杂，但除了能治疗深部肿瘤外，还可以治疗大部分浅表肿瘤。

（五）高能医用电子直线加速器

高能医用电子直线加速器一般有二至三档 X 射线（6～15MV）。此外，还有多档不同能量的电子辐射，最高能量可达 20～25MeV，从而扩大了对浅表肿瘤的治疗深度范围。

二、医用电子直线加速器的结构

医用电子直线加速器基本构成主要包括加速器系统、辐射系统、机械系统、控制系统、辅助系统，如图 13-1（见彩图）。

（一）加速系统

加速系统是医用电子直线加速器的核心，由加速管、微波传输系统、微波功率源、脉冲调制器等组成。电子枪产生供加速的电子，以一定的初始能量从阳极中心孔道穿出注入加速结构中，由脉冲调制器作为电源通过微波功率源产生微波电场，加速管利用微波传输系统输送过来的微波功率加速电子，产生所需要的电子射线束。

（二）辐射系统

辐射系统的作用是使从加速系统产生的辐射符合不同放射治疗的要求，主要组成包括：

☆☆☆☆

靶、初级准直器、均整器、散射箔、电离室、次级准直器、治疗附件。电子束的路径：初级准直器→散射箔→电离室→次级准直器→限光筒；X射线束的路径：靶→初级准直器→均整器→电离室→次级准直器。

1. **靶**　X射线束是电子束轰击靶核产生的韧致辐射。X射线的能量和强度与电子束流的强度、靶材料、电子能量等因素有关，同时在轰击过程中大部分能量转化为热量会使靶温度很快升高，所以靶材料一般选用耐高温、产生X射线剂量率高的钨金属。

2. **准直器**　初级准直器位于电子引出窗下方，大小不可调。初级准直器限制了X射线束的最大治疗射野，同时起到屏蔽治疗头辐射的作用。

次级准直器位于电离室下方，由两对光阑组成，上下排列，相互垂直，并且可以调节大小。独立准直器能形成不同的规则野；多叶准直器通过控制MLC叶片的运动，用于调节射野的形状，使之与靶区的投影形状适形。

3. **散射箔**　电子束离开加速管时的射束截面很小，临床应用时必须把电子束的截面进行扩展，同时还要保证电子束的均整度。一般采用复合散射箔来扩大电子束的直径，提高射线均整度。复合散射箔是由高原子序数材料的初级散射箔和低原子序数的次级散射箔组成。初级散射箔位于电子引出窗，作用是减少电子的能量损失和X射线污染；次级散射箔位于初级准直器的下方，作用是提高均整度。

4. **均整器**　经初级准直后形成的锥形射线束并不均匀，射束中心的光子强度明显高于边缘区域。均整器可以吸收更多射束中心的光子，从而形成均匀的X射线束。

5. **电离室**　用于射线的剂量测定和射束质量监控，两通道独立的电离室同时测定和控制输送至患者的剂量，两通道都能独立终止照射。

6. **治疗附件**　治疗头最下方是附件架，附件可从多个方向插拔，操作方便，提高摆位速度。治疗附件一般包括有：前/后指针、影子盘、楔形板和限光筒。

（三）机械系统

机械系统是加速器实现肿瘤放射治疗的执行机构，主要包括辐射头机械系统、可携带辐射头旋转的机架和治疗床。机械系统主要功能是方便操作机器和进行患者摆位，得到满足临床需要的任意大小、形状和入射方向的辐射束。

（四）辅助系统

辅助系统主要包括动力气体系统、温度控制系统和内外循环水冷系统，主要作用是为加速器各组件的正常工作提供合适的运行环境。

（五）控制系统

控制系统是借助软件将机械参数和设备的状态通过显示设备展示给操作员，同时方便操作员完成加速器的自检、治疗参数校验、智能化摆位、适应照射、剂量管理，远程故障诊断等。

第三节　检测指标与方法

要提高放射治疗质量和降低患者及医务人员所接受的辐射剂量，必须开展放射治疗质量控制和质量保证工作。质量保证是为了获得更好的放射治疗效果，同时降低人员受照剂量和治疗费用到合理最优水平，所采取的有计划的系统行动。质量控制是通过设备维护和性能监测，对放疗设备的各类指标进行检测和矫正，保证放射治疗质量的技术行为。

2006 年 3 月《放射诊疗管理规定》的实施，明确了放射诊疗管理中质量控制工作的要求。接着陆续发布了《医用电子直线加速器验收试验和周期检验规程》（GB/T 19046—2013）、《医用电子直线加速器性能和试验方法》（GB 15213—2016）和《医用电子直线加速器质量控制检测规范》（WS 674—2020）等标准，进一步规范医用电子直线加速器质量控制检测。本章主要依据《医用电子直线加速器质量控制检测规范》（WS 674—2020），同时结合了《医用电子直线加速器验收试验和周期检验规程》（GB/T 19046—2013）、《医用电子直线加速器性能和试验方法》（GB 15213—2016）、《医用电子直线加速器辐射源》（JJG 589—2008）和 Absorbed Dose Determination in Photon and Electron Beams: an International Code of Practice（IAEA TRS277）等标准和技术报告介绍各项指标的检测与评价方法。

一、剂量偏差

测量的吸收剂量值与预置照射的吸收剂量值的相对偏差。

（一）检测工具

三维水箱、电离室、静电计、温度计、气压表。

（二）检测方法

1. X 射线吸收剂量偏差

（1）X 射线辐射质、校准深度和校准深度百分深度剂量（$PDD_{校准深度}$）的测量：在测量 X 射线吸收剂量时，首先应确定 X 射线的辐射质、校准深度和 $PDD_{校准深度}$。设置机架角度为 0°，限束系统为 0°，源至水箱模体表面距离 SSD=100cm，模体表面照射野为 10cm×10cm（在正常治疗距离处以辐射束轴为射野中心），辐射束轴与水箱模体表面垂直，如图 13-2（a）。电离室在射野中心沿射线束轴方向进行扫描测量得到剂量深度曲线 PDD。

分析剂量深度曲线 PDD，得到水下深度 20cm 和 10cm 处的吸收剂量相对值 D_{20} 和 D_{10}，求出深度剂量比 D_{20}/D_{10}。组织模体比（TPR_{10}^{20}）测量时源至电离室距离 SCD=100cm，电离室所在位置平面上的射野 10cm×10cm，保持 SCD 不变，调整水箱的水面高度，如图 13-2（b）。分别测水深 10cm 和 20cm 处的吸收剂量，求出比值即为 TPR_{10}^{20}。此外，组织模体比（TPR_{10}^{20}）也可以通过深度剂量比（D_{20}/D_{10}）按公式（13-1）计算得到。

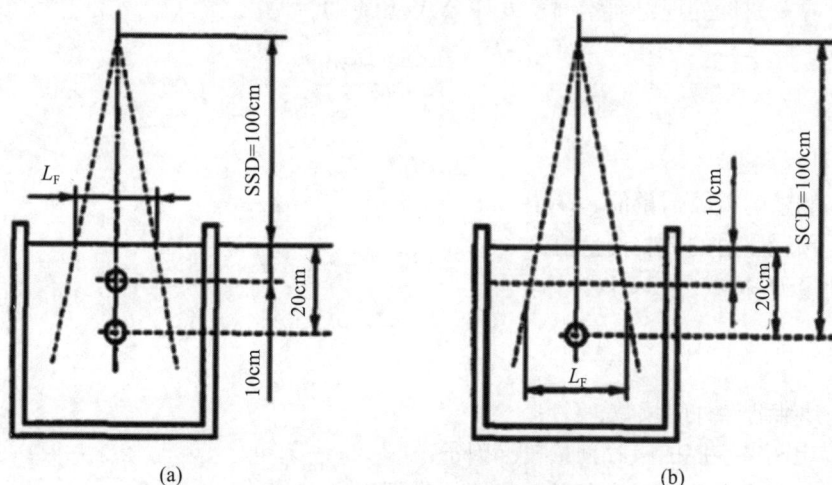

(a) (b)

图 13-2 辐射质测量摆位示意图

☆★☆☆

$$TPR_{10}^{20}=2.189 - 1.308/\left(D_{20}/D_{10}\right) +0.249/\left(D_{20}/D_{10}\right)^{2} \tag{13-1}$$

根据剂量比（D_{20}/D_{10}）或组织模体比（TPR_{10}^{20}），查表（IAEA TRS 277 表ⅩⅢ）确定校准深度 d。再通过对剂量深度曲线进行最大值归一，得到 PDD 校准深度。

（2）X 射线吸收剂量：检测时仪器摆位如图 13-3（a），设置机架角度为 0°，限束系统为 0°，SSD 取正常治疗距离，照射野为 10cm×10cm（在正常治疗距离处且以辐射束轴为射野中心），辐射束轴与水箱模体表面垂直，在临床常用标称 X 射线能量档和典型的吸收剂量率条件下，预置 2Gy 的吸收剂量，进行多次照射。电离室有效测量点置于射线束轴上的校准深度进行测量，电离室的长轴与射线束轴垂直。

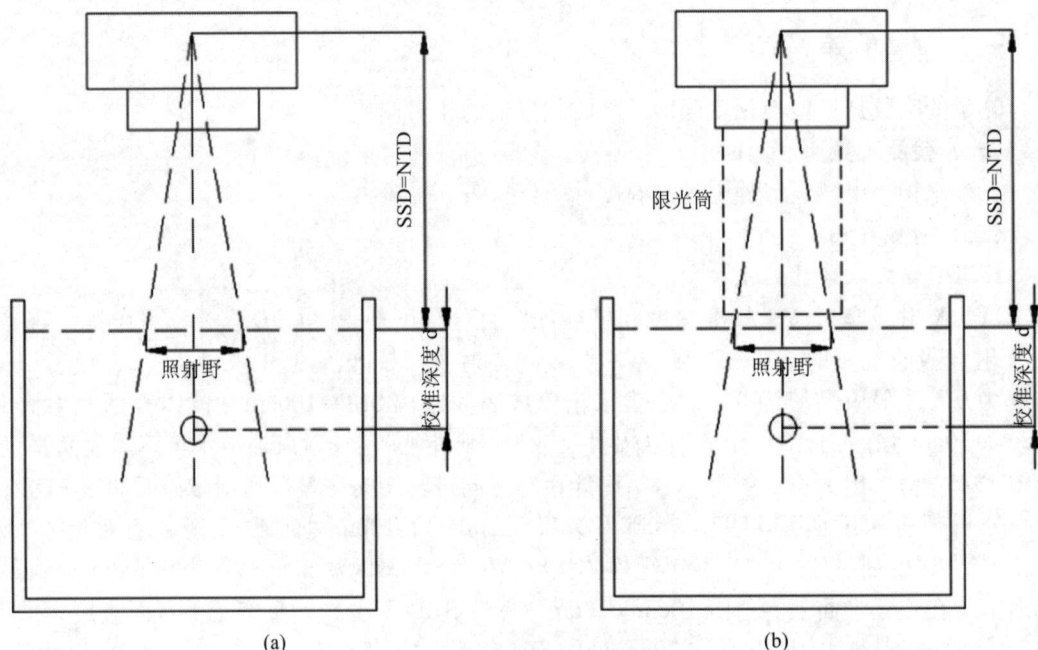

图 13-3 吸收剂量测量摆位示意图

（3）计算及数据处理：剂量偏差 B 按公式（13-2）计算

$$B=\frac{D_{1} - D_{0}}{D_{0}} \times 100\% \tag{13-2}$$

式中：

B——计量偏差；

D_{1}——测量的吸收剂量值，Gy；

D_{0}——预置照射的吸收剂量值，Gy；

吸收剂量 D_{1} 按式（13-3）计算：

$$D_{1}=M \cdot N_{D} \cdot S_{W,air} \cdot P_{u} \cdot P_{cel} \cdot K_{TP}/PDD_{(d)} \tag{13-3}$$

式中：

M——标准剂量计的读数，Gy；

N_{D}——电离室空腔的吸收剂量校准因子；

$S_{w,air}$——校准深度水的空气的平均阻止本领比；

P_{u}——扰动修正因子；

P_{cel}——电离室中心极材料修正因子；

K_{TP}——电离室空腔内空气密度效应的修正因子；

$PDD_{(d)}$——水下校准深度 d（cm）处的吸收剂量与最大吸收剂量的百分比。

根据剂量仪给定的校准因子不同（空气比释动能校准因子 N_k 或照射量校准因子 N_x），电离室空腔的吸收剂量校准因子 N_D 分别按公式（13-4）或公式（13-5）计算：

$$N_D = N_k(1-g) \cdot K_{att} \cdot K_m \tag{13-4}$$

$$N_D = N_x(W/e) \cdot K_{att} \cdot K_m \tag{13-5}$$

式中：

N_k——空气比释动能校准因子；

N_x——照射量校准因子；

g——X 辐射产生的次级电子消耗与韧致辐射的能量占其初始能量总和的份额；

W/e——在空气中形成每对离子所消耗的平均能量，$W/e = 33.97$ J/C；

K_{att}——校准电离室时，电离室室壁及平衡帽对校准辐射（一般为 ^{60}Co 的 γ 射线）的吸收和散射的修正，可通过查表（IAEA TRS 277 表 XⅧ）确定或电离室厂家给出；

K_m——电离室室壁及平衡帽的材料对校准辐射空气等效不充分而引起的修正，可通过查表（IAEA TRS 277 表 XⅧ）确定或电离室厂家给出。

根据上文测得的深度剂量比（D_{20}/D_{10}）或组织模体比（TPR_{10}^{20}），查表（IAEA TRS 277 表 XⅢ）得到 $S_{w,air}$；根据 TPR_{10}^{20} 和电离室壁材料查图（IAEA TRS 277 图 14）得到 P_u 值；根据电离室的铝中心极半径，查表（IAEA TRS 277 表 XIX）得到 P_{cel} 值或近似取值为 1。

用气压表和温度计分别测量气压 P 和水的温度 T，按公式（13-6）计算得到 K_{TP}。

$$K_{TP} = [(273.15+T)/293.15] \cdot 101.3/P \tag{13-6}$$

式中：

P——治疗室内气压，kPa；

T——水的温度，℃。

在校准深度 d 处用剂量仪测量得到 M 值，然后将各参数值带入公式（13-3）即可得到吸收剂量 D_1，然后根据式（13-2）计算得到剂量偏差 B。

2. 电子线吸收剂量偏差

（1）电子线辐射质测量：检测时仪器摆位如图 13-3（b），设置机架角度为 0°，限束系统为 0°，源至水箱模体表面距离 SSD=100cm，辐射束轴与水箱模体表面垂直，选择合适的限光筒，当电子表面的平均能量 $\overline{E_0} \leq 15$MeV 时，射野面积不小于 12cm×12cm，$\overline{E_0} > 15$MeV 时，射野面积不小于 20cm×20cm。电离室在射野中心沿射线束轴方向进行扫描测量得到电离深度曲线（PDI），然后转化为剂量深度曲线（PDD），测得剂量半值深度 R_{50}^D 和实际射程 R_p，查表（IAEA TRS 277 表Ⅳ）确定 $\overline{E_0}$ 值。

（2）校准深度和测量电离室的确定：根据 $\overline{E_0}$ 测量结果，查表 13-1，确定该能量档电子线的校准深度。

（3）电子线吸收剂量测定：检测时仪器摆位如图 13-3（b），设置机架角度为 0°，限束系统为 0°，在附件盘上加限光筒，SSD 取正常治疗距离，照射野为 10cm×10cm（在正常治疗距离处且以辐射束轴为射野中心），辐射束轴与水箱模体表面垂直，在临床常用标称能量档电子线和典型的吸收剂量率条件下，预置 2Gy 的吸收剂量，进行多次照射。电离室有效测量点置于射线束轴上的校准深度进行测量，电离室的长轴与射线束轴垂直。

☆★☆☆

表 13-1 电子线校准深度和测量电离室

电子线在模体表面平均能量$\overline{E_0}$ /MeV	校准深度	使用电离室
$\overline{E_0} < 5$	最大剂量深度	平板电离室
$5 \leqslant \overline{E_0} < 10$	最大剂量深度或水下 1.0cm[a]	指型电离室
$10 \leqslant \overline{E_0} < 20$	最大剂量深度或水下 2.0cm[a]	指型电离室
$20 \leqslant \overline{E_0}$	最大剂量深度或水下 2.0cm[a]	指型电离室

注：a. 取其中较大值

（4）计算及数据处理

①根据$\overline{E_0}$值和校准深度 d，然后查表（IAEA TRS 277 表 X）确定$S_{w, air}$；根据R_p和 d 值，查表（IAEA TRS 277 表 V）确定$\overline{E_z}$，然后根据$\overline{E_z}$和电离室的内半径值，查表（IAEA TRS 277 表 XI）确定P_u；根据电离室的铝中心极半径，查表（IAEA TRS 277 表 XI X）确定P_{cel}值；根据剂量深度曲线 PDD 得到$PDD_{(d)}$。

②用气压表和温度计分别测量气压 P 和水的温度 T，按公式（13-6）计算得到K_{TP}。

③在校准深度 d 处用剂量仪测量得到 M 值，然后将各参数值代入公式（13-3）即可得到吸收剂量D_1，然后根据公式（13-2）计算得到剂量偏差 B。

记录格式如图 13-4。

X 射线					
标称能量：____MV，预置剂量D_0：____Gy，SSD：____cm，剂量率：____MU/min， 射野：____cm×____cm，校准深度 d：____cm，温度：____℃，气压：____kPa					
N_x：____ N_k：____ $K_{att} \cdot K_m$：____ N_D：____ $D_{20}/D_{10}=$：____ TPR_{10}^{20}：____ $S_{W,air}$：____ P_u：____ P_{cel}：____ K_{TP}：____ $PDD_{(\_cm)}$：____					
读数值（M_i）					
读数均值（$\overline{M}$）		测量均值（D_1）		剂量偏差（B）	
电子线					
标称能量：____MeV，预置剂量D_0：____Gy，SSD：____cm，剂量率：____MU/min， 射野：____cm×____cm，校准深度 d：____cm，温度：____℃，气压：____kPa					
N_x：____ N_k：____ $K_{att} \cdot K_m$：____ N_D：____ R_p：____ R_{50}^D：____ $\overline{E_0}$：____ $\overline{E_z}$：____ $S_{W,air}$：____ P_u：____ P_{cel}：____ K_{TP}：____ $PDD_{(\_cm)}$：____					
读数值（M_i）					
读数均值（$\overline{M}$）		测量均值（D_1）		剂量偏差（B）	
计算公式	$B = \dfrac{D_1 - D_0}{D_0} \times 100\%$ $D_1 = M \cdot N_D \cdot S_{W,air} \cdot P_u \cdot P_{cel} \cdot K_{TP}/PDD_{(d)}$ $N_D = N_x(W/e) \cdot K_{att} \cdot K_m = N_k(1-g) \cdot K_{att} \cdot K_m$				

图 13-4 剂量偏差记录示例

（三）结果评价

剂量偏差不超过 ±3%。

（四）检测中的主要问题

1. 测量前应提前将水箱载水置于治疗室内，使得水温与室温平衡，同时提前放置电离室进行预热，保证测量时及测量过程中电离室空腔内的空气密度稳定。

2. 在测量时应注意电离室的有效测量点位于校准深度，而非电离室的几何中心点。对于 X 射线，有效测量点为指型电离室几何中心向射线入射方向前移 0.6r，r 为电离室内半径；对于电子线，当用指型电离室时有效测量点为电离室几何中心向射线入射方向前移 0.5r，当用平板电离室时有效测量点为入射窗内壁的中心点。

二、重复性

在同一辐照条件下，剂量监测计数与吸收剂量测量值之比的变异系数。

（一）检测工具

水箱、电离室、静电计、温度计、气压表。

（二）检测方法

1. 测量　检测时仪器摆位如图 13-3 所示，设置机架角度为 0°，限束系统为 0°，照射野为 10cm×10cm（在正常治疗距离处且以辐射束轴为射野中心），在临床常用标称能量档和吸收剂量率条件下，预置 2 Gy 的吸收剂量，分别用 X 射线和电子线多次照射和测量。模体表面位于正常治疗距离处，电离室的有效测量点置于射线束轴上的校准深度，电离室的长轴与射线束轴垂直。

2. 计算及数据处理　重复性 S 按公式（13-7）计算：

$$S = \frac{1}{\overline{R}} \sqrt{\frac{1}{n-1} \sum_{i=1}^{n} (\overline{R} - R_i)^2} \times 100\% \tag{13-7}$$

式中：

S——重复性；

$\overline{R}$——比值的平均值；

R_i——第 i 次测量所得的剂量检测计数 U_i 与吸收剂量测量值 D_i 的比值；

n——测量次数，一般取 5。

本指标检测条件与剂量偏差检测条件一致，吸收剂量测量值的计算过程参考剂量偏差指标中介绍的计算方法。由于剂量仪的读数值 M_i 和最终的测量值 D_i 成线性关系，所以可以简化计算过程，利用剂量监测计数值 U 与剂量仪的读数值 M 的比值代入公式（13-7）计算可得到相同的测量结果。记录格式如图 13-5。

射线种类	□X 射线　　□电子线				
标称能量：_____，预置剂量 D_0：_____Gy，SSD：_____cm，剂量率：_____MU/min，射野：_____cm×_____cm，校准深度 d：_____cm，温度：_____℃，气压：_____kPa					
序号	1	2	3	4	5
读数值（M_i）					
测量值（D_i）					
R_i					
监测计数（U）		重复性（S）			
计算公式	$S = \frac{1}{\overline{R}} \sqrt{\frac{1}{n-1} \sum_{i=1}^{n} (\overline{R} - R_i)^2} \times 100\%$				

图 13-5　重复性记录示例

☆☆☆☆

（三）结果评价

重复性 $S \leqslant 0.5\%$。

三、线性

在吸收剂量和吸收剂量率范围内，剂量监测计数和吸收剂量的线性关系。

（一）检测工具

水箱、电离室、静电计、温度计、气压表。

（二）检测方法

1. 测量

（1）剂量线性：对于某一剂量率档，检测时仪器摆位如图 13-3 所示，设置机架角度为 0°，限束系统为 0°，SSD 取正常治疗距离，照射野为 10cm×10cm（在正常治疗距离处且以辐射束轴为射野中心），在临床常用标称能量档条件下，在标称吸收剂量范围内，以近似相等的间隔选取 i 个不同吸收剂量预置值（例如 i 取 5，吸收剂量预置值选取 1 Gy、2 Gy、3 Gy、4 Gy、5 Gy），对每个吸收剂量预置值进行 5 次照射并测量吸收剂量。电离室的有效测量点置于射线束轴上的校准深度，电离室的轴与射线束轴垂直。

（2）剂量率线性：对于某一（固定）剂量档，检测时仪器摆位如图 13-3 所示，设置机架角度为 0°，限束系统为 0°，照射野为 10cm×10cm（在正常治疗距离处且以辐射束轴为射野中心），在临床常用标称能量档条件下，选取不同剂量率进行照射并测量吸收剂量率。如果吸收剂量率是连续可调的，则从 20% 到最大吸收剂量率的范围内取 j 个不同的吸收剂量率值。模体表面位于正常治疗距离处，电离室的有效测量点置于射线束轴上的校准深度，电离室的轴与射线束轴垂直。

2. 计算及数据处理

（1）剂量线性：第 i 个吸收剂量预置值测量的吸收剂量平均值按公式（13-8）计算

$$\overline{D_i}=\frac{1}{5}\sum_{n=1}^{5}D_{in} \tag{13-8}$$

式中：

$\overline{D_i}$——在第 i 个吸收剂量预置值下的吸收剂量测量平均值，Gy；

D_{in}——第 i 个吸收剂量预置下的第 n 次吸收剂量测量结果，Gy；

n——测量次数，建议取 5；

i——设置的吸收剂量档个数，建议取 5。

根据 5 个 $\overline{D}$ 测量数据和剂量监测值进行最小二乘法拟合求出如公式（13-9）的线性拟合曲线关系式：

$$D_c=SU+b \tag{13-9}$$

式中：

D_c——用最小二乘法求出的吸收剂量计算值，Gy；

S——线性因子；

b——直线与纵坐标的截距，Gy；

U——剂量监测值，Gy。

再根据公式（13-10）计算吸收剂量线性偏差。

$$L_D=\frac{(\overline{D_i}-D_c)_{max}}{U_i}\times100\% \tag{13-10}$$

式中：

L_D——剂量线性；

$\overline{D_i}$——在第 i 个吸收剂量预置值下的吸收剂量测量平均值，Gy；

D_c——用最小二乘法求出的吸收剂量计算值，Gy；

U_i——第 i 个吸收剂量预置值剂量监测值，Gy。

（2）剂量率线性

第 j 个吸收剂量率预置值下测量的吸收剂量率测量平均值按公式（13-11）计算：

$$\overline{\dot{D}_j}=\frac{1}{5}\sum_{n=1}^{5}\dot{D}_{jn} \tag{13-11}$$

式中：

$\overline{\dot{D}_j}$——在第 j 个吸收剂量率预置值下的吸收剂量率测量平均值，Gy/min；

$\dot{D}_{jn}$——第 j 个吸收剂量率预置下的第 n 次吸收剂量率测量结果，Gy/min；

n——测量次数，建议取 5；

j——设置的吸收剂量率档个数，建议取 5。

根据 5 个 $\overline{\dot{D}_j}$ 测量数据和剂量率监测值进行最小二乘法拟合求出如公式（13-12）的线性拟合曲线关系式：

$$\dot{D}_c=S\dot{U}+b \tag{13-12}$$

式中：

$\dot{D}_c$——用最小二乘法求出的吸收剂量率计算值，Gy/min；

S——线性因子；

b——直线与纵坐标的截距，Gy/min；

$\dot{U}$——剂量率监测值，Gy/min。

再根据公式（13-13）计算吸收剂量率线性偏差。

$$L_{DR}=\frac{\left(\overline{\dot{D}_j}-\dot{D}_c\right)_{\max}}{\dot{U}_j}\times100\% \tag{13-13}$$

式中：

L_{DR}——剂量率线性；

$\overline{\dot{D}_j}$——在第 j 个吸收剂量率预置值下的吸收剂量率测量平均值，Gy/min；

$\dot{D}_c$——用最小二乘法求出的吸收剂量率计算值，Gy/min；

$\dot{U}_j$——第 j 个吸收剂量率预置值剂量率监测值，Gy/min。

本指标检测条件与剂量偏差指标一致，其中吸收剂量测量值的计算，参考剂量偏差指标中介绍的计算方法。可借助如 Excel 等软件的工具完成最小二乘法拟合，求出拟合曲线。

（三）结果评价

线性 L_D 不超过 ±2%，记录格式如图 13-6。

四、随设备角度位置的变化

在机架的旋转范围内，吸收剂量最大值和最小值之差与其平均值之间的比值。

（一）检测工具

电离室、静电计。

☆ ☆ ☆ ☆

射线种类	□X 射线 　 □电子线					
吸收剂量线性						

标称能量：_____，预置剂量 D_0：____Gy，SSD：____cm，剂量率：____MU/min，
射野：____cm×____cm，校准深度 d：____cm，温度：____℃，气压：____kPa

序号	监测计数 (U_i)	读数值（M_{in}）				读数均值 $(\overline{M_i})$	测量均值 $(\overline{D_i})$	拟合值 (D_c)
i=1								
i=2								
i=3								
i=4								
i=5								
拟合曲线		吸收剂量线性（L_D）						
计算公式	$D_c=SU+b$，$L_D=\dfrac{(\overline{D_i}-D_c)_{max}}{U_i}\times100\%$							

吸收剂量率线性						

标称能量：_____，预置剂量 D_0：____Gy，SSD：____cm，
射野：____cm×____cm，校准深度 d：____cm，温度：____℃，气压：____kPa

序号	监测计数 $(\dot{U}_j)$	读数值（$\dot{M}_{in}$）				读数均值 $(\dot{\overline{M}}_j)$	测量均值 $(\dot{\overline{D}}_j)$	拟合值 $(\dot{D}_c)$
j=1								
j=2								
j=3								
j=4								
j=5								
拟合曲线		吸收剂量线性（L_D）						
计算公式	$\dot{D}_c=S\dot{U}+b$，$L_D=\dfrac{(\dot{\overline{D}}_j-\dot{D}_c)_{max}}{\dot{U}_j}\times100\%$							

图 13-6　线性记录示例

（二）检测方法

1. 测量　设置限束系统为 0°，在正常治疗距离条件照射野为 10cm×10cm，分别对 X 射线和电子线，在临床常用标称能量档和吸收剂量率条件下，预置 2 Gy 的吸收剂量，机架角度分别在 0°、180° 和 270° 进行 3 次照射并测量。检测时，机架角度的变化使得射线入射方向也随之变化，最合适的方法是使用具有适当建成厚度的探测器固定在辐射头上进行测量，但想要找到合适又能固定在不同加速器辐射头上的探测器非常困难。针对等中心设备，可采用以下替代方法检测：将指型电离室几何中心固定到等中心处，电离室的长轴与射线束轴垂直，旋转机架到不同角度进行照射和测量，测量时电离室应带上平衡帽。

2. 计算及数据处理　从 3 次测量中确定最大值 D_{max} 和最小值 D_{min}，随设备角度位置的变化按公式（13-14）计算：

$$D_A = \frac{(D_{max} - D_{min})}{\overline{D}} \times 100\% \tag{13-14}$$

式中：

D_A——随设备角度位置的变化，%；

D_{max}——吸收剂量测量最大值，Gy；

D_{min}——吸收剂量测量最小值，Gy；

$\overline{D}$——吸收剂量测量平均值，Gy。

记录格式可参考图 13-7。

射线种类	□X 射线　□电子线		标称能量	
预置剂量 D_0：____Gy，SCD：____cm，剂量率：____MU/min，射野：____cm×____cm				
吸收剂量（D_j）	机架 0°	随设备角度位置的变化 （D_A）		
	机架 180°			
	机架 270°			
计算公式	$D_A = \frac{(D_{max} - D_{min})}{\overline{D}} \times 100\%$			

图 13-7　随设备角度位置的变化记录示例

（三）结果评价

随设备角度位置的变化 $D_A \leqslant 3\%$。

五、随机架旋转的变化

对于可随机架旋转同时进行出束（弧形治疗）的加速器设备，在机架旋转的整个范围内，不同角度位置下吸收剂量最大值和最小值之差与其平均值之间的比值。

（一）检测工具

电离室、静电计。

（二）检测方法

1. 测量　设置限束系统为 0°，在正常治疗距离条件照射野为 10cm×10cm，分别对 X 射线和电子线，在临床常用标称能量档和吸收剂量率条件下，在机架旋转的整个范围内，选择 4 个不同的 45° 扇区，预置 2 Gy 的吸收剂量，对每个扇区进行 3 次旋转照射并测量。检测时，机架角度的变化使得射线入射方向也随之变化，最合适方法是使用带具有适当建成厚度的探测器固定在辐射头上进行测量。针对等中心设备，可将指型电离室几何中心固定到等中心处，电离室的长轴与射线束轴垂直，旋转机架到不同角度进行照射和测量，测量时电离室应带上平衡帽。

2. 计算及数据处理　按公式（13-15）求出每个扇区吸收剂量平均值 $\overline{D_i}$，确定吸收剂量平均值的最大值和最小值，然后按（13-16）计算随机架旋转的变化 D_A。

$$\overline{D_i} = \frac{1}{3}\sum_{n=1}^{3} D_{in} \tag{13-15}$$

式中：

$\overline{D_i}$——在第 i 个扇区内的吸收剂量测量平均值，Gy；

☆☆☆☆

D_{in}——在第 i 个扇区内的第 n 次吸收剂量测量结果，Gy；

n——每个扇区内测量次数，取3；

i——设置的旋转出束扇区个数，取4。

$$D_A = \frac{(\overline{D}_{i\max} - \overline{D}_{i\min})}{\overline{D}} \times 100\% \tag{13-16}$$

式中：

D_A——随设备角度位置的变化，%；

$\overline{D}_{i\max}$——吸收剂量测量最大值，Gy；

$\overline{D}_{i\min}$——吸收剂量测量最小值，Gy；

$\overline{D}$——吸收剂量测量平均值，Gy。

记录格式如图13-8。

射线种类	□X 射线	□电子线	标称能量	
预置剂量 D_0：____Gy，SCD：____cm，剂量率：____MU/min，射野：____cm × ____cm				
扇区	吸收剂量（D_{im}）			吸收剂量（$\overline{D}_i$）
随设备角度位置的变化（D_A）				
计算公式	$\overline{D}_i = \frac{1}{3}\sum\limits_{n=1}^{3} D_{in},\ D_A = \dfrac{(\overline{D}_{i\max} - \overline{D}_{i\min})}{\overline{D}} \times 100\%$			

图 13-8　随机架旋转的变化记录示例

（三）结果评价

X 射线随机架旋转的变化 $D_A \leqslant 3\%$，电子线随机架旋转的变化 $D_A \leqslant 2\%$。

六、日稳定性

设备进入准备状态立即测量得到吸收剂量与按要求连续出束结束时测量的吸收剂量之间的相对偏差。

（一）检测工具

水箱、电离室、静电计、温度计、气压表。

（二）检测方法

1. 测量　检测时仪器摆位如图13-3（a），设置机架角度为0°，限束系统为0°，SSD取正常治疗距离，照射野为10cm×10cm（在正常治疗距离处且以辐射束轴为射野中心），辐射束轴与水箱模体表面垂直，在临床常用标称能量档X射线和典型的吸收剂量率条件下，使用 X 射线，按下面步骤进行检测：

☆　☆　☆　☆

（1）当设备进入准备状态后，以约 2 Gy 的吸收剂量照射 3 次并测量。

（2）以不低于 2 Gy 的吸收剂量照射，然后按常规间停时间（约 10min）进行间停后再进行下一次照射，按此循环至少照射 10 次以上。

（3）间隔至少 4h 后，再重复（1）步骤进行 3 次照射并测量。

2. 计算及数据处理　按公式（13-17）求得日稳定性。

$$R = \frac{|\overline{D}_1 - \overline{D}_2|}{\overline{D}_1} \times 100\% \tag{13-17}$$

式中：

R——日稳定性，%；

$\overline{D}_1$——第一次测量的吸收剂量平均值，Gy；

$\overline{D}_2$——4h 后第二次测量的吸收剂量平均值，Gy。

本指标检测条件与剂量偏差指标一致，吸收剂量测量值的计算过程参考剂量偏差指标中介绍的计算方法，也可以简化计算过程，利用剂量仪的读数值代入公式（13-17）计算得到相同的结果。

记录格式如图 13-9。

标称能量：_____，预置剂量 D_0：____Gy，SSD：____cm，剂量率：____MU/min，射野：____cm×____cm，校准深度 d：____cm，温度：____℃，气压：____kPa					
读数值（M_{1i}）				测量值（$\overline{D}_1$）	
读数值（M_{2i}）				测量值（$\overline{D}_2$）	
稳定性（S）					
计算公式	$R = \dfrac{|\overline{D}_1 - \overline{D}_2|}{\overline{D}_1} \times 100\%$				

图 13-9　日稳定性记录示例

（三）结果评价

日稳定性 $R \leqslant 2\%$。

七、深度吸收剂量特性

吸收剂量对深度的剂量曲线与厂家规定值之间的偏差。

（一）检测工具

水箱、电离室、静电计。

（二）检测方法

1. 测量

（1）X 射线：检测时仪器摆位如图 13-10（a、b）所示，设置机架角度为 0°，限束系统为 0°，照射野为 10cm×10cm（在正常治疗距离处且以辐射束轴为射野中心），在临床常用标称能量档和吸收剂量率条件下。对于等中心设备，等中心位于标准测试深度处，对于非等中心设备，水模表面置于正常治疗距离处。电离室沿辐射束轴方向测量随深度变化的相对剂量值，得到吸收剂量对深度的剂量曲线。

（2）电子线：检测时仪器摆位如图 13-10（c）所示，设置机架角度为 0°，限束系统

☆☆☆☆

为 0°，照射野为 10cm×10cm（在正常治疗距离处且以辐射束轴为射野中心），在临床常用标称能量档和吸收剂量率条件下，将体模表面置于正常治疗距离处。电离室沿辐射束轴方向测量随深度变化的相对剂量值，得到吸收剂量对深度的剂量曲线。

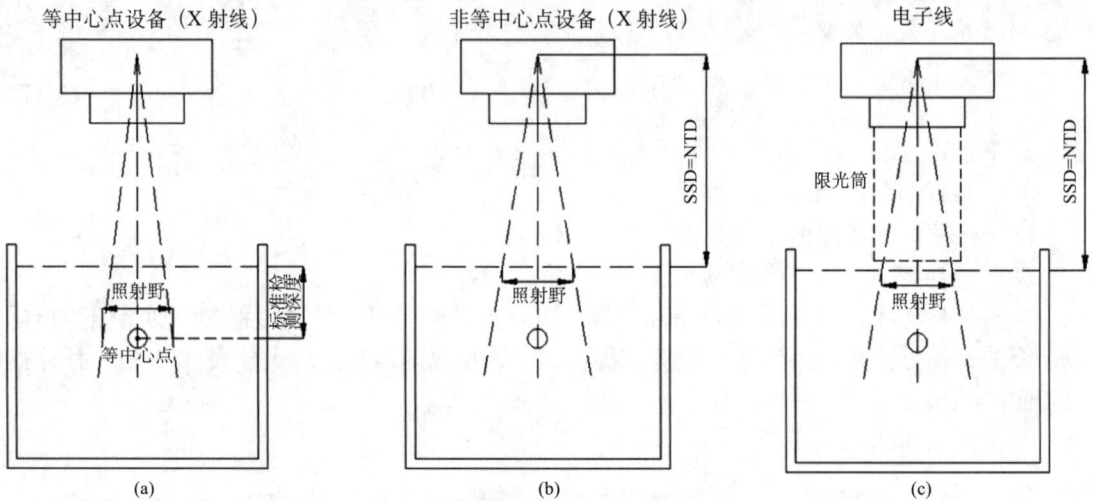

图 13-10 深度吸收剂量特性测量摆位示意图

2.**计算及数据处理**　查阅随机文件给出的穿透性标称值，按公式（13-18）或公式（13-19）与穿透性的实测值进行比对。

$$S=|P_1 - P_0| \qquad (13\text{-}18)$$

$$S=\frac{|P_1 - P_0|}{P_0}\times 100\% \qquad (13\text{-}19)$$

式中：

S——深度吸收剂量特性偏差，mm 或%；

P_0——随机文件给出的穿透性标称值，mm；

P_1——穿透性的实测值，mm。

记录格式如图 13-11。

射线种类	□X 射线　　□电子线	
标称能量：_____，SCD：____cm，剂量率：____MU/min，射野：____cm×____cm		
穿透性标称值（P_0）	穿透性实测值（P_1）	
深度吸收剂量特性偏差（S）		
计算公式	$S=\dfrac{|P_1 - P_0|}{P_0}\times100\%$，$S=|P_1 - P_0|$	

图 13-11 深度吸收剂量特性记录示例

（三）结果评价

对于 X 射线，深度吸收剂量特性偏差要求≤ 3% 或≤ 3mm；对于电子线，深度吸收剂量特性偏差要求≤ 3% 或≤ 2mm。

八、照射野的均整度和对称性

（一）均整度

对于 X 射线，是指度量某一规定照射野内各点吸收剂量率是否均匀，即在标准测试深度处，某一规定照射野均整区内最大吸收剂量和最小吸收剂量的比值。

对于电子线，是指：

1. 在标准测试深度处，沿两主轴方向上 90% 等剂量线与几何野投影边之间的最大距离 A。

2. 在基准测试深度处，沿两主轴方向上 80% 等剂量线与几何野投影边之间的最大距离 B。

3. 在标准测试深度处，沿对角线上 90% 等剂量线与几何野投影边之间的最大距离 C。

（二）对称性

对于 X 射线，在标准测试深度处，均整区内对称与辐射束轴的任意两点的吸收剂量的最大比值。对于电子线，由 90% 等剂量线内推 1cm 处的均整区域内，对称于辐射束轴的任意两点的吸收剂量的最大比值。

（三）检测工具

水箱、电离室、静电计。

（四）检测方法

1. 测量

（1）X 射线：检测时仪器摆位如图 13-10（a，b）所示，设置机架角度为 0°，限束系统为 0°，照射野为 10cm×10cm 和临床常用照射野（在正常治疗距离处且以辐射束轴为射野中心），在临床常用的吸收剂量率条件下，分别在最大和最小标称能量档条件下，将电离室有效剂量点置于标准测试深度，沿照射野的两条主轴方向连续或逐点测量，得到相对剂量分布曲线，如图 13-12 所示。

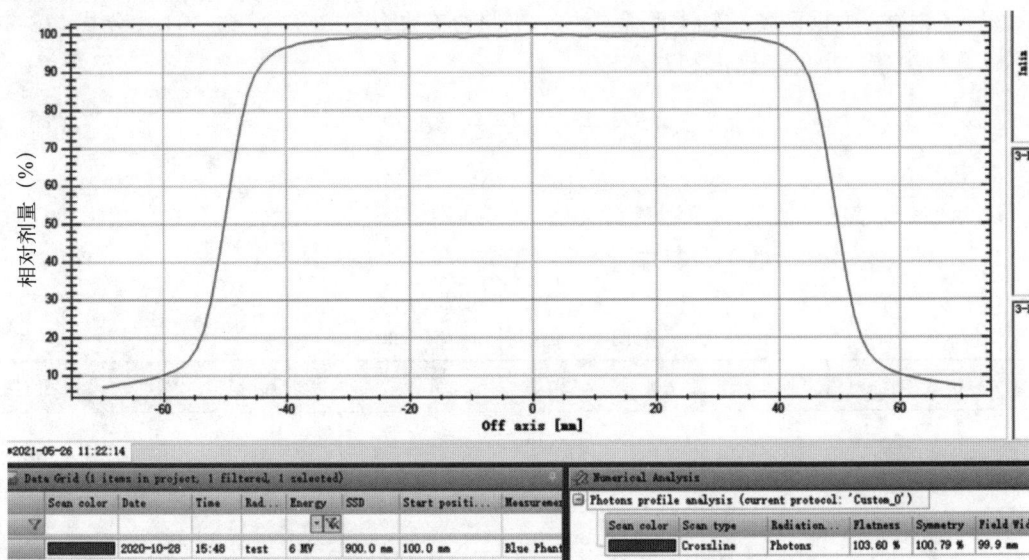

图 13-12　6MV X 射线相对剂量分布曲线示意图

（2）电子线：检测时仪器摆位如图 13-10（c）所示，设置机架角度为 0°，限束系统为 0°，照射野为 10cm×10cm 和临床常用照射野（在正常治疗距离处且以辐射束轴为射野中心），在临床常用的吸收剂量率条件下，分别在最大和最小标称能量档条件下，使用电离室在标准测试深度处沿照射野的两条主轴方向和对角线连续或逐点测量，得到相对剂量分布曲线，再使用电离室在基准深度处沿照射野的两条主轴方向连续或逐点测量，得到相对剂量分布曲线，如图 13-13 所示。

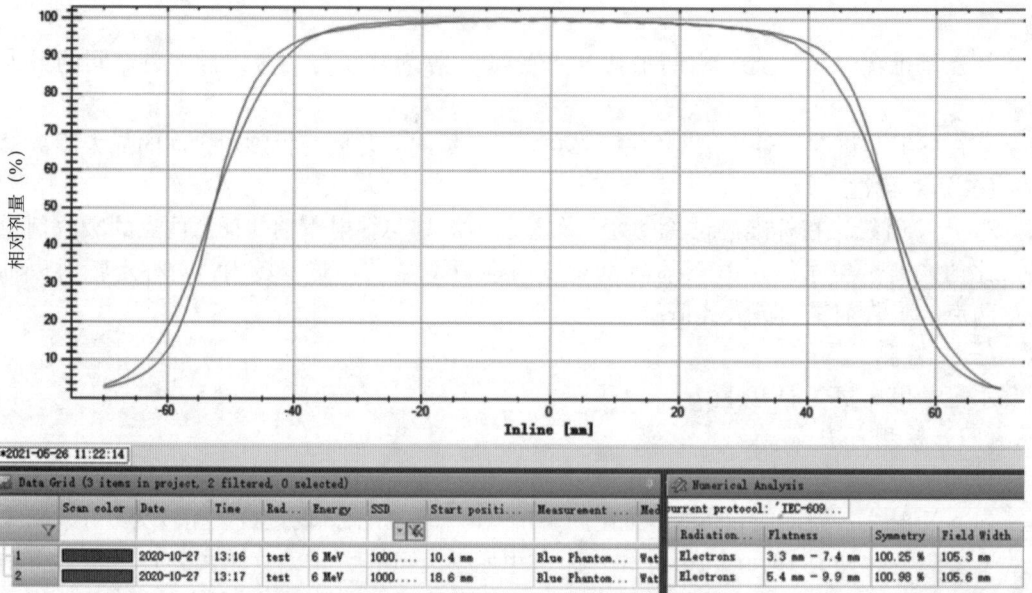

图 13-13　6MeV 电子线相对剂量分布曲线示意图

2. 计算及数据处理

（1）X 射线：根据两条主轴上测量的相对剂量分布曲线，按公式（13-20）和公式（13-21）分别计算每组条件下的均整度和对称性。

$$均整度 = \frac{D_{max}}{D_{min}} \times 100\% \tag{13-20}$$

式中：

D_{max}——均整区内吸收剂量测量最大值，Gy（均整区的定义详见表 13-2 和图 13-14）；

D_{min}——均整区内吸收剂量测量最小值，Gy。

表 13-2　辐射野均整区说明

方形辐射野	定义均整区域的尺寸	
F（cm）	d_m	d_d
$5 \leqslant F \leqslant 10$	1cm	2cm
$10 < F \leqslant 30$	0.1 F	0.2 F
$30 < F$	3cm	3cm

$$对称性 = \left(\frac{D_{(x)}}{D_{(-x)}} \right)_{\max} \times 100\% \qquad (13\text{-}21)$$

式中：

$D_{(x)}$——均整区内距中心距离为 $x$mm 处的吸收剂量，Gy；

$D_{(-x)}$——均整区内距中心距离为 $-x$mm 处的吸收剂量，Gy。

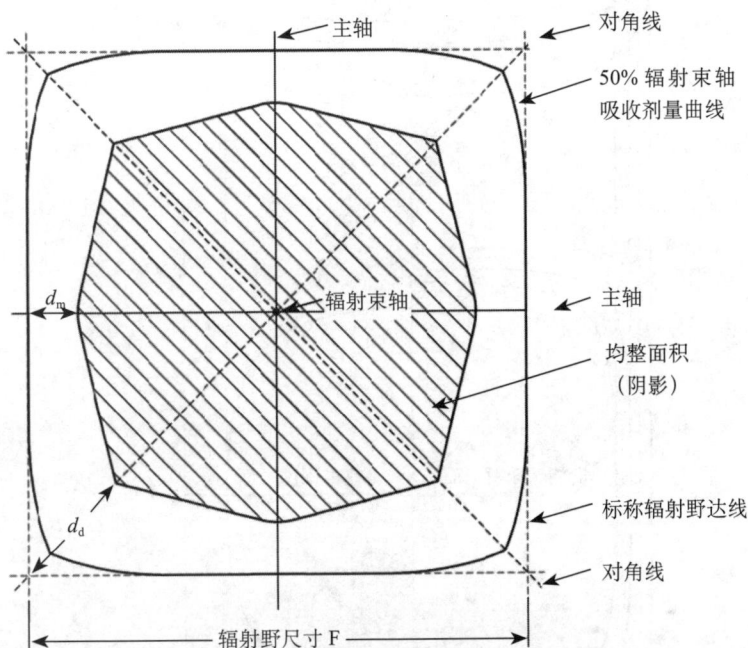

图 13-14　X 射线辐射野均整区示意图

（2）电子线：根据两主轴和对角线上测量的相对剂量分布曲线，参照图 13-15 所示的计算方法分别计算出 A、B、C 的值，即为电子线均整度。

根据两主轴上测量的相对剂量分布曲线，按公式（13-22）分别计算每组条件下的对称性。

$$对称性 = \left(\frac{D_{(x)}}{D_{(-x)}} \right)_{\max} \times 100\% \qquad (13\text{-}22)$$

式中：

$D_{(x)}$——在 90% 等剂量线内推 1cm 处的均整区内距中心距离为 $x$mm 处的吸收剂量，Gy；

$D_{(-x)}$——在 90% 等剂量线内推 1cm 处的均整区内距中心距离为 $-x$mm 处的吸收剂量，Gy。

记录格式如图 13-16。

（五）结果评价

照射野的均整度和对称性要求见表 13-3。

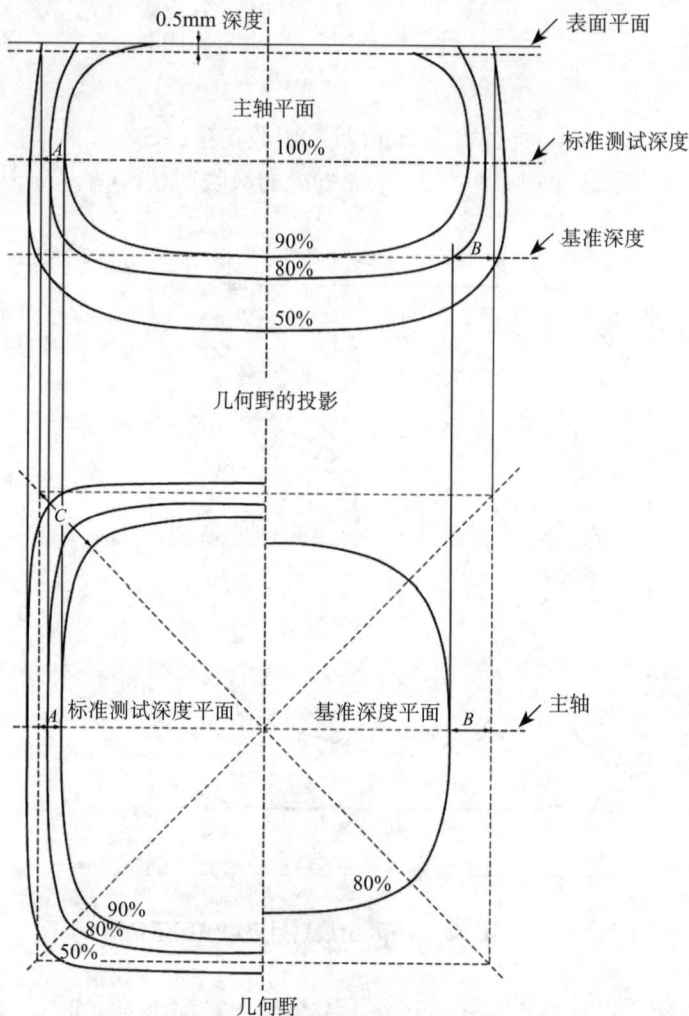

图 13-15 电子辐射野均整区示意图

C 规定在对角线上。不是方形辐射野时不能视为角平分线

表 13-3 照射野的均整度和对称性技术要求

检测项目		标准要求
X 射线方形照射野的均整度	5cm ≤ F ≤ 30cm	≤ 106%
	F > 30cm	≤ 110%
电子线照射野的均整度	标准测试深度处，沿两主轴方向上 90% 等剂量线与几何野投影边之间的最大距离 A	≤ 10mm
	基准测试深度处，沿两主轴方向上 80% 等剂量线与几何野投影边之间的最大距离 B	≤ 15mm
	标准测试深度处，沿对角线上 90% 等剂量线与几何野投影边之间的最大距离 C	≤ 20mm
X 射线方形照射野的对称性		≤ 103%
电子线照射野的对称性		≤ 105%

X 射线								
标称能量：_____，*SCD*：____cm，剂量率：____MU/min								
射野	均整度（%）		对称性（%）		半影（mm）			
	X 轴	Y 轴	X 轴	Y 轴	X⁻轴	X⁺轴	Y⁻轴	Y⁺轴

电子线								
标称能量：_____，*SCD*：____cm，剂量率：____MU/min								
射野	均整度（mm）			对称性（%）		半影（mm）		
	距离 A	距离 B	距离 C	X 轴	Y 轴	X⁻轴	X⁺轴	Y⁻轴	Y⁺轴
备注：	A：标准测试深度处，沿两主轴方向上 90% 等剂量线与几何野投影边之间的最大距离								
	B：基准测试深度处，沿两主轴方向上 80% 等剂量线与几何野投影边之间的最大距离								
	C：标准测试深度处，沿对角线上 90% 等剂量线与几何野投影边之间的最大距离								

图 13-16　照射野的均整度和对称性记录示例

（六）检测中的主要问题

1. 检测时应考虑电离室有效剂量点的修正。

2. 一般采用三维水箱能快速完成本项目各项的检测，同时选择标准定义相同的数据处理协议就能够快速读取到各项检测结果。

3. 电子线均整度涉及的几何投影边长，可根据图 13-17 的几何结构所示，按公式（13-23）计算得到。

$$F' = F \cdot (1 + d/NTD) \qquad (13-23)$$

式中：

F'——测试深度处的辐射野边长，mm；

F——模体表面辐射野边长，即在正常治疗距离处的辐射源边长，mm；

d——标准测试深度或基准测试深度，mm；

NTD——正常治疗距离，mm。

九、照射野的半影

在标准测试深度处两主轴上 80% 吸收剂

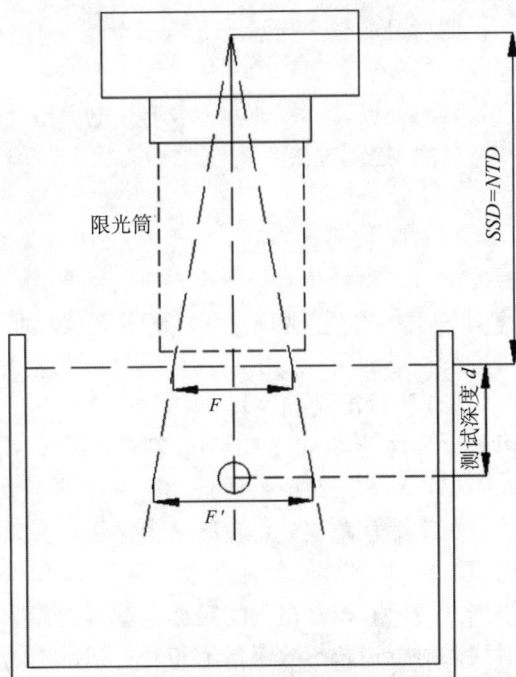

图 13-17　几何野投影示意图

量点与 20% 吸收剂量点之间的距离，其中 80% 和 20% 吸收剂量是指相对于标准测试深度处辐射束轴上的吸收剂量而言的。

（一）检测工具

水箱、电离室、静电计。

（二）检测方法

1. 测量

（1）X 射线：设置机架角度为 0°，限束系统为 0°，放置并设置好水箱，在标准测试深度处与有用线束轴垂直的平面上，照射野分别为 10cm×10cm 和最大照射野（在正常治疗距离处且以辐射束轴为射野中心），在临床常用的吸收剂量率条件下，分别在最大和最小标称能量档条件下，将电离室有效剂量点置于水箱内的标准测试深度处沿照射野的两条主轴方向连续或逐点测量，得到相对剂量分布曲线，参见图 13-12 所示。

（2）电子线：设置机架角度为 0°，限束系统为 0°，放置并设置好水箱，在标准测试深度处与有用线束轴垂直的平面上，照射野分别为 10cm×10cm 和最大照射野（在正常治疗距离处且以辐射束轴为射野中心），在临床常用的吸收剂量率条件下，分别在最大和最小标称能量档条件下，使用电离室有效剂量点在标准测试深度处沿照射野的两条主轴方向连续或逐点测量，得到相对剂量分布曲线，参见图 13-13 所示。

2. 计算及数据处理　根据两条主轴上测量的相对剂量分布曲线，测出两主轴上吸收剂量 80% 和 20% 点之间的距离，该距离即为照射野半影区的宽度。

（三）结果评价

照射野的半影宽度应符合厂家规定值。

十、照射野的数字指示和光野指示

照射野的数字指示或光野指示与照射野实际尺寸之间的偏差。

（一）检测工具

慢感光胶片、固体水／水箱、电离室、静电计、胶片扫描仪。

（二）检测方法

1. 方法一

（1）吸收剂量检测：设置机架角度为 0°，限束系统为 0°，放置并设置好水箱，在标准测试深度处与有用线束轴垂直的平面上，X 射线照射野的数字野指示为 10cm×10cm，使用 X 射线典型放射治疗条件下的吸收剂量率，在正常治疗距离处，沿两个主轴对吸收剂量进行扫描测量。测出吸收剂量等于辐射束轴上吸收剂量 50% 的点的位置。

（2）胶片测量：保持照射野和标称能量不变，在标准检测条件下，照射一张慢感光胶片，可测出（1）确定的 50% 吸收剂量点的光密度。

（3）X 射线照射野边长的测量：使用数字指示装置确定 X 射线照射野；将慢感光胶片放在正常治疗距离处，在胶片上标记出光野边的位置，在胶片后放置至少相当于 5cm 厚的体模的材料，慢感光胶片上覆盖相当于厚 10cm 的体模的材料，以对应标准测试深度，照射后，根据（1）和（2）得到的定标数据，由光密度计确定 50% 吸收剂量点的位置；将测出的 X 射线照射野边长与数字指示和光野指示出的边长相比较。

2. 方法二　检测方法一需要定标后再进行检测，检测时需要采用扫描水箱和等效体模配合完成，过程较复杂，也可能存在水箱和等效体模数据迁移的不确定性。本方法采用慢感光胶片（经过剂量和灰度刻度）配合等效固体水模进行测量，可以根据胶片分析软件直接测出照射野的边长和照射野中心的位置，从而能够直接与光野指示标记边长和数字指示的边长进行比较，具体测量过程如下：

（1）将慢感光胶片放置于正常治疗距离处，胶片后放置至少 5cm 的固体水模。

（2）设置机架角度为 0°，限束系统为 0°，使用数字野指示确定 10cm×10cm 的 X 射线照射野。

（3）在胶片上标记出光野边的位置，在胶片上覆盖 10cm 的固体水模。

（4）选择胶片刻度时同一标称能量档条件下，采用临床常用的吸收剂量率，用 X 射线模式预置 2 Gy 的吸收剂量照射。

（5）利用胶片扫描仪和分析软件对胶片灰度 - 剂量进行分析，确定照射野边长，然后分别与数字指示和光野指示出的边长进行比较。

记录格式如图 13-18。

标称能量：_____，SCD：____cm，剂量率：____MU/min											
射野	数字野指示边长（cm）				光野指示边长（cm）				X 射线照射野边长（cm）			
	X⁻轴	X⁺轴	Y⁻轴	Y⁺轴	X⁻轴	X⁺轴	Y⁻轴	Y⁺轴	X⁻轴	X⁺轴	Y⁻轴	Y⁺轴
	X 射线照射野与数字野指示边长的偏差（mm）						X 射线照射野与光野指示边长的偏差（mm）					

标称能量：_____，SCD：____cm，剂量率：____MU/min											
射野	数字野指示边长（cm）				光野指示边长（cm）				X 射线照射野边长（cm）			
	X⁻轴	X⁺轴	Y⁻轴	Y⁺轴	X⁻轴	X⁺轴	Y⁻轴	Y⁺轴	X⁻轴	X⁺轴	Y⁻轴	Y⁺轴
	X 射线照射野与数字野指示边长的偏差（mm）						X 射线照射野与光野指示边长的偏差（mm）					

图 13-18　照射野的数字指示和光野指示记录示例

（三）结果评价

照射野的数字指示要求见表 13-4。

表 13-4　照射野的数字指示要求

检测项目		标准要求
照射野的数字指示（单元限束）	5cm×5cm ～ 20cm×20cm	≤ 3mm 或 ≤ 1.5%
	大于 20cm×20cm	≤ 5mm 或 ≤ 1.5%
照射野的数字指示（多元限束）	20cm×20cm	≤ 3mm
	最大照射野	≤ 5mm 或 ≤ 1.5%

（四）检测中的主要问题

使用不同批次的慢感光胶片时应该重新做剂量刻度。

☆☆☆☆

十一、辐射束轴在患者入射表面上的位置指示

(一)检测工具

慢感光胶片、固体水、胶片扫描仪。

(二)检测方法

1. 测量　设置机架角度为 0°,限束系统为 0°,临床常用的吸收剂量率,将照射野的指示值固定在 20cm×20cm,分别从大于和小于 20cm×20cm 的位置交替 6 次设置到 20cm×20cm,按照射野的数字指示和光野指示的方法检测照射野尺寸。

2. 计算及数据处理　利用胶片扫描仪和分析软件对胶片灰度-剂量进行分析,确定照射野尺寸之间的偏差。

记录格式如图 13-19。

标称能量:_____, SCD:____cm,剂量率:____MU/min,照射野:20cm×20cm					
光野指示边长		照射野边长			
		1		2	
X 轴	Y 轴	X 轴	Y 轴	Y 轴	X 轴
照射野尺寸之间的偏差					
照射野与光野之间的偏差					

图 13-19　辐射束轴在患者入射表面上的位置指示记录示例

(三)结果评价

辐射束轴在患者入射表面上的位置指示要求偏差不超过 ±2mm。

十二、辐射束轴相对等中心点的偏移

(一)检测工具

等中心校准仪、胶片、胶片扫描仪。

(二)检测方法

1. 测量　等中心位置由一系列近似点决定,如果设备没有与线束系统一起旋转的前指针,则须在限束系统上固定一个适当的指针完成这一检测。

(1)机架为 0°,前指针尖端位于正常治疗距离,水平放置一张坐标纸与前指针尖端相接触。

(2)将限束系统全范围旋转,调节前指针使其在限束系统的旋转中,具有最小的位移。

(3)分别在机架位于 90°、180° 和 270° 时,使前指针尖端在限束系统的旋转中保持较小位移。

(4)机架为 0°、90°、180° 和 270° 时,固定参考指针使其位于前指针尖端的平均位置处,移走前指针。

(5)将慢感光胶片,放在与辐射束轴相垂直的位置,在参考指针与胶片之间放置一定厚度的体模材料以便产生足够的建成,使参考指针投影在胶片上。

（6）以 10cm×10cm 的照射野，在机架位于 90°或者 270°时对一张胶片进行照射，机架位于 0°时对另一张胶片照射，机架位于 180°时再照射一张胶片，顺时针或逆时针旋转到位（一共照射 3 张胶片），对照射后的胶片进行分析。

（7）把参考指针尖端再调到确定辐射束轴的所有中心线交点的平均位置处，该点即等中心点的近似位置，重复（5）～（6），得到辐射束轴与参考点间最大的位移。

2. 计算及数据处理　将参考指针的位置作为坐标原点建立坐标系，对于 3 张胶片分析可以分别得到 3 个辐射束轴中心线交点的坐标，将 3 个辐射束轴中心线交点的平均位置处作为等中心点的近似位置，从而确定辐射束轴与参考点（等中心点的近似位置）的最大偏移。

记录格式如图 13-20。

偏差（mm）	标称能量：_____，剂量率：____MU/min，照射野：____cm×____cm		
	X 轴	Y 轴	Z 轴

图 13-20　辐射束轴相对等中心点的偏移记录示例

（三）结果评价

辐射束轴相对等中心点的偏移要求偏差不超过 ±2mm。

十三、等中心的指示（激光灯）

（一）检测工具

等中心校准仪、钢尺。

（二）检测方法

找出装配在墙壁上和屋顶上激光光束的交点，测量该点与上一指标检测时所确定的等中心之间的偏差。对于安装在机架上的等中心指示器，则需要在不同机架角度位置时，测量指示点相对于等中心点之间的偏差。

（三）结果评价

等中心的指示（激光灯）要求偏差不超过 ±2mm。

十四、旋转运动标尺的零刻度位置

（一）检测工具

铅锤、慢感光胶片、胶片、胶片扫描仪、水平仪、固体水模、量角器。

（二）检测方法

1. 机架旋转（轴 1，如图 13-21）

方法一：检测时仪器摆位如图 13-22 所示，将机架旋转到 0°（轴 1 刻度置于零位），在地面上放置慢感光胶片并在胶片后放置固体水模，从等中心处向地面悬挂铅锤，在胶片上标注出铅锤的中心，测量等中心位置到胶片的垂直距离 L_1，移开铅锤后在胶片上覆盖固体水模，使用 X 射线小照射野对胶片进行照射。利用胶片扫描仪和分析软件对胶片灰度-剂量进行分析，得到标注的铅锤中心和照射野中心之间距离 L_2。

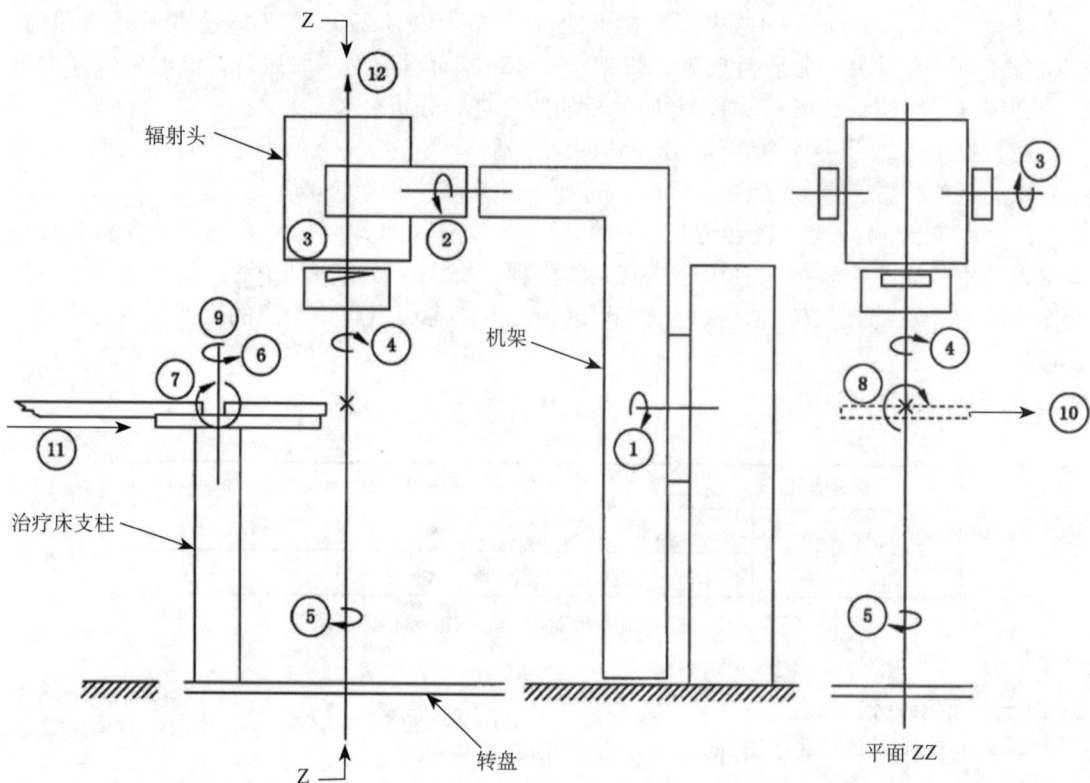

①——机架旋转，轴1；　　　　②——辐射头横向转动，轴2；　　　③——辐射头纵向转动，轴3；
④——光闸系统旋转，轴4；　　　⑤——治疗床的等中心旋转，轴5；　⑥——治疗床面的旋转，轴6；
⑦——治疗床纵向转动，轴7；　　⑧——治疗床横向转动，轴8；　　　⑨——治疗床面高度，方向9；
⑩——治疗床横向移动，方向10；⑪——治疗床纵向移动，方向11；⑫——轴①至辐射源距离，方向12

图 13-21　旋转式机架示意图

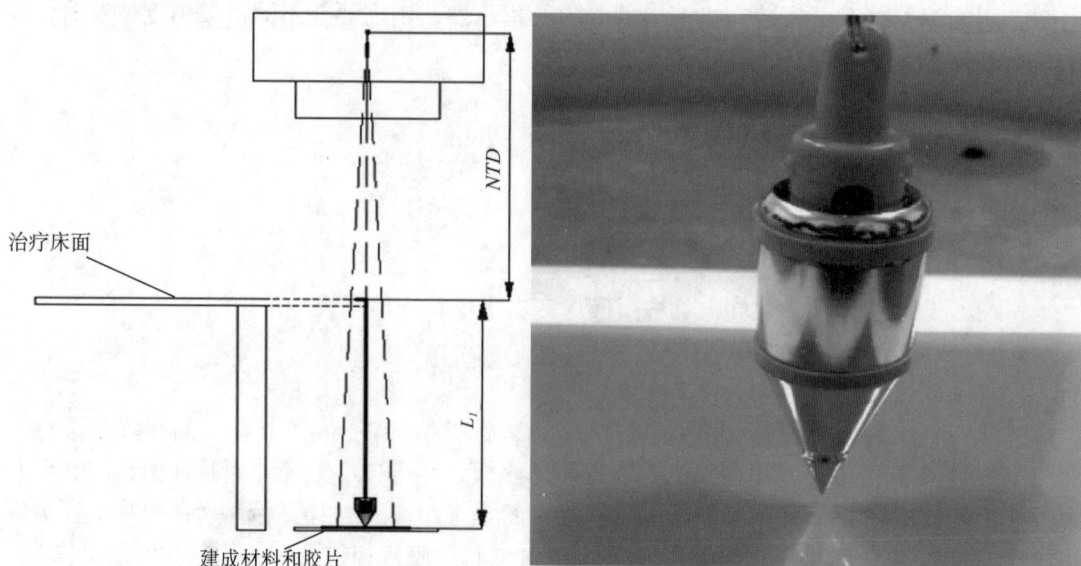

图 13-22　机架旋转测量摆位示意图

按公式（13-24）计算机架角度误差。

$$B=\arctan\left(\frac{L_2}{L_1+NTD}\right)\cdot\frac{180°}{\pi} \tag{13-24}$$

式中：

B——机架角度误差，度；

L_1——等中心位置到胶片的垂直距离，mm；

L_2——标注的铅锤中心和照射野中心之间距离，mm；

NTD——正常治疗距离，mm。

方法二：检测时仪器摆位如图 13-23 所示，将机架旋转到 0°（轴 1 刻度置于零位），在附件盘上安置好前指针且前指针尖端位于正常治疗距离处，在诊断床上放置慢感光胶片并在胶片后放置固体水模，调节诊断床高度使胶片与前指针尖端相接触，在胶片上标记出前指针尖端中心。移走前指针，在胶片上覆盖固体水模，设置照射野为 10cm×10cm（在正常治疗距离处且以辐射束轴为射野中心），预置 2Gy 的吸收剂量进行照射。利用胶片扫描仪和分析软件对胶片灰度 - 剂量进行分析，得到标注的前指针中心和照射野中心之间距离 L'。

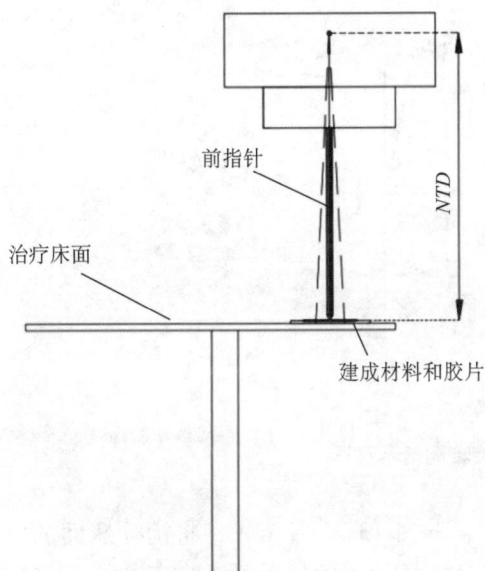

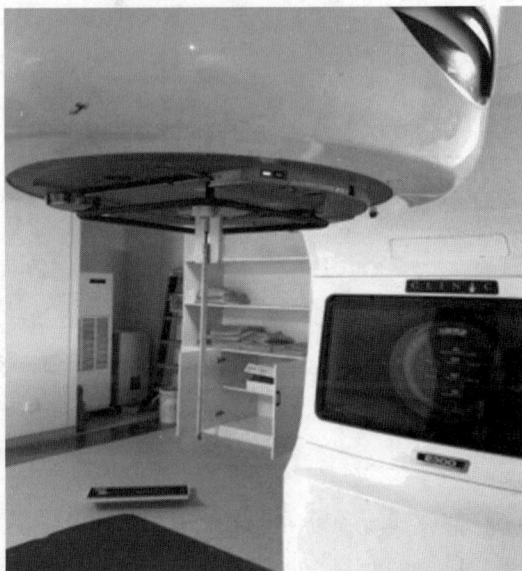

图 13-23　机架旋转测量摆位示意图

按公式（13-25）计算机架角度误差。

$$B=\arctan\left(\frac{L'}{NTD}\right)\cdot\frac{180°}{\pi} \tag{13-25}$$

式中：

B——机架旋转角度误差，度；

L'——标注的前指针中心和照射野中心之间距离，mm；

NTD——正常治疗距离，mm。

方法二检测摆位比方法一会更为快捷方便，但因为胶片和机头距离的缩短会导致测量误差偏大。

2. 限束系统旋转（轴 4，如图 13-21 所示）　检测时仪器摆位如图 13-24a 所示，将限

☆★☆☆

束系统置于0°，将一张半透明的纸置于包含机架轴线的垂直平面内。设置照射野（光野）10cm×10cm（在正常治疗距离处且以辐射束轴为射野中心）保持不变，分别将机架旋转至90°和270°角度时，标注出光野边缘（如图13-24 b 所示）。用量角器测量机架位于90°和270°角度时的照射野边缘的角度θ。

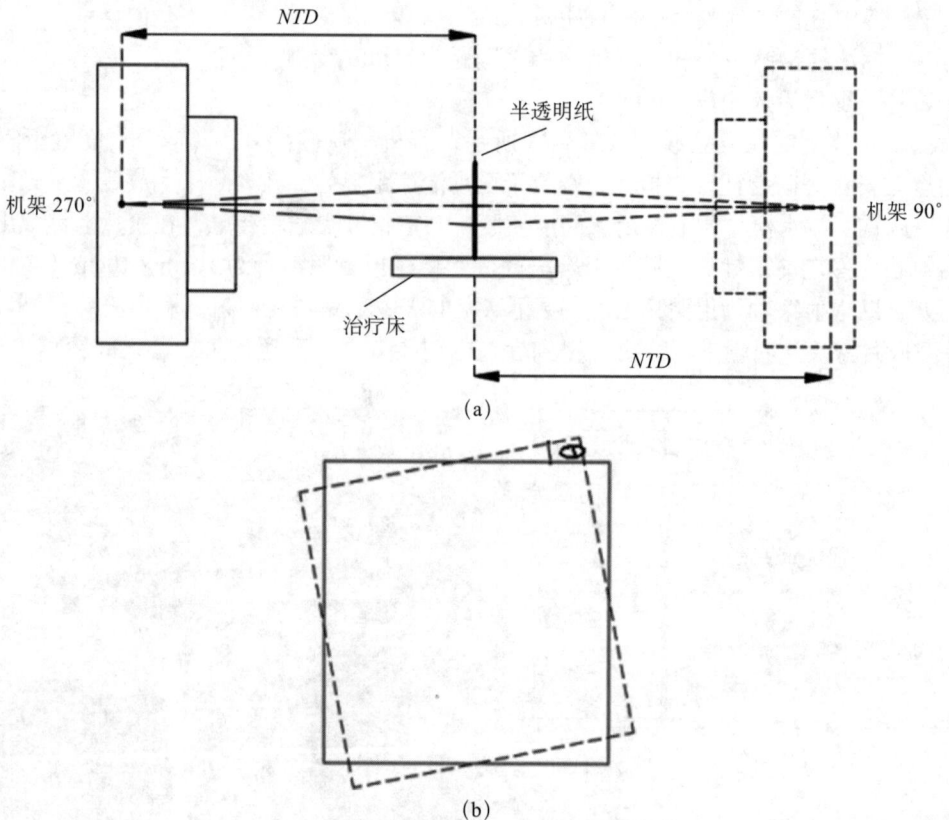

图 13-24　限束系统旋转测量示意图

3. *治疗床纵向转动和横向转动*（轴7和轴8，如图13-21所示）　将治疗床面的侧向位和前后位的倾斜度均调至0°，然后用水平仪分别测量治疗床前后方向与水平面形成的角度（轴7）和治疗床左右方向与水平面形成的角度（轴8）。目前，多数治疗床无此功能，在检测中应特别注意。

（三）结果评价

旋转运动标尺的零刻度位置（包括机架旋转轴、限束系统旋转轴、治疗床面纵向转动轴、治疗床面横向转动轴）要求偏差≤0.5°。

十五、治疗床的运动精度

（一）检测工具

慢感光胶片、胶片、胶片扫描仪。

（二）检测方法

1. *治疗床的垂直运动*

方法一：将70kg负载（成人）均匀分布在床面上，重心作用在等中心点上。将慢感光胶片放置在治疗床面上，并将胶片调至近似于等中心高度处，在胶片和床面上标记一个位置参考点，在胶片上覆盖 10cm 固体水模。设置机架角度为 0°，限束系统为 0°，照射野为 10cm×10cm（在正常治疗距离处且以辐射束轴为射野中心），在临床常用的能量档和吸收剂量率下，对慢感光胶片进行照射。保持治疗床不动移开上方固体水模，根据治疗床上的参考标记点给新的胶片进行标记，在新胶片上覆盖 10cm 固体水模，然后将床面降低 20cm 并再次照射。利用胶片扫描仪和分析软件分析两张胶片的辐射野中心相对参考标记点的位置坐标，如图 13-25 所示。

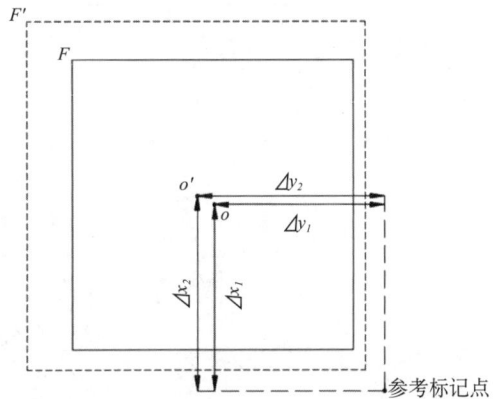

图 13-25　两辐射野中心位移测量示意图

按公式（13-26）计算两个辐射野中心的位移。

$$L=\sqrt{(\Delta x_1-\Delta x_2)^2+(\Delta y_1-\Delta y_2)^2} \tag{13-26}$$

式中：

L——两个辐射野中心的位移，mm；

Δx_1、Δx_2——两个辐射野相对参考标记点的横轴偏离距离，mm；

Δy_1、Δy_2——两个辐射野相对参考标记点的竖轴偏离距离，mm。

方法二：将 70 kg 负载（成年人）均匀分布在床面上，重心作用在等中心点上。将坐标纸放治疗床面上，并将坐标纸调至近似于等中心高度处。设置机架角度为 0°，限束系统为 0°，照射野为 10cm×10cm（在正常治疗距离处且以辐射束轴为射野中心），在坐标纸上标记出光野中心，然后将床面降低 20cm，在坐标纸上标记此时的光野中心。测量前后两个标记点的横轴和竖轴位移距离，按公式（13-26）计算两个光野中心的位移。

2. 治疗床的横向运动

方法一：将慢感光胶片置于治疗床面上，并将胶片调至近似于等中心高度处，在胶片上覆盖 10cm 固体水模，将 70kg 负载（成年人）均匀分布在床面上，重心作用在等中心点上。设置机架角度为 0°，限束系统为 0°，照射野为 10cm×10cm（在正常治疗距离处且以辐射束轴为射野中心）和临床常用的能量档和吸收剂量率，对慢感光胶片进行照射。床面横向移动 20cm 后同样的出束条件再次照射。利用胶片扫描仪和分析软件对胶片灰度 - 剂量进行分析测出两个辐射野中心的位移，如图 13-26 所示。

按公式（13-27）计算两个辐射野中心的位移。

$$L=\sqrt{(\Delta x-20)^2+(\Delta y)^2} \tag{13-27}$$

式中：

L——两个辐射野中心的位移，mm；

Δx——两个辐射野相对参考标记点的横轴偏离距离，mm；

Δy——两个辐射野相对参考标记点的竖轴偏离距离，mm。

方法二：将 70 kg 负载（成年人）均匀分布在床面上，重心作用在等中心点上。将坐标纸放治疗床面上，并将坐标纸调至近似于等中心高度处。设置机架角度为 0°，限束系统为 0°，照射野为 10cm×10cm（在正常治疗距离处且以辐射束轴为射野中心），在坐标

☆★☆☆

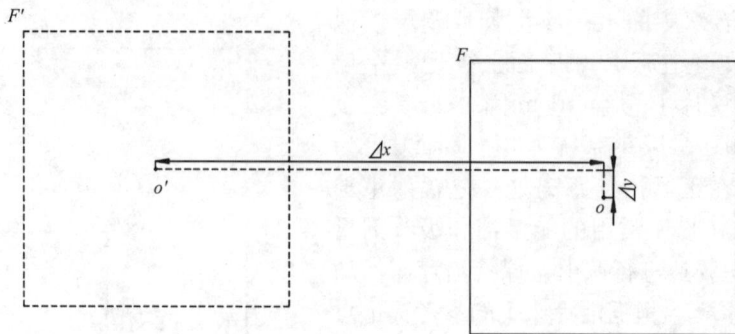

图 13-26   两辐射野中心位移测量示意图

纸上标记出光野中心，然后将床面横向移动 20cm，在坐标纸上标记此时的光野中心。测量前后两个标记点的横轴和竖轴位移距离，按公式（13-27）计算两个光野中心的位移。

此方法须在光野和照射野一致性非常好的前提下进行。

3. 治疗床的前后移动

方法一：将慢感光胶片置于治疗床面上，并将胶片调至近似于等中心高度处，在胶片上覆盖 10cm 固体水模，将 70kg 负载（成年人）均匀分布在床面上，重心作用在等中心点上。设置机架角度为为 0°，限束系统为 0°，照射野为 10cm×10cm（在正常治疗距离处且以辐射束轴为射野中心）和临床常用的能量档和吸收剂量率，对慢感光胶片进行照射。床面前后移动 20cm 后同样的出束条件再次照射。利用胶片扫描仪和分析软件对胶片灰度 - 剂量进行分析测出两个辐射野中心的位移，如图 13-27 所示。

按公式（13-28）计算两个辐射野中心的位移。

$$L=\sqrt{(\Delta x)^2+(\Delta y-20)^2} \qquad (13\text{-}28)$$

式中：

L——两个辐射野中心的位移，mm；

Δx——两个辐射野相对参考标记点的横轴偏离距离，mm；

Δy——两个辐射野相对参考标记点的竖轴偏离距离，mm。

方法二：将 70 kg 负载（成年人）均匀分布在床面上，重心作用在等中心点上。将坐标纸放治疗床面上，并将坐标纸调至近似于等中心高度处。设置机架角度为 0°，限束系统为 0°，照射野为 10cm×10cm（在正常治疗距离处且以辐射束轴为射野中心），在坐标纸上标记出光野中心，然后将床面前后移动 20cm，在坐标纸上标记此时的光野中心。测量前后两个标记点的横轴和竖轴位移距离，按公式（13-28）计算两个光野中心的位移。

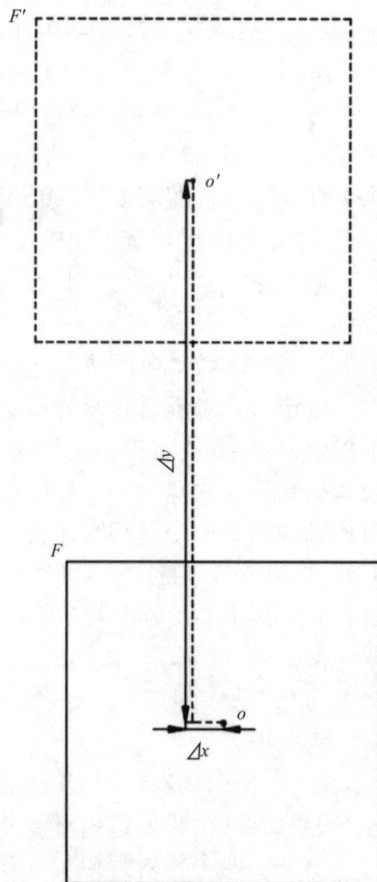

图 13-27   两辐射野中心位移测量示意图

此方法须在光野和照射野一致性非常好的前提下进行。

（三）结果评价

治疗床的运动精度要求偏差 ≤ 2mm。

十六、治疗床的刚度

（一）检测工具

水平仪、直尺。

（二）检测方法

1. 治疗床的纵向刚度　将机架角位调至 0°，治疗床上负载 70kg，负载重心作用于等中心点。治疗床床面处于等中心高度，打开加速器 SSD 测量光距尺，测出床面缩回和伸出情况下床面上光野中心处的高度差。

2. 治疗床的横向刚度（侧向倾斜角度）　将机架角位调至 0°，治疗床上负载 70kg，负载重心作用于等中心点。将水平仪横向放置在治疗床上，在治疗床垂直升降的全部高度范围内，用水平仪测量治疗床床面相对于水平面的侧向倾斜角度。

3. 治疗床的横向刚度（高度的变化）　将机架角位调至 0°，治疗床上负载 70kg，负载重心作用于等中心点。治疗床床面处于等中心高度，打开加速器 SSD 测量光距尺，分别向两侧做最大横向位移，测量位移前后，治疗床床面在等中心处的高度差。

（三）结果评价

治疗床的刚度要求见表 13-5。

表 13-5　治疗床的刚度指标要求

检测项目		标准要求
治疗床刚度	纵向（高度的变化）	不超过 ±5mm
	横向（侧向倾斜角度）	不超过 ±0.5°
	横向（高度的变化）	不超过 ±5mm

十七、治疗床的等中心旋转

（一）检测工具

坐标纸、直尺。

（二）检测方法

将机架角位调至 0°，限束系统为 0°，治疗床上负载 70 kg，负载重心作用于等中心点。将床面置于等中心高度，平铺坐标纸，在坐标纸上标记出光野中心位置。让治疗床在其整个旋转范围内旋转并记录光野中心点位置，用直尺测出最大偏差。

（三）结果评价

治疗床的等中心旋转要求 ≤ 2mm。

十八、电子治疗时的杂散 X 射线

（一）检测工具

体模、静电计、电离室。

☆☆☆☆

（二）检测方法

1. 测量　设置机架角度为 0°，限束系统为 0°，设置最大矩形照射野，在各标称能量档和吸收剂量率条件下，用电子线进行照射。体模表面位于正常治疗距离处，电离室在射野中心沿射线束轴进行扫描测量，得到电离深度曲线（PDI）。检测时应确保体模各边比照射野至少大 5cm，体模深度至少比测量深度大 5cm。

2. 计算及数据处理　将电离深度曲线（PDI）转化为剂量深度曲线（PDD）曲线后进行分析得到电子线的实际射程 R_p，然后在 PDD 曲线上找到深度为 R_p+100mm 位置的百分深度剂量值。

（三）结果评价

电子治疗时的杂散 X 射线指标测量结果应不超过表 13-6 给出的值。

表 13-6　电子治疗时的杂散 X 射线指标要求

电子线能量 /MeV	1	15	35	50
杂散 X 射线 /%	3.0	5.0	10	20

注：本表数据源于《医用电气设备第 2-1 部分：能量为 1～50MeV 电子加速器基本安全和基本性能专用要求》GB 9706.201—2020

十九、X 射线治疗时的相对表面剂量

（一）检测工具

体模、静电计、电离室。

（二）检测方法

1. 测量　设置机架角度为 0°，限束系统为 0°，设置 30cm×30cm 或者可能得到的最大矩形照射野（最大照射野小于 30cm×30cm 时），从辐射束中移开所有不用工具就可取下的辐射束形成装置，所有均整过滤器应留在其规定位置上，模体表面位于正常治疗距离处，在吸收剂量率条件下，分别用各标称能量档 X 射线进行照射。电离室在射野中心沿射线束轴方向进行扫描测量，得到 PDD 曲线。

2. 计算及数据处理　根据 PDD 曲线分析，得到沿辐射束轴 0.5mm 深度处的吸收剂量与辐射束轴上最大吸收剂量之比，即相对表面剂量。

（三）结果评价

X 射线治疗时的相对表面剂量测量结果应不超过表 13-7 给出的值。

表 13-7　X 射线治疗时相对表面剂量的要求

X 射线最大能量 /MV	1	2	5	8～30	40～50
相对表面剂量 /%	80	70	60	50	65

注：本表数据源于《医用电气设备第 2-1 部分：能量为 1～50MeV 电子加速器基本安全和基本性能专用要求》GB 9706.201—2020

二十、透过限束装置的泄漏辐射

（一）检测工具

三维水箱、静电计、电离室、热释光剂量计。

（二）检测方法

1.X 射线穿过限束装置

（1）设置机架角度为 0°，在治疗头的附件架上装上影子盘，并在影子盘上放置至少 2 个什值层的 X 射线吸收材料将射线出线口完全屏蔽。

（2）以等中心为原点，在 X 轴和 Y 轴的平面建立平面直角坐标系，根据图 13-28 所示的 24 个点位的位置关系求出 24 个点位的坐标 (x_i, y_i)。不同最大射野对应的 24 个点位坐标如表 13-8 所示。

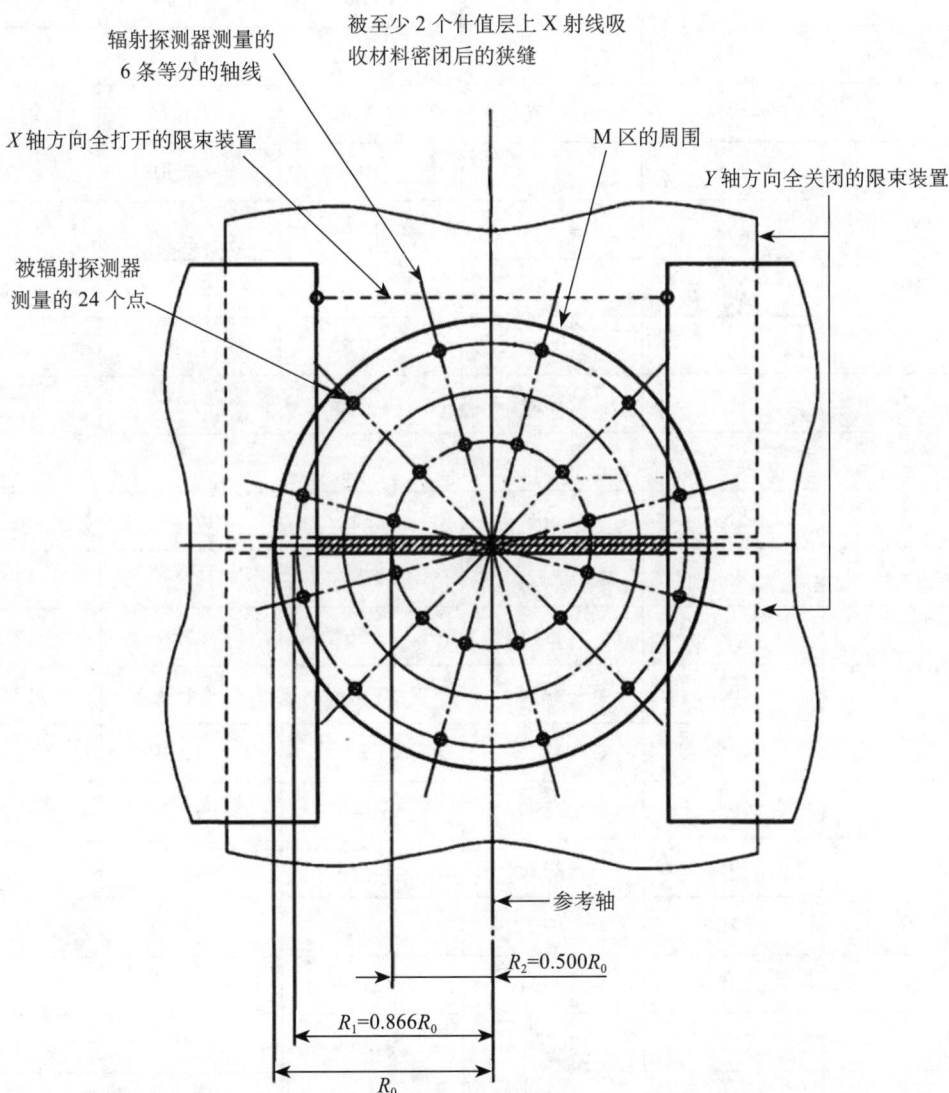

图 13-28 中标注文字：

辐射探测器测量的 6 条等分的轴线

被至少 2 个什值层上 X 射线吸收材料密闭后的狭缝

X 轴方向全打开的限束装置

M 区的周围

Y 轴方向全关闭的限束装置

被辐射探测器测量的 24 个点

参考轴

$R_2 = 0.500 R_0$

$R_1 = 0.866 R_0$

R_0

图 13-28　M 区内 X 射线平均泄漏辐射测量点分布示意图

$S(\text{M 区域的面积}) = \pi R_0^2$

表 13-8 不同最大射野的 24 个测量点位坐标（M 区内）

点位序号	角度 (°)	坐标 (40cm×40cm)		坐标 (30cm×30cm)	
		X (cm)	Y (cm)	X (cm)	Y (cm)
内层					
1	15	13.66	3.66	10.25	2.75
2	45	10.00	10.00	7.50	7.50
3	75	3.66	13.66	2.75	10.25
4	105	− 3.66	13.66	− 2.75	10.25
5	135	− 10.00	10.00	− 7.50	7.50
6	165	− 13.66	3.66	− 10.25	2.75
7	195	− 13.66	− 3.66	− 10.25	− 2.75
8	225	− 10.00	− 10.00	− 7.50	− 7.50
9	255	− 3.66	− 13.66	− 2.75	− 10.25
10	285	3.66	− 13.66	2.75	− 10.25
11	315	10.00	− 10.00	7.50	− 7.50
12	345	13.66	− 3.66	10.25	− 2.75
外层					
13	15	23.66	6.34	17.74	4.75
14	45	17.32	17.32	12.99	12.99
15	75	6.34	23.66	4.75	17.74
16	105	− 6.34	23.66	− 4.75	17.74
17	135	− 17.32	17.32	− 12.99	12.99
18	165	− 23.66	6.34	− 17.74	4.75
19	195	− 23.66	− 6.34	− 17.74	− 4.75
20	225	− 17.32	− 17.32	− 12.99	− 12.99
21	255	− 6.34	− 23.66	− 4.75	− 17.74
22	285	6.34	− 23.66	4.75	− 17.74
23	315	17.32	− 17.32	12.99	− 12.99
24	345	23.66	− 6.34	17.74	− 4.75

（3）对非重叠式限束装置，应在最小照射野尺寸下测量，对重叠式限束装置，分别将矩形照射野对称地设定成最大（X 方向）乘最小（Y 方向）和最小（X 方向）乘最大（Y 方向）条件下进行测量；如果有多元限束装置，则打开可调节或可互换的限束装置，产生一个面积为 300cm^2（约 18cm×18cm）的正方形照射野，然后将多元限束装置关闭到与该照射野协调一致的最小值。

（4）利用三维水箱将电离室（横截面应 ≤ 1cm^2）定位到各点位置（坐标如表 13-8 所示），并在最大吸收剂量深度处进行测量，本书采用 0.6cm^3 的指型电离室。

（5）对所有的 X 射线能量，重复上述测量。

（6）分别计算泄漏吸收剂量最大测量值和吸收剂量平均值与最大吸收剂量的比值。

2. 电子线限束装置

（1）对所有尺寸的电子束限束器 / 限束系统，在对应的最大和最小能量下，基于型式试验中规定的电子能量所测数据的最不利组合下，在正常治疗距离处进行照射。

（2）在正常治疗距离处，在各测量点位放置热释光剂量片进行吸收剂量测量，如图 13-29 所示。

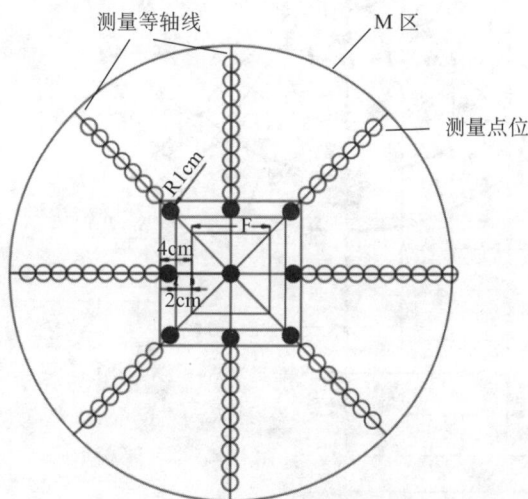

图 13-29　10cm×10cm 限光筒检测时测量点分布示意图

（3）计算除中心点外的吸收剂量测量最大值与中心点的吸收剂量测量值的比值。

（4）对几何照射野边界外 4cm 处至 M 区边界之间的区域内的所有测量值求平均，计算泄漏辐射的平均吸收剂量与中心点的吸收剂量测量值的比值。

3. M 区域外的泄漏辐射测量（中子除外）

（1）设置机架角度为 0°，将射野关至最小，在治疗头的附件架上装上影子盘并在影子盘上放置至少 3 个什值层的 X 射线吸收材料将射线出线口完成屏蔽。

（2）以等中心为原点，在 X 轴和 Y 轴的平面建立平面直角坐标系，根据图 13-30 所示的 24 个点位的位置关系求出 24 个点位的坐标（x_i，y_i）。不同最大射野对应的 24 个点位坐标如表 13-9 所示。

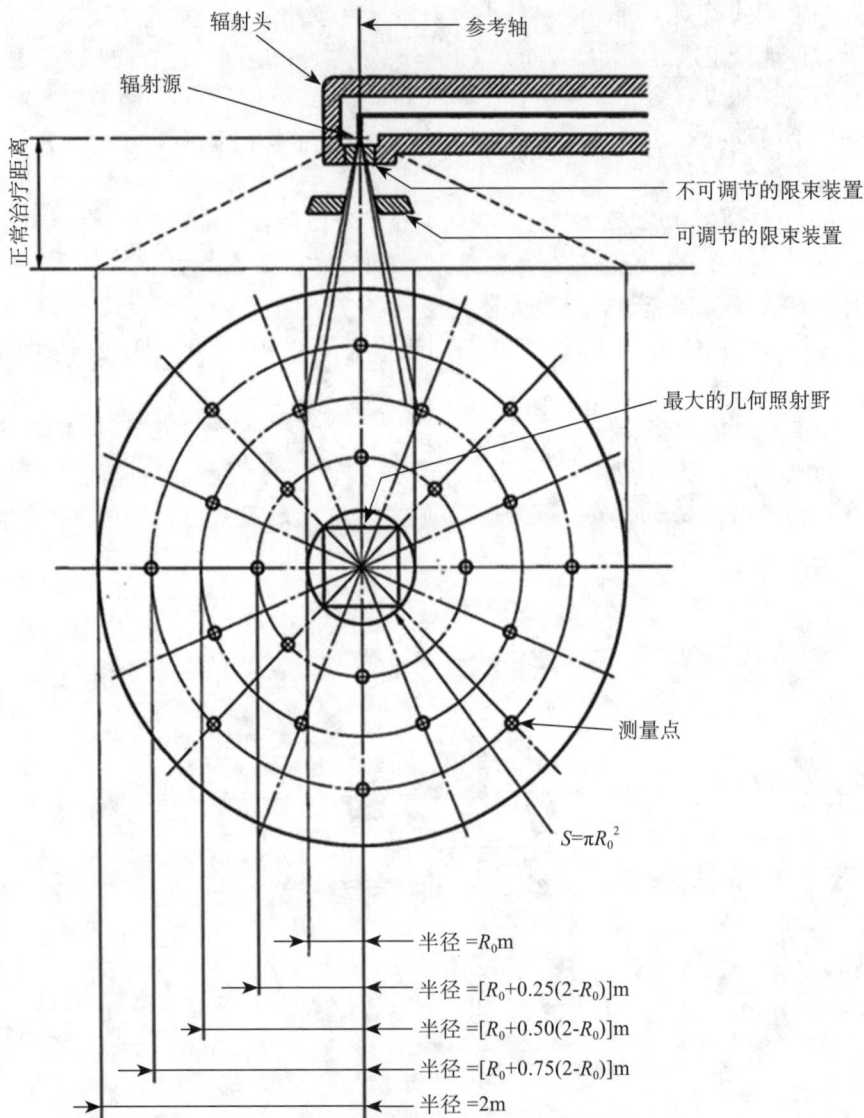

图 13-30 M 区外 X 射线平均泄漏辐射测量点分布示意图

表 13-9 不同最大射野的 24 个测量点位坐标（M 区外）

点位序号	角度（°）	坐标（40cm×40cm）		坐标（30cm×30cm）	
		X（m）	Y（m）	X（m）	Y（m）
第一层					
1	0	0.71	0.00	0.66	0.00
2	45	0.50	0.50	0.47	0.47
3	90	0.00	0.71	0.00	0.66
4	135	− 0.50	0.50	− 0.47	0.47
5	180	− 0.71	0.00	− 0.66	0.00

点位序号	角度 (°)	坐标 (40cm×40cm)		坐标 (30cm×30cm)	
		X (m)	Y (m)	X (m)	Y (m)
6	225	− 0.50	− 0.50	− 0.47	− 0.47
7	270	0.00	− 0.71	0.00	− 0.66
8	315	0.50	− 0.50	0.47	− 0.47
第二层					
9	22.5	1.05	0.44	1.02	0.42
10	67.5	0.44	1.05	0.42	1.02
11	112.5	− 0.44	1.05	− 0.42	1.02
12	157.5	− 1.05	0.44	− 1.02	0.42
13	202.5	− 1.05	− 0.44	− 1.02	− 0.42
14	247.5	− 0.44	− 1.05	− 0.42	− 1.02
15	292.5	0.44	− 1.05	0.42	− 1.02
16	337.5	1.05	− 0.44	1.02	− 0.42
第三层					
17	0	1.57	0.00	1.55	0.00
18	45	1.11	1.11	1.10	1.10
19	90	0.00	1.57	0.00	1.55
20	135	− 1.11	1.11	− 1.10	1.10
21	180	− 1.57	0.00	− 1.55	0.00
22	225	− 1.11	− 1.11	− 1.10	− 1.10
23	270	0.00	− 1.57	0.00	− 1.55
24	315	1.11	− 1.11	1.10	− 1.10

（3）根据第（2）步确定测量点位置，摆放热释光剂量片，然后进行照射，现场摆位如图 13-31 所示。

（4）分别计算泄漏吸收剂量最大测量值和吸收剂量平均值与最大吸收剂量的比值。

（三）结果评价

1. X 射线穿过限束装置　应对穿过限束装置所有组合的泄漏辐射进行测量。透过限束装置 X 射线泄漏辐射测试区主要在 M 区内进行。

任何一个限束装置或其组合，下述要求应适用于每个独立装置或同时一起测量的组合装置。

（1）除适用于（3）的情况外，任何限束装置在 M 区域中任何处，泄漏辐射的空气吸收剂量与最大吸收剂量的比值 ≤ 2%。

（2）对任何尺寸的照射野，泄漏辐射穿过任何限束装置，在 M 区域中的平均吸收剂量与最大吸收剂量的比值 ≤ 0.75%。

☆★☆☆

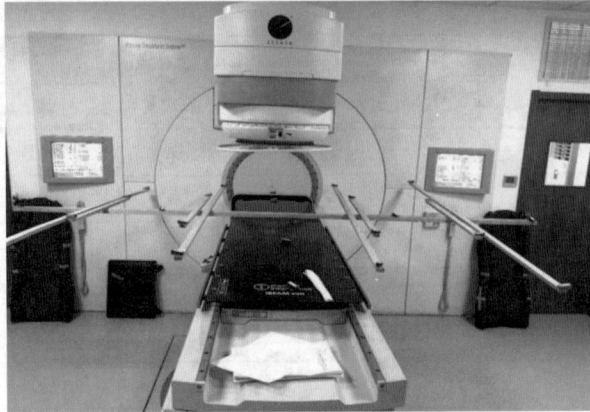

图 13-31　M 区域外平均泄漏辐射测量摆位图

（3）一个多元限束装置若不能满足（1）和（2）的要求，还需重叠可调节或可互换的限束装置才能满足要求时，则这些限束装置应自动调节成最小尺寸的矩形照射野，包围在多元限束装置限定的照射野周边。

（4）穿过多元限束装置投射在（3）中自动形成的矩形照射野的泄漏辐射所引起的吸收剂量与最大吸收剂量的比值 ≤ 5%。

2. 电子线限束装置　应配备可以调节的或可互换的限束装置和（或）电子束限束器，应能限制电子线野外的照射，以同时满足以下的要求。

（1）几何照射野边界外 2cm 处至 M 区边界之间的区域中，吸收剂量与最大吸收剂量的比值 ≤ 10%。

（2）几何照射野边界外 4cm 处至 M 区边界之间的区域中，泄漏辐射的平均吸收剂量与最大吸收剂量的比值：

① 电子能量 ≤ 10MeV 时，≤ 1%；

② 电子能量 ≥ 3MeV 时，≤ 1.8%；

③ 10MeV ＜电子能量＜ 35MeV 时，≤ a%，其中，a=1+0.032（E_e − 10），E_e 是电子能量，单位 MeV。

当 X 射线限束装置被用作电子线限束系统的一部分时，应有联锁设施，当其实际位置和要求的位置相差 10cm（在正常治疗距离处）时，应能阻止电子线。

3. M 区域外的泄漏辐射测量（中子除外）　设备应该提供防护屏蔽衰减电离辐射，使位于参考轴并与参考轴垂直，直径为 2m 的平面内（但不包括 M 区域）的泄漏辐射所致的吸收剂量衰减到以下水平。

（1）最大吸收剂量应不超过 10cm × 10cm 照射野在平面中心测得的吸收剂量的 0.2%。

（2）其平均值应不超过中心的 0.1%。

二十一、终止照射后感生放射性

（一）检测工具

巡检仪、热释光剂量计。

（二）检测方法

在规定的最大吸收剂量率下，进行 4Gy 照射，以间隙 10min 的方式连续运行 4h 后，在最后一次照射终止后 10s 开始测量。

1. 方法一：在加速器出束前，先布置好热释光剂量元件摆放的辅助架子，使热释光剂量计放置在距离加速器外壳表面 5cm 和 1m 处。在照射结束后立即进入机房，在预设的位置放置热释光剂量元件并开始计时，测量 5min 后取出热释光剂量元件，测出累积剂量。

2. 方法二：在照射结束后立即进入机房，用巡检仪测出距离加速器外壳表面 5cm 和 1m 处 5min 的累积剂量。

3. 在照射结束后 3min 时间内，用巡检仪测量距离加速器外壳表面 5cm 和 1m 处的周围剂量当量率。

（三）结果评价

感生放射性指标测量结果应满足：

1. 累积测量 5min，在离外壳表面 5cm 任何容易接近处 $\leq 10\mu Sv$，离外壳表面 1m 处 $\leq 1\mu Sv$。

2. 在 $\leq 3min$ 的时间内，在离外壳表面 5cm 任何容易接近处 $\leq 200\mu Sv/h$，离外壳表面 1m 处 $\leq 20\mu Sv/h$。

第 14 章
立体定向放射治疗系统

放射治疗是利用肿瘤组织和正常组织对放射线的敏感性不同而治疗疾病，传统的放射治疗设备由于精度不足，往往在治疗较小的肿瘤或颅内肿瘤时对周边正常组织产生较大剂量的照射，以致出现其他并发症。立体定向放射治疗是放射治疗中的一门分支学科。不同于常规放射治疗，立体定向放射治疗既可以让病灶受到最大剂量的照射，又可以减少对周围正常组织细胞的损害，降低副作用。

1951 年瑞典神经外科专家 Lars Leksell 提出立体定向放射外科（Stereotactic Radiosurgery，SRS）概念。立体定向放射外科是对颅内难以手术的病变组织，运用多个小野三维集束单次大剂量照射，减少周围正常组织的损伤，起到类似于手术的效果。随着立体定向放射治疗技术在肿瘤治疗中的广泛应用，结合适形放疗对定位、摆位的精度要求，成为目前常见的立体定向放射治疗（Stereotactic Radiotherapy，SRT）。立体定向放射治疗对肿瘤组织有准确的剂量照射，给予肿瘤组织较大的杀伤，同时又明显降低对周围正常组织的照射；并通过计算机治疗计划系统，可对肿瘤组织实施一次性大剂量致死照射，像手术一样"切除"肿瘤。

常见的立体定向放射治疗系统有 X 刀（X-knife）和 γ 刀（γ-knife），以及利用 X 刀原理衍生出来的赛博刀（Cyber Knife）、术中放疗仪等。立体定向放射治疗系统一般要经过病变组织定位、计划设计和治疗三个过程。利用立体定向装置如 CT、MRI 等先进影像设备及三维重建技术，定位病变组织及邻近重要器官，利用三维治疗计划系统确定射束方向，精准地计算出一个分割病变组织和邻近重要器官间的剂量分布计划，使射线对病变实施"手术"式照射。

立体定向放射治疗既可以很好地保护邻近重要器官，又可以使病变组织得到大剂量的照射破坏，避免传统神经外科开放式颅脑手术所带来的术中术后出血、感染及损伤颅内重要功能结构的危险，尤其对颅内深部病变和多发病变能进行有效的治疗，成为普通神经外科手术的有利补充。

第一节　概　　述

一、γ 射线立体定向放射外科

伽玛刀（Gamma Knife）是立体定向放射治疗的主要治疗手段之一，是根据立体三维定向原理，精准地将肿瘤组织选择性地确定为靶点，使用 ^{60}Co 产生的伽玛射线进行一次性大剂量聚焦照射，使肿瘤组织局灶性坏死从而达到治疗的目的。由于射线束从各个方向透过正常组织，正常组织所受的照射剂量非常分散，每单位体积的正常组织仅受到短时间照射，因而得以保护正常组织，靶区外的正常组织仅受到微弱剂量照射，靶区内肿瘤组织坏死，边缘如同刀割，故称之为"伽玛刀"。

伽玛刀集核物理学、计算机学、生物放射学、机电学等一系列现代科学技术，像手术刀一样准确地将肿瘤组织一次性摧毁，达到无出血、损伤小、无感染、无痛、迅速、安全、可靠的神奇疗效。1967 年瑞典神经外科医生 Lars Leksell 和他的同事研制出世界上第一台伽玛刀，最初定为 U 形，运用 179 个 ^{60}Co 源排列在半球形头盔上，1974 年、1984 年、1985 年陆续研制出第二、三、四台伽玛刀。随后 1987 年，第五台伽玛刀增加至 201 个 ^{60}Co 源排列在半球形头盔上，准直器有 4mm、8mm、14mm、18mm 四种，根据不同靶区大小在计划系统中组合使用，这种伽玛刀定名为 A 型。

B 型伽玛刀，在 A 型基础上的进行技术改进：如 ^{60}Co 呈半截球形分布；简化放射源更换工序；计划系统增加剂量计算、多个等中心适形等功能；更有利于患者在仰卧位进行治疗等。

C 型伽玛刀诞生于 1999 年。进一步提升自动化功能，如自动定位系统（APS），且显著减少整个治疗所需时间。

1996 年，由奥沃公司研制并推出我国首台自主研发的伽玛刀，OUR-XGD 旋转式伽玛刀放射外科设备。该机共有 30 个 ^{60}Co 源分 6 组沿可旋转的半球形源体螺旋均匀分布，准直体是一同轴旋转的半球形头盔，源体和准直体共同构成放射源装置，准直体上共有 30 个孔，孔的排列与放射源排列相一致。准直器直径有 4mm、8mm、14mm 和 18mm 四种，在治疗中可自动选择，无须更换准直器头盔。治疗中放射源体与准直器同步旋转，射线束聚焦形成球形辐射。为进一步扩大伽玛刀的应用范围，奥沃公司研发出 OUR-QGD 型立体定向伽玛射线全身治疗系统（全身伽玛刀）。该系统在保持原有旋转式伽玛刀的治疗方式外，把使用范围从头部扩大到全身。全身伽玛刀除采用特殊的机械机构外，30 个放射源沿着半球形源体的低纬度依次分布，形成 0mm、10mm、30mm 和 50mm 四组准直器，每组由 30 个准直孔组成。由于准直体嵌套在源体腔内，可与源体实现同步或异步的相对运动，在非治疗状态时，其可以使放射源在屏蔽位置以减少射线污染，治疗时放射源和准直器同旋转，在靶点形成一个旋转聚焦的高剂量区。其主要点为：一是高度自动化，无需人工更换外准直器；二是采用转聚焦的手段，使射线在靶区外的正常组织中分布更均匀，降低了正常组织的损伤；三是在准直器上增加了屏蔽棒，进一步降低了辐射泄漏；四是钴源数量减少，降低了安装及换源的费用。

伽玛刀治疗时先用立体定位系统对病灶进行定位。患者在立体定位系统相对固定后，通过 CT、MRI 对病灶进行断层扫描显示出病灶与坐标系各参照点的相对位置。定位后，治疗计划系统自动对 CT、MRI 扫描的图像进行处理，重建颅骨、病灶及其周围组织的三维形态，并依据医师给予的处方剂量进行治疗计划的设计，计算出治疗需要的靶点数、靶点坐标、照射时间和每个靶点使用的准直器号等。在接收到治疗计划系统的有关参数后，电气控制系统依次将各靶点送到焦点，并打开相应的准直器进行定量的照射。

伽玛刀按治疗部位可分为头刀、体刀及头体一体刀。不同品牌的机架形状、放射源数量及分布、准直器形态及运动方式、照射方式都各不相同，但治疗的原理基本一致。由于各种品牌的伽玛刀存在一定的差异，在日常质控时所使用的质控设备必须适配该设备。

☆★☆☆

（一）术语及定义

1. **焦点（focus）**　γ刀治疗中，通过准直器的射线束的轴线交汇的一点。

2. **定位参考点（reference localization point）**　治疗系统中，当系统处于预定照射位置时，治疗床及立体定向装置的标定，用于指示治疗系统的定位中心。

3. **γ刀的机械中心**　治疗床处于预定照射位置时，定位支架两端轴心连接线上的中心点。

（二）伽玛刀的主要结构

1. **γ放射源**　伽玛刀使用的放射源为^{60}Co，是一种人工放射性核素，为目前最常用的γ射线辐射源。^{60}Co半衰期为5.27a，平均每月约衰变1%。^{60}Co放出的γ射线的能量为1.17～1.33MeV。

2. **准直器**　伽玛刀准直系统的准直通道由装于源体内的预准直器和安装在准直体上的准直器构成，不同的准直器具有不同形状和准直孔（图14-1和图14-2）。不同的照射方式搭配不同形状准直器，可在焦平面形成圆形、椭圆形、方形、长方形等形状。

图14-1　半圆形准直屏蔽体

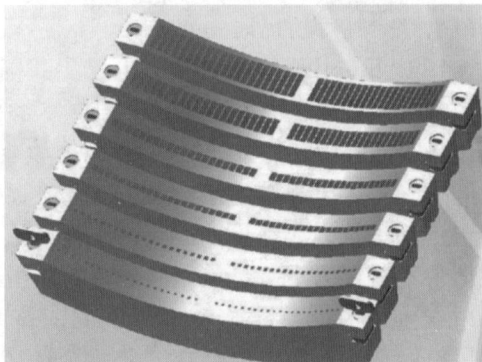

图14-2　方形准直器

3. **治疗床**　移动式治疗床与伽玛刀柱体结构相连，通过上下、左右、前后三个方向移动，将患者送入治疗位置。头部伽玛刀前端有固定头架的支撑体和调节头架的校准装置。体部伽玛刀则多用真空负压垫将患者固定在治疗床上。

4. **立体定向系统**　是保证伽玛刀治疗精度的最基本系统，包括影像定位和治疗摆位两部分。联系这两部分的核心部件就是定位参考装置。

（1）头颅定位装置：使用人体特殊骨结构作为定位参考点，建立治疗部位坐标系。头颅定位框架属于有创定位框架，但它能达到很高的体位固定精度。通过特定的固定支杆和螺丝固定到患者的头骨上，与颅骨形成一个刚性结构，从而在患者的治疗部位建立一个保证在定位、计划、治疗的整个过程中不变的可靠的三维坐标系。与床板前端的固定支撑架组合后，患者头部完全固定在一个稳定的位置，在治疗过程中保证患者不因呼吸运动或自主活动等原因导致治疗靶区偏移（图14-3）。

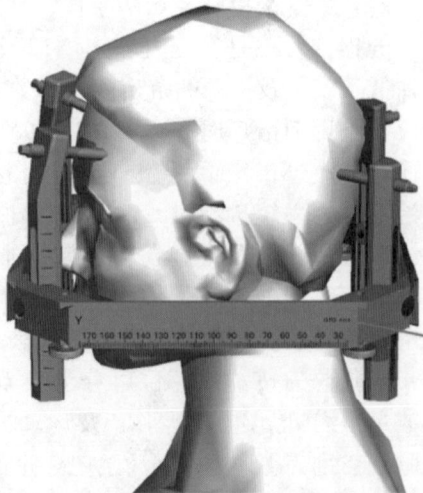

图14-3　头颅定位装置

（2）体部定位装置：患者通过体部病变部位的特殊骨结构或在靶区周围置入金球作为坐标系参照物。真空负压垫常用于体部伽玛刀治疗患者固定使用，其内容物主要为塑料泡沫，患者躺在负压垫上后，利用三维激光定位，与体部中线重合，抽空负压垫内空气，直至真空变硬、塑形，在负压垫上面根据患者体型制作定位膜（低温热塑），保证患者在治疗过程中不能活动。其好处是轻、无创，能较好地保证摆位精度和重复性，且操作简单。患者在治疗后期一般体型会有一定变化，需重新对负压垫塑形。

5. 控制系统　包括计算机、定位校准系统、治疗计划加载系统、放射源控制系统，紧急停止装置，计时器、通话和监控设施等。由计算机控制治疗床进出、屏蔽门开关及放射源的照射时间，连接计划系统规划，加载治疗方案，控制完成放射治疗。

6. 计划系统　由计算机工作站、规划软件、打印机等组成，将影像资料传输至计划系统，完成病变组织边缘勾画、靶点设计和剂量规划、确定处方剂量等工作。

（三）γ射线立体定向治疗系统的分类

1. 头部伽玛刀　简称头刀，是一种脑部立体定向放射神经外科设备，是立体定向外科的金标准。

瑞典医科达生产的γ刀装置（图14-4）使用201个 ^{60}Co 源，额定每个 ^{60}Co 源活度为1.11 TBq（30 Ci），总共223.11 TBq（6030 Ci），分布于头部北半球的不同纬度和精度上，201个源经准直后聚焦于一点，该点称为焦点。源到焦点的距离为39.5cm。

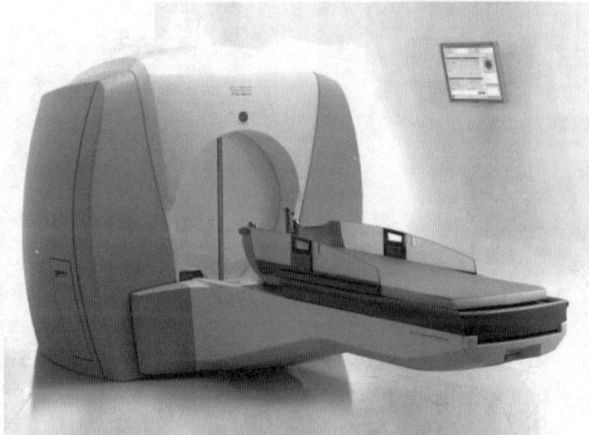

图 14-4　医科达公司生产的头部伽玛刀

我国奥沃公司生产我国首台量产的伽玛刀，利用30个 ^{60}Co 源排列6组分布于14°～34°的维度上。在精度上，每组间隔60°；在纬度上每组源间隔为1°。圆的直径为2.6mm，30个源总活度为222 TBq（6000 Ci），源焦距为39.5cm，用旋转的方法实现多野集束照射。

头部伽玛刀的基本结构包括：①放射源辐射装置；②准直器；③治疗床；④立体定向系统；⑤自动摆位系统；⑥机器控制系统及电气控制系统；⑦治疗计划系统。

2. 体部伽玛刀　简称体刀（图14-5），是在头部旋转式伽玛刀基础上开发的一项新技术，是立体定向伽玛射线全身治疗系统的简称。运用头部伽玛刀的基本原理将治疗适应证从头部拓展到全身，为治疗肿瘤提供一种全新方式。

世界首台体部伽玛刀于1997年7月由湖北机床厂试制成功，安装于山东省肿瘤防治

☆☆☆☆

研究院，1998 年 10 月开始临床试用并运用于大量放射物理学测试及动物实验，将其有效性和安全性做了进一步验证。我国独创的体部伽玛刀技术有较大的剂量聚焦优势，在治疗实质器官肿瘤，如肺癌、肝癌和胰腺癌等方面获得了较好的局控率和生存率，放射性反应相对较轻，是一种安全有效的体部立体定向放射治疗技术。与国外同类技术和设备比，我国的体部伽玛刀价格低廉，操作简便，治疗费用低，易于推广应用，更能满足目前我国多数地区经济基础和科技水平相对落后的实际需要。

体部伽玛刀的主要组成：①立体定位系统：由定位床、定位标尺、重复摆位架、真空成形袋组成；②治疗系统：由放射源体、准直体、治疗床、传动装置和屏蔽体组成；③治疗计划系统：是一套能进行图像处理、轮廓定义、三维重建、靶点设计、剂量计算、方案评估、三维显示和数据输出等功能的软件和硬件系统。

3. 全身伽玛刀　如图 14-6，是伽玛刀的又一新发展。全身伽玛刀是在现有头部伽玛刀和体部伽玛刀治疗系统成熟技术基础上，采用独特的机械结构，从而实现全身肿瘤的精确放射治疗。全身伽玛刀适用于头、体部肿瘤的立体定向放射治疗，符合放疗行业高精度、高剂量、高疗效、低损伤"三高一低"的发展趋势。全身伽玛刀具有临床广泛的适用性，又能节省医院机房建造空间和放射源使用的成本。全身伽玛刀的研制成功，使立体定向放射治疗技术又有了新的发展。

图 14-5　奥沃公司生产的体部伽玛刀

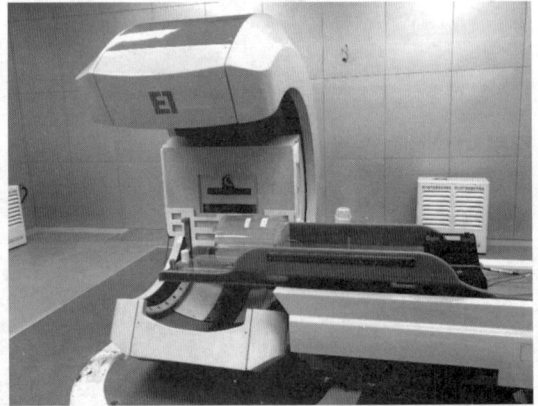

图 14-6　西安一体生产的月亮神全身立体定向定位治疗系统

二、X 射线立体定向放射治疗系统

在 γ 刀面世后，为神经外科带来了一场医学的革命，但由于早期其适应证狭窄，只用于颅内病变且造价昂贵等原因，限制其普及应用。20 世纪 80 年代，欧美开始探索立体定向放射治疗的其他途径。Colombo 和 Betti 等将用于常规放射治疗的医用电子直线加速器加以改进，通过电子计算机和专用的准直器与立体定向系统，使照射源围绕患者头部等中心点移动旋转，其射线集中于一点，而取得与 γ 刀同样的治疗效果，其价格仅为 γ 刀的1/6 ～ 1/5，且技术不断成熟。1986 年，美国哈佛大学的科学家首次将 X 射线立体定向放射治疗系统（简称 X 刀）用于临床，随后很快在欧美地区普及。我国于 1993 年安装了第一台 X 刀。

X 刀的工作原理是立体定向系统准确牢固地将靶心定位在等中心处，然后通过直线加速器机架的旋转，照射野的二次准直和治疗床的角度变化来实现对靶区单次大剂量多弧非共面聚焦照射，使靶区内受到不可逆的损毁，同时又能保证靶区边缘及其周围结构所接受的放射剂量呈锐减性分布，从而达到治疗病变组织的同时对靶区周围正常的组织影响很小。由于 X 刀具有刀一样的物理性质，对病变组织进行单次或分次的大剂量放疗的同时，而病变组织边缘形成锐利如刀切一样的高梯度剂量分布，取得像外科手术刀切除一样的效果。

　　X 刀发展迅速，与 γ 刀相比，其优势有：设备简单，只需要在一般的医用电子直线加速器上外挂准直器即可使用；X 刀可使用图像引导技术，自动修正摆位误差，提高摆位的精度；X 刀具有呼吸门控技术，结合图像引导，对一些特定部位的病变组织，根据呼吸频率及幅度，可控制射线出束时机；X 刀较 γ 刀的靶区大，若需要进行多个等中心照射时，X 刀有更大的灵活性；X 刀可使用无创性头部基础环，装卸方便，重复安装不影响精度，可分次照射，避免类似 γ 刀单次大剂量照射引起的并发症；γ 刀使用的是放射性钴源，在非治疗状态下设备周围具有一定的泄漏辐射，而且钴源退役后处理较麻烦且费用昂贵，X 刀则不存在以上问题。

　　X 刀缺点是：控制系统较 γ 刀复杂，医用电子直线加速器故障率较高；由于准直器非常重，且每次换治疗靶区均需要工作人员手动更换准直器；由于准直器是外挂于医用电子直线加速器，机器长时间旋转治疗，机头的重力改变导致中心轴变形，可使等中心偏差增大，须定期校准；光束照射较散，焦点投照体积较大，易影响周围正常组织，精度不如 γ 刀。

　　X 刀常用于治疗脑部肿瘤、头颈部其他肿瘤及体部原发肿瘤或转移性瘤，治疗靶区仅限于几毫米至 3cm 的病灶，周围多为敏感性器官或组织，因此对于其精度及物理参数要求十分严格，在治疗过程中任何步骤稍有偏差，都可能导致治疗失败。

　　X 刀（图 14-7）的主要组成包括医用电子直线加速器、准直器、治疗床、控制系统、立体定向固定设备及治疗计划系统。

（一）医用电子直线加速器

　　X 刀的射线源为医用电子直线加速器，主要是通过控制医用电子直线加速器射线的输出剂量并借

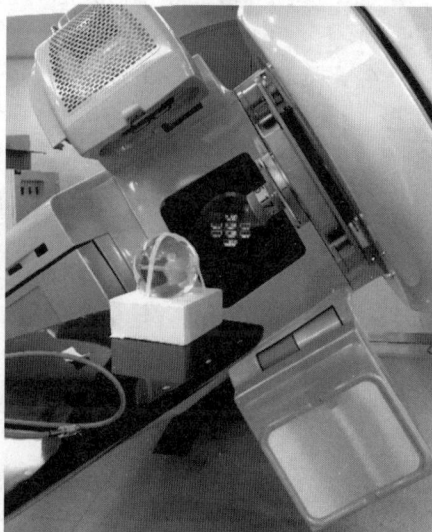

图 14-7　瓦里安生产的 X 刀

助加速器机架的旋转和改变治疗床的角度变化，使处于等中心的靶区接受高剂量 X 射线。医用电子直线加速器的结构构成、应用原理及发展趋势描述见第 13 章。

（二）治疗定位参考装置

1. 环型固定系统　有创固定头架（图 14-8），是利用局部麻醉，通过特定的固定支杆和螺丝固定在患者的头骨上，与头骨形成刚性结构，保证患者的治疗部位在定位、计划和治疗的全流程中形成一个固定可靠的三维坐标系统。这种基础环虽为有创型，但能达到很高的体位固定精度。

　　无创固定头架：可分为带有面罩的分次基础环，三点（鼻梁及左右外耳孔）固定式基础环，牙托式基础环。

2. 无环固定系统（图 14-9）　利用患者体内治疗部位的特殊骨结构，以 3 个或 3 个以

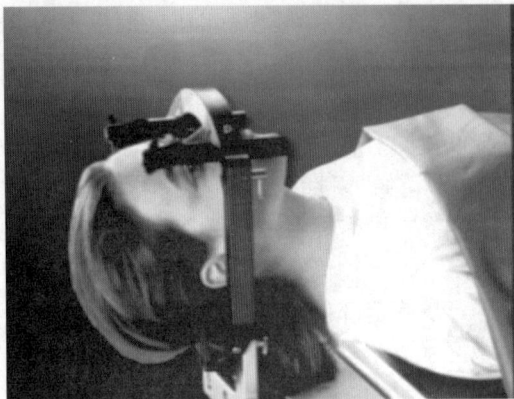

图 14-8　X 刀环形有创固定头架

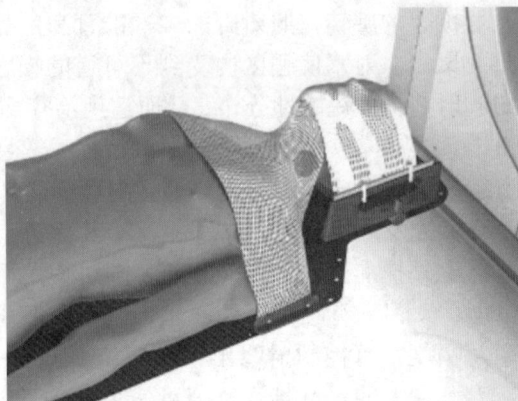

图 14-9　X 刀无环固定系统

上的特殊点作为定位参考点或通过在病变区域周围置入 3 个或 3 个以上金属标记点替代有环基础环，起到坐标系参照物的作用。

3. 定位摆位框架（图 14-10，见彩图）　基础环和金点标记作为坐标系的参考物，加上定位、摆位框架一起，构成患者治疗部位的坐标系。用于 CT 或 MRI 定位的定位框架有"N"形和"V"形，可在定位框上直接画出治疗中心坐标值。

4. 无框架放射外科手术系统　根据患者内部解剖结构验证其位置，在整个治疗过程中对患者移动进行不断追踪，可实现高精确度的单次或多分次治疗，有助于获得精简的工作流程，提高成像、计划和治疗安排的灵活性。

（三）X 射线立体定向治疗系统的准直器

X 刀治疗准直器又称为限光筒（图 14-11），为不锈钢标准圆形柱体结构，柱体中心为标准圆形孔洞，通常 X 刀准直器孔径为 3 ～ 50mm，根据靶组织大小、形状和 TPS 需要，选择不同大小孔径进行使用。X 刀治疗准直器通过准直器适配器（图 14-12）安装于医用电子直线加速器的治疗准直器下端形成三级准直器。因医用电子直线加速器射野的半影为 6 ～ 9mm，采用三级准直器可将加速器 X 射线射野半影进一步降到 3mm 以下，大大增加

图 14-11　X 刀的准直器

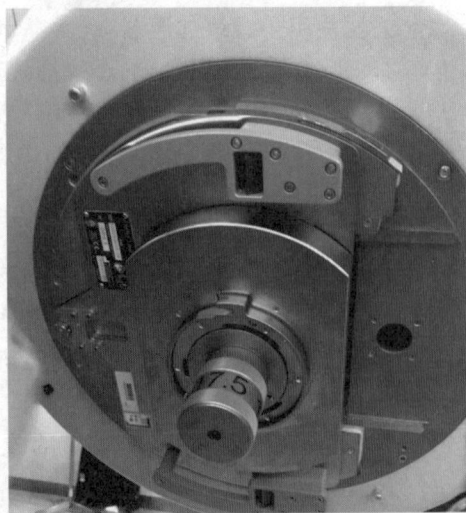

图 14-12　X 刀准直器的固定装置

X 射线 SRT 剂量分布的锐利度。由于延长源到准直器底端的距离，因此可有效减少射野的半影宽度，在不影响机架旋转范围的情况下，三级准直器下端距离等中心越近越好。

（四）治疗床

X 刀的治疗床一般为医用电子直线加速器原有的可移动的治疗床，部分 X 刀配备更为先进的六维移动治疗床。床板一般为全碳纤维材料或高透过性的复合材料，配备头部固定支架或体部固定支架。X 刀的治疗床可进行大于 180°公转，根据治疗需要可通过程序自动调整，适应不同角度非共面治疗。较为先进的六维移动治疗床可进行多个方向倾斜，从而使得靶区的照射角度更为精确。

（五）治疗计划系统

X 刀治疗计划系统是 X 刀一个非常重要的组成部分，它为临床医师提供一个交互式三维重建和数据可视化工具，通过规划治疗靶区、治疗处方剂量给定计算治疗时间、治疗中心坐标计算，规划出最优治疗方案，并通过多次模拟治疗评估治疗计划可行性，通过网络传输直接导入治疗设备，执行治疗方案。

第二节　检测指标与方法

X、γ 立体定向治疗系统属于高精度的放射治疗设备，在开展精准治疗的过程中，设备的质量控制检测是确保临床精准治疗的重要环节。为了确保设备是否能够稳定、正常运作，及时发现设备影响医疗质量的问题，保障患者治疗过程安全可靠，更好地为提高医疗服务质量，减少医疗事故及纠纷，定期开展设备质量控制检测至关重要。新安装或大修后的 X、γ 立体定向治疗系统需委托有资质的放射卫生技术服务机构进行验收检测后方可投入临床使用，设备每年需委托有资质的放射卫生技术服务机构进行状态检测，以保证设备正常运行，若有不合格项目需重新调试，直至检测合格方可继续使用。放射卫生服务机构出具的报告应客观、公正、保护医院和患者合法权益。

国家卫生行业标准《X、γ 射线立体定向放射治疗系统质量控制检测规范》（WS 582—2017）是我国立体定向放射治疗设备质量控制检测现行有效的检测与评价依据，其检测项目可分为 γ 刀和 X 刀两大类，其中 γ 刀需检测项目有定位参考点与照射野中心的距离、焦点剂量率、焦点计划剂量与实测剂量的相对偏差、照射野尺寸偏差和照射野半影宽度；X 刀需检测项目有等中心偏差、治疗定位偏差、照射野尺寸与标称值最大偏差、焦平面上照射野半影宽度、等中心处计划剂量与实测剂量相对偏差。本章节所介绍的质量控制检测项目以 WS 582—2017 作为参考。

一、X、γ 立体定向系统检测工具

（一）头部、体部模体
用于测量焦点剂量率、焦点计划剂量与实测剂量的相对偏差、照射野尺寸偏差和照射野半影宽度。

（二）焦点测试棒
用于测量定位参考点与照射野中心的距离。

（三）方形定位模体
用于测试治疗定位偏差。模体中心为一金属球，模体相邻两面应有一缝隙可插胶片。

☆★☆☆

（四）胶片

胶片可分为辐射显色胶片（RC 胶片，免冲洗）和辐射显像胶片（RG 胶片，需冲洗）。

选择适当的胶片时，应考虑其材料、感光特性、稳定性、能量响应、剂量响应线性及分析软件等因素。检测立体定向设备建议选择空间分辨力高（≥ 10 lp/mm）、剂量响应范围广（0～8Gy）、与人体密度相近、对能量依赖性小且不需要进行化学处理的胶片。

定期维护胶片，对不同型号、批次的胶片，应建立新的剂量 - 灰度曲线。同批次的胶片使用较长时间，应定期更换剂量 - 灰度曲线。操作胶片时应戴上橡胶手套，使用光滑的封套保存胶片，避免刮花影响胶片扫描分析。

（五）胶片扫描仪

扫描仪应具有透射扫描功能，足够大的扫描范围和稳定光源。

（六）胶片分析软件

具有剂量 - 灰度曲线拟合，照射野和半影尺寸测量，定位中心点和焦点中心距离偏差测量等分析功能。

二、γ 射线立体定向治疗系统

伽玛刀可分为头部伽玛刀、体部伽玛刀、全身伽玛刀。由于各品牌的伽玛刀的设计，照射方式，固定支架以及准直器形状各不相同，需要根据厂家设备的设计特点，配备不同的定位固定接口，质控方法需与设备性能相匹配，部分项目还需与厂家出厂指标标称值对比，因此现场检测时建议与厂家工程师配合检测。

在检测前，首先检查检测仪器是否在检定有效期内，仪器是否能正常运行，检测环境的气象条件是否符合仪器使用要求，并对 γ 刀周围的杂散辐射水平及机房防护效果进行评估，以保护检测人员及工作人员自身安全。若设备周围的杂散辐射水平或机房防护超过国家标准限值，建议先对设备屏蔽效果或机房进行整改后再进行检测。若 γ 刀更换放射源，需对设备重新进行验收检测。若对 γ 刀进行大修，需对机械中心及照射野半影等项目进行验证。检测期间需有物理师或相关工作人员在场配合。

（一）头部伽玛刀

1. 定位参考点与照射野中心的距离

（1）检测工具：焦点定位棒，胶片，水平仪。

（2）检测方法：定位参考点与照射野中心的距离是验证伽玛刀的机械精度指标，是放射治疗能否取得满意疗效的一个重要的硬性指标。伽玛刀的机械精度是比较稳定的，但各个可活动的机械结构经长时间运动、多次维修或由于误碰撞，设备的机械结构会出现一定的磨损，导致部分结构出现虚位或位移，影响设备的机械定位精度，因此定期检测伽玛刀机械精度是非常必要的。只有经过验证符合要求后方可实施治疗。具体步骤如下：

①把焦点测量棒安装在治疗床上的定位固定支架（图 14-13），按照厂家说明调节测量位置。

②将裁剪好的胶片，放入焦点测量棒的胶片夹中。用水平尺调整焦点测量棒，使胶片处于水平状态。随治疗床把焦点测量棒送入焦点中心测量位置，选用最小准直器进行照射。轻按压测量棒底下的扎针，使胶片表面扎出一个小孔。

③更换胶片，调整焦点测量棒，使胶片处于垂直状态。重复步骤②。

图 14-13　焦点测量棒固定方式

（3）计算及数据处理：扫描胶片后，使用胶片分析软件加载剂量 - 灰度拟合曲线，分别给出在 X 轴、Y 轴、Z 轴三个方向的剂量分布，分别计算三个方向上的定位参考点与照射野中心的距离，按照公式（14-1）计算定位参考点与照射野中心的距离 d。

$$d = \sqrt{d_x^2 + d_y^2 + d_z^2} \tag{14-1}$$

式中：

d_x——X 轴方向定位参考点中心与照射野中心的距离，mm；

d_y——Y 轴方向定位参考点中心与照射野中心的距离，mm；

d_z——Z 轴方向定位参考点中心与照射野中心的距离，mm。

方法一：以定位参考点（扎针孔）为中心点，分别沿 X 轴、Y 轴、Z 轴拉 Profile。分析 X 轴、Y 轴、Z 轴两端的半高宽（FWHM）所在点至中心点的距离（图 14-14，见彩图），取 2 点距离差的 1/2 为该轴的定位参考点中心与照射野中心的距离。根据公式（14-1）计算 X 轴、Y 轴、Z 轴的中心偏差距离。

方法二：分别在定位参考点和照射野中心沿 X 轴、Y 轴、Z 轴画直线，分别分析两个中心的 X 轴、Y 轴、Z 轴间的距离（图 14-15）。根据公式（14-1）计算 X 轴、Y 轴、Z 轴

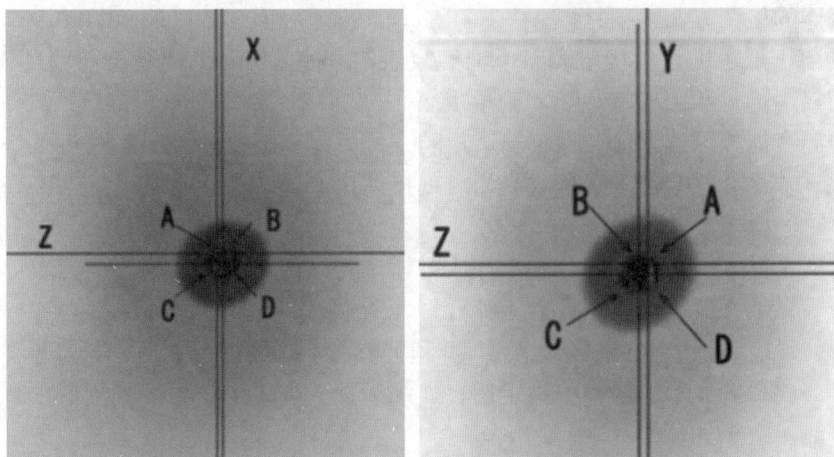

图 14-15　X、Y、Z 轴焦点中心分析图（方法二）

☆★☆☆

的中心偏差距离。

图 14-15 中，左图为 X-Z 方向的焦点中心位置扫描图，A 点为照射野中心，C 点为定位参考点中心，AC 距离为 X 轴的偏差，AB 距离为 Z 轴的偏差。右图为 Y-Z 方向的焦点中心位置扫描图，A 点为照射野中心，C 点为定位参考点中心，BC 距离为 Y 轴的偏差，AB 距离为 Z 轴的偏差。

（4）结果评价：在最小准直器条件下，定位参考点与照射野中心的距离要求 ≤ 0.5mm。

（5）检测中的问题与实例

①由于该项目指标要求非常严格，检测前要确保焦点测量棒固定的位置必须在基准位置，测量棒内的针与针孔匹配，针尖足够尖，稍有一点偏差，将会导致结果与实际相差较大。注意扎针力度，只需要刚好扎破胶片即可，勿太过用力，用力过大会使得胶片表面形成过大的孔洞，导致胶片出现分层，使得中心图像出现剂量分布不均匀情况。

②操作胶片时，需戴上橡胶薄膜手套，储存时使用光滑的纸进行遮光存放，避免指纹及硬物质影响胶片分析。

③由于各个厂家对于焦点中心测量方式不尽相同，需根据厂家随机文件的测量方法选择照射模式。

④照射时应根据放射源当前活度，推算当前焦点剂量率，适当调整照射时间，使胶片受照剂量保持在剂量 - 灰度曲线的最佳线性区域内。验收检测建议先对焦点剂量率进行检测后再测该项目。如焦点剂量率在 1.5Gy/min，胶片最佳显影剂量在 3Gy，照射时间应 2.5 ～ 3.5min。

2. 焦点剂量率

（1）检测工具：头部球形模体，电离室、温度计、气压计。

（2）检测方法：该项目用于验证放射源当前源活度是否达到最低要求及临床使用的最低标准。根据临床专家经验，剂量率高对肿瘤临床治疗效果和降低正常组织并发症概率是非常有利的。若焦点剂量率小，会使得患者治疗时间加长，降低患者治疗期间的依从性，患者难以坚持。且剂量率过小，增加肿瘤周围组织所接受的剂量，增加并发症的概率，甚至可能造成治疗效果不理想导致肿瘤复发。高的焦点剂量率，对于使用方来说，放射源的使用有效期更长，对于经济效益来说，无疑是最好的，但也要考虑设备的自屏蔽及额定活度容量。具体的检测方法如下：

①测量前，把温度计、气压表与电离室放进治疗室 30min，使其与周围环境温度、气压平衡。连接剂量仪和电离室预热，测量本底。

②将电离室插板插入模体，固定于床板的定位固定支架，按照厂家说明调整模体位置。或根据 CT 扫描图像，以电离室有效测量点或模体中心作为靶区中心，在 TPS 上配准，建立坐标系。

③将电离室插入模体并固定，随治疗床把模体送入测量位置。

④使用最大准直器作单靶点放射治疗计划，照射时间约 300s。

⑤剂量仪设定为计时测量模式，设定计时时间为 60s。执行计划，模体送进预设坐标点，开始照射。待测量仪显示剂量率值稳定后，连续测量 3 次以上，记录测量值。

（3）计算及数据处理

① IEAE TRS-277 报告的方法计算水中吸收剂量，见公式（14-2）：

☆ ☆ ☆ ☆

$$D_w(P_{eff})=M_0 \cdot (2.58 \times 10^{-4}) \cdot K_{T,P} \cdot P_S \cdot N_X \cdot \frac{W}{e} \cdot K_m \cdot K_{att} \cdot S_{w,air} \cdot P_u \cdot P_{cel} \quad (14\text{-}2)$$

式中：

M_0——剂量仪原始读数；

$K_{T,P}$——温度气压修正因子 $K_{T,P}=\dfrac{273.2+T}{293.2} \times \dfrac{101.3}{P}$，T 为环境温度（℃），P 为环境气压（kPa）；

P_s——离子复合修正因子；

N_x——剂量仪 ^{60}Co γ 射线照射量校准因子；

$\dfrac{W}{e}$——空气中产生一对离子所需要的平均能量，为 33.97J/C；

$K_m \cdot K_{att}$——K_m 为校准时，室壁和平衡帽非空气等效引入的修正因子；K_{att} 为校准时室壁的吸收和散射减弱修正因子，可参考电离室的随机文件或 277 报告；

$S_{w,air}$——水对空气的平均阻止本领比。对于 ^{60}Co γ 射线，$S_{w,air}$ =1.133；

P_u——电离室材料（电离室壁和空气腔）非水特性而引起的扰动因子；

P_{cel}——中心电极修正因子。

如果焦点剂量率测量的模体材料为非水物质，吸收剂量还需经物质的吸收系数修正，见公式（14-3）：

$$P=D_w\ (P_{eff}) \cdot (\mu_{en}/\rho)\ /t \quad (14\text{-}3)$$

式中：

P——为焦点剂量率，Gy/min；

μ_{en}/ρ——为水对模体材料质能吸收系数比；

t——为测量时间，1min。

② IEAE TRS-398 报告的方法计算水中吸收剂量，见公式（14-4）为

$$D_{w.Q}=M_Q \cdot N_{D,w,Q_0} \cdot K_{Q,Q_0} \quad (14\text{-}4)$$

式中：

M_Q——剂量仪读数（经温度、气压静电计、极化效应、离子复合效应等修正）；

N_{D,w,Q_0}——参考射线质下电离室水中吸收剂量校正因子（标准实验室提供）；

K_{Q,Q_0}——为射线质转换系数。

（4）结果评价：焦点剂量率测量要求用头部治疗最大准直器，验收检测 ≥ 2.5Gy/min，状态检测为 ≥ 1.5Gy/min。若验收不足 2.5Gy/min，则不符合使用要求；若状态不足 1.5Gy/min，则提示该设备源强不足，需要更换放射源。

（5）检测中的问题

①当模体为固体水材料时，测量结果接近实际焦点剂量率。当模体为非固体水材料（如有机玻璃）时，应对使用的模体对应的密度进行修正，非固体水材料可借助 CT 等设备分析材料密度，与水的比较获得修正因子。如有机玻璃修正值在 1.08 ～ 1.09 的范围。

②若电离室插入模体后，有较大的空气腔，可先用水灌入膜体插孔，再插入电离室，减少空气对剂量测量的影响。

③头部治疗最大准直器照射野的标称尺寸不应大于 30mm。

3. 焦点计划剂量与实测剂量的相对偏差

（1）检测工具：头部球形模体，电离室、半导体探测器，温度计、气压计。

☆☆☆☆

（2）检测方法：该项目验证计划系统对不同准直器输出剂量计算与实际输出剂量的偏差。

①模体固定方法同焦点剂量率测量方法。

②以电离室测量参考点作为治疗计划的靶区中心，分别使用不同准直器，每次约5Gy的单靶点放射治疗计划。靶点中心电离室探测位点处的点剂量（平均剂量，mean dose）为计划剂量。计划剂量应考虑设备屏蔽漏射情况。

③剂量仪设置为连续测量模式，先开始测量，再执行治疗计划，每个准直器重复测量3～5次，记录测量值。

（3）计算及数据处理：剂量修正公式可参考焦点剂量率的修正方式。

按照公式（14-5）计算焦点计划剂量与实测剂量的相对偏差值 D_v。

$$D_v = \frac{(D_a - D_p)}{D_p} \times 100\% \qquad (14\text{-}5)$$

式中：

D_v——焦点计划剂量与实测剂量的相对偏差值；

D_a——吸收剂量实际测量值，Gy；计算公式见焦点剂量率公式（14-2）；

D_p——TPS 计算的计划剂量值，Gy。

（4）结果评价：焦点计划剂量与实测剂量的相对偏差要求在 ±5% 以内。验收检测要求所有准直器都需要测量，状态监测则只需要测量 1 档常用准直器。

（5）检测中的问题与实例：由于电离室具有能响好、方向性一致、探测效率不易改变等优点，用电离室测量 ^{60}Co γ 射线水中吸收剂量技术比较成熟，其他探测器在进行测量时必须先经过电离室的校正，所以优先选择小体积的电离室（图 14-16）。

在测量各准直器的吸收剂量时，必须考虑电离室的有效几何尺寸能否满足小野准直器的照射范围。电离室的有效几何尺寸必须小于射野直径的1/2，若达不到此要求，必须选择更小的电离室或更小体积的探测器（如半导体探测器，体积为 $1mm^2 \times 0.5mm$）配合测量。以常用的小体积电离室 $0.015cm^3$ 为例，其有效探测长度为5mm，可测试直径不小于10mm 的准直器。但目前常见 γ 刀小野准直器直径有 4mm、6mm、8mm 等，若要测试小野准直器，则必须使用半导体探测器（图 14-17）。半导体探测器虽然体积小，但其能响差、探测效率易改变，测量剂量时，需使用电离室进行剂量传输后使用。

半导体探测器剂量传输方法：

①按焦点剂量率测量方法，使用电离室在等中心处获得 60s 的剂量值，重复 3 次；

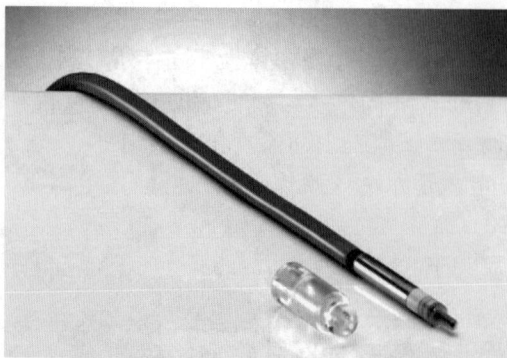

图 14-16　$0.015cm^3$ 尖点电离室

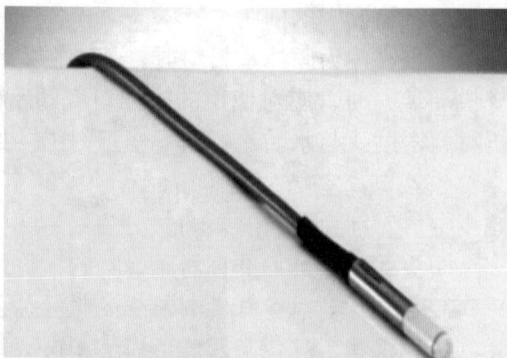

图 14-17　半导体探测器

②先设置加载电压为 0V，连接半导体探测器，清空剂量仪内设置的转换系数，测量温度气压，在相同位置进行测量；

③两个输出剂量值比较后获得转换系数；

④使用半导体探测器测量小直径的准直器输出剂量，用剂量传输获得的转换系数进行修正，间接获得不同准直器的输出剂量，与计划系统标称值进行比较。

伽玛刀、X 刀计划系统大多不考虑模体的电子密度，测试计划剂量与实测剂量值时，需对测试模体的电子密度进行修正。

4. 照射野尺寸偏差和照射野半影宽度

（1）检测工具：160mm 头部模体、胶片、水平尺。

（2）检测方法：该项目是验证头刀的准直器在焦点处的照射野是否与 TPS 或厂家出厂规定的一致，半影宽度是否符合要求。由于照射野和半影宽度的准确性直接影响剂量计算结果的客观性，影响对邻近危及器官的临床评估和对验证结果的分析判断，因此的照射野尺寸及半影宽度的准确性在放疗中具有重要的临床意义。

①按焦点剂量率测试方法固定模体。

②将胶片置于胶片插板中，调整模体角度，沿水平方向将胶片插板插入模体。随治疗床把模体送入测量位置。选择所需测试的准直器。

③更换胶片，调整模体角度，沿垂直方向将胶片插板插入模体，重复步骤②。

（3）计算及数据处理

照射野尺寸偏差：将测试胶片进行扫描，加载剂量 - 灰度刻度曲线。通过胶片分析软件，在照射野中心的 X 轴、Y 轴、Z 轴做 Profile，分析两端 50% 等剂量曲线交点的距离，与 TPS 测量值或厂家标称值进行比较，按照公式（14-6）计算该轴线上的照射野尺寸偏差 S_v：

$$S_v = S_a - S_p \tag{14-6}$$

S_v——某轴线上的照射野尺寸偏差，mm；

S_a——某轴线上两 50% 等剂量曲线的交点距离，mm；

S_p——TPS 或厂家提供标称值，mm。

半影宽度：通过胶片分析软件，在照射野中心上的 X 轴、Y 轴、Z 轴做 Profile（如图 14-18），分别分析两端 20%、80% 等剂量曲线的交点的距离，测量两交点间的距离。

（4）检测结果评价

照射野尺寸偏差：根据分析软件结果与 TPS 或厂家标称值比较，以 3 轴中偏差最大作为照射野尺寸偏差值，要求在 ±1mm 以内，验收检测测量头刀所有准直器，状态检测则只需测量 1 档常用准直器。

半影宽度：要求照射野尺寸 ≤ 10mm 时，半影宽度为 ≤ 6mm；10mm ＜ 照射野尺寸 ≤ 20mm 时，半影宽度为 ≤ 8mm；20mm ＜ 照射野尺寸 ≤ 30mm 时，半影宽度为 ≤ 10mm。照射野尺寸以焦平面标称照射野尺寸作为参考值范围，以该尺寸最大半影宽度作为报告值。

5. 非治疗状态下设备周围的杂散辐射水平

（1）检测工具：辐射防护仪。

（2）检测方法：该项目是检测设备总体屏蔽效果，保护工作人员和患者，因此有必要做简要介绍。在设备处于非治疗状态下，分别在设备的前、后、左、右、距外表面 60cm

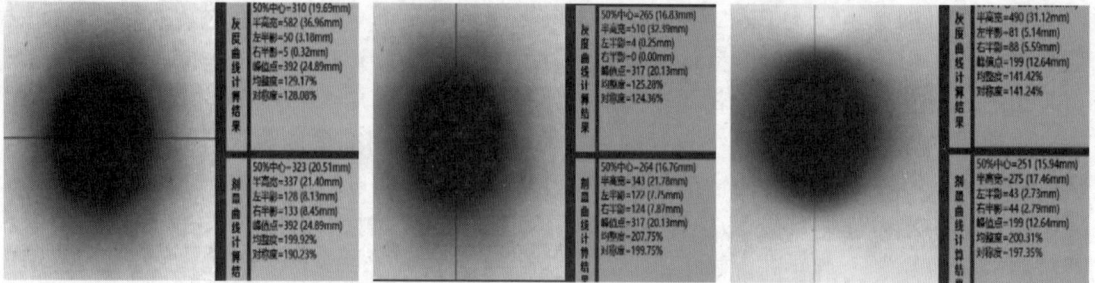

图 14-18　分别为 X、Y、Z 轴照射野及半野分析

和 5cm 的弧面进行巡测，记录其空气比释动能率。

（3）计算及数据处理

见公式（14-7）：

$$K_{air} = \overline{M} \cdot N_k \tag{14-7}$$

式中：

K_{air}——测量点空气比释动能率，Gy/h；

$\overline{M}$——防护仪 3 次以上读数平均值，Gy/h；

N_k——辐射防护仪 γ 射线的空气比释动能率修正系数。

（4）检测中的问题：为减少检测人员暴露风险，建议检测人员使用带延长杆的辐射防护仪进行测量。测量时注意防护仪测量量程。若使用的辐射防护仪测量的是周围剂量当量率（单位为 μSv/h），则需通过射线的品质因子转换为空气比释动能率（单位为 μGy/h）。γ射线的辐射品质因子为 1。

（二）体部伽玛刀

1. 定位参考点与照射野中心的距离

（1）检测工具：焦点测量棒、体部模体、胶片。

（2）检测方法、计算及数据处理、结果评价参考头部伽玛刀。

2. 焦点剂量率

（1）检测工具：体部模体，电离室，温度计，气压计。

（2）检测方法、计算及数据处理参考头部伽玛刀。

（3）结果评价：验收检测时，体部伽玛刀最大准值器状态下焦点剂量率要求 ≥ 2.0Gy/min；状态检测时要求 ≥ 1.0Gy/min。

（4）检测中的问题：体部伽玛刀最大治疗准直器照射野的尺寸不应大于 60mm，若特殊形状（如方形）的照射野可采用等效于直径 60mm 圆面积的尺寸，即标称照射野面积不大于 2826mm²。

3. 焦点计划剂量与实测剂量的相对偏差

（1）检测工具：体部模体，电离室，温度计，气压计。

（2）检测方法、计算及数据处理、结果评价参考头部伽玛刀。

4. 照射野尺寸偏差和半影宽度

（1）检测工具：体部模体，胶片。

（2）检测方法、计算及数据处理参考头部伽玛刀。

（3）结果评价

照射野尺寸偏差：要求各准直器尺寸偏差在 ±2.0mm 以内；

照射野半影宽度：各照射野尺寸下均要求小于厂家标称最大宽度。

（4）检测中的问题

①照射野半影宽度验收检测和稳定性检测时，应测量所有准直器；状态检测时，可测量 1 档常用准直器。

②体部伽玛刀最大治疗准直器照射野的尺寸不应大于 60mm，若特殊形状（如方形）的照射野可采用等效于直径 60mm 圆面积的尺寸，即标称照射野面积不大于 2826mm^2。

（三）全身伽玛刀

由于头体一体伽玛刀具有头刀和体刀两种功能，故检测评价时需分别按照头刀和体刀的要求进行。检测方法可参考头刀及体刀。

三、X 射线立体定向治疗系统

X 射线立体定向治疗系统（X 刀）是通过控制医用电子直线加速器射线的输出剂量，并借助加速器机架的旋转和治疗床角的变化，使处于等中心的病灶始终接受高剂量的 X 射线，而靶区周围 X 射线的剂量呈锐减性分布。X 刀的准直器为加速器原有的初级准直器基础上进行二次准直，以保证 X 刀的射束形状，剂量分布满足 X 刀治疗要求。在 X 刀测试前，我们需对医用电子直线加速器的各方面性能进行检测，在检测合格后，方可进行 X 射线立体定向治疗系统的质控检测。

医用电子直线加速器检测方法见第 13 章，现就 X 刀质量控制检测项目、检测方法及技术要求介绍如下。

（一）等中心偏差

1. 检测工具　胶片、建成材料板（固体水）。

2. 检测方法

（1）不带落地支架的 X 刀：在未安装 X 刀准直器情况下完成。

①把一张胶片夹在两块厚度为 1cm 的建成材料板中心，并沿着 LAT 方向（即平行于机架方向）垂直于床面，胶片中心位于辐射轴上，源 - 焦距为正常治疗距离。加速器上钨门打开，下钨门关闭，留一窄缝，将大机架分别在 0°、45°、90°、135°方向照射胶片并显影。

②把一张胶片夹在两块厚度为 1cm 的建成材料板（固体水）中心，水平放置于床面，胶片中心位于辐射轴上，源 - 焦距为正常治疗距离。加速器上钨门打开，下钨门关闭，留一窄缝，将小机头分别在 0°、45°、90°、135°方向照射胶片并显影。考虑实际临床应用需要，可增加在安装 X 刀准直器后进行测试。

③把一张胶片夹在两块厚度为 1cm 的建成材料板（固体水）中心，水平放置于床面，胶片中心位于辐射轴上，源 - 焦距为正常治疗距离。加速器上钨门打开，下钨门关闭，留一窄缝，将治疗床分别在 0°、45°、90°、135°方向照射胶片并显影。

（2）带落地支架的 X 刀：安装零指针校验器，调整各激光束使其交汇到指针的尖端。将三维坐标头架中心的坐标设置为（0，0，0）。使已知靶点的中心坐标与系统的等中心一致，安装夹片装置，装上胶片。选一常用能量，准直器的直径可在 26 ～ 30mm 中选择一种，按照表 14-1 的各组合位置，分别曝光。

表 14-1 等中心偏差测量时机架与治疗床位置组合

旋转轴	组合 1	组合 2	组合 3	组合 4	组合 5
机架	0°	90°	270°	120°	330°
治疗床	0°	0°	0°	45°	270°

3. 计算及数据处理

（1）不带落地支架的 X 刀：根据步骤 a、b、c 可获得 3 张米字图像胶片。沿着 0°、45°、90°、135° 照射影方向，在直线中心交点的 1/2 距离作为该结构的偏差值。如图 14-19 所示，A 点到 B 点处为最大偏差位置，以其 1/2 的距离作为该机械结构的中心偏差值。分析三个机械结构的中心偏差值，根据公式（14-8），计算等中心偏差值。

$$d_x = \sqrt{d_a^2 + d_b^2 + d_c^2} \qquad (14-8)$$

式中：

d_x——X 刀的等中心偏差，mm；

d_a——大机架的旋转偏差，mm；

d_b——小机头的旋转偏差，mm；

d_c——治疗床的旋转偏差，mm。

（2）带落地支架的 X 刀：用胶片分析软件给出等中心平面的剂量分布，以剂量半高峰高度和半谷高度确定照射野和已知靶点中心，测量各个组合位置上的两个几何中心（照射野、已知靶点）的距离取最大者，单位毫米（mm）。

4. 结果评价　等中心偏差应在 ±1.0mm 以内。

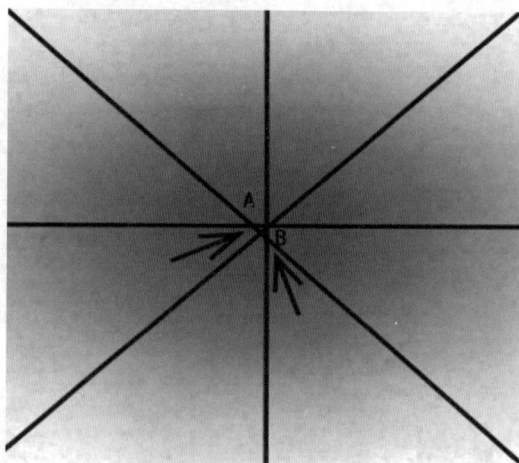

图 14-19　等中心测试分析示意图

（二）治疗定位偏差

1. 检测工具　方形定位模体，胶片。

2. 检测方法　在完成一次放射治疗过程中，患者必须经历影像定位、规划靶区、制订治疗计划、治疗前摆位等，由于每个程序都会有一定的误差，但只要把误差缩小在一个可控范围，就能保障患者治疗质量。通过治疗定位偏差检测，反映整个治疗流程的综合误差。

先将模体按临床方式进行固定，以不大于 2mm 层厚进行 CT 扫描，通过 TPS 计算靶点中心坐标，并定位到系统的等中心处，安装胶片。根据靶点和模体大小，选取常用能量档和相应的准直器，分别以正位和侧位进行照射。胶片应固定在金属球的后方，分别与 0° 和 90° 方向垂直入射。

3. 计算及数据处理　靶中心为一金属球，射线穿过金属球后，在胶片上的照射野影像中心留有一圆形亮斑（靶中心）。穿过照射野中心，沿横向（LAT）、纵向（AP）、垂直（VERT）方向做直线；穿过亮斑中心，再沿 LAT、AP、VERT 方向做直线。测量 LAT、AP、VERT 方向上照射野中心和靶中心的距离（图 14-20、图 14-21），计算治疗定位偏差。

用胶片分析软件分别分析 LAT、AP、VERT 三个方向的剂量分布，分别测量三个方向照射野中心与靶点中心的距离，按照公式（14-9）计算治疗定位偏差 d，单位为 mm。

$$d = \sqrt{d_{LAT}^2 + d_{AP}^2 + d_{VERT}^2} \qquad (14-9)$$

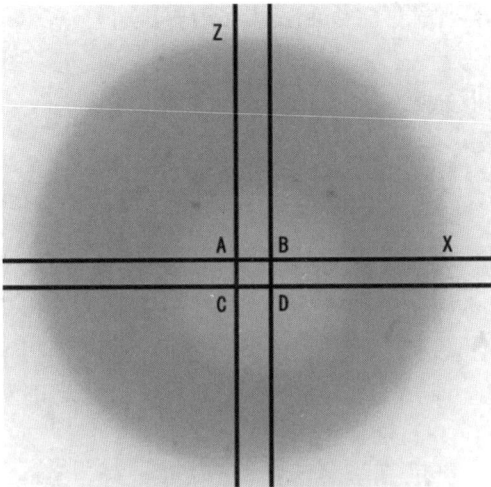

图 14-20　分析示意图

A 点为照射野中心，D 点为金属靶点中心，CD 为 LAT 方向的照射野与金属靶点中心的距离 d_{LAT}，BD 为 AP 轴方向的照射野与金属靶点中心的距离 d_{AP}

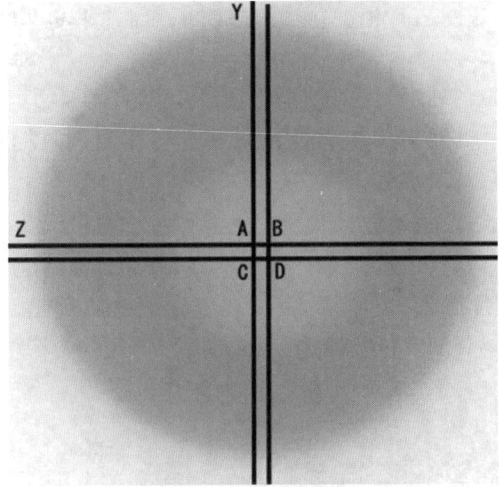

图 14-21　分析示意图

A 点为照射野中心，D 点为金属靶点中心，BD 为 VERT 轴方向的照射野与金属靶点中心的距离 d_{VERT}

d_{LAT}——LAT 方向照射野中心与靶点中心的距离，mm；

d_{AP}——AP 方向照射野中心与靶点中心的距离，mm；

d_{VERT}——VERT 方向照射野中心与靶点中心的距离，mm。

4. 结果与评价　根据三个方向分析的结果作为最终报告结果，要求≤ 2.0mm。

5. 检测中的问题　按照定位计划，分别在 0°和 90°方向对方形模体进行照射，理论上透过靶点，在胶片上形成一同心圆的形状。由于治疗定位偏差是一个综合了影像定位系统、计划系统、机械运动系统、定位激光系统及人工摆位等多系统精度的测试项目，每个步骤出现误差都有可能导致该项目不合格。当该项目出现较大误差的时候，建议对整个治疗程序进行进一步梳理，找出误差原因并加以调整，检测合格后方可用于临床治疗。

（三）照射野尺寸与标称值最大偏差、焦平面上照射野半影宽度

1. 检测工具　胶片。

2. 检测方法　将胶片放置于等中心平面的中心，加速器机架置于 0°，安装准直器，选取常用的能量档进行照射。

3. 计算及数据处理

（1）照射野尺寸：胶片分析软件加载胶片剂量 - 灰度刻度曲线，根据分析软件给出的剂量分布，在沿照射野中心沿 inline 方向和 cossline 方向做 Profile，分析两端 50% 等剂量曲线交点的距离，与 TPS 测量值或厂家标称值进行比较，计算该轴线上的照射野尺寸偏差，单位为 mm。

（2）照射野半影宽度：胶片分析软件加载胶片剂量 - 灰度刻度曲线，用胶片分析软件给出的剂量分布，在沿照射野中心沿 inline 方向和 cossline 方向做 Profile，分别分析两端 20%、80% 等剂量曲线的交点的距离，测量两交点间的距离，单位为 mm。

4. 结果评价

照射野尺寸偏差：各准直器照射野与厂家标称值比较偏差在 ±1.0mm 以内。

☆★☆★☆

照射野半影：当照射野准直器≤20mm 时，半影宽度≤4mm；当照射野准直器>20mm 时，半影宽度≤5mm。

验收检测时，需检测所有准直器，状态检测时只需测试 1 档常用准直器。

（四）等中心处计划剂量与实测剂量相对偏差

1. 检测工具　头部球形模体，电离室、半导体探测器，温度计、气压计。

2. 检测方法

（1）测量前，把温度计、气压表与电离室放进治疗室 30min，使其与周围环境温度、气压平衡。连接剂量仪和电离室检测预热，测量本底。

（2）将电离室插板插入模体，按临床方式进行固定，用不大于 2mm 层厚进行 CT 扫描。以电离室有效测量点作为靶中心，制订测试计划，以靶中心处的吸收剂量值（平均剂量）作为参考值。

（3）电离室插入模体，固定，执行测试计划。各准直器重复测量 5 次并记录测量值。

（4）部分准直器直径较小，无法使用电离室探头进行测量，可使用半导体探测器测量出准直器照射野输出因子间接获得。

3. 计算及数据处理　数据处理公式可参考头部伽玛刀检测方法。公式中水对空气的平均阻止本领比 $S_{w, air}$ 值应根据不同能量的 X 射线进行修正。具体修正值可参考 TRS-277 报告。以 6MV X 射线为例，水对空气的平均阻止本领比 $S_{w, air}$ 为 1.119。

4. 结果评价　根据测量结果，取平均值作为实测值，与计划剂量比较，要求在 ±5% 以内。

验收检测要求所有准直器都需要测量，状态监测则只需要测量 1 档常用准直器。

5. 检测中的问题　使用半导体探测器不需要在剂量仪设置转换系数，设置加载电压为 0V。先使用电离室在 10cm×10cm 照射野下测得一个输出剂量值，在同等条件下使用半导体探测器进行测量，两个输出剂量值比较，获得一个转换因子。使用半导体探测器对较小直径的准直器进行测量，获得各准直器小野因子，间接获得不同准直器的输出剂量，与计划系统标称值进行比较。

X 刀的计划系统与伽玛刀相似，不考虑模体的电子密度，测试计划剂量实测值时，需对模体的电子密度进行修正。

四、胶片刻度及胶片扫描仪

（一）胶片刻度

在进行胶片剂量测量及照射野分析前，应根据辐射源的能量对胶片剂量进行刻度。使用 γ 放射源或医用电子直线加速器刻度时，应根据测量需求合理设置剂量间隔进行刻度（如 0cGy，50cGy，100cGy，150cGy，200cGy，300cGy，400cGy 等）。为避免多次辐照影响刻度片的剂量准确性，应将刻度片裁剪成多张小胶片（图 14-22），每张胶片按照既定剂量仅进行 1 次辐照。

刻度前，使用电离室对放射源活度或加速器的 MU 值进行标定，确定参考剂量值。在与标定相同深度的位置对胶片进行刻度。胶片刻度使用的模体应为密度和材质均匀的水等效模体。

胶片照射后遮光保存 24h 后再进行扫描。在胶片分析软件读取每张刻度胶片灰度值，将灰度值与剂量值一一对应，建立灰度 - 剂量校准曲线，保存刻度曲线备用。

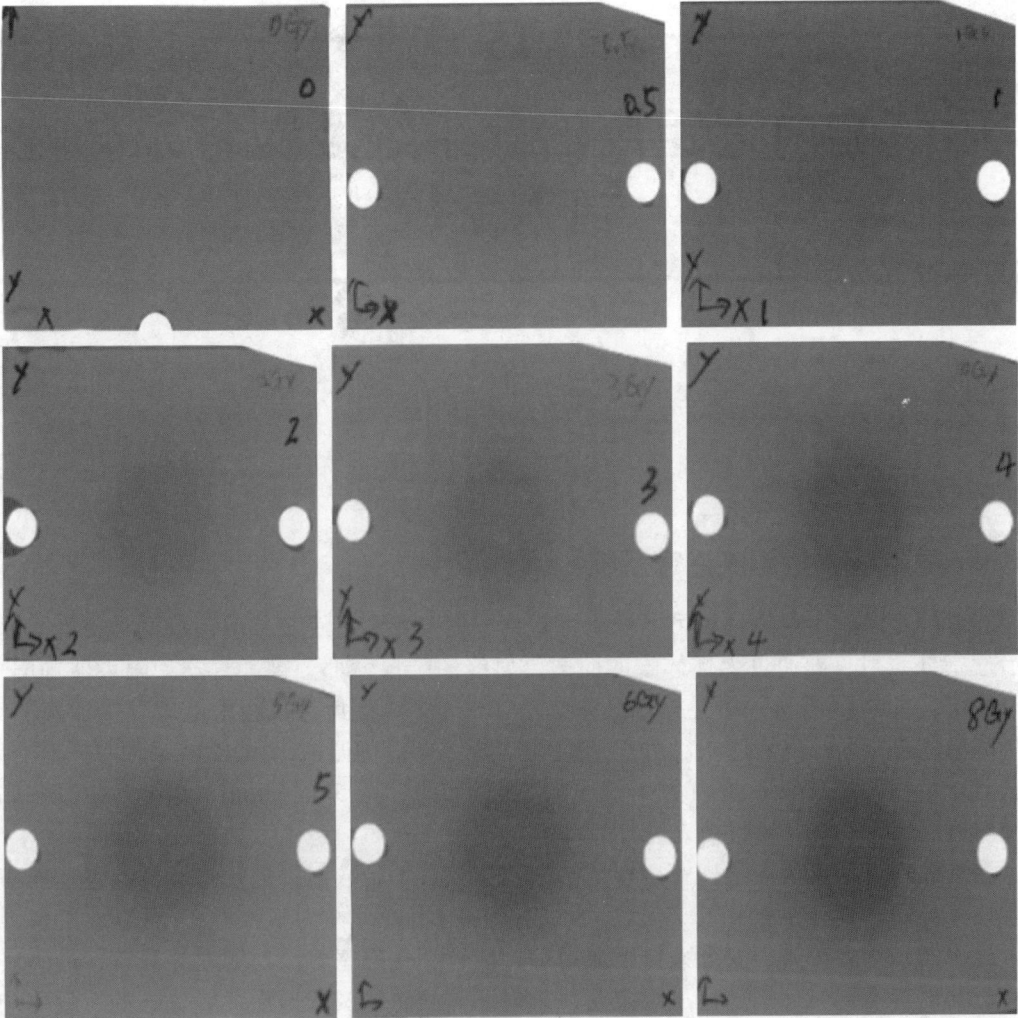

图 14-22 胶片剂量刻度

（二）胶片扫描仪

扫描前需对扫描仪进行预热，扫描前可将一张均匀的空白胶片在扫描区域内扫描，找出扫描仪最佳扫描区域。胶片扫描时，尽量在同一位置进行扫描，保证扫描质量。

扫描时选择透扫方式，关闭图像增强功能，根据分析软件及测试项目选择不同扫描像素尺寸（dpi）和色彩度（如彩色扫描、灰度扫描等），图片保存格式也应与分析软件的相适应。

在扫描过程中，选择不同扫描像素尺寸会对图像的细密度有影响。使用较高的像素尺寸进行扫描，获得较高细密度的图像，适用于分析均匀剂量场内的剂量分布；使用较低的像素尺寸进行扫描，获得较低细密度的图像，适用于分析被测区域尺寸大小。测量时应根据测量的需求选择合适的扫描像素尺寸。

第 15 章

☆☆☆☆

后装腔内近距离治疗系统及粒籽永久性植入系统

☆☆☆☆

第一节 概　　述

一、后装腔内近距离治疗系统

放射治疗以治疗距离远近可以分为远距离放射治疗和近距离放射治疗两种类型。远距离治疗指外照射，即通过人体体表的照射，射线的能量大部分被准直器、限束器等屏蔽，只有少部分能达到组织，相关放疗设备如钴-60 远距离治疗机，医用电子直线加速器等。近距离治疗是与远距离治疗相对而言，包括腔内照射、管内照射、组织间、手术中插植治疗、皮肤敷贴治疗等。其放射源活度较小，治疗距离较短，在 5 ～ 50mm，相关放疗设备如后装腔内近距离治疗机、粒籽植入设备等。

后装腔内近距离治疗是先在患者的治疗部位放置不带放射源的治疗容器，包括能与放射源传输导管相连接的插植针、装源管或者辅助材料（统称为施源器），可以放置单个或多个施源器，然后在防护安全条件下或用遥控装置，在隔室将放射源通过导管，准确安全地输送到患者需要治疗的部位进行照射。放射源是施源器放置好后才装进去的，故称之为"后装"。因放射源放置位置精确、距病体组织近等优点在妇科、鼻咽、食管、支气管、直肠、膀胱、乳腺及胰腺等肿瘤治疗中应用广泛，取得了明显的临床治疗效果。

二、粒籽源永久性植入系统

粒籽源永久性植入治疗是后装治疗技术的发展，是近20年在国际上发展起来的新技术，在我国也得到了迅速发展。粒籽源永久性植入也称放射性粒籽植入，本质上就是一种精确放疗，利用现代影像学技术将具有放射性的核素直接插植到肿瘤靶体积内或肿瘤周围，通过放射性核素持续释放射线对肿瘤细胞进行杀伤。以其低能量，低活度、半衰期短、操作简单等优势对肿瘤进行"适形"治疗。使其肿瘤靶区能够达到高剂量照射，对正常组织损伤轻微，适应临床多种病症的治疗。

三、术语及定义

一些相关的基础术语和定义在本书其他章节已有介绍，这里只介绍近距离放射治疗设备质量控制检测的几个重要的术语及定义。

（一）比释动能

定义：比释动能 K 是不带电离粒子与物质相互作用时，在单位质量物质中释放出的全部带电离粒子的初始动能的总和。

比释动能表达式：

$$K=\frac{dE_{tr}}{dm} \tag{15-1}$$

式中：dE_{tr} 是不带电离粒子在质量为 dm 的某一物质内释放出来的全部带电离粒子的初始动能的总和。

当带电粒子平衡时，韧致辐射可忽略不计的情况下，$g=0$，空气比释动能等于吸收剂量。即 $D=K$。空气比释动能的国际制单位（SI），用 Gy 表示。

物理意义：在 1kg 指定物质中，由间接电离辐射释放出全部带电粒子的初始动能之和为 1 焦耳。1Gy=1J/kg。

（二）空气比释动能强度

定义：在自由空气中，源中垂轴上距源距离 d 处的空气比释动能率 $\dot{K}(d)$ 与距离 d 的平方乘积。

空气比释动能强度表达式（单位：$Gy/h \cdot m^2$ 或 $\mu Gy/h \cdot m^2$）：

$$S_K=\dot{K}(d) \cdot d^2 \tag{15-2}$$

（三）源外观活度

定义：当密封放射源产生的空气比释动能率 $\dot{K}$ 与同种核素裸源产生的空气比释动能率相同时，则把裸源活度看作为该种核素密封源的外观活度，也称等效活度。

源外观活度 A_{app} 表达式：

$$A_{app}=\dot{K}\frac{1}{\tau_\sigma} \cdot d_{ref}^2 \tag{15-3}$$

式中：

τ_σ——空气比释动能率常数，$Gy \cdot m^2 \cdot MBq^{-1} \cdot h^{-1}$；

d_{ref}——参考距离，m；

A_{app}——源外观活度，MBq。

（四）空气比释动能率常数

定义：放射性核素的空气比释动能强度 S_K 与源外观活度 A_{app} 的比值。

空气比释动能率常数 τ_σ 的表达式：

$$\tau_\sigma=\frac{S_k}{A_{app}} \tag{15-4}$$

（五）放射源累计定位误差

后装设备在运行多个驻留点后，最后一个驻留点实际治疗距离和预置治疗距离之间的误差。

第二节　后装 γ 源近距离治疗机的构成及工作原理

1953 年美国 Henschke 报道了用后装方式进行治疗，引入了后装治疗的概念，并于 1960 年首先设计制造了手动后装腔内近距离治疗器械。1965 年第一台遥控低剂量率（LDR）后装机由 Walstram 设计产生。高剂量率（HDR）后装机从 1971 年开始用于对肿瘤的治疗尝试。我国从 20 世纪 70 年代引进后装治疗机以来，后装放射治疗得到了发展，特别是在妇科腔内放疗中得到了肯定，且高剂量率腔内后装放射治疗取代了低剂量率腔内后装放射

☆★☆☆

治疗。20 世纪 80 年代后期，反应堆生产出高强度微型 ^{192}Ir 源，并随着最初的机械和电机控制阶段逐步发展为计算机控制，使后装治疗进入了新阶段，一些几乎停滞了的后装放射治疗方法如组织间照射，得以继续发展，手术中及手术后的后装治疗也成为可能。目前我国近距离放射治疗几乎已完全被后装技术主导，多种不同部位的肿瘤接受了后装治疗。包括鼻咽癌、阴道癌等腔内后装照射技术治疗和直肠癌、食管癌、主支气管癌等管内后装照射技术治疗；乳腺癌、软组织肉瘤等组织间的插植和模板照射的后装照射技术治疗；脑瘤、胰腺、胆管癌等手术中置管术后照射技术治疗；以及根据巴黎剂量学原则按单平面插植条件布源实行敷贴治疗浅表皮肤癌的后装技术。

随着后装治疗技术的发展，后装治疗机的种类繁多。根据放射源在治疗位置的剂量率分为高剂量率（A 点剂量率 > 12Gy/h）后装机，中剂量率（A 点剂量率 4 ～ 12Gy/h）后装机和低剂量率（A 点剂量率 0.2 ～ 4Gy/h）后装机。按照放射源在治疗时的传送方式分为手动后装机和遥控后装机。按放射源在治疗时的运动状态分为固定式和步进式。按照放射线的类型分为 γ 源后装机和中子后装机。早期的低剂量率、手动式后装机以其治疗时间长及不能彻底避免医护人员的辐射已逐渐被淘汰。据不完全统计，截至 2015 年，全国后装机达到 439 台左右（中华医学会肿瘤放疗分会的第 7 次调查结果），其中绝大部分是遥控高剂量率 γ 源后装机。

γ 源后装机中主要有铱 -192 源后装机、钴 -60 源后装机、铯 -137 源后装机等。其结构主要包括两个马达驱动的放射源、不治疗时用来贮存放射源的贮源器、治疗通道、治疗通道分度头、施源器、操作控制系统，以及治疗计划系统等。

一、后装 γ 放射源

放射性核素分为天然放射性核素和人工放射性核素。自然界中存在天然放射性核素有近百种。而人工放射性核素是通过人工核反应合成，即在反应堆中子辐照合成，或者从辐照过的核燃料中提取等。放射性核素的特征：半衰期不一样，有长有短；释放射线类型不一样；能量高低不一样等。用于后装近距离治疗的放射源需要满足以下要求：半衰期不宜过长（过短，运输和治疗准备由于衰变丧失使用价值；过长，源体积相应就大，不易做成微型源）；易制成微型源（用于纤细的施源管，满足腔内和组织间的治疗）；在组织间有足够的穿透力（即具有足够的放射性能量，临床上常用 γ 射线源）；易于放射防护（一般近距离放射源制成密封式放射源，足以屏蔽放射源辐射的 α 射线和 β 射线，以及防止放射性材料的泄漏）。在后装近距离治疗中，放射源被焊接在驱动杆的末端，使用马达驱动系统被传输到施源器中的指定位置。在临床上用于后装 γ 源近距离治疗的放射源主要有 ^{192}Ir、^{60}Co 和 ^{137}Cs。

（一）^{192}Ir

铱 -192 源后装机通常使用单一高活度的人工放射性核素 ^{192}Ir，该放射性核素由天然 ^{191}Ir 在反应堆中受中子束照射生成。^{192}Ir 能谱比较复杂，γ 射线的平均能量为 370keV，半衰期 74d。^{192}Ir 源的物理机械性能比较好，可以做成各种形状。粒状源可以做得很小，使其点源的等效性很好，便于剂量计算，被大量运用于后装近距离治疗。现代后装机铱源被封装在不锈钢包壳里，焊接在特定长度（一般 1 ～ 1.5m）的驱动钢丝（尼龙丝带状）的一端（图 15-1）。钢丝截面与不锈钢包壳的外径相同，钢丝另一端连接步进马达。铱源外径不超过 1.1mm，长度小于 10mm。不同厂家的铱源有不同的规格，活度可达 0.37 ～ 0.44

TBq。如今的 ^{192}Ir 具有高强度，体积微细，更适合纤细体腔的治疗。这种源配上新颖的计算机控制，革新了后装腔内近距离治疗技术，使过去因源体积过大，剂量偏低引起的临床问题得到了解决。组织间插植治疗、手术中和手术后的后装治疗技术得以发展。

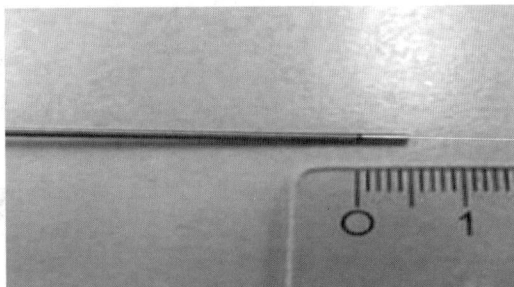

图 15-1　^{192}Ir 源规格示意图

（二）^{60}Co

钴 -60 放射源也是一种人工放射性核素，它是普通的金属 ^{59}Co 在反应堆中经热中子照射轰击成的放射性核素，半衰期为 5.27a，平均每月衰变约 1%。^{60}Co 放出的 β 射线能量低，易于被容器吸收，γ 射线的平均能量为 1.25MeV。随着科技技术的进步，现在 ^{60}Co 源的尺寸已经可以做得很小，能达到微型铱源的尺寸。中国核动力研究设计院生产的 GZP 3 型钴源后装机放射源外观尺寸为 Φ1.5mm×3.5mm，钴源中心活性区尺寸为 Φ1.0mm×2.0mm，活性区外为不锈钢材料包裹。共有三颗源强度不同的钴 -60 放射源，一颗可以步进控制源位置，另外两颗为固定出源长度。源构造相同，只是步进源紧靠源辫前端，固定源离源辫前端有一定距离（图 15-2，见彩图）。德国 Eckert&Ziegler BEBIG 公司生产的 A86 型钴源后装机放射源外观尺寸 Φ1.0mm×5.0mm，钴源中心活性区尺寸为 Φ0.6mm×3.5mm，活性区和最外层不锈钢包壳之间有 0.1mm 空气层。临床上使用 ^{192}Ir 源，需要每年更换 2～4 颗源。由于钴源的半衰期长于铱源，且钴源规格也可以微型化，考虑到换源的审批手续、新旧源及运输的成本，^{60}Co 源在后装近距离治疗中的优势越来越明显。

（三）^{137}Cs

铯 -137 是人工放射性同位素，它是从原子核反应堆的副产物经化学提纯加工而得到。铯 -137 的 γ 射线能量是单能的，为 0.662MeV，半衰期为 33 a，平均每年衰变 2%。铯 -137 的物理状态为不溶性粉末或者用陶瓷做载体制成微小颗粒，可直接封装在双层不锈钢源壳内，加工成直径 1.5mm 的珠粒，源活度为 0.148 GBq，用于低剂量率后装治疗机。由于微型铱 -192 源广泛运用，取代了铯 -137 管源和颗粒状源在后装近距离治疗中的地位。γ 源后装治疗机常用核素特性见表 15-1。

表 15-1　γ 源后装治疗机常用核素特性[①]

放射性核素	半衰期	辐射类型	γ 光子平均能量（MeV）	空气比释动能强度与源活度转换因子（Gy·m²/h·Ci）
^{192}Ir	74.0d	β、γ	0.37	4.034×10^{-3}
^{60}Co	5.27a	β、γ	1.25	1.130×10^{-2}
^{137}Cs	30.0a	β、γ	0.662	2.873×10^{-3}

注：①本表部分数据引自 *Radiation Protection in the Design of Radiotherapy Facilities*，IAEA Safety Reports Series No.47，108-109

二、贮源器

可容纳一个或多个放射源的容器。贮源器表层是外套起支撑作用，内层主要是铅，中

☆★☆☆

心嵌有弯曲通道的钨合金防护块可以屏蔽射线，减少射线对医护人员的危害。钨合金内穿有两根 S 管，存放放射源和模拟源。当结束治疗后，放射源就退回到贮源器里。贮源器提供了电离辐射防护。现代后装治疗机源强可以达到 370GBq 以上。贮源器装载最大允许活度放射源时，距离贮源器表面5cm 的任何位置，泄漏辐射所致周围剂量当量率不能超过 50μSv/h。距离贮源器表面 100cm 的任何位置，泄漏辐射所致周围剂量当量率不能超过 5μSv/h。

三、施源器

治疗时放置于人腔体、管道或组织间，供放射源驻留或运动并实施治疗的特殊器具。包括与放射源传输导管相连的插植针，施源管或其他特殊形状的施源器。施源器外形根据人体解剖形状和治疗目的设计，内部正好能够插进带有颗粒状辐射源的钢丝绳。治疗时贮源器里的放射源由步进电机以步进方式移动到所需要照射的部位进行逐点照射治疗，治疗结束后放射源被自动拉出施源器，退回到贮源器内。施源器形状、结构及材料要符合剂量学原则，形成各种预定的剂量分布，最大限度地保护邻近正常组织和器官。施源器一般采用硬质金属制作而成。随着三维适形治疗在近距离治疗的开展，CT、MRI 在近距离治疗中应用越来越广泛，施源器材料逐渐由金属转变为钛合金和塑料。多篇文献报道，含有金属的施源器对剂量影响大于全塑料施源器。施源器根据肿瘤的形状和发生癌变器官的形状被设计成各种相应的形状，特别是 3D 打印施源器的出现，使施源器的形状从标准化进入个体化时代，后装三维剂量设计的理论得以实施。按照治疗部位的不同，施源器的尺寸长度和外形特征也不尽相同，其种类可以多达几百种。主要可以分为腔内型、管内型、组织间型和表面型。每种施源器由不同的放射源传输导管与后装机相连接。

（一）腔内型施源器

利用人的自然腔体置放的施源器。由塑料或者不反射电磁波的金属制成，管内能够插入带有放射源的钢丝绳，按腔位的不同可分为：宫腔管、穹窿管、阴道中心源施源器、鼻咽管等。

（二）管内型施源器

该施源器通过特制的转换器与后装治疗机相连接，一端封闭，具有弹性的一次性导管或根据病变部位进行特定设计的施源器。如直肠管、食管型施源器。

（三）组织间型施源器

组织间后装插植是把中空的施源器直接插入组织中，通过连接输源管道与放射源相连进行放射治疗，使肿瘤组织得到高剂量的照射，周围正常组织得到保护的一种后装近距离放射治疗技术。所用的施源器也叫插植针，主要有金属和塑料两种材料。不同长度的刚性金属针需要特定的放射源传输导管，这种针经消毒后可以重复使用。一次性的具有弹性的细长塑料管也需要相应的不同型号的放射源传输导管。组织间型施源器在插植过程中使用模板，特定的空间几何定位可得到标准的剂量分布。

（四）表面型施源器

与组织间型施源器类似，也是在塑料材料中插入细长的有弹性的导管构成。但是它无须插入患者皮肤或黏膜的病变部位，只是贴近治疗。

四、治疗通道

治疗通道是密封放射源或其组件在其中运动的轨道。通道与施源器和贮源器相连接。

铱 -192 源后装机多至 40 个通道。德国 Eckert&Ziegler BEBIG 公司生产的 BEBIG 钴源后装机也达到 20 个治疗通道。多通道就可以设置多个治疗区域。虽然只有一颗放射源，但通过分度头的引导控制，放射源可以依次通过相应源传输管道和施源器到达治疗区，按计划实施治疗。如皮肤插植放疗时，需要 10 ～ 20 个施源器，以形成比较理想的剂量分布。治疗通道包括步进治疗通道和固定出源长度的通道。其中步进通道的源运动由电脑控制的步进电机执行，步进距离为 2.5mm、5mm 或 10mm。中国核动力研究设计院设备制造厂生产的 GZP 3 型钴 -60 源后装机有 3 个通道，其中 2 个固定出源长度的通道，1 个步进治疗的通道，每个通道各有一颗放射源。最近，随着技术的发展，该型钴 -60 源后装机 3 个通道都具备步进治疗的功能。

五、治疗通道分度头

分度头可以连接多个源传输管道（治疗通道）和施源器。采用独特的机电一体化结构，计算机发出控制指令，步进电机带动源分配器，使之对准指定通道接口。分配器上装有光码盘，以确定每个通道的准确位置，由光电转换器转变成电信号，通过并口输入到 PLC 上，由程序读取。如果有误差，则发出故障报警，然后跳过故障通道继续检测，检测未成功就无法进行治疗。分度头上有 3 个检测报警系统：一是分配器上装有的光电开关检测，以确保基准位和选定相应通道；二是分度头锁紧检测报警系统；第三是施源器插管插入检测报警系统。分度头外为锁紧盘，当插好施源器插管后转一下锁紧把手，施源器与后装机连接端就被卡死，不会脱落。如果在操作中没有锁紧或者没有插入施源器插管，机器就会报警并中断治疗。

六、控制系统

包括放射源和模拟源的传输系统，紧急回源装置，计时器等。与放射源或模拟源的驱动缆缠绕在送丝轮上，由步进电机驱动。放射源（真源）和模拟源（假源）的几何尺寸及外形结构相同。在治疗过程中，源传输通道对准后，先出模拟源，计算机判断确认没有丢步时，抽回模拟源出放射源实施治疗，即"假源探路，真源治疗"。当出现计算机死机、系统硬件故障、通讯中断及门机联锁故障等状况紧急回源系统则会启动。紧急回源系统是独立的直流电机 - 减速机带动送丝轮，与计算机 - 步进电机驱动系统无关。在正常情况下，紧急回源系统与步进电机、送丝轮完全脱离，不论步进电机正反转动，都与之无齿合关系。当启动紧急回源系统后，电磁离合器吸合，带动送丝轮，将放射源送回贮源位置。控制系统准确地控制放射源照射时间，显示放射源启动、传输、驻留及联锁装置状态等。

七、治疗计划系统

治疗计划系统包括放射源在三维空间坐标重建、设计和优化治疗计划及保证治疗的个体化的控制系统。在给患者上施源器后，在模拟定位机下摄片，调整施源器位置符合要求。再由数字化仪输入各驻留点，用 TPS 重建各点的三维坐标，根据临床要求，设计优化治疗计划，并确认实施治疗。现在的三维后装计划系统可以 CT 图像导入，三维重建 CT 图像上逐层勾画靶区。每次治疗过程中根据肿瘤的体积、大体形态及肿瘤与膀胱直肠的关系，实时勾画靶区，优化治疗剂量曲线，实现后装治疗的精确化、个体化，从而大大增加局部肿瘤控制率。

☆★☆☆

第三节　后装 γ 源近距离治疗机检测指标与方法

后装 γ 源近距离治疗机属于精密的放射治疗设备。为了确保设备能够稳定、正常地运转，充分发挥它的功用，更好地为患者和服务，工作人员正确使用和保养及工程技术人员正确维护与检测非常重要，也是非常必要的，这是从事放射治疗所有工作人员和维护检测工程技术人员责无旁贷的职责。除了正确使用和常规保养外，定期对后装 γ 源近距离治疗机进行检测是质量控制的重要环节。这项工作主要由维修工程师、放射治疗物理师及放射卫生技术服务机构的技术人员来实施完成。评价后装 γ 源近距离治疗机的质量有统一的标准。中华人民共和国制定和颁布了相应的国家标准、行业标准及计量检定规程等。本书主要以中华人民共和国卫生行业标准《后装 γ 源近距离治疗质量控制检测规范》（WS 262—2017）作为后装 γ 源近距离治疗机的质量控制检测与评价依据。

一、源传输到位精确度

（一）检测目的和原理

高剂量率遥控后装腔内近距离治疗系统广泛应用于临床，所用放射源属于高剂量率（A 点剂量率 > 12Gy/h）。有研究表明：1mm 施源器重建不确定度和沿施源器方向 1.5mm 的源驻留位置不确定度导致在小于 2 倍处方剂量的范围内，剂量不确定度小于 2%。因此，源传输到位精确度对剂量分布影响极大，会直接影响治疗效果。源缆进出过程中弹性的变化和源缆的长度及导管的弯曲半径都会改变源传输到位精确度，因此每年一次的状态检测；铱 -192 源后装机换源或维修后及钴 -60 源后装机每 3 个月的稳定检测就十分必要。

（二）检测工具

源位检测尺（图 15-3）、摄像设备、免冲洗胶片、胶片扫描仪、后装放疗质量控制分析软件及检定 / 校准过的直尺。

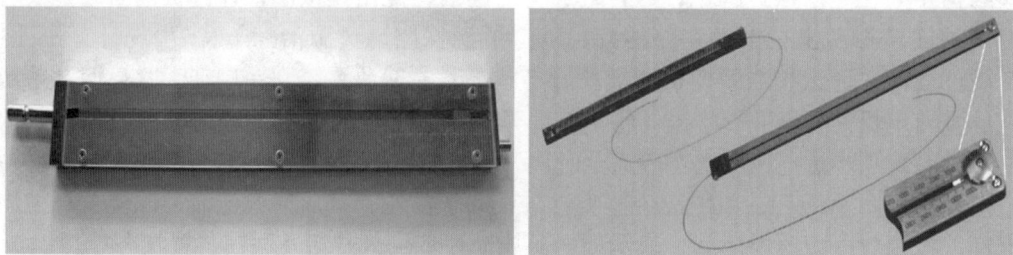

图 15-3　后装机源位检测尺

（三）检测方法

1. 测量

方法一：源位检测尺（厂家提供）与输源导管连接在固定治疗通道或者步进治疗通道上（图 15-4），通过放射治疗计划系统制定一个单通道最远端驻留点或者任意一个驻留点的计划，单通道最远端驻留点的距离是根据的厂家规定来设置（如中国核动力研究设计院生产的 GZP 3 型钴 -60 源后装机规定的源到位长度为 275mm±1mm。）。通过摄像机观察源到达源位检测尺的实际位置（图 15-5），并与放射治疗计划预定值进行比较，其最大差

图 15-4　源到位精确度摆位图

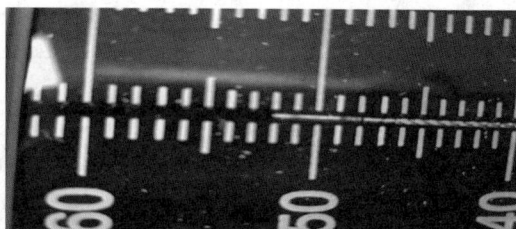

图 15-5　源到位精确度视频截图

值为源传输到位精确度。

方法二：输源导管的一端与后装机分度盘上步进治疗通道或者固定治疗通道相连接，另一端连接施源器，将施源器紧贴固定在水平放置于有机玻璃板上的免冲洗胶片上，在胶片上对施源器最远端进行标记。制作一个单通道最远端驻留点的计划，根据源的活度及胶片的耐受剂量优化计算出驻留时间。照射完成后，胶片上的曝光点就是源的驻留位置。用直尺测量曝光点与标记之间的距离，即为源到位精确度（图 15-6）。也可以对免冲洗胶片进行扫描，导入后装放疗质量控制分析软件中分析图像并计算出源传输到位精确度。

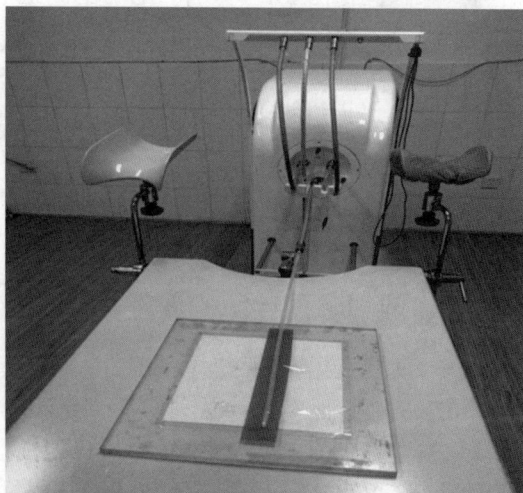

图 15-6　源到位精确度胶片摆位图

2. 计算及数据处理　将上述检测方法得出的测量结果代入公式（15-5）计算得出源传输到位精确度。

$$\Delta P = P_m - P_S \tag{15-5}$$

式中：

ΔP——源传输到位精确度，mm；

P_S——源计划到达位置，mm；

P_m——源实际达到位置，mm。

3. 结果评价　源传输到位精度误差要求在 ±1mm 以内。

记录及报告的撰写是后装近距离治疗质量控制检测中重要的一个环节，是后装近距离治疗质量控制检测结果的最终体现。故而在形成原始记录和报告的过程中同样要加强质量控制。首先原始记录与报告的内容要全面反映后装近距离治疗机的基本信息，以及各指标测量结果和数据转移路径。其次原始记录与报告的内容和格式要符合本技术服务机构《质量手册》《程序文件》和《作业指导书》的要求。本节提供了各检测项目的原始记录式样，

☆☆☆☆

供读者参考。源传输到位精确度的记录式样如图 15-7。根据此原始记录得出最终的结果，并将其转移至报告上。

通道数	1 通道	2 通道	3 通道
源计划到达位置 P_S (mm)			
源计划到达位置 P_m (mm)			
源计划到达位置 ΔP (mm)			

计算结果：$\Delta P = P_m - P_S$

图 15-7　源传输到位精度记录示意图

4. 检测中的主要问题

（1）检测方法一中，采用的是后装机生产厂家随机配备的源位检测尺，此源位检测尺无法进行检定校准，数据无法溯源。针对这一问题，需准备一把检定/校准过的直尺，然后与厂家源位检测尺比对，得出的结果才具有溯源性。并且在检测中要注意，到位点是源端还是源中心点，这取决于临床物理师治疗计划的制订方式。

（2）胶片测量时需要注意的问题。在胶片上对施源器最远端进行位置标记时应考虑施源器盲端的壁厚（此厚度可以由施源器生产厂家提供）。如果是依据源中心作为到位点，还应该考虑源的长度。在曝光区域，不宜使用记号笔做标记，标记方法建议使用针头扎孔且针孔应尽可能小，以避免影响曝光区域。胶片应根据其产品说明中规定的曝光范围使用，避免过度曝光。

二、放射源累计定位误差

（一）检测目的和原理

由于后装近距离治疗放射源周围组织器官的剂量梯度变化很大，放射源实际位置与治疗计划位置稍有偏差就会引起较大的照射剂量偏差，放射源在步进通道运行多个驻留点后，最后一个驻留点实际驻留位置和预设驻留位置之间是否存在误差，对治疗剂量分布的准确性和正常组织器官的保护都至关重要。

（二）检测工具

源位检测尺、摄像装置、免冲洗胶片、胶片扫描仪、后装放疗质量控制分析软件及检定/校准过的直尺。

（三）检测方法

1. 测量

方法一：把源位检测尺与输源导管连接在步进治疗通道上，通过放射治疗计划系统制订计划。设定 10 个点，点与点之间的距离设置为 5mm 或后装腔内近距离治疗机规定的步进距离，并设置和记录每个驻留点的位置。使放射源总驻留时间为 5min，每点驻留 30s。通过照相机（具有摄像功能）或机房监控装置观测源位检测尺上每个驻留点的位置并记录。

方法二：输源导管的一端与后装机分度盘上步进治疗通道相连接，另一端连接施源器，将施源器紧贴固定在水平放置于有机玻璃板上的免冲洗胶片上。通过放射治疗计划系统制订计划，设定 10 个点，点与点之间距离 5mm 或 10mm。根据源的活度及胶片的耐受剂量优化计算出每个点的驻留时间。照射后胶片上可清晰显示驻留点每步长曝光情况，找出每个曝光点的中心后，用直尺测量相邻两中心点的距离即可验证源运动步长的精度，进而可以算出每个点的到位误差，最后一个驻留点的到位误差就是放射源累计定位误差。照射后的胶片也可经扫描仪扫描，用后装放疗质量控制分析软件分析胶片上每一个驻留点的到位误差，得出最后一个驻留点的到位误差，即为放射源累计定位误差（图 15-8，见彩图）。

2. 计算及数据处理 通过方法一测得每个驻留点的实际驻留位置，把每个测量值代入公式（15-6）计算出每个驻留点定位偏差值 ΔD，最后一个驻留点定位偏差值即为放射源累计定位误差。

$$\Delta D = D_p - D_0 \tag{15-6}$$

式中：

ΔD——驻留点定位偏差，mm；

D_p——驻留点的实际驻留位置，mm；

D_0——驻留点的预置驻留位置，mm。

3. 结果评价 放射源累计定位误差要求在 ±2mm 以内。放射源累计定位误差的记录式样见图 15-9。

驻留点 d	1	2	3	4	5	6	7	8	9	10
预计驻留位置（mm）										
实际驻留位置（mm）										
偏差值 ΔD（mm）										
计算结果（mm）										

偏差值计算结果 $\Delta D = D_p - D_0$

图 15-9 放射源累计定位误差记录示意图

4. 检测主要问题与实例

（1）放射源累计定位误差也可以采用公式 15-7 计算获得。但是公式中的每个点差值包括了该驻留点启动时的误差和系统性的定位误差（源传输到位精确度误差），每个点差值分别扣除源传输到位精确度误差值后，10 个点差值的和才是放射源累计定位误差。该指标可以通过机械调试和软件数据的修改达到标准要求，比如 GZP 3 型钴 -60 源后装机，在操作软件中调整步进因子就可使其达到最佳状态。

计算放射源累计定位误差 S 如公式（15-7）：

$$S = d_1 + d_2 + d_3 + \cdots + d_{10} \tag{15-7}$$

式中 d_1，d_2，$d_3 \cdots d_{10}$ 分别为第 1 ～ 10 个驻留点的差值（mm）。

（2）使用胶片测量应注意的问题：胶片应根据本书前面章节或者使用软件介绍的方法进行校准。在测量时步进距离的设定应考虑放射源物理尺寸，驻留点间距尽可能大。驻留点间隔距离小，相邻驻留点产生剂量融合，高剂量曲线区成为一个平台，无法形成剂量峰值，导致软件无法分析。肉眼识别也会发现照射后高剂量区融合在一起，无法分清点与点的位置。故在测量步进间隔距离小（如 2.5mm）的累计定位误差时，不建议使用胶片法。每个点的驻留时间应根据放射源的活度及胶片的响应宽度优化确定，以期得到清晰分明的照射图像。

三、源驻留时间误差

（一）检测目的和原理

总体上，后装腔内近距离治疗的治疗剂量由放射源的活度和源驻留时间决定。放射源活度明确后，治疗剂量的大小就依据源驻留时间长短来确定。因此，源驻留时间的准确性影响治疗剂量的准确性。

（二）检测工具

源位检测尺、具有时间显示功能的摄像机、校准后的秒表。

（三）检测方法

1. 测量　通过放射治疗计划系统制订计划，任意选择一个通道驻留位置，驻留时间60s，并用摄像机拍摄整个驻留过程。在计算机上用软件对摄像内容进行播放。源到达和退出驻留点的瞬间，用慢镜头一帧一帧播放（图 15-10），时间可以精确到0.00s，使其出源时间和设定时间基本达到同步。也可以用经过校准后的秒表进行测量。

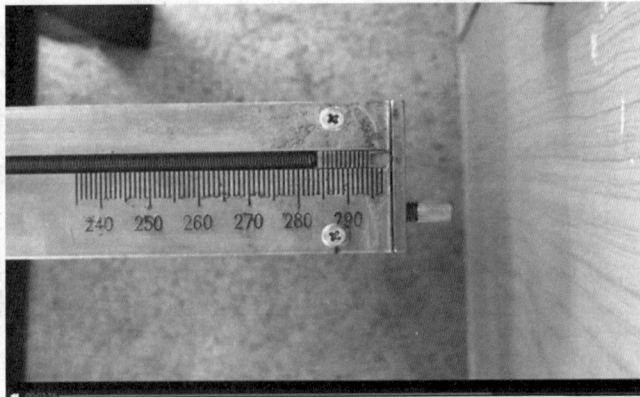

图 15-10　源驻留时间误差视频截图

2. 计算及数据处理　把测得的驻留时间代入公式（15-8），得出源驻留时间误差。

$$V_T = T_m - T_s \tag{15-8}$$

式中：

V_T——源驻留时间误差，s；

T_m——预置驻留时间，s；

T_s——测量时间，s。

3. 结果评价　源驻留时间误差要求在 $\pm 0.5\,s$ 以内。源驻留时间误差测量记录式样如图 15-11。

测量次数	1	2	3
预置驻留时间 T_m（s）			
测量时间 T_s（s）			
源驻留时间误差 ΔT（s）			

计算结果：$\Delta T = T_m - T_s$

图 15-11　源驻留时间误差测量记录示意图

四、源活度

目前，后装 γ 源近距离治疗机主要应用 ^{192}Ir 源和 ^{60}Co 源。对放射源活度测量方法有指形电离室测量法（一种方法是测量水介质中源的照射量率，另一种方法是测量参考点源的空气比释动能率）和井型电离室测量法。井型电离测量 ^{192}Ir 源和 ^{60}Co 源空气比释动能强度方法简便、快捷。它测量的单位与吸收剂量单位一致，不需要繁琐的单位换算，并方便于各种核素间大小比较，不必考虑源的几何和物理结构，如源的包壳、源壁材料和厚度等对吸收剂量计算的影响。本节主要介绍井型电离室测量法。

（一）检测目的

后装 γ 源近距离治疗是采用放射源外观活度来确定患者的治疗剂量和放射治疗计划，因此，放射源活度测量精度及校准方法是治疗剂量准确性和治疗效果的质量保证。目前，由于指形电离室检测方法的繁琐，以及医疗机构对近距离治疗质量控制设备配备的不够重视（如井型电离室），导致相当一部分医疗机构仅根据厂家提供的源标称活度（误差在 ±10%）来进行计划和治疗，这将导致治疗计划剂量不准确，给患者带来潜在危害并影响治疗效果。

（二）检测工具

主要使用放射治疗剂量仪（静电计）、井型电离室及相应的测量支架（图 15-12）、温度计及气压计等。温度计测量范围从 0 ～ 50℃，最小分度值 0.5℃。气压计测量范围 50 ～ 106kPa，最小分度值 0.1kPa。检测仪器要定期进行检定或校准。

（三）检测方法

铱 -192 源后装机以其放射源微型化的优势，在临床上的使用占很大份额。荷兰核通、美国瓦里安、德国 BEBIG 及北京科霖众等厂家生产的铱 -192 源后装机都属于一颗 ^{192}Ir 源，多个治疗通道，源可以随机选择治疗通道。由于 ^{60}Co 半衰期为 5.27 年，不需要频繁更换放射源，因此近几年 ^{60}Co 在后装近距离治疗中

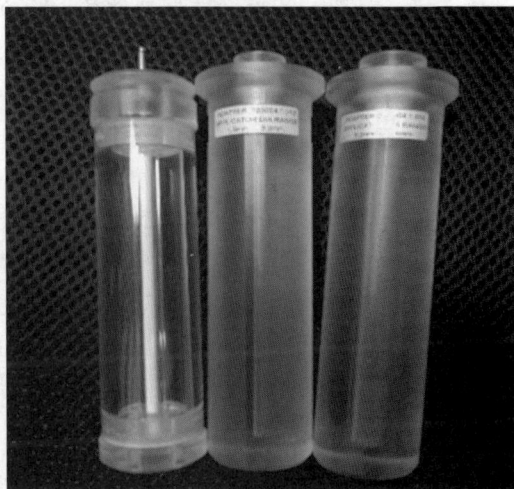

图 15-12　井型电离室测量支架

得到了普遍应用。国内医疗机构使用的钴 -60 源后装机有两种机型，一是德国 BEBIG 后装机，这种机型和铱 -192 源后装机一样具有单源多通道的特点。二是中国核动力研究设计院生产的 GZP 3 型钴 -60 源后装机，该机型有 3 个治疗通道，其中 2 个是固定出源长度通道，1 个是步进治疗通道，每个通道各有 1 颗放射源，3 颗 ^{60}Co 源的源强度不同，3 颗源总活度一般为 1.85×10^{11} Bq 左右，2 个固定出源长度通道的源活度相差很小，步进治疗通道中的源活度在 3 颗放射源中最大，现以此型机器为例来介绍该项目的检测方法。

1. 测量

（1）步进通道中源的活度

①测量前，把气压计、温度计与井型电离室放置在治疗室30min，使其与周围环境气压、温度平衡。连接放射治疗剂量仪与井型电离室，通电预热 15min。施源器一端连接后装机步进通道，另一端插入井型电离室测量支架，拧紧并在井口用胶布固定，以防止在测量过

☆★☆☆

程中，源在施源器里来回运动时发生位置变动而影响测量结果（图 15-13）。为了克服散射线对源活度测量精度的影响，井型电离室摆放位置离墙至少 1.5m，离地面至少 1m。

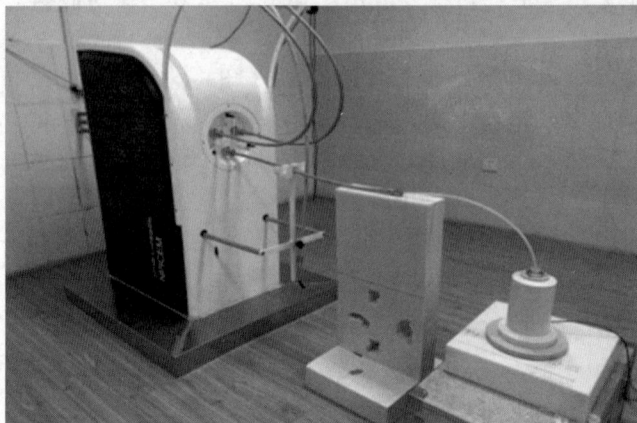

图 15-13　源活度测量摆位图

②由于电离室的响应与源在测量支架内的位置有关，所以需要寻找源在井型电离室中的最大灵敏位置。首先在计划系统建立一个治疗计划：使用步进通道，设定步长 2.5mm 或 5.0mm（根据治疗机本身设定的最小步长），放射源停留 10 个驻留点，每个点驻留时间 20s。然后经后装治疗机源驱动系统按治疗计划，由定时控制装置自动地将源沿着测量支架方向传输到电离室底部，源步长 2.5mm 或 5.0mm 向上移动，每个驻留点治疗剂量仪预置测量时间 15s，收集电离电荷积分。10 个点测量完，找到剂量仪读数显示的最大值的驻留点位置即电离室的最大灵敏点。该点在施源器底部的 50～55mm 位置（图 15-14）。

③建立一个治疗计划，设置 10 个驻留点，在最大灵敏点的驻留位置预置照射 8min，其他 9 个驻留点每个预置照射 5s。按照治疗计划将源传输到井型电离室最大灵敏度响应位

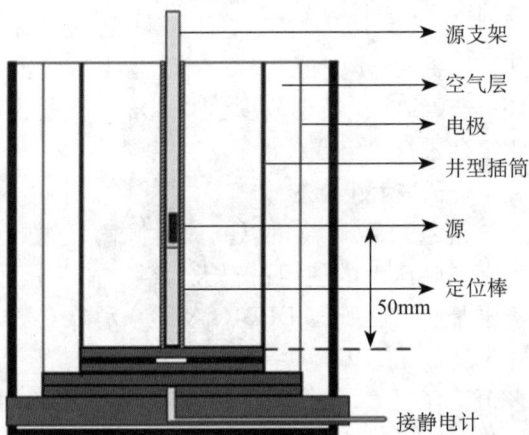

图 15-14　源和测量支架在井型电离室最佳驻留位置示意图

置，测量该位置电离电荷读数。剂量仪设置时间 60s，收集电离电荷积分，测量 5 个电离电荷积分。对于单源多通道的后装机，一般选择步进通道来测量源活度。

（2）固定出源长度通道中源的活度：由于固定出源长度通道源的驻留点是固定的，需要用手动的办法寻找电离室的最大灵敏点。将一段 20mm 长的小塑料管（由于散射的原因，不宜选择金属类材料），放在测量支架底部。在自由空气中，测量支架插入井型电离室，再插入连接固定通道的施源器，测量电离电荷读数。然后增加或减少小塑料管的长度，找到最大电离电荷读数时小塑料管的长度，再用此小塑料管垫在测量支架底部，插入施源器，剂量仪设置时间 60s，收集电离电荷积分，测量 5 个电离电荷积分。由于两个固定治疗通道必须同时出源，相互之间存在影响，会使测量值偏大，所以把其中一个治疗通道的出源时间设定为 5s，等这一通道的源回到储源器中后，再开始测量另一个通道中源的活度。

☆　☆　☆　☆

2. 计算及数据处理　计算源空气比释动能强度 S_K：

$$S_K = M_u \cdot N_{SK} \cdot N_E \cdot C_{T \cdot p} \cdot A_{ion} \tag{15-9}$$

式中：

M_u——5 个电离电荷读数平均值，nC/min；

N_{SK}——井型电离室放射源空气比释动能强度刻度因子，Gy·m^2/h·A；

N_E——剂量仪刻度系数；

$C_{T \cdot P}$——气压、气液修正因子；

A_{ion}——电离电荷复合率校准因子。

电离电荷复合率校准因子 A_{ion} 测量：

将源传输到井型电离室最大灵敏度位置，剂量仪分别在高压 300 V，半压 150 V（所使用剂量仪高压值的 1/2）时测量电离电荷积分，各取 5 个读数求算术平均值。计算电离电荷复合率 A_{ion}：

$$A_{ion} = \frac{4}{3} - \left(\frac{1}{3} \times \frac{Q_1}{Q_2} \right) \tag{15-10}$$

式中：

Q_1——剂量仪在高压 300V 电离电荷读数，nC/min；

Q_2——剂量仪测量仪在半压 150V 电离电荷读数，nC/min。

电离室的灵敏度取决于灵敏体积内的气体原子数量，对于密封电离室，这个数值在较长时间是恒定的。对于非密封电离室（电离室空腔内气体与外界空气连通），则取决于气压和温度。因此，使用非密封电离室测量绝对剂量值必须进行相应的补偿，剂量仪和电离室均要进行环境温度、气压的校准。

环境温度、气压校准因子 $C_{T \cdot P}$ 公式如下：

$$C_{T \cdot P} = \frac{273.15 + T}{273.15 + T_0} \cdot \frac{P_0}{P} \tag{15-11}$$

式中：

T——环境温度读数，℃；

P——环境气压读数，kPa；

T_0——标准条件温度，22℃；

P_0——标准条件气压，101.3kPa。

然后根据公式（15-12）计算出源外观活度：

$$A_{app} = \frac{S_k}{F} \tag{15-12}$$

其中 F 为放射源空气比释动能强度与源活度转换系数（查表 15-1）。依据公式（15-13）计算相对偏差：

$$DeV = \frac{A_{app,B} - A_{app,t}}{A_{app,t}} \times 100\% \tag{15-13}$$

式中：

$A_{app,B}$——临床实际使用源活度值，Bq；

$A_{app,t}$——检测源的活度值，Bq。

3. 结果评价　源活度标称值与实测源活度的偏差要求在 ±5% 以内。源活度的测量记录式样如图 15-15。

☆ ★ ☆ ☆

检测环境条件 $P=$_____kPa $T=$_____℃

通道数	筛选值 M_u (Gy)	最大点重复测量值 M_u(Gy)	临床使用源活度 $A_{app,B}$(Bq)	检测源活度 $A_{app,t}$(Bq)	相对偏差 (%)
1 通道					
2 通道					
3 通道					

计算结果：$S_K=M_u \cdot N_{SK} \cdot N_E \cdot C_{T-P} \cdot A_{ion}$　　$A_{app}=S_K/F$

$$DeV=\frac{A_{app,B}-A_{app,t}}{A_{app,t}}\times 100\%$$

图 15-15　源活度测量记录示意图

4. 检测中的主要问题

（1）施源器的选用：由于临床治疗的需要，后装机配备有不同的材料和不同形状的施源器，临床常用的有金属和塑料两种材料施源器（本章节前面对后装机的各类施源器作了详细的介绍）。近距离治疗剂量计算通常是基于均匀水介质，一般忽略了施源器对于射线的衰减效应。金属和塑料材料施源器均会对 ^{192}Ir 和 ^{60}Co 近距离治疗源的剂量分布产生影响。由于低能光子容易被金属施源器中的高原子序数的物质吸收，金属施源器相比于塑料施源器会对近距离治疗源的剂量分布产生更大的影响。且随施源器的厚度增加而增加，而塑料施源器对剂量的影响与厚度无关。故在对源活度进行校准测量时，应选择塑料（如聚乙烯）材质制作的施源器，选择其他材质的施源器（如钛合金），必须考虑它对射线的衰减并要进行修正。选择的施源器尺寸及长度要和井型电离室的支架相匹配（如中国核动力研究设计院生产的 GZP 3 型钴 -60 源后装机配备的食管和 PTW 的井型电离室如图 15-16）。

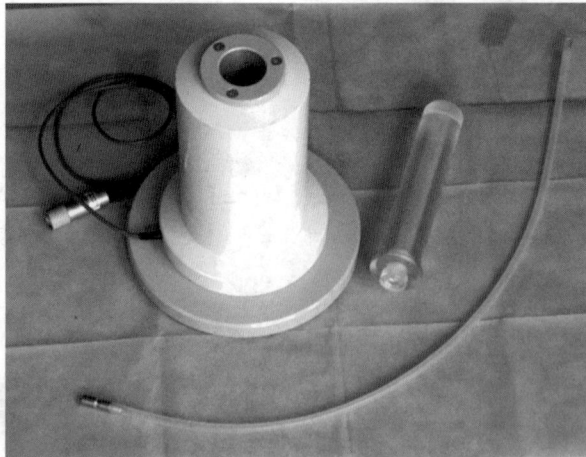

图 15-16　施源器、支架及井型电离室示意图

塑料材质制作的施源器可用于三维适形治疗中 MRI 定位，但是由于价格昂贵，临床消毒要求严格，目前大多数使用后装近距离治疗机的医疗机构并未配置此类型施源器，这对我们检测工作带来很大的不便。建议检测机构可根据井型电离室支架的规格，以及几种常

见后装机的机型自行配备施源器。

（2）如何确定质量控制时源活度的标称值：后装近距离治疗机所使用的源在出厂时，放射源检定证书上会标注该放射源的活度及标定日期。但是放射源生产厂家的出厂源初始活度控制的偏差较大（±10%），并且是源的总活度（如 GZP 3 型钴 -60 源后装机给出的是3 颗钴源总活度），这就使源活度的不确定度和质量控制标准（±5%）不一致，无法使用该值作为源活度质量控制检测时的标称值。但是放射源在临床使用前，会对每个源进行校准，校准后的源活度值输入计划系统用于治疗。源活度质量控制检测时，可以选用后装近距离治疗计划系统中经过衰变校正后的源活度值作为标称值。如果有条件，也可以选用物理师利用自己的检测工具对放射源进行活度测量和校正的值作为标称值。

（3）井型电离室的校准：本书前面章节已介绍了井型电离室的校准。虽然国内已经建立了井型电离室检定的标准实验室，但是无法提供井型电离室 ^{60}Co 源空气比释动能强度的刻度因子，这是钴源后装机质量控制检测中遇到的最大难题。

五、多源系统重复性

（一）检测目的

临床后装放射治疗需要根据肿瘤的形状进行插植或布置多个施源器，后装腔内近距离治疗的放射源依据治疗计划进入和退出各个施源器并驻留，以达到剂量分布与肿瘤适形。源驻留到位的重复性同样会影响剂量的分布与准确性。后装腔内近距离治疗系统分为源单独选择步进或固定多源系统（如 GZP 3 型钴 -60 源后装机）；源随机选择步进或固定通道系统（如单源多个通道的后装机）。

（二）检测工具

主要使用放射治疗剂量仪(静电计)、井型电离室及相应的测量支架、温度计和气压计等，温度计测量范围从 0 ~ 50℃，最小分度值 0.5℃，气压计测量范围 50 ~ 106kPa，最小分度值 0.1kPa。检测仪器要定期进行检定或校准。

（三）检测方法

1. 测量

（1）单独选择步进或固定多源系统：按照源活度检测方法，源在步进通道和固定治疗通道的最佳驻留位置，收集电离电荷时间 60s，读取 10 个读数。

（2）源随机选择步进或固定多源系统：按照源活度检测方法，源在步进通道最佳驻留位置，收集电离电荷时间 60s，读取 10 个读数。并随机选择固定治疗通道，在源最佳驻留位置，收集 10 个 60s 电离电荷的读数。

2. 计算及数据处理　把收集的 10 个读数代入公式（15-14）计算重复性：

$$V(\%) = \frac{1}{\overline{X}} \sqrt{\frac{1}{n-1} \sum_{i=1}^{n} (X_i - \overline{X})^2} \times 100\% \tag{15-14}$$

式中：

X_i——源在井型电离室最大灵敏度位置，第 i 个测量读数；

$\overline{X}$——源在井型电离室最大灵敏度位置连续取 10 个读数的平均值。

3. 结果评价　源单独选择多源系统的重复性要求为 0.02% 以内；源随机选择多源系统的重复性要求为 0.03% 以内。多源系统重复性的测量记录式样如图 15-17。

☆☆☆☆

多源系统重复性：

□ 源单独选择步进和固定多源系统
□ 源随机选择步进和固定多源系统

测量次数	1	2	3	4	5	6	7	8	9	10	计算结果（%）
步进通道测量值（＿＿）											
固定通道测量值（＿＿）											

计算结果 $V(\%)=\dfrac{1}{\overline{X}}\sqrt{\dfrac{1}{n-1}\sum_{i=1}^{n}(X_i-\overline{X})^2}\times100\%$

图 15-17　多源系统重复性测量记录示意图

六、贮源器表面泄漏辐射所致周围剂量当量率

（一）检测目的

对贮源器表面泄漏辐射所致的周围剂量当量率进行检测，是为了保护患者和工作人员的健康安全。

（二）检测工具

经检定或校准的辐射防护仪。

（三）检测方法

1. 测量　根据后装机形状进行布置测量点，以后装机面对治疗患者方向定义为前方，其他几个方向分别为后、左、右、上方向。用辐射防护仪对后装机这 5 个方向的表面 5cm 和 100cm 处分别进行巡测，找到每个方向泄漏辐射所致周围剂量当量率最大处，测量并读取 5 个读数。

2. 计算及数据处理　取 5 个读数算术平均值，代入公式（15-15）计算贮源器表面 5cm 和 100cm 处泄漏辐射所致周围剂量当量率 $\dot{H}^*(d)$。

$$\dot{H}^*(d)=\dot{H}^*(10)\cdot N_{H^*(10)} \tag{15-15}$$

式中：

$\dot{H}^*(10)$——周围剂量当量率读数平均值，μSv/h；

$N_{H^*(10)}$——辐射防护仪针对该 γ 源的周围剂量当量率刻度因子。

3. 结果评价　贮源器表面 5cm 所致泄漏辐射周围剂量当量率应不超过 50μSv/h，100cm 时应不超过 5μSv/h。测量记录式样如图 15-18。

检测位置	5cm		100cm	
	检测结果（μSv/h）	计算结果（μSv/h）	检测结果（μSv/h）	计算结果（μSv/h）
前				
后				
左				
右				
上				

计算结果：$\dot{H}^*(d)=\dot{H}^*(10)\cdot N_{H^*(10)}$

注：计算结果未扣除场所本底，场所本底检测读数 ＿＿＿（μSv/h），场所本底计算结果为 ＿＿＿（μSv/h）。

图 15-18　贮源器表面所致泄漏辐射周围剂量当量率测量记录示意图

第四节　粒籽源永久性植入系统

一、粒籽源永久性植入系统的构成及工作原理

放射性粒籽源植入是近距离放射治疗的一种方式,于100多年前就开始用于肿瘤的治疗。近期,特别是超声和CT等影像学技术的发展及计算机三维治疗计划系统的出现,使放射性粒籽源植入治疗肿瘤的技术得到飞速进步。放射性粒籽源植入是将放射性核素封入包壳内,然后将其埋入组织间通过放射性核素持续释放射线对肿瘤细胞进行杀伤。主要利用影像学设备(如B超和CT等)引导下定位、确定植入通道。通过三维治疗计划系统(TPS)制定粒子植入的治疗方案,放疗物理师根据医师给出的处方剂量及患者肿瘤靶区的位置、大小,计算出将要用于治疗的源活度、类型、数量及源在肿瘤靶区的有效等剂量分布的治疗计划。然后通过手术或在影像设备引导下用粒籽插植器将粒籽源植入到肿瘤内部,植入结束后还要进行源定位和剂量分布的验证,以此达到精确植入、治疗的目的。植入方式主要分为暂时性植入和永久性植入。暂时性植入指把放射性粒籽源植入一段时间后取出,而永久性植入就是把放射性粒籽源永久的放置于病变部位。

现今核反应堆可以生产人工低能核素,多种人工放射性核素被用于粒籽源的制造,加之计算机技术的发展,极大地提升了粒籽源治疗的核素选择、剂量确定和电离辐射防护等方面的实践水平。目前临床上常用粒籽源的外观呈小圆柱形,长约4.5mm,直径约0.8mm。源内核是起标记定位的高原子序数金属(银、钨、钯等)、陶瓷、离子交换树脂、镀有银的玻璃球等。

放射性核素在内核上的分布大体分两种类型,一种是将放射性核素浸吸在内核内部(体积分布);另一种是将放射性核素镀覆(吸附)在内核表面(面分布)。内核外包裹一层很薄的、组织相容性好的钛金属,钛管壁厚范围可在0.025～0.127mm选择。钛管两端口密封,目前采用激光、等离子和闪光电阻焊接等方法进行焊封。焊封成品必须具有良好的密封性。焊封区呈半圆(弧)状与钛管体平滑相连,表面无裂痕毛刺和气泡孔,确保内核放射性核素不外泄。通过机械、化学腐蚀等手段,对钛管表面或内外表面进行粗化处理,形成锯齿螺纹状,以增加超声波与粒籽源表面反射,增强粒籽源与人体组织间摩擦力,起到能清晰观察粒籽源的位置和防止粒籽源在体内位移的作用。但粗化结构应不使粒籽源在注射针中造成"卡源"现象。

^{125}I 和 ^{103}Pd 是国内普遍采用的放射性粒籽源永久性植入的两种放射性核素。^{125}I 是用热中子照射丰度较高的氙气 ^{124}Xe 产生放射性 ^{125}Xe,经过电子俘获衰变到 ^{125}Te (碲)激发态,7% 概率发射出 35.5keV 的 γ 射线,93% 的概率经内转换过程释放 27 ～ 32keV 的特征辐射和电子线后回到基态,其半衰期为 59.40d。^{125}I 粒籽源为直径 0.8mm,长度 4.6mm,壁厚 0.06mm 的钛管,中心直径为 0.5mm×3.0mm 的渗过 ^{125}I 放射性核素的银棒 (图 15-19)。^{125}I 粒籽源发射的射线在组织间的穿透距离短,

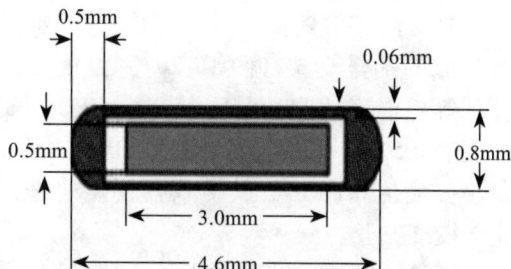

图 15-19　^{125}I 粒籽源结构示意图

☆★☆☆

有效杀伤射程为 1.7cm，因此不会损伤到周围正常组织，更不会引起全身症状。^{125}I 粒籽植入治疗既能提高肿瘤的局部控制率和远期治愈率，最大限度地杀灭肿瘤细胞，同时又能保护周围正常组织。

放射性核素 ^{103}Pd 的 γ 射线能量与 ^{125}I 接近，加权平均能量 20.74 keV，半衰期 16.99 天，衰变后转为稳定态的 ^{103}Rh。^{103}Pd 在水中的剂量分布与 ^{125}I 相似，但剂量下降比 ^{125}I 快，插植体积内剂量分布的均匀性及等剂量分布的各向同性劣于 ^{125}I。^{103}Pd 能量低，0.06mm 的铅就可以阻止 97% 以上的射线。^{103}Pd 粒籽源适用于对射线低度至中度敏感的肿瘤永久性植入治疗，适用于前列腺癌或不可手术的肿瘤治疗，也可用于原发肿瘤切除后残余病灶的植入治疗，通常还可用于头部、颈部、肺等部位的治疗，对肿瘤细胞杀伤力强，对正常组织损伤小，防护简便，具有对患者和医务工作人员伤害小的优点。^{125}I 和 ^{103}Pd 两种粒籽源的特性见表 15-2。

表 15-2　放射性粒籽源常用核素特性[①]

放射性核素	半衰期	辐射类型	光子平均能量（MeV）	空气比释动能强度与源活度转换系数（μGy·m^2·h^{-1}·mCi^{-1}）
^{125}I	60.1d	γ	0.028	1.270
^{103}Pd	16.96d	γ	0.021	1.293

注：①本表部分数据引自 Radiation Protection in the Design of Radiotherapy Facilities，IAEA Safety Reports Series NO.47，108-109

二、粒籽源活度检测

（一）检测目的

目前，临床上多采用的是厂家提供的粒籽源活度来计算治疗剂量，未再准确测量活度就实施治疗，而厂家给出的活度值误差较大，不利于保证放射治疗的质量。粒籽源活度的检测，能更好地对粒籽源植入治疗进行质量控制，准确把握治疗剂量，保证治疗效果，减少正常组织器官的照射。中华人民共和国国家职业卫生标准《核医学放射防护要求》（GBZ 120—2020）中要求：对于植入治疗的粒籽源，植入前应至少抽取 10%（至少不能少于 3 颗）或全部（植入数 ≤ 5 颗）进行源活度的质量控制检测。

（二）检测工具

放射治疗剂量仪（静电计）、井型电离室及相应的测量支架（图 15-20）、温度计、气压计等。温度计测量范围从 0 ～ 50℃，最小分度值 0.5℃，气压计测量范围 50 ～ 106kPa，最小分度值 0.1 kPa。检测仪器要定期进行检定或校准。

（三）检测方法与评价

1. 测量　测量前，把气压计、温度计与井

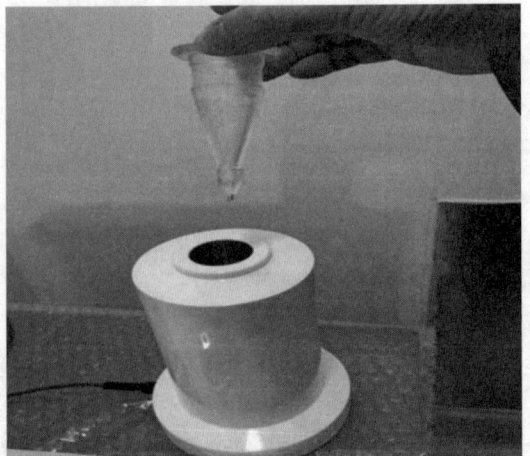

图 15-20　井型电离室及支架

☆ ☆ ☆ ★

型电离室放置在治疗室 30min，使其与周围环境气压、温度平衡。连接放射治疗剂量仪与井型电离室，通电预热 15min。井型电离室放置位置应离墙至少 1.5m，距离地面至少 1m，将测量支架插入井型电离室，取出要测量的粒籽源，放在电离室入口处，用植入针沿测量支架把粒籽源送到源的最佳驻留位置（可以按照后装机源活度测量方法，在支架底部放置小塑料管，寻找源的最佳驻留位置）。设置收集时间 60 s，测量 5 个电离电荷积分。

2．计算及数据处理　用公式（15-16）计算源空气比释动能强度 S_K：

$$S_K = M_u \cdot N_{SK} \cdot N_E \cdot C_{T \cdot p} \cdot A_{ion} \tag{15-16}$$

式中：

M_u——5 个电离电荷读数平均值，nC/min；

N_{SK}——井型电离室 ^{125}I 或 ^{103}Pd 粒籽源空气比释动能强度刻度因子，Gy·m^2/h·A；

N_E——剂量仪刻度系数；

$C_{T \cdot p}$：气压、气液修正因子；

A_{ion}——电离电荷复合率校准因子。

电离电荷复合率校准因子 A_{ion} 测量：

用植入针沿测量支架将粒籽源送到井型电离室最大灵敏度位置，测量仪分别在高压 300 V，半压 150 V（或所使用剂量仪高压值的 1/2）测量电离电荷积分，各取 5 个读数求算术平均值。根据公式（15-10）计算电离电荷复合率 A_{ion}。

然后按照公式（15-17）计算出源外观活度：

$$A_{app} = \frac{S_k}{F} \tag{15-17}$$

其中 F 为 ^{125}I 或 ^{103}Pd 粒籽源空气比释动能强度与源活度转换系数（查表 15-2）。依据公式（15-18）计算相对偏差：

$$DeV(\%) = \frac{A_{app,n} - A_{app,t}}{A_{app,t}} \times 100\% \tag{15-18}$$

式中：

$A_{app,n}$——厂家提供源标称活度值，Bq；

$A_{app,t}$——实际检测活度值，Bq。

3．结果评价　厂家源标称活度值与实测活度值的相对偏差应在 ±5% 以内。粒籽源活度的测量记录式样如图 15-21。

标称放射源活度：第 1 粒＿＿＿，第 2 粒＿＿＿，第 3 粒＿＿＿，室温＿＿＿℃，气压＿＿＿kPa

测量粒数	M 点测量值（nC/min）					计算结果（%）
	1	2	3	4	5	
第 1 粒						
第 2 粒						
第 3 粒						

相关计算公式：$S_K = M_u \cdot N_{SK} \cdot N_E \cdot C_{T \cdot p} \cdot A_{ion}$　　$A_{app} = \frac{S_k}{F}$

$$DeV(\%) = \frac{A_{app,n} - A_{app,t}}{A_{app,t}} \times 100\%$$

图 15-21　粒籽源活度测量记录示意图

☆☆☆☆

第五节 新型后装腔内近距离治疗系统

为了在肿瘤治疗中取得更好的效果，科技人员仍在不断的探索新的近距离放射治疗设备、放射源及措施，主要体现在微型放射源的开发，高性能计算机治疗计划系统和控制系统的应用，以及利用放射治疗设备对肿瘤进行的适形放射治疗和调强放射治疗。新型后装腔内近距离治疗系统需要三维治疗计划规划、更准确的剂量、更精确的到位精度和驻留时间、更多样的施源器配置来完成治疗。经过多年的努力和探索，以及当前后装腔内近距离治疗的规范和要求，后装腔内治疗系统的机型类型已经基本定型，根本变革的可能性不大。从 20 世纪 90 年代早期开始，后装腔内近距离治疗就把寻求新型放射源并与之相匹配的机械系统作为了新的发展方向。本节主要介绍中子源后装治疗机和电子近距离治疗系统。

一、中子源后装治疗机

20 世纪 30 年代，中子就被用于治疗肿瘤。初期主要被用于中子源加速器，属于远距离放射治疗。近年来，中子在后装腔内近距离治疗技术中的应用得到了很大的发展。1983 年临床上已经开始研究并用 ^{252}Cf（锎）中子后装机治疗妇科肿瘤。如今，阴道癌、宫颈癌、宫体癌、食管癌、皮肤黑色素细胞瘤等利用中子源后装腔内近距离治疗已经取得了显著的成效。^{252}Cf 是目前用于腔内治疗的较好的中子放射源。^{252}Cf 的半衰期是 2.65 年，发射裂变中子，中子的平均能量为 2.35MeV，同时也发射 γ 射线。中子在放射生物学中有一定的独特优势，细胞中的氧充足，放射敏感性就高，乏氧细胞对辐射的敏感性较差，而大多数恶性肿瘤中存在的乏氧细胞，使肿瘤抗辐射能力增强。对低能量辐射（光子、电子）具有抗性。乏氧细胞吸收的剂量与含氧细胞吸收的剂量之比称为氧增比（OER）。中子的氧增比低于 γ 射线，即 OER 值低，约为 1.6。相对生物效应系数较大，一般为 2～10。所以，中子后装腔内近距离治疗在放射治疗中优势明显。我国的中子后装机从 1996 年开始研制，现在已经研制成功并投入临床使用，但因为中子源价格昂贵，防护要求太高，至今尚没有商品化的锎中子后装机，在临床上应用并不十分广泛。

中子后装腔内近距离治疗系统采用现代成熟的 γ 射线后装腔内近距离治疗技术，在机电一体化的基础上，利用治疗计划系统创建治疗计划，改变放射源的驻留位置和时间来达到治疗目的。与 γ 射线后装腔内近距离治疗系统的原理和结构基本一致，主要区别在于放射源的不同，其采用的是 ^{252}Cf 放射源，使用的是中子和光子的混合束进行治疗，并且中子剂量计算数字模型与光子不同。

中子后装腔内近距离治疗系统的质量控制重点关注放射源活度、放射源到位精度、驻留时间偏差和源安全储存时的泄漏辐射。

二、电子腔内近距离治疗系统

临床治疗用的 X 射线治疗机根据能量高低分为临界 X 射线机（6～10kV）、接触 X 射线机（10～60kV）、浅层 X 射线机（60～160kV）、深部 X 射线机（180～400kV）。X 射线治疗机是比较古老的外照射治疗机，与钴 -60 治疗机、医用电子直线加速器相比，X 射线治疗机由于其绝缘限制，只能产生千伏级 X 射线，其能量低，易散射，深部剂量分布差，表面吸收剂量大。但是它的造价低廉，技术成熟，结构相对简单，对表浅肿瘤和皮肤病治疗仍占一席之地，并且有很好的生物效应，目前临床上仅用于皮肤瘢痕的治疗及作为电子束治疗的代用装置。近年随着腔内放射治疗对于放射源的探索，其中能量为 $10 \sim 60kV$ 的接触 X 射线机重新进入了腔内放射治疗领域。电子腔内近距离放射源即 X 射线治疗机的 X 射线管，只是体积更小，更微型化，工作电压一般为 40kV、45kV 和 50kV。50 kV 的平均能量是 $26.6 \sim 26.7keV$，源轴向剂量率 3cm 处 $0.6 \sim 1Gy/min$。电子腔内近距离治疗系统的质量控制可以参考本书第 12 章医用 X 射线治疗机相关介绍。

第 16 章

其他放射治疗设备

第一节　螺旋断层放射治疗装置

　　螺旋断层放射治疗系统 (TOMO Therapy Hi·Art)，集 IMRT（调强适形放疗）、IGRT（影像引导调强适形放疗）、DGRT（剂量引导调强适形放疗）于一体，是目前世界尖端的肿瘤放射治疗设备之一，其独创性的设计以螺旋 CT 旋转扫描方式，结合计算机断层影像导航调校，突破了传统加速器的诸多限制，在 CT 引导下 360° 聚焦断层照射肿瘤，对恶性肿瘤患者进行高效、精确、安全的治疗。TOMO 放疗技术的发明可比拟于从 X 射线机到 CT 的飞跃，在肿瘤治疗史上具有革命性里程碑的意义，开辟了肿瘤治疗的新篇章。

　　TOMO 实现了肿瘤的自适应放疗，应用于全身各种肿瘤，特别是对多发病灶和紧邻重要脏器或组织的肿瘤治疗更显出其优势；TOMO 在充分保护正常器官的前提下，提高靶区照射剂量，从而提高各种肿瘤患者的治愈率。国内第一台螺旋断层放射治疗是在 2007 年由中国人民解放军总医院引进的。

一、螺旋断层放射治疗装置及工作原理

（一）主要结构组成

　　螺旋断层放射治疗装置的照射实施系统主要由直线加速器、次级准直器、多叶准直器、MVCT（兆伏级三维 CT）探测器和主射束铅屏蔽组成。图 16-1（见彩图）为治疗装置外形及其坐标系，图 16-2 和图 16-3 为治疗装置的主要结构组成。

（二）技术参数

　　1. 典型螺旋断层放射治疗装置的主要技术参数如下

　　（1）治疗 X 射线：6MV X 射线，扇形窄束。

　　（2）源轴距（source-to-axis distance, SAD）：85cm。

　　（3）照射野：在机架等中心位置，照射野为 40cm 长（患者横向或治疗床横向，X 轴方向）、1～5cm 宽（患者纵向或治疗床纵轴方向，Y轴方向）的狭长照射野（矩形照射野），最大射野为 40cm×5cm；临床治疗所用典型射野

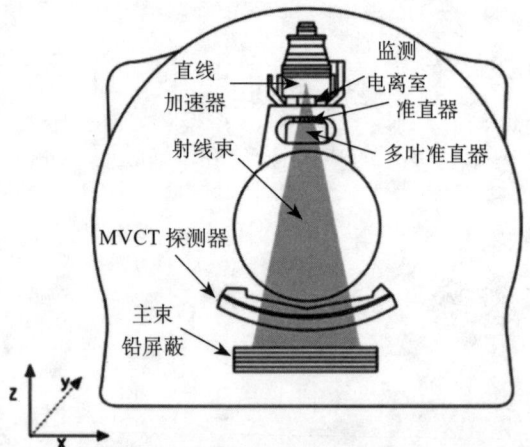

图 16-2　TOMO 主体部件结构图

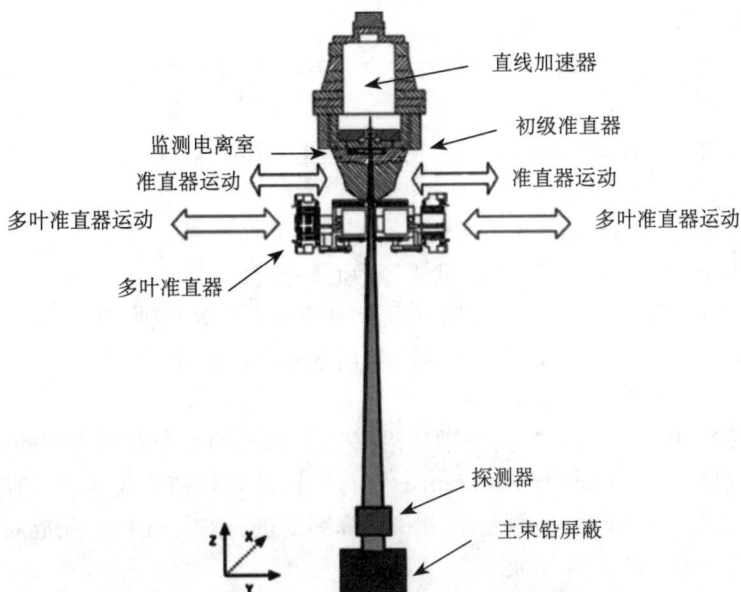

图 16-3　TOMO 束流准直部件侧面图

宽度为 1cm、2.5cm 和 5cm。

（4）机架等中心处的输出剂量率：8～9Gy/min。

（5）治疗方式：机架连续旋转、治疗床连续移动的螺旋断层方式，和 X 射线计算机螺旋断层摄影装置（螺旋 CT）的扫描方式相同。在治疗照射时，初级射线通过初级准直器后，经可调整宽度的次级准直器形成狭长扇形射线束，该射线束通过由 64 个叶片组成的多叶准直器，每个叶片在等中心处的等效宽度为 6.25mm，通过调整每个叶片的开合时间对治疗射线束进行强度调制。

（6）MVCT 影像引导设备：3.5MV 的 X 射线。

（7）装置屏蔽：具有宽度调整功能的次级准直器由 23cm 厚的金属钨组成，在加速管、靶及准直器周围设置铅块阻挡泄漏辐射；在主射线束的对面、MVCT 探测器的下方，孔径的另外一面设置有一个主射束铅屏蔽，由 13cm 厚的铅块组成，该主射束铅屏蔽随机架旋转，任何时刻都位于主射束的正前方。

2. 螺旋断层放射治疗装置的术语和定义

（1）螺旋断层放射治疗装置（helical TOMO therapy unit）：将直线加速器安装在滑环机架上，应用逆向 CT 成像原理，采用调强的扇形射线束，以螺旋旋转的方式进行放射治疗的装置。

（2）MVCT：采用 3.5MV 扇形束 X 射线进行 CT 扫描的图像引导设备。

（3）固定坐标系（IEC f）。

TOMO 使用的坐标系是固定的，依据《放射治疗设备坐标、运动与刻度》（GB/T 18987—2015）关于放疗设备坐标、移动和刻度的要求建立固定坐标系（IEC f）。这个三维坐标系以机架的等中心为原点（图 16-4，见彩图）。

①横向轴（X）：机器的等中心为横向 X 轴坐标的原点，从设备正面看，右侧为正（+Xf）。

②纵向轴（Y）：机器的等中心为纵向 Y 轴坐标的原点，从设备正面看，等中心处远

☆ ☆ ☆ ☆

离孔径为负（－Yf）。

③垂直方向轴（Z）：机器的等中心为上、下方向 Z 轴坐标的原点，从设备正面看，往上为正（+Zf）。

（4）机架等中心（Gantry isocenter）/治疗平面等中心（Treatment plane isocenter）：螺旋断层放疗装置扇形束照射路径中机架孔径的中心点。

（5）虚拟等中心（Virtual isocenter）：虚拟等中心位于治疗床上方，沿 Y 轴方向在机架等中心约 700mm 处的位点，高度和机架等中心一致。

（6）射野宽度（Field width）：射野在系统治疗等中心处纵轴方向（Y 方向）的宽度。

（7）调制因子（Modulation factor）：多叶准直器最长的叶片打开时间（Leaf Open Time）和叶片平均打开时间的比值。

（8）螺距（Pitch）：机架每旋转一圈床沿 Y 轴移动的距离与射野宽度的比值。

（9）DQA（Delivery Quality Assurance）：将临床计划移植到模体，并在螺旋断层放疗系统中执行，用剂量评估软件对测量剂量和计算剂量进行对比评估，完成对螺旋断层放疗系统完整剂量递送过程的质量保证。

（10）断层径照（TOMO Direct）：采用固定治疗角度，结合二元气动多叶准直器叶片对射线快速调制及治疗床的移动来产生高度适形的剂量分布。

（三）工作原理

螺旋断层放射治疗系统 TOMO 集 IMRT（调强适形放疗）、IGRT（影像引导调强适形放疗）、DGRT（剂量引导调强适形放疗）于一体。其结构包括旋转机架、患者治疗床、激光定位系统、操作台工作站、状态控制台、计划系统等。螺旋断层放射治疗系统将 6MV 直线加速器安装在孔径 85cm 的螺旋 CT 滑环机架上，治疗时机头发出的扇形束随机架旋转对人体 360°旋转照射，单次照射多达 2 万个子野数目。它可产生 6MV 的扇形束 X 射线，经射线出口处的二元开/关式多叶准直器调制，从而实现 360°螺旋断层调强放射治疗；也可形成 3.5MV 的扇形束 X 射线，经螺旋扫描而重建出兆伏级的三维 CT 图像（即 MVCT）。在治疗开始前进行 MVCT 成像扫描，重建出患者的三维影像，与计划 CT 影像进行比较，从三维方向上修正摆位误差，从而实现图像引导下的 IMRT 治疗。其治疗扇形束特性是向前呈峰行的束流曲线，直至通过一排 64 片二元开/关式钨多叶光栅实现调制为止，其中每一片投影到等中心的宽度为 0.625cm。仅大于且接近于 7°的旋转间隔（即投影点）定义为单独调制模式，确切地说机架每旋转周对应有 51 个投影角度，并可通过 Hi-Art 计划系统来实现优化计算。治疗时直线加速器产生的 X 射线首先经窄条形的初级准直器形成窄扇形束，在等中心处的射野约为 40cm×（1cm、2.5cm、5cm）。每个叶片的物理外形像 1 个梯形挡块，高 10cm，准直器的叶片只有 2 种位置状态"开"和"闭"。当叶片处于"闭"时，该单元不允许射线穿过；叶片处于"开"时，该单元允许射线穿过。依靠气动电动机快速推动活塞，使叶片进出扇形束，得到二维调强剂量分布。光栅叶片可以在 20ms 内关闭或打开扇形射线。应该指出的是，每个治疗点都会被旋转扇形束重叠照射 2～5 次，可照射 100～250 个子束流，并且子束流可以分为 0～100 个不同强度水平。每次治疗都会用到几万个子束流，尤其在靶区附近的正常组织需要躲避时仍能非常好地维持靶区剂量均匀性。

TOMO 放射治疗系统相比于传统疗法，最大的特点就是：肿瘤剂量适形度更高，肿瘤剂量强度调节更准，肿瘤周围正常组织剂量调节更细。具体体现为：

1. 360° 旋转，51 个弧度，全方位断层扫描照射　在线成像系统确定或精确调整肿瘤位置，数以千计的放射子野以螺旋方式围绕患者实施精确照射。从而可以使高度适形的处方剂量送达靶区，敏感器官的受量大大降低或避免。

2. 卓越的图像引导功能　TOMO 放射治疗系统的成像和治疗采用同一放射源——兆伏级 X 射线，在放疗的同时即可采集 CT 数据，使放射治疗和螺旋 CT 流畅结合。

3. 自适应放疗，动态跟踪定位　CT 成像探测器会在放疗的同时收集穿透患者身体后的 X 射线，从而推算出肿瘤实际吸收的射线能量，为以后的放疗剂量提供科学准确的参考数据。

4. 治疗范围广，治疗环节少，自动化程度高　TOMO 放射治疗系统集治疗计划、剂量计算、兆伏级 CT 扫描、定位、验证和螺旋放射功能于一体，治疗摆位和验证自动化程度高，花费时间少。

二、检测指标与方法

开展螺旋断层放射治疗的医疗机构应按国家相关标准的要求制定质量保证大纲和质量控制检测计划或方案，应配置基本剂量学设备和质量控制检测设备，对治疗装置和检测设备进行有效的维护和保养。与其他放射诊疗设备一样，螺旋断层放射治疗装置的质量控制检测也包括验收检测、状态检测和稳定性检测，验收检测和状态检测应委托具备资质的放射卫生技术服务机构承担，稳定性检测由医疗机构自行完成也可委托技术服务机构完成。质量控制检测中，性能指标的检测结果与《螺旋断层放射治疗装置质量控制检测规范》（WS 531—2017）规定的指标限值比较，若出现偏离应查明原因并予以纠正。

本节主要依据《螺旋断层放射治疗装置质量控制检测规范》（WS 531—2017）中的质量控制检测指标及要求进行介绍，指标主要有：静态输出剂量、旋转输出剂量、射线质（百分深度剂量，PDD）、射野横向截面剂量分布、射野纵向截面剂量分布、多叶准直器（MLC）横向偏移、绿激光灯指示虚拟等中心的准确性、红激光灯指示准确性、治疗床的移动准确性及床移动和机架旋转同步性。

（一）静态输出剂量

1. 检测工具　剂量仪，电离室，气压表，温度计，TOMO 平板固体水（其中包括含电离室插孔的固体水）15cm×55cm，厚度包括 0.5cm、1cm、2cm、5cm；或水箱。

2. 检测方法

（1）测量

方法一：

①设置治疗机架角度固定为 0°、照射野为 40cm×5cm 或 10cm×5cm 的出束条件，打开绿激光灯，为模体摆位做准备。

②将 TOMO 平板固体水模体设置于治疗床上，源皮距（SSD）为 85cm，模体中剂量测量点中心与虚拟等中心对准；考虑沉降，进床 700mm 观察（图 16-5，见彩图）。

③将电离室插入固体水模体中，剂量测量参考点位于模体表面下 1.5cm 处，电离室与剂量仪连接。

④打开剂量仪，预热（5min）并进行温度和气压的校正，保证仪器功能正常；操作剂量仪：选择电离室，再进行加 300 偏压（绝对剂量 +300，相对剂量 − 300），测 60 s 本底，再执行 "START"，为开始测量做好准备。

⑤选择"Daily QA"计划执行，治疗装置按照预定的时间出束，记录剂量仪的测量读数。

方法二：检测条件和摆位同方法一，利用水箱、剂量仪及电离室测量水下1.5cm（剂量测量参考点）处的剂量。

（2）计算及数据处理：记录剂量仪读数，记录式样如图16-6。根据不同电离室的校准因子，分别利用公式（16-1）、公式（16-2）、公式（16-3）计算校准后的测量值 D_i。

出束时间 t：=__s，预置剂量 D_0：___cGy，SSD：85cm，测量深度 d：1.5cm，射野 =___cm×___cm，X 线标称能量：___MV，温度：___℃，气压：___kPa				
读数值 Mi（cGy）	1	2	3	均值
N_X：___ N_K：___ N_D：___ $K_{att}K_m$：___ $S_{W,air}$：___ P_u：___ P_{cel}：___ K_{TP}：___ $PDD_{(20cm)}/PDD_{(10cm)}$：___ TPR_{10}^{20}：___				
测量均值 D（cGy）		剂量偏差：		
出束时间 t：=__s，预置剂量 D_0：___cGy，SSD：85cm，测量深度 d：1.5cm，射野 =___cm×___cm，X 线标称能量：___MV，温度：___℃，气压：___kPa				
读数值 Mi（cGy）	1	2	3	均值
N_X：___ N_K：___ N_D：___ $K_{att}K_m$：___ $S_{W,air}$：___ P_u：___ P_{cel}：___ K_{TP}：___ $PDD_{(20cm)}/PDD_{(10cm)}$：___ TPR_{10}^{20}：___				
测量均值 D（cGy）		剂量偏差：		
$D_i=M \cdot N_K(1-g) \cdot K_{att} \cdot K_m \cdot K_{TP} \cdot S_{W,air} \cdot P_u \cdot P_{cel}$ [或 $D_i=M \cdot N_x(W/e) \cdot K_{att} \cdot K_m \cdot K_{TP} \cdot S_{W,air} \cdot P_u \cdot P_{cel}$ 或 $D_i=M \cdot N_D \cdot K_{TP} \cdot S_{W,air} \cdot P_u \cdot P_{cel}$]				
注：M 为标准剂量计的读数；N_K 空气比释动能校准因子；N_x 为照射校准因子；N_D 电离室空腔的吸收剂量校准因子；W/e 在空气中形成每对离子（其电荷量为1个电子的电荷）所消耗的平均能量，W/e=33.97J/C；g 为 X 辐射产生的次级电子小号与轫致辐射的能量占其初始能量总和的份额，g 约为 0.003；K_{att} 为校准电离室时，电离室室壁及平衡帽对校准辐射（一般为 ^{60}Co 的 γ 射线）的吸收和散射的修正；K_m 为电离室室壁及平衡帽的材料对校准辐射空气等效不充分而引起的修正。$S_{W,air}$ 为校准深度水对空气的平均阻止本领比；P_u 为扰动修正因子；P_{cel} 为中心电极影响，其数值取 1				

图 16-6　TOMO 质量控制检测记录（静态输出剂量部分）

$$D_i = M \times N_K(1-g) \times K_{att} \times K_m \times K_{TP} \times S_{W,air} \times P_u \times P_{cel} \tag{16-1}$$

$$或\ D_i = M \times N_x(W/e) \times K_{att} \times K_m \times K_{TP} \times S_{W,air} \times P_u \times P_{cel} \tag{16-2}$$

$$或\ D_i = M \times N_D \times K_{TP} \times S_{W,air} \times P_u \times P_{cel} \tag{16-3}$$

式中：

M——标准剂量计的读数；

N_K——空气比释动能校准因子；

N_x——照射校准因子；

N_D——电离室空腔的吸收剂量校准因子；

W/e——在空气中形成每对离子（其电荷量为1个电子的电荷）所消耗的平均能量，W/e =33.97 J/C；

g——X 辐射产生的次级电子小号与韧致辐射的能量占其初始能量总和的份额，g 约为 0.003；

K_{att}——校准电离室时，电离室室壁及平衡帽对校准辐射（一般为 ^{60}Co 的 γ 射线）的吸收和散射的修正；

K_m——电离室室壁及平衡帽的材料对校准辐射空气等效不充分而引起的修正；

$S_{W, air}$——校准深度水对空气的平均阻止本领比；

P_u——扰动修正因子；

P_{cel}——中心电极影响，其数值取 1。

利用公式（16-4）计算偏差。

$$\Delta = \frac{D_i - D_0}{D_0} \times 100\% \tag{16-4}$$

式中：

Δ——偏差，%；

D_i——测量的吸收剂量值，cGy；

D_0——预置照射的吸收剂量值，cGy。

（3）结果评价：模体中参考点处吸收剂量的测量值与标称值的偏差应在 ±2.0% 以内。

（二）旋转输出剂量

1. 检测工具　TOMO 圆柱形组织等效均匀模体（由两个半圆柱组成，直径 30cm，长 18cm）、剂量仪、电离室、气压表和温度计。

2. 检测方法

（1）测量

①用 CT 对 TOMO 圆柱形组织等效均匀模体进行扫描（电离室插入模体），将 CT 扫描图像导入治疗计划系统制订螺旋断层适形调强放射治疗计划（图 16-7）。

②将 TOMO 专用圆柱形组织等效均匀模体置于治疗床上，电离室插入水平中线下的孔里（即电离室测量模体中心下 0.5cm 处的绝对剂量）；绿激光灯对准模体上黑色标注线（图 16-8）。

③剂量仪预热，详细步骤同"静态输出剂量"测量。

④选择"ZZZ_Rotational Output QA"计划，控制机架旋转进行模拟治疗照射，记录静

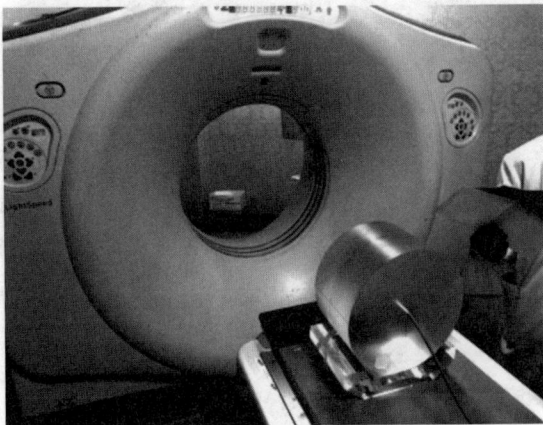

图 16-7　用 CT 对模体和探头进行计划制订

图 16-8　用 TOMO 对模体和探头进行旋转扫描

☆ ☆ ☆ ☆

电计的测量读数（记录样表如图 16-9）并计算出模体参考点的吸收剂量。

出束时间 t: =____s，预置剂量 D_0: ____cGy，SSD: <u>85cm</u>，X 线标称能量: ____MV，温度: ____℃，气压: ____kPa				
读数值 Mi (cGy)	1	2	3	均值
N_X: ____ N_K: ____ N_D: ____ $K_{att}K_m$: ____ $S_{W,\ air}$: ____ P_u: ____ P_{cel}: ____ K_{TP}: ____ $PDD_{(20cm)}/PDD_{(10cm)}$: ____ TPR_{10}^{20}: ____				
测量均值 D（cGy）		剂量偏差:		
注: 计算公式参照静态输出剂量计算				

图 16-9 TOMO 质量控制检测记录（旋转输出剂量部分）

（2）计算及数据处理：根据不同电离室的校准因子，分别利用公式（16-1）、公式（16-2）、公式（16-3）计算校准后的测量值 D_i。然后根据公式（16-4）计算偏差。

（3）结果评价：模体参考点吸收剂量的测量值与治疗计划剂量值的偏差应在 ±4.0% 以内。

（三）射线质（百分深度剂量，PDD）

1. 检测工具 剂量仪、电离室、气压表、温度计、TOMO 平板固体水（其中包括含电离室插孔的固体水）15cm×55cm，厚度包括 0.5cm、1cm、2cm、5cm；或水箱。

2. 检测方法

（1）测量

方法一：

①设置 TOMO 机架角度固定为 0°、照射野为 40cm×5cm 或 10cm×5cm。

②将 TOMO 平板固体水模体置于治疗床上，源皮距为 85cm。

③固体水模体摆位、选择治疗计划及剂量仪操作同静态输出剂量的方法（图 16-10），依次测量出模体表面下 1.5cm、10cm、20cm 的剂量值（记录样表如图 16-11）。

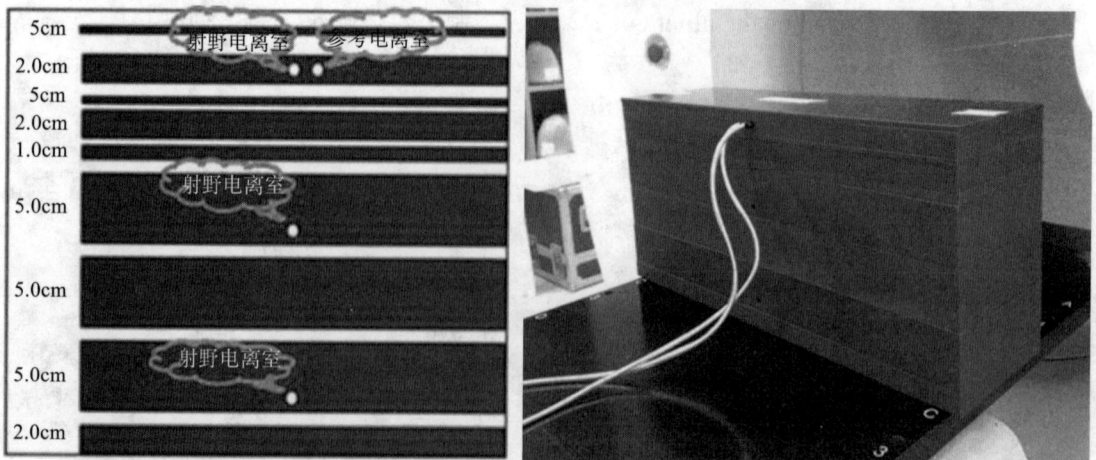

图 16-10 模体摆位方式（PDD）

④按固体水模体表面下 1.5cm 深度处的剂量进行归一（$PDD_{10/1.5}$，$PDD_{20/1.5}$），得出 PDD_{20}/PDD_{10} 值。

SSD：85cm，射野 =＿＿cm×＿＿cm，X 线标称能量：＿＿MV			
射线质（百分深度剂量，PDD）			
项目	PDD_{10}	PDD_{20}	PDD_{20}/PDD_{10}
测量值			
计划值			
偏差			
射野横向截面剂量分布			
对称性			
射野纵向截面剂量分布			
曲线半高宽		偏差	

图 16-11　TOMO 质量控制检测记录（射线质和射野横、纵向截面剂量分布部分）

方法二：检测条件和摆位同方法一，利用水箱、剂量仪及电离室测量水下 1.5cm、10cm、20cm 处的剂量值。按水下 1.5cm 深度处的剂量进行归一（$PDD_{10/1.5}$，$PDD_{20/1.5}$），得出 PDD_{20}/PDD_{10} 值。

（2）计算及结果评价：模体表面下 10cm 的百分深度剂量（PDD_{10}）和模体表面下 20cm 的百分深度剂量（PDD_{20}）分别与计划的 PDD 进行比较，两者的偏差均应在 ±3.0% 以内。同时模体中测量的 PDD_{20}/PDD_{10} 与计划的 PDD_{20}/PDD_{10} 两者偏差也应在 ±3.0% 以内。

（四）射野横向截面剂量分布

1. 检测工具　TOMO 平板固体水模 15cm×55cm、厚度包括 0.5cm、1cm、2cm、5cm，免冲洗胶片、胶片分析仪；或三维水箱、剂量仪、电离室、气压表和温度计。

2. 检测方法

（1）测量

方法一：

① TOMO 机架角度固定为 0°、照射野为 40cm×5cm 或者 10cm×5cm，源皮距为 85cm。

②免冲洗胶片放在 TOMO 平板固体水模表面下 1.5cm 深度处，同一照射野条件下测量出距模体表面 1.5cm 深度处的横向截面剂量分布曲线（图 6-12，见彩图）。

③分析并确定剂量分布曲线的对称性。记录样表见图 16-11。

方法二：直接用三维水箱和电离室按照方法一条件进行出束扫描（图 16-13，见彩图），然后分析剂量分布曲线。

（2）计算及数据处理：利用测量软件，可以直接从分析结果中读取横向截面剂量分布曲线的对称性。

（3）结果评价：横向截面剂量分布曲线的对称性偏差应在 ±3.0% 以内。

（五）射野纵向截面剂量分布

1. 检测工具　TOMO 平板固体水模 15cm×55cm、厚度包括 0.5cm、1cm、2cm、5cm，

☆ ☆ ☆ ☆

免冲洗胶片、胶片分析仪；或三维水箱、剂量仪、电离室、气压表和温度计。

2. 检测方法

（1）测量：检测方法同射野横向截面剂量分布的检测方法，分析并确定剂量分布曲线的半高宽，同时与计划的 Y 轴方向照射野宽度进行对比。记录样表见图 16-11。

（2）结果评价：纵向截面剂量分布曲线的半高宽与计划的照射野宽度的偏差应在 ±1.0mm 以内。

（六）多叶准直器（MLC）横向偏移

1. 检测工具 TOMO 平板固体水模 15cm×55cm，厚度包括 0.5cm、1cm、2cm、5cm，免冲洗胶片、胶片分析仪。

2. 检测方法

（1）测量

①胶片摆位如图 16-14（见彩图）所示，胶片下 5cm 固体水模作为散射层，胶片上面 5cm 固体水模作为建成层，将其设置在机架等中心平面，绿激光灯摆位，源轴距（SAD）为 85cm。

②打开 ZZZ-GAF-MLCCOR-MaltiFrament 计划，在机架角度为 0°、32°～33° 和 27°～28° 叶片打开时照射一次；

③在机架角度为 180°、只打开 27～28 叶片时再照射一次，胶片照射结果如图 16-15（见彩图）所示。

④分析照射后的胶片，确定中间照射野的中心点和两侧照射野的中心点。记录样表如图 16-16。

左侧照射野中心点与中间照射野中心点的距离		右侧照射野中心点与中间照射野中心点的距离	
偏差			

图 16-16 TOMO 质量控制检测记录 [多叶准直器（MLC）横向偏移部分]

（2）计算及数据处理：测量两侧照射野中心点与中间照射野中心点的距离偏差。

（3）结果评价：两侧照射野与中间照射野中心点的距离偏差应在 ±1.5mm 以内。

（七）绿激光灯指示虚拟等中心的准确性

1. 检测工具 圆柱形组织等效均匀模体（由两个半圆柱组成，直径 30cm，长 18cm）；或者 TOMO 平板固体水模 15cm×55cm，厚度包括 0.5cm、1cm、2cm、5cm，免冲洗胶片及胶片分析仪。

2. 检测方法

（1）测量

①模体法测量：使用圆柱形组织等效均匀模体，模体中心与绿激光灯对齐，如图 16-17（见彩图）。扫描图像后进行配准，测量绿激光灯在 Z 轴和 X 轴方向的偏移。

②胶片法测量：在胶片上标记绿激光灯位置，进床 70cm 后实施照射，照射时 Y 轴照射野宽度为 1cm，测量绿激光灯在 Y 轴方向的偏移，如图 16-18（见彩图）。将照射后的胶片用扫描仪进行扫描，扫描后用图像灰度分析软件进行测量，记录样表如图 16-19。

方向	标称值 mm	读数值 mm	实测值	偏离 mm
X 轴				
Y 轴				
Z 轴				

图 16-19 TOMO 检测记录（绿激光灯指示虚拟等中心的准确性）

（2）计算及数据处理：实测值为修正后的读数值；偏差 = 实测值－标称值。

（3）结果评价：虚拟等中心的偏移距离应在 ±1.0mm 以内。

（八）红激光灯指示准确性

1. 检测工具 钢尺。

2. 检测方法

（1）测量

①监测红绿激光灯原始重合度：运行空气扫描（AirScan）程序，红激光灯处于初始位置，目测与绿激光灯的重合度（图 16-20，见彩图）。

②红激光灯指示与偏移

第 1 步：执行"ZZZ Transverse Plane （X-Z） Laser Localization"计划，选择其中任意一段扫描范围，点击 Scan，不用出束。

第 2 步：进入机房，打开绿色激光灯。用距离尺测量红激光灯移动情况，与绿色激光灯进行比较，验证红色激光灯 X、Y、Z 的平移距离是否为 2cm、8cm、4cm，并观察移动方向是否正确，如图 16-21（见彩图）。记录样表如图 16-22。

标称值 mm	读数值 mm	实测值 mm	偏离 mm

图 16-22 TOMO 检测记录（红激光灯指示准确性）

（2）计算及数据处理：实测值为修正后的读数值；偏差 = 实测值－标称值。

（3）结果评价：距虚拟等中心 ±20cm 范围内重合偏差应在 ±1.0mm 以内。

（九）治疗床的移动准确性

1. 检测工具 钢尺。

2. 检测方法

（1）测量

①治疗床在 70kg 均匀负载条件下，标记治疗床上虚拟等中心位置，如图 16-23（见彩图）。

②通过控制面板将治疗床进出和升降 20cm。

③在治疗床进出和升降移动的同时，用直尺分别测量标记点偏离绿激光灯的距离。记录样表如图 16-24。

（2）计算及数据处理：实测值为修正后的读数值；偏差 = 实测值－标称值。

（3）结果评价：治疗床位移距离偏差应在 ±1.0mm 以内。

☆★☆☆

床的移动方式	标称值 mm	读数值 mm	实测值 mm	偏离 mm
前出	200			
升降	200			

图 16-24　TOMO 检测记录（治疗床的移动准确性）

（十）床移动和机架旋转同步性

1. 检测工具　TOMO 平板固体水模 15cm×55cm、厚度包括 0.5cm、1cm、2cm、5cm，免冲洗胶片及胶片分析仪。

2. 检测方法

（1）测量

①在治疗床上，沿 Y 轴方向（即纵向）放置胶片，在胶片上标记激光灯位置，胶片下面加 5cm 平板固体水模体作为背向散射，胶片上面加 2cm 平板固体水模体作为建成层。

②沿 Y 轴方向移动床，使得绿激光灯十字交叉位于胶片上半部分（靠近机架一端）；调整床高度，使胶片位于等中心位置。

③执行"ZZZ_TG148 Synchrony Tests"计划（该计划在第 2、7 和 12 圈中机架为 270°～90°时打开所有叶片），点击"Ready"按钮，自动进床 70cm，射野 1cm×40cm、机架旋转周期 10 s、床移动速度 0.5mm/s 条件下，束流照射 250 s。

④照射后的胶片如图 16-25（见彩图）所示，在胶片右上角标记方向。将照射后的胶片用扫描仪进行扫描，扫描后用图像灰度分析软件进行测量（若机架和床同步且床速正确的话，相邻照射野中心之间的距离应为 5.0cm）。记录样表如图 16-26。

第 2 圈和第 7 圈照射野中心之间的距离		第 7 圈和第 12 圈照射野中心之间的距离	
偏差			

图 16-26　TOMO 检测原始记录表（床移动和机架旋转同步性）

（2）计算及数据处理：测量第 2 圈和第 7 圈照射野中心之间的距离与第 7 圈和第 12 圈照射野中心之间的距离差值。

（3）结果评价：测得的距离与床的移动距离偏差应在 ±1.0mm 以内。

第二节　移动式电子加速器术中放射治疗系统

移动式电子加速器术中放射治疗系统在恶性肿瘤治疗中已有较长的历史。我国于 1972 年开展此项技术，但当时这种术中放疗技术均是使用大型装置进行电子束照射的传统放射治疗方式，而且由于传统的术中放射治疗需要大型设备且在固定的直线加速器机房内进行，患者从手术治疗转至放射治疗途中可能增加感染、麻醉意外的风险，以及患者和操作人员必需的辐射防护措施等因素，影响和制约了该技术的发展，因此出现了一种用于术中放射治疗的移动式电子直线加速器（简称"移动式加速器"），从而可直接在手术室中对术后患者进行照射治疗。本节介绍的加速器电子束术中放射治疗就是在手术室中当患者处于麻醉状态下，对暴露的病灶或瘤床给予单次大剂量照射以达到肿瘤相对彻底治愈目的的治疗技术。我国于 2007 年 6 月引进了首台移动式加速器，随之又有多家医院引进这种设备，至今在全国各大医院运行的这类设备已在 20 台以上，而相关的放射防护检测、剂量学性能指标的质量控制检测等尚不规范，本章节结合有关国家标准、国际技术规范文件和医院质量控制的实际情况，简要阐述该设备主要剂量学性能的质量控制检测方法。

一、设备的构成及工作原理

以目前用于术中放射治疗的 MOBETRON 1000 型移动式加速器为例，设备由三部分组成：控制单元（专用加速器远程控制系统及 BEV 监控系统）、调制单元（电源系统）和治疗单元（射线发生装置），如图 16-27。

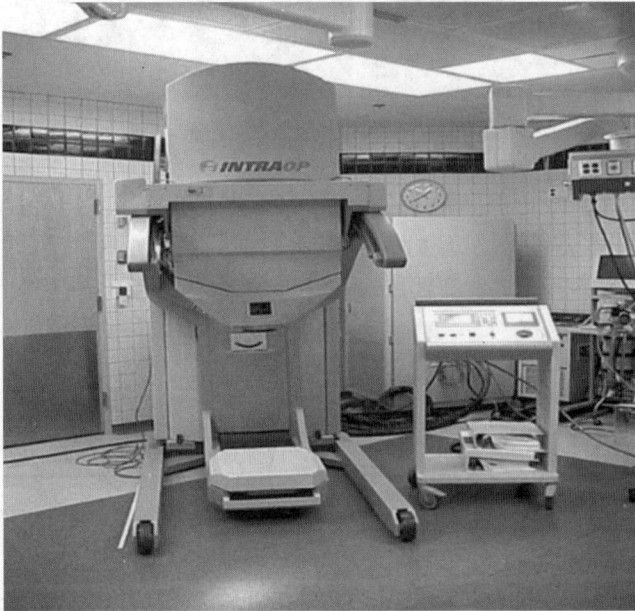

图 16-27　MOBETRON 1000 型移动式加速器外观图

小型移动式加速器为射线发生装置，也是术中放射治疗系统的主体，加速器的机头安装在一个 C 形臂机架上并可以沿 C 型臂在 GT（枪靶）平面内进行 4°～30° 旋转，机架可在 AB（治疗床左右）平面内进行 4°～45° 旋转，并能在 AB 方向和 GT 方向水平移动 4～5cm，加速管以两段 X 波加速电子，电子能量 4～12MeV 可调，随电子能量的增加降低电子束流，获得相同的辐射输出剂量率，MOBETRON 1000 型移动式加速器标称源皮距（从虚源到限光筒末端）为 50cm，配置有 4MeV、6MeV、9MeV、12MeV 电子束治疗模式，治疗剂量率为 1000cGy/min。加速管包壳为铅钢材料用以对靶点和泄漏辐射等的屏蔽，机房内的杂散辐射主要来源于电子束照射限光筒壁和接受治疗的人体所产生的韧致辐射。加速器机头正下方固定设置有 12.5cmPb 的主射线阻挡器（近似正六边形，面积约 0.25m^2），如图 16-28。主射线阻挡器和照射头位置自动对应，其平面随机架移动始终与电子束中心轴线垂直，在起到配重作用的同时也对主射线进行屏蔽，可使 20Gy 剂量（SSD=50cm 处）降低至 3 个以上数量级。

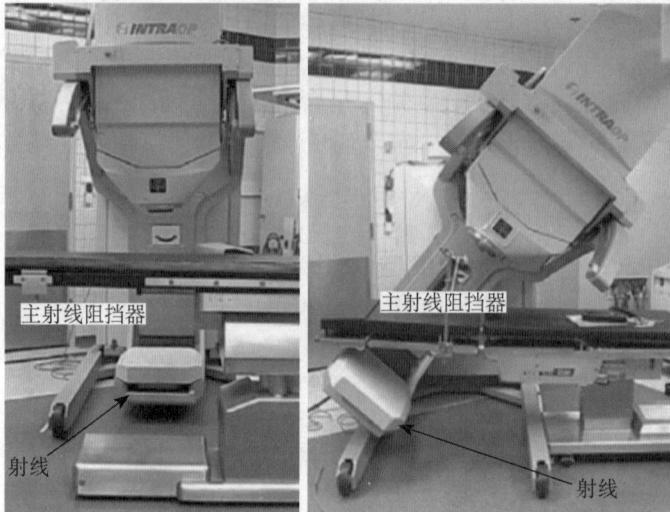

图 16-28 MOBETRON 1000 型移动式加速器与治疗床位置关系图

治疗用限光筒全部为圆形，按其断面可分为 0°、15° 和 30° 等 3 个角度，直径范围 3～10cm，按 0.5cm 等差递增，共 15 种。限光筒通过适配底座与固定系统相连，再通过固定系统固定在手术床上。限光筒还配有一套大小与限光筒断面形状相同，厚度分别为 0.5cm 和 1.0cm 的组织补偿块，用于提高表面剂量。MOBETRON 1000 型移动式加速器主要性能指标见表 16-1。

表 16-1 MOBETRON 1000 型移动式加速器主要技术指标与参数

技术指标	规格参数
电子束能量	4MeV、6MeV、9MeV、12MeV
辐射输出剂量率	10Gy/min
均整度偏差	±5%
对称性偏差	±2%

二、实施术中照射的简要操作规程

1. 用消毒套罩住术中放疗移动式加速器，并移至手术床边，接通电源，确定控制台位置，设备校验，选择限光筒及组织补偿块。

2. 治疗操作人员将合适直径和倾角的限光筒置入患者体内瘤床表面→用手术床上的管夹系统将限光筒固定→将手术床与治疗机头接合→在激光定位装置引导下，通过平移和旋转加速器使射野中心轴与限光筒中心轴重合。

3. 通过控制单元的 BEV 监控系统确认照射野位置和野内重要器官已被屏蔽保护。

4. 确认术中放射治疗系统的安全系统功能正常，工作人员撤离治疗室并关闭治疗室门后，在控制台设置正确的治疗参数，实施治疗照射。

三、检测指标与方法

（一）加速器性能的常规维护

为确保加速器的正常、安全运行，应定期对设备性能进行维护，测试其基本的安全防护和剂量学指标。根据 MOBETRON 1000 移动式加速器的特点，将其常规维护分为治疗照射前维护和周期性维护两个部分，其中周期性维护又分为日常维护、季度维护和年度维护。

1. 治疗照射前维护　若确定患者某日需要进行术中放射治疗，则放射治疗医学物理人员在治疗照射前（通常应在 24h 前）对移动式加速器进行维护，维护的内容包括：

（1）加速器供电电源及其线路状态。

（2）激光定位系统的功能状态。

（3）加速器控制系统及辅助设备各仪表的读数。

（4）各档电子束能量和剂量学指标。

2. 周期性维护

（1）日常维护：术中照射手术室相关人员每日例行检查加速器供电电源工作是否正常，并记录在案，若有异常则及时修复。

（2）季度维护：具体时间通常由手术室、实施放射治疗的科室及加速器厂家共同商定，具体由该设备的医学物理人员和厂家工程师等共同参与执行。维护内容包括：

①电子束的辐射输出剂量；

②各档电子束能量；

③治疗用限光筒和夹具的磨损或损坏状况；

④反射器夹具功能测试；

⑤限光筒和质量保证模型；

⑥冷却水泵停止运行时的水位；

⑦冷却水泵运行时的水流速度；

⑧ SF_6 气体压力；

⑨激光定位系统指示灯。

（3）年度维护：年度维护内容除季度维护的全部内容外，还应检查加速器各档能量电子束在水中的均整度偏差和对称性偏差。

（二）主要剂量学指标的质量控制检测

1. 主要剂量学指标及检测要求　用于术中放射治疗的移动式加速器产生的电子束能量为 4 ～ 12MeV，与临床上用于外照射放射治疗的加速器电子束能量属于同一级别，根据《移动式电子直线加速器术中放射治疗》（AAPM TG No.72）和《医用电子直线加速器质量控制检测规范》（WS 674—2020），推荐对这类设备进行质量控制检测的主要剂量学指标及检测要求见表 16-2。

2. 检测仪器、指标与方法　用于常规电子直线加速器电子束性能检测的质量控制检测仪器设备均适用于术中放射治疗移动式加速器的剂量学性能检测，检测人员可以参照常规电子直线加速器的检测方法和程序开展检测，具体内容可参照本书第 13 章，本节不再介绍。

需要注意的是，对术中放射治疗移动式加速器进行剂量学性能检测，使用的限光筒为

☆ ☆ ☆ ☆

表 16-2 MOBETRON 1000 移动式加速器质量控制检测的主要剂量学指标及检测要求

检测项目	参考值	检测频次				
		验收检测	状态检测	稳定性检测		
				每日	每季	每年
重复性偏差（剂量）	±0.5%	√	√			√
线性偏差（剂量）	±2%	√	√			√
辐射输出剂量偏差	±3%	√	√	√	√	√
电子线深度吸收剂量特性	±3%	√	√			√
均整度偏差	±5%	√	√		√	√
对称性偏差	±2%	√	√		√	√

自配的直径 10cm 的参考限光筒，在使用扫描水箱进行电子束剂量分布指标（电子线深度吸收剂量特性、均整度和对称性）测量时，需要进行预扫描找出最大剂量点或最大剂量区，事先将 φ10cm 限光筒出束口边缘紧贴模体或水箱水体的表面，确认表面平整。

3. 术中加速器剂量学指标质量控制检测实例　常规检测中，使用三维水箱用于术中移动加速器电子束辐射能量和剂量分布的测量，如图 16-29。图 16-30（见彩图）为现场扫描获得的 Mobetron 1000 型移动式加速器典型 4 ～ 12MeV 电子束 PDD 曲线。图 16-31 和图 16-32 分别为扫描获得的 6MeV 和 12MeV 电子束 Profile 曲线。

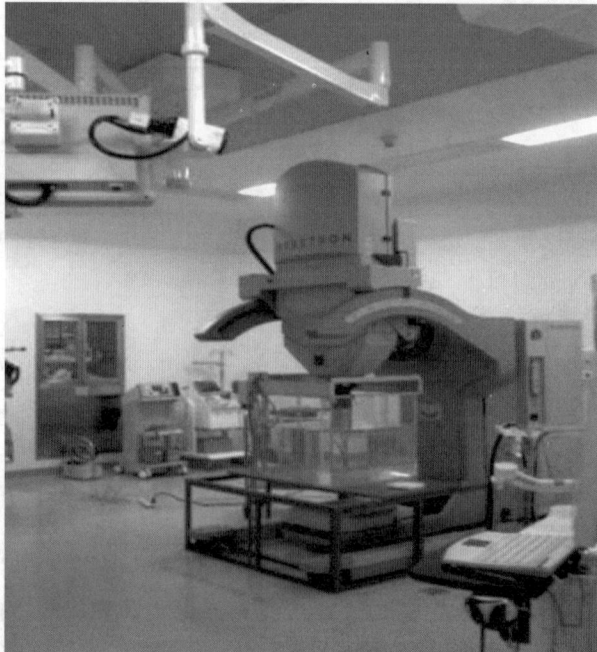

图 16-29　使用三维水箱扫描测试移动式加速器性能场景

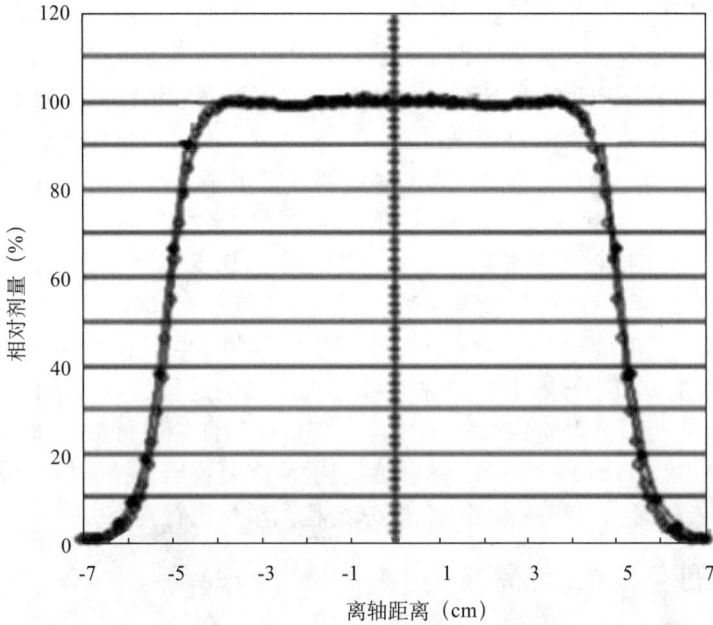

图 16-31　Mobetron 1000 型移动式加速器 6MeV 电子束 Profile 曲线

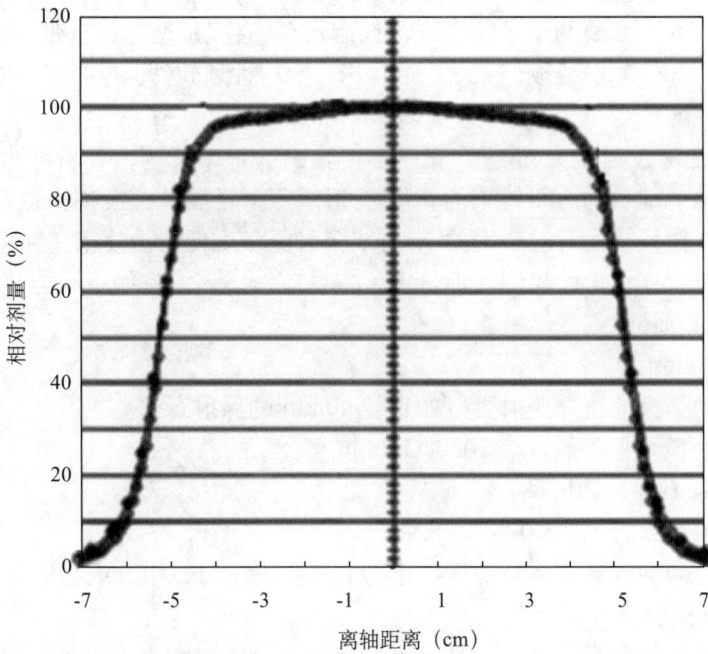

图 16-32　Mobetron 1000 型移动式加速器 12MeV 电子束 Profile 曲线

第三节　机械臂放射治疗系统

机械臂放射治疗系统是一种机器人臂放射外科治疗设备，属于典型的立体定向放射治

☆☆☆☆

疗设备，整合了影像引导系统、高准确性机器人跟踪瞄准系统和射线释放照射系统，几乎可完成任何部位病变的治疗。该类设备临床应用中的关键是保证处方剂量的精确实施，因为立体定向治疗模式下照射靶区定位的极小偏差就可能导致治疗区剂量的过大偏差，从而对病灶外围正常组织和关键器官产生过高的照射风险。安科锐机械臂放射治疗系统（俗称赛博刀或射波刀）将一个能产生 6MV X 射线的轻型电子直线加速器安装在有 6 个自由度的机械臂上，利用 X 射线摄像设备及 X 射线影像处理系统获得的低剂量三维影像来追踪靶区位置，执行治疗计划，以准确剂量的放射线来"切除"肿瘤。该设备于 1999 年由美国食品药品监督管理局（FDA）批准用于头颈部肿瘤治疗，2000 年批准用于肺癌、前列腺癌、脊髓肿瘤及胰腺癌的治疗，2001 年批准用于体部肿瘤和其他良性疾病的治疗。现世界各地已有多家医院安装了该设备，目前在我国医疗机构运行的赛博刀已在 20 台以上。该设备有其独特的运行模式和剂量学技术特征，在检测和评价中可参考《机器人放射外科的质量保证》（AAPM TG No.135）和《机械臂放射治疗装置质量控制检测规范》（WS 667—2019），本书结合相关标准和技术报告所要求的检测项目进行介绍。

一、设备的构成及工作原理

（一）赛博刀结构与技术参数

赛博刀配备有电子直线加速器和 X 射线成像系统。在成像系统实时监控下，将重约 150 kg 的 6MV 直线加速器与具有 6 个方向自由度的机械手臂相结合形成立体定位射波手术平台。该平台由 6 个主要的子系统组成，包括 6MV 直线加速器、携带并定位加速器的 6 个关节的机械臂、正交 X 射线成像系统、治疗床、治疗计划软件、控制工作站和操控台（图 16-33，见彩图）。

设备输出的最高 X 射线为 6MV，靶区辐射输出剂量率可调，最高可达 1000cGy/min，有用线束外泄漏辐射剂量为有用线束的 0.1%。射线照射至墙壁、设备和患者身体将产生散射辐射。X 射线成像系统运行时产生的 X 射线辐射能量远低于治疗束，在机房屏蔽防护中不予以考虑。在进行赛博刀的检测和评价中，主要应考虑该设备如下性能技术因素：

1. 治疗 X 射线为 6MV。

2. SAD 为 800mm。

3. 治疗中心处最大准直器照射野（如直径 60mm 的照射野）。

4. 治疗中心处最大吸收剂量率 1000cGy/min。

5. 泄漏辐射因子为 1×10^{-3}。

6. X 射线成像系统管电压 40 ～ 150kV。

7. 全自动治疗床拥有 6 个调整动度：前 / 后、左 / 右、上 / 下、滚动、平旋及前后倾斜；上下 61 ～ 91cm 可调。

8. 治疗计划软件保证每个治疗计划可以拥有 100 个入射结点，每个入射结点可以有 12 个不同入射角度。

（二）赛博刀工作原理与操作流程

1. 工作原理　根据立体定向原理，使用大剂量窄束高能 X 射线准确聚焦于照射靶区，使之产生局灶性放射毁损或造成一系列放射生物学反应，以达到治疗相关疾病的目的。赛博刀机械臂有 6 个自由度，可支撑并保证轻型加速器自由旋转，它可使直线加速器调整到 100 多个位点，每个位点又可从多个角度照射，故可从多达 1200 个方位照射，对病灶实施较完全的"适形治疗"。这使得赛博刀增添了非等中心治疗的功能，均匀性和适形度更高。

2. 操作流程

（1）治疗前标记：每次治疗前应确定内标记，内标记与肿瘤位置关系固定，可为易辨认的骨质（颅底及头颈部椎体）或植入金属内标记（一般 4 ～ 6 颗，至少 3 颗），然后进行摆位并储存 CT、MRI 或两者融合的基础影像。

（2）治疗中实时监测和跟踪：赛博刀配置的一对互相垂直的 X 射线成像系统分别获取内标记图像，传至影像处理系统，根据基础影像中的内标记与靶区关系分析出病灶实测位置。不断将实测影像与基础影像进行比较，反复确定靶区正确位置，传至机械臂，使其修正治疗位置进而消除运动误差，提高治疗精度。头颈部器官相对静止，X 射线实时跟踪系统每 10s 获取 1 次影像信息即可。腹脏器随呼吸和心跳而运动，10s 间隔时间过长，不能准确获取影像，缩短间隔或连续照射可满足要求，但使患者受照剂量相对较高，且 X 射线发射器容易致热，故赛博刀引入一套红外线跟踪系统作为补充来实现对活动脏器的实时跟踪。

（3）确定瘤体运动轨迹，实时跟踪治疗照射：确定内标记后，在胸腹部皮肤上粘贴 4 ～ 6 支红外发光二极管（外标记），用红外线摄像机连续接收信号。综合运算平静呼吸条件下内 / 外标记的相对运动轨迹，找出瘤体相对外标记的运动轨迹。治疗时，患者保持平静呼吸，X 射线跟踪系统关闭，机械臂在红外线跟踪系统连续接收的信号引导下，实时跟踪照射。若深呼吸等使靶区运动幅度超出了红外跟踪调节范围，则立即停止照射，启动 X 射线跟踪系统，探测内标记，自动重新定位靶区，确认后再开始照射。如此反复，完成整个治疗过程。

二、检测指标与方法

（一）质量控制检测相关的术语

1. 机械臂放射治疗系统（robotic arm radiotherapy system）　利用机械臂将多条治疗射线束汇聚到靶区对病灶进行照射的放射治疗装置。该装置包含直线加速器、机械臂和 X 射线影像系统 3 个主要组件，又称为赛博刀或射波刀。

2. 端到端（E2E）测试 [End-to-End（E2E）test]　对赛博刀的定位追踪精度从扫描模体制订放射治疗计划（起始端）到完成模拟治疗照射（结束端）进行的测试，旨在确定赛博刀每种追踪模式的总体位置偏差。

3. 球方（ball cube）　一种用于赛博刀定位追踪精度测量的方形模体，内含可放置胶片的丙烯酸球。在测量中丙烯酸球代表照射靶区。

4. 剂量输出稳定性（dose output stability）　赛博刀输出的剂量相对于其初始状态基线值保持稳定的性能。

5. 追踪方法（tracking method）　赛博刀通过移动机械臂或治疗床的位置，自动修正 X 射线影像系统采集的实时图像和治疗计划的数字重建图像（DRR）在空间六维方向上偏差的方法。包括六维颅骨追踪方法、金标追踪方法、脊柱追踪方法、同步呼吸追踪方法和肺部追踪方法。

（二）质量控制检测项目、检测条件与要求

结合 AAPM TG No.135 技术报告和 WS 667—2019，将赛博刀质量控制检测项目、检测条件与要求介绍如下。

☆☆☆☆

1. 剂量输出稳定性偏差

(1) 检测方法

①模体设置：将赛博刀剂量测量模体设置于治疗床固定位置，模体为专用于赛博刀测试的组织等效平板模体或其他等效模体。

②剂量测量点对准：确定模体位置摆放无误后，将探测器（如电离室）插入模体，模体中心与探测器中心对准。

③照射及数据采集：使用赛博刀配置的最大准直器（目前为 60mm 准直器）按照预定照射条件照射，连续采集不少于 3 次相同输出剂量的静电计读数并记录。

④数据处理：对静电计读数取平均值，进行温度、气压修正后得到剂量输出值，按照公式 (16-5)，计算出实测剂量输出值 (D_1) 与基线值 (D_0) 的偏差，即为剂量输出稳定性偏差 s (%)。

$$s = \frac{D_1 - D_0}{D_1} \times 100\% \tag{16-5}$$

(2) 结果评价：验收检测时建立剂量输出基线值，常规检测时要求与基线值偏差在 ±2% 以内。

2. X 射线成像系统定位精度

(1) 检测方法

①测量设备连接：将赛博刀专用等中心柱与影像探测器支架连接（图 16-34，见彩图），该等中心柱为直径约 4.5cm、高度约 92cm 的圆柱体，顶端带有等中心指示点。

②曝光并获取影像：创建一个治疗计划，X 射线影像系统设置适当的曝光条件（如 60kV，50mA），对等中心柱顶端的等中心指示点曝光并获取其影像（图 16-35，见彩图）。

③影像学分析：使用缩放工具将影像放大至能够清晰观察到十字线居于影像中心并拍摄影像快照。

④结果记录：测量并记录等中心指示点位置与基线位置偏差 (mm)。

(2) 结果评价：成像系统定位偏差应在 ±2.0mm 以内。

3. 治疗床位置偏差

(1) 检测方法

①将治疗床设置为归位状态。

②使用数字式角度测量仪测量治疗床 X 轴和 Y 轴方向上的水平角度偏差。

③在处于归位状态的治疗床的底座上做一个标记，同时在可移动封盖上的对应位置做一个标记。

④使用手控盒将治疗床平移 5.0cm，按归位按钮，直到治疗床停止移动。测量治疗床底座上的标记与可移动封盖上标记的偏差 (mm)。

(2) 结果评价：治疗床角度偏差应在 ±0.3° 以内；平移偏差应在 ±1.0mm 以内。

4. 靶区定位系统追踪偏差

(1) 检测方法

①模体图像导入及其 DRR 生成：将专用模体的 CT 扫描图像导入 TPS，并创建一个可执行计划，生成 DRR。专用模体为头部或颈部模体，WS 667—2019 的附录 B 中给出了这类模体的材料、结构及外形示意图，检测机构可参照配置使用，注意模体的 CT 扫描层厚应不大于 1.25mm。

②模体定位：将模体摆放在治疗床上并重新进行定位，使治疗床的偏差接近于 0（图 16-36）。

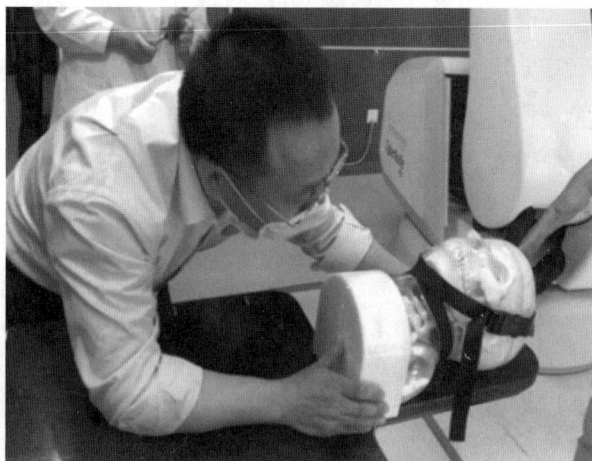

图 16-36　现场模体定位

③模体移动并获取其位置实际值：移动治疗床，将模体平移或旋转多个不同的位置并记录其移动位置的实际值。

④获取治疗床校正值：在每个位置上对模体使用 X 射线影像系统曝光，将采集的实时图像和 DRR 进行对比，获取并记录治疗床校正值。

⑤数据处理：计算并记录治疗床校正值与使用自动床功能移动的实际值的偏差（mm），即为靶区定位系统追踪偏差。

（2）结果评价：靶区定位系统追踪偏差应在 ±2.0mm 以内。

5. 自动质量保证（AQA）偏差

（1）检测方法

①模体图像导入及其 DRR 生成：获取自动质量保证专用模体（AQA 模体）的 CT 扫描图像（扫描层厚不大于 1.25mm）并导入 TPS。

②靶区勾画及测试计划的制订：在 TPS 中勾画模体内的球形靶区，使用金标追踪方法制订 AQA 测试计划。

③执行测试计划：在模体内装入免冲洗胶片并置于治疗床上影像系统等中心位置处（图 16-37，见彩图），执行已保存的 AQA 测试计划。

④胶片取出及分析：从模体中取出胶片，标记方向，扫描胶片并将图像导入胶片分析软件，通过分析胶片上圆形剂量区中心与模体中小球中心的吻合程度得到 AQA 偏差（mm）。

（2）结果评价：AQA 偏差应在 ±1.0mm 以内。

配有固定准直器和可变准直器的赛博刀，应使用自动质量保证模体对固定准直器和可变准直器分别进行检测。

6. 静态追踪方法的端到端（E2E）偏差

（1）检测方法

①模体图像导入：获取带球方的专用模体的 CT 扫描图像并导入 TPS。

☆★☆☆

②测试计划的制订：在 TPS 中勾画模体内相关治疗体积，分别使用六维颅骨追踪方法、金标追踪方法、脊柱追踪方法制订 E2E 测试计划。

③执行测试计划：在模体内装入免冲洗胶片并置于治疗床上，执行 E2E 测试计划。

④胶片取出及分析：从模体中取出胶片，标记方向；将扫描的胶片图像导入胶片分析软件，通过分析胶片上等剂量曲线中心与球方模体中心的吻合程度分别得到 3 种静态追踪方法的 E2E 偏差（mm）。

图 16-38 为六维颅骨追踪方法测量端到端（E2E）偏差的场景，包括现场进行模体摆位和胶片放置。左图为头部模体外形，该头部模体内设置有一立方模体，专用于放置测量偏差的胶片；右图为从头部模体内取出立方模体，置入拟照射的胶片并固定位置。

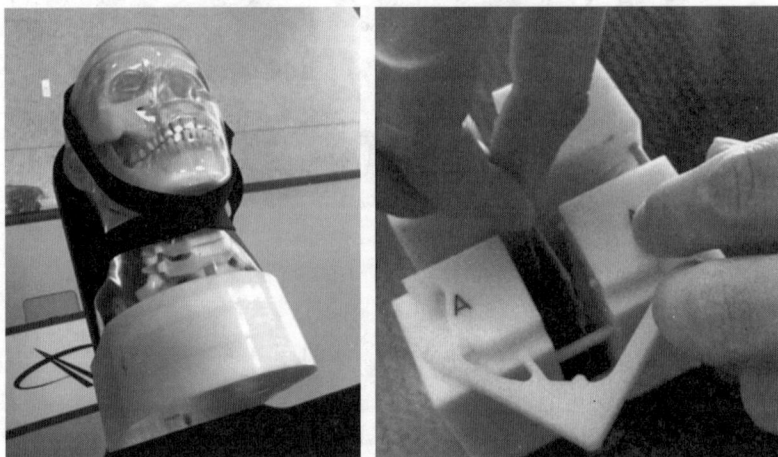

图 16-38　六维颅骨追踪方法测量端到端（E2E）偏差

（2）结果评价：静态追踪方法的端到端偏差应在 ±0.95mm 以内。

对配有固定准直器和可变准直器的赛博刀，应使用模体对固定准直器和可变准直器分别进行检测。

7. 同步呼吸追踪方法的端到端（E2E）偏差

（1）检测方法

①模体图像导入：获取带球方的专用模体的 CT 扫描图像并导入 TPS，该专用模体为圆顶模体，扫描层厚应不大于 1.25mm。

②测试计划的制订：在 TPS 中使用同步呼吸追踪方法制订 E2E 测试计划并得到通过靶区中心的每个方向上的剂量分布图。

③执行无运动状态的测试计划：在模体内装入测量胶片并置于治疗床上，在无运动状态下执行已保存的 E2E 测试计划。

④执行运动状态的测试计划：将模体设置在同步呼吸运动追踪工具上，对最大前后运动至少使用两支发光二极管追踪标记，在同步呼吸运动追踪工具运动状态下执行 E2E 测试计划，注意相移不超过 10°，转速介于 15 r/min 至 16 r/min 之间。

⑤胶片取出及分析：从模体中取出胶片，标记方向，将扫描的胶片图像导入胶片分析软件；将静态与动态测试的剂量分布图重叠，通过分析图像重合度，得到同步呼吸追踪方法的 E2E 偏差（mm）。

（2）结果评价：同步呼吸追踪方法的端到端偏差应在 ±1.5mm 以内。

配有固定准直器和可变准直器的赛博刀，应使用模体对固定准直器和可变准直器分别进行检测。

8. 肺部追踪方法的端到端（E2E）偏差

（1）检测方法

①模体图像导入：获取胸部模体的 CT 扫描图像并导入 TPS，图像的扫描层厚应不大于 1.25mm。

②测试计划的制订：在 TPS 中，使用肺部追踪方法制订 E2E 测试计划并保存。

③连接模体和胸腔控制器：将测量胶片安装到球方中，将球方置于移动杆的空腔中。将移动杆的一端插入胸部模体，另一端与运动控制器相连。

④调整和追踪靶区：在治疗床上摆放模体后，首先使用脊柱追踪方法调整模体，接着使用肺部追踪方法调整靶区，再使用同步追踪方法在治疗过程中追踪靶区。

⑤胶片取出及分析：治疗计划执行完毕后取出胶片，标记方向，将扫描成的胶片图像导入胶片分析软件，将静态与动态测试的剂量分布图重叠，通过分析图像重合度获得肺部追踪方法的 E2E 偏差。

（2）结果评价：肺部追踪方法的端到端偏差应在 ±1.5mm 以内。

对于配有固定准直器和可变准直器的赛博刀，应使用胸部模体对固定准直器和可变准直器分别进行检测。

9. 计划剂量与实测剂量的偏差

（1）检测方法

①模体图像获取及导入：将电离室插入带有标志物的模体中，获取其 CT 扫描图像并导入 TPS，扫描层厚不大于 1.25mm，使用的电离室探测器有效收集体积的边界和被测照射野边界的距离要满足侧向带电粒子平衡的距离要求。

②测试计划的制订：在 TPS 中使用金标追踪方法制订 60mm 准直器的 E2E 测试计划并保存。

③执行计划：从 TPS 中读出测量参考点的计划剂量，将模体转移至治疗床上，执行治疗计划并使用剂量仪测量实际吸收剂量。

④数据处理：按照公式（16-6）计算出计划剂量（D_p）与实测剂量（D_a）的偏差（s）。

$$s = \frac{D_a - D_P}{D_P} \times 100\% \tag{16-6}$$

（2）结果评价：计划剂量与实测剂量的偏差应在 ±5% 以内。

10. 深度吸收剂量偏差

（1）检测方法

①测量水箱设置：固定好扫描水箱，加入适量水，调整并保持平稳。若使用其他等效模体测量，也应注意保持模体的水平。

②调整中心轴和 SAD：移动机械臂，使辐射束的中心轴与水平面垂直。

③调整 SAD：调整赛博刀加速器靶点到探测器的距离为 80cm。

④测量与计算：设置足够的辐射输出量进行照射，测量相应准直器（如 60mm 准直器）的辐射束中心轴上、深度 10cm 处的吸收剂量（D_{10}）和最大剂量点深度（取 1.5cm）处的吸收剂量 D_{max}，按照公式（16-7）计算出深度 10cm 处的组织模体比 TPR_{10}。

☆★☆☆

$$TPR_{10} = \frac{D_{10}}{D_{max}} \times 100\% \tag{16-7}$$

⑤将实测 TPR_{10} 与 TPS 中的标称 TPR_{10} 相比，计算出深度吸收剂量偏差。

（2）结果评价：深度吸收剂量偏差应在 ±3% 以内。

11. 剂量监测系统的指示值偏差

（1）检测方法

①测量水箱设置：固定好测量水箱，加入适量水，调整并保持平稳。若使用其他等效模体测量，也应注意固定好模体并保持水平。

②调整测量参考点：调节机械臂使辐射束中心轴与水平面垂直。将探测器有效测量点置于辐射束中心轴上水平面下 5.0cm 处，调整赛博刀加速器靶点与水平面的距离（SSD）为 75cm，确认 SAD 为 80cm。

③照射及数据采集：使用最大准直器（目前为 60mm 准直器）按照预定照射条件照射，连续采集不少于 3 次相同已知输出剂量的静电计读数并记录。

④数据处理：对静电计读数取平均值，使用温度、气压、TPR 等因子修正后得到校准深度处的吸收剂量，将其与设置的已知输出剂量值相比，计算出两者偏差，即剂量监测系统的指示值偏差。

（2）结果评价：剂量监测系统的指示值偏差应在 ±3% 以内。

12. 照射野尺寸偏差

（1）检测方法

①设置测量模体：将测量模体固定设置并保持平稳。

②测量胶片设置：移动机械臂使辐射束中心轴与模体表面垂直，在模体表面下 5.0cm 处放置并固定好测量胶片，调整赛博刀加速器靶点到胶片的距离（SAD）为 80cm。

③胶片照射：使用不同标称尺寸的准直器对胶片进行照射，确保胶片受照剂量在剂量灰度曲线的最佳线性范围之内。每次更换胶片，注意按照步骤①和②确认测量模体保持平稳和 SAD 不变。

④胶片取出及分析：取出胶片，标记照射野方向，将扫描完成的胶片图像使用胶片分析软件分析，找出通过胶片上照射野中心的轴线（X 轴、Y 轴）与 50 % 等剂量曲线的交点，测量两交点间的距离，将其与 TPS 对应的胶片尺寸进行比较，计算出照射野尺寸偏差（mm）。

（2）结果评价：照射野尺寸偏差应在 ±1.0mm 以内。

验收检测与稳定性检测要求在各准直器下测量，状态检测在 40mm 准直器下测量。配有固定准直器和可变准直器的赛博刀，应对固定准直器和可变准直器分别进行检测。

13. 照射野半影宽度

（1）检测方法

①设置测量模体：同照射野尺寸偏差测量步骤的①。

②测量胶片设置：同照射野尺寸偏差测量步骤的②。

③胶片照射：使用 40mm 准直器对胶片进行照射，确保胶片受照剂量保持在剂量灰度曲线的最佳线性范围之内。

④胶片取出及分析：取出胶片，标记照射野方向，将扫描完成的胶片图像使用胶片分析软件分析，找出通过胶片上照射野中心的轴线（X 轴、Y 轴）分别与 80% 等剂量曲线、

20% 等剂量曲线的交点，测量两交点间的距离（mm），即为照射野半影宽度。

（2）结果评价：照射野半影宽度应 ≤ 4.5mm。

在 40mm 准直器下测量，对于配有固定准直器和可变准直器的赛博刀，应对固定准直器和可变准直器分别进行检测。

照射野尺寸偏差和照射野半影宽度除使用胶片测量外，还可使用水箱扫描获得剂量分布曲线（图 16-39），对曲线进行分析后计算出所需的指标值。

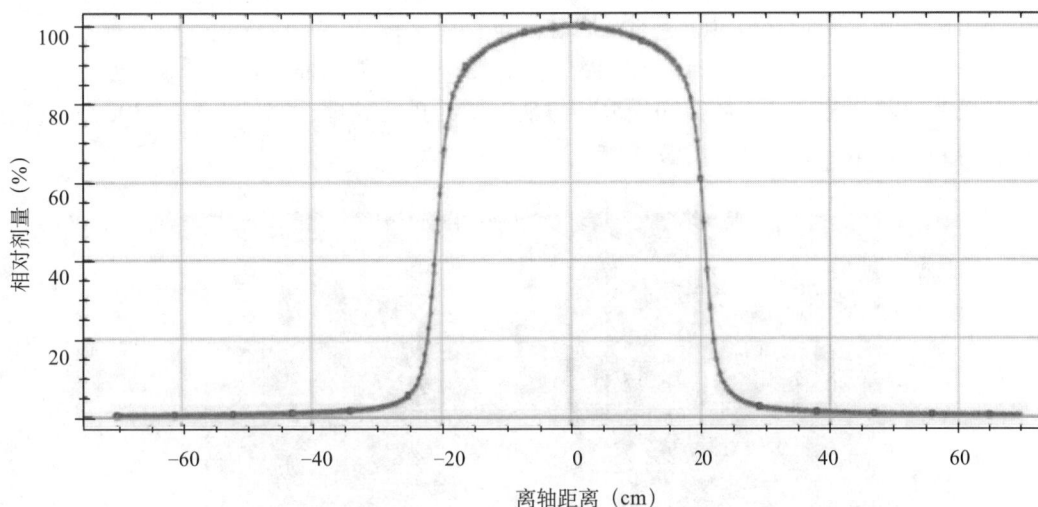

图 16-39 水箱扫描获得 profile 曲线测量照射野尺寸和半影

14. 透过准直器的泄漏辐射率

（1）检测方法

①参考点吸收剂量的测定：按照深度吸收剂量偏差测量步骤的①～③测量水中参考点的吸收剂量，记录相应尺寸准直器对应某一参考点的吸收剂量，如 60mm 准直器、设定照射 1000cGy、SAD 为 80cm、参考点深度 1.5cm 处的吸收剂量（D_0）。

②实心准直器剂量测量：将准直器换成实心准直器，按照步骤①的照射条件和参考点照射相同剂量，如照射 1000cGy，记录实心准直器对应相同参考点处的吸收剂量（D_1）。出束照射前可使用测量架固定和验证探测器的位置，如图 16-40 所示。

③数据处理：根据测得的 D_1 和 D_0，计算出比值（D_1/D_0），即为透过准直器的泄漏辐射率。

（2）结果评价：透过准直器的泄漏辐射率应 ≤ 1.0%。

图 16-40 测量透过准直器的泄漏辐射率

（三）自动质量保证（AQA）偏差测量实例

1. 现场胶片照射

（1）使用 AQA 立方模体，将剪成的 EBT3 方形胶片标记方向为 A（X）、S（Y），随

☆☆☆☆

后放置于模体中并固定，注意此时胶片是横向放置在模体中并确保其不松动。

（2）将装有胶片的 AQA 模体放置于赛博刀治疗床上，激光定位点对准模体中心。

（3）选用 4cm 准直器、SAD=80cm 照射一定剂量（200～500cGy），使胶片显影。

（4）照射完毕取回 AQA 模体，取出胶片。

（5）更换胶片，按照（1）～（2）的方法放置胶片并固定，标记胶片方向为 B（Z）、S（Y）。注意此时胶片是与（1）步骤的胶片垂直放置，按照 AQA 模体的标识放置。

（6）赛博刀的治疗机头旋转 90°，与前次照射方向垂直，选用 4cm 准直器、SAD=80cm 照射一定剂量（200～500cGy），使胶片显影。

（7）取出第二次照射的胶片，连同第一次的胶片一起待扫描分析。

2. 胶片扫描　按照 γ 刀胶片扫描分析方法对胶片进行处理，选用 16bit、300dpi 的扫描条件，得到如图 16-41 的胶片图像。

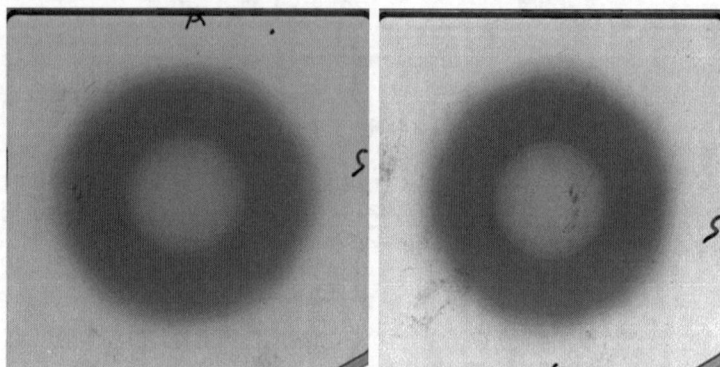

图 16-41　扫描胶片图像
左：XY 平面；右：XZ 平面

3. 胶片分析　使用合适的胶片分析软件分别计算出 X、Y 和 Z 方向质心的偏移距离 Δx、Δy 和 Δz。

例如：Δx、Δy 和 Δz 分别为 0.076mm、0.362mm 和 0.337mm，综合偏差为 0.500mm。医院分析结果为 0.498mm，对比分析后，两者相吻合。

第 17 章
单光子发射断层成像设备

第一节 概　　述

核医学是采用开放型放射性同位素进行疾病的诊断、治疗、研究的学科，是核技术与医学之间的交叉学科。因为核医学使用的是放射性同位素，因此早期核医学科又称为同位素科。

核医学是以放射同位素药物和核医学设备为两大技术基础，新的重大的设备和药物的出现，都会推动核医学的进步。1958 年 Hal Anger 发明的单晶体伽玛照相机是核医学发展史上的里程碑，它具有灵敏度高、空间分辨力好、成像速度快等优点，极大促进了核医学的发展。由于是一次成像，所以可以拍摄动态影像，从而将形态和功能结合起来，这个特点对于快速运动的器官（比如心脏）疾病的诊断有很大意义。伽玛照相机的广泛应用标志着核医学进入现代化阶段。这个时代还诞生了性能极好的核素 ^{99m}Tc，这种核素发射的 γ 射线能量为 140keV，能量适中，半衰期约 6h，使用核素发生器生产，价格低廉，适合于大规模使用。^{99m}Tc 至今仍然是核医学中使用最广泛的核素。

1972 年第一台 CT 诞生，研究人员将 CT 技术与核医学技术结合，在 1985 年出现了单光子发射断层成像设备（SPECT），这种设备使人们可以观察清楚前后重叠的组织器官，图像从 2D 进入 3D 阶段，病变显示更清楚，定位更准确，分辨力更高，不仅有利于发现深部小病灶，还可使局部定量分析更精准。从此，核医学影像学技术（包括 SPECT 和 PET）与 X 线、超声、磁共振并列为医学四大影像学技术。SPECT 设备如图 17-1。

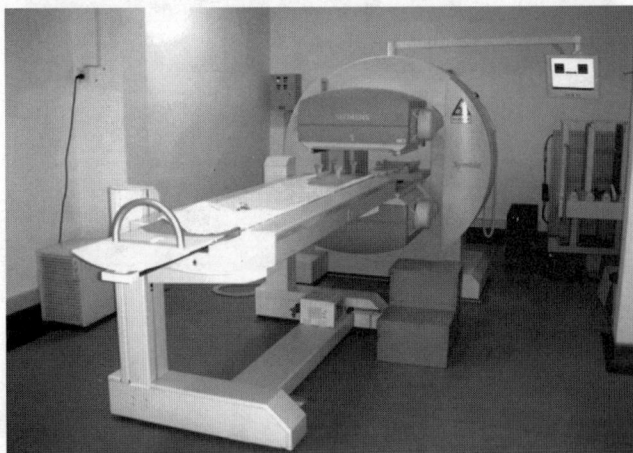

图 17-1　西门子公司的 SPECT 设备

☆★☆☆

我国核医学起步也很早，1959 年，中国医学科学院成立了放射医学研究所。1980 年，中华核医学会成立。据中华医学会核医学分会所做的包括军队系统的全国核医学现状调查显示，截至 2019 年底，全国从事核医学专业相关工作的科（室）1148 个，共 12 578 人从事核医学相关工作；单光子显像设备 903 台，其中 SPECT/CT 495 台、SPECT 307 台、符合线路 80 台、γ 相机 13 台、心脏 SPECT 8 台。

第二节　设备的构成及工作原理

Hal Anger 等在 1958 年发明了单晶体伽玛照相机，其设备性能、性价比是其他类型伽玛照相机无法比拟的，因此其基本结构一直沿用至今。伽玛照相机设备重点是探头部分，包括准直器、单晶体、光电倍增管及后续核电子学电路和软件系统。SPECT 是在伽玛相机基础上，使用旋转数据采集方式，将采集到的投影图像经过重建，得到人体内放射性核素的三维分布图像。现在一般使用 CT 和 SPECT 同机技术，在 SPECT 图像上叠加 CT 图像，同时呈现了人体功能图像与解剖图像，并提供更准确快速的衰减校准图像，带来了核医学成像技术的飞跃。

伽玛照相机的探头构造如图 17-2。从放射线入射方向来看，先通过准直器，放射性药物的伽玛射线入射到大块的闪烁晶体（NaI 晶体），将高能伽玛射线转化为可见光。可见光为 4π 立体角发射，一部分进入晶体管背面的光电倍增管，光电倍增管通过光电效应将可见光转化为电信号，并进行逐级放大，便于后续信号处理。放大后的电信号经过后续核电子学电路，主要包括脉冲幅度分析电路和定位电路，得到闪烁放射的位置信息和伽玛光子的能量信息。

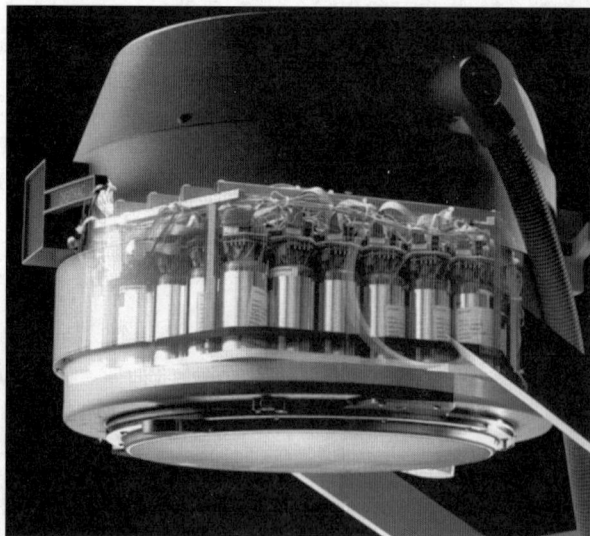

图 17-2　伽玛照相机的探头结构

一、准直器

准直器由铅或钨合金制造，覆盖在晶体之上，只允许特定方向的伽玛射线进入闪烁晶体，其他方向的射线则被准直器阻挡和吸收，起到定向与准直的作用。主要影响设备的系统空间分辨力和灵敏度。临床核医学使用的准直器有很多类型，包括低能高分辨准直器、低能通用准直器、高能通用准直器和针孔准直器等，主要区别是应用于不同能量核素和特定器官，如针孔准直器的空间分辨力好，但因为进入准直器的射线很少，因此其灵敏度很低，只适用于小器官的成像。

二、晶体

伽玛照相机使用的晶体是由 NaI 构成，厚度一般使用英寸表示，包括 3/8 英寸、5/8 英寸和 1 英寸，最厚的晶体主要用于高能伽玛射线成像，比如 ^{18}F 核素成像，有些地方称这种既能用于单光子核素 ^{99m}Tc 成像又可用于正电子核素 ^{18}F 成像的设备为小 PET 或经济型 PET，但其结构还是 SPECT 的结构，从临床图像上也和真正的专门 PET 有很大差距，并且因为使用适配高能核素的一英寸厚度晶体，其 SPECT 空间分辨力也不好。随着专门 PET 设备数量增加，这种可进行符合成像的 SPECT 设备数量也越来越少。NaI 晶体有潮解的特性，因此外面一般包一层铝箔，起到密封隔潮和避光的作用。

三、光电倍增管

早期的伽玛照相机只有 19 个圆形光电倍增管（PMT），现在的伽玛照相机有 37～93 个光电倍增管，形状包括圆形、六角形和正方形。

四、脉冲幅度分析电路和定位电路

γ 光子与闪烁晶体作用产生闪光，由于作用过程不同，各次闪光的强度也不同，有一定的分布，其脉冲幅度的统计分布，即 γ 能谱。由于 γ 射线在 NaI 晶体中产生的可见光光子的数目、可见光到达 PMT 光阴极的数目、光阴极释放电子的数目、打拿极的倍增因子都有随机的统计涨落。另外，PMT 光阴极各处灵敏度的不均匀、加载 PMT 上的高压的波动和 PMT 的电子学噪声等因素，虽然致使沉积在 NaI 晶体中的 γ 光子能量相同，但闪烁探测器输出的脉冲幅度却呈现参差不齐的现象，即高斯分布，基本表现在 γ 能谱上为光电峰有一定的宽度，也就是探测器有一定的能量分辨力。脉冲幅度分析器把落在光电峰一定宽度内的脉冲筛选出来，禁止其他能量的脉冲信号通过，这样就降低了环境本底的影响。同时，来自靶材料以外的 γ 光子也可以经过康普顿散射，改变方向后进入探测器，因为 γ 射线运动方向的改变必然伴随能量的损失，通过脉冲幅度分析器，就可剔除掉大部分经过康普顿散射进入探测器的光子。最后通过使用重心法或延迟线法的定位电路来对信号进行定位。相关内容参考核电子学书籍。

五、断层重建算法

SPECT 是在伽玛照相机的基础上，增加了断层重建功能。X 光 CT，即穿透型 CT（TCT）使用重建算法来重建出断层图像。SPECT 的重建算法与 CT 的重建算法无本质区别，大致可分为解析法与迭代法两大类。滤过反投影（Filtered Back Projection，FBP）是解析重建的主要算法，FBP 算法是建立在傅立叶变换理论基础之上的一种空域处理技术。它的特点是在反投影前将每一个采集投影角度下的投影进行卷积处理，从而改善点扩散函数引起的形状伪影，重建的图像质量较好，速度较快。投影重建的过程是，先把投影由线阵探测器上获得的投影数据进行一次一维傅立叶变换，再与滤波器函数进行卷积运算，得到各个方

☆★☆☆

向卷积滤波后的投影数据；然后把它们沿各个方向进行反投影，即按其原路径平均分配到每一矩阵单元上，进行重叠后得到每一矩阵单元的 CT 值；再经过适当处理后得到被扫描物体的断层图像。随着计算机硬件计算能力的增强，基于迭代算法的图像重建方法也得到普及，算法属于数值逼近算法，即从断层图像的初始估计值出发，通过对其反复修正，使其逐渐逼近断层图像的真实值。迭代过程包括：首先给待定的断层图像赋予一个初始估计值，根据此初始估计值计算出理论投影值，将它和实测投影值进行比较，根据一定的原则对初始图像进行修正，然后再从修正后的图像计算理论投影值，与实测图像投影值比较后，再进行修正，如此反复循环，直到相邻两次的估计值之差足够小为止。迭代重建算法具有图像质量好，容错性好的特点，但运算量也远远超过滤波反投影方法。

第三节　检测指标与方法

本书主要依据《伽玛照相机、单光子发射断层成像设备（SPECT）质量控制检测规范》（WS 523—2019）的参数及方法进行介绍，该标准主要参考了美国国家电器商制造协会标准文件（NEMA NU 1-2007 Performance Measurements of Gamma Cameras），简称 NEMA 标准。在 NEMA 标准中，将 SPECT 作为具有断层功能的伽玛照相机来看待，因此伽玛照相机的所有测试项目也适用于 SPECT 测试，WS 523—2019 中除断层空间分辨力指标及全身成像系统空间分辨力外，其他指标均适用于伽玛照相机的质量控制检测。

SPECT 全部检测指标共 8 项，按照是否使用准直器可分为两部分。一部分为不需要安装准直器的固有性能测试，包括固有均匀性、固有空间线性、固有空间分辨力和固有最大计数率；另一部分为需要安装准直器的系统性能测试，包括系统灵敏度、系统空间分辨力、断层空间分辨力和全身扫描成像系统空间分辨力。在验收检测时，均以设备出厂指标作为判定要求，后文不再一一赘述。

所有检测用放射性核素都使用 ^{99m}Tc 溶液。除非特殊说明，计数率应不超过 20kcps（2.0×10^4/s）。设置能峰 140keV，能峰偏差 ±3keV 范围内，设置能窗为 20%。机房本底计数 ≤ 2.0×10^3/min。

在 SPECT 测试过程中，要使用和操作开放性放射性核素，包括淋洗、分装、制备符合要求的放射源。在操作中，应根据操作特点、放射源性质等尽量采取降低接触时间、使用屏蔽设备或设施及增加与放射源距离等基本防护手段降低自身受到的辐射。其中最有效的方法是减少操作或接触时间。在检测前，可使用无放射性的溶液（如自来水）模拟真实环境进行实操练习：比如源的稀释、分装操作，点源和双线源的制作等；其次是使用防护用品和防护设施设备：比如源的淋洗、稀释和分装应在通风橱中进行，操作开放性放射源应佩戴手套、铅眼镜、穿防护服；在点源数据采集阶段（如检测固有空间分辨力时），由于放射源的活度较大，可使用带屏蔽和自动控制功能的点源支架；在检测完成后，清洗完的模体应存放在独立无人的仪器室中，操作人员应对双手、鞋等部位进行表面污染监测。

目前临床使用最多的 SPECT 设备主要是西门子、GE 和飞利浦。3 个厂家的 SPECT 都有自己的质控或校准程序，均参考了 NEMA 标准但又和 NEMA 标准不完全一致，包括采集的总计数，采集矩阵等关键参数。参数虽然涵盖了 WS 523—2019 的部分指标，但它只是机器内部质控程序的一种手段，并不能全部代替 SPECT 的质量控制检测。SPECT 质量控制检测时应该使用独立的质控分析软件进行检测和数据分析。如今市场上有很多第三方

SPECT 质量控制检测软件，应注意选用符合标准中算法要求的软件，然后利用软件进行数据分析。

下面对检测指标进行逐项介绍。

一、固有均匀性

（一）放射源及模体准备

使用的模体或设备包括：激光定位仪，可移动支架和点源容器。点源尺寸不大于 5mm，活度约为 20MBq，点源容器可使用小注射器或小离心管制作。

（二）摆位

首先使用激光定位仪和可移动支架确定点源位置和距离，点源位置应正好位于探测器面中心位置上，距离探测器至少 5 倍探测器对角线长度，一般应在 3.2m 以上位置。点源制作好后使用胶布粘贴在已定位好的可移动支架上。

（三）数据采集与处理

卸下准直器后，使用静态模式图像采集，每个探头分别采集。设置的采集总计数和图像矩阵应保证采集的成像的中心像素计数至少为 10k。因此一般设置采集矩阵为 64×64，或者为了分辨率高便于发现异常图像，可先设置采集矩阵 256×256，最后将 256×256 采集矩阵转换为 64×64，即其中每一个 4×4 小矩阵合并 1 个像素。考虑采集时间不能太长，设置采集总计数为 40m。

在进行均匀性计算之前，包含的像素应按下述方法确定：

1. UFOV 边沿的像素，像素面积的 50% 不在 UFOV 内，应不包括在均匀性计算内。

2. UFOV 周边的像素，如果像素计数小于 CFOV 内平均值的 75%，应将其值设置为 0。

3. 视野中的像素，若像素在其正四周方向相邻的像素值有一个为 0，则该像素值置为 0。

4. 经过 1 ～ 3 处理过的剩余非 0 值像素将参与 UFOV 的分析，并进行 9 点平滑，9 点平滑滤波矩阵见下文。

以上处理 1 ～ 4 只操作一次。CFOV 的数据处理可参照 UFOV 进行。

固有积分均匀性：

$$\begin{pmatrix} 1 & 2 & 1 \\ 2 & 4 & 2 \\ 1 & 2 & 1 \end{pmatrix}$$

在处理后的泛源图像内，分别在 UFOV 和 CFOV 内，找像素值的最大值和最小值，分别计算二者之间的差值及和值，按公式（17-1）计算积分均匀性：

$$IU=[\ (C_{max} - C_{min}) \ / \ (C_{max}+C_{min}) \ ] \times 100\% \tag{17-1}$$

式中：

IU—— 固有积分均匀性；

C_{max}—— 像素最大值；

C_{min}—— 像素最小值。

固有微分均匀性：

在处理后的泛源图像内，分别在 UFOV 和 CFOV 内计算微分均匀性。分别从像素行和列的起始端开始，逐个像素向前推移，每相邻 5 个像素为一组，找最大像素值和最小像素值，分别计算二者之间的差值及和值，按公式（17-2）计算百分值。在 X 方向和 Y 方向的最大

☆ ☆ ☆ ☆

百分值，即为微分均匀性。

$$DU= (C_{max} - C_{min}) / (C_{max}+C_{min}) \times 100\% \tag{17-2}$$

式中：

DU——固有微分均匀性；

C_{max}——计数最大值；

C_{min}——计数最小值。

（四）结果判定

固有积分均匀性在状态检测和稳定性检测时要求不大于 5.5%（UFOV）和 4.5%（CFOV）；固有微分均匀性在状态检测和稳定性检测时要求不大于 3.5%（UFOV）和 3.0%（CFOV）。

（五）检测中的主要问题及实例

国内早期的一些 SPECT 扫描室在设计时没有留出足够的空间，诊断床的左右距离墙体较近，固有均匀性测试时点源位置无法达到距离探测器至少 5 倍探测器对角线长度的要求。摆位时，可以将探头平面自旋转，倾斜向上，探头中心对应房顶与墙面的交接位置，使用激光定位仪来定位探头中心投射位置，这样源的位置距探头中心的距离绝大多数可以达到检测要求。

二、固有空间分辨力

（一）放射源及模体准备

使用的模体或设备：狭缝铅栅模体、激光定位仪、可移动支架和点源容器。点源活度为 $200 \sim 400MBq$。点源容器可使用小注射器。

（二）摆位

狭缝铅栅模体分为 2 块。铅缝宽 1.0mm，缝之间的距离为 30mm，铅厚度不小于 3mm。1 个铅栅模型为 X 方向，另一个铅栅模型为 Y 方向（图 17-3）。卸下准直器，将铅栅平放在探头表面，使用激光定位仪和点源可移动支架确定点源位置，将点源固定在探头中心向上至少 1.5m 高度。如图 17-4 所示。

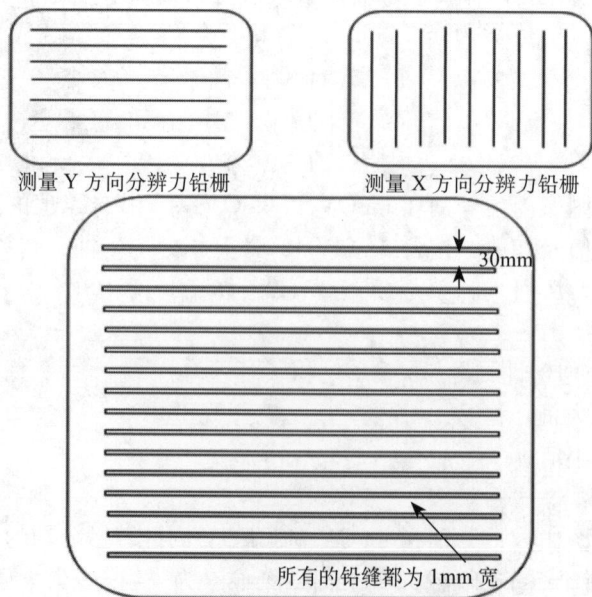

测量 Y 方向分辨力铅栅 　　测量 X 方向分辨力铅栅

30mm

所有的铅缝都为 1mm 宽

图 17-3　铅栅结构图

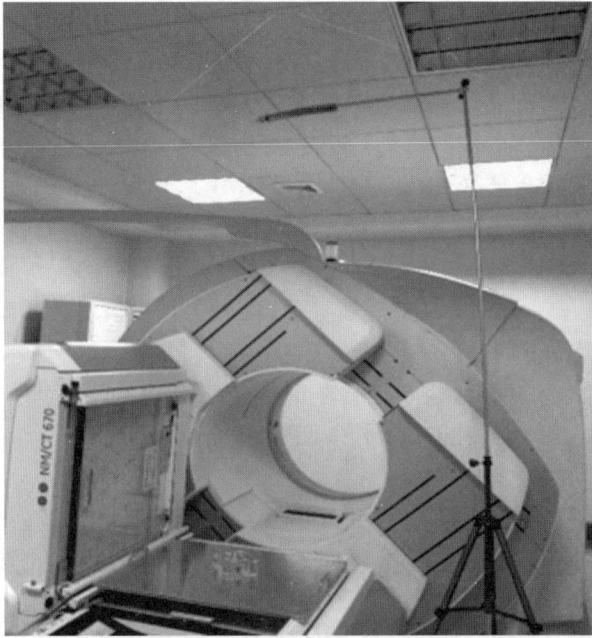

图 17-4　固有空间分辨力摆位图

（三）数据采集与处理

采集矩阵 512×512（或能达到的最大矩阵）。采集的总计数 $\geqslant 20M$（应保证使后期数据处理时的线扩展函数的中心峰值不小于 1×10^3 计数）。

数据处理过程按下述方法进行：

为保证线扩展函数的精度，垂直每条狭缝方向的取样应等于或小于 0.2FWHM，平行狭缝方向的取样等于或小于 30mm。

计算线扩展函数时，如果获取的数据为二维矩阵，应将平行于狭缝方向不大于 30mm 内的数据叠加形成一维线扩展函数。对每条线扩展函数以像素为单位求出对应的峰位、峰值和半高宽（FWHM）。

1. 将像素单位转换为距离单位 mm。应用视野内线扩展函数峰位差的平均值（像素单位）和模体狭缝间的已知距离（30mm）即可求出像素距离的转换系数。

2. 分别计算 UFOV 及 CFOV X 和 Y 两个方向半高宽的平均值，即为探头的空间分辨力，单位为 mm，数值精确到 0.1mm。

在 WS 523—2019 中，也可使用四象限铅栅方法进行固有空间分辨力和固有空间线性的稳定性检测，四象限铅栅方法属于半定量方法，如果是专业检测机构，不建议使用此种方法进行检测，因此本文不再赘述。

（四）结果判定

在状态检测和稳定性检测时要求均不大于 5.4mm。

三、固有空间线性

1. 固有空间线性测量中，放射源及模体、摆位、数据采集等与均固有空间分辨力项目检测相同。

☆☆☆☆

2. 数据处理：线扩展函数、线扩展函数峰位的获取及像素与距离的转换均与固有空间分辨力项目相同。

（1）线源物理位置的确定。铅栅模体图像上狭缝的位置可用同一条狭缝上若干线扩展函数峰位的拟合曲线替代。拟合方法为最小二乘法。

（2）拟合曲线要对所有狭缝进行。

（3）线扩展函数峰位与拟合曲线的最大偏差为绝对线性，线扩展函数的峰位差的标准差为相对线性。

（4）应分别给出 UFOV 和 CFOV 空间线性测量结果，结果值为 X 和 Y 两个方向的平均值，单位 mm，精确到 0.01mm。

3. 结果判定：在状态检测和稳定性检测时要求微分线性均不大于 0.24mm；绝对线性分别不大于 0.84mm（UFOV）和 0.60mm（CFOV）。

4. 检测中的主要问题及实例

（1）检测固有空间分辨力和固有空间线性时，需要卸下准直器，这就使得探头中的晶体裸露出来。晶体是 SPECT 设备的重要部件，价格昂贵，所以在摆放铅栅时小心轻放，不要磕碰到晶体。

（2）检测固有空间分辨力和固有空间线性时，注意源位置与探头的距离对检测结果的影响。

（3）检测固有空间分辨力和固有空间线性时，需分别测试 UFOV 和 CFOV 下的 X 和 Y 两个方向的数据。

四、固有最大计数率

（一）放射源及模体准备

放射性活度约 37MBq，模体：点源容器。

（二）数据采集

从探头上卸下准直器，设置为静态采集模式，采集矩阵大小不限。点源可放在 5 倍探头最大线径处，垂直于探头表面从距离远的位置逐渐向探头表面移动。开始采集后从显示器上观察计数率，计数率会随着放射源的位置发生变化，先变大再变小。

（三）数据处理

记录放射源移动至某一位置时达到的最大计数率即为固有最大计数率。

（四）结果判定

在状态检测和稳定性检测时要求不小于 $60 \times 10^3 s^{-1}$。

五、系统平面灵敏度

（一）放射源及模体准备

放射源活度约为 40MBq。用活度计精确测量活度 A，并记下测量活度时间 $t_{活度}$，将精确测量的 ^{99m}Tc 溶液放入平面灵敏度模体，并加 2～3mm 高的水。灵敏度模体：直径17cm，厚 2cm（内径为 15cm 的平底塑料圆盘）；多用支架：用于将灵敏度模体悬空放置，并可以调节灵敏度模体水平。

（二）摆位

在探头上安装低能通用或低能高分辨准直器，将系统平面灵敏度模体于探头中心位置，距准直器表面 10cm，如图 17-5 所示。

（三）数据采集与处理

对平面灵敏度模体进行静态图像采集，两个探头同时采集。关闭均匀性校准功能。采集条件：采集矩阵 256×256，采集时长 $T_{采集}$ 为 5min。精确记录开始采集的时刻 $t_{采集}$ 及图像总计数 N。

数据采集应不少于 3 次，结果为 3 次采集的平均值。按公式（17-3）计算系统平面灵敏度：

$$S = N \times e^{[(t_{采集} - t_{活度}) \times \ln 2/T_{1/2}]} \times (\ln 2/T_{1/2}) \times [1 - e^{(-T_{采集} \times \ln 2/T_{1/2})}]^{-1} \times A^{-1} \tag{17-3}$$

式中：

S——系统平面灵敏度，$s^{-1} \cdot MBq^{-1}$；

N——总计数；

$t_{采集}$——图像采集的时刻，s；

$t_{活度}$——测量净活度 A 的时刻，s；

$T_{1/2}$——放射性核素的半衰期，s；

$T_{采集}$——图像的采集持续时间，s；

A——注入模体的放射性核素的净活度，MBq。

（四）结果判定

在状态检测和稳定性检测时要求不小于 $60s^{-1} \cdot MBq^{-1}$。

六、系统空间分辨力

（一）放射源及模体准备

检测使用放射源为线源，体积约 1ml，活度约为 74MBq。平行双线源模体：线源长度应大于 50cm，2 个平行线源相距 10cm。多用支架：用于将双线源模体悬空放置，并可以调节双线源模体水平。

图 17-5　灵敏度模体摆位图

（二）摆位

探头配低能通用或低能高分辨准直器。将平行双线源模体置于距探头准直器表面 10cm 距离并悬空放置。线源模体应位于视野中心，分别平行于探头的 X 和 Y 方向（图 17-6）。

（三）数据采集与处理

静态图像采集，两个探头同时采集。采集矩阵 512×512（或能达到的最大矩阵），每个探头采集总计数不小于 1M。

如果线扩展函数采集的数据为二维矩阵，应将平行于狭缝方向的不大于 30mm 数据叠加形成线扩展函数。对每条线扩展函数以像素为单位，找出峰值、峰位，并求出半高宽。像素到毫米的校准因子用于将半高宽转换成毫米。空间分辨力结果应取 X 和 Y 方向空间分辨力的平均值，

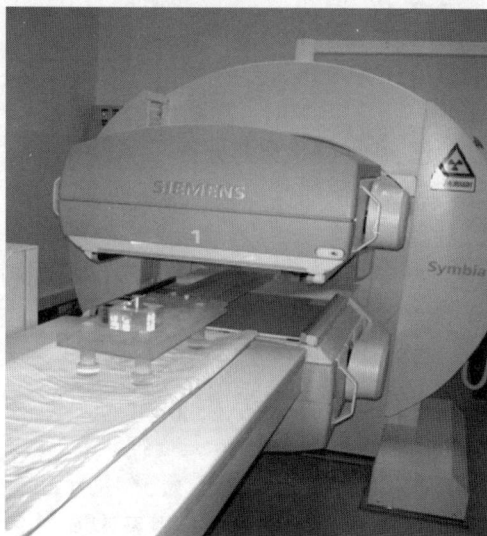

图 17-6　双线源模体摆位图

☆☆☆☆

精确到 0.1mm 或更高。

（四）检测中的主要问题及实例

1. 检测 Y 方向的系统空间分辨力时，模体若无法摆放到视野中心，可以在双线源模体下放置一个 9cm 高，宽度不大于 10cm 的泡沫块，然后摆放到视野中心。

2. 注意源放置的位置与探头的距离对检测结果的影响。

七、断层空间分辨力

（一）放射源及模体准备

毛细管：用于通过虹吸作用，制作一个很小的点源。多用支架：用于将毛细管中的点源悬空放置。点源的制备：检测使用源为高比活度的 ^{99m}Tc 溶液。将溶液装入试管中，再用毛细管（内直径不大于 1mm）吸取一小滴 ^{99m}Tc 溶液，长度不大于 1mm。

（二）摆位

SPECT 配低能高分辨准直器，点源悬空置于轴向和横向视野中心（偏差小于 2cm），旋转半径 15cm（图 17-7）。

图 17-7　断层空间分辨力模体摆位图

（三）数据采集与处理

点源断层图像采集。断层采集条件：矩阵不小于 128×128，120 帧（3°/帧），3×10^3 计数/帧。

图像重建方式为滤波反投影方法（FBP），滤波函数使用 RAMP，如果使用其他重建方式应注明。

计算重建后点源图像的半高宽，至少精确到 0.1mm。分别给出横断面空间分辨力（点源图像在 X 方向和 Y 方向的半高宽的平均值）和轴向空间分辨力。

（四）结果判定

在状态检测时要求不大于 18.7mm。

（五）检测中的主要问题及实例

如果采用 RAMP 滤波函数重建后，断层空间分辨力不合格，可以改成别的函数或者不用滤波函数，但是需要在检测报告中注明。

八、全身成像系统空间分辨力

全身成像系统空间分辨力是 SPECT 在垂直和平行于运动方向的分辨力。

（一）放射源及模体准备

与系统空间分辨力项目相同。

（二）摆位

SPECT 配低能高分辨准直器。将平行双线源模体置于检查床上，并分别使线源平行于和垂直于扫描床的运动方向，其中一根线源的中心点与扫描床的中心点重合，线源距准直器距离为 10cm。

（三）数据采集与处理

平行双线源模体全身图像采集。两个探头同时采集，采集矩阵 256×1024，扫描长度 195cm；采用连续走床采集模式，走床速度设定为 15cm/min。采集图像如图 17-8。

如果获取的数据为二维矩阵，应以形成不大于 30mm 宽，将平行于线源方向的数据叠加形成线扩展函数。对每条线扩展函数以像素为单位，最大值及相邻 2 点用抛物线拟合法确定峰值，峰值一半处相邻 2 点使用线性插值法确定半高位置并以此计算半高宽。以 mm 为单位，至少精确到 0.1mm，计算得到的垂直于和平行于运动方向的空间分辨力的平均值。

（四）结果判定

在状态检测时要求不大于 15.4mm。

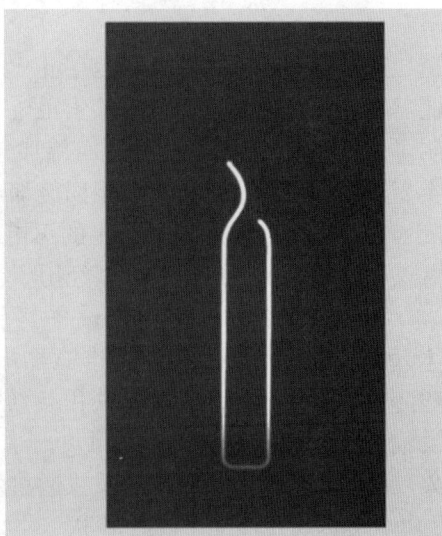

图 17-8 全身空间分辨力采集的双线源图像

（五）检测中的主要问题及实例

在检测全身成像系统空间分辨力时，一定要保证双线源到每个探头的距离是 10cm，注意源到探头的距离对检测结果的影响。

第18章
正电子发射型计算机断层成像装置

第一节 概 述

1927 年，Dirac PAM 预言了正电子的存在。5 年后，Anderson C 观测到第一个正电子。此后不久，人们就开始不断探索正电子发射在医学影像中的应用。1932 年，Lawrence E 发明了能产生 β⁺ 粒子的核素的回旋加速器。1957 年，经过不断的改进，第一台用于生产短半衰期正电子核素的医用小型回旋加速器在伦敦 Hammersmith 医院问世。

利用医用回旋加速器产生的正电子的核素进行正电子显像，却历经了半个多世纪的发展过程。正电子扫描仪的机型经历了平面扫描机、照相机和发射计算机断层显像三个阶段。

20 世纪 60 年代后半期，华盛顿大学的 Terpogossian Phelps 和加利福尼亚大学的 Hoffman 等设计出一种带铅准直器的探测器用以探测正电子，称为正电子平面扫描仪。1966 年，Anger HO 等在不使用传统准直器的情况下，用两个闪烁照相机探测正电子湮没辐射光子，从而设计出了正电子照相机的技术模型，同时也创立了符合探测方法；不久，Kuhl DE 等证实用滤波反投影重建技术可产生正确的横断层图像。20 世纪 70 年代初，Robertson JS 等设计出一种环状、不连续的探测器来进行正电子断层显像，从而迈出了断层显像的第一步。

1973 年，Hounsfied GN 发明了 X 射线 CT。受其启发，Phelps、Hoffman 和 Terpogossian 放弃了原有的设计，建立了一台最早的可行断层显像的 PET 扫描仪原型（PETT II）。PETT II 整合了所有现代 PET 扫描仪的基本原理，如合适的图像重建算法、湮没符合探测、合适的直线和成角采样、衰减校正等，但分辨率差。后来经过多次改进设计出 PETT II1/2（主要用于动物实验）、PETTIII（用于人体显像）和 PETT IV（最早的多环 PET 装置）。

1976 年，第一台商业化 PET 扫描仪（ECAT）面市。20 世纪 80 年代开始，PET 生产厂家 CTI 和 Scanditronix 分别与德国西门子（SIEMENS）和美国通用电气（GE）公司合作，大公司的介入使 PET 扫描仪的发展进入了新的发展阶段。进入 20 世纪 90 年代之后，多环探测器、模块化晶体、3D 结构等多种新技术及新型的晶体材料锗酸秘（$Bi_4Ge_3O_{12}$，BGO）的应用，使 PET 的射线探测能力和分辨率都有了明显的提高。

在扫描仪发展的同时，回旋加速器的研制和正电子显像剂的临床应用也同样取得进展。小型回旋加速器的自动控制、显像剂自动合成系统的发展，使发出正电子的核素的产生及正电子显像剂的合成更加简单、方便，机器的操作更加人性化、合理化和程序化，工作人员的辐射剂量也明显降低。

从 20 世纪 80 年代开始，多种正电子显像剂的研究逐步拓展，尤其是氟（^{18}F）标记的氟代脱氧葡萄糖（^{18}F-fluorodeoxyglucose，^{18}F-FDG）在恶性肿瘤显像、脑显像和心肌存活显像中的成功应用，使 PET 逐步受到临床的接受和青睐。

1997 年，美国食品药品监督管理局（Food and Drug Administration，FDA）批准了 ^{18}F-FDG 的临床应用，1998 年，美国健康卫生财政管理局（Health Care Financing Administration，HCFA）同意将多种 ^{18}F-FDG PET 适应证纳入医保范围，促使其进一步应用发展。1998 年在美国匹兹堡大学医学中心安装了第一台 PET/CT。

PET/CT 的出现可以说只是一次观念的突破，在技术上不存在任何难题。PET/CT 一体机只需将 PET 和 CT 背靠背一起放在一个机架内，共用一个检查床，并将控制系统整合在一起即可基本完成。第一台 PET/CT 原型机是将临床上使用的 CT 与 PET 串在同一个机架上，两部分由不同工作站控制，采集和重建是分开的，CT 图像为 PET 提供衰减校正，最后获得 PET/CT 的融合图像。随后，PET/CT 探头和晶体又有所改变，工作站控制软件组合到一个系统内。PET/CT 部件的性能、检查床、操作系统与软件方面有不同的设计。PET 和 CT 的硬件技术除了在空间布局方面部分有所移动外，几乎无须任何改变。因此 PET/CT 的诞生只能说是一次技术的革新。但它给临床呈现的是高灵敏高特异性的功能代谢图像与高分辨高清晰的解剖结构图像的精确融合结果，极大地提高了病灶的检出率和诊断的准确性，这很快获得了临床医师的认可，使 PET/CT 诞生不久就获得了飞速发展。

在发展过程中，又研发出带符合线路功能的 SPECT，既有普通 SPECT 的功能，又能对正电子进行符合成像，即该设备具有 PET 的功能，因此也称为多功能 SPECT、兼容型 SPECT、SPECT/PET，也有些学者称之为兼容型 PET（hybrid PET）。其价格远低于专用型 PET，这种设备一问世，得到发展中国家青睐。但是其性能与专用型 PET 有较大的差距，随着 PET/CT 技术的发展，该设备逐渐被 PET/CT 取代。

在国内，很多医院已经先后引进了 PET/CT（图 18-1），装机量呈上升态势，并不断开发新技术、新药物。除了常规使用的 ^{18}F-FDG，还运用其他示踪剂，如 ^{18}F 或 ^{11}C 标记的胆碱、醋酸盐等，可以提高 PET/CT 的诊断效能。PET/CT 在使用飞行时间技术（Time of Flight，ToF）后，能减少图像噪声、增加病灶与正常组织的对比度，提高图像质量，有利于诊断；同时患者使用的药量更少，节约了成本并减少了辐射剂量，并且准确地定量肿瘤示踪剂摄取值，能很好地对肿瘤进行监测。

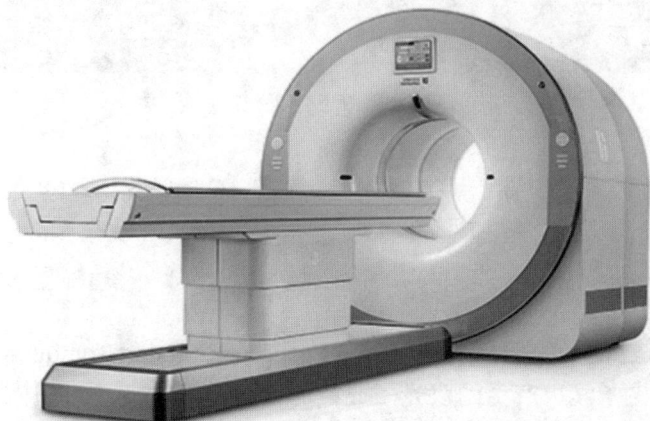

图 18-1 PET/CT 设备

☆☆☆☆

　　早在 1997 年发表的文章中已有描述的早期 PET/MR 工作，早于 2001 年临床 PET/CT 的出现。虽然 MR 可获得的软组织对比度通常优于 CT，但将 MR 与 PET 结合的巨大的技术挑战反而使 PET/CT 更具有临床适用性。由于要克服的基本问题是光电倍增管（PMT）在 MR 所需的强磁场内不起作用。早期的 PET/MR 设计需要在 MR 扫描仪的孔内插入一圈 PET 晶体，并通过约 4m 长的光纤将晶体耦合到 PMT，以便 PMT 可以放置在距离强磁场一定距离处。尽管长光纤中闪烁光有损失，但这种设计仍然可行，因为新的镥基晶体即 LSO 的出现，其光输出比当时最先进的锗酸铋（BGO）晶体的光输出高 5 倍。尽管其他人随后使用光纤构建了原型系统，但由于光损失降低了能量分辨率并因此降低了系统性能，因此该方法并未受到市场青睐。虽然通过使用一种类型的 MR 扫描仪来消除纤维，其中在 PET 扫描期间可以调低主磁场，但是 0.3 T 的低场强在临床上并不能实现令人满意的信噪比。因此，这些方法都没有用于当前的临床系统。

　　通过避免使用具有高磁化率的材料、使用各种策略来最小化 PMT 附近的磁场、使用对磁场不敏感的 PET 探测器、PET 探测器模块完全覆盖铜箔以屏蔽 RF 噪声等改进方式，PET/MR 开始逐步进入临床使用。对于已经用于人类成像的 PET/MR 系统，第一个是西门子在 2000 年后期安装的用于研究的大脑原型成像系统，成为第一个为临床使用而设计的系统，专为人体成像而设计的 PET/MR。2006 年，美国田纳西州 Krroxvivle 医学中心在北美放射学年会（RSNA）上报道了首例用西门子公司头部 PET/MR 一体机同步采集的人脑融合图像，取得了令人振奋的效果，揭开了一体式 PET/MR（图 18-2）临床应用的新篇章。

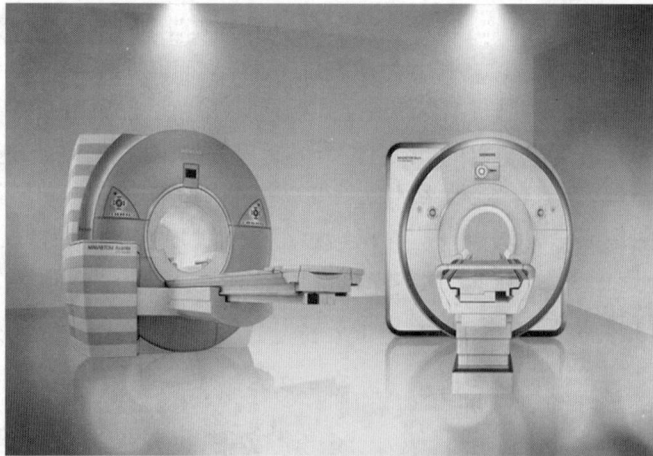

图 18-2　PET/MR 设备

第二节　设备的构成及工作原理

一、设备的构成

　　PET 的全称为正电子发射断层成像仪（Positron Emission Tomography），通常简称为 PET，是一种对正电子湮灭产生的双光子成像的设备。PET 设备由扫描机架、主机柜、操作控制台和检查床组成（图 18-3），其中探头是机架和设备的核心部件。PET 设备的探头是由若干探测器环排列组成（图 18-4），探测器环的多少决定了 PET 轴向视野的大小和断层面的多少。探测器环越多的探头轴向视野越大，一次扫描可获得的断层面也越多。探测器由晶体、光电倍增管和相关电子线路组成，许多探测器紧密排列在探测器环周上。临床PET 设备采用多晶体组合结构，用较少的探测器得到较多的环数、较大的轴向视野和较高的空间分辨率。多晶体结构的 PET 设备定位原理类似 γ 相机，通过计算 γ 光子入射晶体后产生的光分布来确定闪烁事件的位置，晶体切割得越小，定位计算越准确。

PET 与 SPECT 根本的不同有两点：一是采用正电子核素标记的放射性药物，使用的正电子核素 [如 ^{18}F（代替 H，性质相似）、^{15}O、^{13}N、^{11}C] 本身为人体组成的基本元素，可标记参与活体代谢的生物活性分子，可提供分子水平上反映体内代谢的影像；二是不使用准直器，而采用符合探测，可以使分辨率及灵敏度同时得到大幅度提高。电子准直是PET 设备的一大特点，它省去了沉重的铅制准直器，改进了点响应函数的灵敏度和均匀性，不再因准直器的使用损失了很大部分探测效率，避免了准直器对分辨率和均匀性不利的影响。

PET/CT 是将 PET 和 CT 两种设备有机地组合在一起，通过电子计算机和专用软件进行连接和处理，达到三位一体的复合影像系统。

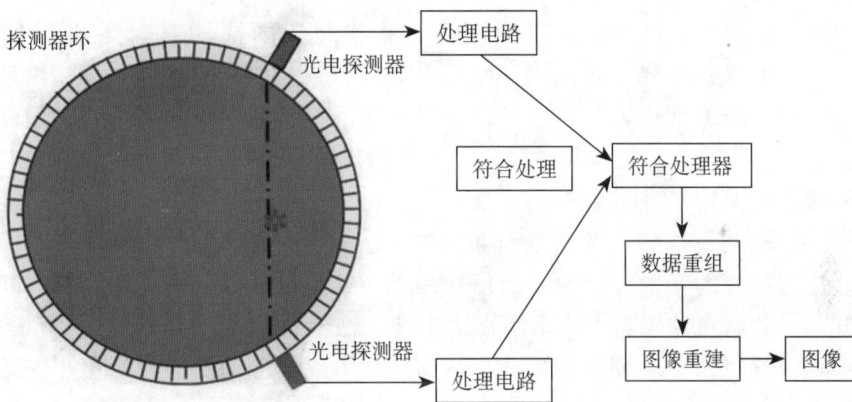

图 18-3　PET 设备的构成

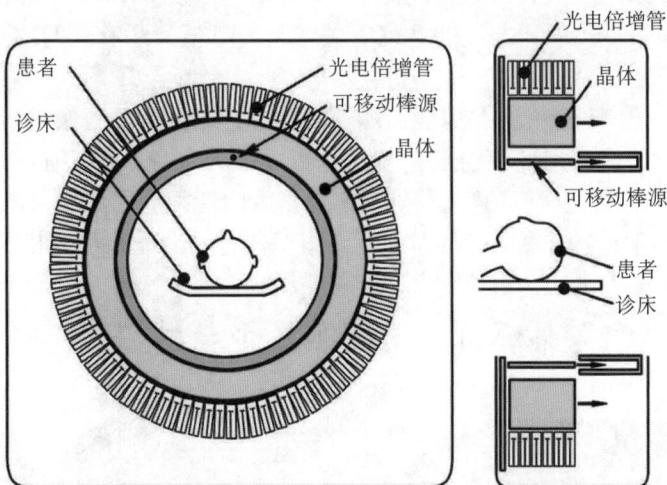

图 18-4　PET 设备探头结构图

☆☆☆☆

二、设备的工作原理

把正电子放射性核素（如 ^{11}C、^{18}F、^{15}O、^{13}N 等）的标记药物注入生物体内，药物参与生物体代谢的同时，这些核素会发生正电子衰变并发射出正电子。正电子与生物体内组织中的普通电子发生正、负电子湮灭效应，同时释放出一对逆向发射的能量为 511 keV 的 γ 光子。PET 探测器检测到释放出 γ 光子的时间、位置、数量和方向，通过 PMT 将光信号转变为时间脉冲信号，经过计算机系统对上述信息进行采集、存储、运算、数 / 模转换和影像重建，从而获得人体脏器的横断面、冠状断面和矢状断面图像。从生成的时间序列影像中可观测活体代谢功能。

正电子的寿命非常短，很难直接探测正电子，只能通过探测由电子对湮灭所产生的 511 keV 的 γ 光子对来反映正电子湮灭时的位置。接收到这两个光子的两个探测器之间的连线称为符合线（line of response，coincidence line，简称 LOR），代表反方向飞行的光子对所在的直线，湮灭事件的位置必定在这条直线上。用两个探测器间的连线来确定湮灭地点方位的方法（不需要准直器）称为电子准直（electronic collimation）。这种探测方式则称为符合探测（coincidence detection）。

采集 PET 数据时，在规定的时间窗内，共线对置的探测器探测到一对能量相等（511keV）、方向相反的 γ 光子定位为一个符合事件。数据校正后进行处理，再现受检者体内示踪剂的分布。PET 数据采集有二维、三维模式。二维减少了散射符合，但是降低了计数率，需要增加注射剂量延长采集时间。三维数据采集方式提高了探测灵敏度，但是散射、随机符合增加，数据处理时间增加。

PET 数据处理的过程是：探测器闪烁晶体与 γ 光子相互作用产生可见光，光电倍增管把这些带有位置信号的光信号转换成电信号。光子的能量信号与到达探头的时间输入到探头的前置放大器和符合处理器，筛选出符合事件，输出到 PET 工作站。计算机重组这些信息，形成正弦投影线图，通过重建算法重建图像，形成示踪剂的体内分布图，并计算出相应定量指标。

PET 图像重建算法主要有滤波反投影法和迭代重建算法。滤波反投影法属于解析方法。迭代重建算法有 MLEM 算法、OSEM 算法、快速迭代法及 RAMILA 算法，其最大优点是可以根据身体显像条件，引入与空间几何有关或与测量值大小有关的约束条件和因子，提高图像重建的精确度。

CT 在 PET/CT 中有三种基本功能：① 采用 X 射线对 PET 图像进行衰减校正以提高 PET 图像的质量；② 能应用低辐射剂量技术进行局部和全身 CT 扫描，对检查部位的病灶进行准确定位；③ CT 的应用可避免放射性药物摄取阴性肿瘤的漏检。PET/CT 检查通过一次连续成像，可以得到全身影像，从而对全身组织器官的功能和代谢状况进行评估。

第三节　检测指标与方法

一、PET 质控检测的原理

PET 质量控制关系到临床检查结果的客观性与科学性，正确的检查结果又直接影响到临床治疗的决策，质控检测是保证 PET 检查结果准确性的有效手段。PET 质控检测就是在标准化设定的条件下，对放射源模型进行数据采集和处理的过程。

由于 PET 设备的探测方式为符合探测，这过程中会产生三种符合情况：

（1）真符合（图 18-5）：探测到的两个光子来源于同一湮灭事件，并且在到达探测器前两个光子都没有与介质发生任何相互作用，因此含有精确的定位信息。这是真正需要的原始数据。

（2）随机符合（图 18-6）：探测到的两个光子分别来源于不同的湮灭事件。这种符合含有的定位信息是错误的。

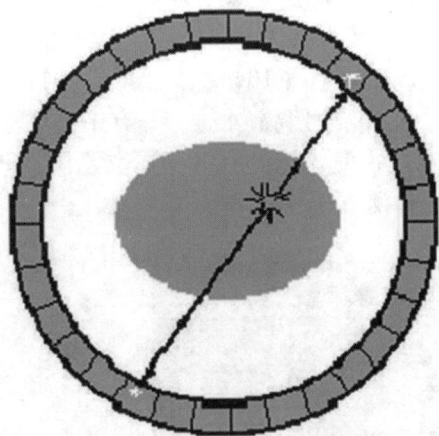

图 18-5　真符合示意图

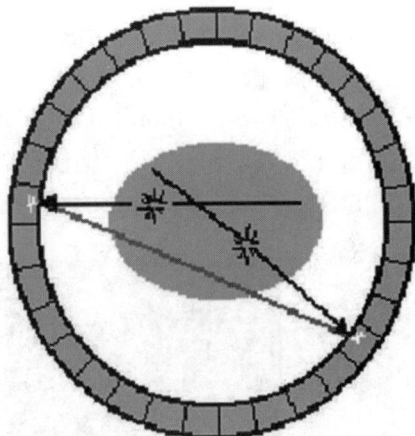

图 18-6　随机符合示意图

（3）散射符合（图 18-7）：探测到的两个光子虽然来源于同一湮灭事件，但在到达探测器前两个光子中至少有一个被散射而偏离了原来的飞行方向。因此这种符合含有的定位信息是错误的，应该剔除。

随机符合和散射符合计数都会造成定位错误，都属于图像噪声，如果不剔除，会降低图像分辨率和对比度，影响图像质量。符合计数率增加到一定程度时，随机符合和散射符合计数率增加幅度更大。因此，PET 必须用专用技术来校正随机符合和散射符合。记录的符合事件，通过处理、校正、重建可获得正电子核素标记的示踪剂在体内分布的断层图像，即 PET 图像。

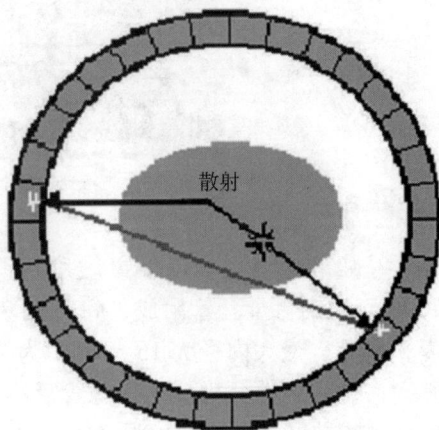

图 18-7　散射符合示意图

目前，PET 设备的主要制造商的生产地均设在美国，其报告的参数、数据处理软件、测试模体均以美国电气制造商协会的 NEMA 标准作为设计依据，也有生产厂家采用 IEC 标准。为了便于政府、企业和医疗机构了解和使用该类产品的 IEC 和 NEMA 两个系列标准的内容，国家标准《放射性核素成像设备性能和试验规则　第 1 部分：正电子发射断层成像装置》（GB/T 18988.1—2013）将 NEMA 标准出版物 NU 2-2007《正电子发射断层成像装置性能测试》的内容作为资料性附录 NB 引入。我国针对 PET 的卫生行业标准正在研制过程中，相信不久就会发布。我国目前在用的

☆☆☆☆

PET 设备主要为进口，设备的出厂检测普遍使用 NEMA 指标。因此我国在引进、招标采购、验收测试时也普遍采用 NEMA 标准的性能指标，以便与其出厂指标进行参照对比。

二、PET 质控检测设备介绍

PET 质控检测所需的设备主要是 PET 检测模体，包括：PET 模体多功能支架、灵敏度模体（5 根 700mm 长的铝套管）、散射分数和噪声等效计数率模体、灵敏度线源管、散射分数线源管、玻璃毛细管（内径约 1mm）、注射器等。

1. PET 模体多功能支架　可用于测量 PET 空间分辨率力和灵敏度两项指标，可以支撑灵敏度模体的铝套管和空间分辨力的玻璃毛细管。该支架上有可插入玻璃毛细管的细小孔和灵敏度模体的圆孔，细小孔的坐标分别为 (0，1cm)、(0，10cm)、(10cm，0)，圆孔的坐标分别为 (0，0)、(0，10cm) 或 (10cm，0)。支架还可调节水平，并有中心位标志线，便于 CT 激光灯在 X、Y、Z 三个轴向上的精确定位，使模体的 (0，0) 位置位于 PET 孔径的中心。图 18-8 为某 PET 厂家的空间分辨率力检测支架。

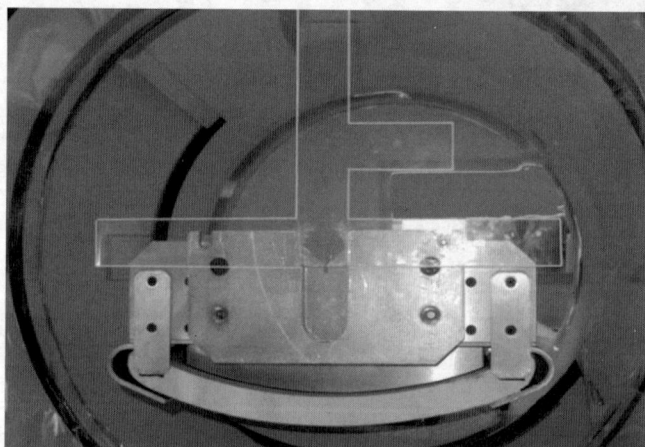

图 18-8　PET 空间分辨率力检测支架

2. 灵敏度模体　PET 灵敏度检测模体（图 18-9、图 18-10、表 18-1）由 5 根长度为 700mm 的铝合金套管组成，每一根套管的壁厚为 1.25mm，套管直径依次递增，最小内径为 3.9mm，最大内径为 16.6mm。为精确测量灵敏度，配备一根长度为 700mm±5mm 的线源管，将放射性药物注入线源管后，可用橡皮泥或唇膏等将端口密封，请注意：唇膏在温度较高的地区会容易产生滑落，操作时可以先用唇膏封一次，再用橡皮泥封一次。

表 18-1　PET 灵敏度检测模体铝管参数

套管编号	内径（mm）	外径（mm）
1	3.9	6.4
2	7.0	9.5
3	10.2	12.7
4	13.4	15.9
5	16.6	19.1

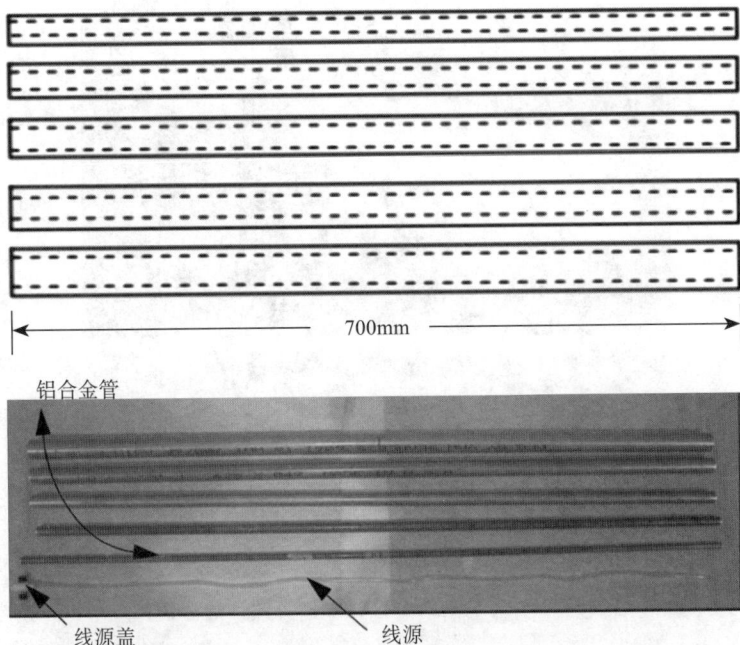

图 18-9　PET 灵敏度所用铝合金套管

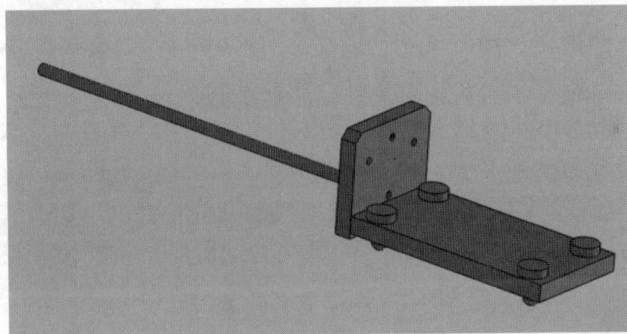

图 18-10　PET 灵敏度检测支架

3. 散射分数和噪声等效计数率模体　PET 散射分数和噪声等效计数率模体（图 18-11）是一个实心正圆柱体，由密度为 0.96g/ml±0.01g/ml 的聚乙烯组成，直径为 203mm±3mm，总长度为 700mm±5mm。在平行于圆柱体中心轴，径向距离为 45mm±1mm 处设置一个直径为 6.4mm±0.2mm 的孔洞，可将线源插入孔内。为便于制作和处理，圆柱体可分几段构成，在测量时再将其组合起来。但是，在设计和组合已制作好的模型时，应确保相邻各段紧密接合，因为即使细小的缝隙都将导致狭窄的轴向无散射区。

插入测量模体中的线源至少 800mm 长，内径 3.2mm±0.2mm，外径 4.8mm±0.2mm 的透明的聚乙烯或者涂敷聚乙烯的塑料管。塑料管的中间 700mm±5mm 段充满已知量的放射性药物，且该管通过模体中 6.4mm 的孔。注意如果线源放射性部分超过模体一端 5mm，测量结果会受到影响。散射分数模体中心在轴向和横向上应与 PET 扫描仪中心相差在 5mm 以内。

图 18-11 PET 散射分数和噪声等效计数率模体

三、PET 质控检测的方法和步骤

PET 质量控制检测根据美国电气制造商协会（National Electrical Manufacturers Association，NEMA）标准、《放射性核素成像设备性能和试验规则第 1 部分：正电子发射断层成像装置》（GB /T18988.1—2013）及厂家规范，测量空间分辨力、灵敏度、散射分数、计数丢失和随机符合等指标。如前所述，PET/CT 的主要制造商的生产场地都在美国，其报告的参数、数据处理软件及测试模体都以美国电气制造商协会的 NEMA 标准作为设计依据，因此 PET 性能测试需要使用生产厂家自带的质控处理程序，质控检测需要遵从厂家的采集要求。

（一）空间分辨力

1. 概述 空间分辨力表示 PET 图像重建后能够分辨空间两点间最近距离的能力。一个点源经 PET 系统后所成的像不是一个点，而扩展为一个分布，该分布称为点扩展函数（Point Spread Function，PSF）。用 PSF 的半高宽（FWHM）及 1/10 高宽（FWTM）描述成像系统的分辨率。FWHM 越大，点源的扩展程度越大，分辨率就越低。分辨率有径向、切向和轴向，分别由 PSF 的径向、切向和轴向的 FWHM 及 FWTM 来描述。

对所有 PET 系统，应测量横断面两个方向（径向和切向）的空间分辨力和轴向空间分辨力。仪器的横向视野和成像矩阵的大小决定了横断面上像素尺寸的大小。为了尽可能精确测量点扩展函数的宽度，重建图像的像素大小应小于半高宽的 1/3。对全身 PET，其像素大小应小于 1.5mm。在检测中应说明这是空间分辨力测试的条件之一。

2. 放射源模型 检测空间分辨力时所用放射性核素为 ^{18}F，其活度应控制在使死时间丢失率小于 5% 或随机事件计数率小于总计数率的 5%，一般要求 ≥ 1.85×10^8 Bq/ml（5mCi/ml）。

用玻璃毛细管虹吸制作高浓度的 ^{18}F 放射点源，毛细管的内径小于或等于 1mm，外径小于 2mm，放射点源在管内的长度应小于 1mm。

将玻璃毛细管点源放置在模体支架上，沿平行 PET 长轴固定在 6 个位置，分别是以横断面的中心为坐标中心，在 PET 的视野中的横断面 (0, 1cm)，(0, 10cm)，(10cm, 0) 位置，这三个位置分别在轴向视野 FOV 的中心（1/2 位置）和距离轴向视野中心的 1/4 位置处，如图 18-12 所示。

6 个点的位置：

(0, 1cm, 1/2 FOV)，(0, 10cm, 1/2FOV)，(10, 0cm, 1/2 FOV)
(0, 1cm, 1/4 FOV)，(0, 10cm, 1/4FOV)，(10, 0cm, 1/4 FOV)

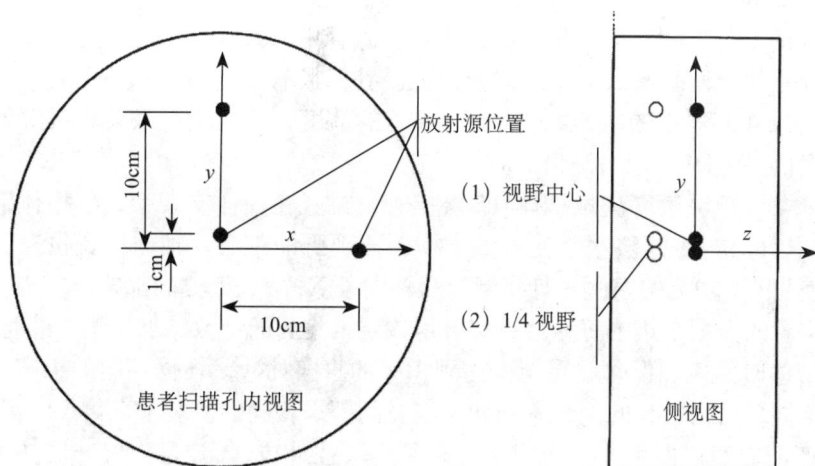

图 18-12 分辨率测量时放射源的位置分布

3. **数据采集** 采集上述确定的 6 个点源位置的测量数据。每个位置点源的采集计数采用设备生产厂家推荐的值，或至少应采集 100 k 总计数。上述 6 个点的位置可以用多个点源同时进行测量，也可以用一个点源分开来测试，具体参考不同设备生产厂家的要求，比如西门子和飞利浦采用的是一个点源 6 个位置逐一测试，GE 采用的是 3 个点源同时测试 1/2 FOV 和 1/4 FOV 位置。

4. **数据处理和分析** 将空间分辨力测量采集的点源数据用无平滑或变迹处理的滤波反投影重建图像，并以该图像计算点源响应函数。

空间分辨力要在三个方向上进行计算。分别沿三个相互垂直图像面绘出三条点源图像的剖面曲线，即点源响应函数。剖面曲线是一条一维响应函数，根据其峰值和半高宽可计算出空间分辨力。

每个点源响应函数的最大值应在峰值点及紧密相邻的左右两点用抛物线拟合法求出，半高宽值用线性插值法求得，然后，将所求得的值乘以像素尺寸转换为以 mm 为单位的距离。

（二）灵敏度

1. **概述** 灵敏度是指 PET 系统在单位时间内单位活度或放射性浓度条件下所获得的符合计数。灵敏度的决定因素包括有探测器所覆盖的立体角和探测器效率。系统灵敏度取决于扫描仪的设计构造及数据的采集方式。探头环孔径的大小及轴向视野决定探测器所覆盖的立体角。环孔径越大，灵敏度越低；轴向视野越大，灵敏度越高。晶体探测效率由晶体的阻止本领决定。BGO 和 LSO 晶体的探测效率比 NaI 晶体大 3 倍。

☆☆☆☆

在一定的统计误差（总计数）条件下，灵敏度制约扫描的时间和所需的示踪剂剂量。示踪剂剂量一定时，灵敏度越高，所需的扫描时间越短。这对动态采集有重要意义，因为示踪剂在刚注入时在体内分布随时间迅速变化，要求扫描时间很短。在静态采集时，灵敏度高，可有效地缩短采集时间。当扫描时间一定时，灵敏度越高，所需示踪剂剂量越小，可降低患者所接受的辐射剂量，有利于辐射防护。

2. **放射源模型**　测量灵敏度时所用放射性核素为 ^{18}F，使用的活度要足够低，使得计数损失应低于 1%，偶然符合计数率低于真实计数率的 5%。一般要求 $7.4 \times 10^6\,\mathrm{Bq} \sim 1.11 \times 10^7\,\mathrm{Bq}$（$200 \sim 300\mu\mathrm{Ci}$）。

将准备好的 ^{18}F 放射性药物用注射器注入线源管中，线源管的长度是 70cm，装入 ^{18}F 药物以后需要把线源两端密封起来以防止泄漏。注意胶管内药液区域不要存在气泡。此步骤中要详细记录注射器中的 ^{18}F 放射性药物前后的活度，以准确记录装入线源管中的放射性核素的活度值（A_{cal}）并记录测量的时间（T_{cal}）。

3. **数据采集**　把灵敏度测量模体（5 层铝管）放置在模体支架上，将模体铝管置于射野中心位置（0cm 位），调整水平使其置于横断面视野的中心，轴向位置也应调整位于轴向中心。可使用 CT 功能的内激光灯将铝管顺轴向于 X、Y、Z 方向都置于中心。

每一层铝管的数据采集中每秒计数率可用该层采集到的计数除以采集持续时间来确定，数据采集的持续时间应确保每一层至少达到 10k 的真实计数。根据不同的生产厂家，使用铝管的顺序不同，每根铝管的测试方法和采集时间都是相同的。对于采集 5 层铝管的顺序，按照设备生产商的建议即可，如西门子是一层一层往外拔，GE 是一层一层往上加，而飞利浦两者皆可。

为评价不同径向位置的灵敏度，应在径向偏离横向 FOV 中心 10cm 处重复上述测量。

4. **数据处理和分析**　对于 5 个铝管中每一个铝管的每一次测量，以及每层都应该进行核素衰变计数率校正，见公式（18-1）：

$$R_{CORR,\,j,\,i} = R_{j,i} \cdot 2^{(T_j - T_{cal})/T_{1/2}} \tag{18-1}$$

式中：

$R_{CORR,\,j,\,i}$——校正后的第 j 次采集的第 i 层计数率，s^{-1}；

$R_{j,\,i}$——第 j 次采集的第 i 层计数率，s^{-1}；

T_j——第 j 次采集开始的时刻，s；

T_{cal}——活度测量的时刻，s；

$T_{1/2}$——放射性核素半衰期，s。

进行核素衰变计数率校正后，通过计算每层的 $R_{CORR,\,j,\,i}$ 的总和得到每根铝管的计数率 $R_{CORR,\,j}$，见公式（18-2）。使用回归法对下列方程式进行拟合：

$$R_{CORR,\,j} = R_{CORR,\,0} \times \exp(-\mu_M \times 2 \times X_j) \tag{18-2}$$

式中：

$R_{CORR,\,j}$——第 j 次采集（即第 j 根套管）经衰减校正后的计数率，s^{-1}；

$R_{CORR,\,0}$——无衰减时的计数率，s^{-1}；

μ_M——金属线性衰减系数，cm^{-1}；

X_j——累积套管壁厚度，cm。

金属衰减系数 μ_M 可以进行适当的改变以补偿少量的散射辐射。

系统灵敏度计算，见公式（18-3）：

$$S_{TOT} = \frac{R_{CORR,\,0}}{A_{cal}} \tag{18-3}$$

式中：

S_{TOT}——系统灵敏度，$s^{-1} \cdot Bq^{-1}$；

A_{cal}——T_{cal} 时刻的放射性活度，Bq。

对于偏离断层中心径向 10cm 处灵敏度的测量使用同样的操作程序。

（三）散射分数

1. 概述　散射分数是散射符合计数在总符合计数中所占的百分比。描述 PET 系统对散射计数的敏感程度，散射分数越小，系统剔出散射符合的能力越强。

散射分数有断层散射分数和系统散射分数。某一断层面 i 的散射分数 SF_i 等于该断层中散射计数与总计数之比。其中，总计数为真符合与散射符合计数之和，不含随机符合计数。

2. 放射源模型　测量时所用放射性核素为 ^{18}F，放射性活度应足够大，这样可以测量如下两个计数率：① $R_{t,\,peak}$——真实计数率峰值；② $R_{NEC,\,peak}$——峰值噪声等效计数率。

准备体积约 5ml、活度为 $7.4 \times 10^8 \sim 1.11 \times 10^9$ Bq（20 ~ 30mCi）的放射性药物 ^{18}F，具体使用的活度按照设备生产商的推荐值。使用注射器将放射性药物注入线源胶线管（总长度为 700mm）中，两端密封。注意胶线管内药液区域内不要存有气泡。此步骤也需要记录注射器注射前后活度和时间。

3. 数据采集　把注射有放射性药物的胶管置于测量模体管孔中，使放射性活度的区域与模体的 700mm 长度吻合。测量模体放置在 PET 扫描床上，模体的管孔在下方靠近床面，调整水平，使模体位于 PET 的 FOV 中心并且保证线源的位置在 6 点钟方向，应位于横向和轴向视野 5mm 以内的中心处，如图 18-13 所示。

固定模体后用 CT 功能的内定位激光灯定位中心，然后扫描床清零。开始采集，采集的时间和每帧的采集计数参考 NEMA 标准，并且要按照每个生产厂家推荐的值进行采集，采集方式为全环断层采集。

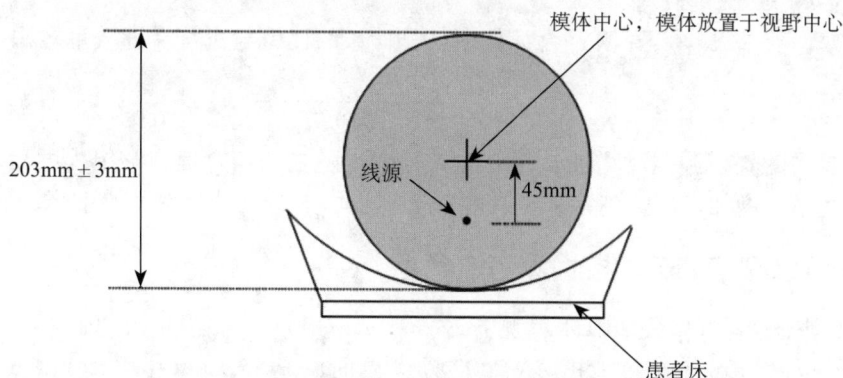

图 18-13　散射分数模体位置示意图

4. 数据处理和分析　对于轴向视野小于或等于 65cm 的 PET 成像装置，正弦图应包含所有的断层面；而对于轴向视野大于 65cm 的 PET 成像装置，正弦图只要求包含中心 65cm 视野内的断层面。探头灵敏度变化、探头移动、散射和随机事件、衰减和死时间等

☆★☆☆

变量均不做任何校正。

假如 PET 可以估算随机事件，则正弦图应包含总事件和随机事件，如不具有直接测量随机事件计数率功能的 PET，则正弦图只需包含总事件。斜位正弦图是由每个单层正弦图经单层重组构成。

关于 NEMA 标准中要求的计数丢失和随机符合计数率的要求，每个厂家都已经估算和在测试软件中设定完整，不需要检测工程师再进行评估。

（四）噪声等效计数率

1. 概述　PET 的符合计数中总是包含真符合计数、散射计数和随机计数，如果把除了真符合计数之外的计数都归为噪声，用噪声等效计数率（noise equivalent count rate，NECR）来衡量噪声。它的物理定义是：对于各次符合采集数据，与无散射和随机符合具有相同噪声比时的真符合计数率。也就是说 NECR 值越高，采集到的数据信噪比越高，图像的对比度越好，符合成像质量就越高。测量表明 NECR 随辐射强度的增强而趋于饱和。辐射强度由小到大逐渐增加，开始时真符合计数率的增加高于散射和随机计数。由于随机计数率的增加是与总计数率的平方成正比，因此随着辐射强度的进一步增加，散射和随机计数的增加会高于真符合计数率的增加。此时采集数据的信噪比下降，图像质量变差。

2. 放射源模型、数据采集　与散射分数测量的放射源模型一致，这两个指标可同时采集数据进行分析。

3. 数据处理和分析　计数率特征反映总符合计数率 R_{total}、真实符合计数率 R_{tures}、随机符合计数率 $R_{randoms}$、散射符合计数率 $R_{scatter}$ 和噪声等效计数率 R_{NEC} 随活度的变化。

总符合计数率 R_{total} 为视野中的总计数率，$R_{total}=R_{tures}+R_{randoms}+R_{scatter}$。

真实符合计数率 R_{tures} 为视野中剔除散射及随机符合的计数率，$R_{tures}=R_{total}-R_{randoms}-R_{scatter}$。

随机符合计数率 $R_{randoms}$ 为单位时间内发生随机事件的数量。与总符合计数率、真符合计数率和散射分数之间的关系为：$R_{randoms}=R_{total}-R_{tures}/SF$。

散射符合计数率 $R_{scatter}$ 为单位时间内发生散射事件的数量。与真符合率和散射分数之间的关系为：$R_{scatter}=SF/(1-SF)\cdot R_{tures}$。

噪声等效计数率 R_{NEC} 等于真符合计数率与总计数的比值与真符合计数率之积：

$$R_{NEC}=\frac{R_{tures}^2}{R_{tures}+R_{randoms}+R_{scatter}}$$

随着视野内的辐射源强度增加，PET 的计数率也随之增加，但到一定程度后，由于死时间的影响而不再增加，即达到饱和，在源强进一步增加时，计数率开始下降。

四、部分厂家的 PET 质控检测方法介绍

（一）西门子公司 mCT 型 PET 检测方法

通过 Service Software 进入 NEMA 2007 操作界面，显示 Scatter、Resolution、Sensitivity（0cm）、Sensitivity（10cm）等四个项目，依次进行测试。

1. 空间分辨率

（1）空间分辨率支架放置于 PET/CT 的定位床板上，通过激光灯定位，确定 X 轴、Y 轴和 Z 轴位置坐标及中心点，准备点源，^{18}F 浓度水平 $> 1.11 \times 10^9$ Bq/ml，将其置于坐标处（0，1）位置，通过 CT 扫描将点源送至 PET 扫描的中心。

（2）打开 NEMA 2007 操作界面，点击 Resolution 按钮，进入空间分辨率采集程序，输入相关信息。空间分辨率需要依次采集（0，1，1/2 FOV）、（0，1，1/4 FOV）、（10，0，1/4 FOV）、（10，0，1/2 FOV）、（0，10，1/2 FOV）、（0，10，1/4 FOV）6 个位置。

（3）点击 Continue 按钮进入空间分辨率点源位置提示界面，根据提示进行点源位置摆放，首先点击 Locate 进行位置确认。

（4）根据空间分辨率点源轴向位置分析结果进行位置调整，确定好位置后返回空间分辨率采集程序界面，点击 Go 进行数据采集。每次采集 6 个点时需要点击 Locate 确认其位置是否准确，采集完成后程序会自动进行图像重建和计算，直接给出分析结果（图 18-14）。

Radial Distance(cm)	Direction	FWHM(mm)	FWTM(mm)
1	Transverse	4.1	8.0
1	Axial	4.7	9.2
10	Transverse radial	5.2	9.4
10	Transverse tangential	4.3	8.9
10	Axial resolution	5.5	10.5

图 18-14　西门子设备空间分辨率分析结果

2. 系统灵敏度

（1）将灵敏度支架放置于 PET/CT 的定位床板上，通过激光灯定位，确定 X 轴、Y 轴和 Z 轴位置坐标与中心点。

（2）将 ^{18}F（活度 $> 7.4 \times 10^6$ Bq，体积为 2.5ml）注射到灵敏度线源管中，长度控制到 700mm，此时需要准确记录注射到线源管中的活度和时间。

（3）测试位置分别为（0，0）和（0，10）。将 5 层套管放置于（0，0）位置，将线源管插入套管中，然后通过 CT 扫描将线源送到 PET 扫描中心，点击 Sensitivity（0cm）进入灵敏度测试程序界面。输入相关信息后，点击 Go，按照提示进行操作，完成采集。

（4）完成 5 幅图像的采集后，系统会自动进行计算得出测试结果（图 18-15）。（0，10）位置的灵敏度测试方法与（0，0）位置相同。

```
           NEMA 2001 Sensitivity Test Results
                  Scanner Model 1094
            Fri Apr 10 14:08:36 2015 (local)


                     Nuclide :   F18
      System Sensitivity (STOT) :   7553 cps/MBq
            Detector Efficiency :   0.76 %
                   Effective mu :   0.163 cm^-1
      Lower Level Discriminators :   435 keV
      Upper Level Discriminators :   650 keV
               Initial Activity :   5.58 MBq
                                    150 uCi
             Average Net Trues :   10.085 M counts
```

图 18-15　西门子设备灵敏度分析结果

3. 散射分数和噪声等效计数率测量 两个性能指标为同一个采集程序，可同时得出两个结果，测量时 ^{18}F 的活度为 9.15×10^8Bq，体积约为 5ml。放射源的灌注方法、模体定位与灵敏度测试的相同。需要准确记录注射到线源管中的活度和时间。

打开 NEMA 2007 操作界面，点击 Scatter 按钮，进入采集程序，输入相关信息，然后点击 Continue 按钮进行数据采集，采集结束后计算机会自动重建并输出测试结果（图 18-16 和图 18-17）。

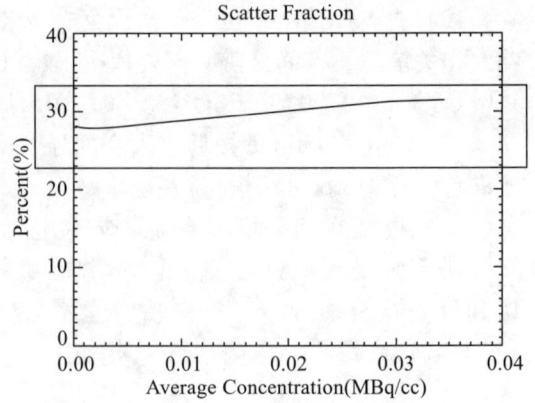

图 18-16 西门子设备散射分数分析结果

```
NEMA 2001 Scatter Test Results
       Scanner Model 1094
Sat Apr 11 06:04:36 2015 (local)


           Nuclide :     F18
Lower Level Discriminators :      435 keV
Upper Level Discriminators :      650 keV
        Initial Activity :   784.59 MBq
                            21.21 mCi


Quantity                           Value       units
───────────────────────────────────────────────────────

R_t,peak   (peak trues rate       )   5.62E+005   cps
a_t,peak   (eff. activity concentration)   4.90E-002   MBq/cc


R_NEC,peak (peak NEC rate  k=0    )   1.77E+005   cps
a_NEC,peak (eff. activity concentration)   3.27E-002   MBq/cc

R_NEC,peak (peak NEC rate  k=1    )   1.21E+005   cps
a_NEC,peak (eff. activity concentration)   2.63E-002   MBq/cc
───────────────────────────────────────────────────────
```

图 18-17 西门子设备噪声等效计数率分析结果

（二）GE 公司 Discovery 和 Optima 系列 PET 检测方法

通过登记新患者的界面选择 NEMA 测试程序。在扫描程序框上选择 GE 按钮，在人形图像的脚下方点击右键，选择相应的 NEMA 扫描程序。

1. 空间分辨率

（1）空间分辨率支架放置于 PET/CT 的定位床板上，通过激光灯定位，确定 X 轴、Y 轴和 Z 轴位置坐标及中心点，准备三个点源，每个点源的 ^{18}F 浓度水平 > 2.0×10^9 Bq/ml，将其置于坐标处（0，1）、（0，10）、（10，0）位置，通过激光灯定位，将点源定位到 CT 扫描的内定位光处。在登记新患者的界面选择 NEMA 测试程序 NEMA Resolution 进行扫描，首先扫的是确定源位置扫描程序。

（2）点击 SERVICE 按钮，显示服务界面对话框，点击 IMAGE QUALITY 按钮进入下一步，再点击 NEMA ANALYSIS TOOL 进入 PET 数据分析界面，在界面上选择 NEMA Tests 和 Spatial Resolution 按钮，点击 CHECK POSITION 按钮，将源位置的采集数据导入，软件会自动算出每个点的位置偏差，如果每个点的偏差在 ±2mm 以内，则可继续下一步测量空间分辨力，如在偏差之外，则要重新调整位置和测量。

（3）再次进入 NEMA 测试程序 NEMA Resolution 进行扫描，将源位置结果界面中"center"和"+1/4"的数值分别输入到两个程序的起始位置中，进行数据采集，采集完后，进入 NEMA ANALYSIS TOOL 进入 PET 数据分析界面，在界面上选择 NEMA Tests 和 Spatial Resolution 按钮，点击 Analyze Result 按钮，系统会自动进行计算得出测试结果（图 18-18，见彩图）。

2. 系统灵敏度

（1）将灵敏度支架放置于 PET/CT 的定位床板上，通过激光灯定位，确定 X 轴、Y 轴和 Z 轴位置坐标与中心点。

（2）将 ^{18}F（活度 > 10×10^6 Bq，体积为 2.5ml）注射到灵敏度线源管中，长度控制到 700mm，此时需要准确记录注射到线源管中的活度和时间。

（3）测试位置分别为（0，0）和（0，10）。将最细一层套管放置于（0，0）位置，将线源管插入套管中，将套管中心定位至 CT 扫描的内定位光处，在机架处按 INTERNAL LANDMARK 按钮，机架显示面板上的位置为 0，将床进入扫描孔径 75mm，再次按 INTERNAL LANDMARK 按钮，机架显示面板上的位置为 0。

（4）在登记新患者的界面选择 NEMA 测试程序 NEMA Sensitivity 进行扫描，输入线源管的活度和时间等信息，按程序提示进行 5 次扫描。

（5）在 NEMA ANALYSIS TOOL 界面上选择 NEMA Tests 和 Sensitivity 按钮，点击 Run Calculation 按钮，系统会自动进行计算得出测试结果（图 18-19，见彩图）。（0，10）位置的灵敏度测试方法与（0，0）位置相同。

3. 散射分数和噪声等效计数率测量　两个性能指标为同一个采集程序，可同时得出两个结果，测量时 ^{18}F 的活度约为 12×10^8 Bq，体积约为 5ml。放射源的灌注方法与灵敏度测试的相同。需要准确记录注射到线源管中的活度和时间。

（1）将模体放置于 PET/CT 的定位床板上，通过激光灯定位，确定 X 轴、Y 轴和 Z 轴位置坐标与中心点。将模体中心定位至 CT 扫描的内定位光处，在机架处按 INTERNAL LANDMARK 按钮，机架的显示面板上的位置为 0。

（2）在登记新患者的界面选择 NEMA 测试程序 NEMA Decay 进行扫描，输入线源管的活度和时间等信息，在程序扫描的界面上，点击 RECON 按钮，确认一下参数：DFOV（18cm），Image size（128×128），Recon Method（RP），Z-Axis filter（None）。确认后点击开始扫描。

（3）在 NEMA ANALYSIS TOOL 界面上选择 NEMA Tests 和 Count Losses 按钮，点击 Run Calculation 按钮，系统会自动进行计算得出测试结果（图 18-20，见彩图）。

（三）飞利浦公司 Gemini 系列 PET 检测方法

登录飞利浦公司服务模式，在 PET/CT 主机的桌面上，双击 PRS Utilities 图标，显示 PRS Utilities 界面。激活 PETNEMA 程序，在 Xterm 窗口中输入命令：

```
tables
touch petnema.dat
```

完成数据分析后，可以移除，移除命令：

```
tables
```

☆☆☆☆

rm petnema.dat

在服务模式的界面下点击 Service 和 Performance Test 按钮，进入 PET NEMA tests 对话框。

1. 空间分辨率

（1）空间分辨率支架放置于 PET/CT 的定位床板上，通过激光灯定位，确定 X 轴、Y 轴和 Z 轴位置坐标及中心点，准备点源，^{18}F 浓度水平 $> 1.0 \times 10^9$ Bq/ml，将其置于坐标（0，1）处位置，用厂家模具大致送入到 PET 扫描的中心。

（2）打开 PET Server 界面，依次点击 PET Service Menu-Test Menu-Source Centering-Point Source，输入 Y 进行测试，如点源位置正确，则显示"successful"，如不正确则要根据显示的位置信息重新调整位置和测量。

（3）在新患者的登记界面上依次点击：QC-Service-NEMA Axial res，依次采集（0，1，1/2 FOV）、（0，10，1/2 FOV）、（10，0，1/2 FOV）、（10，0，1/4 FOV）、（0，10，1/4 FOV）、（0，1，1/4 FOV）等 6 个位置。

（4）在 PET Server 界面上依次点击：PETView-Reconstruction-Service Protocols-NEMA axres 256 Reconstruction 进行数据重建，轴向重建完后，再进行横断面重建，依次点击：PETView-Reconstruction-Service Protocols-NEMA transres 256 Reconstruction。

（5）进入 PET NEMA tests 对话框，点击 Axial Resoluntion 2001，选择重建后的数据，点击 Perform Test 按钮，系统会自动进行计算得出测试结果。计算完轴向数据后，再点击 2001 Transverse Resoluntion，选择重建后的数据，点击 Perform Test 按钮，计算横断面结果（图 18-21）。

				Average Axial Resolution 2001		
Offset FWHM	FWTM	Central FWHM	FWTM	Source Offset	Acquisition Date	Image Filename
		6.07	13.08	centered	2015/01/21	//sun0/patient/p9750/s0/p9750s0_wb.img
6.72	13.93			vertical	2015/01/21	//sun0/patient/p9750/s0/p9750s0_wb_1.img
6.51	13.75			horizontal	2015/01/21	//sun0/patient/p9750/s0/p9750s0_wb_2.img
6.51	13.85			horizontal	2015/01/21	//sun0/patient/p9751s0_wb_4.img
6.49	13.93			vertical	2015/01/21	//sun0/patient/p9751s0_wb_5.img
		5.80	12.87	centered	2015/01/21	//sun0/patient/p9750/s0/p9751s0_wb_6.img
6.56	13.87	5.93	12.97			Average

图 18-21　飞利浦设备空间分辨率分析结果

2. 系统灵敏度

（1）将灵敏度支架放置于 PET/CT 的定位床板上，通过激光灯定位，确定 X 轴、Y 轴和 Z 轴位置坐标与中心点。

（2）将 ^{18}F（活度 $> 7.4 \times 10^6$ Bq，体积为 2.5ml）注射到灵敏度线源管中，长度控制到 700mm，此时需要准确记录注射到线源管中的活度和时间。

（3）测试位置分别为（0，0）和（0，10）。将 5 层套管放置于（0，0）位置，将线源管插入套管中，将线源推送到 PET 扫描中心。

（4）在新患者界面上输入以下参数：患者重量（1kg）、患者方位（Head First，Supine）、扫描序列（QC-Emission NEMA 2001 Sensitivity），输入线源管中的活度和时间等信息，开始采集。

（5）完成 5 幅图像的采集后，进入 PET NEMA tests 对话框，点击 2001 Sensitivity 按钮，选择采集数据，点击 Perform Test 按钮，系统会自动进行计算得出测试结果（图 18-22）。（0，10）位置的灵敏度测试方法与（0，0）位置相同。

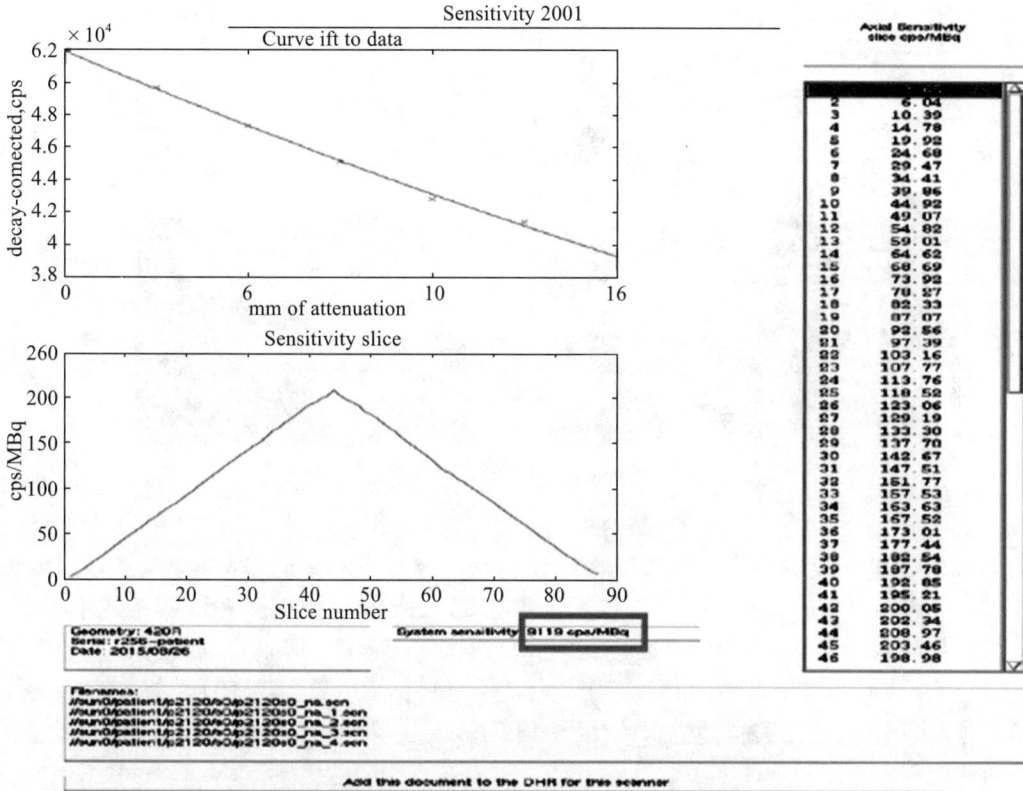

图 18-22　飞利浦设备灵敏度分析结果

3. 散射分数和噪声等效计数率测量　两个性能指标为同一个采集程序，可同时得出两个结果，测量时 ^{18}F 的活度约为 5.55×10^8 Bq，体积约为 5ml。放射源的灌注方法、模体定位与灵敏度测试的相同。需要准确记录注射到线源管中的活度和时间。

（1）在新患者界面上输入以下参数：患者重量（5.64kg）、患者方位（Head First，Supine）、扫描序列（QC-Dynamic NEMA Cnt Loss 2001），输入线源管中的活度和时间等信息，开始采集。

（2）完成采集后，进入 PET NEMA tests 对话框，点击 Count Losses and Randoms 按钮，选择采集数据，点击 Perform Test 按钮，系统会自动进行计算得出测试结果（图 18-23，见彩图）。

（四）联影公司 PET 检测方法

通过主界面右下角工具箱面板进入 NEMA 2007 操作界面（图 18-24），显示空间分辨力、系统灵敏度等两个项目，依次进行测试。散射分数和噪声等效计数率测量需在出厂协议中的采集序列中运行。

1. 空间分辨率

（1）空间分辨率支架放置于 PET/CT 的定位床板上，通过激光灯定位，确定 X 轴、Y

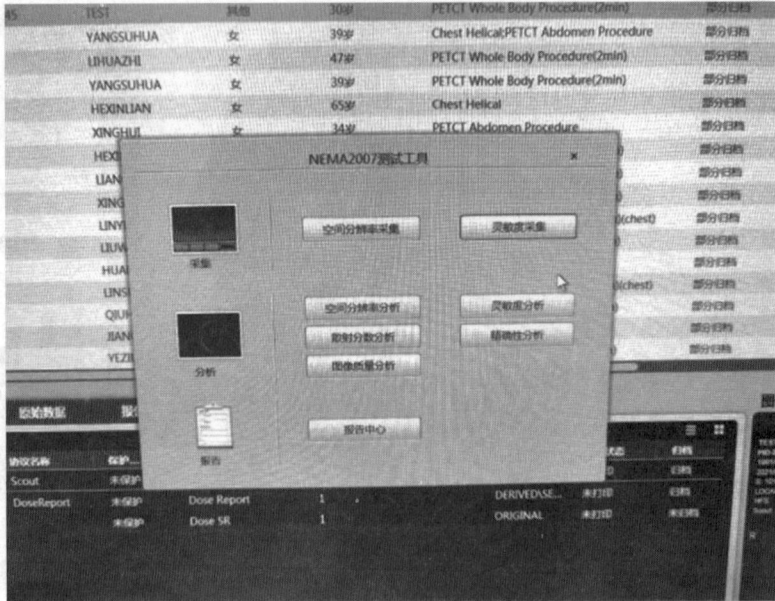

图 18-24 联影设备 NEMA 2007 测试工具界面

轴和 Z 轴位置坐标及中心点，准备三个点源，每个点源 ^{18}F 浓度水平 > 1.48×10^9 Bq/ml，将其中一个点源置于坐标处（0，0）位置，通过 CT 扫描将点源送至 PET 扫描的中心。

（2）打开 NEMA 2007 操作界面进入空间分辨率采集程序，输入相关信息。

（3）将制作好的三个点源同时放置于坐标处（0，1）、（10，0）、（0，10）位置，点击"开始"按钮进行点源定位，系统将自动进行确认，按照系统提示，调整模体位置，在误差影响范围内，可开始分析。

（4）若定位没有问题，系统开始进行数据采集，采集完成后，将采集到的数据加载进分析界面，点击"分析"，直接给出分析结果（图 18-25、图 18-26）。

2. 系统灵敏度

（1）将灵敏度支架放置于 PET/CT 的定位床板上，通过激光灯定位，确定 X 轴、Y 轴和 Z 轴位置坐标与中心点。

（2）将 ^{18}F（活度 > 7.4×10^6 Bq，体积为 2.5ml）注射到灵敏度线源管中，长度控制到 700mm（开始测试时线源活度为 $7.4 \times 10^6 \sim 1.295 \times 10^7$ Bq），此时需要准确记录注射到线源管中的活度和时间。

（3）测试位置分别为（0，0）和（0，10）。将最细的套管放置于（0，0）位置，将线源管插入套管中，然后通过 CT 扫描将线源送到 PET 扫描中心，进入灵敏度测试程序界面。输入相关信息后，点击"开始"按钮，按照提示进行操作，每次增加一层套管，完成采集。

（4）完成 5 幅图像的采集后，系统会自动进行计算并得出测试结果（图 18-27）。（0，10）位置的灵敏度测试方法与（0，0）位置相同。

3. 散射分数和噪声等效计数率测量 两个性能指标为同一个采集程序，可同时得出两个结果，测量时 ^{18}F 的活度 > 5.92×10^8 Bq，体积至少为 5.5ml。放射源的灌注方法、模体定位与灵敏度测试的相同。需要准确记录注射到线源管中的活度和时间。

打开主界面，进入紧急登记界面，在出厂协议中选择"特殊"，在列表中选择"PET

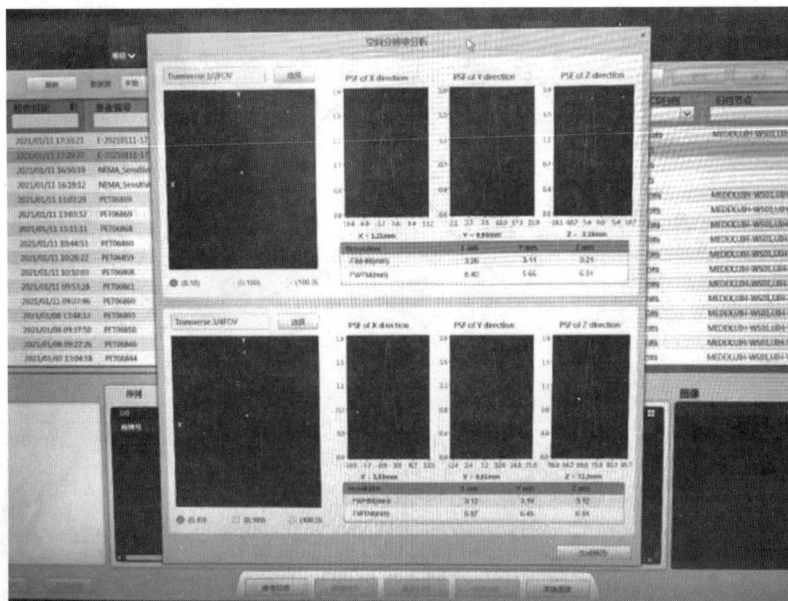

图 18-25　联影设备空间分辨率分析结果

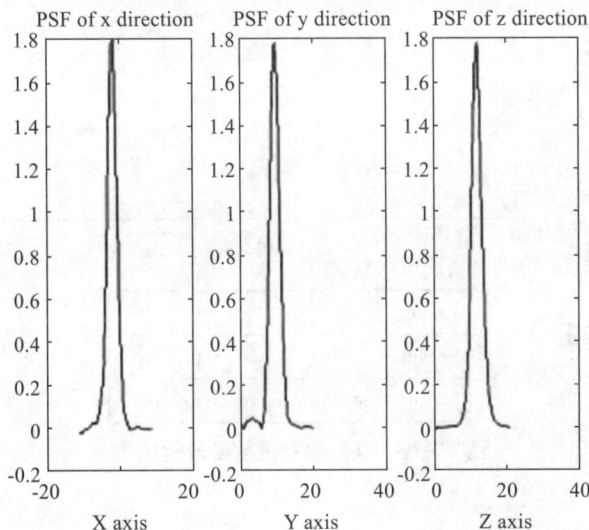

图 [2]%AFOV，(0,10mm) 位置，XYZ 三个方向的点扩展函数

位置		计算公式	FWHM	FWTM
1cm 偏心	横断面	$\left\{\begin{array}{ll}\text{RES}x_{x=0,\,y=1,\,z=\text{comer}} & \text{RES}y_{x=0,\,y=1,\,z=\text{comer}} \\ \text{RES}x_{x=0,\,y=1,\,z=1/4\text{FOV}} & \text{RES}y_{x=0,\,y=1,\,z=1/4\text{FOV}}\end{array}\right\}/4$	2.93mm	5.66mm
	轴向	$\{\text{RES}z_{x=0,\,y=1,\,z=1/4\text{FOV}} \quad \text{RES}z_{x=0,\,y=1,\,z=1/4\text{FOV}}\}/2$	2.93mm	6.25mm
10cm 偏心	横 断 面 径向	$\left\{\begin{array}{ll}\text{RES}x_{x=0,\,y=10,\,z=\text{comer}} & \text{RES}y_{x=0,\,y=10,\,z=\text{comer}} \\ \text{RES}x_{x=0,\,y=10,\,z=1/4\text{FOV}} & \text{RES}y_{x=0,\,y=10,\,z=1/4\text{FOV}}\end{array}\right\}/4$	3.23mm	6.19mm
	切向	$\left\{\begin{array}{ll}\text{RES}y_{x=0,\,y=10,\,z=\text{comer}} & \text{RES}x_{x=0,\,y=10,\,z=\text{comer}} \\ \text{RES}y_{x=0,\,y=10,\,z=1/4\text{FOV}} & \text{RES}x_{x=0,\,y=10,\,z=1/4\text{FOV}}\end{array}\right\}/4$	3.09mm	5.76mm
	轴向	$\left\{\begin{array}{ll}\text{RES}z_{x=10,\,y=0,\,z=\text{comer}} & \text{RES}z_{x=0,\,y=10,\,z=\text{comer}} \\ \text{RES}z_{x=10,\,y=0,\,z=1/4\text{FOV}} & \text{RES}z_{x=0,\,y=10,\,z=1/4\text{FOV}}\end{array}\right\}/4$	3.22mm	6.39mm

图 18-26　联影设备空间分辨率分析结果

sensitivity

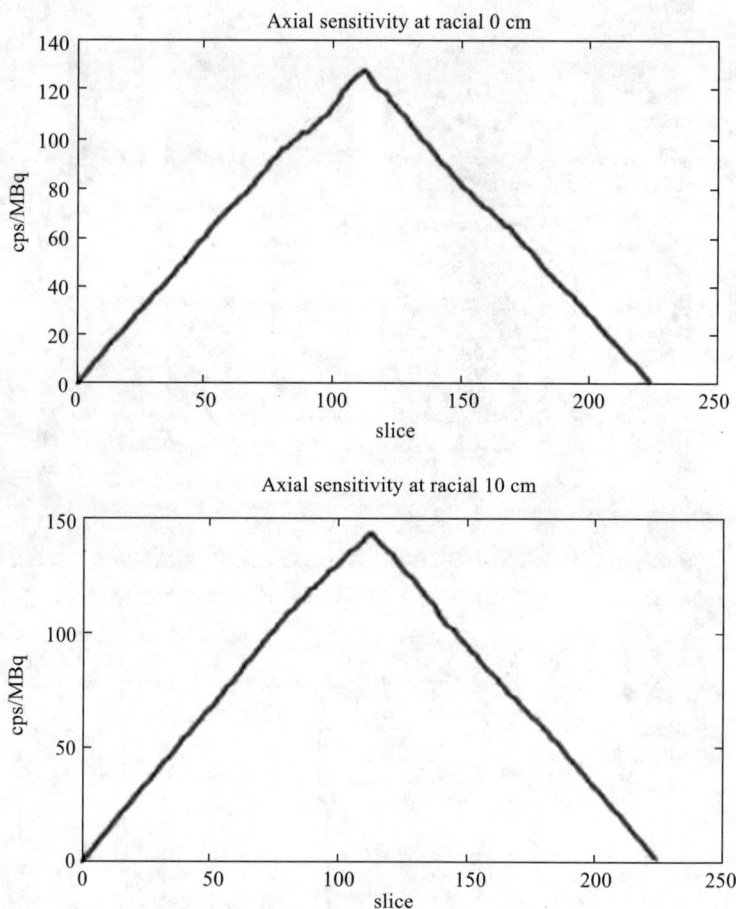

图 18-27　联影设备灵敏度分析结果

NEMA Count Rate"，选择"HFS 体位"，点击"患者检查"，进入患者检查界面，将模体进行定位，将采集中心与模体中心对齐，把 FOV 改为 500mm。点击确认后进行序列采集。

采集结束后需打开 NEMA 工具面板的"散射分数分析"，选择采集的序列，进行数据加载后会自动重建并输出测试结果（图 18-28）。

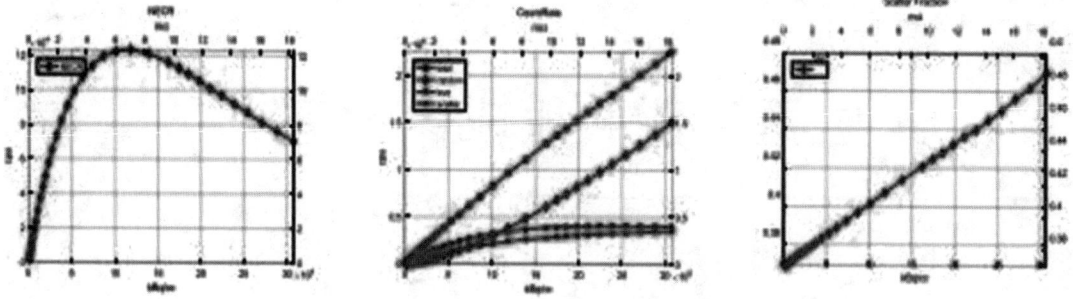

Result	
Scatter Factor	SF@peak NECR:0.41
	SF@low activity:0.37
Count rate ioss and randoms measurement	Peak True rate:405.373kcps
	Peak NEC rate:123.211kcps

图 18-28　联影设备散射分数和噪声等效计数率分析结果

第19章
医用磁共振成像设备

磁共振成像作为现在医学影像学的核心技术之一，自 20 世纪 80 年代初 MRI 设备商品化并进入临床后，在不足 40 年的时间里，MRI 技术等到了飞速的发展，其硬件和软件技术不断进化和更新，对影像医学的发展起到了很大的推进作用。MRI 作为临床影像不可或缺的检查方法，既可以提供形态学结构，又可以提供生物化学及代谢信息，在现代医学诊断中占有绝对的优势。

第一节　医用磁共振成像设备及发展趋势

一、磁共振成像的发展历史

1946 年，美国物理学家 E.M. 珀塞尔和 F. 布洛赫在探索原子的奥秘时，几乎同时发现了磁共振现象，即一纯洁物质样品在外加主磁场作用下，经与主磁场垂直且具有一定频率的射频脉冲激励，当射频脉冲停止后，原子核发出与激励脉冲频率相同的射频信号，这标志着 MRI 技术的开端。

在之后的岁月中，磁共振技术主要用于分析物质的分子结构及原子核处在不同化合物中共振频率的差异。1950 年 E.L. 哈恩发明了哈恩自旋回波序列；1953 年美国瓦里安公司生产出世界上第一台商品化永磁型磁共振波谱仪；1964 年，第一台超导型核磁共振波谱仪诞生；1966 年，R.R. 厄恩斯特等提出快速傅立叶变换原理，同时发现敏感度最佳的厄恩斯特倾角，对以后快速扫描技术起到了关键推动作用；1977 年生产出第一台利用快速傅立叶变换的磁共振波谱仪。

1970 年，美国纽约州立大学的 R.V. 达马迪安首先发现老鼠肿瘤组织和正常组织的磁共振信号及弛豫时间不同，且不同的正常组织的弛豫时间也不同，并说明它在医学诊断上的意义，奠定了 MRI 的基础。1972 年，美国纽约州立大学的 P.C. 劳特伯提出应用磁共振信号可以建立图像，设计和完善了用梯度磁场加在均匀主磁场，可逐点诱发磁共振信号，产生二维 MRI 的反投影重建方法，并用两个充水试管得到第一幅磁共振图像，用此方法在 1974 年获得了活鼠的磁共振图像。英国诺丁汉大学的 P. 曼斯菲尔德进一步发展了有关在稳定磁场中使用附加的梯度场的理论，为 MRI 技术从理论到应用奠定了基础。

1977 年达马迪安与他的实验小组经历了 7 年时间设计制造出第一台全身 MRI 系统。经过不断的尝试后得到了第一幅胸部轴位质子密度加权成像，标志着 MRI 系统的诞生。

1983 年，美国通用电气公司（GE）生产出一台既能用于成像又能用于波谱分析的 MRI 系统。随后，各大医疗设备公司纷纷投入大量技术力量进行 MRI 设备的研制和生产。

为了与使用放射性核素的核医学区分，突出 MRI 检查技术不产生电离辐射的优点，临床医师建议把核磁共振成像（neuclear magnetic resonance imaging，NMRI）称为 MRI。随着 MRI 系统硬件和软件的不断发展，MRI 图像质量不断地提高，多种新技术层出不穷，在临床应用中日益广泛。

二、医用磁共振成像设备的类型

MRI 技术的发展，经历了主磁场强度由低到高、从永磁型磁体到超导型磁体的过程。从结构成像到功能成像，MRI 的功能越来越强大。MRI 系统分类方式有很多种，根据主磁场的产生方法可以分为永磁型、常导（阻抗）型、混合型、超导型；根据成像的范围可以分为局部（头、关节等）MRI 和全身 MRI；根据用途可以分为专用型 MRI（如心脏专用机、介入专用机等）和通用型 MRI；根据磁场强度可以分为低场强（< 0.5T）、中场强（0.5 ～ 1.0T）、高场强（1.0 ～ 2.0T）和超高场强（> 2.0T）等。

目前，鉴别磁共振系统的最简单方法是根据磁共振系统的设计：管腔型系统、开放式系统和特殊系统。

（一）管腔型系统

管腔型系统的磁场主要位于磁体腔内，这些系统被称为全身系统（图 19-1），可以进行全身各个部位的检查。这种设计的优势是磁场强而均匀，其缺点是空间有限，检查中的患者必须位于磁体腔内。受检者在磁体腔内会感觉到幽闭或其他不适。

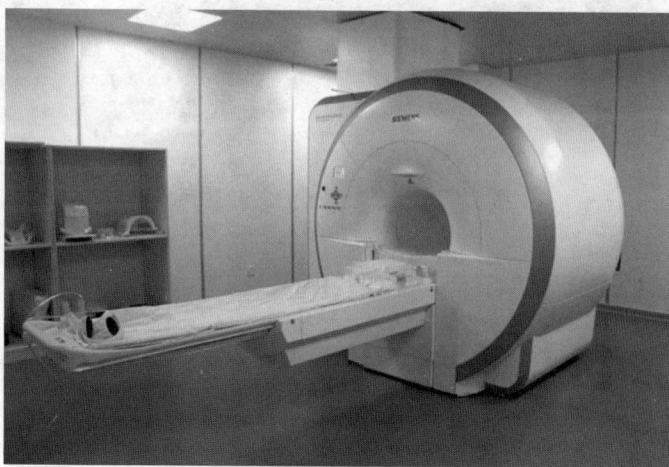

图 19-1　管腔型系统

（二）开放式系统

管腔型系统的缺点促进了开放式系统的开发，开放式系统也可以进行全身各部位的检查（图 19-2），开放式系统可以从三个方向进入，与管腔型系统相比，开放型系统的局限性是磁场强度低，均匀性较差。

（三）特殊系统

特殊系统主要用于四肢和关节的检查（图 19-3），特殊系统的特点是低磁场，限定于其应用部位，特殊系统还应用于研究领域，如小孔径的高磁场设备可以用于动物检查。

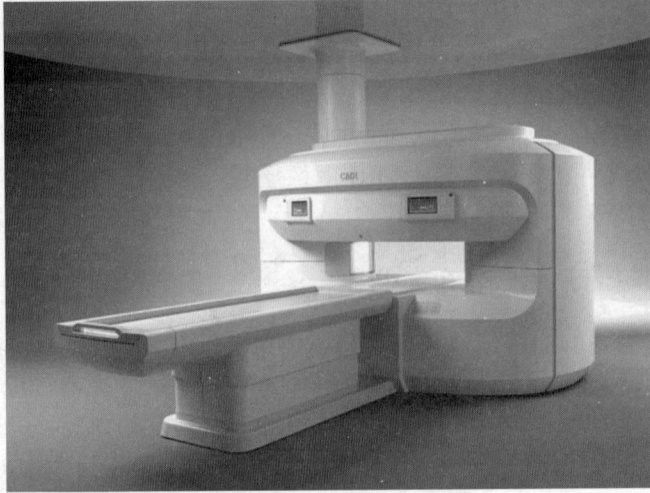

图 19-2 开放式系统

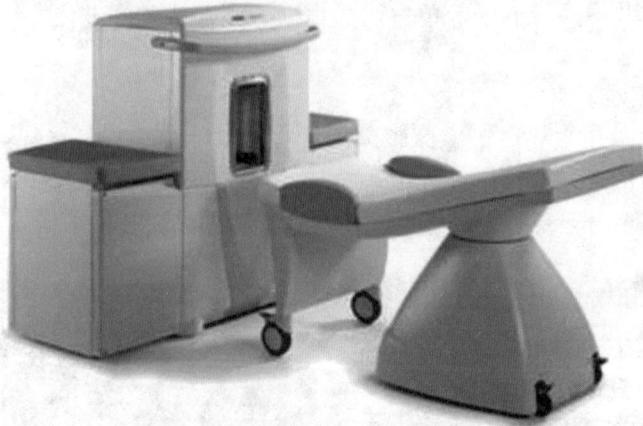

图 19-3 用于四肢检查的特殊系统

三、医用磁共振成像的特点和局限性

(一) 磁共振成像的特点

1. 可以多参数成像。
2. 可以进行任意方位的断面成像。
3. 不用注射对比剂就可进行血管成像。
4. 无电离辐射。
5. 软组织分辨率高。
6. 无骨性伪影。

(二) 磁共振成像的局限性

1. 扫描时间长，费用较高。
2. MRI 信号易受多种因素的影响。
3. 禁忌证多。
4. 与 CT 相比，对钙化灶不敏感。

四、医用磁共振成像设备发展趋势

得益于现代科技尤其是计算机技术的迅猛发展，MRI 设备呈现飞速发展的趋势，主要体现在超高场、短磁体、开放性及低损耗等方面的高性能磁体、高性能的双梯度系统及减低涡流、静音降噪技术等，提高了图像的信噪比，缩短了扫描时间，很好地解决了困扰临床很久的伪影、心血管成像等难题，满足了临床与科研的需要。

MRI 已成为一种成熟且不可或缺的临床成像方法，不仅因为它能根据诊断需要提供成像组织灵活的对比度，而且通过磁共振手段可进行解剖和生理学的研究。近年来，随着各种硬件和临床应用软件不断地创新，磁共振扫描的技术和临床应用都呈现加速发展的趋势。

（一）医用磁共振成像设备的发展

磁共振硬件技术的发展主要体现为高性能磁体、双梯度系统、多通道相控阵线圈及并行采集技术，提高了图像信噪比，同时缩短了扫描时间。

1. 磁体的发展主要体现为超高场、短磁体、开放性以及低损耗等方面。

临床上常用磁共振系统的静磁场强度主要为 0.2 ~ 3T，低场开放永磁和高场超导的磁体并存，目前已经有 0.7T 的开放磁共振，更高磁场强度的磁体也在开发中，有 4T、7T 甚至 9.4T 的磁共振已用于科研。

（1）低场开放永磁体：低场的开放永磁型磁体有着许多高场无法取代的优点，如：不需要消耗液氦，使用费用低廉，噪声小，化学位移伪影小，射频能量的吸收也少，克服了幽闭恐惧症，便于儿童和重症患者的监护以及介入治疗的开展。为了追求更高的信噪比和更快的成像速度，一方面提高永磁体场强和梯度、射频等硬件指标，另一方面，许多高场的功能在开放型低场磁共振中得以实现。现在的低场永磁磁共振与传统的低场磁共振相比较，图像质量有了大幅的提升，其性能和临床诊断移植了除波谱和脑功能成像外的所有高场磁共振的功能。开放磁共振自推出以来，取得了很好的市场效果，在我国偏远地区及中小医院有着广阔的市场。

由于人类对介入 MRI 和运动医学中动态研究兴趣的增加，出现了为各种成像目的的MRI 系统，如车载磁共振系统便于体检，还有心脏专用机、乳腺专用机以及介入治疗专用机等，随着人性化设计理念的深入，开放系统还将继续强势发展。

（2）高场超导磁体：超导磁体的性能不仅体现在磁场强度的提高上，而且还包括磁场屏蔽、液氦消耗的降低、匀场技术等方面。磁体制造者不断改进设计，随着各种技术的不断发展和成熟，在保证磁场均匀度的同时，超导磁体可以做得更短、更开放、更人性化。在磁屏蔽上，有源屏蔽已经普遍使用，现在的 3T 只需要过去 1.5T 所要求的面积。液氦的消耗随着磁体制造工艺的改进已经降到很低。另外，人们已经发现了临界温度在 100 K 的超导材料，如果将这些高温超导材料用于超导磁体的制造，那么 MRI 磁体将告别液氦冷却时代，改用液氮即可，费用也就随之大大降低。另外，各厂家的磁体在安全性能方面采取了很多措施，实时监测磁体运行中的各种数据如温度、压力等，便于及时了解磁体的状况，一旦出现异常会进行报警，大大提高了超导磁体运行的安全性和可靠性。

2. 高的信噪比及短的扫描时间：高的信噪比和快速的扫描速度一直是人们多年以来追求的目标。众所周知，磁场强度越高，信噪比越高，扫描时间就越短。因为高场磁共振在信噪比、分辨率和扫描时间上占有优势，1.5T 磁共振对组织的显示、对微小结构的显示检出率优于中低场磁共振，同时缩短了患者检查时间，另外也可以开展波谱、功能成像的研究，

☆★☆☆

已经成为市场的主流。然后人们并未满足于 1.5T 所带来的临床应用经验，开始对 3 T 磁共振进行研究。现在的第三代 3T 磁共振已经解决了超高场磁共振的许多局限和挑战，如双梯度线圈的采用使得梯度系统性能大大提高，新的磁体技术实现全身检查必需的大而有效的扫描视野，真空降噪技术有效地解决了噪声问题，脉冲序列的优化有效地控制了射频能量的吸收等。目前 3 T 超高场磁共振已成为成熟的临床和科研的双重平台。

3. 梯度系统向高性能的梯度方向发展：梯度场强度、剃度切换率和爬升时间是梯度系统的重要指标，它决定了最小层厚、最短的回波时间和重复时间等，不仅影响成像时间，还决定图像的空间分辨率。梯度系统主要朝着高线性和快速响应的方向发展，以适应快速扫描序列中梯度脉冲快速上升和翻转的需要。

为了达到更快的扫描速度，各公司都不断提高梯度场强度和梯度切换率。由于梯度场的快速开关会对人体造成刺激，包括快速切换产生的强大噪声，以及人体感应电流对神经末梢的电刺激等，因此，它的发展必须在患者的生理忍受的安全极限内。涡流是梯度系统设计中的难点，它影响磁场的均匀度，导致图像产生伪影，而且涡流导致磁体发热，增加液氮的消耗。人们采取各种方法来降低涡流。噪声问题也引起各厂家的重视。高性能梯度带来更大的噪声，高技术序列正是影响患者安全的噪声的根源。静音技术正是平衡考虑到这些高端应用和患者的安全性与舒适性，其核心主要包括：一是真空腔，以阻断声音的传播，减少传递到患者的噪声水平；二是采用有源噪声控制技术，即采集目标区域的噪声进行分析，在此基础上生成一个相反方向强度相等的声音，使之与原噪声相抵消；三是通过改进脉冲序列达到降噪的目的。

4. 射频系统朝多通道相控阵线圈、并行采集技术和数字信号处理的方向发展：射频系统由射频线圈、发射接收系统和射频功放等组成。线圈是磁共振系统信号采集的设备，其灵敏度关系到图像的好坏。它的发展已从单通道到多通道相控阵甚至全景一体化线圈，从硬到软等。这几年，射频线圈得到飞速的发展，各公司推出了针对各种部位的线圈，有的公司推出按不同部位的生理特点而专门设计线圈，这是射频线圈的发展方向。

（1）相控阵线圈技术：最早用来使表面线圈在保持线圈固有信噪比的同时获得的图像信号强度一致，在它的基础上研制的并行采集技术是磁共振梯度编码形式的补充。成像速度由梯度系统性能决定，梯度系统不能无限制的提高，当其发展到达一个极限时，多线圈并行采集技术的出现并在临床检查中得到应用，无疑是令人振奋的。

（2）并行采集技术：利用与接收线圈敏感特性相关的空间信息，通过增加笛卡尔傅立叶成像 K 空间中采样线间距，减少相位编码采样步数，保持 K 空间不变，使扫描时间得到减少。并行采集技术在对空间分辨率及信噪比影像不大的前提下，减少扫描时间，降低腹部扫描屏气时间，减少图像模糊和扭曲。在实际的临床应用中它的应用比较广泛。随着多通道线圈的发展，以及软件算法的提高，并行采集技术也将得到进一步的完善。

（3）数字信号处理：射频系统的发射接收已实现了全数字化和多通道。由于梯度系统性能的提高，极快的梯度线圈切换速度，同时磁场强度的不断提高，导致对信号数字处理的速度要求更高。新进的数字信号处理方法允许采用新的方法处理时域的编码数据，硬件上随着模数转换速度的提高，数字信号处理方法使得磁共振信号以更高的频率采集，具有好的保真性。

（二）其他辅助的性能特点

1. 先进的数据管理及适应医院信息网络化建设的要求　随着快速成像技术的发展和广

泛应用，需要计算机处理和存储大量的数据，当今及未来的磁共振系统对计算机的性能要求大大提高，大多采用速度快、容量大、体积小多任务的工作站为主机。同时还配备了专门的工作站进行图像后处理、三维重建等，同时允许图像数据输出到便携的媒体上，可以在自家电脑上读出图像，方便患者的会诊和学术上的交流。

随着数字化成像技术、计算机技术和网络技术的发展，各大医院的数字化建设越来越快，影像存储与传输系统已在国内很多医院迅速发展，它解决了医学图像的获取、显示、存储、传输和管理。

医院的网络化建设可以使磁共振检查患者的信息登记、预约、收费在网络实现，避免重复输入信息，缩短检查时间，通过互联网，生产厂家可以对设备进行远程的诊断和维护。

2. 人性化的设计理念　磁共振的设计者不仅在磁体的设计上追求人性化，如各种降噪技术，界面更友好，提供温馨的成像环境，而且各功能按钮、过程显示等设计也均体现了人性化。另外，许多磁共振生产厂商将操作系统移植到 WINDOWS 平台，使操作更通俗，高分辨液晶显示器取代传统的 CRT 显示器。

3. 先进的临床应用不断涌现　磁共振技术的发展还是为了解决临床和科研的一些难题，这是磁共振发展的根本。磁共振血管成像的算法和数据处理有了进一步提高，其最大密度投影图像的伪影大大减少，在疾病诊断中得到广泛认可。功能 MRI 研究近年来取得显著进展，磁共振图像和其他影像设备如 PET、脑磁图等的图像融合继续成为研究发展的方向，该技术对于立体定向外科手术和放射手术的治疗意义特别重大。随着开放磁共振成像速度的提高及磁场强度的提高，磁共振图像引导下的外科和介入手术将进一步得到发展，由于磁共振不存在电离辐射，而且具有 CT 等成像设备无法比拟的软组织对比度，因此在介入治疗、放疗方面具有极大的开发潜力。

磁共振技术尽管已经比较成熟，已成为最广泛的诊断工具。目前磁共振技术的发展面临的主要问题是缺少对磁共振有一定研究的技术人员缺乏。由于磁共振是一门多学科融合的学科，需要医师、技术员和工程开发人员的共同努力，才能将磁共振的功能发挥到极致。

五、设备质量控制涉及的术语

物理量、符号和定义

1. SD　像素信号值的标准偏差。

2. 纵向弛豫时间 T_1　纵向磁化强度恢复的时间常数，又称自旋 - 晶格弛豫时间。

3. 横向弛豫时间 T_2　横向磁化强度消失的时间常数，又称自旋 - 自旋弛豫时间。

4. 自旋回波序列 SE　射频脉冲（RF）是一种短波电磁波，通过围绕于人体的射频线圈发射至磁场内，在 MRI 中施加脉冲的顺序是先给 90°脉冲，然后给 180°脉冲，称之为自旋回波序列。

5. 磁共振现象（magnetic resonance phenomenon）　具有自旋特性的原子核在外加磁场的作用下，经过与磁场垂直且其频率与自旋原子核进动频率相同的射频脉冲激励，原子核吸收射频脉冲发射电磁波能量的现象。

6. 重复时间（TR）　从第一个 RF 激励脉冲出现到下一个周期同样激励脉冲出现经历的时间。

7. 回波时间（TE）　从第一个 RF 激励脉冲开始到采集回波信号之间的时间。

8. 反转时间（TI）　施加 180°反转脉冲使磁化矢量反转到负 Z 轴方向到施加 90°激

☆☆☆☆

励脉冲中间的时间段。

9. T1加权像　SE序列中，通过采用短TR短TE的办法得到的重在反映组织T1特征的图像。

10. T2加权像　SE序列中，通过采用长TR长TE的办法得到的重在反映组织T2特征的图像。

11. 弛豫过程（relaxation process）　磁共振成像技术中，停止发射无线电波后原子核释放出所吸收的能量而逐渐回复原来平衡状态的过程。

12. 弛豫时间（relaxation time）　从非平衡态逐渐恢复到平衡态的时间。

13. 拉莫尔进动（Larmor precession）　电子、原子核和原子的磁矩在外部磁场作用下的进动。

14. 伪影（artefact）　在图像中可视的，既不反映物体内的相应结构，也不是噪声能解释的影像。

15. 射频线圈（radio frequency coil）　用来发射和（或）接收射频电磁场的线圈或探头。

16. 溢流层（flood section）　模体内只有成像溶液的扫描层。

17. 影像均匀性（image uniformity）　当成像体具有均匀的磁共振特性时，磁共振成像设备在整个被扫描体积上产生恒定信号响应的能力。

18. 层厚（slice thickness）　层剖面分布曲线最大峰值一半处的全宽度（FWHM）。

19. 静磁场（B_0）均匀度（static-magnetic field homogeneity）　在磁体等中心处，一球体（直径30～45cm）上磁场强度的变化程度，用磁场强度的百万分数表示。

20. 视野（field of view）　操作者需求的成像区域尺寸。

21. 感兴趣区（region of interest）　图像中的局部区域，在特定时间里特别感兴趣的图像区域。

第二节　医用磁共振成像设备的构成及工作原理

医用磁共振成像系统主要由产生磁场的主磁体系统、产生梯度场的梯度系统、用于射频发射与信号接收的射频系统、图像处理和计算机系统及其他附属保障辅助系统五部分构成（图19-4）。

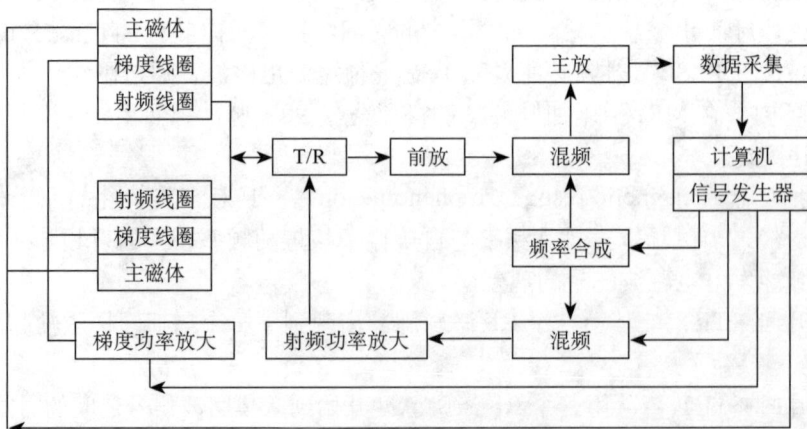

图19-4　MRI系统组成结构示意图

一、主磁体系统

主磁体是 MRI 系统最基本的组成部分。磁体为 MRI 系统最重要、也是价值最高的组件，是产生磁场的硬件装置。它的性能将直接影响磁共振图像的质量。

（一）主磁体的性能指标

1. **主磁场强度**　磁共振成像系统的主磁场 B_0 又称为静磁场，是在磁体孔径里的范围产生均匀分布的磁场，磁场的强度越高，图像的信噪比越高，图像的质量越好，但人体对射频能量的吸收将增加，使设备的成本也相对增加。

2. **磁场均匀性**　是指在特定容积限度内磁场的同一性，即穿过单位面积的磁力线是否相同。磁场均匀性是决定影像空间分辨率和信噪比的基本因素，它决定系统最小可用的梯度强度。

3. **磁场稳定性**　是衡量磁场强度随时间漂移程度的指标它与磁体类型和设计质量有关，受磁体附近铁磁性物质、环境温度、磁体电源稳定性等因素的影响，稳定性下降，则单位时间内磁场的变化率增高，导致对图像的质量有所影响。磁场的稳定性分成时间稳定性和热稳定性。时间稳定性是指磁场随时间而变化的程度，热稳定性是指磁场随温度而变化的程度。磁体电源或匀场电源波动时，磁场的时间稳定性将会变差。

4. **磁体有效孔径**　指梯度线圈、匀场线圈、射频体线圈和内护板等安装完成后柱形孔径的有效内径。孔径太小会使受检者产生压抑感，孔径大一些可以使患者感到舒适，但会影响磁场均匀性。

5. **边缘场的空间范围**　磁体边缘场指延伸到磁体外部向各个方向散布的杂散磁场，边缘场延伸的空间范围与磁场强度和磁体结构有关。边缘场是以磁体原点为中心向周围空间发散的，具有一定的对称性，常用等高斯线图来形象地表示边缘场分布，一般用 5 高斯（0.5mT）线作为标准，边缘场与其范围内的电子仪器相互干扰，因此边缘场越小越好，通常采用磁屏蔽的方法减小边缘场。

除了上面 5 项主磁体性能指标外，磁体重量、磁体长度和制冷剂（液氦）挥发率等因素也是主磁体的重要指标。

（二）主磁体的分类

1. **永磁体**　永磁型磁体的磁性材料主要是铝镍钴、铁氧体和稀土钴三种类型。磁体一般由多块永磁材料堆积或拼接形成，永磁体的磁场强度一般不超过 0.45T。

永磁型磁体的优点是其场强相对稳定，结构简单价格低，消耗功率小，维护的费用较低，磁体周围的杂散磁场很少，永磁型磁体容易制成开放式磁体，减少患者的压抑感，有利于关节动态检查和 MRI 引导下的介入治疗。同时，永磁型磁体也存在一些缺点，磁场强度较低，成像的信噪比比较低，磁体庞大笨重，对承重有一定的要求，永磁体的热稳定性较差，温度变化容易造成磁场的漂移，温度变化要控制在 ±1℃内。

2. **常导磁体**　也称常规磁体、电阻磁体或阻抗磁体。它是用线圈中的恒定电流产生静磁场，其磁场强度与线圈中的电流强度、线圈导线形状和磁介质性质有关。常导型磁体功耗较大，同时产生大量的热量，必须配备磁体水冷装置。另外，线圈供电电源的波动会影响磁场的稳定性。

常导型磁体的优点是结构简单、造价低，不用时可以停电，在 0.2 T 以下可以获得较好的临床图像，维修相对简单。其缺点工作磁场比较低，磁场均匀度和稳定性较差，还

☆☆☆☆

需要专门的电源和完善的循环水冷装置，运行费用高，目前基本被永磁体和超导磁体取代。

3. 超导磁体 其线圈的设计原理与常导磁体基本相同，但超导磁体的线圈是采用超导导线绕制而成，放置在接近绝对零度的超低温环境中，导线内的电阻抗几乎消失，一次通电在无需继续供电的情况下导线内的电流一直存在，并能产生稳定的磁场，这种磁场强度高，磁场稳定性及均匀性较高，目前 MRI 设备中 0.5T 以上的磁体都采用超导磁体。

超导磁体内部结构复杂，主要由超导线圈、低温恒温器、绝热层、磁体的冷却系统、底座、输液管口、气体出口、紧急制动开关及电流引线等部分组成。超导线圈采用的材料是铌钛合金的多芯复合超导线埋在铜基内，整个导线浸没在液氦中。超导磁体在出厂前已完成抽真空、磁体预冷和灌满液氦建立超导环境，到达用户现场一般为冷磁体。安装完成后，需要对磁体进行励磁，即超导磁体系统在励磁电源的控制下逐渐给超导线圈施加电流，从而建立遇到静磁场的过程。励磁成功后，超导磁体将在不消耗能量的情况下，提供强大的、高稳定的均匀磁场。

超导磁体的场强为 0.35 ～ 9.4T，目前用于临床的最高场强为 3.0T，其余高场强的均用于实验。超导磁体优点主要是容易产生高磁场，稳定性和均匀性较高，能耗低，几乎不消耗电能，图像信噪比高，图像质量好，图像采集时间短，可以减少检查时间和运动伪影。其缺点主要是因为需要定期补充液氦，运行、安装和维护的成本比较高。

（三）匀场

受磁体设计和制作工艺的影响，任何磁体出厂后都不可能使整个成像范围内的磁场完全一致，因此磁体安装完成后还要在现场对磁场进行调整，把消除磁场非均匀性的过程叫作匀场。匀场是通过机械或电气调节建立与磁场的非均匀分量相反的磁场。常用的匀场方法分为无源匀场和有源匀场。

无源匀场指在磁体孔洞内壁上贴上专用的小铁片（也叫作匀场片），以提高磁场均匀性的方法，由于匀场过程中不使用有源元件，故称之为无源匀场。无源匀场可校正高次谐波磁的不均匀，材料价格便宜。

有源匀场是指通过适当调整匀场线圈阵列中各线圈的电流强度，用局部磁场的变化来调节主磁场以提高整体均匀性的过程，有源匀场是对磁场均匀性进行精细调节的方法，可以减少谐波磁场。

大多数的 MRI 设备的匀场都是无源匀场和有源匀场并用，无源匀场是有源匀场的基础，有源匀场可在系统软件的控制下进行。

二、梯度磁场系统

梯度磁场系统是 MRI 系统最重要的硬件之一，主要由梯度线圈、梯度控制器（GCU）、数模转换器（DAC）、梯度功率放大器（GPA）和梯度冷却系统等组成，梯度线圈安装在主磁体内。

（一）梯度磁场的性能指标

1. 梯度场强度 指梯度变化时可以达到的最大梯度场强，用单位长度内梯度磁场强度的最大差表示，单位为 mT/m。在梯度线圈一定时，梯度场的强度由梯度电流所决定，而梯度电流又受梯度放大器功率的限制。梯度场强度越高，可获得的扫描层面越薄，图像的空间分辨率就越高。

2. **梯度切换率及爬升时间**　从不同角度反映了梯度场达到某一预定值的速度。梯度爬升时间指梯度由零上升到预设梯度强度所需的时间，单位 ms。梯度切换率是单位时间内梯度磁场的变化率，定义为梯度场强除以爬升时间，单位为 mT/m/ms 或 T/m/s。梯度切换率越高，梯度开启时间越短，梯度磁场强度爬升越快，扫描速度越快。

3. **梯度线性**　是衡量梯度场平稳性的指标，线性越好，表明梯度场越精确，图像质量越好。

4. **梯度有效容积**　又叫均匀容积，指梯度线圈所包容的能够满足线性要求的空间区域。这一区域一般位于磁体中心。

5. **梯度工作周期**　在一个成像周期（*TR*）内梯度场工作时间所占的百分比。梯度工作周期与成像层数有关，在多层面成像中，成像层面越多则梯度磁场的工作周期百分数越高。

（二）梯度系统的作用

梯度系统的主要作用有：

1. 对 MR 信号进行空间定位编码，决定层面位置和成像层面的厚度：MRI 区域内的静磁场上，动态叠加三个线性的梯度磁场，一个作为层面选择梯度，另两个作为频率编码和相位编码，从而实现成像体的选层和空间三维编码的功能。

2. 在梯度回波和其他快速成像序列中，产生 MR 回波。

3. 施加扩散敏感梯度场，利用水分子扩散加权成像。

4. 进行流动补偿。

5. 进行流动液体流速相位编码。

（三）梯度磁场的产生原理和产生流程

梯度磁场的主要作用之一，是为磁共振信号进行空间定位，其本身也具有方向性，以患者体位为仰卧且头先进入来定义磁共振系统的坐标系，主磁场方向与人体长轴平行，且方向指向头侧，把主磁场方向定义为 Z 轴，X 轴及 Y 轴与 Z 轴垂直，X 轴在人体左右方向上，指向人体解剖位置的左侧，Y 轴在人体的前后方向上，指向人体解剖位置的前侧，在 X、Y、Z 三轴上各有一组梯度线圈。

1. **梯度磁场的产生原理**　梯度线圈通过专用电源操作，称为梯度放大器。这些梯度放大器可以使电流最高达到 500A，具有很高的准确性和稳定性。以 Z 轴梯度线圈为例，梯度线圈是特殊绕制的线圈，线圈通电后，当电流流经线圈的头侧部分时，梯度线圈头侧部分产生的磁场与主磁场方向一致，两个磁场强度相互叠加，因此头侧磁场强度增高；而电流流经线圈足侧的磁场强度降低。因而在主磁场长轴（Z 轴）上，头侧磁场强度高，足侧磁场强度低，梯度线圈中心位置的磁场强度保持不变。X 轴和 Y 轴梯度磁场产生的原理与 Z 轴相同，只是方向不同。

2. **梯度磁场的产生流程**　梯度磁场是脉冲电流通过梯度线圈产生的。梯度控制器（GCU）是按系统主控单元的指令，发出所选梯度的标准数字信号给数模转换器（DAC），梯度磁场系统中，对梯度放大器的各种精确控制正是由梯度控制器和数模转换器共同完成的。DAC 收到梯度控制器发送的、标志梯度电流大小的代码后，立即转换成相应的模拟电压控制信号，并通过线性模拟运算放大器进行预放大。由于梯度线圈形状特殊，匝数少，需输入数百安培的电流才能达到规定的梯度值。梯度放大器的输入信号就是来自 DAC 的模拟电压信号，输出的是供梯度线圈产生梯度场的梯度电流。梯度电流多采用霍尔元件进行探测，负反馈设计进行精确的梯段电流值调控。

☆☆☆☆

（四）涡流的影响和补偿

当梯度磁场切换时，变化的磁场在周围导体中会产生感应电流，这种电流在导体内自行闭合，称为涡流。涡流自身会产生变化的磁场，会削弱磁场梯度，使图像产生伪影，同时引起 MRI 频谱基线伪影和频谱失真。为了消除涡流造成的影响，常采取的措施主要有：①在梯度线圈与磁体间增加一个与梯度线圈同轴的辅助梯度线圈，但电流方向相反，使合成梯度为零，从而避免涡流的形成；②在梯度电流输出单元中加入 RC 网络，预先对梯度电流进行补偿。

（五）梯度冷却系统

梯度系统是大功率系统，梯度线圈的电流往往超过 10A，电流在线圈中产生大量的热量，梯度线圈固定在绝缘材料中，没有环境自然散热和风冷散热的条件，如不采取有效的冷却措施，梯度线圈可能会烧毁。常用的冷却方式有水冷和风冷两种：水冷是将梯度线圈经绝缘处理后浸于封闭的蒸馏水中散热，再有水冷机将热量带出；风冷的方式是直接将冷风吹在梯度线圈上，目前高性能的梯度系统均采用水冷的散热方式。

三、射频系统

射频系统是 MRI 系统中进行射频激励并接收和处理射频信号的功能单元。射频系统不仅要根据扫描序列要求发射各种射频脉冲，还要接收成像区域内氢质子发出的 MRI 信号。MRI 设备的射频系统主要包括：射频天线（线圈）、射频发射放大器、射频接收放大器。

（一）射频线圈

射频线圈既是原子核发生磁共振的激励源，又是磁共振信号的探测器。射频线圈中用于建立射频场的线圈称为发射线圈，用于检测 MRI 信号的线圈称为接收线圈。MRI 用的发射/接收线圈类似于广播、电视用的发射/接收天线，不同的是广播、电视接收天线处在发射电磁波的远场中，发射天线和接收天线之间是行波耦合，行波的波长比发射地和接收地之间的距离小得多，行波的电场和磁场特性具有对等的意义。MRI 的射频线圈和人体组织之间的距离远远小于波长，接收线圈处在被接收 MRI 信号的近场区域，发射和接收之间是驻波耦合，驻波的电磁能量几乎全部为磁场能量，所以，MRI 信号的接收和射频激励不能采用电耦合的线状天线，必须采用磁耦合的环状天线，即射频线圈。

射频线圈的种类很多（图 19-5），且分类方法众多。按功能可分为发射/接收两用线圈及接收线圈；按线圈作用范围可分为全容积线圈、部分容积线圈、表面线圈、体腔内线圈、相控阵线圈等，其中的相控阵线圈是由两个以上的线圈单元组成的线圈阵列，这些线圈可彼此连接，组成一个大的成像区域，每个线圈单元可独立使用；按极化方式可分为线性极化和圆形极化两种线圈；按主磁场方向可分为用于横向静磁场的磁体中螺线管线圈，以及用于纵向静磁场的磁体中的鞍形线圈；按绕组形式可分为亥姆霍兹线圈、螺线管线圈、四线结构线圈（鞍形线圈、交叉椭圆线圈等）、STR（管状谐振器）线圈和鸟笼式线圈等多种形式。

（二）射频发射放大器

射频发射放大器必须满足在整个采集中，发生器必须准确发送不同中心频率和带宽的射频脉冲序列的要求。放大包括两个阶段，预放大器产生信号，发射放大器增加了所需的信号增益。

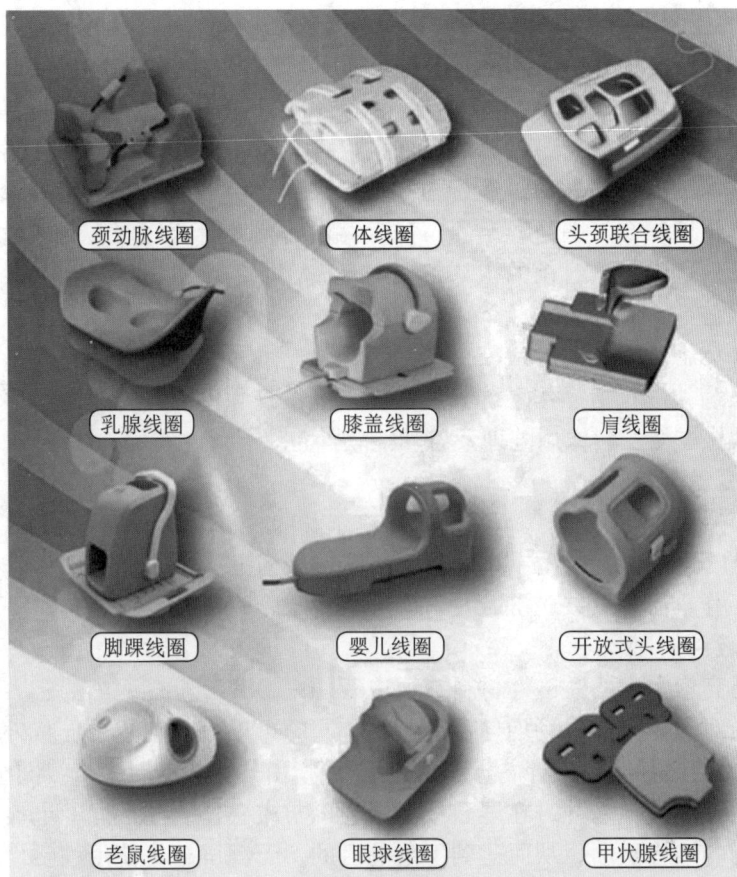

图 19-5 各种类型的射频线圈示意图

（三）射频接收放大器

接收磁共振信号后，非常弱的磁共振信号在数字化和进一步处理前，在极低噪声放大器中进行放大。信号越好，线圈接收到的也就会越强、越清晰。信号强度不仅取决于接收线圈中的激发容积，还取决于与检查对象的距离。

四、图像处理和计算机系统

（一）信号数据处理和图像重建

1.MR 信号数据处理 从射频系统 A/D 转换器输出的 MRI 信号数据不能直接用来进行图像重建，需要进行一些简单的处理，这些处理包括传送驱动、数据的拼接和重建前的预处理等。未经处理的 MRI 数据（ADC 数据）经过拼接，成为带有控制信息的数据（测量数据），再经过预处理后得到 MRI 原始数据，原始数据经过重建后便得图像。

2.图像重建 实际上是对数据进行高速数学运算，由于其数据量及运算量都很大，目前图像处理器均采用图像阵列处理器进行图像重建。图像阵列处理器一般由数据接收单元、高速缓冲存储器、数据预处理单元、算数和逻辑运算部件、控制部件、直接存储器存储通道及傅立叶变换器等组成。

（二）计算机和图像显示系统

在 MRI 系统中，计算机的应用非常广泛，各种规模的计算机、单片机、微处理器等构

☆☆☆☆

成了 MRI 系统的控制网络。计算机系统作为 MRI 设备的指令和控制中心，具有数据采集、处理、存储、恢复及显示等功能，还能进行扫描序列参数的设定及提供 MRI 各单元的状态诊断数据。

1. 主计算机功能及构成　主计算机又叫主控计算机，其功能主要是控制用户与磁共振设备各子系统之间的通信，并通过运行扫描软件来满足用户的所有应用要求。主计算机系统由主控计算机、控制台、图像显示器、磁盘存储器、光盘存储器、网络适配器以及与射频系统的接口部件等组成。目前的主计算机均是高性能的微机，控制台一般由键盘、显示器及鼠标组成，它是人机对话的媒介。

2. 主计算机功能及构成　在 MRI 主控计算机上运行的软件可分为系统软件和应用软件两大类。其中系统软件包括操作系统、数据库管理系统和常用例行服务程序三个模块；应用软件包括磁共振成像、影像后处理及各功能软件包。

五、附属保障辅助系统

MRI 设备的安装需要考虑磁场对环境的影响及环境对 MRI 设备的影响，为了保障 MRI 设备正常工作，必须安装磁屏蔽、射频屏蔽、水冷机组及空调等辅助设备。

（一）磁屏蔽

磁屏蔽是用高饱和度的铁磁性材料或通电线圈来包容特定容积内的磁力线，不仅防止外部铁磁性物质对磁体内部磁场均匀性的影响，同时可以大大削减磁屏蔽外部边缘磁场的分布。磁屏蔽分为有源屏蔽和无源屏蔽，有源屏蔽指由一个线圈或多个线圈组成的磁屏蔽，这些线圈置于主磁场线圈之外，在屏蔽线圈中通以与主磁体线圈反向的电流，产生反向磁场来抵消主磁场的边缘磁场，从而达到屏蔽的目的。无源屏蔽是使用铁磁性屏蔽体包容主磁场达到磁屏蔽目的。

（二）射频屏蔽

MRI 射频发射的 RF 脉冲极易干扰邻近的无线电设备，线圈接收的 MRI 信号又容易受外界电磁波的干扰，因此，MRI 磁体间必须安装有效的射频屏蔽。射频屏蔽是利用屏蔽体对电磁波的吸收和反射作用，隔断外界与 MRI 设备之间的电磁场耦合途径，以阻挡或减弱电磁波的相互干扰。通常多采用导电良好的金属材料作屏蔽体，如铜皮、铀皮等，并镶嵌于磁体室的四周墙壁、天花板和地板内，观察窗的玻璃间改用铜丝网屏蔽体。所有连接进磁体间的管线必须通过安装在射频屏蔽上的各种滤波器才能进入，所有进入磁体室的管道必须通过相应的波导管穿过 RF 屏蔽体。整个屏蔽体必须通过一点单独接地，通过 MRI 系统接地，严禁单独接地。

（三）水冷机组

MRI 设备的水冷机组是为了保证 MRI 设备冷头及梯度系统正常运行配置的。MRI 设备的冷头是通过氦压缩机制冷，氦压缩机采用水冷却方式，它的散热器被冷水管包绕，产生的热量由水冷机组提供的循环冷却水冷却。

（四）空调

MRI 设备各电子柜、控制计算机、图像处理器、氦压缩机和电源等部件工作会产生一定的热量，使室内温度升高。因此，必须配置专用空调进行保障。MRI 设备对环境的要求一般为 21℃ ±3℃，相对湿度 40% ~ 65%。根据不同设备的产热量配置相应功率的空调，空调系统应安装空气过滤器，保持一定的空气洁净度。

第三节 医用磁共振成像设备质量控制检测指标与方法

医用 MRI 设备质量控制是质量保证的重要组成部分，其目的是确保 MRI 设备的各项性能参数稳定，以获取高质量的扫描图像，为影像诊断提供图像质量保证，同时也是对每一个受检者健康权益的根本保障。

医用 MRI 设备的质量控制工作主要是图像质量评价和参数的常规检测。主要的检测项目一般有共振频率、信噪比（SNR）、几何畸变率、高对比空间分辨力、影像均匀性、层厚、层厚非均匀性、纵横比、主磁场强度、静磁场（B_0）均匀度、制冷剂（液氦、液氮）挥发率和静磁场（B_0）非稳定性等。

一、MRI 设备性能检测模体和成像溶液要求

性能检测模体容器应使用不产生任何磁共振信号的材料构成，并具有较好的化学稳定性和热稳定性。模体形状可为正方体、长方体、圆柱体和球体。模体的成像截面可以是圆形的，也可以是矩形的。

MRI 设备应使用含顺磁离子的试剂配制磁共振成像溶液填充模体，通常使用硫酸铜（$CuSO_4$）和蒸馏水配制成像溶液，其浓度及近似弛豫时间要求见表 19-1。推荐成像溶液配比为：1L 蒸馏水 +2g 五水硫酸铜（$CuSO_4 \cdot 5H_2O$）+3.6g 氯化钠（NaCl）。

表 19-1 磁共振成像溶液的浓度要求

试剂	浓度	T1 弛豫时间	T2 弛豫时间
$CuSO_4$	$1 \sim 25mmol$	$860 \sim 40ms$	$625 \sim 38ms$

二、常用 MRI 设备性能检测模体和设备

（一）Magphan SMR 170 性能测试模体

Magphan SMR 170 是美国体模实验室研制的 MRI 性能测试模体（图 19-6）。其结构紧凑小巧，便于携带，层厚和定位方便合理，已得到大多数 MRI 生产厂家的认可。可以检测的主要指标有：影像均匀性、信噪比、高对比空间分辨力、几何畸变率、低对比分辨力、层厚、纵横比等。

（二）ACR 性能测试模体

ACR 模体是美国放射学院研制的 MRI 性能测试模体（图 19-7），目前美国的 MRI 设备大多使用该模体。可以检测的主要指标有: 影像均匀性、高对比空间分辨力、几何畸变率、低对比分辨力、层厚、伪影等。

（三）Vitoreen 76-903 型、76-904 型、76-907 型和 76-908 型性能测试模体

Vitoreen 76 系列 MRI 多功能测试模体是美国原子

图 19-6 Magphan SMR 170 模体

图 19-7　ACR 模体

能协会研制的 MRI 多功能测试模体（图 19-8～图 19-11）。体积较大，测试范围大，可以检测的主要指标有：高对比空间分辨力、层厚、共振频率、层间距、影像均匀度、影像几何畸变率、伪影、信噪比、T1 值和 T2 值等。

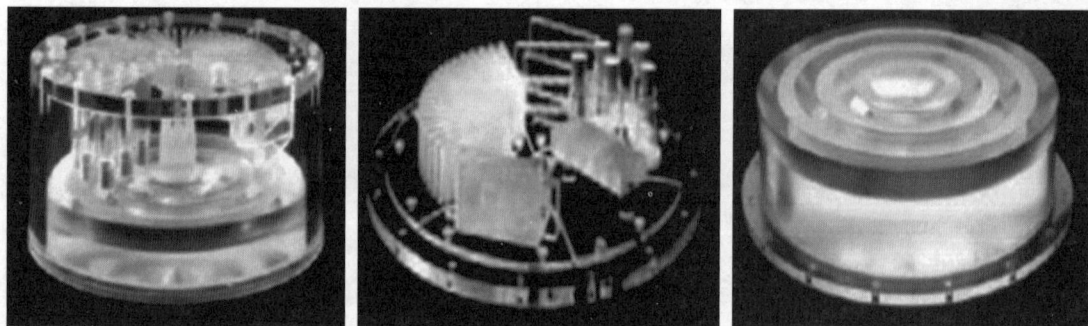

图 19-8　Vitoreen 76-903 型模体及插件

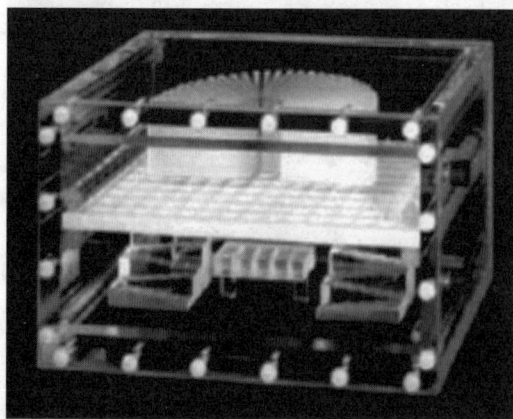

图 19-9　Vitoreen 76-904 型模体

图 19-10　Vitoreen 76-907 型性能测试模体

图 19-11　Vitoreen 76-908 型性能测试模体

（四）THM 1176 型磁场强度测试仪

THM 1176 型磁场强度测试仪由瑞士 Metrolab 公司生产的一种便携式、低能耗的磁场强度测试仪，具有独特的三维方向的霍尔效应探测器，可以对磁共振磁场环境、磁屏蔽和等高斯线进行测试，测试范围 0 ~ 3T，精度为 ±1%（图 19-12）。

（五）PT 2025 型磁场强度测试仪

PT 2025 型磁场强度测试仪由瑞士 Metrolab 公司生产的高精度的专业性多通道大量程的磁场强度测试仪（图 19-13）。测试范围从 0.043T 到 13.7T，精度达到 $10^{-7}T$，可以在选定的量程范围内自动锁定信号，极为方便和便捷。

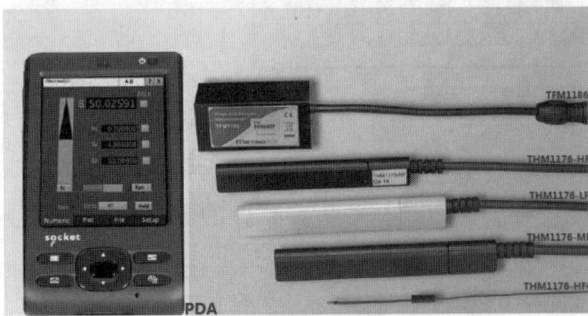

图 19-12　THM1176 型磁场强度测试仪

图 19-13　PT 2025 型磁场强度测试仪

三、MRI 设备质量控制参数的检测与评价

MRI 设备质量控制的检测依据主要为《医用磁共振成像（MRI）设备影像质量检测与评价规范》（WS/T 263—2006）和《医用成像磁共振设备主要图像质量参数的测定》（YY/T 0482—2010），下面为读者详细介绍 MRI 设备质量控制参数的检测方法。

（一）共振频率

1. 定义　与静磁场相匹配的射频（RF）频率 f。根据拉莫尔（Larmor）方程，共振频

☆☆☆☆

率用公式（19-1）表示：

$$f = \frac{\gamma}{2\prod} B_0 \tag{19-1}$$

式中：

γ——被研究体核的旋磁比，弧度·特斯拉$^{-1}$·秒$^{-1}$（rad/T·s）；

B_0——静磁场的场强，特斯拉（T）。

对 MRI 而言，Larmor 方程的特点是：

共振频率与静磁场场强之间呈线性关系，因此，静磁场场强决定了 MRI 扫描机工作时所需要的射频频率。静磁场的细小变化将使共振频率发生微小改变。

2.检测目的 MRI 的共振频率是反映主磁场状况的一个重要参数，与主磁场强度成正比关系，若共振频率发生变化，则相应的主磁场发生了变化。测量共振频率主要是监测 MRI 设备主磁场强度的稳定性。

3.检测工具 Magphan SMR 170 性能测试模体或 ACR 性能测试模体。

4.检测方法

（1）测量：在所有梯度场关闭的情况下，将模体置于磁体的等中心；采用自旋回波序列扫描测试模体，调节射频（RF）合成器的中心频率，使磁共振（MRI）信号达到最大。MR 信号达到最大时的射频（RF）合成器的中心频率即为 MRI 设备的共振频率。共振频率信息一般不在图像上显示，经常在扫描参数页中，通过查看扫描参数页得到共振频率并进行记录，验收测试时的记录的共振频率可作为以后质量控制的基线值。

（2）计算及数据处理：若测得某 MRI 设备开机后的共振频率为 63.87MHz，关机前的共振频率为 63.86MHz，则共振频率的相对偏差 =[（测量值 -2 次测量的平均值）/ 平均值]×100%=[(63.86MHz − 63.865MHz) /63.865MHz]×100%=0.000 078，记录样表如图 19-14。

开机后频率（Hz）	关机前频率（Hz）	相对偏差（%）

图 19-14 共振频率检测记录表格

5.结果评价 在开机后和关机前分别测量共振频率，其相对偏差应 ≤ $50×10^{-6}$。

6.检测中的主要问题与实例 测量时要需要将测试模体放置在磁体的等中心位置，且使得磁共振信号达到最大时进行测量，实际检测过程中往往容易忽略这两个重要条件。

（二）信噪比 SNR

1.定义 体模均匀部分上的信号强度同本底噪声强度标准偏差的比值，它是衡量图像质量的重要指标。

2.检测目的 信噪比是 MRI 设备最基本的质量参数，是决定 MRI 图像质量的重要因素，信噪比的高低直接影响图像质量的好坏，因此需定期进行测试。

3.检测工具 Magphan SMR 170 性能测试模体。

4.检测方法

（1）测量

方法一（一幅图像法）：将模体水平置于头线圈内并处于磁体的等中心位置，模体的中心同 RF 线圈的中心近似重合，选择扫描参数，对模体的溢流层扫描成像。根据实际情况，可参考表 19-2 中的要求选取扫描参数。

表 19-2　扫描参数选取

参数序列	参数选取	参数序列	参数选取
成像序列	自旋回波序列 SE	MR 信号接收线圈	头部线圈 T1 像
脉冲回波时间	15～40ms	视野 FOV	250mm×250mm
脉冲恢复时间	200～600ms	采集矩阵	256mm×256mm
采集次数	2～4 次	层厚	5～10mm

注：1.MRI 设备主磁场强度小于 1.0 T 时，采集次数建议 3～4 次，主磁场强度大于 1.0 T，采集次数建议 2～3 次；2. 带宽建议选择 10～15 kHz

在溢流层影像上 75% 中心区域内选取感兴趣区（ROI），测定 ROI 内的像素强度的平均值 S_{mean} 和标准偏差 SD，在溢流层影像的外侧背景区域分别选取 4 个 ROI，测量并计算背景 ROI 内的本底像素强度的总平均值 S_b（图 19-15）。

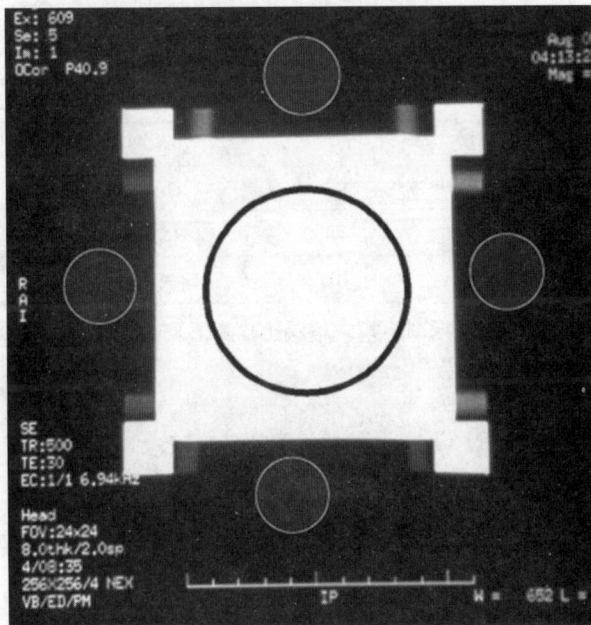

图 19-15　溢流层上测量信噪比（Vitoreen76-908 型模体）

方法二（两幅图像法）：使用两次扫描序列，第一次扫描结束到第二次扫描开始时间延迟小于 5min，利用 MRI 软件使两幅图像相减，得到两幅图像的差值图像，见公式（19-2）：

$$图像 1 - 图像 2 = 图像 3 \qquad (19-2)$$

（2）计算及数据处理

方法一：分别记录 75% 中心区域溢流层影像中心 ROI 内像素平均值 S_{mean} 和 ROI 内像素平均值的标准偏差 SD、溢流层影像的外侧背景区域分别选取 4 个 ROI，信号为溢流层影像中心 ROI 内像素平均值 S_{mean} 减去本底像素平均值 S_b 的差，噪声为影像中心 ROI 内像

☆★☆☆

素平均值的标准偏差 SD，信噪比（SNR）根据公式（19-3）计算，记录表格如图 19-16。

$$SNR = (S_{mean} - S_b)/SD \qquad (19\text{-}3)$$

层厚	影像中心区域		背景区域本底像素值				平均值 S_b
	像素值 S_{mean}	噪声 SD	1	2	3	4	
5mm							
10mm							
信噪比 SNR	5mm：$SNR = (S_{mean} - S_b)/SD=$						
	10mm：$SNR = (S_{mean} - S_b)/SD=$						

图 19-16　信噪比检测记录

方法二：使用同样面积的 ROI 测量 3 幅图像的 ROI 内像素平均值和相减后图像的 ROI 标准偏差，利用公式（19-4）计算信噪比，式中 S 为第一次和第二次扫描图像的 ROI 内像素平均值，N 为相减后图像的 ROI 标准偏差，记录表格如图（19-17）。

$$SNR = \sqrt{2}\,(S/N) \qquad (19\text{-}4)$$

层厚	影像中心区域（第一次扫描）	影像中心区域（第二次扫描）	两次图像相减后的图像	
	像素值	像素值	像素值	标准偏差
5mm				
10mm				
信噪比 SNR	5mm：$SNR = \sqrt{2}\,(S/N)=$			
	10mm：$SNR = \sqrt{2}\,(S/N)=$			

图 19-17　信噪比检测记录

5. 结果评价

对于 $B_0 \leqslant 0.5T$ 以下的 MRI 设备，采集次数为 $\geqslant 3$ 次，相对信噪比 $SNR_{cel} \geqslant 1$ 时，信噪比 $SNR \geqslant 50$；

对于 $0.5T < B_0 \leqslant 1.0T$ 的 MRI 设备，采集次数为 $\geqslant 2$ 次，相对信噪比 $SNR_{cel} \geqslant 1$ 时，信噪比 $SNR \geqslant 80$；

对于 $B_0 > 1.0T$ 以上的 MRI 设备，采集次数为 $\geqslant 2$ 次，相对信噪比 $SNR_{cel} \geqslant 1$ 时，信噪比 $SNR \geqslant 100$。

6. 检测中的主要问题与实例　模体摆位时要注意将模体水平置于头线圈内并处于磁体的等中心位置，模体的中心同 RF 线圈的中心近似重合，测量前要跟技师确认头部线圈和 MRI 设备处于谐振状态，如果调谐不准，信噪比会降低；检测时要避免周围电磁波的干扰；设置扫描参数时（如时间、层厚、矩阵、FOV、扫描层数、采集平均次数等）一定要在该设备的推荐值左右；若 ROI 内有较明显的伪影，则不能进行信噪比测量。

（三）几何畸变率

1. 定义　又称空间线性，指物体图像的几何形状与位置的变形程度。它体现了 MRI 重现物体几何尺寸的能力。

2.检测目的　判断 MRI 设备扫描得到的图像是否弯曲变形和几何扭曲,与真实的物体结构是否相一致。

3.检测工具　Magphan SMR 170 模体或 Vitoreen 76-908 型模体。

4.检测方法

(1) 测量:在用规则模体获得自旋回波影像上,应用计算机软件测距功能,测量影像上对角线和长与宽 (图 19-18 左图,Vitoreen76—908 型模体),或测量圆形影像的若干直径,对于由棒或孔排列的线性模体影像,可以测得这些物体间的距离计算几何畸变率 (图 19-18 右图,Magphan SMR 170 模体)。

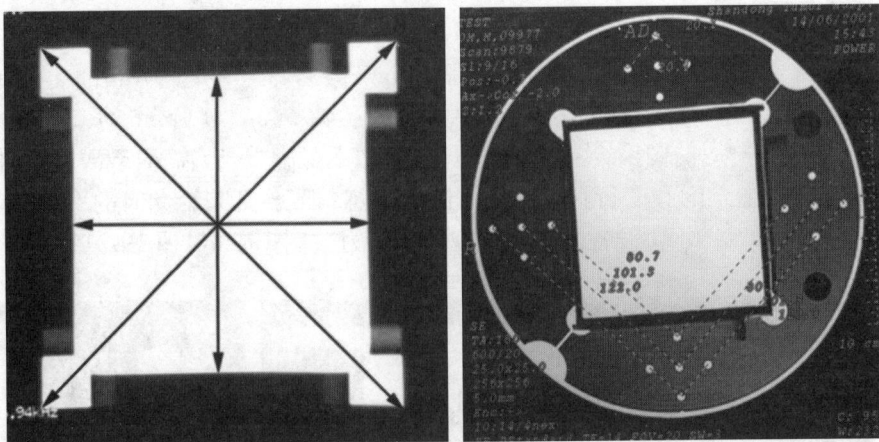

图 19-18　测量几何畸变率

(2) 计算及数据处理:影像的几何畸变率 GD 可用公式 (19-5) 计算,记录表格如图 19-19:

$$GD = \frac{\left| D_{实} - D_{测} \right|}{D_{实}} \times 100\% \tag{19-5}$$

式中:

GD——影像几何畸变率,%;

$D_{实}$——模体的相应实际尺寸,mm;

$D_{测}$——影像上测量的尺寸,mm。

序号	实际模体尺寸 $D_{实}/mm$	影像测量尺寸 $D_{测}/mm$	绝对值差 $\left\| D_{实} - D_{测} \right\|$	百分偏差 % $(\left\| D_{实} - D_{测} \right\|/D_{实}) \times 100\%$
1				
2				
3				
4				

图 19-19　几何畸变率检测记录

5.结果评价　影像几何畸变率 GD 最大不应超过 5%。

☆☆☆☆

6. 检测中的主要问题与实例　检测前应先阅读模体说明书，确定模体中相应测量点间的距离，测量图像中相应测量点的距离采用的是设备软件中自带的测距工具，测量时人为随机性较大，测量时尽量将图片放大测量，找到图像中相应的测量点位置，从而降低误差。

（四）高对比空间分辨力

1. 定义　在无明显噪声贡献时，表明成像系统将物体区分开来的能力的一种量度。简言之，即成像系统区分开最小物体的分辨力。

2. 检测目的　高对比空间分辨力高则容易检测出微小的物体，在诊断时不容易漏掉微小病灶，避免造成漏诊和误诊。

3. 检测工具　Magphan SMR 170 模体或 Vitoreen 76—908 型模体。

4. 检测方法

（1）测量：采用检验物目测评价法。在模体分辨力插件上有规则分布的 4 排（或 6 排）方形或圆形小孔，边长（或直径）可分别为 0.5mm、0.75mm、1.0mm、1.25mm、1.5mm、2.0mm，或刻有高分辨力的图案，在分辨力插件的影像上，通过调节窗宽（WW）和窗位（WL），直至每一幅扫描影像上的孔的行距、间隔清晰地分辨并区分开来，此时的孔径或能清楚分辨的最大线对数，即为 MRI 设备的高对比空间分辨力（图 19-20、图 19-21）。

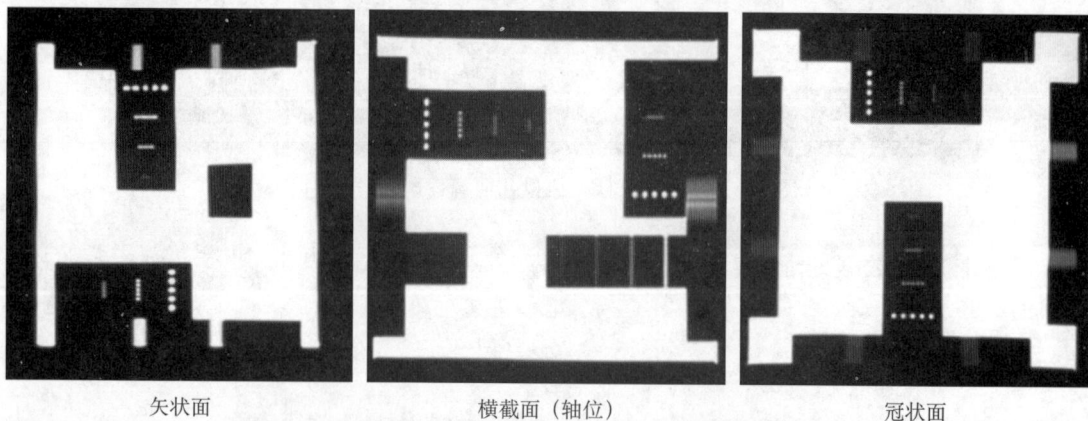

矢状面　　　　　　　　　横截面（轴位）　　　　　　　　冠状面

图 19-20　测量高对比空间分辨力（Vitoreen76-908 型模体）

图 19-21　测量高对比空间分辨力（Magphan SMR 170 模体）

（2）计算及数据处理：调节 MRI 图像窗宽（WW）和窗位（WL），直至每一幅扫描影像上的孔的行距、间隔清晰地分辨并区分开来，使用最直接的目视方法，确定能分辨开的最大线对数（最小间隔），记录表格如图 19-22。

线圈	层厚值	采集参数		可分辨出孔隙最窄一组线对	高对比空间分辨力
头线图	5mm	FOV：	MTX：		
	10mm	FOV：	MTX：		

注：高对比空间分辨力 =5÷ 可分辨出孔隙最窄一组线对

图 19-22　高对比空间分辨率检测记录

5. 结果评价　在层厚为 5 ～ 10mm 范围内，在对应 FOV=250mm×250mm 的相应采集矩阵条件下，使用头部线圈，高对比空间分辨力应符合表 19-3 中的要求。

表 19-3　高对比空间分辨力的要求

线圈类型	层厚 mm	视野 FOV mm×mm	采集矩阵 MTX mm×mm	高对比空间分辨力 mm
头部线圈	5 ～ 10	250×250	128×128	2
			256×256	1
			512×512	0.5

6. 检测中的主要问题与实例　采集矩阵和 FOV 大小是影响高对比空间分辨力的重要因素，一定要在该设备的推荐值左右。观察图像时，要确保图像处于最清楚的状态，以免影响目视的结果。

（五）影像均匀性

1. 定义　指成像体具有均匀的 MRI 特性时，MRI 成像系统在整个扫描体上产生恒定信号响应的能力。它描述了 MRI 系统对模体内同一物质区域的再现能力。

2. 检测目的　判断 MRI 设备对物体的再现能力的好坏。

3 检测工具　Magphan SMR 170 模体或 Vitoreen 76-908 型模体。

4. 检测方法

（1）测量：在溢流层影像上 75% 区域（通常距影像边缘 1cm）内，用计算机软件影像分析功能分别测量若干个感兴趣区（ROI）内的像素强度平均值，一般测定 10 个 ROI 的数值（图 19-23 和图 19-24）。

（2）计算及数据处理：从所测定的数值中，选出最大平均像素值 S_{max} 和最小平均像素值 S_{min}，按照公式（19-6）计算整数值影像均匀性，记录表格如图 19-25。

$$U=\left[1-\frac{(S_{max}-S_{min})}{(S_{max}+S_{min})}\right]\times100\% \tag{19-6}$$

式中：

U——影像均匀性；

S_{max}——像素强度最大平均值；

S_{min}——像素强度最小平均值。

☆☆☆☆

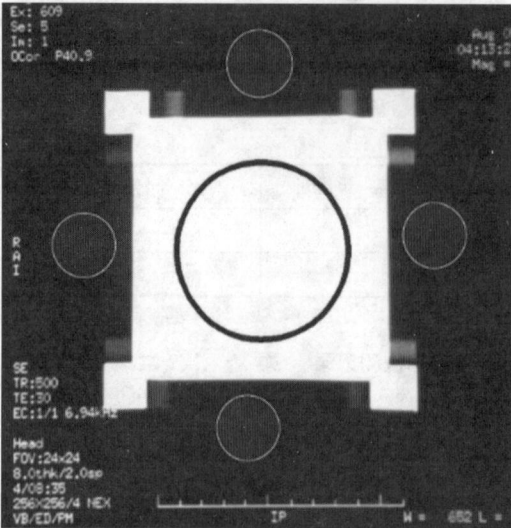

图 19-23   测量影像均匀性（Vitoreen 76-908 型模体）

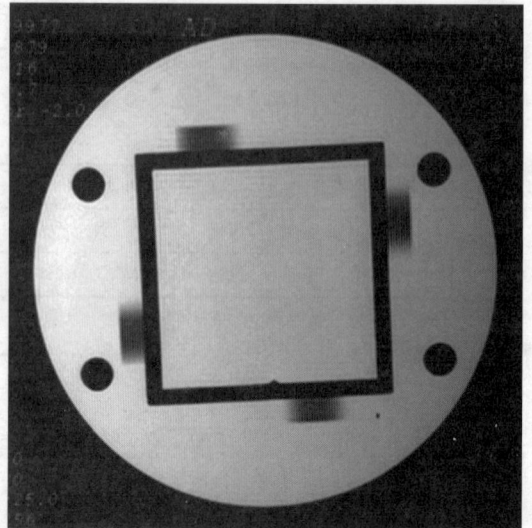

图 19-24   测量影像均匀性（Magphan SMR 170 模体）

检测参数		检测记录（线圈： ）									
ROI		1	2	3	4	5	6	7	8	9	10
层厚	S										
mm	SD										
均匀度		U(%)=										

图 19-25   影像均匀性检测记录

5. 结果评价   影像均匀性 U 应 ≥ 75%。

6. 检测中的主要问题与实例   测量选取的 10 个感兴趣区（ROI）要较能全面反映图像的均匀程度，感兴趣测量区（ROI）一般为 100 个像素点，选择感兴趣区（ROI）时不要太靠近边缘，实际测量时，可对模体均匀区域进行选取，由各个区域的值得到均匀性。

（六）层厚和层厚非均匀性

1. 定义

层厚：指成像面在成像空间第三维方向上的尺寸，表示一定厚度的扫面层面，对应的是一定范围的频率带宽。

层厚非均匀性：在层厚影像上测量若干个层厚值，其标准偏差作为层厚的非均匀性。

2. 检测目的   层厚选择的大小可直接影响图像的质量。

3. 检测工具   Magphan SMR 170 模体和 Vitoreen 76-908 型模体。

4. 检测方法

（1）测量

层厚（Vitoreen 76-908 型模体）：测量层厚的模块都是做成斜面的，斜面的表面与扫描平面形成一个角度（Φ）。在斜面影像上，利用计算机影像分析软件功能，测量斜面影像的像素强度的剖面分布曲线（图 19-26）。

　　层厚（Magphan SMR 170 模体）：Magphan SMR 170 模体 4 个检测平面的每一个平面都有一对相对放置 14°的斜面插件，调节 MRI 图像窗宽（WW）和窗位（WL）至图像最清晰，直接使用测距工具测量这些斜面测量层厚（图 19-27）。

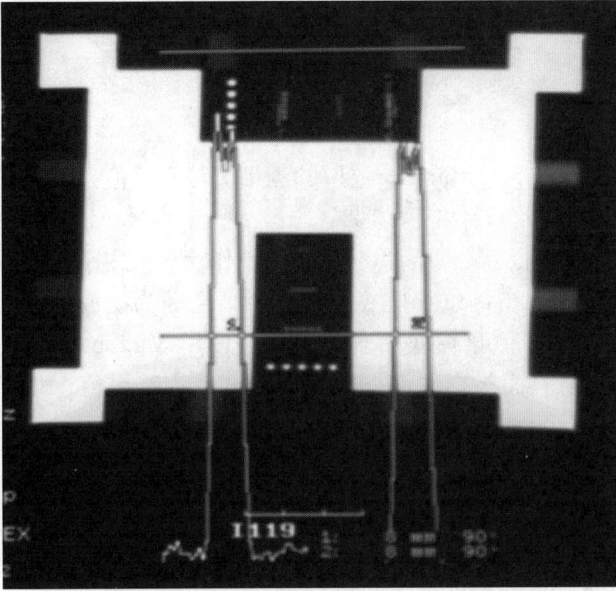

图 19-26　测量层厚（Vitoreen 76-908 型模体）

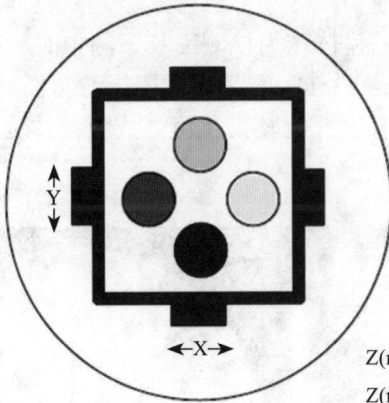

$$Z(mm)=(FWHM)X \times 0.25$$
$$Z(mm)=(FWHM)Y \times 0.25$$

图 19-27　测量层厚（Magphan SMR 170 模体）

　　（2）计算及数据处理：在剖面分布曲线上测定峰值一半处的全宽度 FWHM，则层厚按公式（19-7）计算：

$$层厚 = FWHM \times \tan\varPhi \tag{19-7}$$

　　式中，当 $\varPhi = 14°$ 时，$\tan\varPhi = 0.25$；当 $\varPhi = 45°$ 时，$\tan\varPhi = 1$，此时，所测 FWHM 即为所测层厚。

　　层厚非均匀性：在层厚影像上测量 4～8 个层厚值，计算其标准偏差作为层厚的非均匀性，记录表格如图 19-28。

标称层厚/mm	测量层厚/mm					结果	
	序号	1	2	3	4	均值/mm	标准偏差/%
	测量值						
	与标称值误差值						

图 19-28　层厚和层厚非均匀性检测记录

5. 结果评价

层厚：设置标称层厚在 5 ～ 10mm，层厚的测量值与设置值误差应在 ±1mm 内。

层厚非均匀性：层厚非均匀性应≤ 10%。

6. 检测中的主要问题与实例　层厚的测算和操作者密切相关，若测量结果相差较大，可重新进行模体摆位，确保模体位置摆放准确，否则会因为摆放角度误差给层厚测量带来误差；层厚的测量要使测厚测量模块清晰可见（当使用 Magphan SMR 170 模体时，可设置窗宽为 0，调整窗位至斜面投影湮没，得到的窗宽值为临界值，临界值与斜面投影区域附近信号至求平均，以此平均值为窗位，测量层厚）。

（七）纵横比

1. 定义　成像体为矩形时，纵横比系指影像长与宽的比值；成像体为圆形时，测量影像最外环的直径，其圆度上的变化，即所测直径间的最大比值表示纵横比。

2. 检测目的　判断检查硬拷贝系统导致影像发生几何畸变的程度。

3 检测工具　Magphan SMR 170 模体和 Vitoreen 76-908 型模体。

4. 检测方法

（1）测量：应使用具有规则形状的模体作为检测工具，测量时，有效视野（FOV）不小于 250mm，窗宽调至最小，窗位调至最佳，测量模体扫描的图像。成像体位长方形时，在视频影像上分别测量横向和纵向的长度并比较其比值；成像模体为圆柱形时，则测量 4个直径值并计算其比值（图 19-29）。

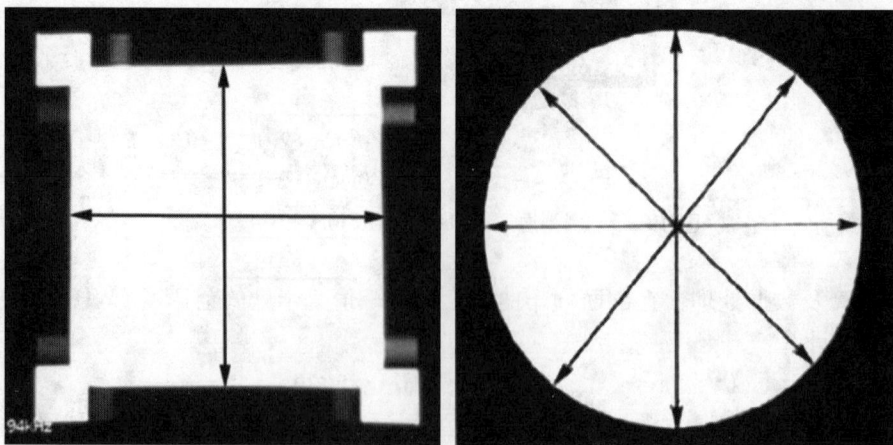

图 19-29　测量纵横比

（2）计算及数据处理：在拷贝的胶片上测量影像的纵横比，并与视频影像上的纵横比进行比较，记录表格如图 19-30。

扫描平面	视频影像系统			胶片影像		
	纵向	横向	纵横比（V）	纵向	横向	纵横比（F）
偏差：$\dfrac{F-V}{V}\times100\%$						

图 19-30　纵横比检测记录

5. 结果评价　视频影像上测量的纵横比与实际成像体的纵横比的偏差应在 ±5% 内，胶片影像上测量的纵横比与视频影像上测量的纵横比偏差应在 ±5% 内。

6. 检测中的主要问题与实例　成像体为长方形时，确保测量横向和纵向的线保持水平和竖直；成像模体为圆柱形时，确保测量的线通过圆心。

（八）低对比度分辨率

1. 定义　低对比度分辨率的高低反应 MRI 设备分辨信号大小相近物体的能力，即 MRI 设备的灵敏程度。

2. 检测目的　低对比度分辨率是重要的质量评价参数，对中早期病变的诊断非常有用，早起病变组织与正常组织的弛豫时间接近，成像设备灵敏度高则能反映出两者的差异，灵敏度低则分辨不出。

3. 检测工具　Magphan SMR 170 模体。

4. 检测方法

（1）测量：两个区域信号强度的差异程度决定在图像上是否能分辨出两区域。对于不同物质，由于成像参数不同很难确定它们的信号强度的差别。对同一信号物质，信号强度大小与成像物质的面积和深度有关，测量区域面积大、深度大容易分辨。因此检测低对比分辨率，可以利用前面介绍的模体，直接目视观察图像质量（图 19-31）。

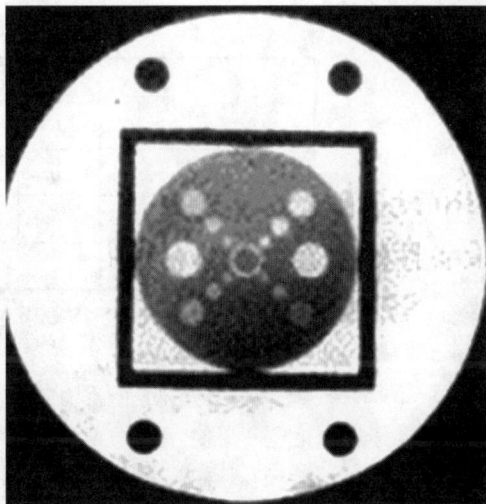

图 19-31　检测低对比度分辨率（Magphan SMR 170 模体）

（2）计算及数据处理　图 19-32 为根据 Magphan SMR 170 模体编制的低对比度分辨率的记录表格。

模体孔径 4.0mm、6.0mm、10.0mm	孔深 0.5mm、0.75mm、1.0mm、2.0mm
可分辨出的低对比分辨率的孔径：	孔深

图 19-32　低对比度分辨率检测记录

5. 结果评价　对于低对比度分辨率的要求一般根据厂家提供的说明进行判断，国际上还没对此参数给出测量方法和标准的说明。

6. 检测主要问题与实例　调节 MRI 图像窗宽（WW）和窗位（WL）使得图像处于最清楚的状态，否则会直接影响目测数据的结果。

☆☆☆☆

（九）主磁场强度

1. 定义　主磁场强度是指 MRI 系统中主磁体在有效工作区域产生的最大直流磁场强度。

2. 检测目的　判定 MRI 设备主磁体系统磁场强度是否符合临床诊断的要求。

3. 检测工具　磁场强度仪。

4. 检测方法介绍

（1）测量：将磁场强度仪的探头置于磁体中心区域，读取磁场强度仪的示值，重复测量 3 次。

（2）计算及数据处理：按公式（19-8）计算磁场强度误差，记录表格如图 19-33。

$$\Delta_B = \frac{T_0 - T}{T} \times 100\% \tag{19-8}$$

式中：

Δ_B——磁场强度误差，%；

T_0——MRI 标称磁场强度，T；

T——磁强强度仪 3 次测量值的平均值，T。

标称磁场强度 /T	测量值 /T			平均值 /T	误差 /%
	1	2	3		

图 19-33　主磁场强度检测记录

5. 结果评价　国内暂无对主磁场强度的评价标准，可以按照厂家相关标准或医院相关质控标准进行评价。

6. 检测主要问题及实例　测量时，MRI 无须扫描，但磁场强度仪主机应离 MRI 磁场发生部分足够远，以免影响磁场强度仪的正常使用。

（十）静磁场（B_0）均匀度

1. 定义　静磁场（B_0）均匀度是指在特定容积限度内磁场的同一性，即穿过单位面积的磁力线是否相同。

2. 检测目的　静磁场（B_0）均匀度的好坏，直接影响图像的质量和成像速度，应定期进行测量。

3. 检测工具　Vitoreen 76-907 型模体。

4. 检测方法　测量和数据处理：采用目测定性检测方法，在 FOV ≥ 380mm × 380mm 条件下，在模体正方形格栅插件影像上直接目测评价静磁场（B_0）均匀度（图 19-34、图 19-35）。

5. 结果评价　静磁场（B_0）均匀度正常时，影像上格栅看上去应均匀对称，影像四周平直；反之，则表明静磁场（B_0）均匀度较差。

（十一）制冷剂（液氮、液氦）挥发率

1. 定义　MRI 超导磁体所需制冷剂的单位时间消耗量，一般用"升 / 小时"表示。制

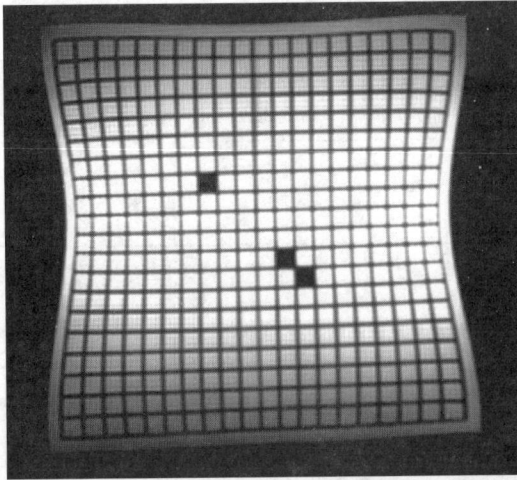

图 19-34　静磁场（B_0）均匀度正常的正方形格栅影像

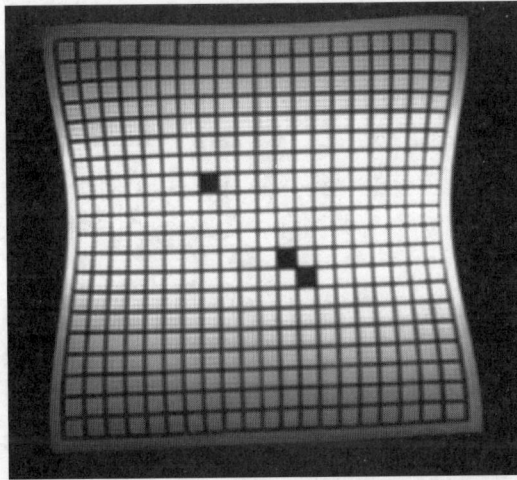

图 19-35　静磁场（B_0）均匀度差的正方形格栅影像

冷剂（液氮、液氦）挥发率也称为制冷剂消耗率。超导 MRI 系统出厂时，制造商应该规定制冷剂（液氮、液氦）消耗率。

2. 检测目的　判断 MRI 设备制冷剂的挥发率，防止过快消耗，影响设备的性能。

3. 检测工具　流量计。

4. 检测方法

（1）测量

方法一：在一定的时间内，记录制冷剂的消耗量和上次注入制冷剂与本次注入时的时间间隔，可计算出制冷剂的挥发率。

方法二：直接用流量计测定制冷剂的挥发率。准确记录通过流量计注入的制冷剂和到下次注入制冷剂时的时间间隔，计算制冷剂的挥发率。

（2）计算及数据处理：测量方法一的记录表格如图 19-36，测量方法二的记录表格如图 19-37。

☆☆☆☆

制冷剂的消耗量（L）	第一次注入制冷剂的时间	第二次注入制冷剂的时间	两次注入的时间间隔（h）	制冷剂的挥发率（L/h）

图 19-36　制冷剂（液氮、液氦）挥发率检测记录（方法一）

注入制冷剂的量（L）	注入制冷剂的时间	下次注入制冷剂的时间	两次注入的时间间隔（h）	制冷剂的挥发率（L/h）

图 19-37　制冷剂（液氮、液氦）挥发率检测记录（方法二）

5. 结果评价　制冷剂（液氮、液氦）挥发率的值应不大于厂家的规定值，若大于厂家的规定值时，须引起注意，并仔细检查其原因。

（十二）静磁场（B_0）非稳定性

1. 定义　静磁场（B_0）非稳定性是衡量磁场强度随时间漂移程度的指标，实际是指主磁场强度及其均匀性的变化，也称磁场漂移。受磁体附近磁性物质、环境的温度、磁体电源的稳定性等因素的影响。

2. 检测目的　判断 MRI 设备主磁体系统的是否正常工作。

3. 检测工具　Vitoreen 76-907 或 Vitoreen 76-908 型性能测试模体。

4. 检测方法

（1）测量：超导磁体静磁场的非稳定性检测方法：将均匀头部模体置于头线圈的中心部位，选用一种脉冲扫描序列扫描，8h 后在相同检验条件下进行重复检验，记录产生共振时频谱的共振中心频率和扫描时间。计算两次扫描共振中心频率的偏差（用 10^{-6} 表示），除以两次测量之间的时间，即得到超导磁体静磁场的非稳定性。

永磁体和常导磁体静磁场的非稳定性检测方法：将均匀头部体模置于头线圈的中心部位，选用一种脉冲扫描序列扫描，记录产生共振时频谱的共振中心频率和扫描时间。8h 内每间隔 1h 重复测量一次。

（2）计算及数据处理：超导磁体静磁场的非稳定性计算按公式（19-9）进行计算，数据记录表格如图 19-38。

$$W_{un} = \frac{f_1 - f_2}{tf_1} \tag{19-9}$$

式中：

W_{un}——超导磁体磁场的非稳定性，10^{-6}/h；

f_1——第一次测量的共振中心频率，Hz；

f_2——第二次测量的共振中心频率，Hz；

t——两次测量之间的时间间隔（小时），h。

第一次测量的 共振中心频率	第一次测量的时间	第二次测量的 共振中心频率	第二次测量的时间	超导磁体磁场 的非稳定性

图 19-38 超导磁体静磁场的非稳定性检测记录

永磁体和常导磁体静磁场的非稳定性按公式（19-10）进行计算，数据记录表格如图19-39。

$$W'_{un} = \frac{f_{max} - f_{min}}{t\bar{f}} \tag{19-10}$$

式中：

W'_{un}——永磁和常导磁体磁场的非稳定性，10^{-6}/h；

f_{max}——测量的最大共振中心频率，Hz；

f_{min}——测量的最小共振中心频率，Hz；

t——第一次和最后一次测量之间的时间间隔（小时），h；

$\bar{f}$——所测共振中心频率的平均值，Hz。

检测次数	测量的最大共振中心频率	测量时间	永磁和常导磁体磁场的非稳定性
1			
2			
3			
4			
5			
6			
7			
8			
9			

图 19-39 永磁体和常导磁体静磁场的非稳定性检测记录

5. 结果评价 超导磁体非稳定性应≤ 0.125×10^{-6}/h；永磁体和常导磁体其非稳定性应≤ 10×10^{-6}/h。

6. 检测主要问题及实例 记录的共振中心频率是 MRI 设备产生共振时的中心频率，需准确的记录检测时间，计算时将时间转换成小时进行计算。

彩　　图

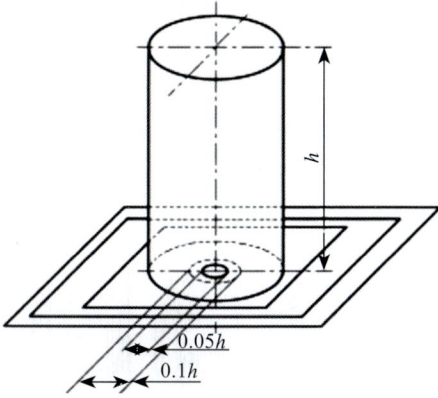

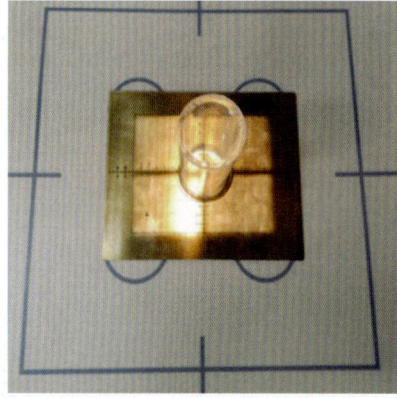

图 5-19　几何学特性检测图

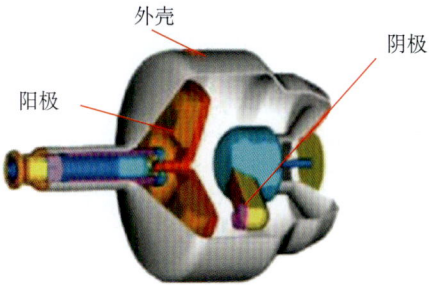

图 7-6　X 射线球管示意图

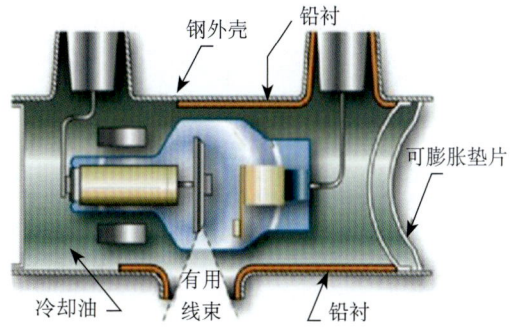

图 7-9　X 射线球管防护罩

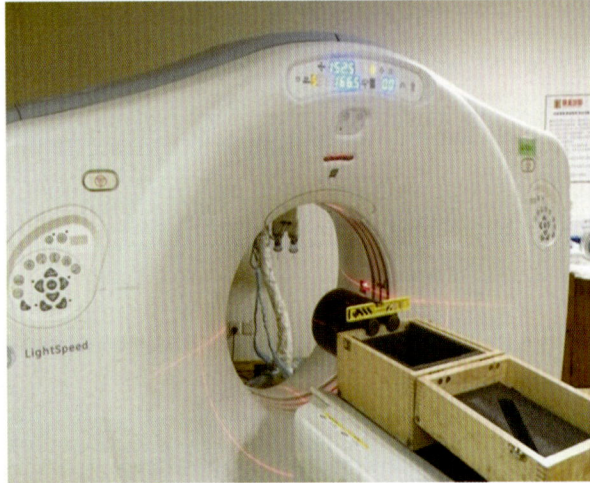

图 7-21　定位光精度检测摆位图

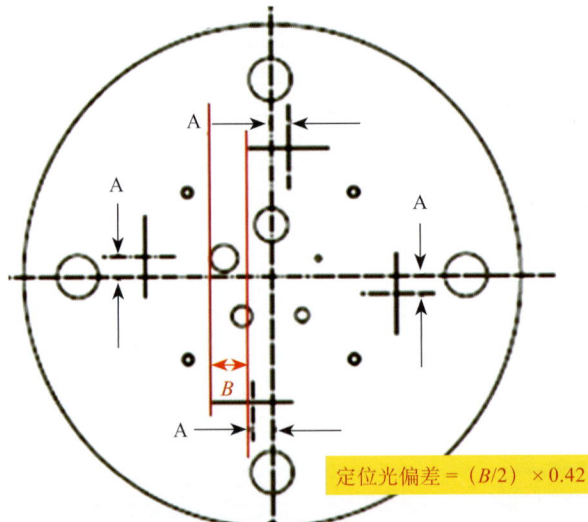

定位光偏差 = $(B/2) \times 0.42$

图 7-23　定位光偏差测量示意图（二）

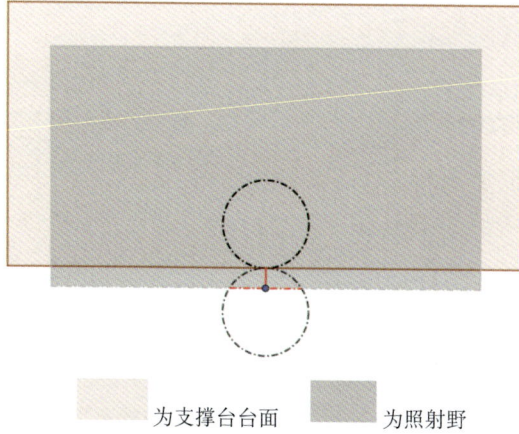

为支撑台台面　　　　为照射野

图 8-1　胸壁侧射野与影像接收器一致性检测成像示意图
虚线为硬币轮廓，照射野外轮廓应该不存在，照射野内的虚线内应该为白色

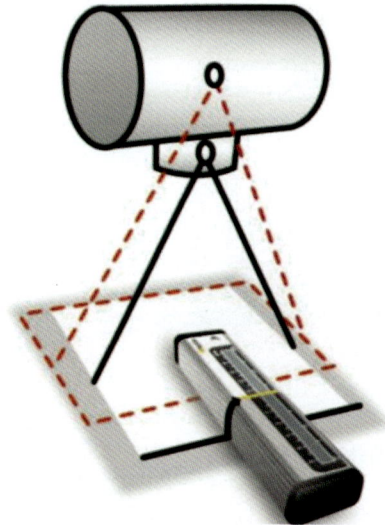

图 8-2　光野/照射野一致性检测尺使用方法

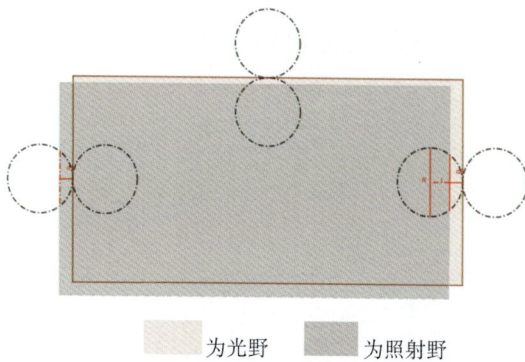

为光野　　　　为照射野

图 8-3　光野与照射野一致性检测影像示意图
虚线为硬币轮廓，照射野外轮廓应该不存在，照射野内的虚线内应该为白色

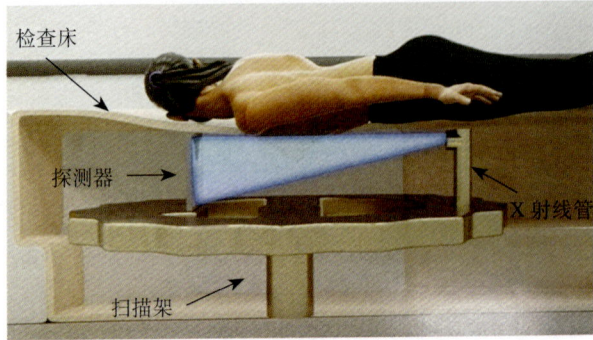

图 8-11 乳腺 CBCT 系统原理图

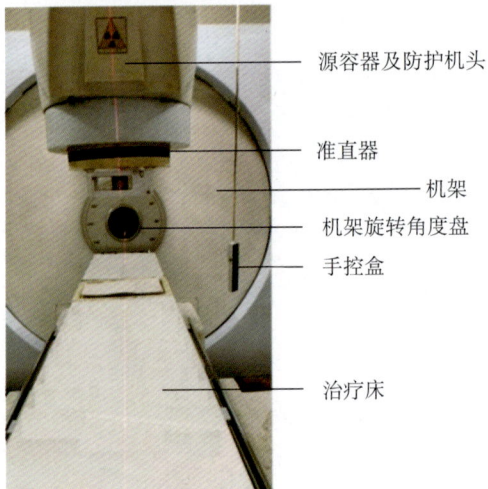

图 11-2 钴 -60 远距离治疗机外观图

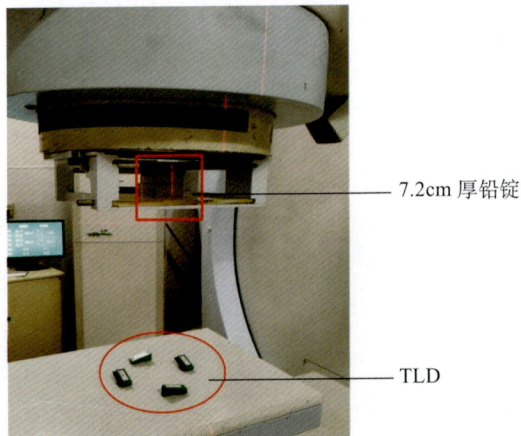

图 11-23 照射期间透过准直器的泄漏辐射空气比释动能率摆位图

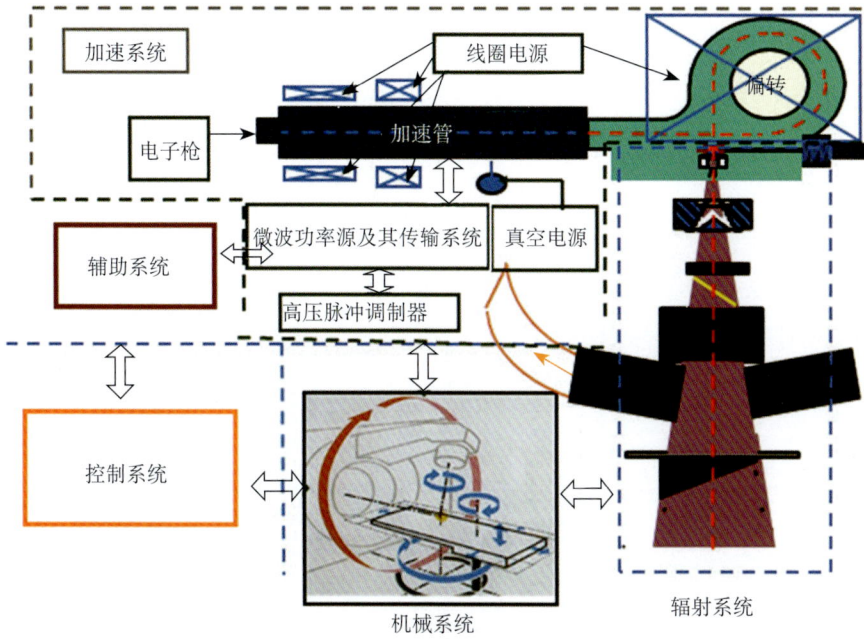

图 13-1　加速器基本组成

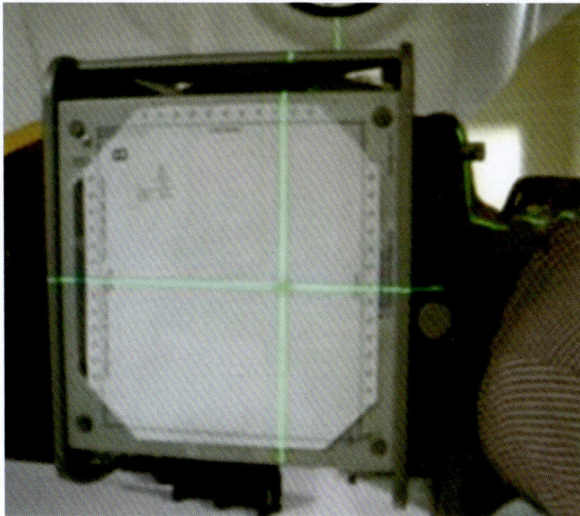

图 14-10　定位摆位框架

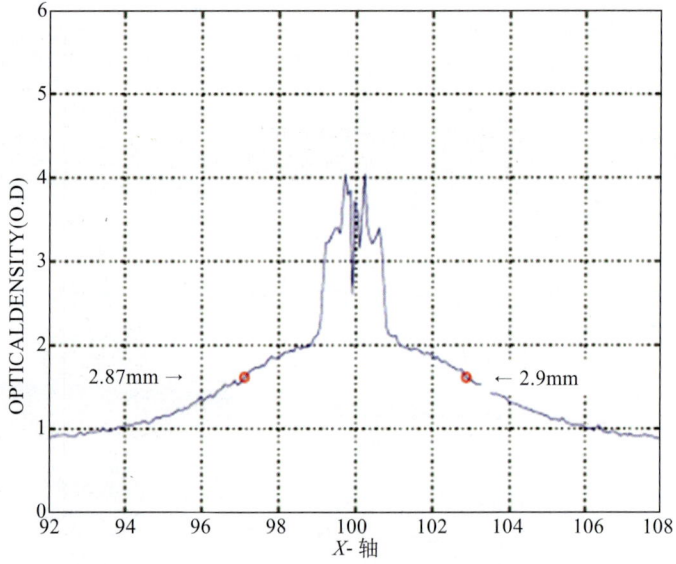

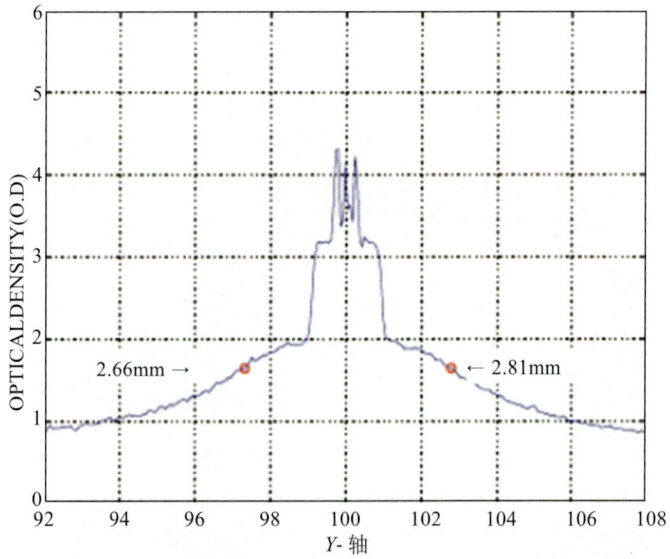

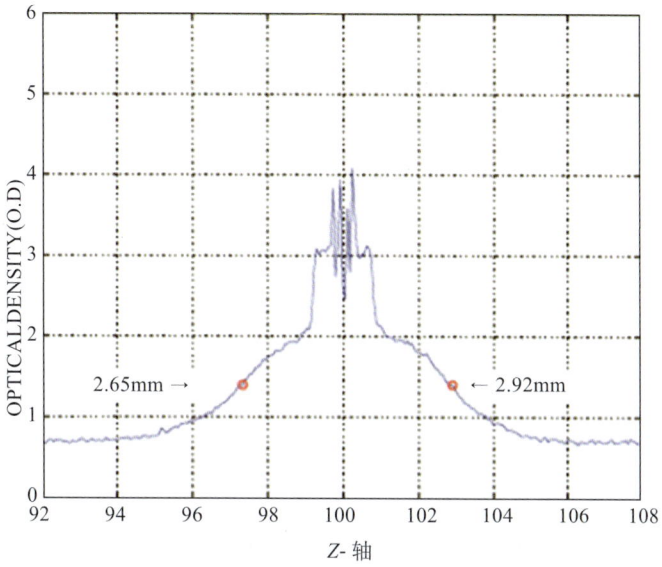

图 14-14　X、Y、Z 轴焦点中心分析图（方法一）

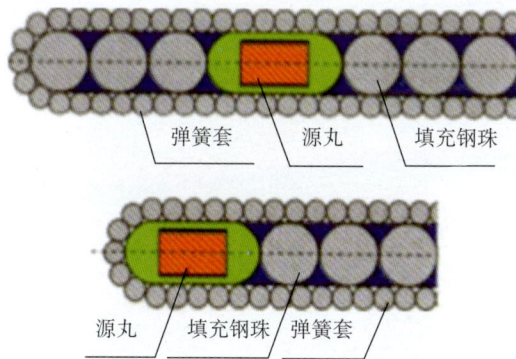

图 15-2　GZP3 型钴源位置示意图

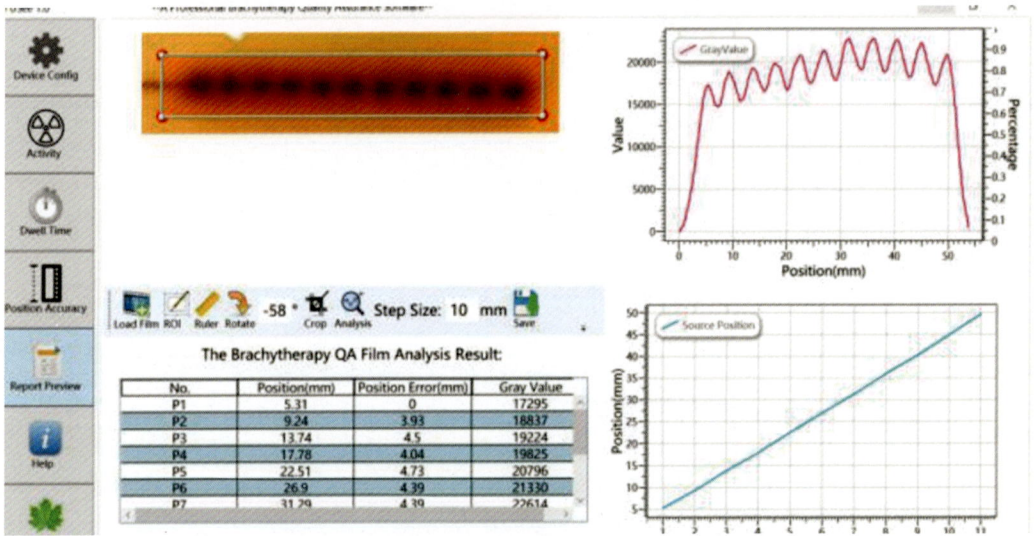

图 15-8　放射源累计定位误差胶片分析示意图

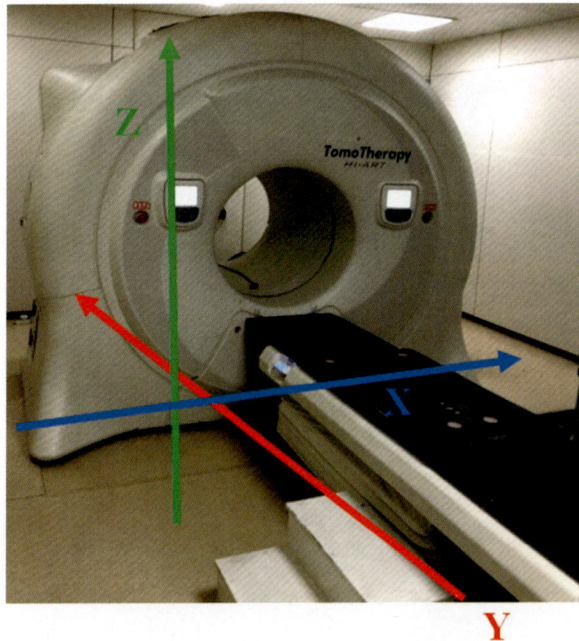

图 16-1　TOMO 外形及其坐标系

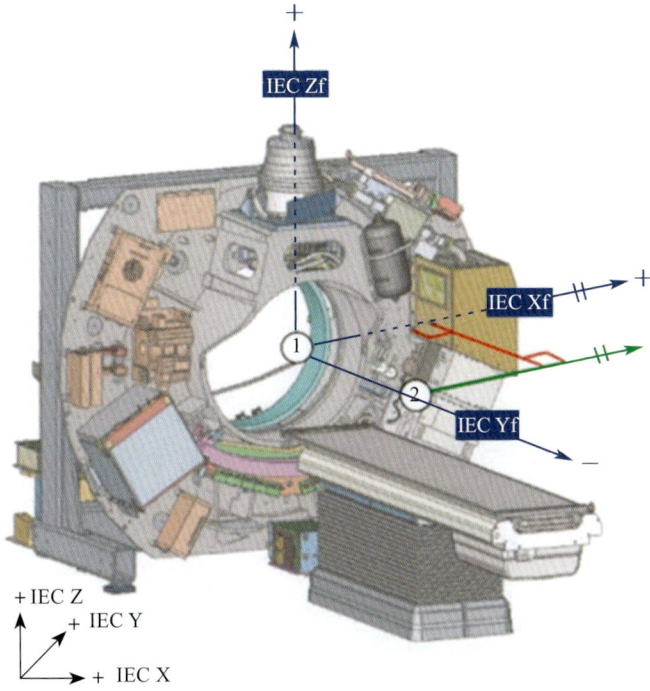

图 16-4　机架等中心和虚拟等中心

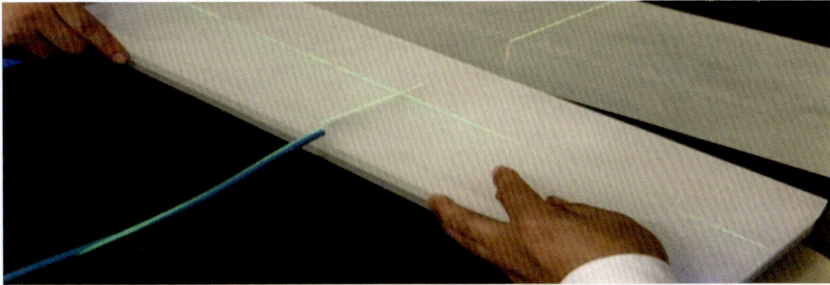

图 16-5　在治疗床上摆放固体水模及探头位置

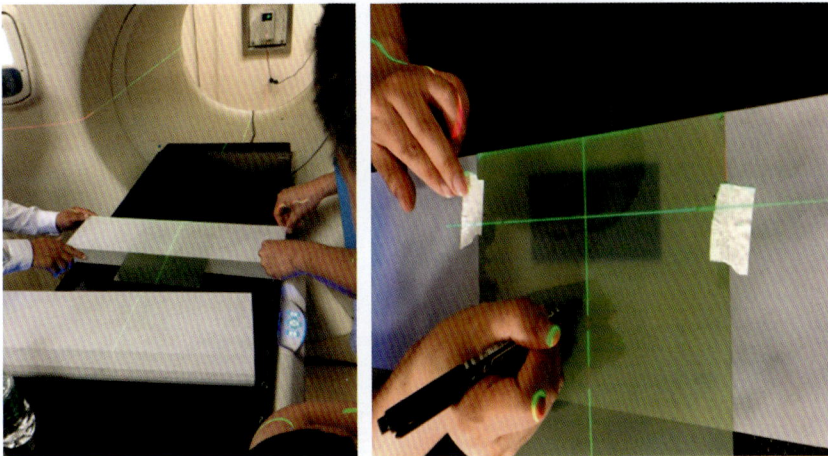

图 16-12　胶片检测法示意图

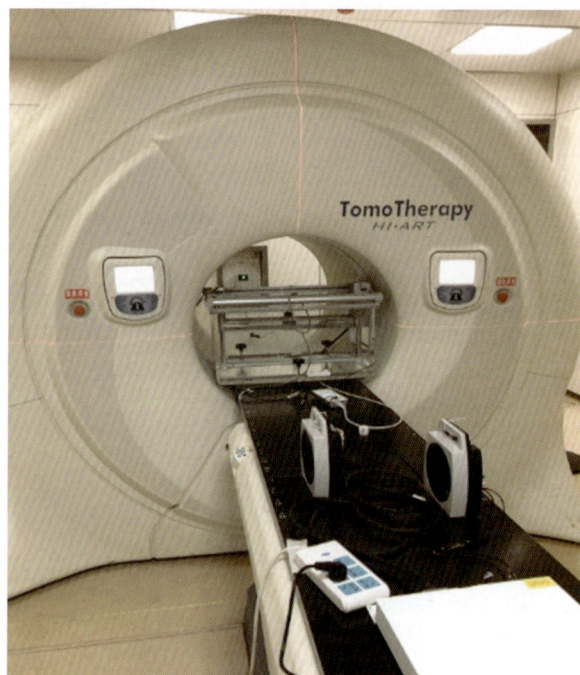

图 16-13　水箱检测法示意图

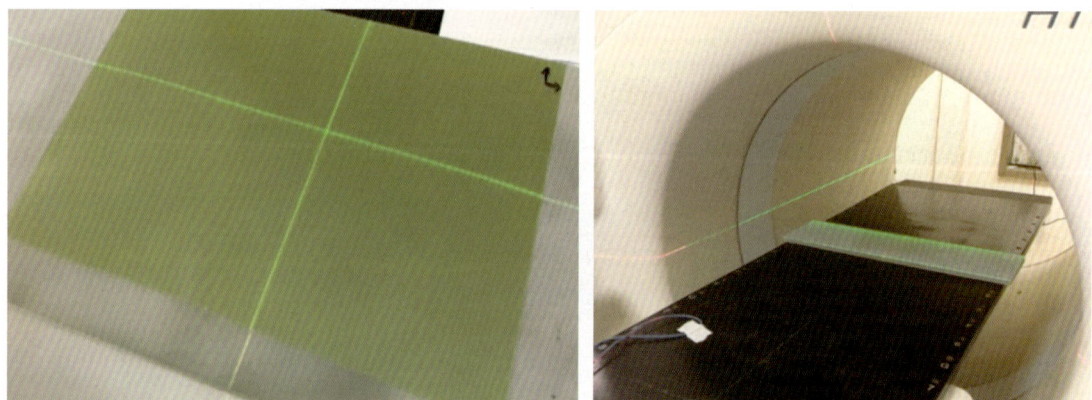

图 16-14　胶片摆放位置示意图

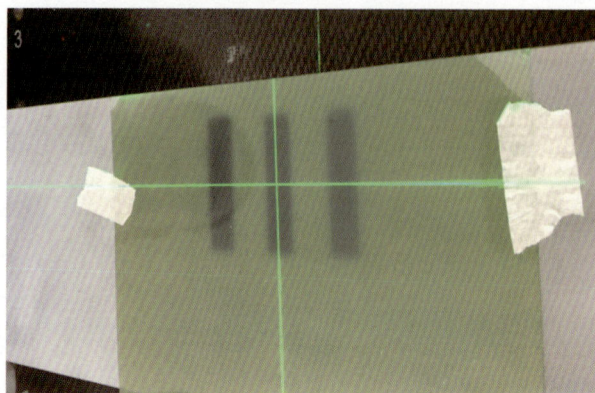

图 16-15　MLC 横向偏移测试的胶片图像

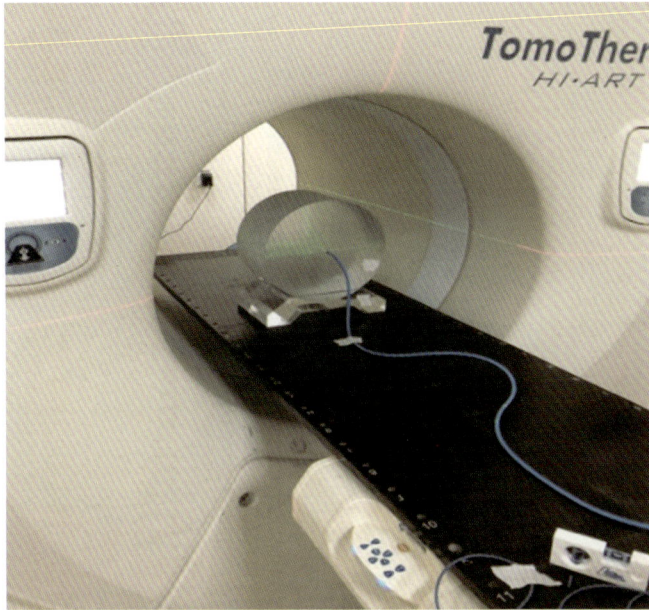

图 16-17　模体法摆位图

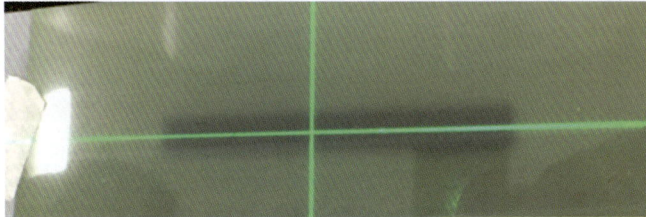

图 16-18　胶片扫描法中扫描出的胶片

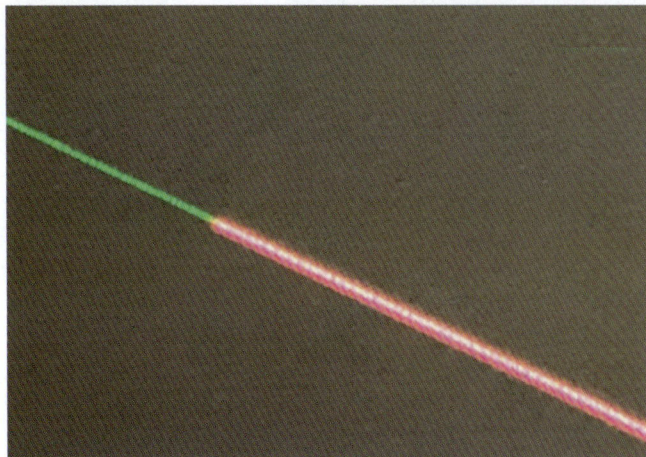

图 16-20　红激光与绿激光灯的重合度

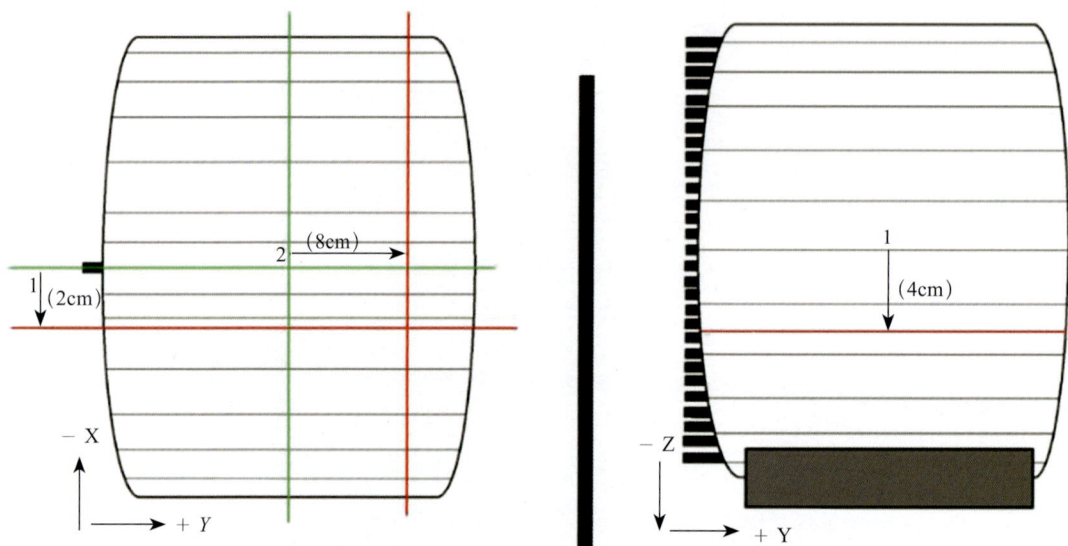

图 16-21　红激光灯指示准确性检测示意图

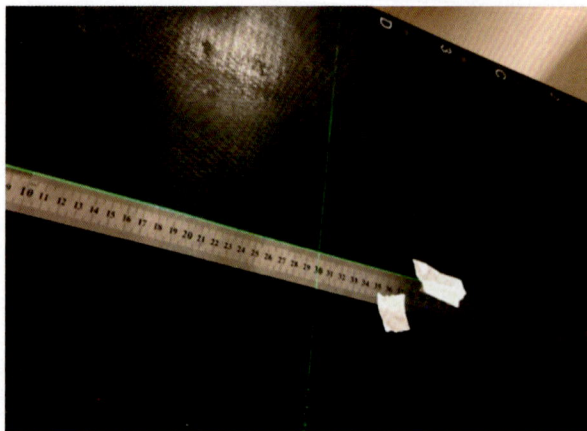

图 16-23　钢尺摆放位置

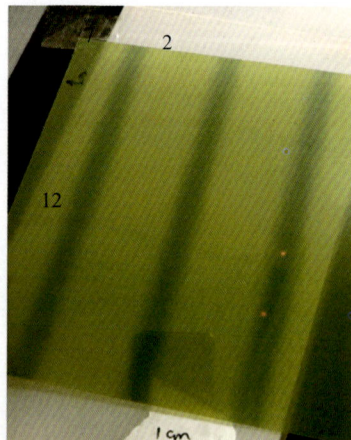

图 16-25　床移动和机架旋转同步性检测胶片图

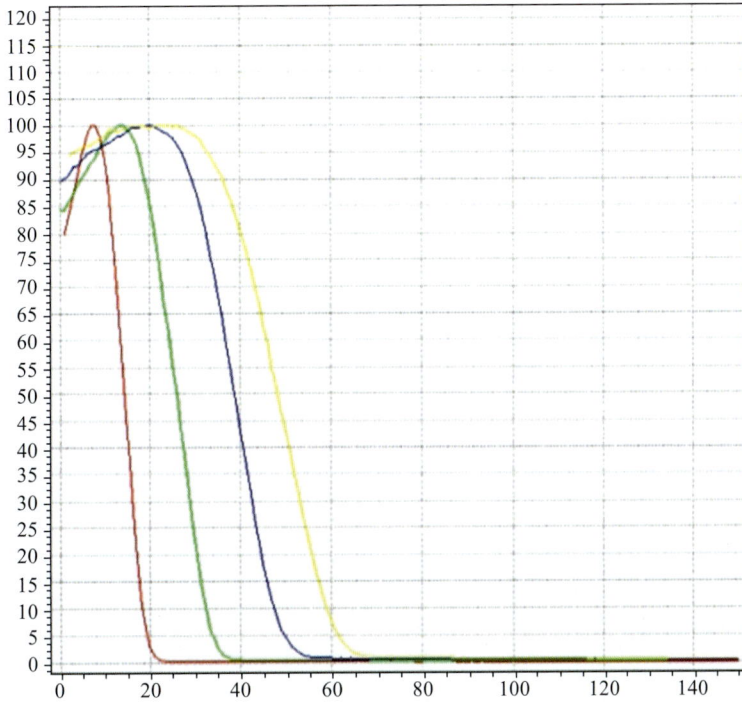

图 16-30　Mobetron 1000 型移动式加速器典型 4 ～ 12MeV 电子束 PDD 曲线
（图中从左至右 4 条曲线对应的电子束能量分别为 4、6、9、12MeV）

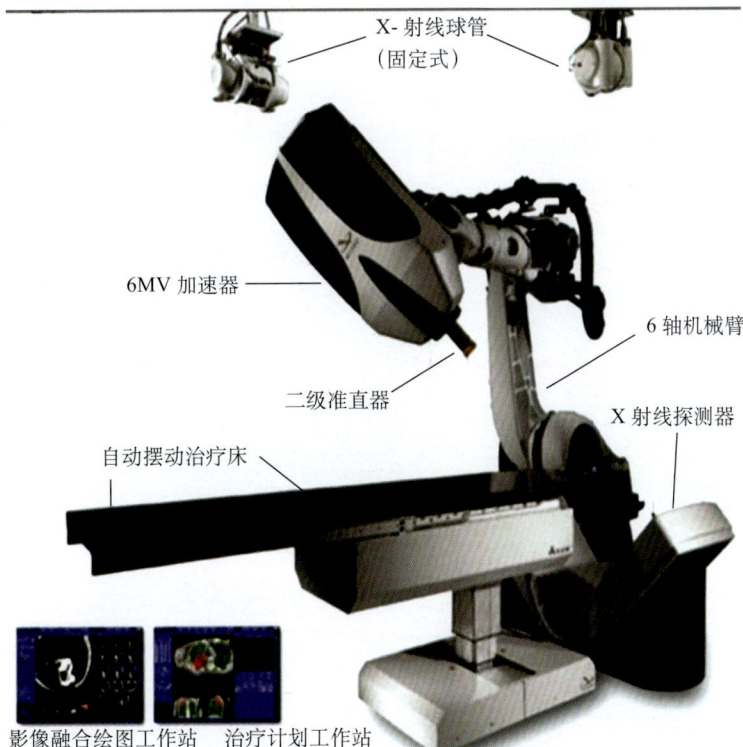

X- 射线球管
（固定式）

6MV 加速器

6 轴机械臂

二级准直器

X 射线探测器

自动摆动治疗床

影像融合绘图工作站　治疗计划工作站

图 16-33　赛博刀系统组成示意图

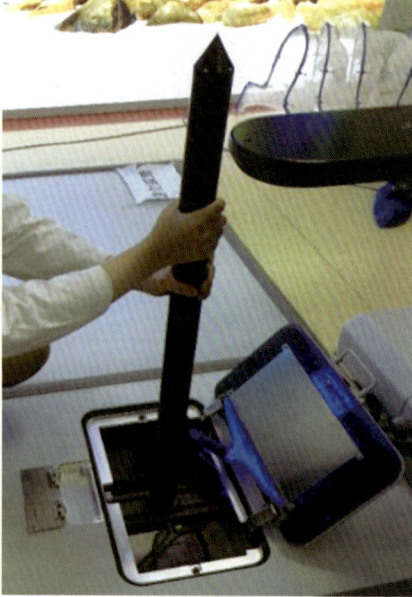

图 16-34　赛博刀专用等中心柱连接到影像探测器支架

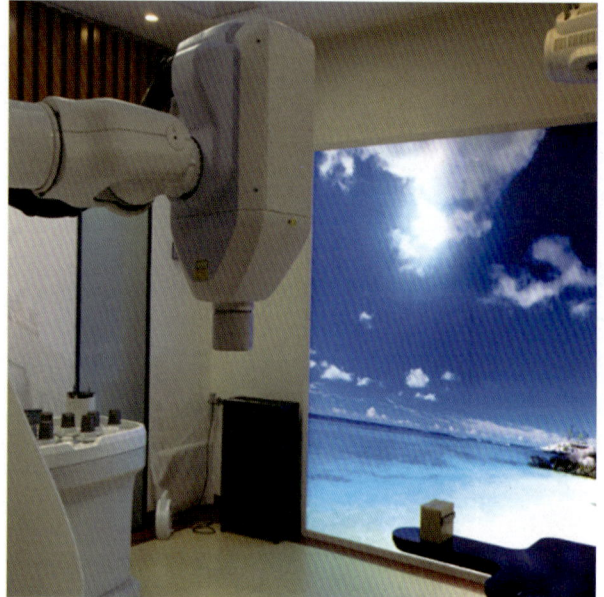

图 16-37　AQA 模体摆位图

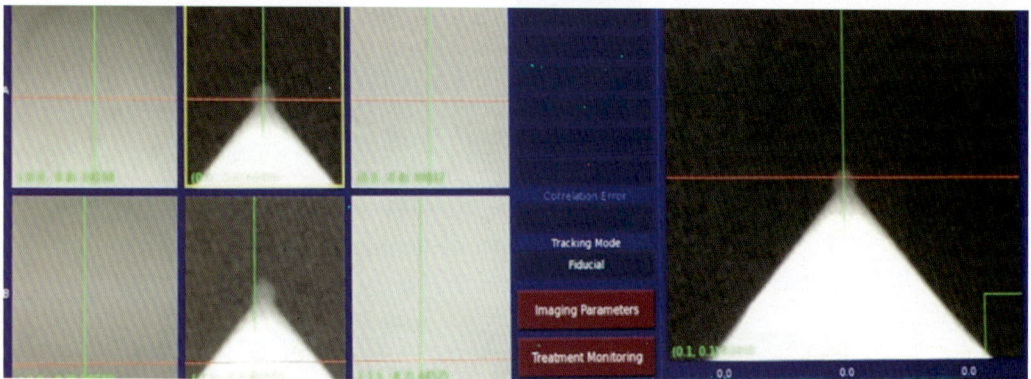

图 16-35　等中心柱顶端的指示点影像

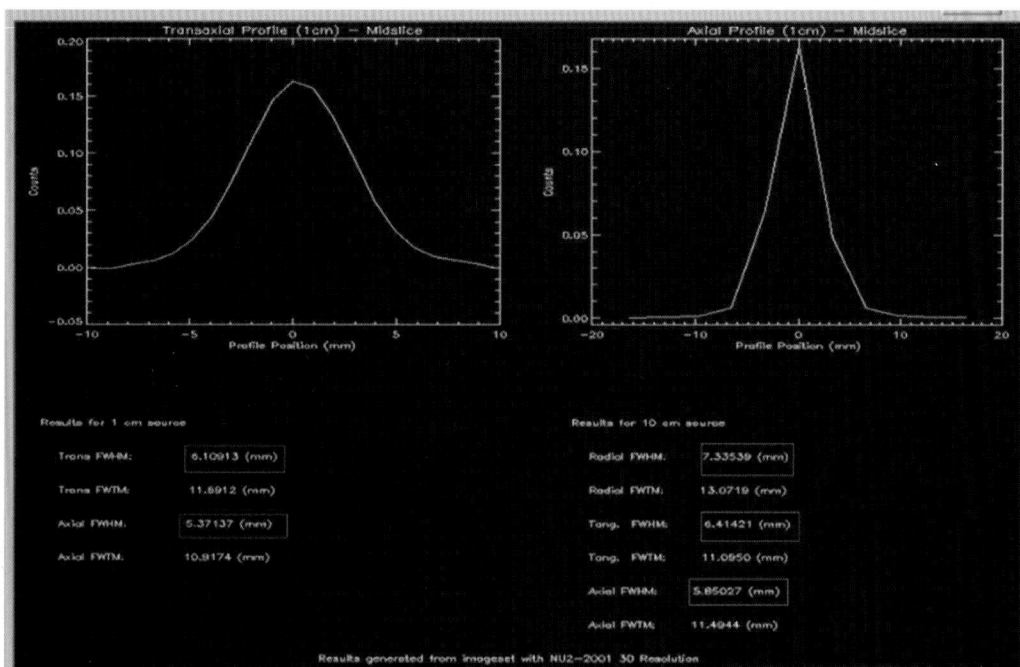

图 18-18 GE 设备空间分辨率分析结果

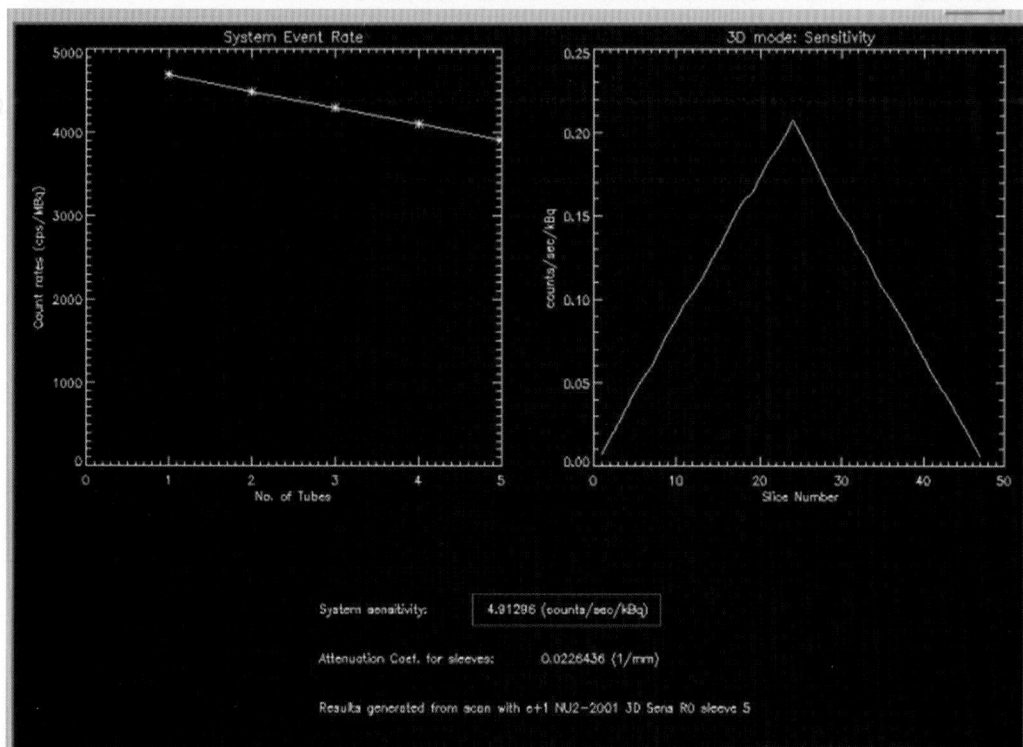

图 18-19 GE 设备灵敏度分析结果

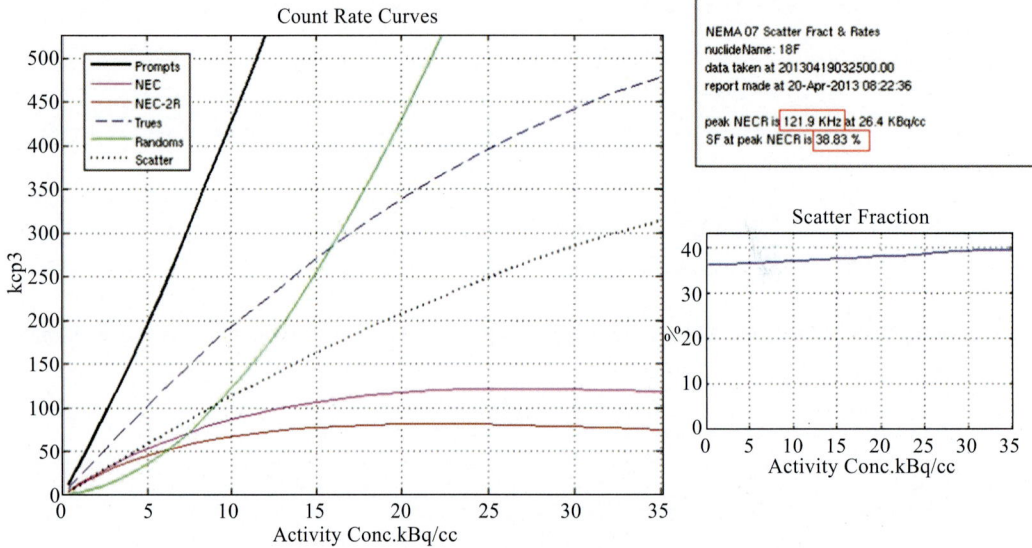

图 18-20　GE 设备散射分数和噪声等效计数率分析结果

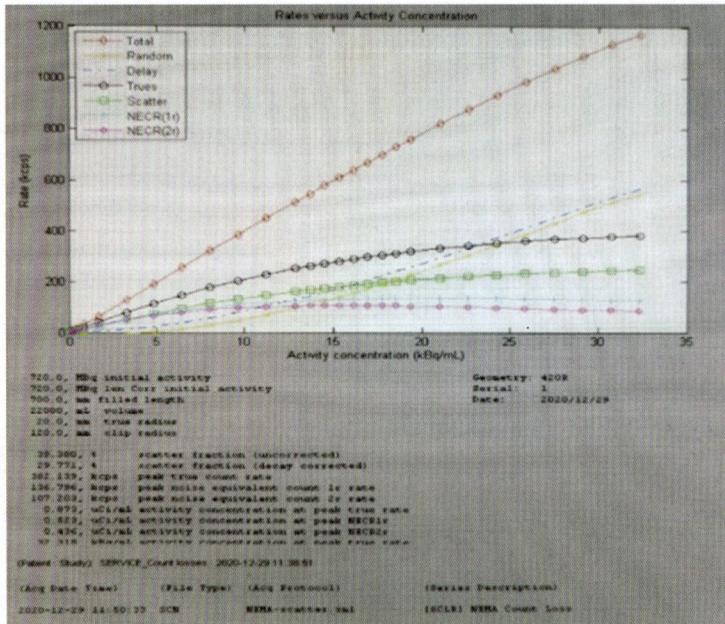

图 18-23　飞利浦设备散射分数和噪声等效计数率分析结果